高等学校应用型特色规划教材

模拟电子技术基础

谢志远　主　编

尚秋峰　副主编

清华大学出版社

北　京

内容简介

本书紧紧围绕模拟信号的产生、放大、运算、处理与变换等内容进行讲解。其内容包括：半导体二极管及其基本应用电路、双极型晶体管及其基本放大电路、场效应管及其基本放大电路、集成电路运算放大器及单元电路、放大电路中的反馈、功率放大电路、模拟信号的运算和处理电路、模拟信号产生电路和直流电源。本书在编写过程中，淡化了内部电路的分析计算，突出了实际电路的应用。

本书可作为高等学校电气信息、电子信息类各专业模拟电子技术基础课程的教材，也可作为工程技术人员的参考书。

图书在版编目(CIP)数据

模拟电子技术基础/谢志远主编；尚秋峰副主编. —北京：清华大学出版社，2011.8（2023.9重印）
(高等学校应用型特色规划教材)
ISBN 978-7-302-25858-2

Ⅰ. ①模… Ⅱ. ①谢… ②尚… Ⅲ. ①模拟电路—电子技术—高等学校—教材 Ⅳ. ①TN710

中国版本图书馆 CIP 数据核字(2011)第 110157 号

责任编辑：李春明 郑期彤
装帧设计：杨玉兰
责任校对：李玉萍
责任印制：丛怀宇
出版发行：清华大学出版社
网 址：http://www.tup.com.cn, http://www.wqbook.com
地 址：北京清华大学学研大厦 A 座 邮 编：100084
社 总 机：010- 83470000 邮 购：010-62786544
投稿与读者服务：010-62776969, c-service@tup.tsinghua.edu.cn
质量反馈：010-62772015, zhiliang@tup.tsinghua.edu.cn
课件下载：http://www.tup.com.cn, 010-62791865
印 装 者：三河市龙大印装有限公司
经 销：全国新华书店
开 本：185mm×260mm 印 张：26.5 字 数：638 千字
版 次：2011 年 8 月第 1 版 印 次：2023 年 9 月第 6 次印刷
定 价：75.00 元

产品编号：038934-03

前　言

电子技术基础课程是一门工程性、实践性和应用性很强的课程，对于培养学生的工程实践能力和创新意识具有重要的意义。随着电子技术的不断发展，新技术、新器件、新电路不断涌现。华北电力大学电子学教研室根据电子技术的发展趋势，在总结“电子技术基础系列课程”省级精品课程建设成果和经验的基础上，组织编写了本教材，将启发式教学、研究性教学和优秀生培养思路及成果融入到教材编写之中。教材更加突出实际电路的应用。

本书紧紧围绕信号的产生、放大、运算、处理与变换等内容进行讲解。其内容包括：半导体二极管及其基本应用电路、双极型晶体管及其基本放大电路、场效应管及其基本放大电路、集成电路运算放大器及单元电路、放大电路中的反馈、功率放大电路、模拟信号的运算和处理电路、模拟信号产生电路和直流电源。本书可作为高等学校电气信息、电子信息类各专业模拟电子技术基础课程的教材，也可作为工程技术人员的参考书。

本书的特点如下。

(1) 本书在借鉴国内外模拟电子技术基础教材优点的基础上，对传统教学内容进行了精选与整合，精简和优化了经典的模拟电子技术基础知识，适当增加了现代模拟电子技术知识的比重。在保证基础的前提下，更新课程内容，介绍当代先进的电子技术知识；进一步淡化内部电路的分析和计算，重点介绍典型电路的外特性和应用；突出模拟集成电路的应用。

(2) 将教学与科研紧密结合，充分发挥科研优势对本科教学的促进作用，适度将科研实践中的一些实用电路引入教材中。

(3) 书中安排了适量的思考题、例题、自我检测和习题，以便帮助学生更好地理解模拟电子技术基础的基本概念、基本电路和基本方法。

(4) 将电子技术、计算机仿真技术引入模拟电子技术教学中，教材每章章末安排2～3个Multisim仿真实例，以利于教师授课和学生学习。通过将理论课、仿真实验和实际实验有机结合，帮助学生更好地理解教材内容，提高学生的学习兴趣，提高学生分析问题和解决问题的能力。

本书由华北电力大学电子学教研室组织编写，谢志远任主编，尚秋峰任副主编。参加编写的老师有何玉钧、刘童娜、马海杰、刘立、黄怡然、张宁、王健健、胡智奇等。

编写一部优秀教材是一项十分艰巨的工作，需要长期的教学实践和学术积累。因作者水平有限，书中难免存在疏漏和不足，敬请广大读者批评指正。

编　者

目　录

第1章　绪论 1

1.1 信号及分类 1

1.1.1 信号 1

1.1.2 模拟信号与数字信号 1

1.2 模拟电路与数字电路 2

1.2.1 模拟电路 3

1.2.2 数字电路 3

1.3 如何学习模拟电子技术基础 3

1.3.1 课程特点 3

1.3.2 如何学好该课程 4

第2章　半导体二极管及其基本应用电路 7

2.1 半导体的基础知识 7

2.1.1 半导体材料及其导电特性 7

2.1.2 本征半导体 8

2.1.3 杂质半导体 9

2.2 PN结的形成及其单向导电性 11

2.2.1 PN结的形成 11

2.2.2 PN结的单向导电性 12

2.2.3 PN结的伏安特性 14

2.2.4 PN结的电容效应 15

2.3 半导体二极管 16

2.3.1 二极管的结构 17

2.3.2 二极管的伏安特性 17

2.3.3 二极管的主要参数 20

2.3.4 二极管的等效电路 20

2.3.5 二极管基本应用电路及分析方法 24

2.4 稳压二极管 27

2.4.1 稳压二极管的伏安特性 27

2.4.2 稳压二极管的主要参数 28

2.4.3 稳压二极管基本应用电路 29

2.5 其他类型的二极管 32

2.5.1 发光二极管 32

2.5.2 光电二极管 33

2.5.3 变容二极管 34

2.5.4 肖特基二极管 35

2.6 二极管应用电路的仿真实例 35

本章小结 38

习题 38

第3章　双极型BJT及其放大电路 42

3.1 双极型BJT 42

3.1.1 BJT的工作原理与电流分配关系 43

3.1.2 BJT的特性曲线 47

3.1.3 BJT的参数 50

3.1.4 温度对BJT参数及特性的影响 54

3.2 放大电路的基本知识 55

3.2.1 放大电路的组成及放大的本质 55

3.2.2 放大电路的主要性能指标 56

3.3 基本共射放大电路及放大电路的分析方法 61

3.3.1 基本共射放大电路的组成和工作原理 61

3.3.2 直流通路与交流通路 63

3.3.3 放大电路的图解分析法 63

3.3.4 放大电路的微变等效电路分析法 69

3.4 放大电路的静态工作点稳定问题 76

3.4.1 静态工作点稳定的必要性 76

3.4.2 典型的静态工作点稳定电路 76

3.5 BJT单级放大电路的三种组态 81

3.5.1 共集电极放大电路 82

3.5.2 共基极放大电路......85
3.5.3 BJT放大电路三种组态的比较......88
3.6 放大电路的频率响应......89
3.6.1 频率响应的基本概念......89
3.6.2 一阶RC电路的频率响应......91
3.6.3 BJT的高频等效模型......95
3.6.4 BJT电流放大系数的频率响应......99
3.6.5 单管共射极放大电路的频率响应......102
3.6.6 单管共基极和共集电极放大电路的频率响应......110
3.7 单管放大电路的仿真实例......113
本章小结......118
习题......119

第4章 场效应管及其基本放大电路......129

4.1 场效应管......129
4.1.1 场效应管的分类......129
4.1.2 绝缘栅型场效应管......130
4.1.3 结型场效应管......137
4.1.4 场效应管的主要参数......143
4.2 场效应管放大电路......145
4.2.1 场效应管的直流偏置电路与静态分析......145
4.2.2 场效应管的动态分析......149
4.2.3 场效应管和晶体管放大电路的比较......154
4.3 场效应管放大电路的频率响应......156
4.3.1 场效应管的高频小信号模型......156
4.3.2 场效应管放大电路的频率响应......156
4.4 仿真实例......158
本章小结......161
习题......161

第5章 集成电路运算放大器及单元电路......166

5.1 多级放大电路......166
5.1.1 多级放大电路的级间耦合方式......166
5.1.2 多级放大电路的分析方法......170
5.1.3 多级放大电路的频率响应......173
5.2 电流源电路......174
5.2.1 电流源......174
5.2.2 电流源电路的作用......179
5.3 差分式放大电路......180
5.3.1 直接耦合放大电路中的零点漂移......180
5.3.2 差分式放大电路组成及工作原理......181
5.3.3 差分式放大电路的静态分析......185
5.3.4 差分式放大电路的动态分析......186
5.3.5 改进型差分式放大电路......193
5.4 集成电路运算放大器......195
5.4.1 集成电路运算放大器概述......195
5.4.2 通用型集成电路运算放大器简介......197
5.4.3 集成运放的主要性能指标参数及低频等效模型......201
5.5 差分式放大电路仿真实例......204
本章小结......208
习题......209

第6章 放大电路中的反馈......217

6.1 反馈概述......217
6.1.1 反馈的概念......217
6.1.2 反馈结构......218
6.1.3 正反馈和负反馈及其判断方法......220
6.1.4 直流反馈和交流反馈及其判断方法......220

6.1.5 电压反馈和电流反馈及其判断方法....222
6.1.6 串联反馈和并联反馈及其判断方法....223
6.1.7 反馈的判断步骤....224
6.2 负反馈放大电路的四种组态....224
6.2.1 负反馈四种组态的方框图....224
6.2.2 电压串联负反馈放大电路....225
6.2.3 电流串联负反馈放大电路....226
6.2.4 电压并联负反馈放大电路....226
6.2.5 电流并联负反馈放大电路....227
6.3 负反馈放大电路的通用描述....228
6.3.1 负反馈放大电路增益的一般表达式....228
6.3.2 深度负反馈的实质....230
6.4 深度负反馈条件下增益的估算....231
6.4.1 电压串联深度负反馈电路....231
6.4.2 电流串联深度负反馈电路....232
6.4.3 电压并联深度负反馈电路....232
6.4.4 电流并联深度负反馈电路....233
6.5 负反馈对放大电路性能的影响....234
6.5.1 稳定闭环增益....234
6.5.2 影响输入电阻和输出电阻....235
6.5.3 展宽频带....237
6.5.4 减小非线性失真....239
6.6 负反馈放大电路的稳定性....240
6.6.1 负反馈放大电路自激振荡产生的原因和条件....240
6.6.2 负反馈放大电路稳定工作的条件....241
*6.6.3 消除负反馈放大电路自激的方法....243
6.7 Multisim 仿真实例——负反馈对放大性能的影响....245
本章小结....248
习题....249

第 7 章 功率放大电路....253

7.1 概述....253
7.1.1 功率放大电路的特点....253
7.1.2 功率放大电路提高效率的主要途径....254
7.2 甲类放大电路....256
7.2.1 甲类共射极放大电路....256
7.2.2 射极输出器的输出功率与效率....257
7.3 互补对称功率放大电路....258
7.3.1 乙类双电源互补对称功率放大电路....258
7.3.2 甲乙类双电源互补对称功率放大电路....263
7.3.3 甲乙类单电源互补对称功率放大电路....264
7.4 集成功率放大器....265
7.4.1 TDA2030A 音频集成功率放大器的组成及功能....265
7.4.2 TDA2030A 的典型应用....267
7.5 功率放大电路的安全运行....267
7.5.1 功放管的散热....267
7.5.2 功放管的二次击穿....268
7.6 Multisim 仿真实例——乙类双电源互补对称功率放大电路的输出功率和效率的研究....269
本章小结....271
习题....271

第 8 章 模拟信号的运算和处理电路....277

8.1 集成运算放大器应用电路的基本知识....277
8.1.1 集成运放线性电路的分析方法....278
8.1.2 集成运放线性电路的组成结构....278
8.2 典型运算电路....278
8.2.1 比例运算电路....278
8.2.2 加法和减法运算电路....281
8.2.3 对数和指数运算电路....284

8.2.4 模拟乘法器及其典型应用电路......286
8.2.5 积分运算和微分运算电路......289
8.2.6 综合应用电路......292
8.2.7 集成运放性能指标对运算误差的影响......293
8.3 有源滤波电路......294
8.3.1 概述......294
8.3.2 典型的有源滤波电路......298
8.3.3 有源滤波器的级联设计......305
8.3.4 有源集成滤波器......307
8.3.5 开关电容滤波器......310
8.4 信号变换电路......312
8.4.1 电压-电流变换电路......312
8.4.2 电流-电压变换电路......312
8.4.3 精密全波整流电路......313
8.5 Multisim 仿真实例......314
8.5.1 比例积分放大电路的特性......314
8.5.2 滤波特性比较......316
本章小结......319
习题......320
第 9 章 模拟信号产生电路......327
9.1 正弦波信号产生电路......327
9.1.1 正弦波振荡产生的条件......327
9.1.2 RC 桥式正弦波振荡电路......328
9.1.3 LC 正弦波振荡电路......332
9.1.4 石英晶体正弦波振荡电路......337
9.2 非正弦波信号产生电路......339
9.2.1 电压比较器......339
9.2.2 矩形波产生电路......344
9.2.3 三角波产生电路......347
9.2.4 锯齿波产生电路......349
9.3 压控振荡电路......350
9.4 集成信号发生器......354
9.5 Multisim 仿真实例......356
9.5.1 RC 桥式正弦波振荡电路......356
9.5.2 占空比可调的矩形波产生电路......359
本章小结......360
习题......361
第 10 章 直流电源......369
10.1 整流电路......369
10.1.1 工作原理......370
10.1.2 主要参数......371
10.1.3 二极管选择......371
10.2 滤波电路......372
10.2.1 电容滤波电路......372
10.2.2 其他形式的滤波电路......376
10.2.3 倍压整流电路......377
10.3 稳压电路......378
10.3.1 直流稳压电路的技术指标......378
10.3.2 串联反馈式稳压电路......380
10.3.3 三端集成稳压器及其应用......384
10.4 开关型直流稳压电路......391
10.4.1 开关稳压电源概述......391
10.4.2 DC-DC 变换器基本电路及其工作原理......392
10.4.3 常用降压式 DC-DC 变换器控制芯片......397
10.5 直流稳压电源的仿真实例......402
本章小结......406
习题......407
参考文献......414

第1章 绪　　论

电子技术是以研究电子器件、电子电路及其应用为目的的科学。随着物理学、半导体技术的不断发展，电子技术在20世纪取得了惊人的进步。特别是近几十年来，微电子技术的发展带动了计算机、通信、自动控制等高新技术的迅速发展。目前电子技术已经渗透到国民经济的各个领域。

电子技术基础课程是高等工科院校电气、电子、信息类专业的一门技术基础课程，该课程主要包括模拟电子技术基础和数字电子技术基础。课程主要研究电子器件与电子电路的基本概念、基本原理、基本分析方法及其应用。电子技术的应用涉及信号的产生、信号的传输、信号的运算以及信号的处理等多个方面，可以说信号是电子技术处理的对象。

作为绪论，本章首先简要介绍信号与电子电路的基本概念，然后介绍模拟电子技术基础课程的特点以及如何学习该课程。

1.1 信号及分类

1.1.1 信号

信号是信息的载体。通常信息需要通过某些物理量的变化来表示和传递。在人类赖以生存的自然界中，有各种各样的信号存在，如压力、温度、流量、声音、图像等。这些信号可以是电信号也可以是非电信号。其中，电信号是指随时间而变化的电压u或电流i。信号包括确定性信号和非确定性信号。在数学上，对于确定性信号，可将它表示为时间的函数，即$u=f(t)$或$i=g(t)$，例如正弦波信号即为典型的确定性信号，它可以用正弦函数来表示；对于非确定性信号，即随机信号，可以用随机过程来描述，例如噪声信号即为随机信号，它只能用随机过程来描述。由于电信号容易传送、交换、存储、提取和控制，因此，在电子系统中所传输和处理的信号通常都是以电信号的形式表现出来的。对于要处理的非电信号，通常可以通过传感器将它转变成电信号，例如可以通过麦克风将语音信号转变成电信号，可以通过温度传感器将温度信号转变成电信号等。

1.1.2 模拟信号与数字信号

信号的形式是多种多样的，可以从不同角度进行分类。根据信号的确知性可将信号划分为确定信号和随机信号；根据信号是否具有周期性可将信号划分为周期信号和非周期信号；根据信号对时间的取值是否具有连续性，可将信号划分为连续时间信号和离散时间信号等。在电子电路中将信号划分为模拟信号和数字信号。

模拟信号在时间和数值上均具有连续性，即对应于任意时间t，均有确定的电压值u或电流值i与之对应，并且u或i的取值是连续的，例如从温度传感器输出的大气温度的变化

信号即为一个模拟信号，正弦波信号也是一个典型的模拟信号。如图 1.1 所示是一个典型模拟信号的波形。

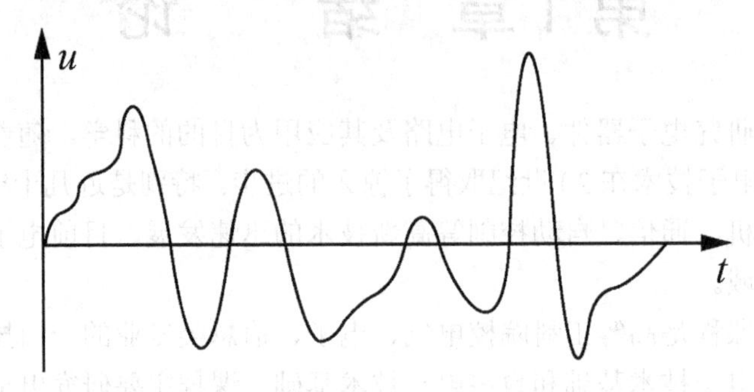

图 1.1　模拟信号的波形

与模拟信号不同，数字信号是指在时间上和幅值上均离散的信号。数字信号具有如下特点，首先 u 或 i 的变化在时间上是不连续的，也就是 u 或 i 的出现总是在一些离散的时刻；其次 u 或 i 的大小总是某一最小值的整数倍，并以此倍数作为数字信号的数值。如图 1.2 所示为典型数字信号的波形，其中图 1.2(a)所示为用逻辑电平表示的数字信号，图 1.2(b)所示为一个 16 位数据的波形。

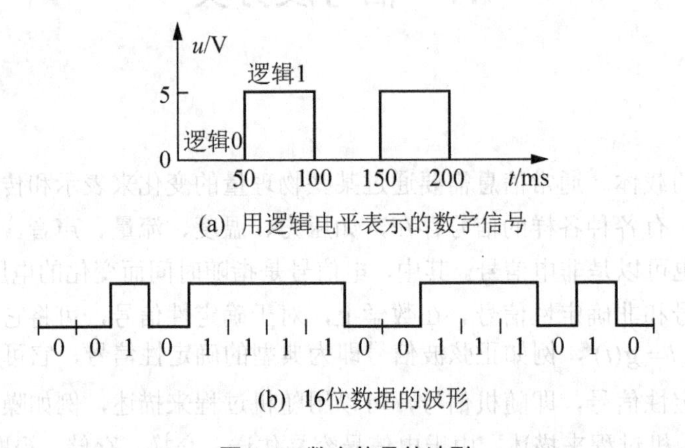

(a) 用逻辑电平表示的数字信号

(b) 16位数据的波形

图 1.2　数字信号的波形

自然界中存在的信号多数为模拟信号。可以通过模数转换电路即 A/D(Analog to Digital)转换器将模拟信号转换为数字信号，同样也可以通过数模转换电路即 D/A(Digital to Analog)转换器将数字信号转换为模拟信号。A/D 转换器和 D/A 转换器是计算机控制和数字信号处理的重要器件，将在数字电子技术基础课程中学习。

1.2　模拟电路与数字电路

电子电路主要完成信号产生、信号传输、信号变换以及信号处理等功能。电信号分为模拟信号和数字信号，电子电路也相应分为模拟电路和数字电路。处理模拟信号的电子电路称为模拟电路，处理数字信号的电子电路称为数字电路或逻辑电路。

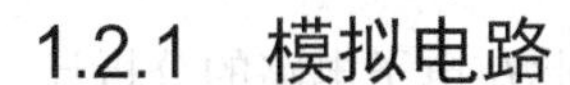

1.2.1 模拟电路

从对信号的分析可知，模拟信号的来源多为各种传感器，通常为微弱小信号，因此对模拟信号最基本的处理是放大，包括对信号电压的放大和对信号电流的放大(或功率放大)，放大电路也是构成各种功能模拟电路的基础。此外，常见的模拟电路还包括以下几类。

(1) 滤波电路，可以完成对有用模拟信号的提取或变换，用来抑制噪声和干扰信号。

(2) 运算电路，可以完成对模拟信号的加、减、乘、除、积分、微分等运算。

(3) 信号变换电路，可以完成对信号波形的变换、电压信号与电流信号的转换(V/I、I/V)、交流信号与直流信号的转换(AC/DC、DC/AC)、电压信号与频率信号的转换(V/F、F/V)等。

(4) 信号产生电路，用于产生正弦波、方波(或矩形波)、三角波、锯齿波等信号。

(5) 直流电源电路，用于将工频220V或380V市电转换成所需要的直流电压，直流电源是各种电子电路或电子系统工作所必需的。

1.2.2 数字电路

数字电路也称为逻辑电路，主要完成对数字信号的逻辑运算、逻辑变换、信号存储等功能。常见的数字电路包括门电路、组合逻辑电路、触发器、时序逻辑电路、半导体存储器、可编程逻辑器件、模数与数模转换电路等。组成数字电路的晶体管工作在开关状态，也就是工作在饱和状态或截止状态，而模拟电路中的晶体管工作在放大状态。与模拟电路相比，数字电路具有如下优点：首先，数字电路体积小，便于大规模集成；其次，由于数字信号具有可再生的特点，因此数字电路的抗干扰能力强。随着数字集成电路和计算机技术的迅速发展，数字电路的应用已经渗透到了国民经济和人们日常生活的各个领域，人们已经进入了一个数字时代。数字电路将在数字电子技术基础课程中学习。

1.3 如何学习模拟电子技术基础

1.3.1 课程特点

模拟电子技术基础课程是高等工科院校电子与电气信息类专业的重要技术基础课，教学目的是让学生初步掌握模拟电子电路的基本理论、基本知识和基本技能，为以后学习专业课打好基础。该课程与数学、物理以及电路理论有着明显的区别，它是一门应用技术，其最突出的特点是工程性和实践性强，对于培养学生的工程实践能力和创新意识具有重要的作用。

1. 工程性

由于组成电子电路的各种器件具有非线性，并且各类半导体材料、半导体器件的参数与性能通常具有很强的分散性，即使同一个型号的器件，其参数也是不完全一样的。因此在分析模拟电子电路时要更加注重以下几个方面。

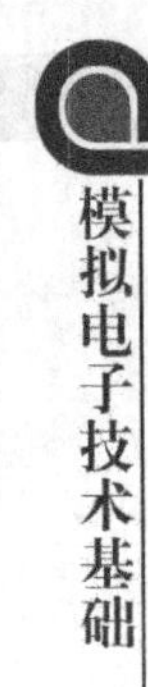

1) 分析计算采用“工程估算”方法

通常对电子电路的精确计算是很困难的，也是没有必要的，因此在电子电路的分析计算过程中通常采用“工程估算”的方法。即在工程允许的范围内，忽略一些次要因素，将非线性器件用其线性化模型代替，将非线性电路转化成线性电路来分析计算，在工程上，允许有5%～10%的误差。在模拟电子电路的分析过程中，经常用到等效电路分析方法和图解分析方法。

2) 更加强调定性分析

因为只有对模拟电子电路进行反复调试，才能使模拟电子电路满足性能指标的要求。因此，对电子电路的分析更强调定性分析，即分析电路的工作原理，分析电路是否在功能上和性能上满足要求。特别是要善于把握电路的变化，即当电路的参数、工作条件发生变化时，能正确分析电路的性能发生了哪些变化。

2．实践性

各类电子电路千差万别，应用场合不同，但实用的电子电路几乎都要通过调试才能达到预期的指标，调试电路的过程就是实践的过程。掌握常用电子仪器仪表的使用方法、模拟电子电路的测试方法、故障的诊断与排除方法、仿真方法是教学的基本要求。理论教学是进行实践的基础，只有正确理解了模拟电子电路中各元器件参数对电路性能的影响，才能进行正确的电路调试和故障排除。同样，通过实践可以加深对理论的理解。随着计算机技术的不断发展，电子电路的计算机仿真技术得到了迅速发展，掌握一种电子电路仿真软件是提高电子电路分析能力和设计能力非常必要的手段。

1.3.2 如何学好该课程

模拟电子技术基础课程具有工程性强和实践性强的特点，在学习该课程时，我们一定要抓住模拟电子技术基础课程的这一特点。

1．重点掌握“基本概念、基本电路和基本分析方法”

掌握模拟电路中的基本概念、基本电路和基本分析方法是学好模拟电子技术基础课程的关键。

(1) 对于基本概念，不仅要理解概念引入的必要性，更要理解基本概念的物理意义以及适应的条件，并能灵活运用。

(2) 在模拟电路中，有成千上万种电路，但是每一个复杂电路其实都是由若干基本模拟单元电路有机组合在一起构成的。我们在学习模拟电子技术基础课程时，一定要熟练掌握常见基本模拟单元电路，不仅要掌握单元电路的原理和分析计算，更要理解各单元电路的参数、性能、特点以及应用。在模拟电子技术课程中，贯穿整个课程的是各类放大电路，它们不仅能完成对信号电压或电流的放大作用，而且还是构成其他模拟电路的基础。因此学习模拟电子技术时，一定要抓住放大电路这条线索。

(3) 不同类型的模拟电路完成不同的功能，在对电路进行分析时，可能用到不同的参数和方法。在学习模拟电子技术基础课程时，不仅要掌握各种参数的求解方法、电路的识

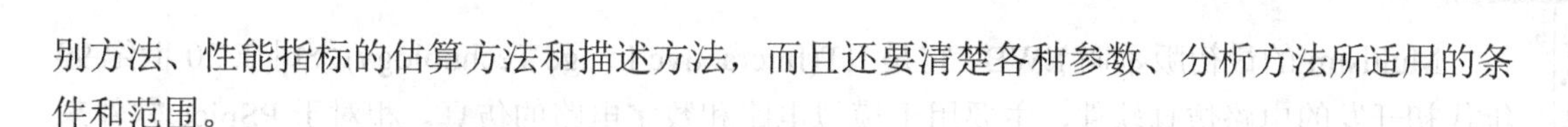

别方法、性能指标的估算方法和描述方法，而且还要清楚各种参数、分析方法所适用的条件和范围。

2．灵活运用电路理论的基本定理、定律

模拟电路是一种非线性电路，它由非线性器件(如晶体管)和线性器件(如电阻、电容、电感等)组成。电子电路中的非线性器件除了满足其自身的伏安特性外，在模拟电路中它和线性器件组成的电路还满足电路理论的基本定律和定理，如基尔霍夫定理、戴维南定理、诺顿定理等。在小信号工作情况下，晶体管等非线性器件可以用其线性电路模型表示，此时可将非线性电路转变为线性电路进行分析。

3．学会用全面、辩证的观点分析模拟电子电路

模拟电路千差万别，应用条件、应用场合各不相同。如果从实际应用出发讨论各种电路，应该说没有最好的电路，只有最合适的电路，或者说在某一特定条件下最好的电路。因为在改变电路的某些参数，以改善电路某些性能指标的同时，还可能使其他某些电路指标变差。也就是说电路的各方面性能指标往往是相互影响的，通常“有一利必将有一弊”，要注意不能顾此失彼。因此在学习模拟电子技术基础课程的过程中，在学习某一新电路时，我们不仅要首先弄清楚现有电路存在的问题以及新电路是如何解决这一问题的，而且还要清楚新电路带来了哪些不利。在模拟电路设计中，经常会对技术指标进行“折中”考虑。只有辩证、全面地学习模拟电子电路，才能学精、学透模拟电子技术。

4．勤于实践并善于实践

电子技术基础是一门工程性和实践性很强的课程，因此在学习该课程时，一定要十分重视实践环节，要通过实验课或课程设计，掌握常用仪器仪表的使用方法、常见电子电路的设计与调试方法。不仅如此，还要善于实践，以日常生活中的电路为素材，进行电子设计和制作。此外，还要善于学习有关电子电路方面的书刊、杂志，拓宽知识面学会用 Protel 绘图软件画原理图、PCB 图等。

5．至少学会一种电子电路仿真与设计软件

随着半导体技术、集成电路技术和计算机技术的迅速发展，电子电路和电子系统的分析方法和设计方法发生了很大的变革。特别是以计算机辅助设计(Computer Aided Design，CAD)为基础的电子设计自动化(Electronic Design Automation，EDA)技术已经成为电子技术领域的重要学科。EDA 技术摒弃了靠硬件调试来达到设计目标的繁琐过程，实现了硬件设计的软件化。

目前，电子技术基础课程常用的 EDA 仿真软件主要有 PSpice 和 Multisim 等。PSpice 是基于 Spice 的 PC 版软件。Spice(Simulation Program with Integrated Circuit Emphasis)软件是由美国加州大学柏克莱分校开发的。PSpice 软件是 20 世纪 80 年代世界上应用最广的电路设计软件，它是强大的模拟和数字电路仿真分析软件，可以实现对中规模集成电路(Middle Scale Integrated，MSI)甚至大规模集成电路(Large Scale Integrated，LSI)的仿真分析，是较成熟的仿真分析软件。

Multisim 的最初版本叫 EWB，它是 IIT(Interactive Image Technology)公司在 20 世纪 90 年代初开发的电路仿真软件，主要用于模拟电路和数字电路的仿真。相对于 PSpice 软件来说，它提供了包括万用表、信号发生器以及示波器等在内的各种虚拟仪器，使得软件的界面较为直观、易学易用。针对不同的用户，Multisim 开发了多个版本，分为增强专业版(Power Professional)、专业版(Professional)、个人版(Personal)、教育版(Education)、学生版(Student)以及演示版(Demo)等。各版本的功能和价格有着明显的差异，目前我国高校主要使用教育版。为了方便学生学习，本书每章最后都给出了基于 Multisim 软件的仿真实例。通过应用 Multisim 仿真软件，可以帮助学生加深对电子电路的分析和理解。

总之在学习模拟电子技术基础课程时，一定要理论联系实际。

第2章　半导体二极管及其基本应用电路

本章要点

半导体的结构及其导电特性。

PN结的形成及其导电特性。

普通半导体二极管和稳压二极管的结构、特点、参数及典型应用电路的分析方法。

几种特殊类型二极管的结构及工作原理。

本章难点

普通二极管和稳压二极管的特性、参数及基本应用电路的分析计算。

半导体器件是各种电子系统和设备的基本组成部分，掌握PN结的结构和导电特性是学习各种半导体器件的重要基础。为此，本章首先介绍了半导体的基础知识、PN结的形成及其导电特性；然后着重介绍了半导体二极管和稳压二极管的结构、伏安特性曲线、主要参数及典型应用电路的分析方法；最后介绍了几种特殊类型二极管的结构和工作原理。通过学习，应掌握普通二极管和稳压二极管的特性、参数及基本应用电路的分析方法，熟悉各种特殊二极管的结构及工作原理。

2.1　半导体的基础知识

2.1.1　半导体材料及其导电特性

根据导电能力的不同，物质可分为导体、半导体和绝缘体。导体就是容易导电的物质，其原子最外层的价电子很容易摆脱原子核的束缚而成为自由电子，在外加电场力的作用下，这些自由电子就会定向运动形成电流。绝缘体就是在正常情况下不会导电的物质。大部分绝缘体都属于化合物，其价电子被原子紧紧地束缚在一起，自由电子非常少，导电能力很差。半导体的导电能力介于导体和绝缘体之间。常见的半导体材料有：元素半导体，如硅(Si)、锗(Ge)等；化合物半导体，如砷化镓(GaAs)等。

半导体材料具有与导体和绝缘体不同的导电特性，具体如下。

(1)　热敏特性：当环境温度升高时，半导体的导电能力显著增强。利用这种特性可以制成温度敏感元件，如热敏电阻。

(2)　光敏特性：当受到光照时，半导体的导电能力显著增强。利用这种特性可以制成各种光敏元件，如光敏电阻、光敏二极管、光敏三极管等。

(3)　掺杂特性：在纯净的半导体中掺入微量杂质，半导体的导电能力可以增加几十万乃至几百万倍。利用这种特性可以制成各种不同用途的半导体器件，如二极管、三极管和晶闸管等。

为什么半导体的导电能力有如此大的差别呢？这就需要研究半导体材料的内部结构和导电机理。

2.1.2 本征半导体

本征半导体是完全纯净的、晶格结构完整的半导体。常用的半导体材料硅(Si)和锗(Ge)的原子序数分别为 14 和 32，它们的共同特点是原子最外层轨道上有 4 个电子，称为价电子。硅和锗原子呈电中性，通常用带有 4 个正电荷的正离子以及它周围的 4 个价电子来表示，其原子结构模型如图 2.1 所示。

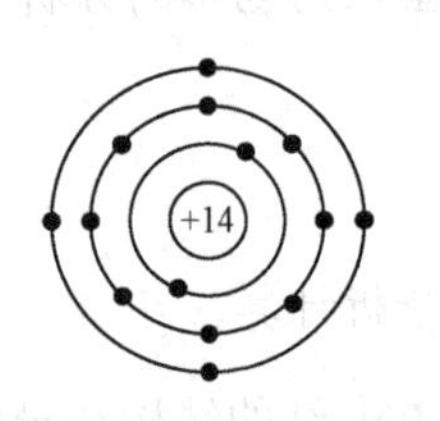

(a) 硅原子结构示意图

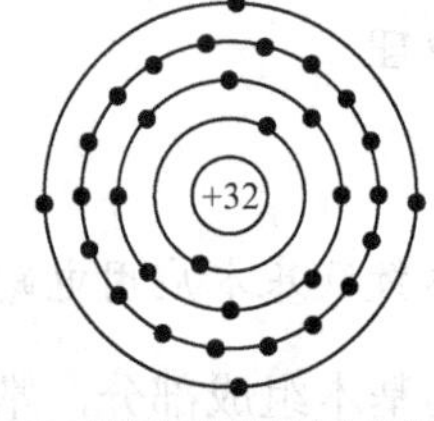

(b) 锗原子结构示意图

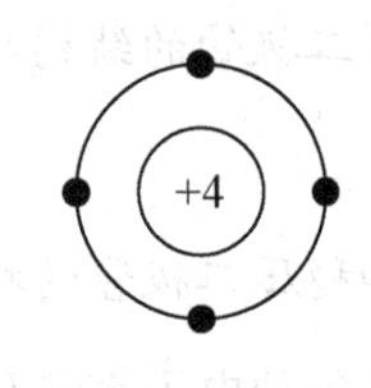

(c) 硅原子和锗原子结构简化模型

图 2.1 硅原子和锗原子的结构模型

1. 本征半导体中的共价键结构

本征半导体具有晶体结构，原子在空间形成排列整齐的晶格，单个硅原子的空间结构如图 2.2(a)所示。由于相邻原子间的距离很小，因此原子最外层的价电子不仅受到自身原子核的束缚，还要受到相邻原子核的吸引，形成共价键结构，如图 2.2(b)所示。

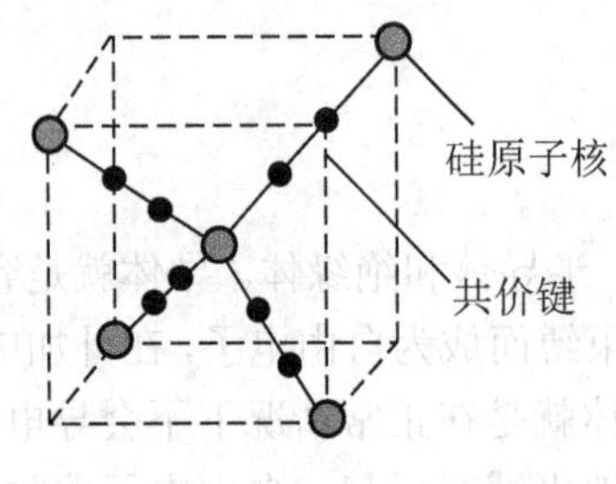

(a) 硅晶体的空间排列

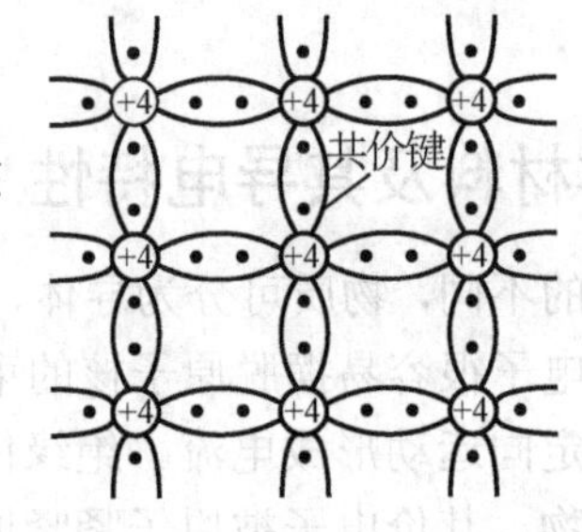

(b) 硅晶体共价键结构平面示意图

图 2.2 本征半导体的共价键结构

2. 本征半导体中的两种载流子

晶体中的共价键具有很强的结合力，因此，当半导体处于热力学温度 T=0K 时，半导体中所有的价电子紧紧束缚在共价键中，没有自由电子，不能导电。当温度升高或受到光照时，有些价电子就会获得足够的能量，挣脱共价键的束缚，参与导电，成为自由电子。自由电子产生的同时，会在原来共价键中留下一个空位，称为空穴。在本征半导体中，自由电子和空穴总是成对出现的，称为电子-空穴对，如图 2.3 所示。半导体在外部能量激励下(主要是热激发)，产生自由电子-空穴对的现象称为本征激发。外加能量越高(例如温度越

高)，产生的电子-空穴对就会越多。常温 300K 时，硅晶体中电子-空穴对的浓度大约为 $1.4\times10^{10}/cm^3$；锗晶体中电子-空穴对的浓度大约为 $2.5\times10^{13}/cm^3$。

原子失掉一个价电子后而带正电，也就是说，我们可以把空穴看成是带正电的粒子，它所带的电量与自由电子相等，但符号相反。在外加电场力的作用下，邻近共价键中的价电子很容易填补这个空穴，从而在这个价电子原来的位置上留下一个新的空位，就好像空穴在移动。因此，在电场力的作用下，一方面本征半导体中的自由电子可以定向移动，形成电子电流；另一方面空穴也会产生定向移动，形成空穴电流，只不过空穴的移动是靠相邻共价键中的价电子按一定方向依次填充来实现的。

运载电荷的粒子称为载流子。导体中只有一种载流子——自由电子参与导电；而本征半导体中有两种载流子——带负电的自由电子和带正电的空穴，它们均参与导电。这是半导体导电区别于导体导电的一个重要特点。自由电子和空穴所带电荷极性不同，它们的运动方向相反，因此本征半导体中的电流是电子电流和空穴电流之和，如图 2.4 所示。

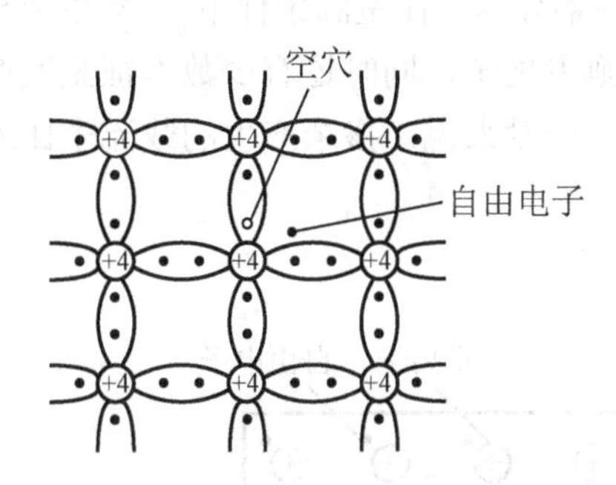

图 2.3　本征半导体中的电子-空穴对

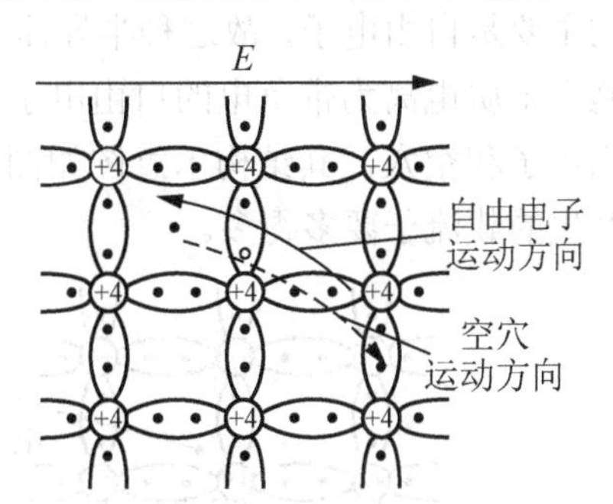

图 2.4　载流子在电场力作用下的运动

另外，当自由电子在运动过程中与空穴相遇时就会填补空穴，这种现象称为复合。在一定温度下，本征半导体中所产生的自由电子-空穴对，与复合的自由电子-空穴对数目相等，达到动态平衡。即当环境温度相同时，本征半导体中自由电子和空穴两种载流子的浓度不变且相等。本征激发产生的载流子浓度和温度有关：当环境温度升高时，热运动加剧，挣脱共价键束缚的自由电子增多，空穴也随之增多，载流子的浓度升高，晶体的导电能力增强；反之，当环境温度降低时，载流子的浓度降低，晶体的导电能力就会变差。

总的来说，常温下本征激发所产生的载流子的浓度很低，且与环境温度密切相关，因此本征半导体的导电能力和热稳定性较差，一般不能直接用来制造半导体器件。

2.1.3　杂质半导体

在本征半导体中掺入某些微量元素作为杂质，可使半导体的导电性发生显著变化。掺入杂质的本征半导体称为杂质半导体。根据掺入杂质的性质不同，杂质半导体可分为电子(N)型半导体和空穴(P)型半导体两大类。通过控制掺入杂质元素的浓度，可以控制杂质半导体的导电性能。

制备杂质半导体时，一般按百万分之一数量级的比例在本征半导体中掺入三价或五价元素。

1．N 型半导体

在本征半导体硅(或锗)中掺入适量五价元素，例如磷(P)、砷(As)，就形成了 N 型半导体。例如，用磷原子取代硅晶体中少量硅原子，占据晶格上的某些位置。由于磷原子最外层有五个价电子，其中四个价电子分别与邻近的四个硅原子形成共价键结构，多余的一个价电子在共价键之外，不受共价键的束缚，只受到磷原子对它微弱的吸引，如图 2.5(a)所示。因此，它只要获得很少的能量(例如在室温下)就能挣脱原子核的束缚，成为自由电子，游离于晶格之间。失去自由电子的磷原子在晶格上不能移动，成为带正电的正离子，半导体整体仍保持中性。磷原子可以提供自由电子，称为施主原子，或施主杂质。在本征半导体中，每掺入一个磷原子就可以产生一个自由电子。同时，N 型半导体中也存在本征激发产生的自由电子和空穴对。这样在掺入磷原子的半导体中，自由电子的数目就远远超过了空穴的数目，称为多数载流子，简称多子。空穴则称为少数载流子，简称少子。显然，参与导电的主要是自由电子，故这种半导体又称为电子型半导体。在室温条件下，N 型半导体中的施主杂质电离为带负电的自由电子和带正电的施主离子，同时还有少数本征激发产生的自由电子和空穴，其结构示意图如图 2.5(b)所示。一般来说，掺杂产生的载流子比本征激发产生的载流子要多得多。

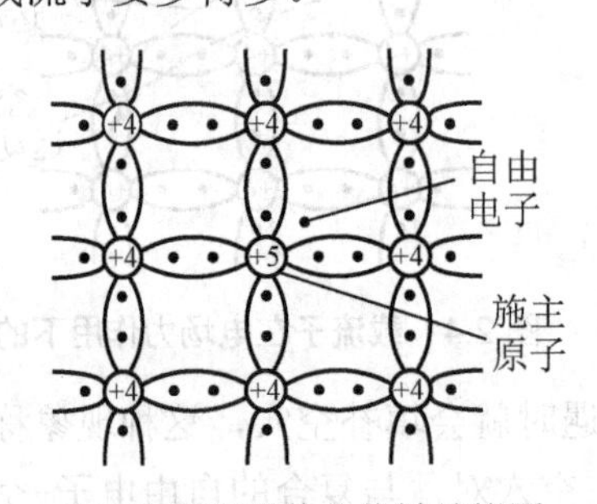

(a) N 型半导体共价键结构图

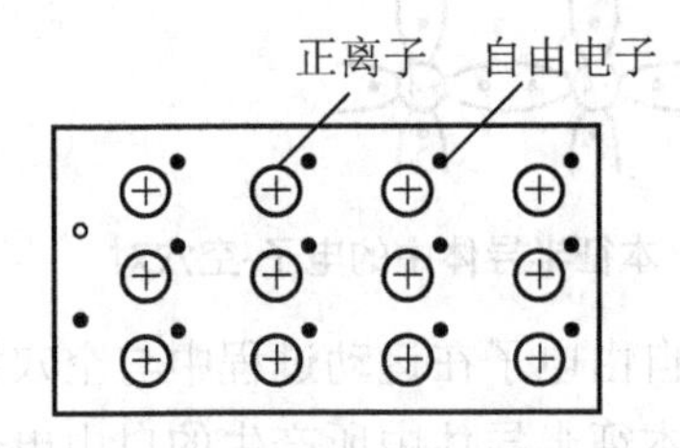

(b) N 型半导体结构示意图

图 2.5　N 型半导体

总之，在 N 型半导体中多数载流子是自由电子，主要由掺入杂质的浓度决定，掺入的杂质越多，其导电能力就会越强，可实现半导体导电性能的可控性；少数载流子是空穴，其浓度由本征激发决定，和环境温度有关。

2．P 型半导体

在本征半导体硅(或锗)中掺入适量三价元素，如硼(B)、镓(Ga)、铟(In)等，就形成了 P 型半导体。例如，用硼原子取代硅晶体中的少量硅原子，占据晶格上的某些位置。由于硼原子最外层有三个价电子，其中三个价电子分别与邻近的三个硅原子组成完整的共价键，而与其相邻的另一个硅原子的共价键中则缺少一个价电子，出现了一个空穴。其他共价键中的价电子很容易填充这个空穴，使三价的硼原子获得一个电子，而变成带负电的负离子，同时，在邻近共价键中产生一个空穴，如图 2.6(a)所示。由于三价硼原子中的空穴吸引电子，起着接受电子的作用，故称为受主原子，或受主杂质。在本征半导体中，每掺入一个硼原子就可以提供一个空穴。这样，在掺入硼原子的半导体中，空穴的数目远远大于本征激发

所产生电子的数目，空穴成为多数载流子，而电子则成为少数载流子。同样，参与导电的主要是空穴，故这种半导体称为空穴型半导体。在室温条件下，P 型半导体中的受主杂质电离为带正电的空穴和带负电的受主离子，同时还有少数本征激发产生的自由电子和空穴，其结构示意图如图 2.6(b)所示。

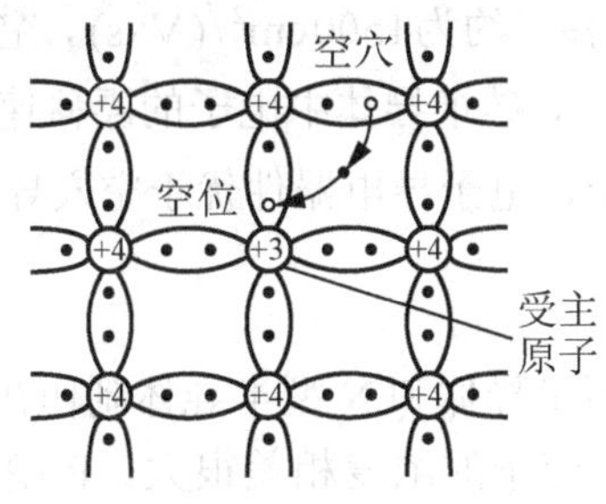

(a) P 型半导体共价键结构图

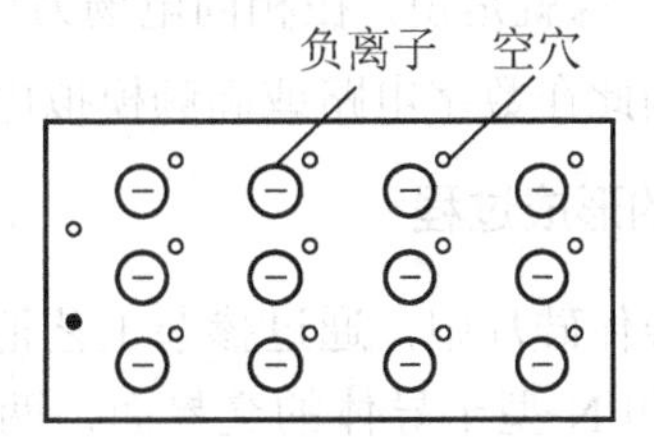

(b) P 型半导体结构示意图

图 2.6 P 型半导体

总之，在 P 型半导体中多数载流子是空穴，主要由掺杂的浓度决定，尽管杂质原子含量很少，但对半导体的导电能力却有很大的影响；自由电子是少数载流子，由本征激发产生，尽管其浓度很低，但对温度非常敏感，会影响半导体器件的性能。

不论是 N 型半导体还是 P 型半导体，其整体对外仍保持电中性。

2.2 PN 结的形成及其单向导电性

采用不同的掺杂工艺，通过扩散作用，将 P 型半导体与 N 型半导体制作在同一块半导体(通常是硅或锗)基片上，在它们的交界面所形成的空间电荷区称为 PN 结。PN 结具有单向导电性。

2.2.1 PN 结的形成

1. 载流子的扩散运动和漂移运动

半导体受到本征激发时，载流子将作随机的无定向移动，在任意方向的平均速度都为零。但由于制造工艺等原因，致使在半导体某一特定区域内载流子的浓度产生差异，载流子就会由浓度高的区域向浓度低的区域运动，这种运动称为扩散运动。载流子的扩散运动可以形成扩散电流，如果没有外来载流子的注入或电场的作用，晶体内的载流子浓度趋于均匀，直至扩散电流为零。

如果在晶体两端加上外加电场，半导体内部载流子无规律的热运动被破坏，载流子将在电场力的作用下做定向移动，这种由于电场作用而导致的载流子的运动称为漂移运动。空穴的运动方向和外加电场方向相同；而电子的运动方向则和外加电场方向相反。载流子的漂移速度与电场强度 E 成正比，分别用 V_n 和 V_p 表示电子和空穴的漂移速度，则有

$$V_n = -\mu_n E \tag{2.1}$$

式中，μ_n 为比例系数，称为自由电子迁移率；负号表明电子漂移运动的方向与电场方向相反。

同理，空穴的漂移速度为

$$V_p = \mu_p E \tag{2.2}$$

在室温 300K 情况下，硅半导体中的电子迁移率约为$1500\,\mathrm{cm^2/(V \cdot s)}$，空穴迁移率约为$475\,\mathrm{cm^2/(V \cdot s)}$。也就是说，在相同电场力作用下，硅半导体中电子的漂移速度是空穴漂移速度的 3 倍，因此在数字电路或高频模拟电路中，电子导电器件优于空穴导电器件。

2．PN 结的形成过程

同一块半导体硅片中，通过掺杂工艺把 P 型半导体和 N 型半导体制作在一起。这样，在 P 型半导体和 N 型半导体的交界面，两种载流子的浓度相差很大。P 型区内空穴的浓度高，而 N 型区内自由电子的浓度高。于是，多数载流子作扩散运动，形成扩散电流，如图 2.7 所示。同时，在两种杂质半导体的交界面自由电子与空穴复合，因此在交界面附近多数载流子的浓度迅速降低，P 区出现带负电的杂质离子，N 区出现带正电的杂质离子，由于物质结构的关系，这些杂质离子被固定在晶格上不能移动，就形成了空间电荷区，也就是 PN 结。在空间电荷区内，载流子浓度很低，因此又称为耗尽层，电阻率极高。P 区一侧带负电，而 N 区一侧带正电，就形成了一个由 N 区指向 P 区的内电场，如图 2.8 所示。扩散运动越剧烈，空间电荷区越宽，内电场也就越强。

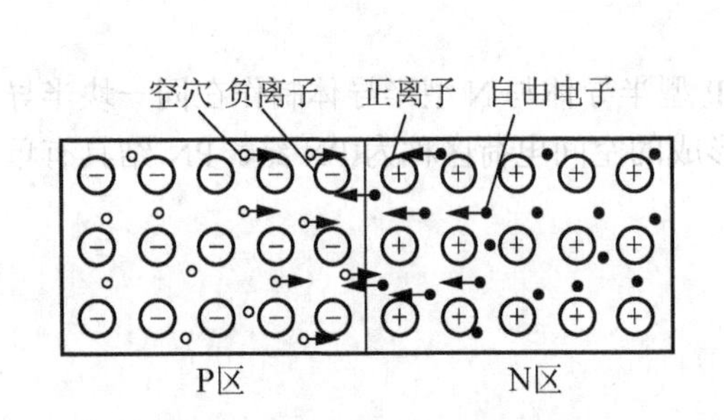

图 2.7　由载流子浓度差产生的扩散运动

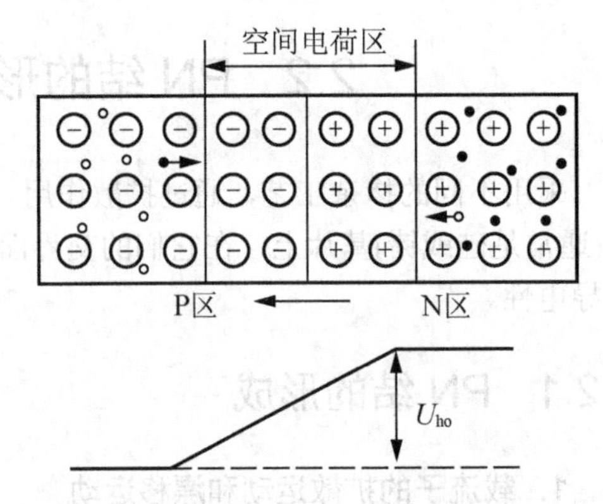

图 2.8　在内电场的作用下产生的漂移运动

内电场的存在阻碍了多数载流子的扩散运动，促进了少数载流子的漂移运动，形成漂移电流，如图 2.8 所示。由于漂移运动和扩散运动的方向相反，它补充了原来交界面上复合的载流子，使空间电荷量减少，耗尽层变窄。

在无外电场和其他激发作用下，参与扩散运动的多子数目和参与漂移运动的少子数目相等，最终达到动态平衡，形成 PN 结。空间电荷区的宽度不再发生变化，电流为零，空间电荷区也称为势垒区。

2.2.2　PN 结的单向导电性

PN 结外加正向电压时，处于导通状态，呈现低阻特性；PN 结外加反向电压时，处于截止状态，呈现高阻特性。这就是 PN 结的单向导电性。

1．PN 结外加正向电压

将 PN 结的 P 区接电源正极， N 区接电源负极，这种连接方式称为 PN 结外加正向电压，又称 PN 结正向偏置，如图 2.9 所示。当 PN 结处于正向偏置时，外电场和内电场的方向相反。P 区的空穴和 N 区的自由电子在外电场的作用下向空间电荷区移动，破坏了空间电荷区的平衡状态，使空间电荷区的电荷量减少，空间电荷区变窄，起到削弱内电场的作用。这种情况有利于多数载流子的扩散运动，不利于少数载流子的漂移运动。扩散电流起主导作用，漂移电流很小，此时外电路电流近似等于扩散电流，又称正向电流。

PN 结正向偏置时，在一定范围内，正向电流随着外电场的增强而增大，正偏的 PN 结表现为一个阻值很小的电阻，呈现低阻特性，此时称 PN 结导通。PN 结正向导通时压降很小，理想情况下，可认为 PN 结正向导通时的电阻为零，所以导通时的压降也为零。正向电流的大小主要由外加电压 V 和电阻 R 的大小来决定。电阻 R 可以限制回路电流，防止 PN 结因正向电流过大而损坏。

由少数载流子形成的漂移电流，其方向与扩散电流相反，且数值很小，可以忽略不计。

2．PN 结外加反向电压

将 PN 结的 P 区接电源负极，N 区接电源正极，这种连接方式称为 PN 结外加反向电压，又称 PN 结反向偏置，如图 2.10 所示。PN 结加反向电压时，外电场与内电场方向相同，PN 结内部扩散和漂移运动的平衡被破坏。P 区的空穴和 N 区的自由电子由于受外电场作用将背离空间电荷区，使空间电荷量增加，空间电荷区变宽，内电场加强。此时，多数载流子的扩散运动减弱，少数载流子的漂移运动增强。PN 结中的电流主要由漂移电流决定。这种由少数载流子的漂移运动所形成的电流称为 PN 结的反向电流。

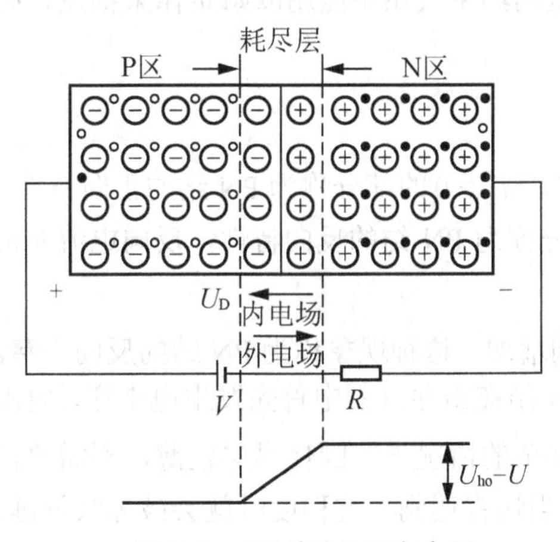

图 2.9　PN 结外加正向电压

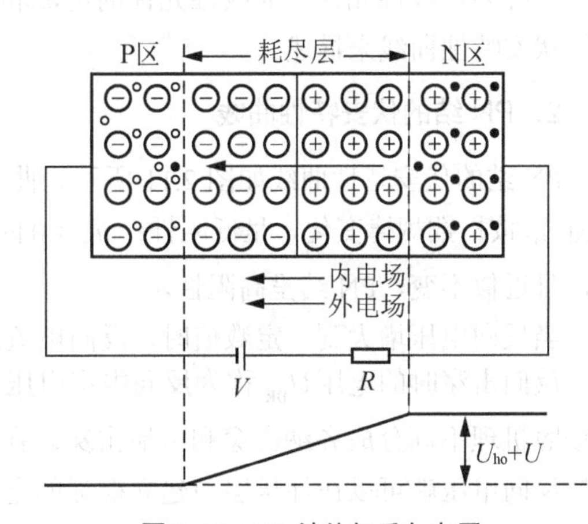

图 2.10　PN 结外加反向电压

在一定温度下，少数载流子的数目是一定的，且数值很小。因此在一定范围内，反向电流也极小，且近似为一定值，不随外加反向电压的变化而变化，所以该电流称为反向饱和电流，用 I_S 表示。当外界温度发生变化时，PN 结的反向饱和电流会随着温度的上升而增大。

PN结反向偏置时，呈现出一个阻值很大的电阻，即高阻状态。理想情况下，反向电阻为无穷大，基本上不导电，称PN结截止。

由以上分析可知，PN结的导电能力与PN结所加电压的极性有关。当外加正向电压时，PN结导通，其电阻很小，正向电流与外加电压和电阻有关；当外加反向电压时，PN结截止，反向饱和电流很小，可以忽略不计，PN结的这种导电特性称为PN结的单向导电性。

2.2.3 PN结的伏安特性

1. PN结的电流方程

PN结的偏置电压u_D与流过PN结的电流i_D之间的关系为

$$i_D = I_S\left(e^{\frac{u_D}{U_T}} - 1\right) \tag{2.3}$$

式中，I_S为PN结的反向饱和电流；U_T为热力学温度T的温度电压当量，其表达式为

$$U_T = \frac{kT}{q} \tag{2.4}$$

式中，q为电子电量；T为热力学温度；k为玻耳兹曼常数。在常温T=300K时，温度电压当量$U_T \approx 26\text{mV}$。

由式(2.3)可知，PN结外加正向电压，且满足$u_D >> U_T$时，流过PN结的电流$i_D \approx I_S e^{\frac{u_D}{U_T}}$，近似服从指数规律变化；PN结外加反向电压，且满足$|u_D| >> U_T$时，$i_D \approx -I_S$。流过PN结的电流和电压的约束关系不像电阻元件那样是线性关系，而是非线性关系，具有这种特性的元件称为非线性元件。非线性元件的电流和电压的约束关系不能用欧姆定律来描述，必须用伏安特性曲线来描述。

2. PN结的伏安特性曲线

PN结的伏安特性曲线如图2.11所示。曲线中，$u_D > 0$的部分称为PN结的正向特性，i_D随u_D按指数规律变化，呈低阻性；$u_D < 0$的部分称为PN结的反向特性，反向电流非常小，且近似不变，PN结呈高阻性。

当反向电压增大到一定数值时，反向电流急剧增加，这种现象称为PN结的反向击穿。发生反向击穿时的电压U_{BR}称为反向击穿电压。PN结在击穿过程中首先发生电击穿，电击穿按照机理不同分成齐纳击穿和雪崩击穿。在高掺杂的情况下，因耗尽层较薄，不需要很大的反向电压就可以在耗尽层中建立很强的电场。当场强达到一定程度时就会破坏共价键，把中性原子中的价电子直接从共价键中拉出来，产生新的电子–空穴对，致使反向电流急剧增加，这种击穿称为齐纳击穿。如果掺杂浓度较低，耗尽层较厚，当反向偏置电压较大时，耗尽层的电场会使自由电子的漂移速度加快，当速度达到一定程度时，其动能足以把束缚在共价键中的价电子碰撞出来。产生新的电子–空穴对。如此连锁反应，使耗尽层中的载流子数量急剧增加，像雪崩一样，致使反向电流急剧增加，这种击穿称为雪崩击穿。

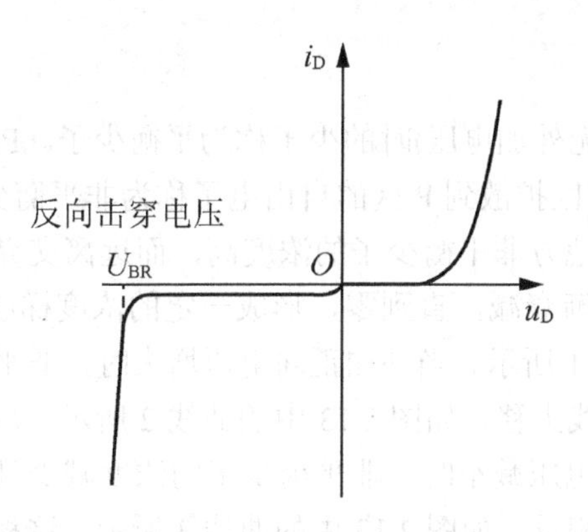

图 2.11　PN 结的伏安特性曲线

硅材料的 PN 结反向击穿电压在 4V 以下为齐纳击穿；PN 结反向击穿电压在 7V 以上为雪崩击穿；PN 结在 4～7V 之间两种击穿均可发生。发生电击穿后，只要 PN 结反向电流不是很大，减小 PN 结反向偏置电压就可以恢复反向击穿前的状态，不至于破坏 PN 结。但如果反向击穿电流过大，PN 结会因过热而发生热击穿，将会造成 PN 结的永久性损坏。

2.2.4　PN 结的电容效应

PN 结两侧的电压变化时，会引起 PN 结内电荷的变化，这种现象类似电容器的充放电过程，因此，PN 结具有一定的电容效应。根据产生的机理不同，分为势垒电容和扩散电容。

1．势垒电容 C_b

当 PN 结的外加电压变化时，空间电荷区的宽度也随之变化，即耗尽层的电荷量随外加电压而增大或减少，这种现象与电容器的充放电过程相似，如图 2.12 所示。这种由空间电荷区的宽度随外加电压变化所等效的电容称为势垒电容，通常用 C_b 表示。C_b 的大小与结面积、耗尽层宽度、偏置电压有关，具有非线性。变容二极管就是利用 PN 结加反向电压时，C_b 随反向电压变化的特性而制成的。

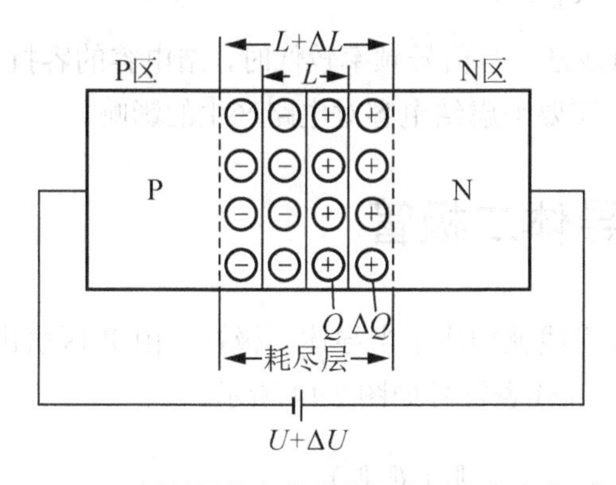

(a) 耗尽层的电荷随外加电压发生变化

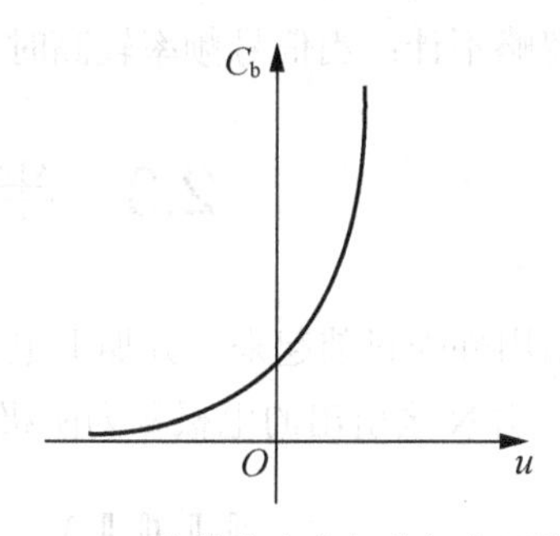

(b) PN 结势垒电容与外加电压的关系

图 2.12　PN 结的势垒电容

2. 扩散电容 C_d

PN 结处于平衡状态(无外加电压)时的少子称为平衡少子。PN 结正向偏置时，从 P 区扩散到 N 区的空穴和从 N 区扩散到 P 区的自由电子称为非平衡少子。当外加正向电压一定时，靠近耗尽层交界面的地方非平衡少子的浓度高，而远离交界面的地方非平衡少子的浓度低，且浓度自高到低逐渐衰减，直到零，形成一定的浓度梯度(浓度差)，因而形成扩散电流，如图 2.13 中的曲线 1 所示。当外加正向电压增大时，非平衡少子的浓度增大且浓度梯度也增大，浓度分布曲线上移，如图 2.13 中的曲线 2 所示。从外部来看，扩散电流也就是正向电流增大。当外加电压减小时，非平衡少子的浓度减少且浓度梯度也减小，浓度分布曲线向下移，变化过程相反，如图 2.13 中的曲线 3 所示。这种非平衡少子的浓度随外加正向电压的变化所等效的电容效应称为扩散电容，用 C_d 表示。

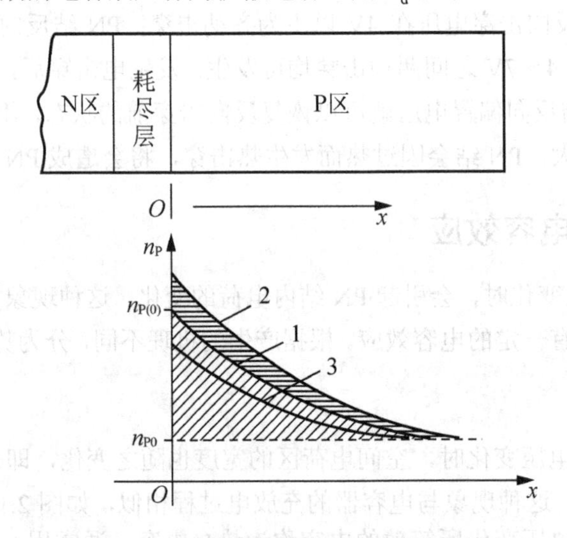

图 2.13　P 区少数载流子浓度分布曲线

PN 结的结电容是势垒电容和扩散电容之和，即

$$C_j = C_b + C_d \tag{2.5}$$

结电容一般很小，通常为几皮法到几百皮法。当信号频率较低时，结电容的容抗很大，其作用可以忽略不计；当信号频率较高时，需要考虑结电容对电路产生的影响。

2.3　半导体二极管

将 PN 结用外壳封装起来，并加上电极引线就构成了半导体二极管。由 P 区引出的电极称为阳极，由 N 区引出的电极称为阴极。其代表符号如图 2.14 所示。

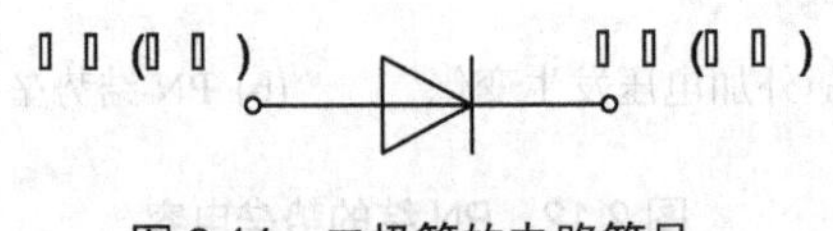

图 2.14　二极管的电路符号

本节主要介绍二极管的结构、特性、主要参数及基本电路的分析方法。

2.3.1　二极管的结构

半导体二极管按其结构的不同，可分为点接触型、面接触型和平面型，其结构示意图如图 2.15 所示。

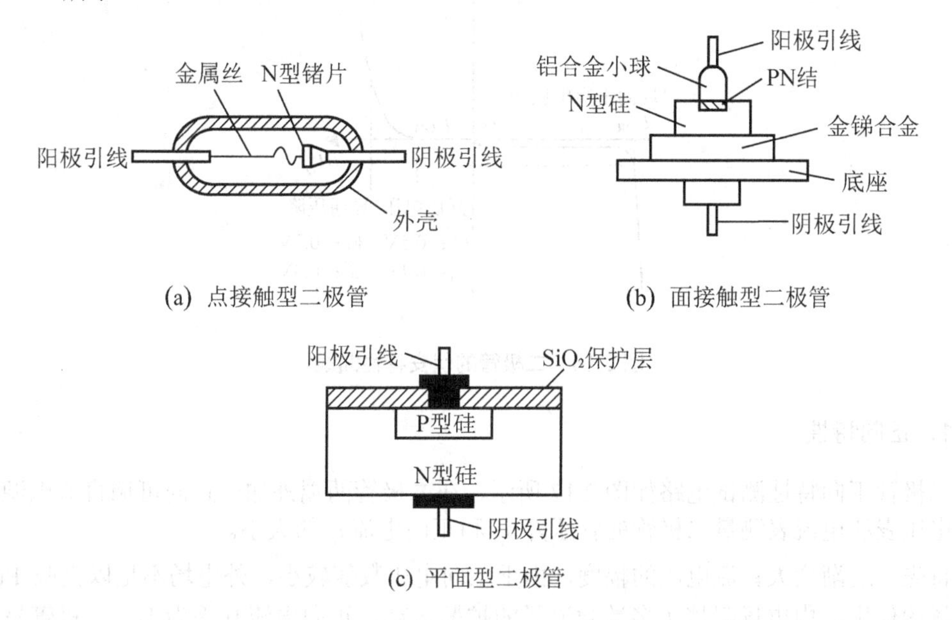

图 2.15　二极管结构示意图

图 2.15(a)所示的点接触型二极管 PN 结面积小，PN 结的极间电容小，适用于高频电路和开关电路。与面接触型二极管相比，点接触型二极管的正向特性和反向特性都差，不能承受高的反向电压和大电流，不适用于大电流和整流电路。但其构造简单，价格便宜，因而广泛应用于小信号的检波、整流、调制、混频和限幅等一般用途。

图 2.15(b)所示的面接触型二极管结面积大，可承受较大的电流，极间电容大，适用于低频整流电路。

图 2.15(c)所示的平面型二极管是一种特制的硅二极管，它不仅能通过较大的电流，而且性能稳定可靠，多用于开关、脉冲及高频电路中，是集成电路中常见的一种形式。

2.3.2　二极管的伏安特性

与 PN 结一样，二极管具有单向导电性，其特性曲线与 PN 结的伏安特性曲线相似，但略有区别。这主要是因为二极管存在半导体体电阻和引线电阻。当外加相同正向电压时，半导体二极管的正向电流比理想 PN 结的正向电流小；或者说，当正向电流相同时，二极管的正向压降比理想 PN 结的正向压降大。外加反向电压时，由于二极管表面存在漏电流，因此二极管的反向电流比 PN 结的反向电流大。

在近似分析时，仍可用 PN 结的电流方程式(2.3)和式(2.4)来描述二极管的伏安特性。

用实验的方法，在二极管阳极和阴极加上不同极性和不同数值的电压，同时测量流过二极管的电流值，就可以得到二极管的伏安特性曲线，如图 2.16 所示。该曲线是非线性的，可分为正向特性、反向特性和反向击穿特性三个部分。

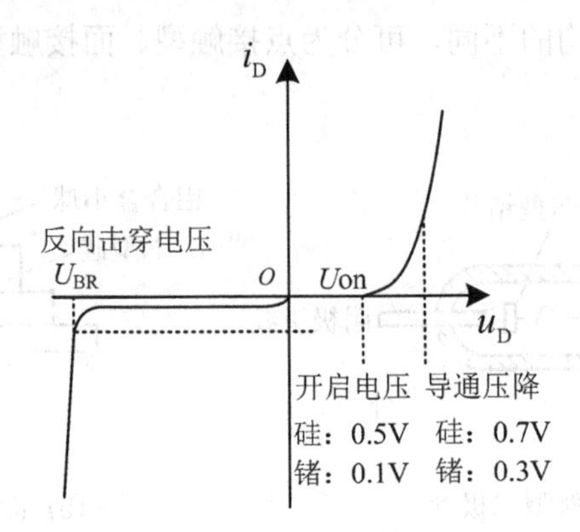

图 2.16 二极管的伏安特性曲线

1. 正向特性

二极管正向特性测试电路如图 2.17 所示，在二极管两端外加一正向可调直流电源，分别用电压表和电流表测量二极管的管压降 u_D 和正向电流 i_D 的大小。

首先，逐渐增大直流电压的幅度，由于正向电压数值较小，外电场不足以克服 PN 结内电场的作用，内电场阻挡了多数载流子的扩散运动，正向电流几乎为零，二极管呈现出一个大电阻。当二极管的正向电压超过某一值时，内电场大大削弱，正向电流从零开始随正向电压按指数规律增大，二极管导通。这个使二极管刚开始导通的电压 U_{on} 称为二极管的开启电压，或称死区电压。二极管开启电压的大小与二极管的材料和温度等因素有关。一般硅二极管的开启电压约为 0.5V，锗二极管的开启电压约为 0.1V。

二极管正向导通后，其管压降变化很小。一般认为硅二极管的正向导通压降为 0.6～0.8V，一般取 $U_D = 0.7V$；锗二极管的正向导通压降为 0.1～0.3V，一般取 $U_D = 0.2V$。

2. 反向特性

二极管反向特性测试电路如图 2.18 所示，在二极管两端外加一反向可调直流电源，分别用电压表和电流表测量二极管两端电压和反向电流的大小。

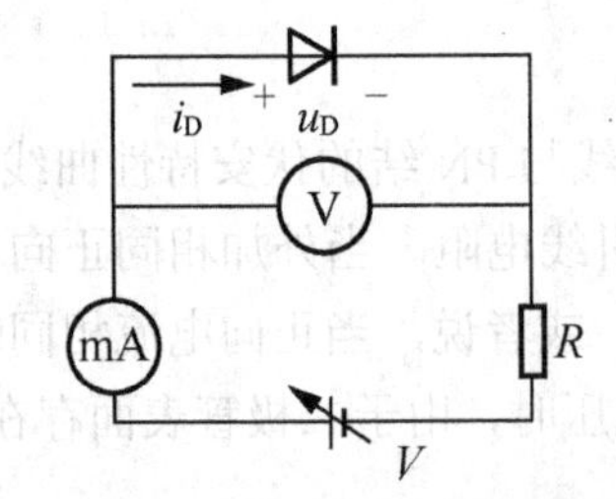

图 2.17 二极管正向特性测试电路

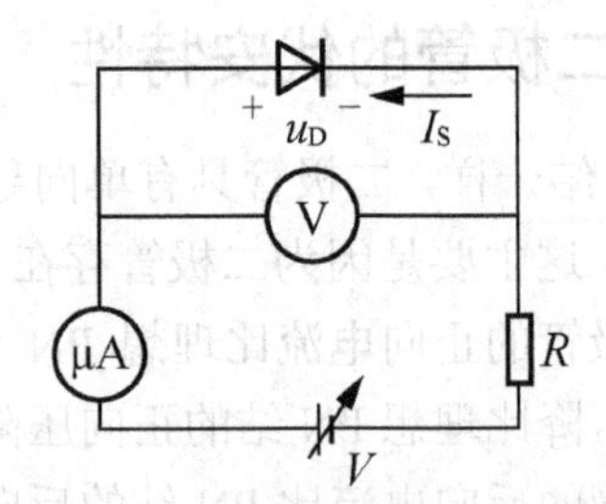

图 2.18 二极管反向特性测试电路

P 型半导体和 N 型半导体中的少数载流子在反向电压的作用下，通过 PN 结形成反向电流。由于少数载流子数目很少，且和环境温度有关，因此反向电流很小，基本不随外加反向电压的变化而变化，近似为常数，称为反向饱和电流，用I_S表示。

一般来说，由于半导体材料锗在室温条件下的载流子浓度比硅要高，因此锗管的反向饱和电流比硅管的反向电流大。硅二极管和锗二极管的伏安特性曲线对比如图 2.19 所示。当环境温度升高时，半导体受热激发，少数载流子数目增加，反向电流也将随之升高。

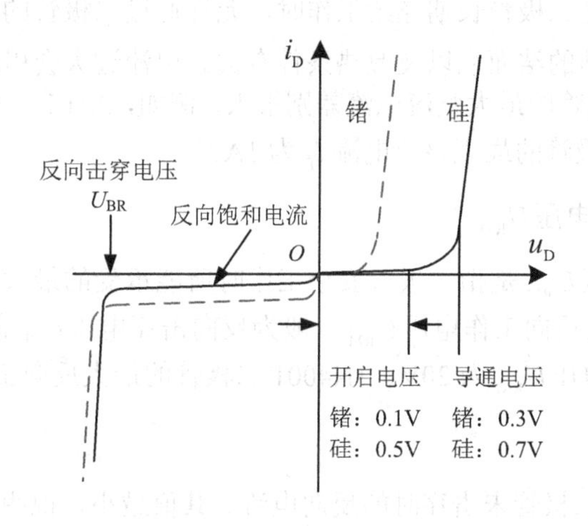

图 2.19 硅二极管和锗二极管伏安特性曲线对比

3．反向击穿特性

随着反向电压的不断增加，反向饱和电流的大小起初没有多大变化。但当反向电压增大到一定数值时，反向电流剧增，称为二极管的反向击穿。发生反向击穿时，二极管两端的反向电压称为反向击穿电压，用U_{BR}表示。二极管反向击穿部分的特性曲线比较陡直，即二极管反向电压变化不大，而反向电流数值变化很大，因此二极管具有稳压特性。不同型号二极管的反向击穿电压差别较大，从几伏到几千伏。

二极管对温度很敏感，当环境温度升高时，二极管的正向导通压降U_D下降，反向饱和电流增大，反向击穿电压U_{BR}减小。因此，二极管正向特性曲线左移，反向特性曲线下移，如图 2.20 所示。

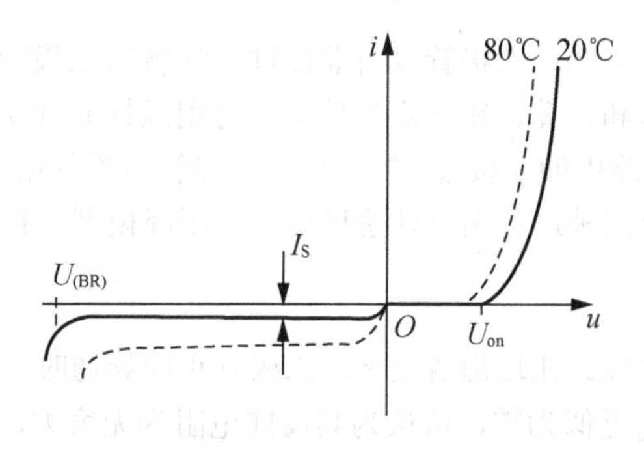

图 2.20 温度对二极管伏安特性曲线的影响

2.3.3 二极管的主要参数

二极管的参数是描述二极管电性能的指标，是正确选用二极管的依据。半导体二极管的主要参数有最大整流电流 I_F、最大反向工作电压 U_{RM}、反向电流 I_R 和最高工作频率 f_M。

1．最大整流电流 I_F

最大整流电流 I_F 是二极管长期连续工作时，允许通过二极管的最大正向平均电流。其数值大小主要和 PN 结的结面积以及散热条件有关。电流过大会引起管子发热，致使二极管烧坏。不同型号二极管的最大整流电流差别很大。例如，2AP1 二极管的最大整流电流 I_F 为 16mA，1N4001 二极管的最大整流电流 I_F 为 1A。

2．最大反向工作电压 U_{RM}

最大反向工作电压 U_{RM} 是指二极管安全工作时所能承受的最大反向电压。在实际使用过程中，二极管的最大反向工作电压 U_{RM} 一般为反向击穿电压 U_{BR} 的一半。例如，2AP1 二极管的最大反向工作电压 U_{RM} 为 20V，1N4001 二极管的最大反向工作电压 U_{RM} 为 50V。

3．反向电流 I_R

反向电流 I_R 是指二极管未击穿时的反向电流。其值越小，说明二极管的单向导电性越好。例如，2AP1 二极管的反向电流 $I_R \leqslant 250\mu A$，1N4001 二极管的反向电流 $1\mu A \leqslant I_R \leqslant 50\mu A$。反向电流的大小对温度很敏感，因此在使用时要注意温度的影响。

4．最高工作频率 f_M

最高工作频率 f_M 是指二极管工作的上限频率。工作频率超过 f_M 时，二极管的单向导电性变差。二极管的最高工作频率主要由 PN 结的结电容大小决定。例如，2AP1 二极管的最高工作频率 f_M 为 150MHz。

在实际应用中，应根据管子所使用的场合，按其承受的最大反向工作电压、最大整流电流、最高工作频率及环境温度等条件选择满足要求的二极管。同时，应特别注意二极管使用手册中各个参数的测量条件，当使用条件与测量条件不同时，参数也会发生变化。

2.3.4 二极管的等效电路

由二极管的伏安特性可知，二极管具有非线性，这就给二极管应用电路的分析和设计带来困难。为了方便分析和计算，在一定条件下，可用线性元件所构成的电路来模拟二极管的特性，并用它代替电路中的二极管。能够模拟二极管特性的电路称为二极管等效模型。常用的二极管等效模型有四种，分别是理想模型、恒压降模型、折线模型和小信号模型。

1．理想模型

二极管具有单向导电性。在理想情况下，二极管正向导通时，管压降 $U_D = 0$；二极管反向截止时，反向电流 I_S 近似为零，可认为其反向电阻为无穷大，二极管在电路中的作用相当于理想开关。根据这一特性所建立的模型，称为理想模型，如图 2.21 所示。

在二极管的理想模型中忽略了二极管的正向导通压降和反向电流。当电路中信号幅值远远大于二极管的正向压降时，使用理想模型可以简化电路。

2. 恒压降模型

二极管的恒压降模型如图 2.22 所示。在恒压降模型中，二极管是用一个理想二极管串联一个恒压源表示。当二极管处于完全导通状态时，其管压降可以认为是恒定不变的，基本不随正向电流的变化而变化。当二极管反向截止时，反向电阻无穷大，反向电流为零。工程近似计算中，对于硅二极管可取 $U_{on}= U_D$=0.7V，对于锗二极管可取 $U_{on}= U_D$= 0.3V。

当二极管正向电流 i_D 大于或等于 1mA 时，恒压降模型提供了合理的近似，因此其应用十分广泛。

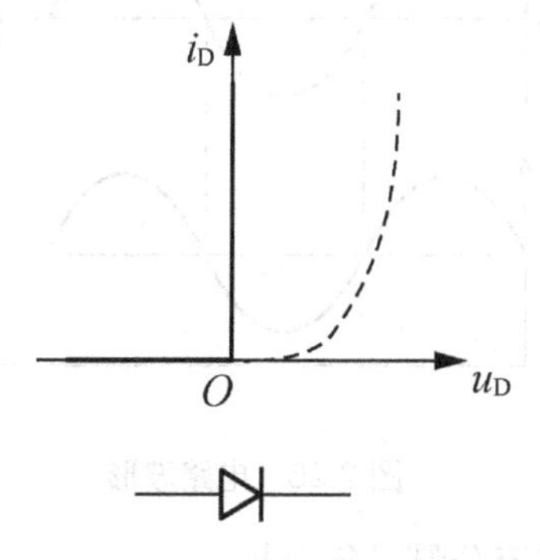

图 2.21　二极管的理想模型

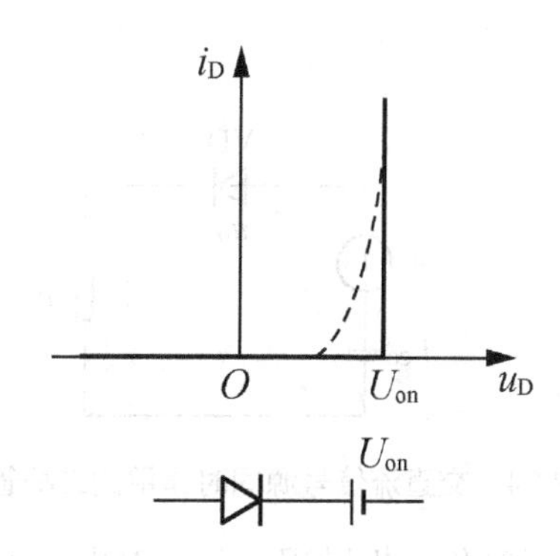

图 2.22　二极管的恒压降模型

3. 折线模型

折线模型是用两条折线来表示二极管的伏安特性曲线，用一个理想二极管串联一个恒压源 U_{on} 和一个电阻 r_D 来表示二极管，其中 $r_D = \Delta U / \Delta I$ 。表明当正向电压小于开启电压 U_{on} 时，二极管的正向电流 i_D 为零。当二极管的正向电压大于开启电压 U_{on} 后，流过二极管的电流 i_D 与二极管两端的电压 u_D 成线性关系，斜率为 $\dfrac{1}{r_D}$ 。二极管的折线模型如图 2.23 所示。

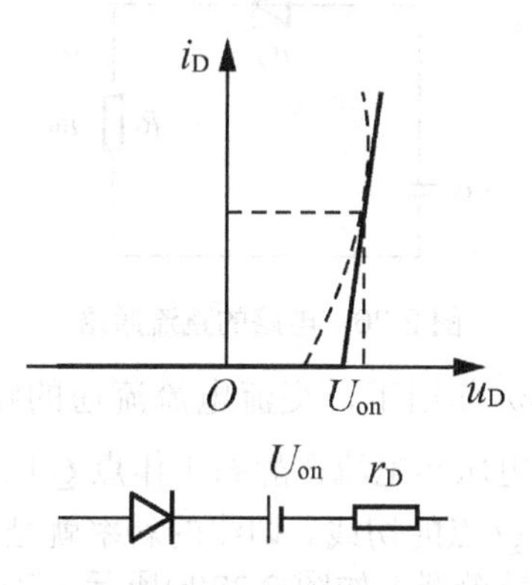

图 2.23　二极管的折线模型

以上三种模型中，当电源电压远大于二极管管压降时，恒压降模型不但能够简化电路分析过程，还能够得到合理的结果。但当电源电压较低时，则折线模型更接近二极管的实际工作情况。理想模型通常用于计算精度不高的电路分析中。正确选择器件的模型，是电路分析的基本要求。

4. 小信号模型

交直流信号源共同作用的二极管实际电路如图 2.24 所示，在交流信号 u_s 幅值较小且频率较低的情况下，电路中既有直流分量，又含有交流分量。电阻 R 两端电压 u_R 的波形如图 2.25 所示，它是在一定直流电压的基础上叠加一个与 u_s 一样的正弦波，其幅值由电路实际参数决定。

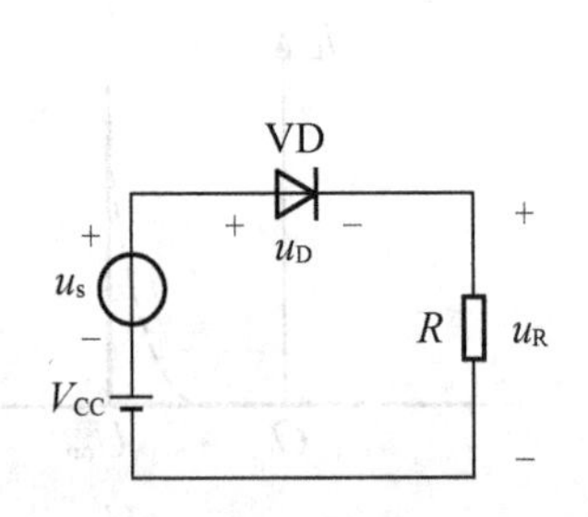

图 2.24　交直流信号源同时作用的二极管实际电路

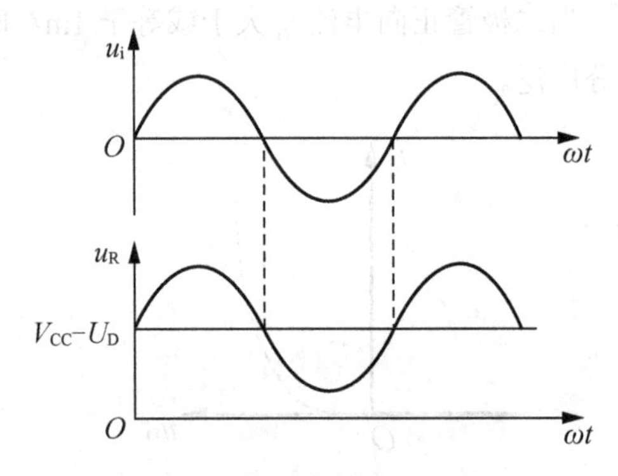

图 2.25　电路波形

为了简化分析过程，分别对电路中的直流分量和交流分量进行分析。

当输入信号 $u_s=0$ 时，放大电路的工作状态称为静态或直流工作状态。直流电流流通的路径称为电路的直流通路，如图 2.26 所示。通过求解直流通路可以确定二极管的静态工作电压 U_D 和静态工作电流 I_D。由 U_D 和 I_D 所确定的二极管伏安特性曲线上的点，称为二极管的静态工作点 $Q(U_D,I_D)$。将二极管等效为恒压降模型，取 $U_D=0.7\text{V}$，则

$$I_D=\frac{V_{CC}-U_D}{R}=\frac{V_{CC}-0.7}{R}$$

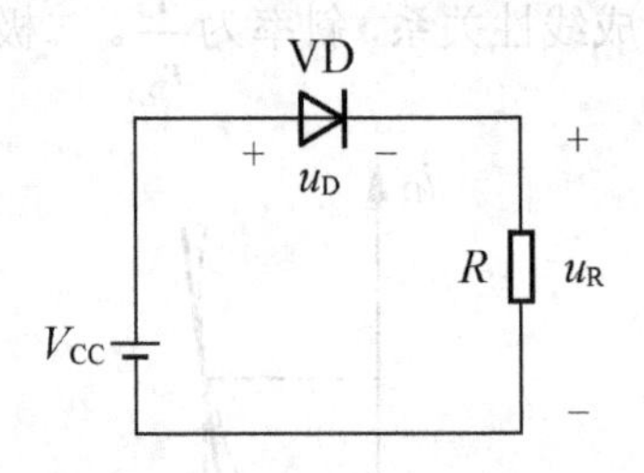

图 2.26　电路的直流通路

在低频小信号 $u_s=U_m\sin\omega t$ 作用下，交流电流流通的路径称为电路的交流通路。如图 2.27(a)所示。二极管两端的电压和电流在静态工作点 Q 附近的小范围内变化，此时二极管的伏安特性可以近似为通过 Q 点的切线。切线的斜率就是二极管小信号模型的等效电阻 r_d，并由此得到二极管的小信号模型，如图 2.27(b)所示。等效电阻 r_d 与二极管的静态工作点有关，静态工作点发生变化时，r_d 的数值也会发生变化，因此也称它为动态电阻。

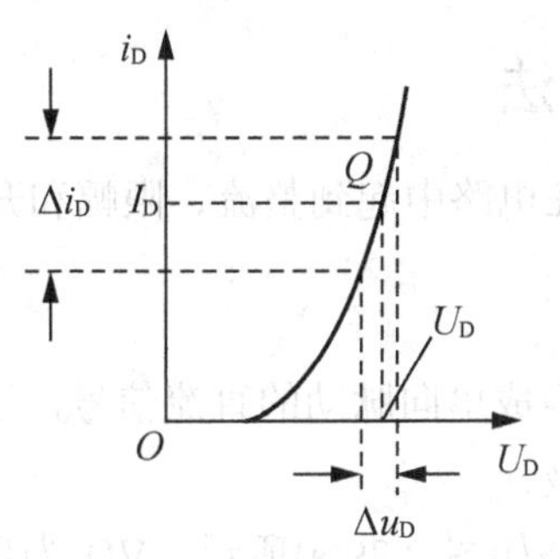

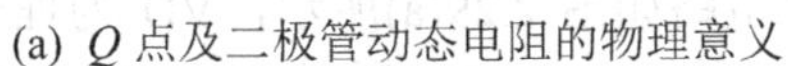

(a) Q 点及二极管动态电阻的物理意义

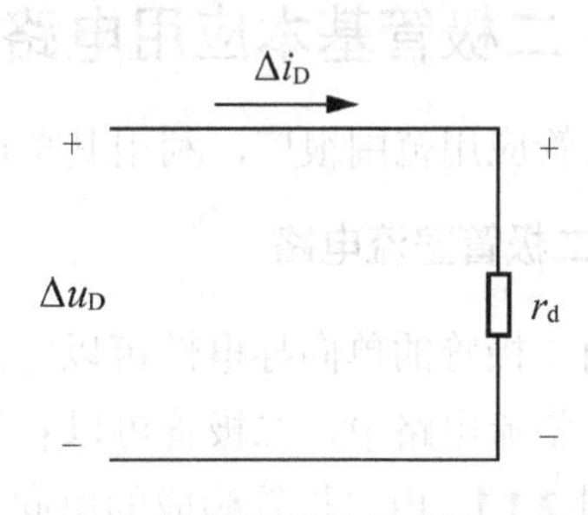

(b) 二极管的动态电阻

图 2.27　二极管的小信号模型

其中，动态电阻 r_d 可以通过 $r_d = \Delta u_D / \Delta i_D$ 求得，也可以从二极管的伏安特性关系中推导出来。由于二极管的端电压 u_D 和电流 i_D 满足 $i_D = I_S\left(e^{\frac{u_D}{U_T}} - 1\right)$，取 i_D 对 u_D 的微分，可以求出二极管的动态电导

$$g_d = \frac{di_D}{du_D} = \frac{d}{du_D}\left[I_s(e^{u_D/U_T} - 1)\right] = \frac{I_s}{U_T}e^{u_D/U_T}$$

在 Q 点处，满足 $u_D >> U_T = 26\text{mV}$，$i_D \approx I_S e^{u_D/U_T}$，则

$$g_d = \frac{I_s}{U_T}e^{u_D/U_T}\bigg|_Q \approx \frac{i_D}{U_T}\bigg|_Q = \frac{I_D}{U_T}$$

由此可得

$$r_d = \frac{1}{g_d} = \frac{U_T}{I_D} = \frac{26(\text{mV})}{I_D(\text{mA})}\text{(常温下，}T = 300\text{K)} \tag{2.6}$$

例如，Q 点上 $I_D = 1\text{mA}$ 时，$r_d = 26\text{mV}/1\text{mA} = 26\Omega$。当二极管处于正向偏置且 $u_D >> U_T$ 时，可采用小信号模型对电路进行分析。

根据二极管的小信号模型画出图 2.24 所示电路的交流通路，如图 2.28 所示，并求出电阻 R 两端的电压和电流的表达式，即

$$u_R = \frac{R}{R + r_d} \times u_s$$

$$i_R = \frac{u_s}{R + r_d}$$

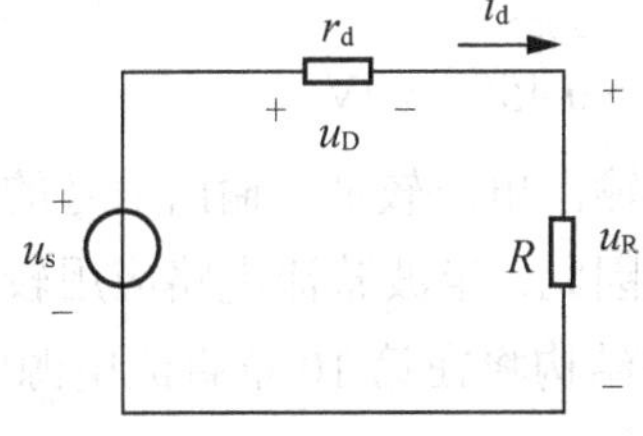

图 2.28　电路的交流通路

2.3.5 二极管基本应用电路及分析方法

二极管应用范围很广，利用其单向导电性，在电路中起到整流、限幅和开关等作用。

1. 二极管整流电路

利用二极管的单向导电性可以将交流信号转换成单向脉动的直流信号，这一过程称为整流。在整流电路中，二极管可以看做是理想二极管。

【例 2.1】 由二极管构成的单向半波整流电路如图 2.29(a)所示，VD 为理想二极管，设输入为工频交流电，电源变压器副边电压有效值$U_{\mathrm{i}}=20\mathrm{V}$，频率$f=50\mathrm{Hz}$。试画出输出电压的波形，并计算输出电压的平均值。

解：由于输入电压有效值为 20V，远远大于二极管的正向导通压降，因此采用二极管的理想模型。在u_{i}的正半周，二极管 VD 导通，相当于短路，输出电压$u_{\mathrm{o}}=u_{\mathrm{i}}$；在$u_{\mathrm{i}}$负半周，二极管 VD 截止，相当于开路，输出电压$u_{\mathrm{o}}=0$，变压器副边电压和输出电压如图 2.29(b)所示。该电路将输入波形的一半过滤掉，输出只剩下输入信号的半个周期，因此称为半波整流电路。

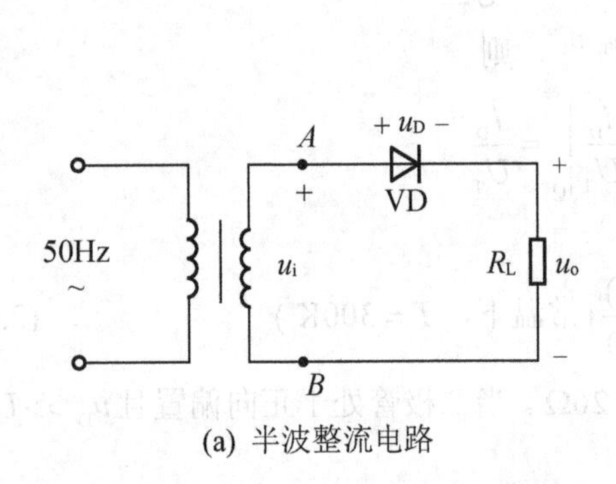

(a) 半波整流电路

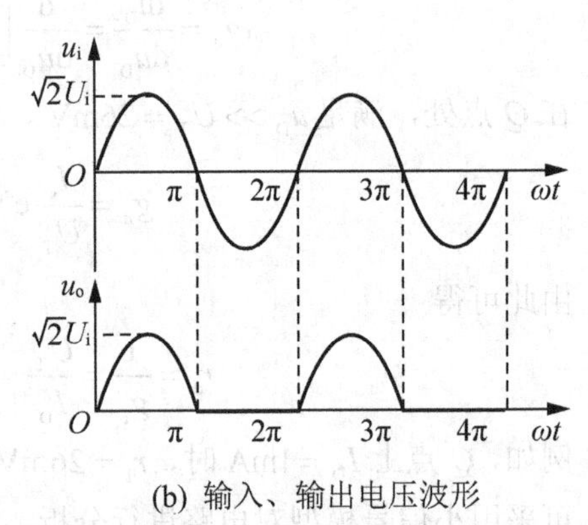

(b) 输入、输出电压波形

图 2.29 半波整流电路和输入、输出电压波形

设输入电压$u_{\mathrm{i}}=\sqrt{2}U_{\mathrm{i}}\sin\omega t$，根据高等数学求平均值的方法，可求出输出电压的平均值为

$$
\begin{aligned}
U_{\mathrm{O(AV)}}&=\frac{1}{2\pi}\int_{0}^{2\pi}\sqrt{2}U_{\mathrm{i}}\sin\omega t\mathrm{d}(\omega t)\\
&=\frac{1}{2\pi}\int_{0}^{\pi}\sqrt{2}U_{\mathrm{i}}\sin\omega t\mathrm{d}(\omega t)=\frac{\sqrt{2}}{\pi}U_{\mathrm{i}}\\
&\approx 0.45U_{\mathrm{i}}=9\mathrm{V}
\end{aligned}
$$

半波整流电路结构简单，但输出电压较低，输出信号的脉动系数较大，整流效率较低，损失了半个周期的正弦波信号。因此，半波整流电路应用较少，为了实现更好的整流效果，一般采用桥式整流电路，其电路结构将在第 10 章直流电源中详细介绍。

若输入信号u_i为高频调幅信号，该电路可实现将调制信号从高频调制信号中提取出来的目的，因此，在无线电技术中，该电路又称为二极管检波电路。

半波整流电路和检波电路的结构完全相同，它们之间的差别主要在工作频率上。半波整流是对 50Hz 的工频交流电进行整流，工作电流较大，应采用低频、高功率的整流二极管；而检波电路的工作频率较高，功率较小，应采用高频小功率管作为检波管。

2. 二极管限幅电路

在电路中，常常采用二极管限幅电路，使信号在预定电压范围内有选择地通过，起到保护元件不会因输入电压过高而损坏的作用。

【例 2.2】 图 2.30 所示为二极管限幅电路，$R = 1\text{k}\Omega$，$V_{\text{REF}} = 2\text{V}$，二极管为硅二极管，输入信号为$u_{\text{I}}$。

(1) 若U_{I}为 5V 的直流信号，分别采用理想模型、恒压降模型计算电流I_{D}和输出电压U_{O}。

(2) 若$u_{\text{I}} = 10\sin\omega t(\text{V})$，分别采用理想模型和恒压降模型求输出电压的波形。

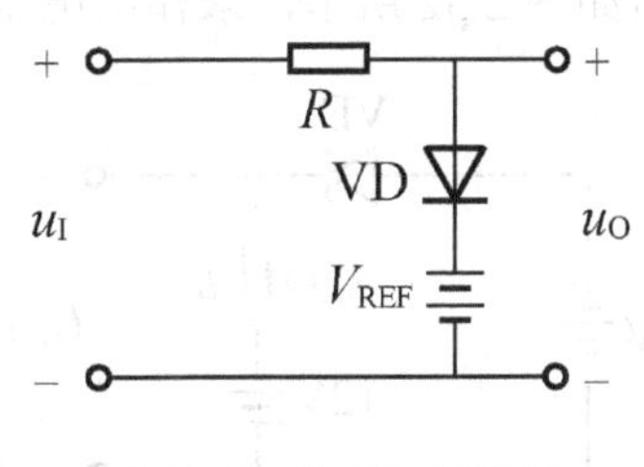

图 2.30　例 2.2 电路图

解：(1) 采用二极管的理想模型，假设先断开二极管 VD，判断二极管阳极电位和阴极电位的大小。如果二极管阳极电位大于阴极电位，则二极管导通；反之，则二极管截止。

在图 2.30 所示的电路中，断开二极管后，二极管阳极电位为 5V，阴极电位为 2V，二极管导通。则：

输出电压为 $$U_{\text{O}} = V_{\text{REF}} = 2\text{V}$$

输出电流为 $$I_{\text{D}} = \frac{U_{\text{I}} - V_{\text{REF}}}{R} = \frac{5\text{V} - 2\text{V}}{1\text{k}\Omega} = 3\text{mA}$$

采用恒压降模型，由于$U_{\text{I}} \geqslant V_{\text{REF}} + 0.7$，二极管导通。则：

输出电压为 $$U_{\text{O}} = V_{\text{REF}} + U_{\text{D}} = 2\text{V} + 0.7\text{V} = 2.7\text{V}$$

输出电流为 $$I_{\text{D}} = \frac{U_{\text{I}} - V_{\text{REF}} - U_{\text{D}}}{R} = \frac{5\text{V} - 2\text{V} - 0.7\text{V}}{1\text{k}\Omega} = 2.3\text{mA}$$

(2) 采用二极管的理想模型时分析如下：当$u_{\text{I}} < V_{\text{REF}}$时，二极管反偏截止，相当于开路，回路无电流，$u_{\text{O}} = u_{\text{I}}$；当$u_{\text{I}} > V_{\text{REF}}$时，二极管导通，相当于短路，$u_{\text{O}} = V_{\text{REF}}$。

采用恒压降模型时分析如下：当$u_{\text{I}} < V_{\text{REF}} + U_{\text{on}}$时，二极管反偏截止，相当于开路，回路无电流，$u_{\text{O}} = u_{\text{I}}$；当$u_{\text{I}} > V_{\text{REF}} + U_{\text{on}}$时，二极管导通，相当于短路，$u_{\text{O}} = V_{\text{REF}} + 0.7\text{V}$。

两种情况下的输入、输出电压波形如图 2.31 所示。

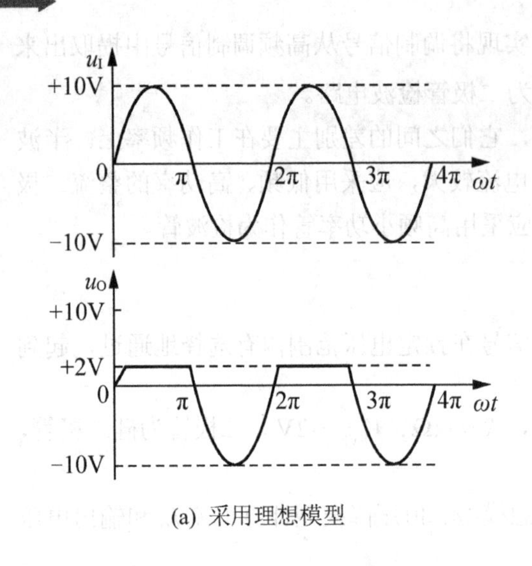

(a) 采用理想模型

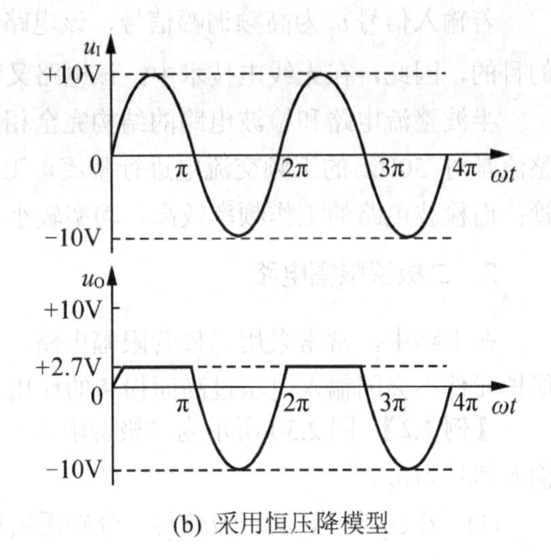

(b) 采用恒压降模型

图 2.31　例 2.2 输入和输出电压波形

【例 2.3】 二极管限幅电路如图 2.32 所示，求输出电压U_{AB}。

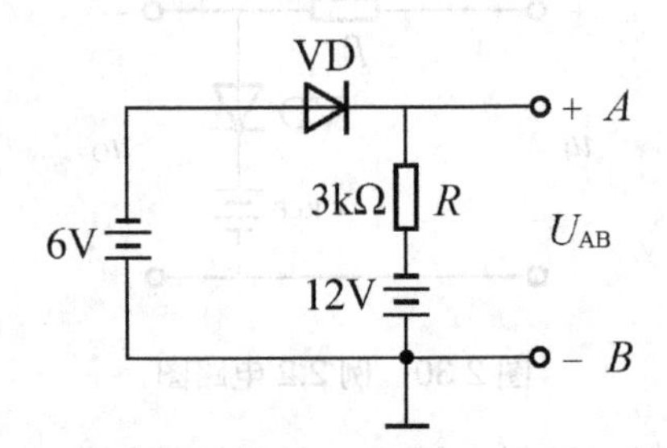

图 2.32　例 2.3 电路图

解：首先判断二极管的工作状态：假设断开二极管，计算二极管阳极和阴极电位。

$U_{阳}=-6V$，$U_{阴}=-12V$，则$U_{阳}>U_{阴}$，二极管导通。

若忽略管压降，二极管可看做短路，输出电压$U_{AB}=-6V$。

若考虑二极管 0.7V 的导通压降，输出电压$U_{AB}=-6V-0.7V=-6.7V$。

二极管在电路中起到钳位的作用，将输出电压钳位在−6.7V。

3．二极管开关电路

在数字电路中，利用二极管的单向导电性可以制作分立元件的二极管与门电路。在分析电路时，先将二极管断开，计算二极管阳极和阴极之间是正向电压还是反向电压，若为正向电压，则二极管导通；反之，则二极管截止。

【例 2.4】 二极管开关电路如图 2.33 所示，采用二极管理想模型，当U_A和U_B分别为 0V 或 3V 时，求解U_A和U_B不同组合时，输出电压U_O的值。

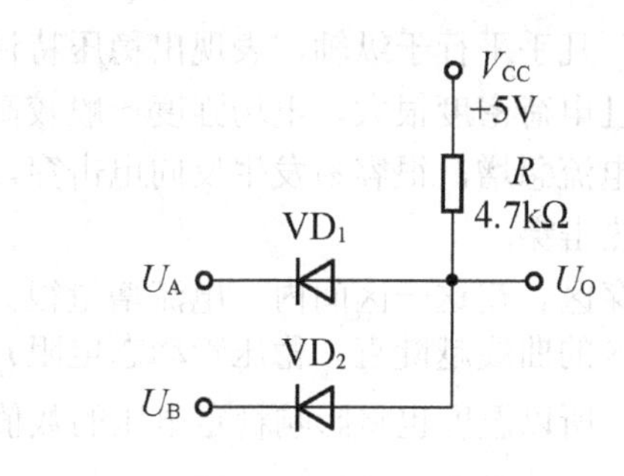

图 2.33 例 2.4 电路图

解：(1) $U_A = U_B = 0V$ 时，二极管 VD_1、VD_2 阳极电位为 5V，阴极电位为 0V，此时二极管 VD_1、VD_2 均导通，输出电压 U_O 被钳位在 0V。

(2) $U_A = 0V, U_B = 3V$ 时，两个二极管的阳极连在一起，阴极电位低的二极管优先导通。二极管 VD_1 由于所承受的正向电压大而优先导通。VD_1 导通后，将输出电压 U_O 钳位在 0V，此时，二极管 VD_2 因承受反向电压而截止。

(3) $U_A = 3V, U_B = 0V$ 时，与情况(2)类似。

(4) $U_A = U_B = 3V$ 时，二极管 VD_1、VD_2 阳极电位为 5V，阴极电位为 3V，此时二极管 VD_1、VD_2 均导通，输出电压 U_O 被钳位在 3V。

将所有可能的结果总结在表 2.1 中。

表 2.1 二极管开关电路

U_A/V	U_B/V	二极管工作状态		U_O/V
		VD_1	VD_2	
0	0	导通	导通	0
0	3	导通	截止	0
3	0	截止	导通	0
3	3	导通	导通	3

由此可以看出，输入电压 U_A 和 U_B 中，只要有一个为 0V，则输出电压为 0V；只有当所有输入端电压均为 3V 时，输出电压才为 3V，这种关系在数字电路中称为“与逻辑”。

2.4 稳压二极管

稳压二极管又称齐纳二极管，掺杂浓度比较高，是一种硅材料制成的面接触型晶体二极管，又称稳压管。稳压管反向击穿后，在一定电流范围内，端电压几乎不变，表现出稳压特性，广泛应用在稳压电路与限幅电路中，其电路符号如图 2.34(a)所示。

2.4.1 稳压二极管的伏安特性

稳压二极管的伏安特性与普通二极管类似，如图 2.34(b)所示。正向特性为指数曲线，

但反向击穿区的曲线非常陡直，几乎平行于纵轴，表现出稳压特性。这是由于稳压管高浓度掺杂，其空间电荷区很窄，且电荷密度很大，电场强度一般较高。当外加反向电压达到反向击穿电压时，稳压管反向电流急增，很容易发生反向电击穿。只要控制反向电流不超过一定值，稳压管就不会发生热击穿。

稳压管正常工作在反向击穿区。在这一区间内，电流增量很大，但电压增量很小，从而起到稳压的作用。反向击穿区的曲线越陡直，稳压管动态电阻 r_Z 越小，稳压效果越好。由于半导体器件具有热敏特性，所以温度也将影响稳定电压的数值。

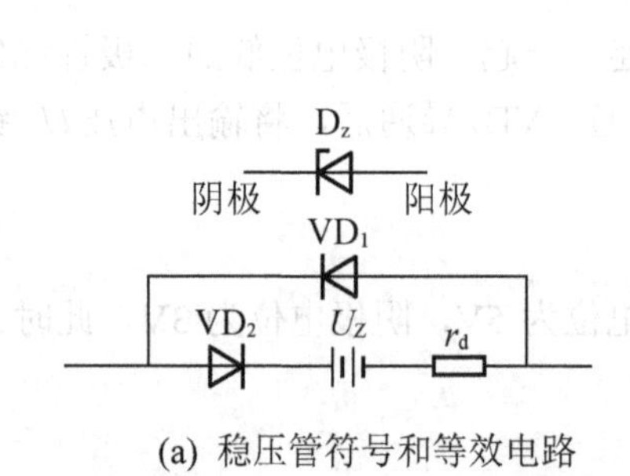

(a) 稳压管符号和等效电路

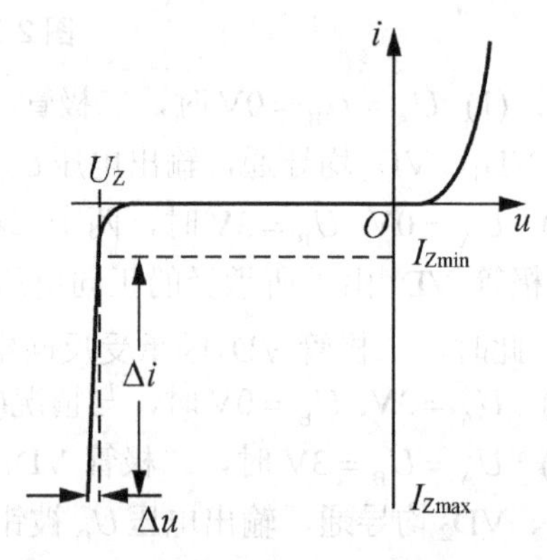

(b) 稳压管的伏安特性曲线

图 2.34 稳压管电路符号和伏安特性曲线

2.4.2 稳压二极管的主要参数

1．稳定电压 U_Z

稳定电压 U_Z 是在规定电流下稳压管的反向击穿电压。

2．稳定电流 I_{Zmin} 和 I_{Zmax}

I_{Zmin} 是稳压管工作在稳压状态时的最小稳定工作电流。当反向电流小于 I_{Zmin} 时，稳压管处于反向截止状态，不具有稳压特性。

I_{Zmax} 是稳压管工作在稳压状态时的最大稳定工作电流。当反向电流大于 I_{Zmax} 时，稳压管可能会发生热击穿而被烧毁。

3．额定功耗 P_{Zmax}

稳压管的额定功耗为

$$P_{Zmax} = U_Z \times I_{Zmax} \tag{2.7}$$

当稳压管的管耗大于 P_{Zmax} 时，管子会因结温过高发生热击穿而被烧毁。对于一只特定的稳压管，可以通过 P_{Zmax} 的值求出 I_{Zmax} 的值，即

$$I_{Zmax} = \frac{P_{Zmax}}{U_Z} \tag{2.8}$$

4．动态电阻r_Z

动态电阻r_Z是稳压管工作在稳压区时，端电压的变化量与其电流变化量之比，即

$$r_Z = \frac{\Delta U_Z}{\Delta I_Z} \tag{2.9}$$

r_Z越小，电流变化时，U_Z的变化越小，稳压效果越好。r_Z的数值一般在几欧到几十欧之间。对于同一只管子，工作电流越大，r_Z越小。

5．温度系数α

温度系数α表示温度变化1℃时稳定电压U_Z的变化量。当稳定电压小于4V时，以齐纳击穿为主，温度系数α为负；当稳定电压大于7V时，以雪崩击穿为主，温度系数α为正；当稳定电压在4～7V之间时，齐纳击穿和雪崩击穿均有，温度系数α近似为零。

稳压管在反向电流小于I_{Zmin}时，不能起到稳压的作用；大于I_{Zmax}时，会超过额定功耗而损坏。因此，稳压管电路中必须串联一个电阻限制电流，以保证稳压管正常工作，这个电阻称为限流电阻。

2.4.3　稳压二极管基本应用电路

稳压管构成的稳压电路如图2.35所示，电路由稳压二极管D_Z、限流电阻R和负载电阻R_L组成。限流电阻R可以保证稳压管工作在反向击穿区，同时保护稳压管不会过流损坏。负载电阻R_L与稳压管两端并联，故称为并联式稳压电路。

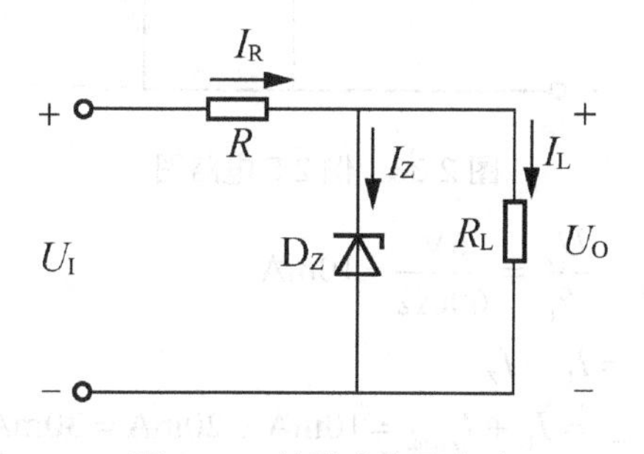

图2.35　并联式稳压电路

1．稳压原理

稳压电路的作用是当输入电压U_I发生变化或负载电阻R_L发生变化时，使输出电压U_O基本保持不变。以下分别针对这两种情况来讨论稳压的原理。

首先讨论输入电压U_I变化，负载电阻R_L不变时的情况。假设U_I变大，输出电压会有相同的变化趋势，即U_O也变大。稳压管两端电压$U_Z=U_O$，由稳压管伏安特性曲线可知，U_Z增大，稳压管工作电流I_Z也随之增大。由基尔霍夫电流定律可知$I_R=I_Z+I_L$，所以I_R增大，U_R增大，从而使U_O有减小的趋势。如果电路参数选择合适，能够使U_R的增量等于U_I的增量，最终U_O将保持不变。其稳压过程如下：

$$U_{\mathrm{I}}\uparrow \rightarrow U_{\mathrm{O}}(U_{\mathrm{Z}})\uparrow \rightarrow I_{\mathrm{Z}}\uparrow \rightarrow I_{\mathrm{R}}\uparrow \rightarrow U_{\mathrm{R}}\uparrow$$
$$U_{\mathrm{O}}\downarrow \leftarrow$$

若输入电压U_{I}不变，负载电阻R_{L}变小，即负载电流I_{L}增大，则电流I_{R}增大，U_{R}增大，输出电压U_{O}减小。而U_{O}减小即U_{Z}减小，会使I_{Z}急剧减小，I_{R}也会减小，U_{O}增大。U_{O}先减小，后增大，最终基本保持不变，其稳压过程如下：

$$R_{\mathrm{L}}\downarrow \rightarrow I_{\mathrm{L}}\uparrow \rightarrow I_{\mathrm{R}}\uparrow \rightarrow U_{\mathrm{R}}\uparrow \rightarrow U_{\mathrm{O}}\downarrow (U_{\mathrm{I}}\text{不变})\rightarrow I_{\mathrm{Z}}\downarrow \rightarrow I_{\mathrm{R}}\downarrow$$
$$U_{\mathrm{O}}\leftarrow U_{\mathrm{R}}\downarrow \leftarrow$$

稳压管之所以能够在电路中起到稳压的作用，是利用稳压管的电流调节作用，通过限流电阻R上电压的变化进行补偿，最终实现稳定输出电压的作用。因此，稳压管的动态电阻越小，伏安特性曲线越陡直，限流电阻R越大，稳压效果就越好。

2. 稳压管应用举例

【例 2.5】 电路如图 2.36 所示，稳压管稳定电压$U_{\mathrm{Z}}=6\mathrm{V}$，$I_{\mathrm{Zmax}}=20\mathrm{mA}$，$I_{\mathrm{Zmin}}=5\mathrm{mA}$，负载电阻$R_{\mathrm{L}}=600\Omega$，$U_{\mathrm{I}}=15\mathrm{V}$，求限流电阻$R$的取值范围。

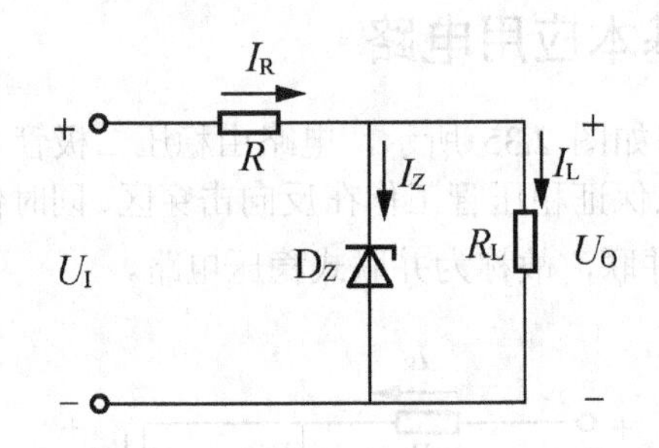

图 2.36　例 2.5 电路图

解：

$$I_{\mathrm{L}}=\frac{U_{\mathrm{Z}}}{R_{\mathrm{L}}}=\frac{6\mathrm{V}}{600\Omega}=10\mathrm{mA}$$
$$I_{\mathrm{R}}=I_{\mathrm{L}}+I_{\mathrm{Z}}$$
$$I_{\mathrm{Rmax}}=I_{\mathrm{L}}+I_{\mathrm{Zmax}}=10\mathrm{mA}+20\mathrm{mA}=30\mathrm{mA}$$
$$I_{\mathrm{Rmin}}=I_{\mathrm{L}}+I_{\mathrm{Zmin}}=10\mathrm{mA}+5\mathrm{mA}=15\mathrm{mA}$$
$$R_{\mathrm{min}}=\frac{U_{\mathrm{I}}-U_{\mathrm{Z}}}{I_{\mathrm{Rmax}}}=\frac{15\mathrm{V}-6\mathrm{V}}{30\mathrm{mA}}=0.3\mathrm{k\Omega}$$
$$R_{\mathrm{max}}=\frac{U_{\mathrm{I}}-U_{\mathrm{Z}}}{I_{\mathrm{Rmin}}}=\frac{15\mathrm{V}-6\mathrm{V}}{15\mathrm{mA}}=0.6\mathrm{k\Omega}$$

限流电阻的阻值必须在0.3～0.6kΩ之间，才能保证稳压管正常工作。在工程实践中，根据实际情况可以选用标称值为470Ω或510Ω的电阻。

【例 2.6】 电路如图 2.37 所示，所有稳压管均为硅稳压管，稳定电压$U_{\mathrm{Z1}}=6\mathrm{V}$，$U_{\mathrm{Z2}}=8\mathrm{V}$，假设输入信号$U_{\mathrm{I}}$足够大，二极管正向导通压降为0.7V。试分析图示各电路的工作情况，并求输出电压U_{O}的值。

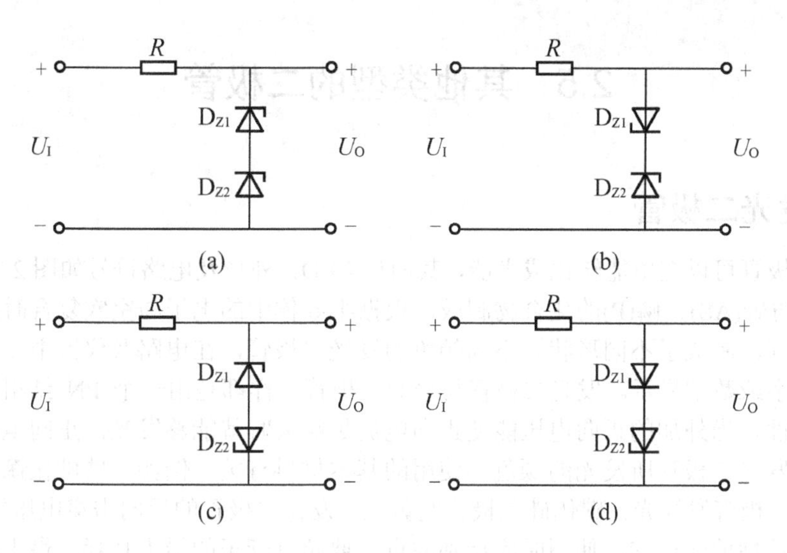

图 2.37 例 2.6 稳压管的串联使用

解： 一般情况下，稳定电压不同的稳压管在电路中是不能直接并联使用的。本题主要涉及稳压二极管在电路中串联使用的问题。在起稳压作用时，稳压管应反向接入电路，以保证其工作在反向击穿区。如果稳压管正向接入电路，那么它在电路中的作用相当于普通二极管，工作在正向特性区间，导通压降为 0.7V。电路中电阻 R 为限流电阻，保证各稳压管正常工作。

图 2.37(a)所示电路中，稳压管 D_{Z1} 和 D_{Z2} 均反向接入电路，可以判定两个稳压管均工作在反向击穿区，在电路起稳压的作用。因此输出电压 U_O 为两个稳压管稳定电压的叠加，即

$$U_O = U_{Z1} + U_{Z2} = 6V + 8V = 14V$$

图 2.37(b)所示电路中，稳压管 D_{Z1} 正向接入电路，工作在正向导通状态；稳压管 D_{Z2} 反向接入电路，工作在反向击穿区，起稳压作用。因此，输出电压为

$$U_O = U_{D1} + U_{Z2} = 0.7V + 8V = 8.7V$$

同理，图 2.37(c)所示电路中，稳压管 D_{Z1} 起稳压作用，稳压管 D_{Z2} 正向导通。输出电压为

$$U_O = U_{Z1} + U_{D2} = 6V + 0.7V = 6.7V$$

图 2.37(d)所示电路中，稳压管 D_{Z1} 和 D_{Z2} 均正向导通。输出电压为

$$U_O = U_{D1} + U_{D2} = 0.7V + 0.7V = 1.4V$$

3. 稳压管和普通二极管的区分

普通二极管一般在正向电压下工作，而稳压管则在反向击穿状态下工作，二者用法不同。此外，普通二极管的反向击穿电压一般较大，高的可达几百伏至上千伏，而且反向击穿区的伏安特性曲线不陡，即反向击穿电压的范围较大，动态电阻也比较大。而当稳压管的反向电压超过其工作电压 U_Z 时，反向电流将会突然增大，而端电压基本保持恒定，对应的反向伏安特性曲线非常陡，动态电阻很小。

2.5 其他类型的二极管

2.5.1 发光二极管

发光二极管可以把电能转化成光能，其简称 LED，外形及电路符号如图 2.38 所示，一般由镓(Ga)与砷(AS)、磷(P)的化合物制成。根据半导体中的电子与空穴复合时能辐射出可见光这一原理，制成了不同形状、不同颜色的发光二极管，在电路及仪器中作为指示灯，或者组成文字或数字显示。发光二极管与普通二极管一样都是由一个 PN 结组成，同样具有单向导电性，当外加的正向电压能使正向电流足够大时就能够发光。正向电流越大，发光就越强。发光二极管所发光的颜色和使用的基本材料有关。例如，磷砷化镓二极管发红光，磷化镓二极管发绿光，碳化硅二极管发黄光。发光二极管的反向击穿电压约为 5V。它的正向伏安特性曲线很陡，使用时应特别注意不要超过管子的最大功耗、最大整流电流和最大反向工作电压等极限参数，因此必须串联限流电阻以控制流过管子的电流。

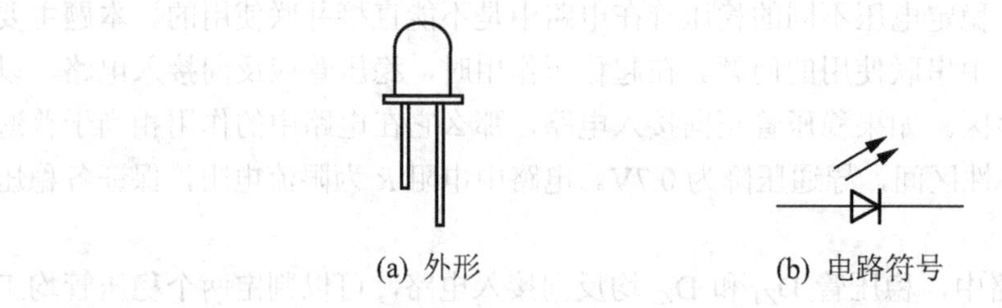

图 2.38 发光二极管的外形及电路符号

与普通的小白炽灯泡和氖灯相比，发光二极管存在很多优势。例如，发光二极管工作电压很低，一般为 1～2V；工作电流很小；抗冲击和抗震性能好，可靠性高，寿命长；通过调制电流的强弱可以方便地调制发光的强弱。基于这些特点，发光二极管在一些光电控制设备中用作光源，在电子设备中用作信号显示器。把发光二极管的管心做成条状，用 7 条条状的发光管组成 7 段式半导体数码管，可以显示 0～9 十个数字。目前，很多大型显示屏都是由矩阵式发光二极管构成的。

【例 2.7】电路如图 2.39 所示，已知发光二极管的导通电压 $U_D = 1.6V$，正向电流为 5～20mA 时才能发光。试问：

(1) 开关处于何种位置时发光二极管可能发光？

(2) 为使发光二极管有可能发光，电路中 R 的取值范围为多少？

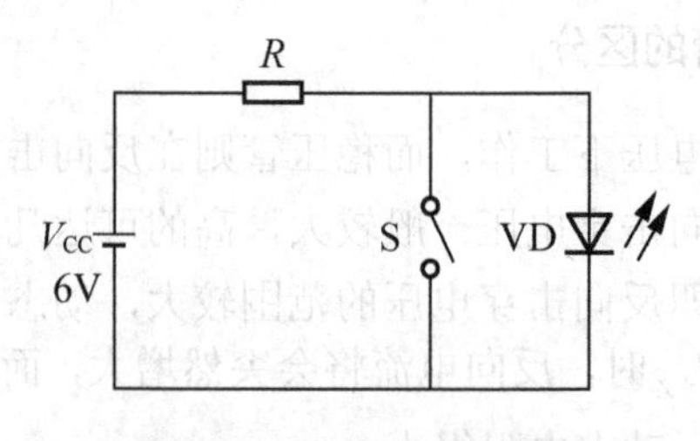

图 2.39 例 2.7 电路图

解：(1) 当开关断开时发光二极管有可能发光。开关闭合时，发光二极管被短路，端电压为零，不可能发光。

(2) 因为$I_{\text{Dmin}}=5\text{mA}$，$I_{\text{Dmax}}=20\text{mA}$，所以

$$R_{\max}=\frac{V_{\text{CC}}-U_{\text{D}}}{I_{\text{Dmin}}}=\left(\frac{6-1.6}{5}\right)\text{k}\Omega=0.88\text{k}\Omega$$

$$R_{\min}=\frac{V_{\text{CC}}-U_{\text{D}}}{I_{\text{Dmax}}}=\left(\frac{6-1.6}{20}\right)\text{k}\Omega=0.22\text{k}\Omega$$

因此，R 的取值范围为 220～880Ω。

2.5.2 光电二极管

光电二极管是电子电路中广泛采用的光敏器件，也是由 PN 结组成的半导体器件，同样具有单向导电特性。电路中光电二极管不是作整流元件，而是把光信号转换成电信号的光电传感器件，通过管壳上的玻璃窗口接受外部的光照，其外形及电路符号如图 2.40 所示。

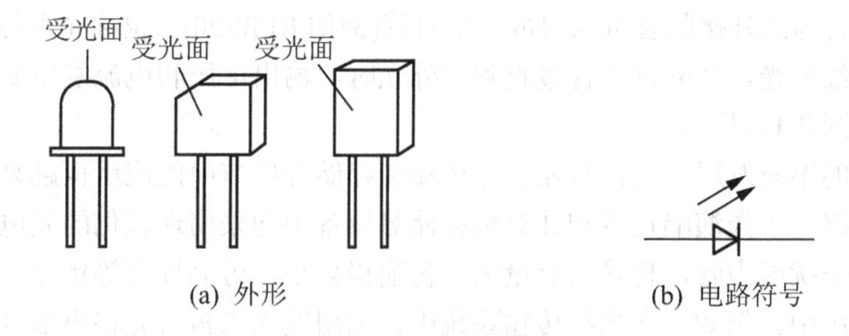

图 2.40 光电二极管的外形及电路符号

光电二极管工作在反向工作区，其伏安特性曲线如图 2.41(a)所示。普通二极管在反向电压作用时处于截止状态，只能流过微弱的反向电流；而光电二极管在设计和制作时尽量使 PN 结的面积相对较大，以便接收入射光。没有光照时，反向电流极其微弱，称为暗电流；有光照时，携带能量的光子进入 PN 结后，把能量传给共价键上的束缚电子，使部分电子挣脱共价键的束缚，产生电子-空穴对，它们在反向电压作用下做漂移运动，使反向电流明显变大，可以迅速增大到几十微安，光的强度越大，反向电流也就越大，特性曲线下移，呈线性关系，是一组与横坐标轴平行的曲线。发光二极管在反向电压下受到光照而产生的电流称为光电流。光的变化可以引起光电二极管电流的变化，光照强度一定时，光电二极管可等效成恒流源，能够把光信号转换成电信号，成为光电传感器件，广泛应用于遥控、报警及光电传感器中。

图 2.41(b)、(c)、(d)所示分别是光电二极管工作在特性曲线第一、三、四象限时的原理电路。图 2.41(b)中，光电二极管外加正向电压，和普通二极管特性相同。图 2.41(c)是在有光照条件下，光电流和光照强度呈线性关系，电阻 R 将电流的变化转换成电压的变化，即 $u_{\text{R}}=iR$。图 2.41(d)中，当电阻 R 一定时，光照强度越大，电流 i 也就越大，可作为微型光电源。

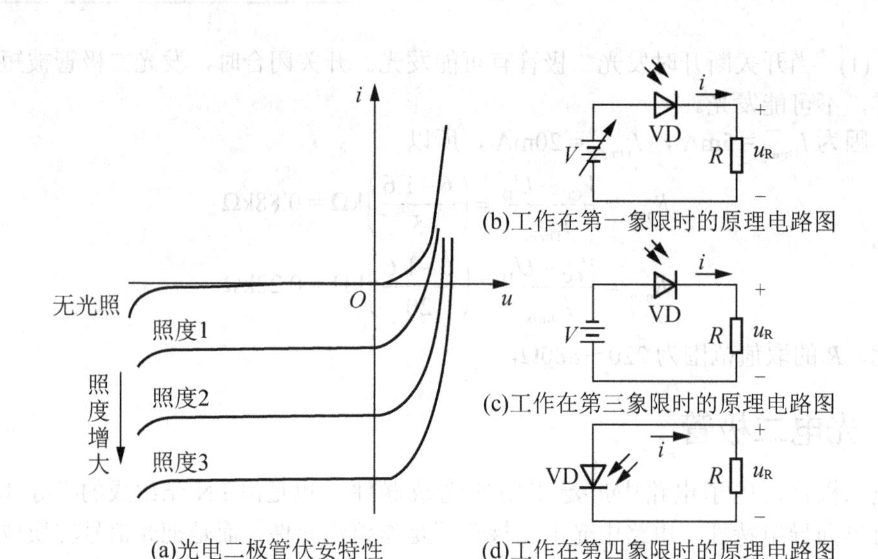

图 2.41　光电二极管伏安特性及原理电路图

红外发光二极管与红外接收管可以组成光电对管(例如 RPR220)，也称光电传感器。红外发光二极管发出红外光，红外接收管接收到红外光时，输出电压和电流发生变化。光电对管的使用电路如图 2.42 所示。

随着科学技术的不断发展，光信号在信号传输和存储等环节中的应用也越来越广泛。在电话、计算机网络、声像演唱设备和计算机存储等设备中均采用现代化的光电子系统。光电子器件具有抗干扰能力强，传输信息量大，传输损耗小，可靠性高等优点，广泛应用于光信号的接口系统中。例如，在光纤传输系统中，利用发光二极管先将电信号转变为光信号，通过光缆传输，再用光电二极管接收，再现电信号。光电传输系统原理图如图 2.43 所示。

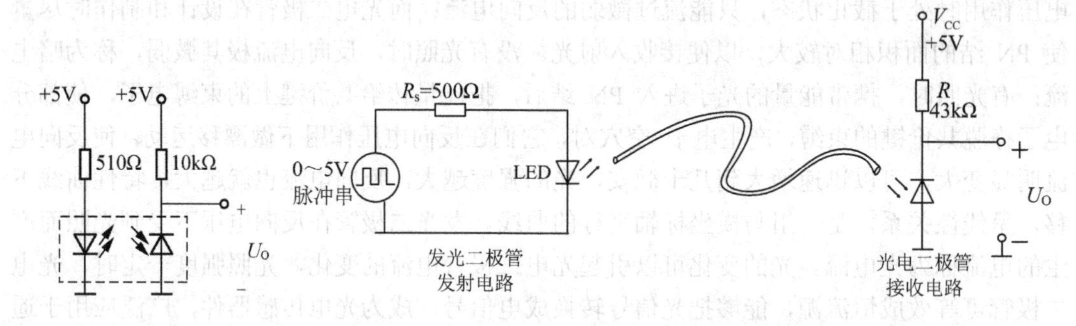

图 2.42　光电对管的使用电路　　　　图 2.43　光电传输系统的原理图

2.5.3　变容二极管

变容二极管是利用 PN 结的结电容与反向偏置电压之间的依赖关系及原理而制成的二极管。其采用外延工艺技术，使用硅或砷化镓单晶制成。反偏电压越大，二极管的结电容就会越小。不同型号的管子，电容的最大值不同，一般在 5～300pF 之间。变容二极管的电

容最大值和最小值之比称为变容比，数值一般在20以上。变容二极管的电路符号如图2.44所示。其广泛应用在高频技术中，例如，彩色电视机普遍采用的电子调谐器，就是通过控制直流电压来改变二极管的结电容量，从而改变谐振频率，实现频道选择的。

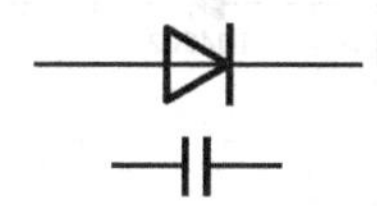

图2.44　变容二极管的电路符号

2.5.4　肖特基二极管

肖特基二极管是肖特基势垒二极管的简称，是采用贵金属(金、银、铝、铂等)为正极，以N型半导体为负极，利用二者接触面上形成的势垒具有整流特性而制成的金属-半导体器件。因此，肖特基二极管也称为金属-半导体(接触)二极管或表面势垒二极管。它是一种热载流子二极管，其电路符号如图2.45所示，阳极连接金属，阴极连接N型半导体。N型半导体中存在着大量的电子，贵金属中仅有极少量的自由电子，电子便从浓度高的区域向浓度低的区域中扩散。由于金属中没有空穴，也就不存在少数载流子在PN结附近积累和消散的过程，故肖特基二极管开关速度非常快，开关损耗也特别小，尤其适合于高频应用。

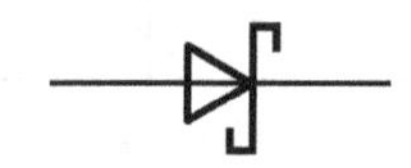

图2.45　肖特基二极管的电路符号

此外，由于金属是良导体，因此肖特基二极管的耗尽区也只存在于N型半导体一侧，且相对较薄。这就使得其正向开启电压和正向压降都比普通PN结二极管低。同时，耗尽层很薄也使得反向击穿电压比较低，且反向漏电流比普通二极管大。

肖特基二极管的结构及特点使其适合于在低压、大电流输出场合作为高频整流元件；在工作频率非常高的情况下，用于检波和混频；在高速逻辑电路中，肖特基二极管TTL集成电路是TTL电路的主流，广泛应用在高速计算机技术中。

2.6　二极管应用电路的仿真实例

1. 研究内容

用Multisim V10.0.1对二极管应用电路进行仿真，研究二极管在电路中的整流、限幅和开关作用，并观测电路的输入和输出电压波形。

2. 仿真电路

(1) 二极管整流电路如图2.46所示。

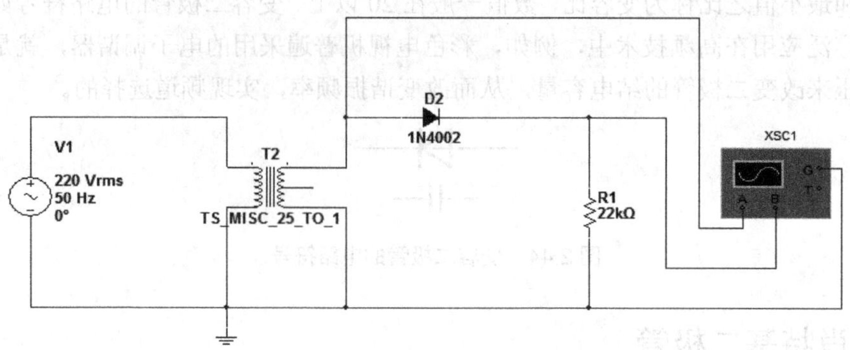

图 2.46 二极管整流电路

(2) 二极管限幅电路如图 2.47 所示。观察输入信号 $u_i = 10\sin\omega t$V 时的输出电压波形。

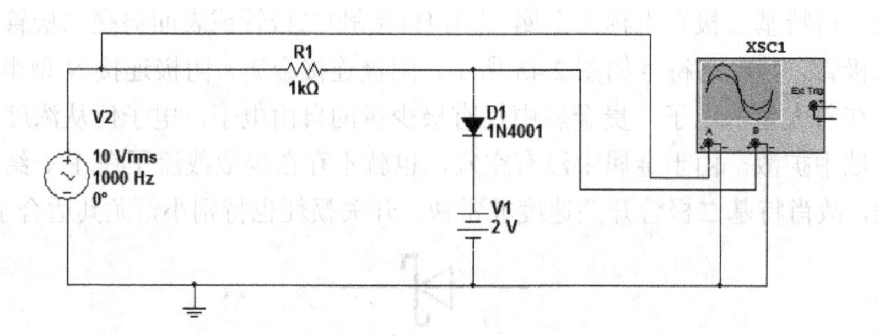

图 2.47 二极管限幅电路

(3) 二极管开关电路如图 2.48 所示。

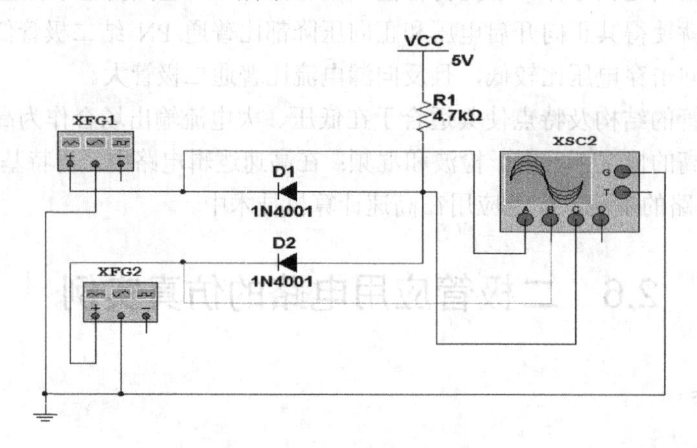

图 2.48 二极管开关电路

3．仿真内容

定性观察二极管整流、限幅和开关电路的输入、输出波形。

4．仿真结果

(1) 二极管整流电路的仿真结果如图 2.49 所示。上面是示波器通道 A 的信号，为电源变压器副边的波形，下面是示波器通道 B 的信号，为二极管整流电路的输出波形。

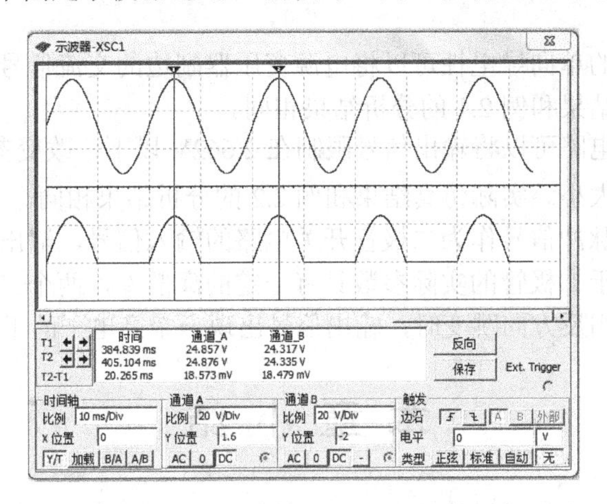

图 2.49　二极管整流电路的仿真结果

(2)　二极管限幅电路的仿真结果如图 2.50 所示。输出电压被限制在 2.662V 以下。

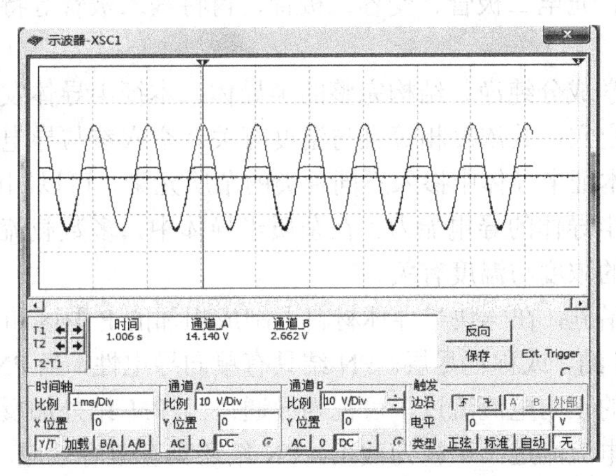

图 2.50　二极管限幅电路的仿真结果

(3)　二极管开关电路的仿真结果如图 2.51 所示。

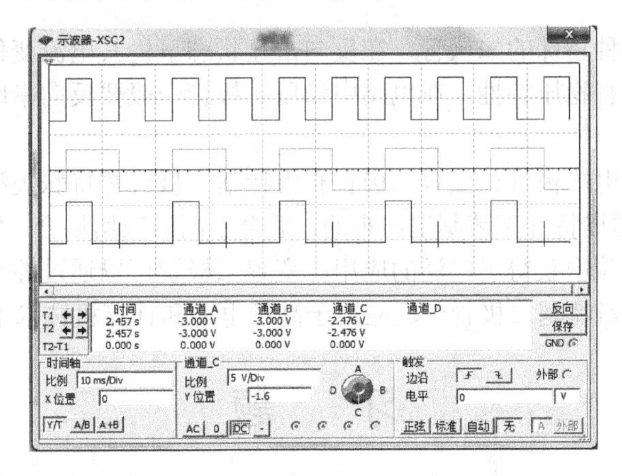

图 2.51　二极管开关电路的仿真结果

5. 结论

(1) 利用二极管的单向导电性可以将电源变压器副边的交流信号整流成单向脉动的直流信号，实际的仿真结果和例 2.1 的分析结果相同。

(2) 二极管限幅电路可以将输出信号限制在 2.662V 以下，改变参考电压 V_{REF} 的大小，可以改变输出电压的大小。实际仿真结果和例 2.2 的分析结果相同。

(3) 用两路数字脉冲信号作为二极管开关电路的输入信号，输出实现了逻辑“与”运算。实际仿真时，由于二极管的实际参数具有一定的离散性，两个二极管开关速度不同，使得两路输入信号向相反方向跳变时，输出信号出现一个高电平的干扰脉冲。

本章小结

本章首先介绍了半导体材料的基础知识，阐述了 PN 结的形成及其单向导电性，重点介绍了半导体二极管和稳压二极管的工作原理、特性曲线、主要参数及基本应用电路，最后介绍了发光二极管、光电二极管、变容二极管、肖特基二极管等特殊类型二极管的工作原理及其特性。

本征半导体是化学成分纯净、结构完整的半导体。本征半导体发生本征激发，产生两种载流子——电子和空穴，其浓度相等且与温度有关。空穴参与导电是半导体不同于金属导电的重要特点。在本征半导体中掺入不同种类的杂质元素，可以制成 P 型半导体和 N 型半导体，大大改变了半导体的导电能力。在杂质半导体中，多数载流子的浓度由掺杂浓度决定；而少数载流子的浓度与温度有关。

采用一定的工艺措施，在一块半导体材料上制成相邻的 P 型区和 N 型区，就形成了空间电荷区，也就是 PN 结，或称耗尽层。PN 结具有单向导电性，当 PN 结外加正向电压时，耗尽层变窄，有较大的正向电流流过，可视为导通；当 PN 结外加反向电压时，耗尽层变宽，仅有极小的反向电流流过，可视为截止。PN 结还具有电容效应。

半导体二极管是由 PN 结构成的非线性器件，它的导电特性通常用伏安特性曲线和一系列参数来描述。在分析二极管电路时，应根据不同的电路条件，选用不同的二极管电路模型进行分析。

稳压二极管是一种特殊的二极管，在反向击穿状态下，其电流变化范围很大，而端电压基本保持不变，具有稳压特性。在电路中稳压二极管一般要反向串联接入，而且要特别注意限流电阻的选用。

发光二极管、光电二极管、变容二极管和肖特基二极管等特殊类型的二极管都是利用 PN 结的不同特性，通过特殊工艺制造出来的，适合不同的应用场合。例如，光电子器件在信号处理、存储和传输中获得了广泛的应用；变容二极管可以通过控制电压的变化改变二极管结电容的大小；肖特基二极管广泛应用于高频电路和计算机技术中。

习 题

1. 二极管 VD 和灯泡 HL 相串联，电路如图 2.52 所示。设电源电压 $u_i = \sqrt{2}U\sin\omega t$，

二极管的正向压降及反向漏电流可以忽略，求灯泡两端电压的平均值U_{AB}。

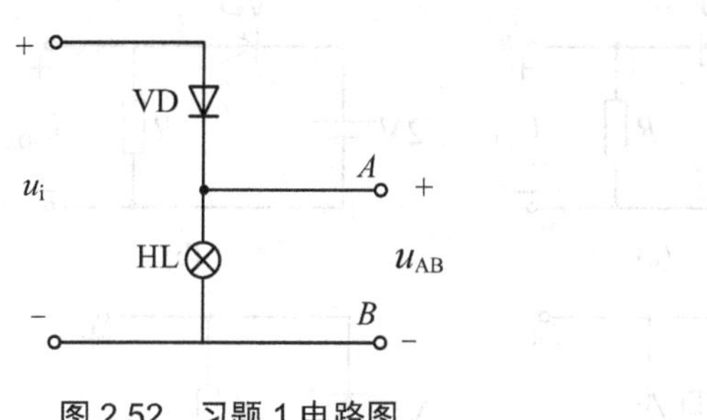

图 2.52　习题 1 电路图

2. 图 2.53 所示为理想二极管电路，通过分析确定图中的二极管是否导通，并说明理由。

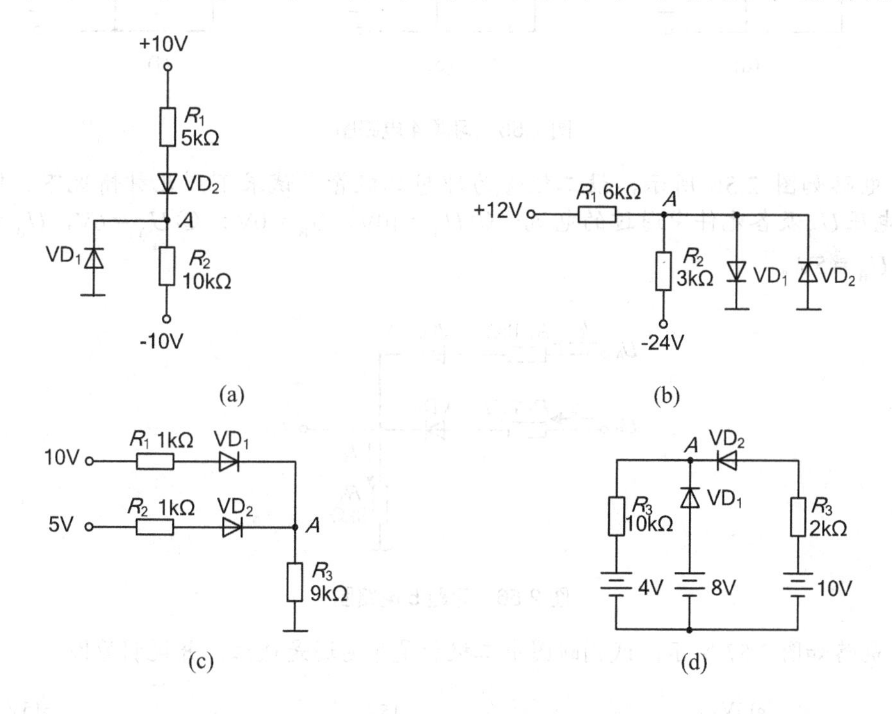

图 2.53　习题 2 电路图

3. 电路如图 2.54 所示，已知$u_i = 5\sin\omega t(\text{V})$，二极管导通电压$U_D = 0.7\text{V}$。试画出$u_i$与$u_o$的波形，并标出幅值。

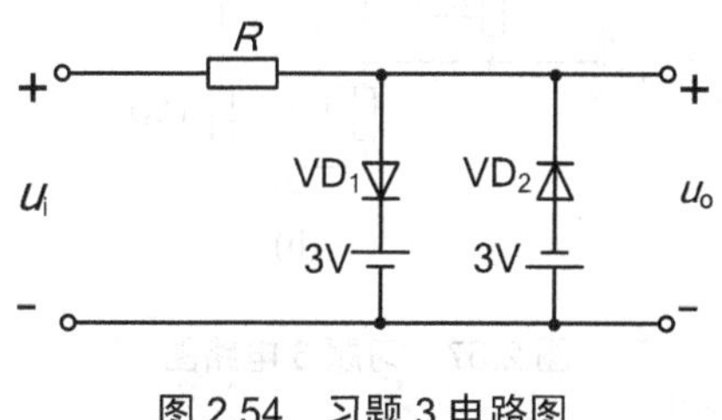

图 2.54　习题 3 电路图

4. 写出图 2.55 所示的各电路的输出电压值，设二极管导通电压$U_D = 0.7\text{V}$。

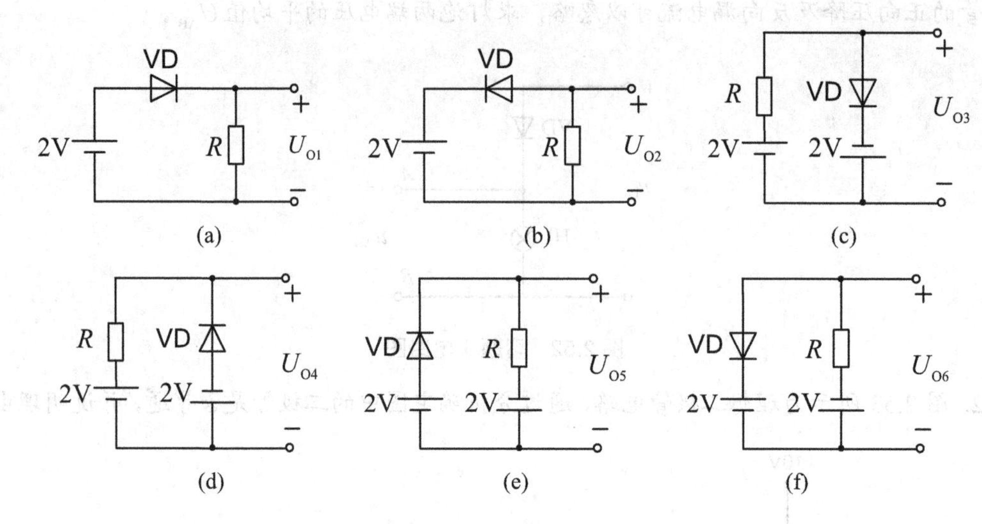

图 2.55 习题 4 电路图

5. 电路如图 2.56 所示，设二极管为理想二极管。试求下列几种情况下，输出端对地的电压 U_O 及各元件中通过的电流：① $U_A = 10V$，$U_B = 0V$；② $U_A = 6V$，$U_B = 5V$；③ $U_A = U_B = 5V$。

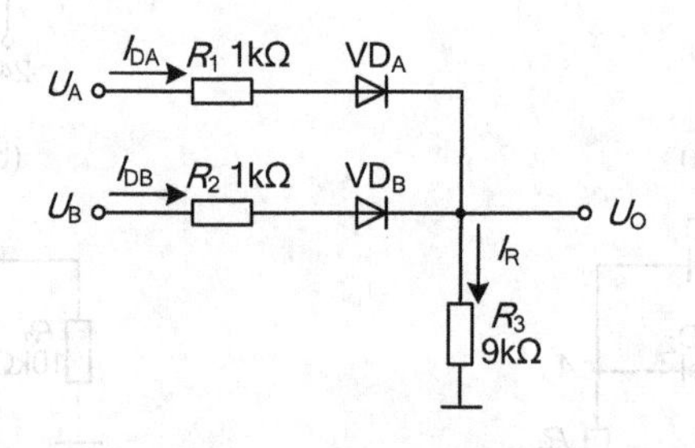

图 2.56 习题 5 电路图

6. 电路如图 2.57 所示，试判断图中二极管是导通还是截止，并说明原因。

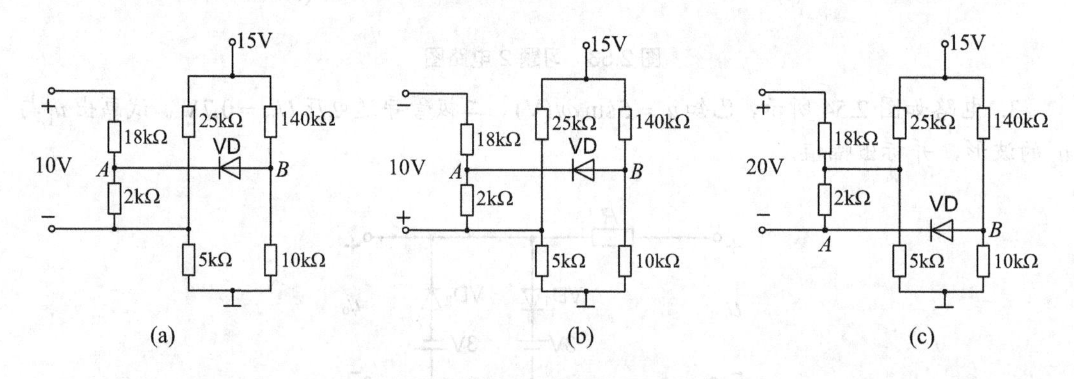

图 2.57 习题 6 电路图

7. 有两个稳压管 D_{Z1} 和 D_{Z2}，其稳定电压值分别为 5.5V 和 8.5V，正向导通压降都是 0.5V。问如果要得到 3V 的稳定电压应如何连接？

8. 电路如图 2.58 所示，已知稳压管的稳定电压 $U_Z = 6\text{V}$，最小稳定电流 $I_{Z\min} = 5\text{mA}$，最大稳定电流 $I_{Z\max} = 25\text{mA}$。

(1) 分别计算 U_I 为 10V、15V、35V 三种情况下输出电压 U_O 的值。

(2) 若 $U_I = 35\text{V}$ 时负载开路，则会出现什么现象？为什么？

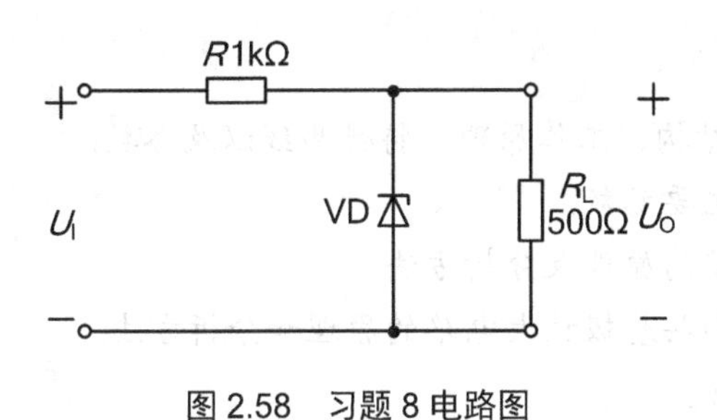

图 2.58 习题 8 电路图

9. 电路如图 2.59 所示，已知 $u_i = 6\sin\omega t(\text{V})$，$U_Z = 3\text{V}$，设稳压管和二极管的导通电压均为 0.7V，试分别画出图 2.59(a)和图 2.59(b)所示的两电路输出电压 u_o 的波形。

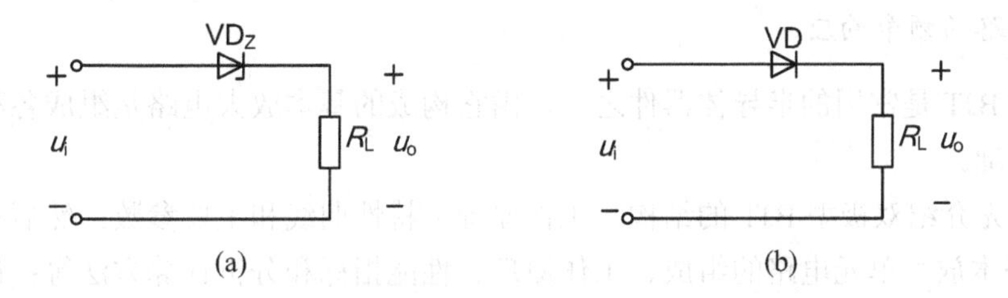

图 2.59 习题 9 电路图

10. 电路如图 2.60(a)所示，稳压管 D_{Z1} 和 D_{Z2} 的稳压值分别为 $U_{Z1} = 5\text{V}$，$U_{Z2} = 8\text{V}$，稳压特性是理想的，正向压降为 0.7V。若输入电压的波形如图 2.60(b)所示，试画出输出电压 u_o 的波形。

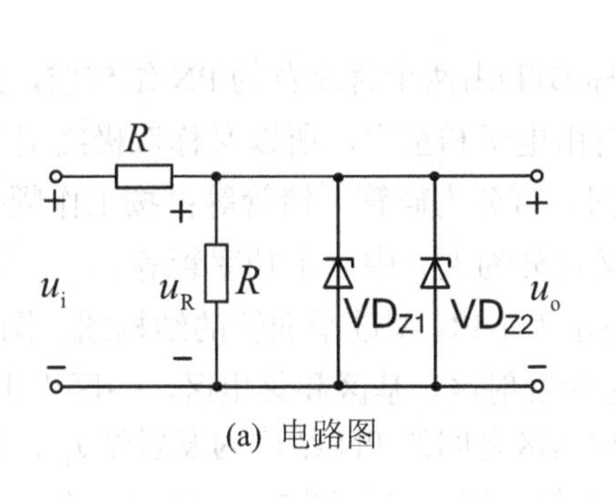

(a) 电路图

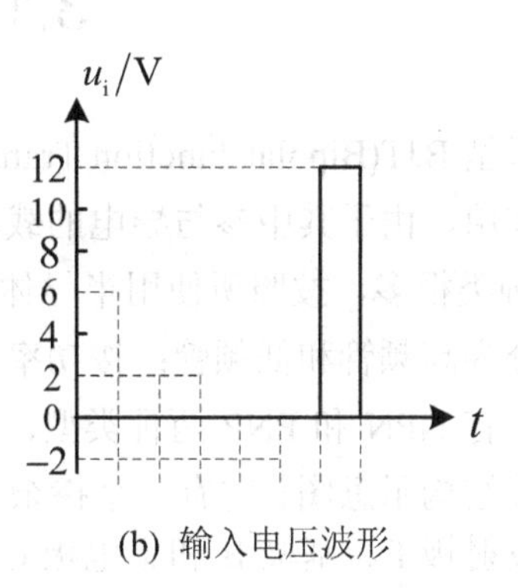

(b) 输入电压波形

图 2.60 习题 10 电路图

第 3 章　双极型 BJT 及其放大电路

本章要点

双极型 BJT 的内部结构、工作原理、特性曲线以及参数。

放大电路的组成及主要参数。

基本共射极放大电路的原理及分析方法。

共集电极放大电路与共基极放大电路的原理和分析方法。

放大电路的频率响应。

本章难点

三种组态放大电路的分析计算。

放大电路的频率响应。

双极型 BJT 是常用的半导体器件之一，由它构成的基本放大电路是组成各种复杂电路的单元和基础。

本章首先介绍双极型 BJT 的结构、工作原理、特性曲线和主要参数；然后重点讨论常用的 BJT 基本放大单元电路的组成、工作原理、性能指标和分析计算方法等；最后分析放大电路的频率响应。通过学习，应掌握 BJT 的原理、特性曲线和参数；掌握共射极放大电路、共集电极放大电路和共基极放大电路的静态与动态分析方法；熟悉频率响应的概念以及放大电路频率响应的分析方法。

3.1　双极型 BJT

双极型 BJT(Bipolar Junction Transistor，简称 BJT)由两个背靠背的 PN 结构成，具有电流放大作用，由于其中参与导电的载流子包括自由电子和空穴，所以又称双极结型 BJT。BJT 的种类很多，按照所使用半导体材料的不同，可分为硅管、锗管等；按工作频率的不同，可分为高频管和低频管；按功率的不同，又可分为大、中、小功率管等。

BJT 有 NPN 和 PNP 两种类型，图 3.1(a)所示为 NPN 型硅平面管的结构图，图 3.1(b)所示为其结构示意图。它有三个掺杂区，分别称为发射区、基区和集电区。各区引出电极，分别为发射极 E、基极 B 和集电极 C。发射区与基区之间的 PN 结称为发射结 J_E，基区和集电区之间的 PN 结称为集电结 J_C。NPN 型 BJT 的电路符号如图 3.1(c)所示，图中的箭头方向表示发射结正偏时发射极电流的方向。在制作晶体三极管时，为了保证三极管具有放大作用，基区很薄，且掺杂浓度很低，发射区的掺杂浓度远大于基区和集电区的掺杂浓度(用 N^+表示高掺杂)，集电区面积较大，这是 BJT 具有电流放大作用所需的内部条件，即内因。

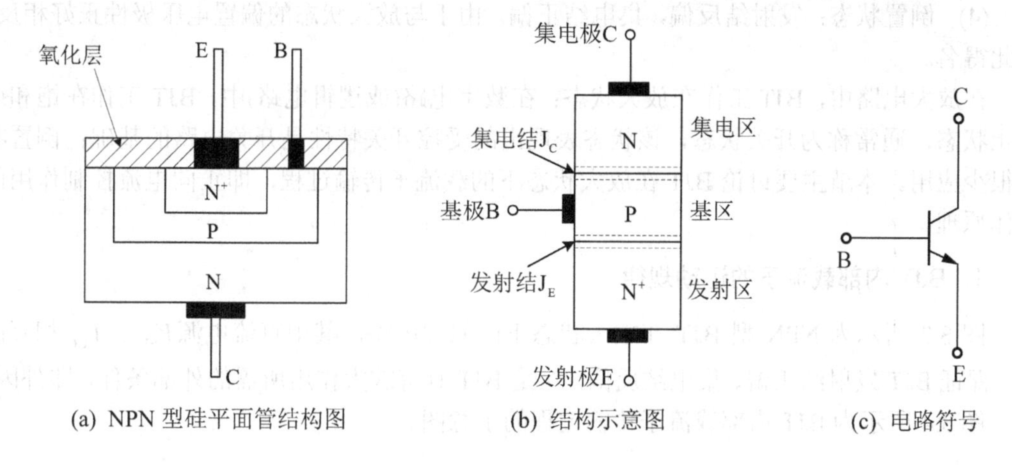

(a) NPN 型硅平面管结构图　(b) 结构示意图　(c) 电路符号

图 3.1　NPN 型 BJT 的结构和电路符号

PNP 型 BJT 三个区的杂质与 NPN 型 BJT 相反，其结构示意图如图 3.2(a)所示，电路符号如图 3.2(b)所示。

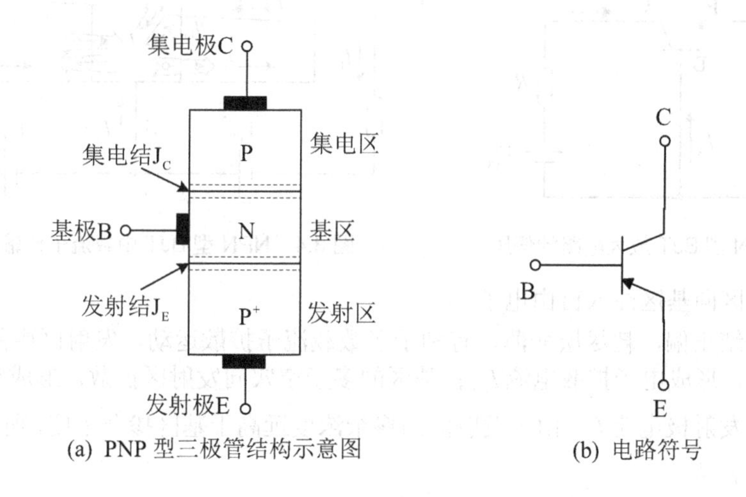

(a) PNP 型三极管结构示意图　(b) 电路符号

图 3.2　PNP 型 BJT 的结构和电路符号

本节主要以 NPN 型 BJT 为例，讨论其工作原理、特性曲线和参数。其结果同样适用于 PNP 型 BJT，所不同的是 PNP 型 BJT 各极的电压极性和电流方向与 NPN 型 BJT 相反。

3.1.1　BJT 的工作原理与电流分配关系

根据 BJT 发射结和集电结所加偏置电压的不同，BJT 可分为以下四种工作状态。

(1) 放大状态：发射结正偏，集电结反偏。其主要特征是 BJT 具备正向电流控制作用，它是实现信号放大的基础。

(2) 饱和状态：发射结、集电结均正偏。此时，BJT 集电极与发射极之间的电压降很小，相当于开关的闭合。

(3) 截止状态：发射结、集电结均反偏。此时，BJT 集电极与发射极之间有极小的漏电流流过，相当于开关的断开。

(4) 倒置状态：发射结反偏，集电结正偏。由于与放大状态的偏置电压极性正好相反，因此得名。

在放大电路中，BJT 工作在放大状态；在数字电路(或逻辑电路)中，BJT 工作在饱和或截止状态，通常称为开关状态，该状态表现出的受控开关特性是开关电路的基础；倒置状态很少应用。本节主要讨论 BJT 在放大状态下的载流子传输过程，即正向电流控制作用的工作原理。

1. BJT 内部载流子的运动规律

图 3.3 所示为 NPN 型 BJT 在放大状态下的原理电路。其中直流电源V_{EE}、V_{CC}相互配合，保证 BJT 发射结正偏、集电结反偏，这是 BJT 具有放大作用所需的外部条件，即外因。

图 3.4 所示为 BJT 内部载流子传输过程的示意图。

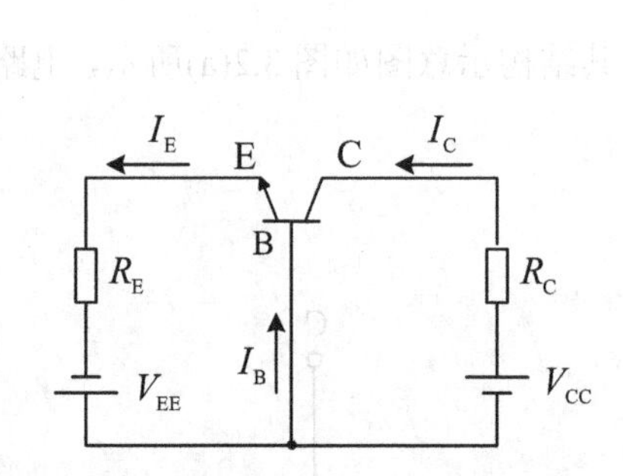

图 3.3　NPN 型 BJT 放大电路的偏压

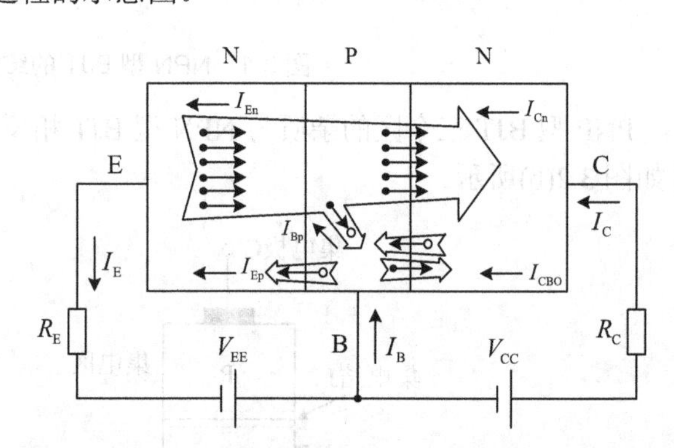

图 3.4　NPN 型 BJT 中载流子传输示意图

1)　发射区向基区注入自由电子

由于发射结正偏，耗尽层变薄，有利于多数载流子扩散运动，发射区中的多子自由电子向基区扩散，形成电子扩散电流I_{En}；基区的多子空穴向发射区扩散，形成空穴电流I_{Ep}，二者之和就是发射极电流I_E。由于发射区的掺杂浓度远高于基区掺杂浓度，所以$I_{En} >> I_{Ep}$，故发射极电流I_E为

$$I_E = I_{En} + I_{Ep} \approx I_{En} \tag{3.1}$$

2)　自由电子在基区中的扩散与复合

由发射区注入到基区的自由电子，成为基区的非平衡少子，在基区靠近发射结的边界积累起来，在发射结附近的浓度最高，离发射结越远浓度越低，在基区形成了一定的浓度梯度，因此自由电子在基区内将继续向集电结运动，在运动过程中与基区的多子空穴产生复合。同时，电源V_{EE}不断地从基区拉走自由电子，等效于向基区提供空穴，使基区空穴的浓度基本保持平衡。由于基区很薄且掺杂浓度很低，因此从发射区注入到基区的自由电子只有少部分与空穴复合形成基区复合电流I_{Bp}。绝大部分自由电子到达集电结边缘，并被集电结的反向电场拉向集电区，形成I_{Cn}，故

$$I_{Bp} = I_{En} - I_{Cn} \tag{3.2}$$

3)　集电区收集载流子

由于集电结反偏且结面积较大，在集电结内部产生较强的电场，在基区中运动到集电

结边缘的自由电子在集电结电场的作用下迅速漂移通过集电结，被集电区收集，形成I_{Cn}。同时，由于集电结反偏，有利于少子的漂移运动，基区中的少子自由电子和集电区中的少子空穴形成集电结反向漂移电流I_{CBO}，称为集电结反向饱和电流，数值很小，故集电极电流为

$$I_C = I_{Cn} + I_{CBO} \approx I_{Cn} \tag{3.3}$$

由图3.4可以看出，基极电流为

$$I_B = I_{Bp} + I_{Ep} - I_{CBO} \tag{3.4}$$

由于I_{Ep}、I_{CBO}都很小，故

$$I_B \approx I_{Bp} \tag{3.5}$$

BJT三个电极的电流应满足KCL节点方程，即

$$I_E = I_B + I_C \tag{3.6}$$

式(3.6)也可由式(3.1)～式(3.4)得到验证。

从以上分析可以看出，在忽略I_{Ep}、I_{CBO}的情况下，BJT内部载流子的传输过程概括为：由发射区注入基区的自由电子，一部分与空穴复合，绝大部分被集电区收集。当BJT制成以后，由于各区的掺杂浓度、宽度都已经确定，故载流子复合所占的比例也就确定了，该比例越小越好，即希望发射区注入基区的自由电子尽可能多地被集电区收集。因此要求发射区的掺杂浓度远大于基区和集电区的掺杂浓度，发射结正偏，有利于发射区发射载流子；基区很薄，且掺杂浓度很低，有利于传送载流子；集电结反偏且结面积较大，便于收集载流子。

可见，发射区的作用是向基区注入自由电子，故名发射区；基区的作用是传送和控制由发射区注入的自由电子；集电区则是收集经基区传输过来的自由电子，故名集电区。I_E、I_C主要为电子电流，而I_B主要为空穴电流，在BJT内部由于两种载流子参与导电，故称为双极型三极管。

综上所述，晶体三极管的正向电流控制作用是通过如下过程来实现的：发射结的正偏电压控制I_E和I_B的大小，由发射区注入的载流子通过扩散、集电区收集而转化为I_C，这种转化几乎不受集电结反偏电压的影响。正是这种正向电流控制作用，使得BJT可以实现放大作用。由于电流I_{Ep}、I_{CBO}对放大没有贡献，因此希望它们的数值越小越好。

需要说明的是，简单地将两个PN结背靠背地连在一起并不能构成具有放大作用的BJT；另外，要想构成具有放大作用的BJT，不仅需要一定的内部条件，还需要相应的外部条件。只有内因和外因同时具备时，晶体三极管才能实现放大作用。

2．BJT的电流传输关系

BJT为三端器件，通常可以等效为一个双口网络，作为双口网络应用时，通常有一个电极作为输入和输出端口的公共端点。根据公共端点的不同，BJT有共基极(CB，简称共基)、共发射极(CE，简称共射)和共集电极(CC，简称共集)三种连接方式，即三种基本工作组态，如图3.5所示。

对于三种不同的组态，在放大状态下，BJT内部载流子的运动规律是相同的，但是不同组态下的输入变量、输出变量不同，因而输出电流与输入电流之间的关系也不同。

1) 共基组态的电流传输关系

如图 3.5(a)所示，共基组态的输入电流为I_{E}，输出电流为I_{C}，电流传输关系即I_{C}和I_{E}之间的关系。引入参数$\overline{\alpha}$，并定义为

$$\overline{\alpha}=\frac{I_{\mathrm{Cn}}}{I_{\mathrm{E}}} \tag{3.7}$$

将式(3.7)代入式(3.3)，可得

$$I_{\mathrm{C}}=\overline{\alpha}I_{\mathrm{E}}+I_{\mathrm{CBO}} \tag{3.8}$$

式(3.8)描述了共基组态输出电流I_{C}受输入电流I_{E}的控制作用，称为共基直流电流传输方程。式中，$\overline{\alpha}$称为共基直流电流放大系数，表示I_{E}转化为I_{Cn}的能力。显然，其值恒小于 1 而近似为 1，其典型值为 0.95～0.995。为了使$\overline{\alpha}$接近 1，要求$I_{\mathrm{Ep}}\ll I_{\mathrm{En}}$、$I_{\mathrm{Bp}}\ll I_{\mathrm{Cn}}$，即要求发射区掺杂浓度高、基区掺杂浓度低且很薄。若忽略I_{CBO}，则该电流传输方程可简化为

$$I_{\mathrm{C}}=\overline{\alpha}I_{\mathrm{E}} \tag{3.9}$$

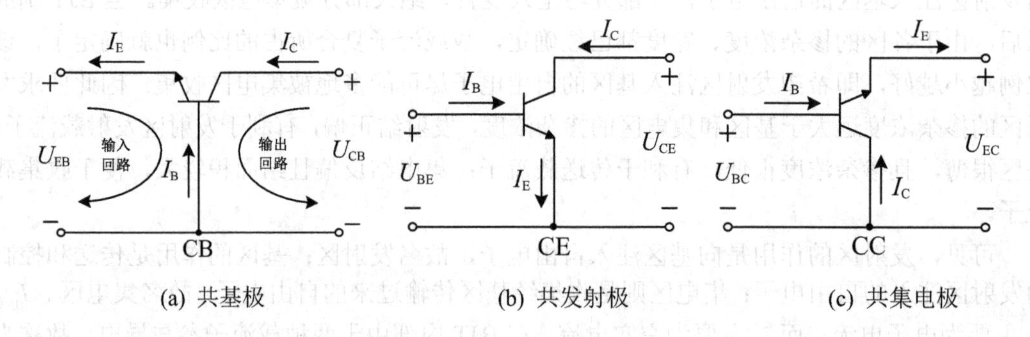

(a) 共基极　　(b) 共发射极　　(c) 共集电极

图 3.5　BJT 的三种连接方式

2) 共射组态的电流传输关系

如图 3.5(b)所示，共射组态的输入电流为I_{B}，输出电流为I_{C}，电流传输关系即I_{C}与I_{B}之间的关系。

由于$I_{\mathrm{C}}=\overline{\alpha}(I_{\mathrm{C}}+I_{\mathrm{B}})+I_{\mathrm{CBO}}$，整理可得

$$I_{\mathrm{C}}=\frac{\overline{\alpha}}{1-\overline{\alpha}}I_{\mathrm{B}}+\frac{1}{1-\overline{\alpha}}I_{\mathrm{CBO}} \tag{3.10}$$

引入参数$\overline{\beta}$和I_{CEO}，并分别定义为

$$\overline{\beta}=\frac{\overline{\alpha}}{1-\overline{\alpha}} \tag{3.11}$$

$$I_{\mathrm{CEO}}=\frac{1}{1-\overline{\alpha}}I_{\mathrm{CBO}}=(1+\overline{\beta})I_{\mathrm{CBO}} \tag{3.12}$$

则

$$I_{\mathrm{C}}=\overline{\beta}I_{\mathrm{B}}+I_{\mathrm{CEO}} \tag{3.13}$$

式(3.13)即为共射直流电流传输方程。式中，$\overline{\beta}$为共射直流电流放大系数，其值一般为几十至几百；I_{CEO}是基极开路即$I_{\mathrm{B}}=0$时流过集电极与发射极之间的电流，称为穿透电流。

通常I_{CEO}很小，式(3.13)可简化为

$$I_C \approx \overline{\beta} I_B \tag{3.14}$$

式(3.14)体现了共射组态接法时基极电流对集电极电流的正向控制作用。

3) 共集组态的电流传输关系

如图 3.5(c)所示，共集组态的电流传输关系描述的是输出电流I_E与输入电流I_B之间的关系。

由式(3.15)和式(3.13)可得

$$I_E = I_B + I_C = (1+\overline{\beta})I_B + I_{CEO} \tag{3.15}$$

式(3.15)即为共集组态下的直流电流传输方程。

可见，BJT 的三种组态在放大状态时，输入电流对输出电流都有正向控制作用，这就是 BJT 能够实现信号放大的机理。

3.1.2 BJT 的特性曲线

在讨论了 BJT 中载流子的运动规律、电流分配关系和电流传输方程的基础上，下面我们来讨论 BJT 的外部电流与外部电压之间的关系，也就是 BJT 的特性曲线或伏安特性曲线。由于生产工艺等原因，BJT 特性存在一定的离散性，即使同一批同型号的管子，特性也会存在一定的差异，因此器件手册中所给出的特性曲线仅仅是典型曲线，BJT 的实际特性曲线可以通过晶体管特性图示仪测得。

BJT 作为双口网络应用时，其输入、输出端口均有端电压和端电流两个变量，共有四个端变量。因此，要在平面坐标系上描述 BJT 的伏安特性，就需要采用两组曲线族，其中用得最多的两组曲线族是输入特性曲线族和输出特性曲线族。前者是以输出电压为参变量，描述输入电流与输入电压之间关系的曲线族；后者是以输入电流为参变量，描述输出电流与输出电压之间关系的曲线族。

由于 BJT 有共射、共集和共基三种连接组态，不同组态连接时有不同的端电压和端电流，因此相应地有三种不同的特性曲线，所有不同形式的特性曲线实际上都是 BJT 内部载流子运动的外部表现。限于篇幅，本书仅介绍应用最多的共射组态的特性曲线。

1. 输入特性曲线

BJT 共射组态的端电流和端电压如图 3.6 所示，输入特性曲线是指当输出电压u_{CE}为某一常数时，输入电流i_B与输入电压u_{BE}之间的关系曲线，即

$$i_B = f(u_{BE})\big|_{u_{CE}=\text{const}} \tag{3.16}$$

BJT 的输入特性曲线如图 3.7 所示。

当发射结加正向电压即$u_{BE}>0$时，随着u_{CE}的增大，曲线右移。

当$u_{CE}=0$V 时，集电极与发射极之间短路，即发射结与集电结并联，所以特性曲线与 PN 结伏安特性曲线类似，呈指数关系。

当u_{CE}增大时，集电结由正偏逐渐变成反偏，吸引电子的能力变强，从发射区注入到基区的电子更多地被集电结收集，流向基极的电流i_B逐渐减小，因此随着u_{CE}增大，输入特性曲线向右移动。

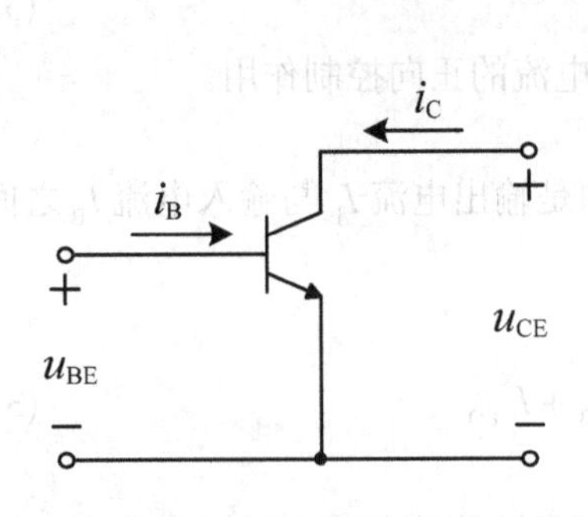

图 3.6　BJT 共射组态的端电流和端电压

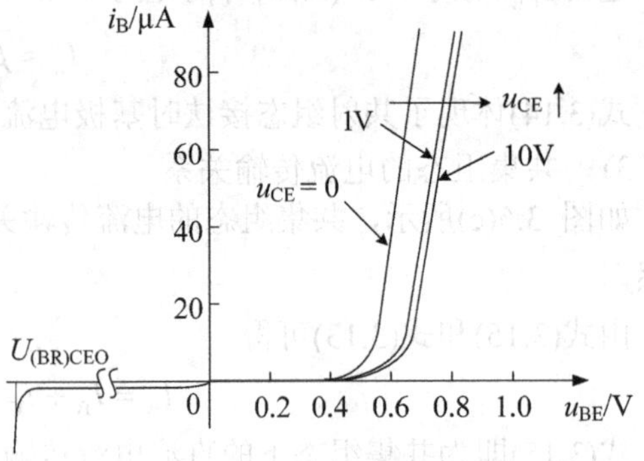

图 3.7　BJT 共射输入特性曲线

当 $u_{CE}>1V$ 时，集电结所加的反向电压已经能够将发射区注入到基区的自由电子的绝大部分收集到集电区，所以再增加 u_{CE} 时，i_B 不再明显减小而是略有减小，使特性曲线略向右移，这是由基区宽度调制效应引起的。因为此时 u_{CE} 增大时，集电结的反向电压 u_{CB} 也随着增大，集电结的空间电荷区加宽，基区有效宽度 W_B 变窄，电子与空穴在基区的复合机会变少，基极电流 i_B 减小。通常将由 u_{CE} 变化引起的基区有效宽度变化而导致电流变化的现象称为基区宽度调制效应。在工程分析时，一般可以忽略基区宽度调制效应对输入特性的影响，认为 $u_{CE}>1V$ 以后的输入特性曲线近似重合为一条。

当发射结加反向电压即 $u_{BE}<0$ 时，基极反向饱和电流很小。当 u_{BE} 向负值方向增大到 $U_{(BR)EBO}$ 时，发射结被击穿。$U_{(BR)EBO}$ 被称为发射结反向击穿电压。由于发射区掺杂浓度很高，因此发射结的击穿属于齐纳击穿，其大小一般为几伏至十几伏。

2. 输出特性曲线

输出特性曲线是指当输入电流 i_B 固定不变时，输出电流 i_C 与输出电压 u_{CE} 之间的关系曲线，即

$$i_C = f(u_{CE})\big|_{i_B=\text{const}} \tag{3.17}$$

BJT 的输出特性曲线如图 3.8 所示。

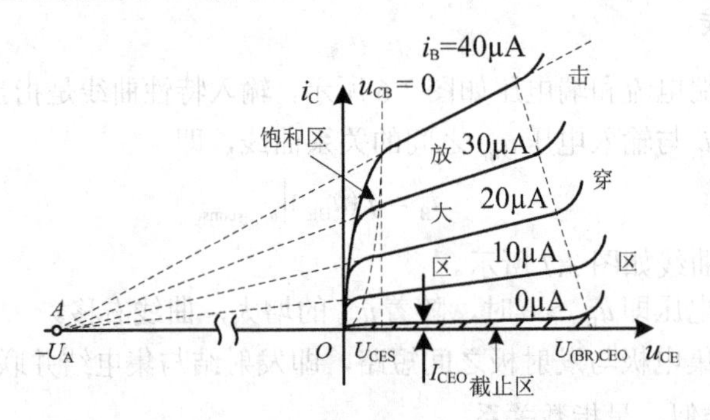

图 3.8　BJT 的输出特性曲线

根据外加电压的不同，整个输出特性曲线族可划分为 4 个区域：饱和区、放大区、截止区和击穿区。图 3.8 中 $u_{CB}=0$ 的虚线是 $u_{CE}=u_{BE}$ 各点的连线，是放大区与饱和区的分界

线。由图可见，给定一个i_B值，就对应一条输出特性曲线，i_B取不同的值，形成输出特性曲线族，各条输出曲线的形状和变化规律相似，现取其中一条曲线进行说明。

1)　饱和区

饱和是指BJT发射结、集电结都正偏的工作状态，对应输出特性曲线的起始陡峭部分。

当u_{CE}很小时，由于集电结的电场较弱，收集载流子的能力很弱，因此电流也较小。随着u_{CE}的增加，集电结的电场逐渐增强，集电结收集载流子的能力增强，将更多的由基区扩散到集电结边缘处的电子拉到集电区，i_C增加很快，i_C受u_{CE}的影响很大，所以曲线很陡，但随着u_{CE}的增大，i_C的增加速度变缓。

在饱和区，BJT集电极与发射极之间的电压降称为饱和管压降，用U_{CES}表示，其大小与集电区体电阻和集电极电流有关。对于小功率BJT，U_{CES}很小，其值约为0.3V，工程上近似为0，即将集电极与发射极之间近似为短路。对于电力电子电路应用的大功率管，U_{CES}的值可以达到2～3V。

显然，在饱和区内，由于集电结正偏，收集载流子的能力减弱，发射极发射的载流子不能被集电极充分收集，i_B与i_C不再成比例关系，而是$i_C < \bar{\beta} i_B$。

2)　放大区

放大是指BJT发射结正偏、集电结反偏的工作状态，输出特性曲线基本水平稍有上翘。

当$u_{CE} > 1V$后，集电结的电场已经足够强，使得发射区扩散到基区的自由电子绝大部分都到达集电区，故u_{CE}再增大，i_C几乎不变，表现为特性曲线基本水平；实际上由于基区宽度调制效应的影响，当u_{CE}增大时，基区有效宽度减小，这样在基区内载流子的复合机会减少，电流放大系数$\bar{\beta}$增大，在i_B不变的情况下，i_C略有增加，但基区宽度调制效应对电流i_C的影响甚微，故电流i_C随u_{CE}的增大而增大不多，表现为特性曲线基本水平但略有上翘。由半导体理论可以证明，如果将输出特性曲线族在放大区的每一条曲线向电压负轴方向延伸，那么各条曲线可以相交于一点A，如图3.8所示，通常U_A的范围为50～100V。

工程上，通常认为放大区的输出特性曲线是平行等间隔的，即满足$i_C = \bar{\beta} i_B + I_{CEO}$；对于一个确定的$i_B$值，$u_{CE}$在一定范围内增加，$i_C$几乎不变；当$i_B$增加时，$i_C$成比例增大，这体现了输入电流$i_B$对输出电流$i_C$的控制作用。实际上，输出特性曲线并不是平行等间隔的。如图3.9所示，在i_C的一定范围内，$\bar{\beta}$值较大，且随i_C的变化很小，可认为是常数，输出特性曲线接近平行等间隔；但在i_C过小或过大时，$\bar{\beta}$值下降，输出特性曲线比较密集，$\bar{\beta}$值与i_C的关系曲线如图3.10所示。

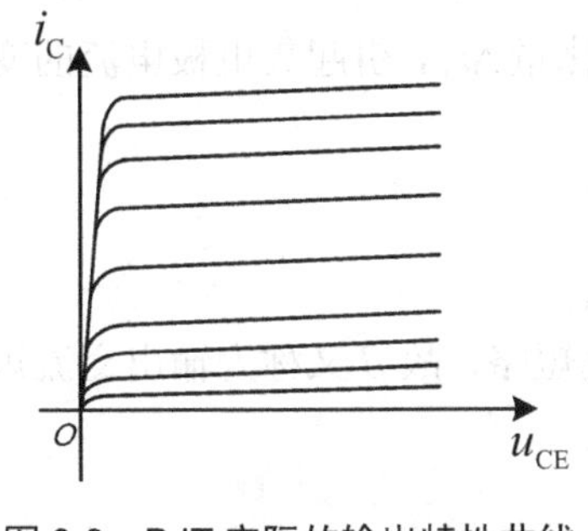

图3.9　BJT实际的输出特性曲线

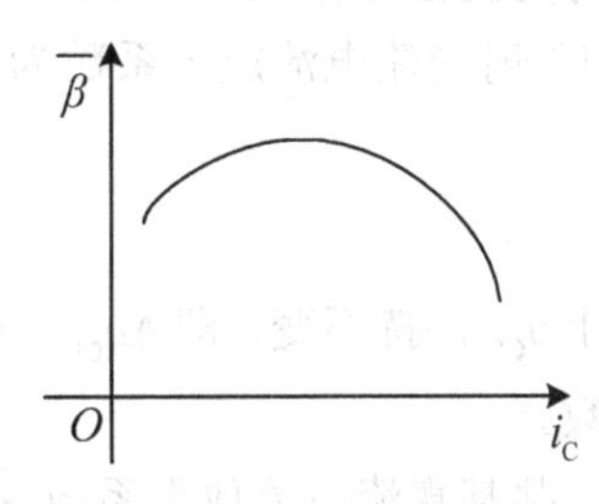

图3.10　$\bar{\beta}$值与i_C的关系曲线

3) 截止区

截止是指 BJT 发射结、集电结都反偏的工作状态，对应输出特性曲线$i_B = 0$以下的区域。

此时集电极电流很小，可将集电极近似看成开路。图 3.8 中$i_B = 0$(基极开路)时的集电极电流i_C即为穿透电流I_{CEO}。

严格说来，BJT 截止，应当对应于$i_E = 0$，这时流过集电结的是反向饱和电流I_{CBO}，即$i_C = I_{CBO}$，$i_B = -I_{CBO}$。但I_{CBO}很小，所以在工程上规定将$i_B = 0$以下的区域作为 BJT 的截止区。

4) 击穿区

随着u_{CE}的不断增大，加在集电结上的反压u_{CB}随之增大。当u_{CB}增大到一定值时，集电结发生反向击穿，造成集电极电流i_C剧增。

由于基区与集电区掺杂浓度均较低，产生的反向击穿主要是雪崩击穿，击穿电压较大。由图 3.8 可知，击穿电压随着i_B的增大而减小。其物理原因是，i_B增大时i_C也增大，通过集电结的载流子数目增多，碰撞机会增大，因而产生雪崩击穿所需的电压减小。

$i_B = 0$时的击穿电压用$U_{(BR)CEO}$表示，是基极开路时集电极与发射极之间的击穿电压。

在模拟电路中，BJT 通常工作在放大区；在数字电路中，BJT 通常工作在截止区和饱和区。一般 BJT 不允许工作在击穿区。

3.1.3 BJT 的参数

BJT 的参数用来表征 BJT 的性能优劣和适用范围，是选用 BJT 的依据。了解这些参数的意义，对于合理使用和充分利用 BJT，达到电路设计的经济性和可靠性是十分必要的。这些参数归纳起来可以分为电流放大系数、极间反向电流、极限参数和高频参数等。

1. 电流放大系数

BJT 电流放大系数有直流($\overline{\alpha}$、$\overline{\beta}$)和交流(α、β)两种。

1) 共射直流电流放大系数$\overline{\beta}$

$\overline{\beta}$定义为u_{CE}一定时，集电极电流与基极电流的比值，即

$$\overline{\beta} = \frac{I_C - I_{CEO}}{I_B} \approx \frac{I_C}{I_B} \tag{3.18}$$

2) 共射交流电流放大系数β

在有交流信号输入时，BJT 基极电流产生一个变化量Δi_B，引起集电极电流的变化量为Δi_C，则共射交流电流放大系数为

$$\beta = \left.\frac{\Delta i_C}{\Delta i_B}\right|_{u_{CE}=\text{const}} \tag{3.19}$$

由于u_{CE}保持不变，即$\Delta u_{CE} = 0$，相当于输出交流短路，故β又称为输出交流短路电流放大系数。

3) 共基直流电流放大系数$\overline{\alpha}$

$\overline{\alpha}$定义为当u_{CB}一定时，集电极电流与发射极电流的比值，即

$$\overline{\alpha} = \frac{I_C - I_{CBO}}{I_E} \approx \frac{I_C}{I_E} \tag{3.20}$$

4) 共基交流电流放大系数α

与β的定义类似，共基交流电流放大系数也是交流短路电流放大系数，即

$$\alpha = \left.\frac{\Delta i_C}{\Delta i_E}\right|_{u_{CB}=\text{const}} \tag{3.21}$$

由式(3.18)～式(3.21)可见，$\overline{\alpha}$和$\overline{\beta}$是静态(直流)电流之比，反映了 BJT 内部电流的分配规律，体现了 BJT 的放大能力；α和β是静态工作点Q上的动态(交流)电流之比，可由输出特性曲线求出。在输出特性曲线间距基本相等并忽略I_{CBO}、I_{CEO}时，两者数值近似相等。因此在工程上，通常不再区分交流电流放大系数和直流电流放大系数，都用α和β表示。

5) α和β的关系

根据 BJT 内部载流子的运动规律，做一些合理的近似后，有如下关系：

$$\beta = \frac{\alpha}{1-\alpha} \tag{3.22}$$

$$\alpha = \frac{\beta}{1+\beta} \tag{3.23}$$

2. 极间反向电流

1) 反向饱和电流I_{CBO}

I_{CBO}表示发射极开路时集电结的反向饱和电流，测量电路如图 3.11(a)所示。

2) 反向饱和电流I_{EBO}

I_{EBO}表示集电极开路时发射结的反向饱和电流，测量电路如图 3.11(b)所示。

3) 穿透电流I_{CEO}

I_{CEO}表示基极开路时集电极和发射极之间的穿透电流，测量电路如图 3.11(c)所示。

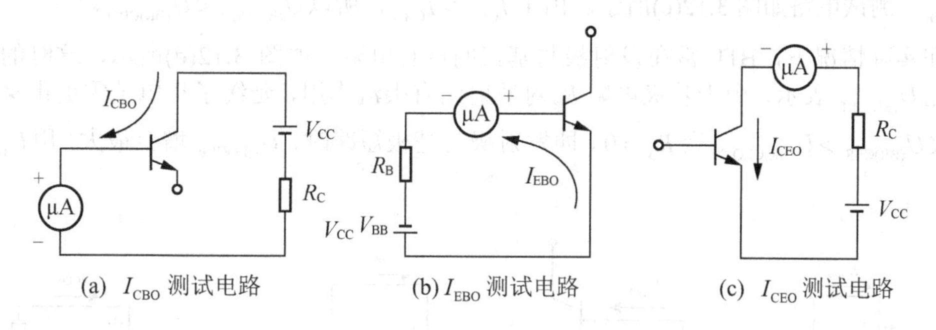

图 3.11 BJT 极间反向电流的测试电路

由图 3.11(c)可知，加在集电极与发射极之间的电压被分配在发射结和集电结上，所以发射结正偏，集电结反偏，BJT 处于放大状态。集电区的少子空穴漂移到基区，其数量就等于I_{CBO}。由于基极开路，从集电区漂移到基区的空穴不能由基极外部电源补充电子与其复合从而形成基极电流，而只能与发射区注入基区的电子复合。由此可见，由发射区注入基区的电子，为了与由集电区到达基区的空穴复合而分出来的部分刚好是I_{CBO}，其余大部分到达集电区。根据 BJT 电流分配规律，即发射区每向基区提供一个复合用的载流子，就

要向集电区提供β个载流子，因此到达集电区的电子数等于在基区复合数的β倍。于是发射极总的电流应为

$$I_{CEO}=(1+\beta)I_{CBO} \tag{3.24}$$

该式与式(3.12)相同。

可见I_{CEO}与I_{CBO}和I_{EBO}不同，它不是单纯PN结的反向电流，它的形成伴随有放大作用，其值也比I_{CBO}和I_{EBO}大得多。通常把I_{CEO}作为判断BJT质量的重要依据。I_{CEO}大的BJT性能不稳定。

上述参数受温度影响比较大，故选用BJT时，要求I_{CBO}、I_{CEO}和I_{EBO}尽可能小，α和β也不要过大。

3．极限参数

1)　集电极最大允许电流I_{CM}

如前所述，当集电极电流i_C增大到一定程度时，β将明显下降。一般取β值下降至其最高值的2/3时所对应的集电极电流为I_{CM}。

2)　极间反向击穿电压

在BJT的某一极开路的情况下，发生击穿时的另外两个极间所加的反向电压就是极间反向击穿电压。

(1)　$U_{(BR)CBO}$是发射极开路时集电结的反向击穿电压，它取决于集电结的雪崩击穿电压，通常为几十伏，高反压管可达几百伏以上，此时的集电极电流就是I_{CBO}。测试电路如图3.12(a)所示。

(2)　$U_{(BR)EBO}$是集电极开路时发射结的反向击穿电压，就是发射结本身的击穿电压。$U_{(BR)EBO}$一般只有几伏。测试电路如图3.12(b)所示。

(3)　$U_{(BR)CEO}$是基极开路时集电极与发射极之间的反向击穿电压，此时的集电极电流就是I_{CEO}。测试电路如图3.12(c)所示。由于$I_{CEO}>I_{CBO}$，所以$U_{(BR)CEO}<U_{(BR)CBO}$。

在实际情况下，BJT常在发射极与基极间接有电阻，如图3.12(d)所示，这时的击穿电压用$U_{(BR)CER}$表示，由于基极电阻R_B对发射结有限流作用，延缓了集电结雪崩击穿的产生，故$U_{(BR)CER}>U_{(BR)CEO}$。当$R_B=0$，即发射极与基极短路时，$U_{(BR)CER}$增至最大，用$U_{(BR)CES}$表示。

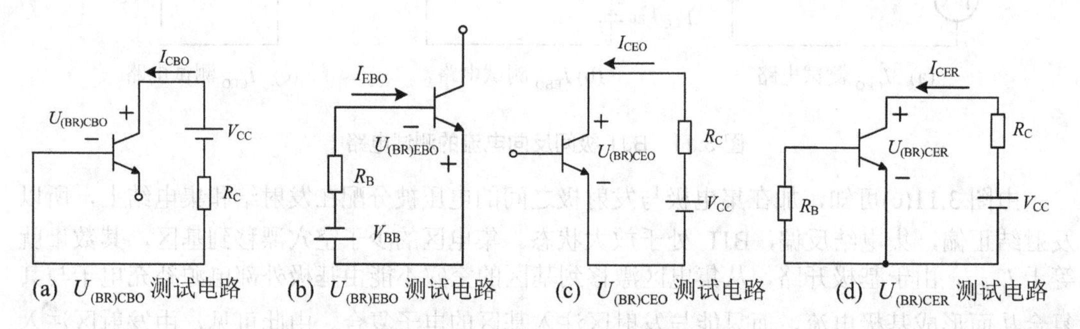

图3.12　BJT反向击穿电压的测试电路

上述各种击穿电压满足如下关系：

$$U_{(BR)CBO} > U_{(BR)CES} > U_{(BR)CER} > U_{(BR)CEO} > U_{(BR)EBO} \tag{3.25}$$

为保证 BJT 安全工作，BJT 各极间的最大反向电压必须小于相应的击穿电压。

3)　集电极最大允许耗散功率 P_{CM}

集电极功耗 p_C 或称集电极耗散功率等于集电极电流 i_C 与 u_{CE} 的乘积。集电极功耗将使集电结发热，结温上升，若 p_C 过大，结温过高，不仅会改变 BJT 的参数，还会使 BJT 烧坏，因此集电极的耗散功率须受到一定的限制。P_{CM} 表示集电结上允许耗散功率的最大值。锗管允许集电结温度为 75℃，硅管允许集电结温度为 150℃。对于大功率管，为了提高 P_{CM}，通常采用加散热装置的方法。

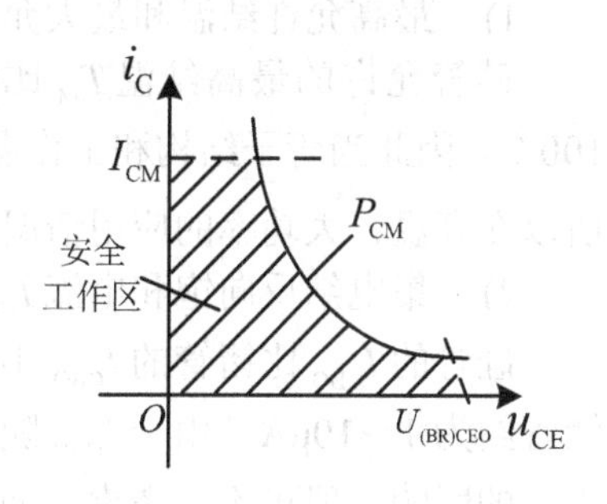

图 3.13　BJT 的安全工作区

在共射输出特性曲线上，综合考虑 I_{CM}、$U_{(BR)CEO}$ 以及 P_{CM} 等参数，BJT 的工作范围应限制在如图 3.13 所示的阴影区域内，称为安全工作区。

4．高频参数

1)　共基极截止频率 f_α 和共射极截止频率 f_β

由于 BJT 中 PN 结结电容的存在，BJT 的交流电流放大系数 α 和 β 通常是所加信号频率 f 的函数，信号频率高到一定程度时，α 和 β 不但数值下降，而且还会产生相移，此时应用复数 $\dot{\alpha}$ 和 $\dot{\beta}$ 表示。用 α_0 和 β_0 分别表示 BJT 在低频时的 $\dot{\alpha}$ 和 $\dot{\beta}$，则使 $|\dot{\alpha}|$ 和 $|\dot{\beta}|$ 分别下降到 $\alpha_0/\sqrt{2}$ 和 $\beta_0/\sqrt{2}$ 时的频率分别称为 BJT 的共基截止频率和共射截止频率，如图 3.14 所示。f_α 和 f_β 均取决于 BJT 本身的结构，f_α 远大于 f_β，说明共基极电路比共发射极电路允许工作在更高的工作频率范围内。

2)　特征频率 f_T

将 $|\dot{\beta}|$ 下降到 1 时的频率定义为 BJT 的特征频率 f_T，如图 3.14(b)所示。特征频率是 BJT 的一个重要高频参数，它比较确切地反映出了 BJT 的高频放大能力，当工作频率低于 f_T 时，$\beta>1$，BJT 具有电流放大作用；当工作频率超过 f_T 时，$\beta<1$，BJT 就没有电流放大作用了。所以，特征频率是 BJT 的最高可应用频率。

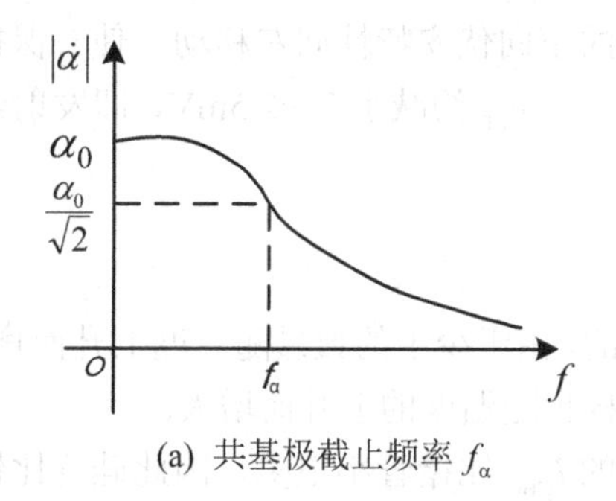

(a) 共基极截止频率 f_α

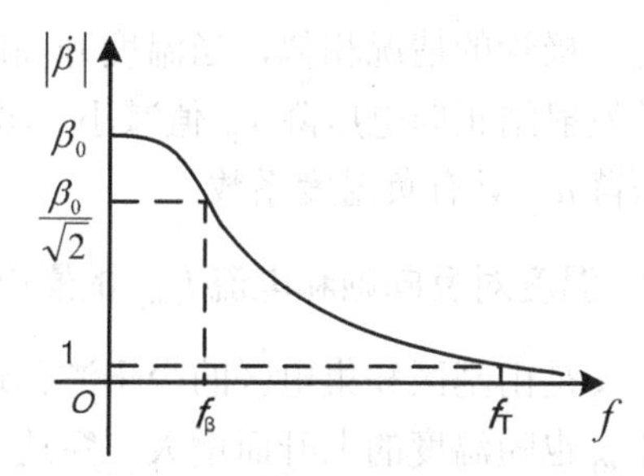

(b) 共射极截止频率 f_β 和特征频率 f_T

图 3.14　BJT f_α、f_β 以及 f_T 的定义

5. 锗管与硅管的比较

由于锗和硅半导体本身的区别，因此锗管和硅管的特性也有所不同。

1) 最高允许结温和最大允许功耗

硅管允许的最高结温 T_{iM} 比锗管高，硅管的 T_{iM} 约为 150～200℃，而锗管约为 75～100℃，因此当管子结构和工作温度相同时，硅管的最大允许功耗 P_{CM} 比锗管要大 2～3 倍。所以在高温、大功率的应用情况下应采用硅管。

2) 集电结反向饱和电流 I_{CBO}

硅管的 I_{CBO} 比锗管的 I_{CBO} 小 2～3 个数量级，小功率硅管的 I_{CBO} 一般在 0.1nA 以下，而锗管约为 1～10μA。由于 I_{CBO} 随温度变化，它将影响 BJT 静态工作的稳定性，对于硅管，I_{CBO} 的影响一般可不予考虑，而锗管就必须考虑。又由于锗管的 I_{CBO} 较大，所以应用小功率锗管时，集电极电流应不小于 10μA，否则 I_{CBO} 的影响太大。而硅管在集电极电流小于 10μA 时还能工作，在低噪声放大器中，要求集电极电流很小的情况下应选用硅管。

3) 反向击穿电压

硅管的反向击穿电压 $U_{(BR)CEO}$ 比锗管高，一般锗管的 $U_{(BR)CEO}$ 为几十伏，硅管可达几百伏，所以在需要高反压运用的情况下也应采用硅管。

4) 发射结门限电压

锗管发射结门限电压约 0.2～0.3V，硅管较高，约 0.5～0.6V。在类似检波电路中，可以采用锗管。

综合以上比较，硅管的性能优于锗管，所以通信设备及测量仪表中一般都优先选用硅管。在集成电路生产中也采用硅材料。

3.1.4 温度对 BJT 参数及特性的影响

由于半导体材料具有热敏特性，BJT 的参数几乎都与温度有关。对于电子电路，如果不能解决好温度稳定性问题，电路将不能应用于实际，因此了解温度对 BJT 参数的影响是非常必要的。当温度变化时，BJT 的参数 u_{BE}、I_{CBO}、β 等将会随之变化。

1. 温度对发射结正向电压降 u_{BE} 的影响

与二极管的情况相似，当温度升高时，发射结的正向伏安特性向左移动，使 i_B 保持一定时的发射结正向电压降 u_{BE} 值减小。温度每升高 1℃，u_{BE} 约减小 2～2.5mV，即发射结正向电压降 u_{BE} 具有负温度系数。

2. 温度对反向饱和电流 I_{CBO} 的影响

I_{CBO} 是由基区和集电区的少子漂移运动而产生的，由于少子的数量随温度上升而增大，所以 I_{CBO} 也随温度的上升而增大。穿透电流 I_{CEO} 同样也随温度的上升而增大。

虽然硅管的温度系数比锗管大，但是由于硅管的 I_{CBO} 比锗管小很多，因此硅管比锗管的热稳定性好。

3．温度对电流放大系数 β 的影响

温度升高后，注入到基区的载流子的扩散速度加快，电子与空穴在基区的复合数目减小，所以 β 增大。温度每升高 1℃，β 增加 0.5%～1.0%左右。

由于温度变化时，BJT 的参数 u_{BE}、I_{CBO}、β 等发生变化，因此 BJT 的特性曲线也将发生变化。

由于 u_{BE} 具有负温度系数，因此温度升高时，BJT 的输入特性曲线左移，与二极管相似。

温度对输出特性曲线的影响如图 3.15 所示。温度升高时，由于 u_{BE} 减小，I_{CBO}、β 等增大，均使得集电极电流 i_C 增大，因此随温度升高，输出特性曲线上移且曲线间隔加大。

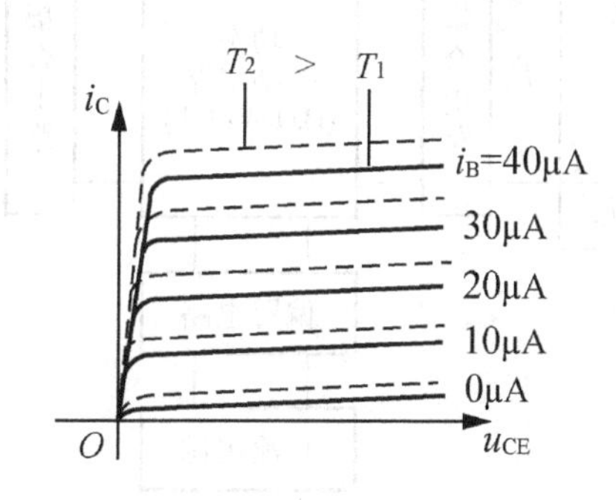

图 3.15 温度对输出特性曲线的影响

3.2 放大电路的基本知识

放大电路是电子系统中最常见的信号处理电路之一，其作用是将输入的微弱信号不失真地放大到所需要的数值。放大的前提是保证输出信号不失真，即只有在输出信号不失真的情况下放大才有意义。本节将讨论放大的基本概念及放大电路的主要性能指标。

3.2.1 放大电路的组成及放大的本质

1．放大电路的组成

图 3.16 所示为放大电路的结构框图，其组成主要包括功率控制电路、偏置电路和耦合电路等，其中 $\dot{U}_s$ 为待放大的微弱交流信号源，R_s 为信号源的内阻，通常以正弦信号作为放大电路的测试信号，$\dot{U}_i$ 是放大电路的输入信号，$\dot{U}_o$ 是放大电路的输出信号，R_L 为负载电阻。在放大电路中，功率控制电路是构成放大电路的核心，它通常由双极型晶体管 BJT 或场效应管 FET(第 4 章介绍)等有源器件构成，利用输入信号(电压或电流)对 BJT 或 FET 的输出控制作用，使输出信号的电压或电流得到放大。

如前所述，BJT 只有工作在放大区，才能实现输入电流对输出电流的线性控制作用。由于 $\dot{U}_s$ 幅度很小，其值一般为毫伏级，甚至更小，如果直接将 $\dot{U}_s$ 加在电路的输入端，在交流信号的整个周期内，BJT 将始终处于截止状态，不能实现对信号的放大。为此，需要给放大电路加上合适的直流电源，保证在信号的整个周期内，BJT 均处于放大状态，从而实现对信号的放大。施加合适的直流电压，使 BJT 各极电流、极间电压均有确定的值，称为设置直流工作点或静态工作点，一般用 Q 点表示，设置静态工作点的电路称为放大电路的偏置电路。可见，设置合适的直流工作点是保证 BJT 始终工作于放大区、实现信号不失真放大的必要条件。

在设置合适静态工作点的基础上，还需要保证待放大的交流输入信号 $\dot{U}_s$ 能够顺利地加至放大电路的输入端，同时还需要保证被放大后的交流信号能够顺利地输出至负载，以实现信号的放大，这需要由输入、输出耦合电路完成。

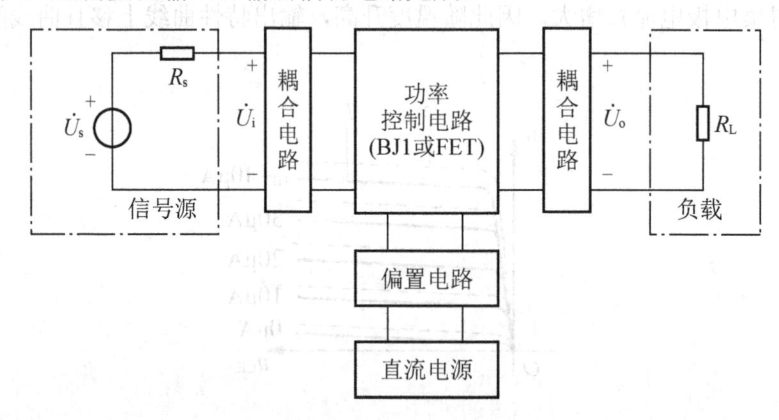

图 3.16　放大电路结构框图

2．放大的本质

放大电路的基本功能是将微弱的电信号加以放大。根据能量守恒原理，能量只能转换，不能凭空产生，当然也不能被放大。信号放大后所增加的能量，实际上是从放大电路的直流供电电源中的能量转换而来的。放大是对变化量而言的，放大的本质实际上是能量的控制和转换。即在交流输入信号的控制下，将直流电源供给的能量转化为按输入信号变化的交流能量输出给负载，使负载获得的能量大于输入信号的能量。因此，放大的本质是功率的放大，即负载上总是获得比输入信号大得多的电压或电流，有时兼而有之，BJT 晶体管或 FET 场效应管则是能够控制能量转换的有源元件。

3.2.2　放大电路的主要性能指标

放大电路的性能指标是衡量电路性能优劣的标准，并决定其适用范围。这里主要讨论放大电路的输入阻抗、输出阻抗、增益、频率响应和非线性失真等几项主要指标，它们主要是针对放大能力和失真度两方面要求提出的。

小信号放大电路是线性有源二端口网络，它的组成框图如图 3.17 所示，在正弦稳态分析中的信号电压、电流均用复数表示。图中 $\dot{U}_s$、R_s 代表电压源的电压和内阻，信号源也可采用电流源($\dot{I}_s$、R_s)，$\dot{U}_i$、$\dot{I}_i$ 为输入电压和电流，$\dot{U}_o$、$\dot{I}_o$ 为输出电压和电流，它们的正方向符合二端口网络的一般约定，R_L 是放大电路的负载电阻。

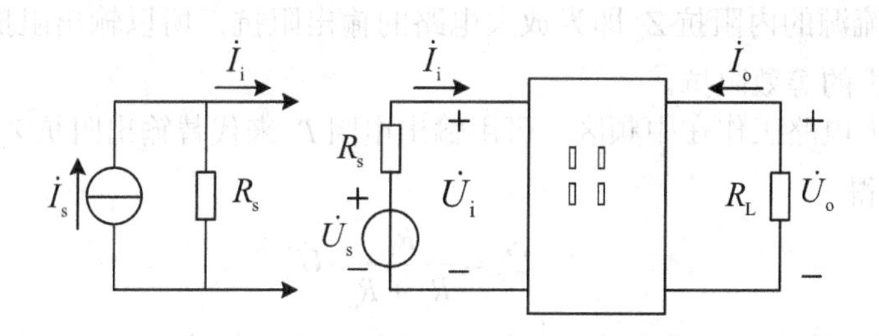

图 3.17　小信号放大电路的组成框图

1．输入阻抗和输出阻抗

放大电路的输入端要接信号源，在多级放大电路中，有时该信号源可能是前级放大电路，其输出阻抗即是等效信号源的内阻抗；输出端要接负载，有时该负载可能是下一级放大电路的输入阻抗，其等效电路如图 3.18 所示。因此，输入阻抗和输出阻抗是考虑放大电路与信号源、负载或放大电路级联时相互影响的重要参数。

1)　输入阻抗

放大电路的输入阻抗是从放大电路输入端看进去的等效阻抗，用 Z_i 来表示，如图 3.18 所示，即

$$Z_i = \frac{\dot{U}_i}{\dot{I}_i} \tag{3.26}$$

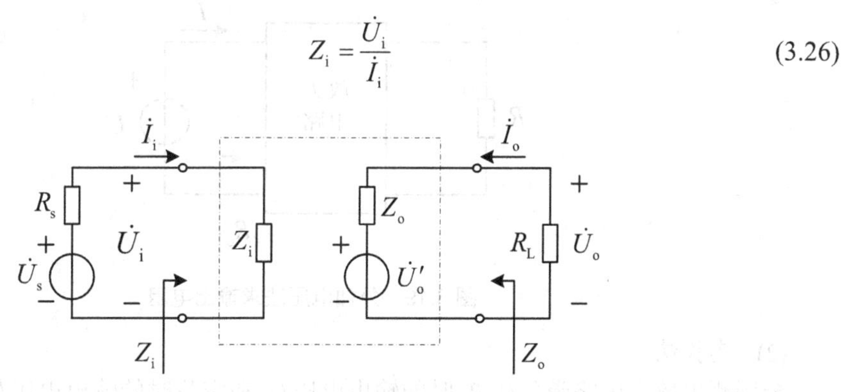

图 3.18　放大电路的输入阻抗

若放大电路工作在中频区，可不考虑电抗元件的作用，放大电路为纯阻性网络，可用输入电阻 R_i 来代替输入阻抗 Z_i，即

$$R_i = \frac{\dot{U}_i}{\dot{I}_i} \tag{3.27}$$

则放大电路的输入电压为

$$\dot{U}_i = \frac{R_i}{R_i + R_s} \cdot \dot{U}_s \tag{3.28}$$

R_i 越大，表明放大电路从信号源索取的电流越小，$\dot{U}_i$ 越接近信号源电压 $\dot{U}_s$，信号源电压在内阻 R_s 上的损失就越小，所以 R_i 体现了放大电路对信号源电压的衰减程度。

2)　输出阻抗

对负载电阻 R_L 而言，放大电路的输出即是它的信号源，可用戴维南定理将其等效为一个含有内阻抗的电压源，也可用诺顿定理等效为一个含有内阻抗的电流源，如图 3.18 所示。

等效电压源或电流源的内阻抗 Z_o 即为放大电路的输出阻抗，所以输出阻抗 Z_o 即是从放大电路输出端看进去的等效阻抗。

同样，若放大电路工作在中频区，可用输出电阻 R_o 来代替输出阻抗 Z_o。

由图 3.18 可得

$$\dot{U}_o = \frac{R_L}{R_L + R_o} \cdot \dot{U}'_o \tag{3.29}$$

式(3.29)表明，放大电路带负载时的输出电压 $\dot{U}_o$ 要比空载($R_L = \infty$)时的输出电压 $\dot{U}'_o$ 有所下降，R_o 越小，带负载前后输出电压相差越小，电路带负载能力越强，所以 R_o 的大小表示放大电路带负载的能力。

在电子电路中计算输出电阻常用以下两种方法。

(1) 外加电压法。

如图 3.19 所示，将负载电阻 R_L 开路，电压源 $\dot{U}_s$ 短路，或电流源 $\dot{I}_s$ 开路，保留其内阻 R_s，在输出端外加一个正弦测试电压 $\dot{U}$，在输出回路中相应地产生电流 $\dot{I}$，则

$$R_o = \left. \frac{\dot{U}}{\dot{I}} \right|_{R_L = \infty, \dot{U}_s = 0} \tag{3.30}$$

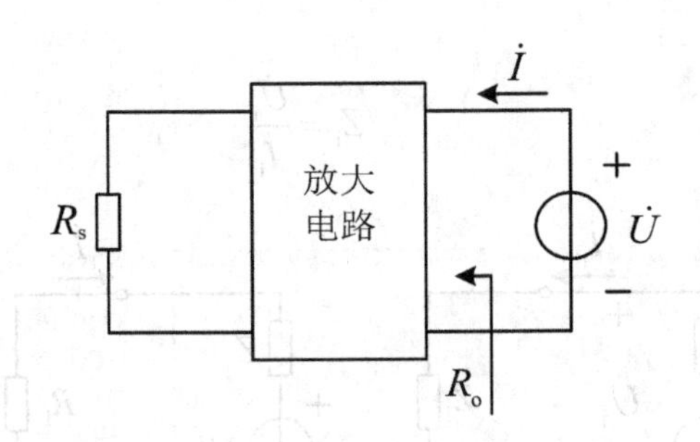

图 3.19 外加电压法求输出电阻

(2) 实验法。

分别测出放大电路带负载 R_L 时的输出电压 $\dot{U}_o$ 和空载时的输出电压 $\dot{U}'_o$，由式(3.29)可以导出

$$R_o = \left(\frac{\dot{U}'_o}{\dot{U}_o} - 1 \right) \cdot R_L \tag{3.31}$$

在计算输出电阻时，通常采用外加电压法。

必须注意，以上所讨论的放大电路的输入电阻和输出电阻不是直流电阻，而是在线性运用情况下的交流电阻。

2. 增益

增益又称放大倍数，用 $\dot{A}$ 表示，定义为放大电路输出量与输入量的比值，是直接衡量放大电路放大能力的指标。

根据输出量和输入量的不同，可有四种类型的放大电路，即电压放大电路、电流放大电路、互阻放大电路和互导放大电路，它们相应的增益分别为电压增益 $\dot{A}_u = \frac{\dot{U}_o}{\dot{U}_i}$、电流增

益 $\dot{A}_{\mathrm{i}}=\dfrac{\dot{I}_{\mathrm{o}}}{\dot{I}_{\mathrm{i}}}$、互阻增益 $\dot{A}_{\mathrm{r}}=\dfrac{\dot{U}_{\mathrm{o}}}{\dot{I}_{\mathrm{i}}}$ 和互导增益 $\dot{A}_{\mathrm{g}}=\dfrac{\dot{I}_{\mathrm{o}}}{\dot{U}_{\mathrm{i}}}$，其中，$\dot{A}_{\mathrm{u}}$ 和 $\dot{A}_{\mathrm{i}}$ 均为无量纲的数值，而 $\dot{A}_{\mathrm{r}}$ 的单位是欧[姆](Ω)，$\dot{A}_{\mathrm{g}}$ 的单位是西[门子](S)。

本章重点研究放大电路的电压放大倍数 $\dot{A}_{\mathrm{u}}$，有时需要考虑放大电路直接对信号源 $\dot{U}_{\mathrm{s}}$ 的放大倍数，称为源电压增益 $\dot{A}_{\mathrm{us}}=\dfrac{\dot{U}_{\mathrm{o}}}{\dot{U}_{\mathrm{s}}}$，可推得

$$\dot{A}_{\mathrm{us}}=\frac{\dot{U}_{\mathrm{o}}}{\dot{U}_{\mathrm{s}}}=\frac{\dot{U}_{\mathrm{o}}}{\dot{U}_{\mathrm{i}}}\cdot\frac{\dot{U}_{\mathrm{i}}}{\dot{U}_{\mathrm{s}}}=\frac{R_{\mathrm{i}}}{R_{\mathrm{i}}+R_{\mathrm{s}}}\cdot\dot{A}_{\mathrm{u}} \tag{3.32}$$

同样可以推出源电流增益为

$$\dot{A}_{\mathrm{is}}=\frac{\dot{I}_{\mathrm{o}}}{\dot{I}_{\mathrm{s}}}=\frac{\dot{I}_{\mathrm{o}}}{\dot{I}_{\mathrm{i}}}\cdot\frac{\dot{I}_{\mathrm{i}}}{\dot{I}_{\mathrm{s}}}=\frac{R_{\mathrm{s}}}{R_{\mathrm{i}}+R_{\mathrm{s}}}\cdot\dot{A}_{\mathrm{i}} \tag{3.33}$$

四种类型放大电路的主要区别是对输入电阻 R_{i} 和输出电阻 R_{o} 的要求不同。

在输入端，为了将信号尽可能多地送至放大电路的输入端，且在 R_{s} 变化时保持输入信号基本不变，则当输入量是电压时，要求 $R_{\mathrm{i}}>>R_{\mathrm{s}}$，即所谓恒压激励；当输入量是电流时，要求 $R_{\mathrm{i}}<<R_{\mathrm{s}}$，即所谓恒流激励。

在输出端，为了将放大后的信号尽可能多地传送至负载，且在 R_{L} 变化时保持输出信号基本不变，则当输出量是电压时，要求 $R_{\mathrm{o}}<<R_{\mathrm{L}}$，即所谓恒压输出；当输出量是电流时，要求 $R_{\mathrm{o}}>>R_{\mathrm{L}}$，即所谓恒流输出。

所以电压放大电路应是输入电阻高、输出电阻低的放大电路；而电流放大电路应是输入电阻低、输出电阻高的放大电路。

在工程中常使用功率增益 G_{p} 来衡量功率放大能力，定义为输出功率 P_{o} 与输入功率 P_{i} 的比值，即

$$G_{\mathrm{p}}=\frac{P_{\mathrm{o}}}{P_{\mathrm{i}}}=\frac{\dot{U}_{\mathrm{o}}\cdot\dot{I}_{\mathrm{o}}}{\dot{U}_{\mathrm{i}}\cdot\dot{I}_{\mathrm{i}}}=A_{\mathrm{u}}A_{\mathrm{i}} \tag{3.34}$$

注意，式中的 $\dot{U}_{\mathrm{o}}$、$\dot{I}_{\mathrm{o}}$ 和 $\dot{U}_{\mathrm{i}}$、$\dot{I}_{\mathrm{i}}$ 均为有效值。

在实际应用中，增益的大小常用分贝(dB)数表示，即 $A_{\mathrm{u}}(\mathrm{dB})=20\lg A_{\mathrm{u}}$、$A_{\mathrm{i}}(\mathrm{dB})=20\lg A_{\mathrm{i}}$ 和 $G_{\mathrm{p}}(\mathrm{dB})=10\lg G_{\mathrm{p}}$。

增益采用 dB 表示有以下优点：首先，在电话通信中，电信号经电路传输到达终端后，由受话器将电信号转换为声音，而人耳对信号的响应近似呈对数特性；其次，用 dB 表示增益时，增益值及增益值的范围都比较小，易于计算，多级放大电路的总增益应为各级增益之乘积，当采用 dB 表示时，总增益的计算可由原来的乘积化为求和，计算比较方便。

若放大电路工作在中频区，放大电路中的电抗元件和 BJT 的极间电容对放大电路的影响作用可以忽略，此时可以把放大电路看做是纯阻性网络。为了书写方便，此时，电路中的电压或电流可用交流瞬时值表示，增益也可以表示为 $A_{\mathrm{u}}=\dfrac{u_{\mathrm{o}}}{u_{\mathrm{i}}}$ 的形式。

3．频率响应

一般情况下，放大电路只适合放大某一频段的信号。由于电路中电容和晶体管极间电

容的影响，当输入信号频率较高或较低时，增益的幅值会下降并产生附加相移。图 3.20(a)所示为一种典型增益的幅值与信号频率的关系曲线，称为幅频特性曲线；图 3.20(b)所示为增益的相位与信号频率的关系曲线，称为相频特性曲线。在中频区，增益的大小和相位基本不随频率变化，分别用 A_{um} 和 φ_m 表示；在高频区和低频区，电压增益下降，相位亦随频率变化。当电压增益下降至 A_{um} 的 $\frac{1}{\sqrt{2}}\approx 0.707$ 倍，即下降了 3dB 时，对应的频率分别称为上限截止频率 f_H 和下限截止频率 f_L，f_H 和 f_L 之间的频率范围称为通频带，又称 3dB 带宽，用 BW 表示，则

$$BW = f_H - f_L \tag{3.35}$$

一般有 $f_H \gg f_L$，所以，$BW \approx f_H$。可见通频带用于衡量放大电路对不同频率信号的放大能力，通频带越宽，表明放大电路对不同频率信号的适应能力越强。

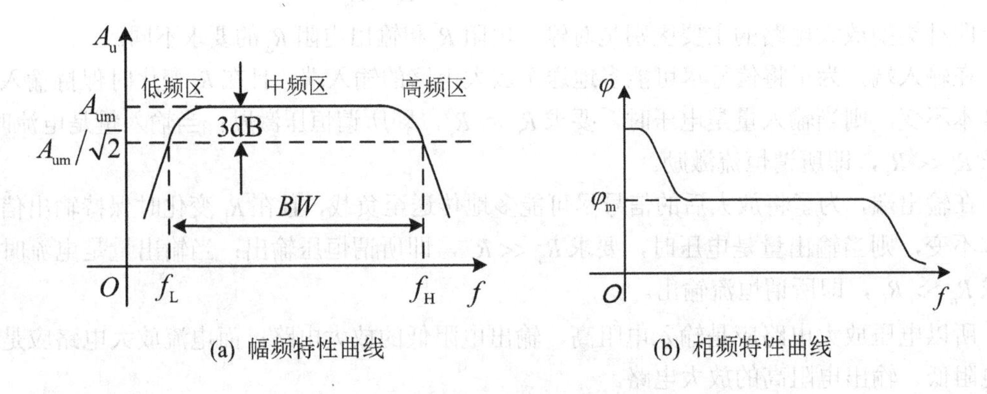

图 3.20 典型的幅频特性与相频特性曲线

4. 非线性失真

由于 BJT 是非线性器件，所以当输入正弦信号的幅度较大时，输出信号不可避免地会产生非线性失真，不再是正弦波，除了基波以外，还含有许多谐波分量，即在输出信号中产生了输入信号所没有的新的频率分量，这是非线性失真的基本特征。

基波是不失真的分量，各谐波成分是失真分量。输出波形中的谐波成分总量与基波成分之比称为非线性失真系数 N。设基波幅值为 A_1，各谐波幅值分别为 A_2、A_3、…，则有

$$N = \frac{\sqrt{A_2^2 + A_3^2 + \cdots}}{A_1} \times 100\% \tag{3.36}$$

非线性失真的大小与晶体管 Q 点及输入信号幅度的大小有关。如果 Q 点合适，输入信号的幅度又足够小，则非线性失真就很小。随着输入信号幅度的增加，非线性失真会加大。

5. 最大输出幅度

由于 BJT 的非线性和直流电源电压的限制，输出信号的非线性失真系数会随输入信号幅度的增大而增加。最大输出幅度是指非线性失真系数不超过额定值时的输出信号最大值，用 U_{omax} 或 I_{omax} 表示，也可用峰-峰值 $U_{op\text{-}p}$ 或 $I_{op\text{-}p}$ 表示。

6．最大输出功率与效率

最大输出功率 P_{omax} 是指输出信号非线性失真系数符合规定的情况下能输出的最大功率。在放大电路中，输入信号的功率通常很小，但经放大电路的控制和转换后，负载从直流电源获得的信号功率却较大。直流电源能量的利用率称为效率 η，设 P_o 为输出信号功率，P_{DC} 为直流电源供给的平均功率，则效率 η 等于 P_o 与 P_{DC} 之比，即

$$\eta = \frac{P_o}{P_{DC}} \tag{3.37}$$

3.3 基本共射放大电路及放大电路的分析方法

如前所述，BJT 可以实现电流控制作用，利用 BJT 的这一特性可以组成各种基本放大电路。本节将以基本共射放大电路为例，首先分析放大电路的组成及工作原理；然后重点介绍放大电路的两种分析方法——图解分析法和微变等效电路分析法；最后通过实例对放大电路的静态工作点和各项动态参数进行分析和计算。

3.3.1 基本共射放大电路的组成和工作原理

图 3.21 所示是基本共射极放大电路的原理图。其中 BJT 是核心元件，利用 BJT 基极电流对集电极电流的控制作用实现放大。被放大的正弦信号 u_s 从基极输入，信号从集电极取出，发射极是输入回路与输出回路的公共端，故为共射放大电路。在该电路中，V_{CC}、V_{BB} 与 R_C、R_B 配合，为 BJT 设置合适的直流工作点 Q，使之工作于放大区。R_C 还可以将集电极电流转化为电压送至输出端，使电路具有电压放大功能。直流电源 V_{CC} 为输出提供所需的能量。

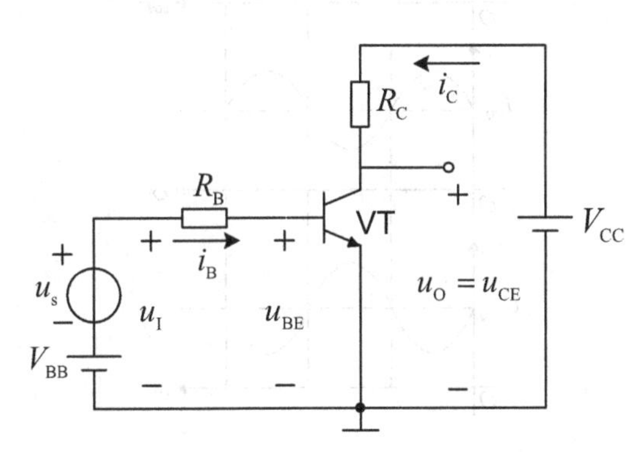

图 3.21 基本共射放大电路的原理图

当 u_s=0 时，即放大电路没有交流输入信号时，电路中各处的电压、电流都是不变的直流，称为直流工作状态或静止状态，简称静态。BJT 工作于 Q 点，用 U_{BEQ}、I_{BQ}、I_{CQ} 和 U_{CEQ} 4 个直流值表示。

当 $u_s \neq 0$ 时，即有交流信号输入时，该正弦信号叠加在 V_{BB} 上，使 BJT 的电压、电流均在直流分量的基础上叠加一个正弦交流分量，即

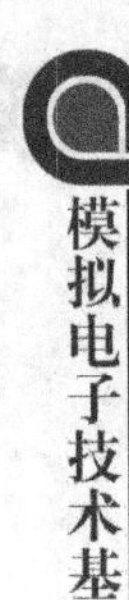

$$\begin{cases} u_{BE} = U_{BEQ} + u_{be} \\ i_B = I_{BQ} + i_b \\ i_C = I_{CQ} + i_c \\ u_{CE} = U_{CEQ} + u_{ce} \end{cases} \tag{3.38}$$

式(3.38)右边第一项为直流分量，第二项为交流分量，左边是直流分量与交流分量之和，称为全值量，是 BJT 中的实际电压或电流值。根据 BJT 基极电流对集电极电流的控制作用，应有 $i_c = \beta i_b$，则交流电流 i_c 必将在电阻 R_C 上产生一个与 i_c 波形相同的交流电压。由于 R_C 上的电压增大时，管压降 u_{CE} 必然减小；R_C 上的电压减小时，u_{CE} 必然增大，所以管压降 u_{CE} 是在直流分量 U_{CEQ} 的基础上叠加一个与 i_c 变化方向相反的交流电压 u_{ce}。u_s 是待放大的交流信号，u_{ce} 就是被放大的交流输出信号，所以输出电压与输入电压的相位相反。

BJT 各极电流、电压工作波形如图 3.22 所示。它们的全值量均是在直流分量的基础上叠加相应的交流分量，而直流分量的值要比交流分量的幅值大，故它们的全值量方向即极性始终保持不变，只有大小的变化，没有方向即极性的改变。采用 PNP 型 BJT 的共射放大电路的工作原理与 NPN 型 BJT 的电路相同，只是电流的方向、电压的极性相反而已。

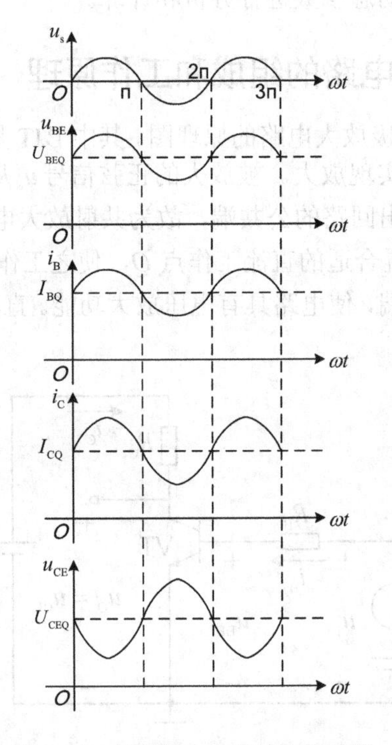

图 3.22　共射放大电路的工作波形

从以上分析可知，对于基本共射放大电路，必须设置合适的静态工作点，使交流信号叠加在直流分量之上，以保证 BJT 在输入信号的整个周期内始终工作在放大状态，输出电压波形才不会产生非线性失真。基本共射放大电路的电压放大作用是利用 BJT 的电流放大作用，并依靠 R_C 将电流的变化转化成电压的变化来实现的。

综上所述，在基本共射放大电路中，既有直流电源，又有交流输入信号，由于交、直流共存，电路中各处的全值量=直流分量+交流分量，V_{CC}、V_{BB} 提供直流 Q 点在放大区，R_C

将电流变化转化为电压变化输出，实现交流放大。这充分体现了直流 Q 点是基础，交流放大是目的。

3.3.2 直流通路与交流通路

由于电容、电感等电抗元件的存在，直流量所流经的通路与交流信号所流经的通路是不完全相同的。因此，为了研究问题的方便起见，常把直流电源对电路的作用和交流输入信号对电路的作用区分开来，分成直流通路和交流通路。

直流通路是在直流电源作用下直流电流流经的通路，也就是静态电流流经的通路，用于研究静态工作点。对于直流通路，有：①电容视为开路；②电感线圈视为短路(即忽略线圈电阻)；③交流电压信号源视为短路，交流电流信号源视为开路，但应保留其内阻。

图 3.23 所示是图 3.21 所示基本共射放大电路的直流通路。

交流通路是交流输入信号作用下交流信号流经的通路，用于研究动态参数。对于交流通路，在中频区有：①容量大的电容(如耦合电容)视为短路；②电感线圈视为开路；③直流电源视为短路。

图 3.24 所示是图 3.21 所示电路的交流通路。

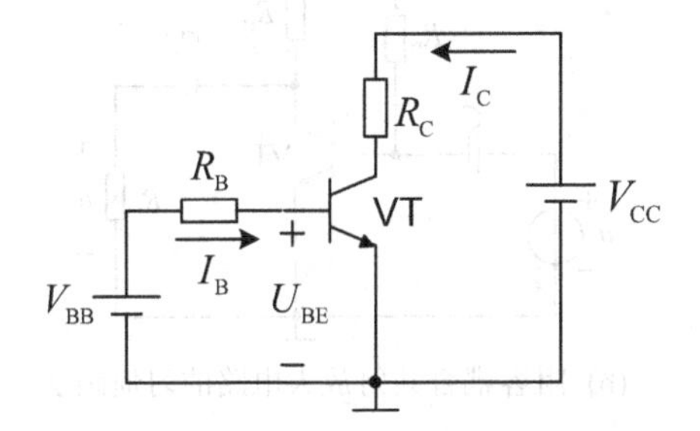

图 3.23 图 3.21 电路的直流通路

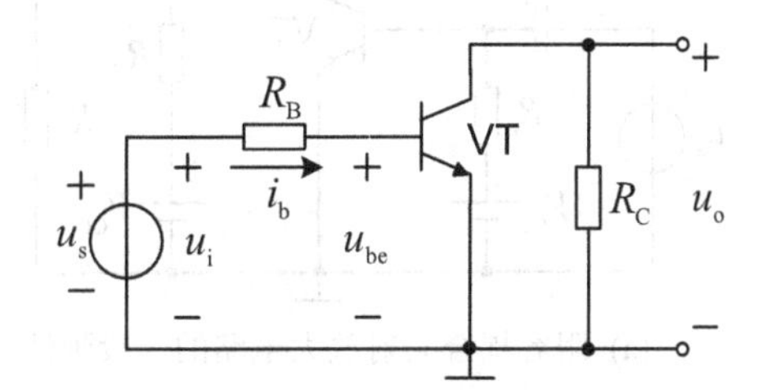

图 3.24 图 3.21 电路的交流通路

求解静态工作点时应利用直流通路，求解动态参数时应利用交流通路，两种通路切不可混淆。静态工作点合适，动态分析才有意义。交流分析和直流分析之所以可以分别进行，是因为放大器件工作在线性放大区，交流信号幅值很小时，交流信号与直流可以直接相加，而不会带来失真，即线性电路适用于叠加定理。所以，直流分析的结果一定要保证直流工作点在线性放大区内，交流分析结果才正确。

所以，对放大电路进行分析计算应包括两方面的内容：一是直流分析(静态分析)，求出静态工作点；二是交流分析(动态分析)，主要是计算电路的性能指标或分析电压、电流的波形等。分析计算的方法有图解法、微变等效电路法等，下面分别加以介绍。

3.3.3 放大电路的图解分析法

图解法是利用晶体管的输入、输出特性曲线及放大电路的外部电路特性，采用作图的方法对放大电路进行分析。

图 3.21 所示的电路存在以下几个问题。

(1) 在输入回路中，i_B 中的交流分量 i_b 流经 R_B 并在其上产生电压降。这样信号电压将损失一部分，导致增益下降。

(2) i_B中的直流分量I_B必须流过信号源，这就要求信号源必须具备直流通路，并允许直流电流流过，这样有时会影响信号源的工作。

(3) 电路中需要有两个直流电源V_{CC}和V_{BB}，使用不方便。

为了克服上述缺点，实际放大电路都采用图 3.25 所示的电路，只用一个直流电源V_{CC}，I_B也由V_{CC}供给。图 3.25(a)是其一般画法；图 3.25(b)是习惯画法，其中直流电源V_{CC}采用简化画法，它的负端接地。电容C_1用于连接信号源与放大电路，电容C_2用于连接放大电路与负载，在电路中起连接作用，称为耦合电容，利用电容连接电路称为阻容耦合。C_1和C_2对直流呈开路状态，又称为隔直电容。C_1和C_2的容量应足够大，使其在输入信号频率范围内的容抗很小，可视为交流短路。可见，C_1和C_2的作用是隔直流、通交流，故待放大的交流信号u_s可顺利通过C_1加至发射结上，已放大的交流输出信号即集电极电压u_{CE}的交流分量u_{ce}可通过C_2送至负载电阻R_L上。只要电路中各元件的参数合适，就可以实现对信号的放大。

下面以图 3.25 所示的阻容耦合单管共射放大电路为例来讨论图解分析法。

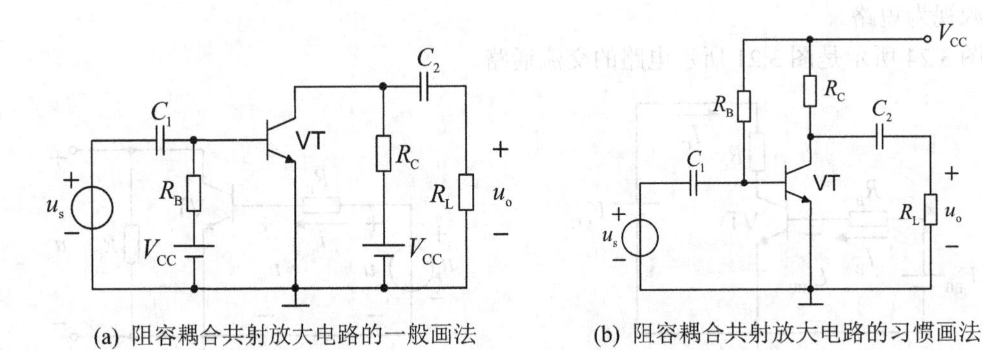

(a) 阻容耦合共射放大电路的一般画法　　(b) 阻容耦合共射放大电路的习惯画法

图 3.25　阻容耦合共射放大电路的一般画法与习惯画法

1. 静态工作点分析

静态工作点分析的步骤如下。

(1) 画出放大电路的直流通路。

图 3.25 所示放大电路的直流通路如图 3.26 所示，其中图 3.26(a)是一般画法，图 3.26(b)是习惯画法。

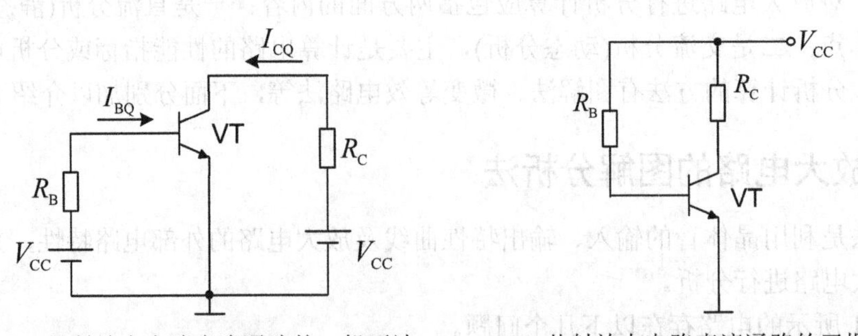

(a) 共射放大电路直流通路的一般画法　　(b) 共射放大电路直流通路的习惯画法

图 3.26　阻容耦合共射放大电路的直流通路

(2)　在输入特性曲线上作输入回路的直流负载线，求出 I_{BQ}、U_{BEQ}。

在 BJT 的输入回路中，静态工作点既应在 BJT 的输入特性曲线上，又应满足外电路的回路 KVL 方程，即

$$U_{BE}=V_{CC}-I_BR_B \tag{3.39}$$

在输入特性坐标系中，画出式(3.39)所确定的直线，它与横轴的交点为$(V_{CC},0)$，与纵轴的交点为$(0,V_{CC}/R_B)$，斜率为$-1/R_B$，称为输入回路的直流负载线，其与输入曲线的交点即为静态工作点 Q，从而可确定出 I_{BQ} 和 U_{BEQ}，如图 3.27(a)所示。

工程上为方便起见，经常近似估算 I_{BQ} 的值，有

$$I_{BQ}=\frac{V_{CC}-U_{BEQ}}{R_B} \tag{3.40}$$

对于小功率硅管取 $U_{BEQ}=0.6\sim\ 0.7V$，锗管取 $U_{BEQ}=0.2\sim\ 0.3V$。

(3)　在输出特性曲线上作输出回路的直流负载线，求出 I_{CQ}、U_{CEQ}。

与输入回路相似，在 BJT 的输出回路中，静态工作点应既在 BJT 的输出特性曲线上，同时还应满足外电路的回路 KVL 方程，即

$$U_{CE}=V_{CC}-I_CR_C \tag{3.41}$$

在输出特性坐标系中，画出式(3.41)所确定的直线，它与横轴的交点为$(V_{CC},0)$，与纵轴的交点为$(0,V_{CC}/R_C)$，斜率为$-1/R_C$，称为输出回路的直流负载线；再找到 $I_B=I_{BQ}$ 的那条输出曲线，这两条线的交点即为静态工作点 Q，从而可确定出 I_{CQ} 和 U_{CEQ}，如图 3.27(b)所示。

应当指出，如果输出特性曲线中没有 $I_B=I_{BQ}$ 的那条输出曲线，则应该补上该曲线。

Q 点确定后，就可以在此基础上进行动态分析了。

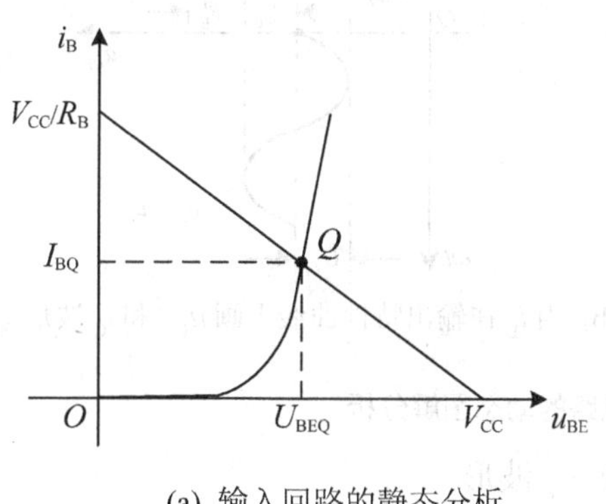

(a) 输入回路的静态分析

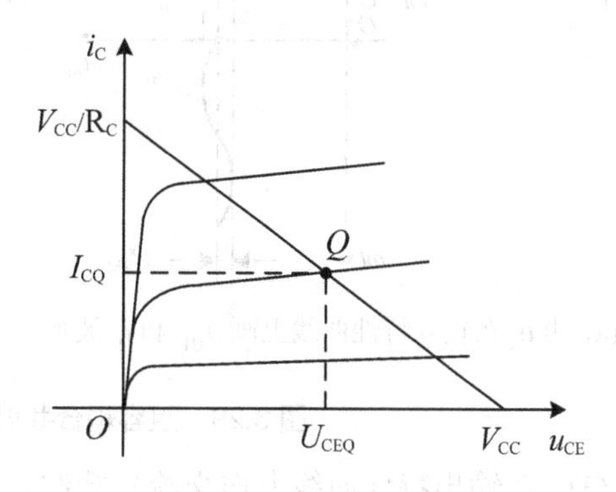

(b) 输出回路的静态分析

图 3.27　图解法求静态工作点

2．动态图解分析

动态图解分析的步骤如下。

(1)　画出放大电路的交流通路。

放大电路的交流通路如图 3.28 所示。

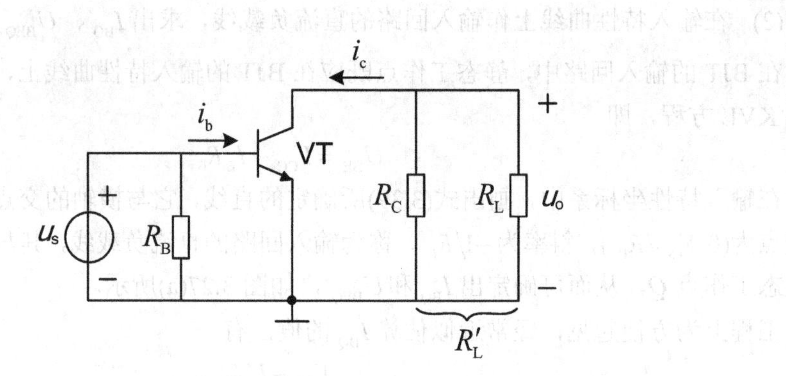

图 3.28 阻容耦合放大电路的交流通路

(2) 根据输入信号求 u_{BE}、i_B 的波形。

设输入信号 $u_s = C\sin\omega t (C << U_{BEQ})$，直接加在 BJT 的发射结上，即 $u_{be} = u_s$，叠加在 U_{BEQ} 上，即 $u_{BE} = U_{BEQ} + u_s$，将 u_{BE} 的波形画在输入特性曲线的下方，如图 3.29(a)所示。根据 u_{BE} 的变化规律，便可从输入特性画出对应的 i_B 和 i_b 的波形。i_B 的最大值为 I_{B1}，最小值为 I_{B2}，它们决定了输出特性曲线的工作范围。

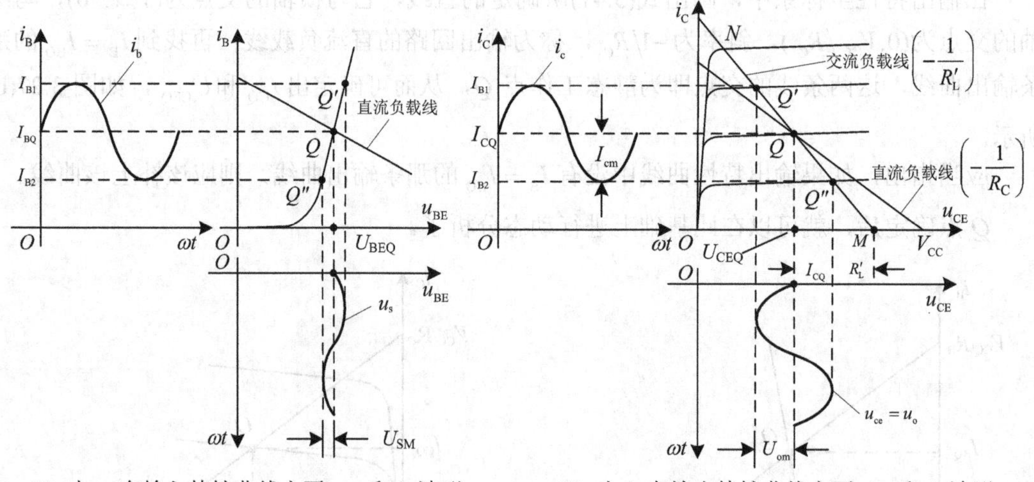

(a) 由 u_s 在输入特性曲线上画 u_{BE} 和 i_B 波形　　(b) 由 i_B 在输出特性曲线上画 u_{CE} 和 i_C 波形

图 3.29 阻容耦合共射放大电路的动态图解分析

(3) 在输出特性曲线上作交流负载线，求 i_C 及 u_{CE} 波形。

① 作交流负载线。

设 BJT 集电极的交流等效电阻为 R'_L，则 $R'_L = R_C // R_L$，由交流通路图可以写出输出回路方程式为

$$u_{ce} = -R'_L i_c \tag{3.42}$$

由于 $u_{ce} = u_{CE} - U_{CEQ}$，$i_c = i_C - I_{CQ}$，代入上式并整理可得

$$u_{CE} = -R'_L i_C + (U_{CEQ} + I_{CQ} R'_L) \tag{3.43}$$

则

$$i_{C} = -\frac{1}{R_{L}'}u_{CE} + \frac{U_{CEQ} + I_{CQ}R_{L}'}{R_{L}'} \tag{3.44}$$

将式(3.44)确定的直线画在输出特性曲线上，如图3.29(b)所示，它与横轴的交点M为$(U_{CEQ}+I_{CQ}\cdot R_{L}')$，斜率等于$-1/R_{L}'$，称为交流负载线。将式(3.42)称为交流负载线的交流方程，式(3.44)称为交流负载线的全值方程。

交流负载线和直流负载线必然在Q点相交，这是因为在线性工作范围内，输入电压在变化过程中必经过零点，在通过零点时$u_{s}=0$，这一时刻既是动态过程中的一个点，又与静态工作情况相符合，所以这一时刻的i_{C}和u_{CE}应同时在两条负载线上，即两条负载线的交点。因此通过图3.29(b)中的M点与Q点所作的直线即为交流负载线。

② 求i_{C}和u_{CE}的波形。

基极电流i_{B}在$I_{B1}\sim I_{B2}$之间随时间变化，每一个i_{B}取值对应一条输出特性曲线，该曲线与交流负载线的交点便是i_{B}相应取值时的工作点。当i_{B}分别为I_{B1}和I_{B2}时，两条输出特性曲线与负载线分别相交于Q'和Q''，BJT的工作范围处于Q'和Q''之间。由此可画出i_{C}和u_{CE}的波形，如图3.29(b)所示。

由图3.29可以看出信号电压、电流之间的幅度与相位关系，其中u_{s}、u_{be}、i_{b}、i_{c}四者同相，$u_{o}=u_{ce}$与u_{s}反相。由图中的U_{sm}和U_{om}，便可求出源电压增益$A_{us}=U_{om}/U_{sm}$。

3．交流负载线与直流负载线的区别

由上面的分析可知，直流负载线表示的是直流电压、电流的关系，是直流工作点移动的轨迹，取决于直流通路，只能用来确定直流工作点Q；交流负载线表示的是交流电压、电流之间的关系，是动态时工作点移动的轨迹，即任何瞬时交流电流与对应的电压关系都在交流负载线上，所以动态分析应使用交流负载线。注意二者的斜率不同，直流负载线的斜率是$-1/R_{C}$，交流负载线的斜率是$-1/R_{L}'$，由于$R_{L}'<R_{C}$，因此通常交流负载线比直流负载线更陡，而且只有负载开路时，交、直流负载线才重合为一条。

4．静态工作点的选择与波形失真及动态范围

由图3.29(b)可以看出，为使BJT不进入截止区和饱和区，静态工作点Q的选择应满足下列条件：

$$\begin{cases} I_{CQ} > I_{cm} + I_{CEO} \\ U_{CEQ} > U_{om} + U_{CES} \end{cases} \tag{3.45}$$

如果静态工作点Q位置设置不当，将会对波形失真有直接影响。

如果Q点偏低，如图3.30所示，U_{BEQ}、I_{BQ}较小，BJT在输入信号u_{s}的负峰值附近进入截止区，使i_{B}、i_{C}波形底部失真，u_{CE}及u_{o}波形顶部失真，这种由于BJT进入截止区而引起的失真称为截止失真。

如果Q点偏高，如图3.31所示，U_{BEQ}、I_{BQ}较大，虽然基极电流i_{B}不失真，但在i_{B}正峰值附近BJT进入饱和区，引起i_{C}波形顶部失真，u_{CE}及u_{o}波形底部失真，这种由于BJT进入饱和区而引起的失真称为饱和失真。

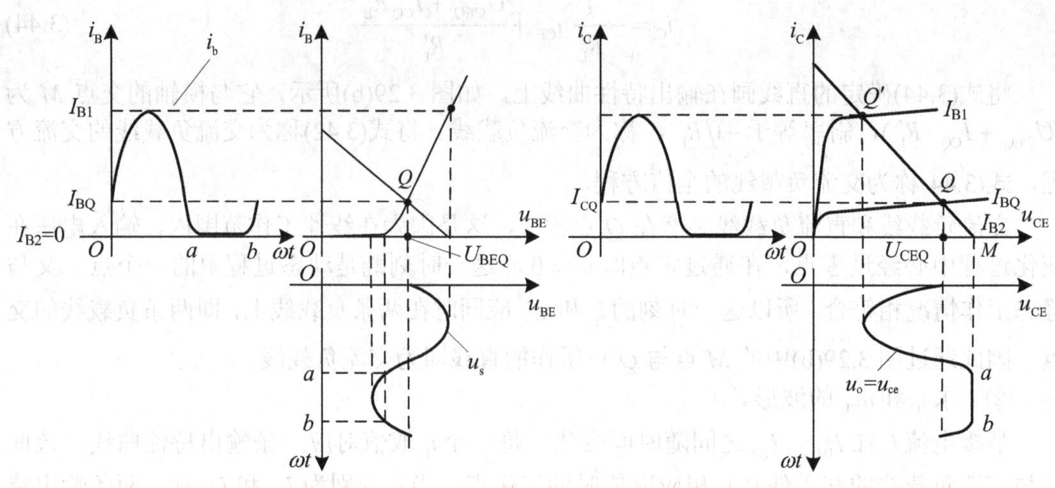

图 3.30　工作点偏低引起的截止失真

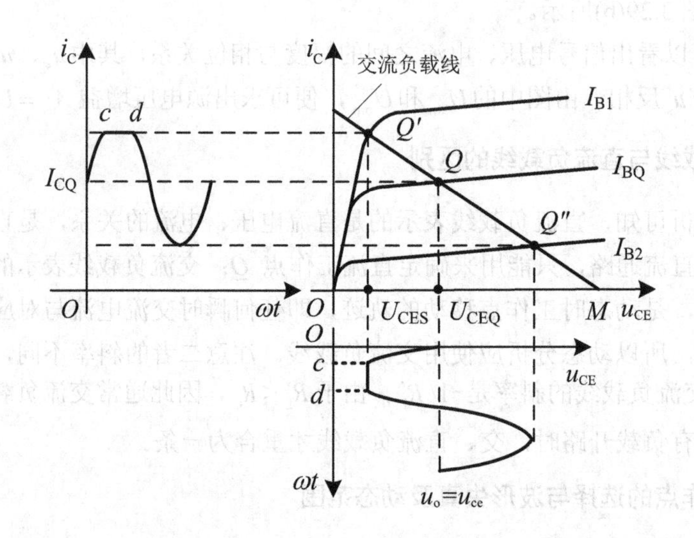

图 3.31　工作点偏高引起的饱和失真

截止失真和饱和失真均是由 BJT 的非线性引起的，为非线性失真。

在不出现截止失真和饱和失真的条件下，放大电路所能输出信号电压的最大幅值称为放大电路的动态范围，如图 3.32 所示。考虑到不失真正弦信号的正负半周是对称的，因此动态范围应是图中 U_{om1} 和 U_{om2} 这两个数值中的小者，其中 $U_{\text{om1}}=U_{\text{CEQ}}-U_{\text{CES}}$，$U_{\text{om2}}=I_{\text{CQ}}R'_{\text{L}}$。显然，如果要获得最大动态范围，应使 $U_{\text{om1}}=U_{\text{om2}}$，即 Q 点应位于负载线 MN 段的中点。放大电路的动态范围与最大输出幅度的意义是不同的，后者要比前者小一些，设计电路时应留有 20%～30%的余量。

实际上，即使晶体管在信号的整个周期内均工作于放大区，也会因为晶体管的非线性使输出波形产生一定程度的失真，只不过当输入信号比较小时，输出波形的失真也较小，可以忽略不计。

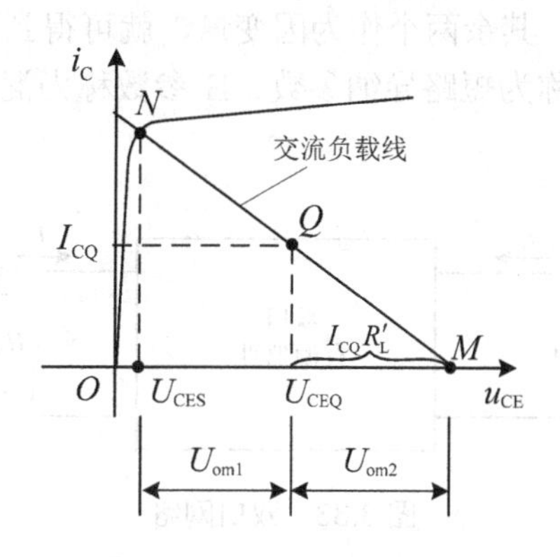

图 3.32　放大电路的动态范围

综上所述，Q 点的选择，除非为了要得到最大不失真输出，往往可以采取比较灵活的原则，如当信号幅度不大时，为了降低直流电源 V_{CC} 的能量消耗，在不产生失真和保证一定的电压增益的前提下，常把 Q 点选得低一些。应当注意的是，Q 点选得过低，将导致产生截止失真；反之，若 Q 点选得过高，又将引起饱和失真。一般来说，Q 点应选在交流负载线 MN 的中央，这时可获得最大的不失真输出，亦即可得到最大的动态范围。

5．图解法的特点

图解法是分析非线性电路的常用方法，它直观形象地反映了晶体管的工作情况，如静态工作点的设置对输出波形失真的影响等。但使用图解法必须实测所用 BJT 管的特性曲线；而且用图解法进行定量分析时误差较大；此外，BJT 的特性曲线只能反映信号频率较低时电压、电流的关系，而不能反映信号频率较高时极间电容产生的影响；图解法不能分析电路的输入电阻、输出电阻；在放大电路带有负反馈时，用图解法分析也是很困难的。因此，图解法一般多适用于分析输入幅值比较大而工作频率不太高时的情况，在实际应用中，多用于分析 Q 点位置、最大不失真输出电压和失真的情况。

3.3.4　放大电路的微变等效电路分析法

BJT 特性的非线性使其放大电路的分析变得非常复杂，不能直接采用线性电路原理来分析计算。但在输入信号电压幅值比较小的条件下，可以把 BJT 在静态工作点附近小范围内的特性曲线近似地用直线代替，这时可把 BJT 用小信号线性模型代替，从而将由 BJT 组成的放大电路当成线性电路来处理，这就是微变等效电路分析法。要强调的是，使用这种分析方法的条件是放大电路的输入信号为低频小信号。

通常可用两种方法建立 BJT 的微变等效电路，一种是由 BJT 的物理结构抽象而得；另一种是将 BJT 看成一个双口网络，根据输入、输出端口的电压、电流关系式，求出相应的网络参数，从而得到它的等效模型。这里将介绍后一种方法。

1．BJT 的 H 参数及微变等效电路

图 3.33 所示为一个由双口有源器件组成的网络，这个网络有输入和输出两个端口，通常可以通过电压 u_i 、u_o 及电流 i_i 、i_o 来研究网络的特性，于是可以选择 u_i 、u_o 及 i_i 、i_o 这四

个参数中的两个作为自变量，其余两个作为因变量，就可得到不同的网络参数，如 Z 参数称为开路阻抗参数、Y 参数称为短路导纳参数、H 参数称为混合参数等。H 参数在低频时用得较广泛。

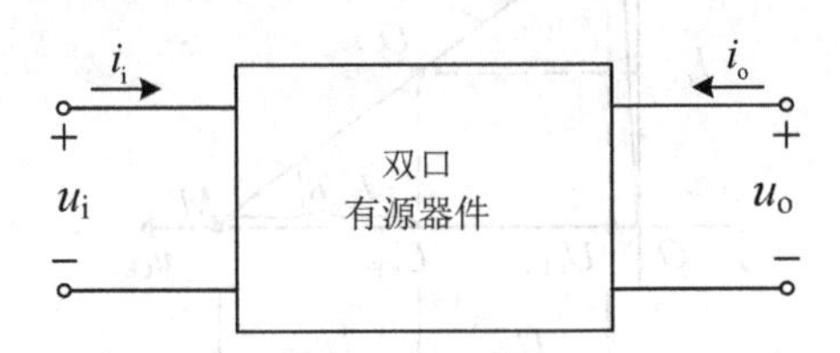

图 3.33 双口网络

由于 BJT 是一个有源双口网络，可以采用 H 参数，也可以采用 Z 参数或 Y 参数来进行分析。Z 参数在 BJT 电路中使用最早，在早期的文献手册中应用较广，但是由于 BJT 的输出阻抗高，不易实现输出端开路的条件，因此该参数不易实现准确测量。Y 参数在高频运用时物理意义比较明显，但是由于 BJT 的输入阻抗低，不易实现输入端短路的条件，因此该参数同样不易准确测量。H 参数是一种混合参数，它的物理意义明确，测量的条件容易实现，加上它在低频范围内为实数，所以在电路分析和设计使用上都比较方便。下面来讨论 H 参数。

1) BJT H 参数的引出

BJT 的三个电极在电路中可连接成一个双口网络。以共射极连接为例，在图 3.34(a)所示的双口网络中，分别用 u_{BE}、i_B 和 u_{CE}、i_C 来表示输入端口和输出端口的电压及电流。

若以 i_B、u_{CE} 作自变量，u_{BE}、i_C 作因变量，由 BJT 的输入特性曲线和输出特性曲线可写出以下两个方程式：

$$u_{BE} = f_1(i_B, u_{CE}) \tag{3.46}$$

$$i_C = f_2(i_B, u_{CE}) \tag{3.47}$$

式中，u_{BE}、i_B 和 u_{CE}、i_C 均为交直流叠加的全值电压或电流，而微变等效电路是指 BJT 在交流低频小信号工作状态下的模型，这时要考虑的是电压、电流间的微变关系。为此，要对以上两式取全微分，即

$$\mathrm{d}u_{BE} = \left.\frac{\partial u_{BE}}{\partial i_B}\right|_{U_{CEQ}} \cdot \mathrm{d}i_B + \left.\frac{\partial u_{BE}}{\partial u_{CE}}\right|_{I_{BQ}} \cdot \mathrm{d}u_{CE} \tag{3.48}$$

$$\mathrm{d}i_C = \left.\frac{\partial i_C}{\partial i_B}\right|_{U_{CEQ}} \cdot \mathrm{d}i_B + \left.\frac{\partial i_C}{\partial u_{CE}}\right|_{I_{BQ}} \cdot \mathrm{d}u_{CE} \tag{3.49}$$

式中，$\mathrm{d}u_{BE}$ 表示 u_{BE} 中的变化量，如输入为正弦波信号，则 $\mathrm{d}u_{BE}$ 即可用 u_{be} 表示。同理，$\mathrm{d}u_{CE}$、$\mathrm{d}i_B$、$\mathrm{d}i_C$ 可分别用 u_{ce}、i_b、i_c 表示。这样，可将式(3.48)及式(3.49)写成下列形式：

$$u_{be} = h_{ie}i_b + h_{re}u_{ce} \tag{3.50}$$

$$i_c = h_{fe}i_b + h_{oe}u_{ce} \tag{3.51}$$

式中，h_{ie}、h_{re}、h_{fe}、h_{oe} 称为 BJT 共射极连接时的 H 参数。其中：

$h_{ie} = \left.\dfrac{\partial u_{BE}}{\partial i_B}\right|_{U_{CEQ}}$，是 BJT 输出端交流短路，即 $u_{ce} = 0$，$u_{CE} = U_{CEQ}$ 时的输入电阻，即小信号作用下发射结的动态电阻，单位为欧[姆]，也常用 r_{be} 表示。

$h_{fe} = \dfrac{\partial i_C}{\partial i_B}\Big|_{U_{CEQ}}$，是 BJT 输出端交流短路时的正向电流传输比，或电流放大系数(无量纲)，即β。

$h_{re} = \dfrac{\partial u_{BE}}{\partial u_{CE}}\Big|_{I_{BQ}}$，是 BJT 输入端交流开路，即$i_b = 0$，$i_B = I_{BQ}$时的反向电压传输比(无量纲)。

$h_{oe} = \dfrac{\partial i_C}{\partial u_{CE}}\Big|_{I_{BQ}}$，是 BJT 输入端交流开路时的输出电导，单位为西[门子](S)，也可用$1/r_{ce}$表示。

由于上述四个参数的量纲各不相同，故又称为混合参数。

2)　BJT 的 H 参数微变等效电路

式(3.50)表明，在 BJT 的输入回路中，输入电压u_{be}等于两个电压相加，其中一个是$h_{ie}i_b$，表示输入电流i_b在h_{ie}上的电压降；另一个是$h_{re}u_{ce}$，表示输出电压u_{ce}对输入回路的反馈作用，用一个受控电压源来表示。式(3.51)表明，在输出回路中，输出电流i_c由两个并联支路的电流相加组成，一个是受基极电流i_b控制的$h_{fe}i_b$，用受控电流源表示；另一个是由于输出电压u_{ce}加在输出电阻$1/r_{ce}$上所引起的电流$h_{oe}u_{ce}$。根据式(3.50)和式(3.51)，可以画出 BJT 在共射极连接时的 H 参数微变等效电路，如图 3.34(b)所示。

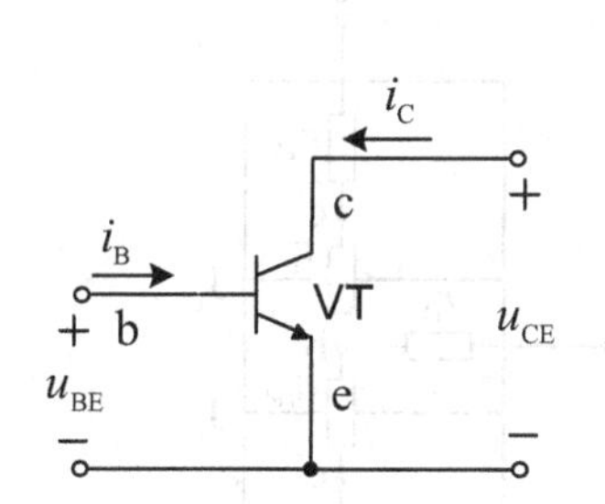

(a) BJT 在共射极连接时的双口网络

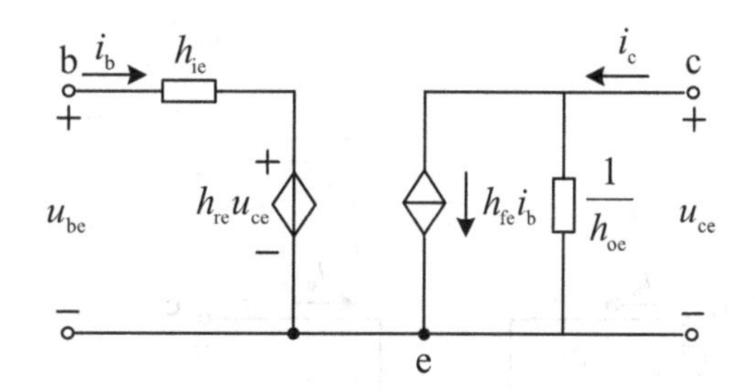

(b) H 参数微变等效电路

图 3.34　BJT 的双口网络及 H 参数微变等效电路

特别需要强调的是：微变等效电路中的电流源$h_{fe}i_b$是受i_b控制的，当$i_b = 0$时，电流源$h_{fe}i_b$就不存在了，因此称其为受控电流源，它代表 BJT 的基极电流对集电极电流的控制作用。电流源的流向由i_b的流向决定，如图 3.34(b)所示。同理，$h_{re}u_{ce}$也是一个受控电源(受控电压源)。另外，微变等效电路中所研究的电压、电流都是变化量，因此，不能用微变等效电路来求静态工作点 Q。但 H 参数的大小是与 Q 点的位置有关的。

3)　微变等效电路的简化

BJT 在共射极连接时，其 H 参数的数量级一般为

$$[\boldsymbol{h}]_e = \begin{bmatrix} h_{ie} & h_{re} \\ h_{fe} & h_{oe} \end{bmatrix} = \begin{bmatrix} 10^3\Omega & 10^{-3} \sim 10^{-4} \\ 10^2 & 10^{-5}\text{S} \end{bmatrix} \tag{3.52}$$

其中h_{re}和h_{oe}都很小，主要是由于基区宽度调制效应导致的，h_{re}和h_{oe}分别体现了u_{CE}对u_{BE}和i_C的影响程度。BJT 工作在放大区时，上述影响均很小。所以，在 BJT 的微变等效

电路中常把 h_{re} 和 h_{oe} 忽略掉，这在计算时产生的误差是很小的。于是，可得到 BJT 的简化微变等效电路，如图 3.35 所示。

应当注意，如果不满足 $r_{ce}>>R_C$ 或 $r_{ce}>>R_L$ 的条件，则分析电路时应考虑 r_{ce} 的影响。

4) H 参数值的确定

应用 BJT 的 H 参数微变等效电路替代放大电路中的 BJT，对电路进行交流分析时，必须首先求出 BJT 在静态工作点处的 H 参数值。H 参数值可以从特性曲线上求得，也可用 H 参数测试仪或晶体管特性图示仪测得。此外 r_{be} (即 h_{ie})可由下面的算式求得：

$$r_{be}=r_{bb'}+(1+\beta)(r_{b'e'}+r_{ee'}) \tag{3.53}$$

式(3.53)中，$r_{bb'}$ 为 BJT 基区的体电阻，如图 3.36 所示；$r_{ee'}$ 是发射区的体电阻。$r_{bb'}$ 和 $r_{ee'}$ 仅与掺杂浓度及制造工艺有关，基区杂质浓度比发射区杂质浓度低，所以 $r_{bb'}$ 比 $r_{ee'}$ 大得多，对于小功率的 BJT，$r_{bb'}$ 约为几十至几百欧，而 $r_{ee'}$ 仅为几欧或更小，可以忽略。$r_{b'e'}$ 为发射结电阻，根据 PN 结的电流方程，可以推导出 $r_{b'e'}=U_T/I_{EQ}(\text{mA})$。常温下 $r_{b'e'}=26(\text{mV})/I_{EQ}(\text{mA})$，由于流过电阻 $r_{b'e'}$ 和 $r_{ee'}$ 的电流为 i_e，应将它们折算到基极回路，因此式(3.53)可写成

$$r_{be}\approx r_{bb'}+(1+\beta)r_{b'e'}=r_{bb'}+(1+\beta)\frac{26(\text{mV})}{I_{EQ}(\text{mA})} \tag{3.54}$$

本书中，$r_{bb'}$ 一般取 200Ω。

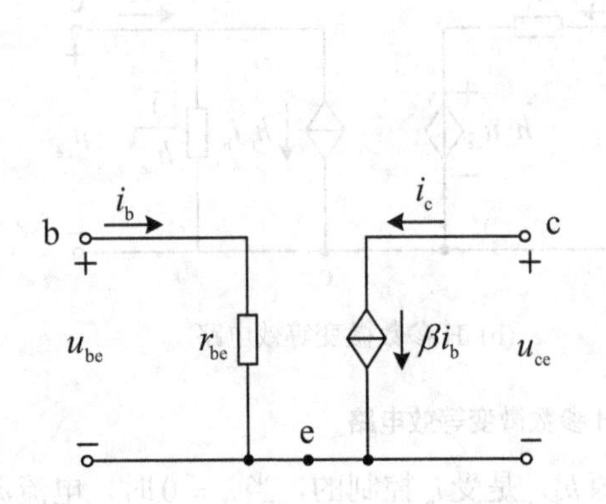

图 3.35 年 BJT 的简化微变等效电路

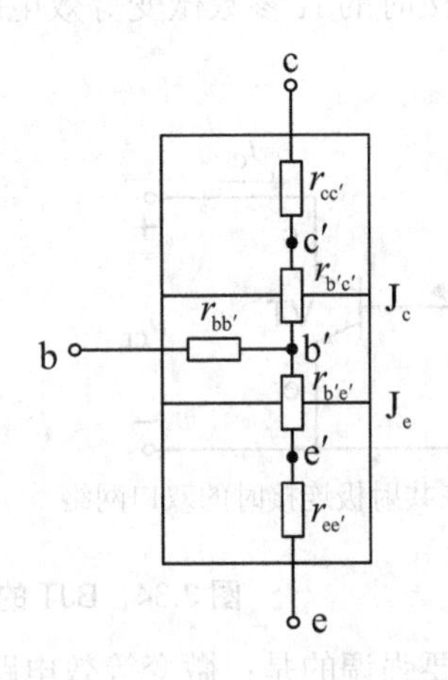

图 3.36 BJT 内部交流(动态)电阻示意图

特别需要指出的有以下几点。

(1) 流过 $r_{bb'}$ 的电流是 i_b，流过 $r_{b'e'}$ 的电流是 i_e，应将 $r_{b'e'}$ 折算到基极回路。

(2) r_{be} 是交流(动态)电阻，只能用来计算放大电路的动态性能指标，不能用来求静态工作点 Q 的值，但它的大小与静态电流 I_{EQ} 的大小有关。

(3) 式(3.54)的适用范围为 $0.1\text{mA}<I_{EQ}<5\text{mA}$，超出此范围时，将会产生较大误差。

PNP 型 BJT 与 NPN 型 BJT 的微变等效电路是相同的。

2．用 H 参数微变等效电路分析基本共射极放大电路

以图 3.37(a)所示基本共射极放大电路为例，用微变等效电路分析法分析其动态性能指

标，具体步骤如下。

(1) 画放大电路的小信号等效电路。

首先画出BJT的H参数微变等效电路(一般用简化模型)，然后按照画交流通路的原则(将放大电路中的直流电压源对交流信号视为短路，同时若电路中有耦合电容，也把它视为对交流信号短路)，分别画出与BJT三个电极相连支路的交流通路，并标出各有关电压及电流的假定正方向，就能得到整个放大电路的小信号等效电路，如图3.37(b)所示。

(2) 估算r_{be}。

为了估算r_{be}，首先需要求出静态电流I_{EQ}，有

$$I_{BQ}=\frac{V_{BB}-U_{BEQ}}{R_B}$$

$$I_{EQ}=(1+\beta)I_{BQ}$$

$$r_{be}=r_{bb'}+(1+\beta)\frac{26(mV)}{I_{EQ}(mA)}$$

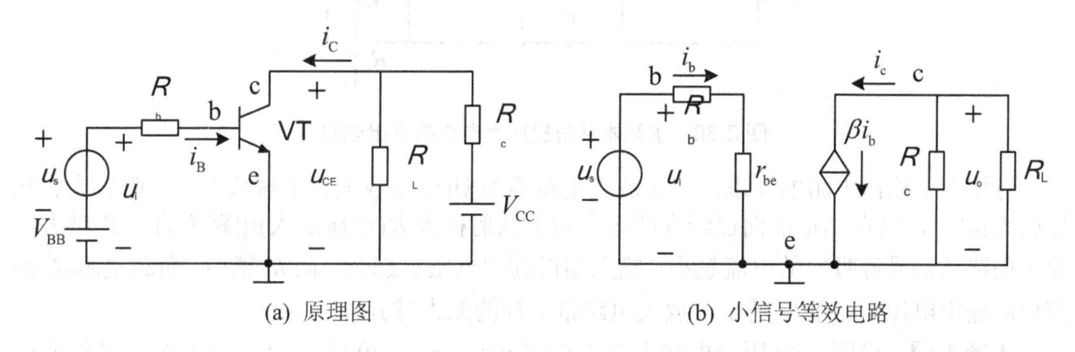

图3.37 基本共射极放大电路

(3) 求电压增益A_u。

当电路工作在中频小信号状态时，各电压和电流可用交流瞬时值表示，由图3.37(b)可知

$$u_i=i_b(R_b+r_{be})$$

$$u_o=-i_c(R_c // R_L)=-\beta i_b R_{L'}$$

式中，$R_{L'}=(R_c // R_L)$。

根据电压增益的定义，有

$$A_u=\frac{u_o}{u_i}=\frac{-\beta i_b R_{L'}}{i_b(R_b+r_{be})}=\frac{-\beta R_{L'}}{(R_b+r_{be})} \tag{3.55}$$

式中，负号表示共射极放大电路的输出电压与输入电压相位相反，即输出电压滞后输入电压180°，同时只要选择适当的电路参数，就会使$u_o>u_i$，实现电压的放大作用。

(4) 计算输入电阻R_i。

根据前面所介绍的放大电路输入电阻的概念，可求出图3.37所示电路的输入电阻，即

$$R_i=\frac{u_i}{i_i}=\frac{u_i}{i_b}=\frac{i_b(R_b+r_{be})}{i_b}=R_b+r_{be} \tag{3.56}$$

可见，如图3.37(a)所示的共射极放大电路的输入电阻较高。

(5) 计算输出电阻 R_o。

根据本章前面所介绍的外加测试电压求输出电阻的方法，令 $u_s=0$，保留内阻，将 R_L 开路，在输出端外加电压源 u_t，如图 3.38 所示。根据输出电阻的定义 $R_o=\frac{u_t}{i_t}\Big|_{u_s=0,R_L=\infty}$，由该图求得电路的输出电阻 R_o。

从图 3.38 中可以看出，$i_t=\frac{u_t}{R_c}$，故

$$R_o \approx R_c \tag{3.57}$$

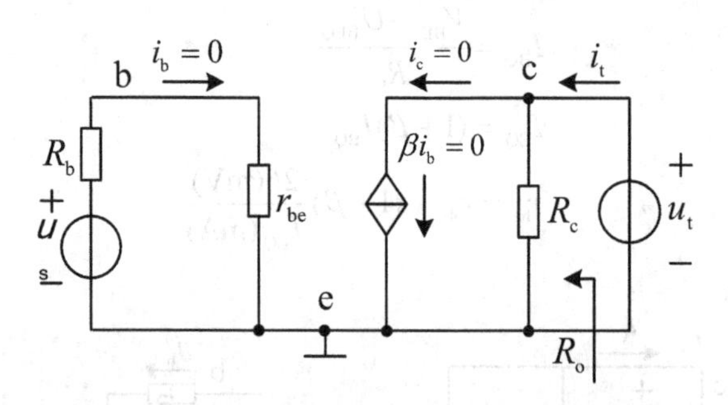

图 3.38 求基本共射极放大电路的输出电阻

对输入、输出电阻的要求，应由放大电路的类型(电压放大、电流放大、互阻放大、互导放大)决定，这在本章前面已经介绍过。对于共射极放大(电压放大)电路而言，R_i 越大，放大电路从信号源吸取的电流越小，输入端得到的电压 u_i 越大。而 R_o 越小，负载电阻 R_L 的变化对输出电压 u_o 的影响越小，放大电路带负载的能力越强。

【例 3.1】 设图 3.39 所示电路中 BJT 的 β=50，$r_{bb'}=200\Omega$，$U_{BEQ}=0.7V$，其他元件参数如图所示。试求该电路的 A_u、R_i、R_o。若 R_L 开路，则 A_u 如何变化?

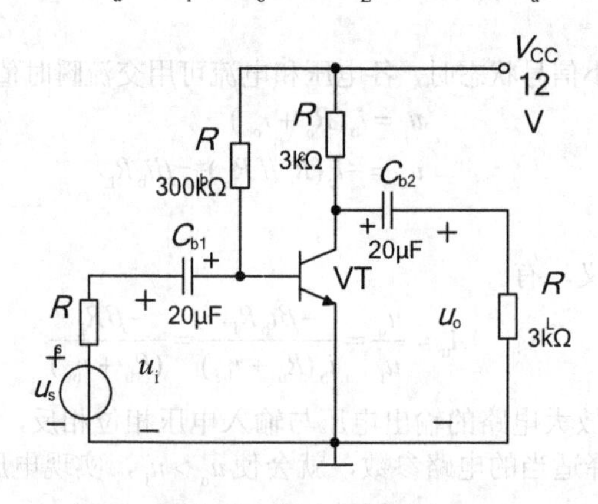

图 3.39 例 3.1 电路图

解：(1) 画出图 3.39 所示电路的小信号等效电路，如图 3.40 所示。

(2) 求 I_{EQ} 及 r_{be}。

$$I_{BQ}=\frac{V_{CC}-U_{BEQ}}{R_b}=\frac{12V-0.7V}{300k\Omega}\approx 40\mu A$$

$$I_{CQ}=\beta I_{BQ}=2\text{mA}$$

因此

$$I_{EQ}=I_{BQ}+I_{CQ}\approx I_{CQ}=2\text{mA}$$

$$r_{be}=r_{bb'}+(1+\beta)\frac{26(\text{mV})}{I_{EQ}(\text{mA})}=200\Omega+(1+50)\frac{26\text{mV}}{2\text{mA}}=863\Omega$$

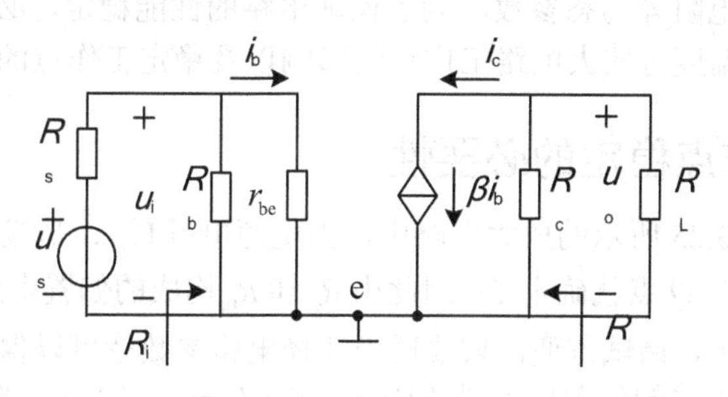

图 3.40　例 3.1 的小信号等效电路

(3) 求 A_u、R_i、R_o。

$$A_u=\frac{u_o}{u_i}=\frac{-\beta i_b(R_c\,//\,R_L)}{i_b r_{be}}=\frac{-\beta R'_L}{r_{be}}\approx -86.9$$

$$R_i=R_b\,//\,r_{be}\approx 0.863\text{k}\Omega$$

$$R_o\approx R_c=3\text{k}\Omega$$

(4) R_L 开路时，$A_u=\dfrac{-\beta R_c}{r_{be}}=\dfrac{-50\times 3}{0.863}\approx -173.8$，$A_u$ 的数值增大了。

3. 微变等效电路分析法的适用范围

当放大电路的输入信号幅度较小时，用微变等效电路分析法分析放大电路的动态性能指标(A_u、R_i 和 R_o 等)非常方便，计算结果误差也不大。即使在输入信号频率较高的情况下，BJT 的放大性能也仍然可以通过在其微变等效电路中引入某些元件来反映(详见本章频率特性的有关内容)，这是图解分析法所无法做到的。在 BJT 与放大电路的小信号等效电路中，电压、电流等电量及 BJT 的 H 参数均是针对变化量(交流量)的，不能用来分析计算静态工作点，而且 H 参数的值又是在静态工作点上求得的。所以，放大电路的动态性能与静态工作点参数值的大小及稳定性密切相关。

放大电路的图解分析法和微变等效电路分析法虽然在形式上是独立的，但实质上它们是互相联系、互相补充的，一般可按下列情况进行处理。

(1) 用图解分析法确定静态工作点(也可用估算法求 Q 点)。

(2) 当输入电压幅度较小或 BJT 基本上在线性范围内工作，特别是放大电路比较复杂时，可用微变等效电路来分析，以后各节可看到这个方法的例子。

(3) 当输入电压幅度较大，BJT 的工作点延伸到伏安特性曲线的非线性部分时，就需要采用图解法，如功率放大电路。此外，如果要求分析放大电路输出电压的最大不失真幅值，或者要求合理安排电路工作点和参数，以便得到最大的动态范围等，采用图解分析法比较方便。

3.4 放大电路的静态工作点稳定问题

从上节的分析可以看出，静态工作点不仅决定了电路是否会产生失真，而且还影响着电压放大倍数、输入电阻等动态参数，为了保证电路的性能稳定，必须要求电路的工作点稳定。本节讨论环境温度对放大电路工作点的影响以及稳定工作点的偏置电路。

3.4.1 静态工作点稳定的必要性

在前面讨论的图 3.25 所示的放大电路中，当电源电压V_{CC}、基极电阻R_B和集电极电阻R_C确定后，放大电路的Q点就确定了，因此由R_C和R_B构成的偏置电路称为固定偏流电路。固定偏流电路结构简单，调试方便，只要适当选择电路参数就可以保证Q点处于合适的位置。但是，由于这种电路的偏置电流是“固定”的($I_B \approx V_{CC}/R_B$)，当更换晶体管或环境温度变化引起晶体管参数变化时，电路的工作点往往会移动，甚至移到不合适的位置而使放大电路无法正常工作。因此，稳定静态工作点是电路设计的一个重要问题。这是因为放大电路的动态性能指标如A_u、R_i、R_o及动态范围等都与静态工作点密切相关，若静态工作点不稳定，放大电路的动态性能指标将随之变化，所以要求直流工作点不但要合适，而且还要稳定。

影响静态工作点稳定的因素有很多，如电源电压的波动、元件参数的变化、晶体管老化等，但温度变化对晶体管特性参数的影响是引起静态工作点漂移的主要因素。温度升高时晶体管的I_{CBO}和β增大、u_{BE}减小，其结果集中表现为静态电流I_{CQ}的增大。因此，要求放大电路性能稳定，必须首先设计工作点Q对温度不敏感的偏置电路。

3.4.2 典型的静态工作点稳定电路

1. 电路组成和 Q 点稳定原理

典型的Q点稳定电路如图 3.41(a)所示，其直流通路如图 3.41(b)所示。在电路结构上采取了两点措施：第一，采用分压式电路固定基极电位；第二，发射极接入电阻R_E实现自动调节作用。

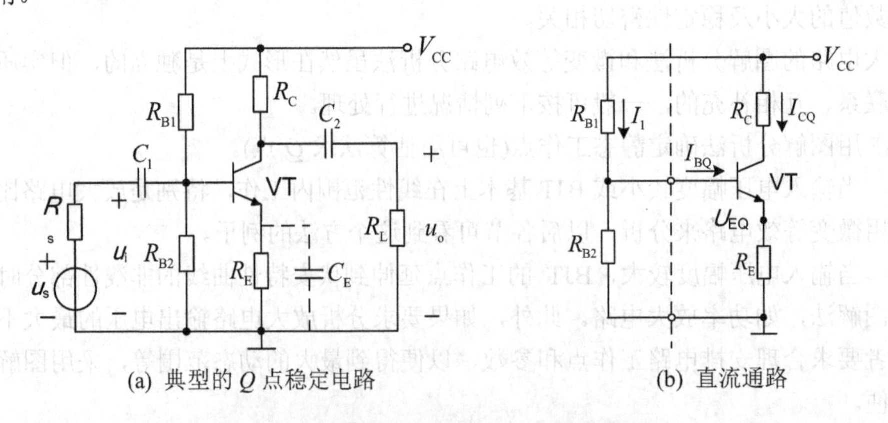

(a) 典型的Q点稳定电路　　(b) 直流通路

图 3.41 典型的 Q 点稳定电路及其直流通路

如果 $I_1 >> I_B$（I_1 是流经 R_{B1}、R_{B2} 的电流），就可近似地认为基极电位为 $U_{BQ}=R_{B2}V_{CC}/(R_{B1}+R_{B2})$，且与环境温度无关。在此条件下，当温度升高时，$I_{CQ}(I_{EQ})$增加，电阻 R_E 上电压降增大，射极电位 U_{EQ} 上升，由于基极电位 U_{BQ} 固定，加到发射结上的电压 U_{BEQ} 就会减小，由于 BJT 的输入特性曲线 I_{BQ} 减小，又会使 I_{CQ} 减小，结果牵制了 I_{CQ} 的增加。这种将输出量 I_C 通过一定的方式(利用 R_E 将 I_C 的变化转化成电压的变化)引回到输入回路来影响输入量 U_{BE} 的自动调节作用称为反馈；由于反馈的结果使电流输出量的变化减小，故称为电流负反馈；又由于反馈出现在直流通路中，故称为直流负反馈。R_E 为负反馈电阻，R_E 越大，负反馈越强，I_{CQ} 的稳定性越好。但对于一定的集电极电流 I_C 来说，由于 V_{CC} 的限制，R_E 太大会使晶体管进入饱和区，电路将不能正常工作。上述过程可简述如下：

$$T\uparrow\rightarrow I_{CQ}(I_{EQ})\uparrow\rightarrow U_{EQ}\uparrow\rightarrow U_{BEQ}\downarrow\rightarrow I_{BQ}\downarrow\rightarrow I_{CQ}(I_{EQ})\downarrow$$

从而使 Q 点稳定。

由此可见，该电路稳定 Q 点的原因有以下两点。

(1) R_E 的直流负反馈作用。

(2) 在 $I_1 >> I_B$ 的情况下，U_{BQ} 在温度变化时基本不变。

所以也称这种电路为分压式电流负反馈 Q 点稳定电路，简称射极分压偏置电路。

2. 静态工作点的近似估算

在满足 $I_1 >> I_B$ 的条件下，基极电位 $V_{BQ}=R_{B2}V_{CC}/(R_{B1}+R_{B2})$ 可认为固定不变，故有

$$I_{CQ}\approx I_{EQ}=\frac{U_{BQ}-U_{BEQ}}{R_E} \tag{3.58}$$

$$I_{BQ}=\frac{I_{EQ}}{1+\beta}=\frac{U_{BQ}-U_{BEQ}}{(1+\beta)R_E} \tag{3.59}$$

$$U_{CEQ}=V_{CC}-I_{CQ}(R_C+R_E) \tag{3.60}$$

3. 动态性能分析

画出图 3.41(a)所示电路的小信号微变等效电路，如图 3.42 所示。由此图即可求出电路的电压增益 A_u、输入电阻 R_i 和输出电阻 R_o。

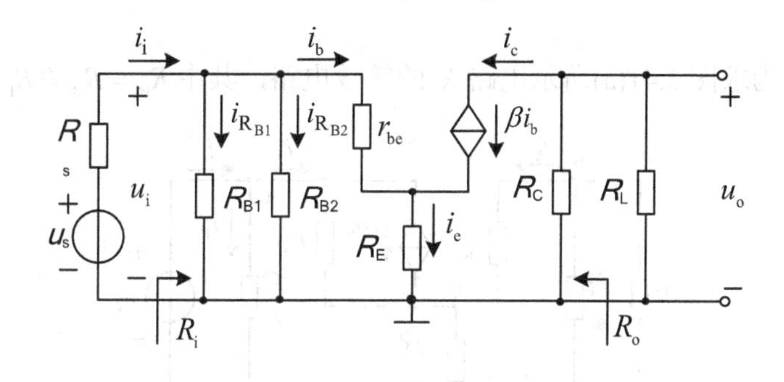

图 3.42 图 3.41(a)的小信号等效电路

1) 求 A_u

由于

$$u_o=-\beta i_b R_L' \quad (R_L'=R_C // R_L)$$

$$u_i=i_b r_{be}+i_e R_E=i_b r_{be}+(1+\beta)i_b R_E$$

所以

$$A_u=\frac{u_o}{u_i}=\frac{-\beta R_L'}{r_{be}+(1+\beta)R_E} \tag{3.61}$$

式中，负号表示该电路中输出电压与输入电压相位相反。由于输入电压 u_i 在 BJT 的基极，输出电压 u_o 由集电极取出，发射极虽未直接接公共端，但它既在输入回路中，又在输出回路中，所以此电路仍属于共射极放大电路。

在式(3.61)中，若 $(1+\beta)R_E >> r_{be}$，且 $\beta >> 1$，则

$$A_u=\frac{u_o}{u_i}\approx\frac{-R_L'}{R_E} \tag{3.62}$$

可见，接入电阻 R_E 后，提高了静态工作点的稳定性，由于 A_u 仅决定于电阻的取值，不受环境温度的影响，所以电压增益的温度稳定性较好。但同时电压增益大大降低，R_E 越大，A_u 下降越多。为了使放大电路获得较高的电压增益，通常在 R_E 两端并联一只大容量的电容 C_E (称为发射极旁路电容)，如图 3.41(a)中虚线所示，它对一定频率范围内的交流信号可视为短路，因此对交流信号而言，发射极和“地”直接相连，电压增益不会下降。此时有 $A_u=\dfrac{-\beta R_L'}{r_{be}}$。

2) 求 R_i

由于

$$u_i=i_b r_{be}+(1+\beta)i_b R_E$$

$$i_i=i_b+i_{R_{B1}}+i_{R_{B2}}=\frac{u_i}{r_{be}+(1+\beta)R_E}+\frac{u_i}{R_{B1}}+\frac{u_i}{R_{B2}}$$

所以

$$R_i=\frac{u_i}{i_i}=\frac{1}{\dfrac{1}{r_{be}+(1+\beta)R_E}+\dfrac{1}{R_{B1}}+\dfrac{1}{R_{B2}}} \tag{3.63}$$

$$=R_{B1}//R_{B2}//[r_{be}+(1+\beta)R_E]$$

3) 求 R_o

图 3.43 所示为求图 3.41(a)所示电路 R_o 的等效电路，其中 $R_B=R_{B1}//R_{B2}$。

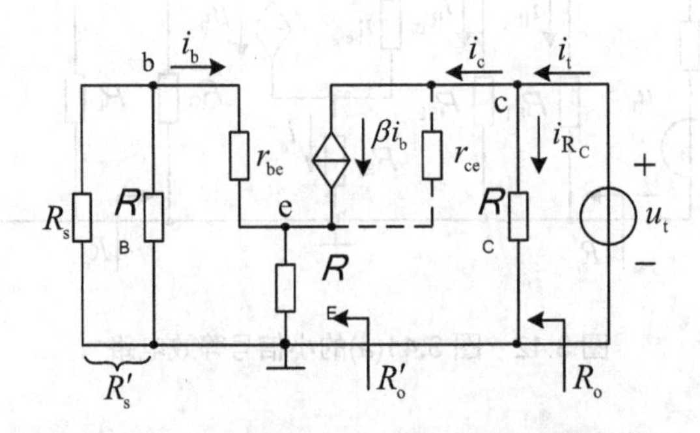

图 3.43　求图 3.41(a)所示电路 R_o 的等效电路

在基极回路和集电极回路里，根据 KVL 定理可得

$$i_b(r_{be}+R_s')+(i_b+i_c)R_E=0 \qquad (R_s'=R_s//R_B)$$

$$u_t-(i_c-\beta i_b)r_{ce}-(i_b+i_c)R_E=0$$

由前式可得

$$i_b=-\frac{R_E}{r_{be}+R_s'+R_E}i_c$$

将 i_b 代入后式可得

$$u_t=i_c\left[r_{ce}+R_e+\frac{R_e}{r_{be}+R_s'+R_e}(\beta r_{ce}-R_e)\right]$$

在实际情况下，由于 $r_{ce}>>R_e$，故有

$$R_o'=\frac{u_t}{i_c}=r_{ce}\left(1+\frac{\beta R_e}{r_{be}+R_s'+R_e}\right)$$

所以

$$R_o=\frac{u_t}{i_t}=\frac{u_t}{i_c+i_{R_C}}=R_o'//R_C$$

一般情况下 $R_o'>>R_C$，所以

$$R_o\approx R_C \tag{3.64}$$

需要特别注意的是，放大电路的输入电阻与信号源内阻无关，输出电阻与负载无关。

【例 3.2】 已知放大电路如图 3.44(a)所示，其中 $V_{CC}=12V$，$R_{B1}=R_{B2}=5.1k\Omega$，$R_E'=100\Omega$，$R_E''=1k\Omega$，$R_W=10k\Omega$，$R_C=2k\Omega$，$R_L=2k\Omega$；晶体管 $\beta=80$，$U_{BEQ}=0.7V$；信号源内阻 $R_s=2k\Omega$；耦合电容对于交流信号可视为短路。

(1) 当 R_W 取何值时 $U_{EQ}=2.8V$，估算此时电路的静态工作点 Q。

(2) 分别求出电容 C_E 全旁路、部分旁路和不旁路时，电路的电压增益 A_u、源电压增益 A_{us}、输入电阻 R_i 和输出电阻 R_o。

(3) 当 R_W 滑到最上端或滑到最下端时，电路会产生什么现象？

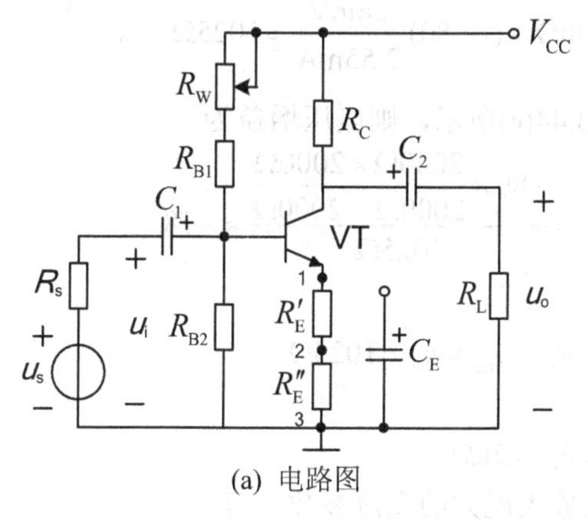

(a) 电路图

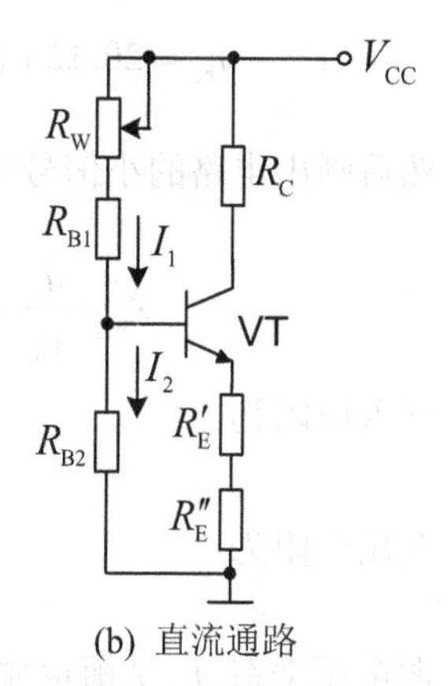

(b) 直流通路

图 3.44 例 3.2 电路图

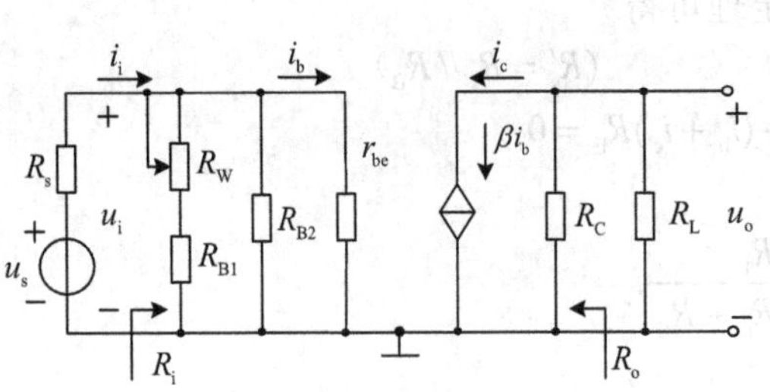

(c) C_E 全旁路时的小信号等效电路图

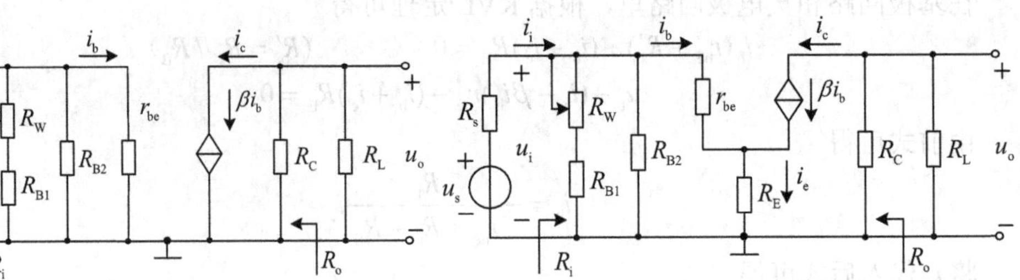

(d) C_E 部分旁路时的小信号等效电路图

图 3.44 例 3.2 电路图(续)

解：(1) 估算电路的静态工作点 Q，计算 R_W 的取值。

首先画出电路的直流通路，如图 3.44(b)所示，由图可得

$$U_{BQ} = 2.8\text{V} + 0.7\text{V} = 3.5\text{V}$$

忽略晶体管的基极电流 I_{BQ}，则 $I_1 = I_2$，有

$$U_{BQ} = \frac{R_{B2}}{R_{B1} + R_{B2} + R_W} V_{CC} \Rightarrow R_W \approx 7.3\text{k}\Omega$$

$$I_{EQ} = \frac{U_{EQ}}{R'_E + R''_E} = \frac{2.8\text{V}}{100\Omega + 1\text{k}\Omega} \approx 2.55 \times 10^{-3}\text{A} = 2.55\text{mA}$$

$$I_{CQ} \approx I_{EQ} = 2.55\text{mA}$$

$$I_{BQ} = \frac{I_{EQ}}{1+\beta} \approx 31.4\mu\text{A}$$

列出输出回路的 KVL 方程，得到

$$U_{CEQ} = V_{CC} - I_{CQ}R_C - I_{EQ}(R'_E + R''_E) \approx 4.1\text{V}$$

(2) 求解电路的交流参数。

① 当电容 C_E 连接到电路中 1 点时，电路为全旁路，计算电路的电压增益、源电压增益、输入和输出电阻。先求出 BJT 的输入电阻为

$$r_{be} = 200\Omega + (1+\beta)\frac{26\text{mV}}{I_{EQ}} = 200\Omega + (1+80)\frac{26\text{mV}}{2.55\text{mA}} \approx 1025\Omega$$

然后画出电路的小信号等效电路，如图 3.44(c)所示，则电压增益为

$$A_u = \frac{u_o}{u_i} = \frac{-\beta i_b R'_L}{i_b r_{be}} = \frac{-\beta R'_L}{r_{be}} = \frac{-80 \times \dfrac{2000\Omega \times 2000\Omega}{2000\Omega + 2000\Omega}}{1025\Omega} \approx -78$$

输入电阻为

$$R_i = (R_W + R_{B1}) // R_{B2} // r_{be} \approx r_{be} = 1025\Omega$$

输出电阻为

$$R_o \approx R_C = 2\text{k}\Omega$$

源电压增益 A_{us} 是衡量输出电压对信号源放大能力的交流参数，有

$$A_{us} = \frac{U_o}{U_s} = \frac{U_i}{U_s} \cdot \frac{U_o}{U_i} = \frac{R_i}{R_s + R_i} A_u$$

代入数据后，得

$$A_{us}=\frac{R_i}{R_s+R_i}A_u=\frac{1025\Omega}{2000\Omega+1025\Omega}\times(-78)\approx-26.4$$

A_{us}总是小于A_u，输入电阻越大，U_i越接近U_s，A_u也就越接近A_{us}。

② 当电容C_E连接到电路中2点时，电路为部分旁路，此时的小信号等效电路如图3.44(d)所示，其中$R_E=R'_E$。

电压增益为

$$A_u=\frac{u_o}{u_i}=\frac{-\beta i_b R'_L}{i_b r_{be}+(1+\beta)i_b R'_E}=\frac{-\beta R'_L}{r_{be}+(1+\beta)R'_E}=\frac{-80\times\dfrac{2000\Omega\times2000\Omega}{2000\Omega+2000\Omega}}{1025\Omega+(1+80)\times100\Omega}\approx-8.77$$

输入电阻为

$$R_i=(R_W+R_{B1})//R_{B2}//[r_{be}+(1+\beta)R'_E]\approx2.6\text{k}\Omega$$

输出电阻为

$$R_o\approx R_C=2\text{k}\Omega$$

源电压增益为

$$A_{us}=\frac{R_i}{R_s+R_i}A_u=\frac{2.6\text{k}\Omega}{2\text{k}\Omega+2.6\text{k}\Omega}\times(-8.77)\approx-4.96$$

③ 当电容C_E连接到电路中3点时，电路中没有旁路电容，小信号等效电路如图3.44(d)所示，不过此时电路中$R_E=R'_E+R''_E$。

电压增益为

$$A_u=\frac{u_o}{u_i}=\frac{-\beta R'_L}{r_{be}+(1+\beta)(R'_E+R''_E)}\approx-0.89$$

输入电阻为

$$R_i=(R_W+R_{B1})//R_{B2}//[r_{be}+(1+\beta)(R'_E+R''_E)]\approx3.5\text{k}\Omega$$

输出电阻为

$$R_o\approx R_C=2\text{k}\Omega$$

源电压增益为

$$A_{us}=\frac{R_i}{R_s+R_i}A_u=\frac{3.5\text{k}\Omega}{2\text{k}\Omega+3.5\text{k}\Omega}\times(-0.89)\approx-0.57$$

通过对计算结果的对比，不难发现，随着负反馈的加深(发射极电阻逐渐增大)，电压增益迅速降低，输出电压甚至比输入电压还要小。同时，R_E的变化也会引起电路输入电阻R_i的变化，进而影响源电压增益的大小。

(3) 当R_W滑到最上端时，R_W取最大值，会使U_{BQ}下降，静态工作点向下移，因此，电路更容易出现截止失真；当R_W滑到最下端时，R_W近似为0，容易使U_{BQ}上升，静态工作点向上移，因此，电路更容易出现饱和失真。

3.5　BJT单级放大电路的三种组态

根据晶体管输入回路和输出回路所共用的电极不同，BJT组成的单级放大电路除了前面介绍的共射极放大电路外，还有共集电极放大电路和共基极放大电路，共三种组态。本节将重点介绍共集电极和共基极放大电路，并对三种电路的特点进行总结。

3.5.1 共集电极放大电路

图 3.45(a)所示是共集电极放大电路的原理图，图 3.45(b)和图 3.45(c)所示分别是它的直流通路和交流通路。由交流通路可见，负载电阻 R_L 接在 BJT 发射极上，输入电压 u_i 加在基极和地(即集电极)之间，而输出电压 u_o 从发射极和集电极之间取出，所以集电极是输入和输出回路的共同端。因为 u_o 从发射极输出，所以共集电极电路又称为射极输出器或电压跟随器。

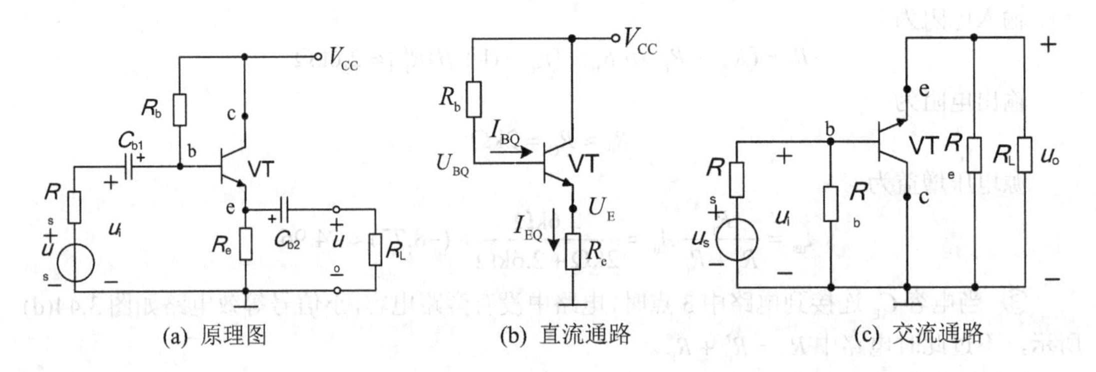

图 3.45 共集电极放大电路

1. 静态分析

由图 3.45(b)可知，由于电阻 R_e 对静态工作点的自动调节(负反馈)作用，该电路的 Q 点基本稳定。由直流通路可得

$$I_{BQ} = \frac{V_{CC} - U_{BEQ}}{R_b + (1+\beta)R_e}$$

$$I_{EQ} \approx I_{CQ} = \beta I_{BQ}$$

$$U_{CEQ} = V_{CC} - I_{CQ}R_e \tag{3.65}$$

2. 动态分析

用 BJT 的 H 参数微变等效电路取代图 3.45(c)中的 BJT，即可得到共集电极放大电路的小信号微变等效电路，如图 3.46 所示。

1) 电压增益

根据电压增益 A_u 的定义，由图 3.46 可得到 A_u 的表达式为

$$A_u = \frac{u_o}{u_i} = \frac{(1+\beta)i_b R_e /\!/ R_L}{i_b[r_{be} + (1+\beta)R_e /\!/ R_L]}$$

$$= \frac{(1+\beta)R_e /\!/ R_L}{r_{be} + (1+\beta)R_e /\!/ R_L} \tag{3.66}$$

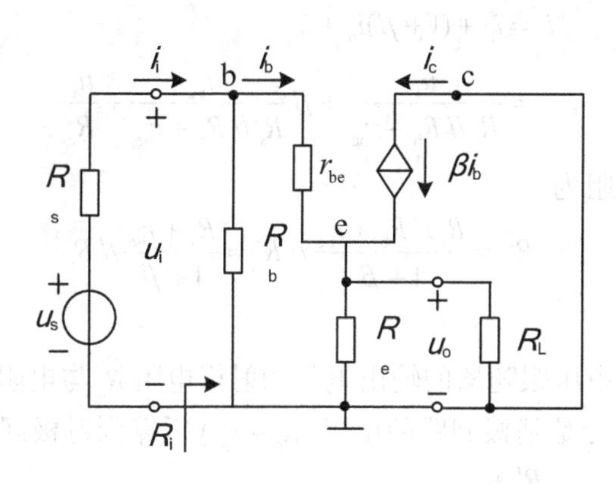

图 3.46　共集电极放大电路的小信号等效电路

式(3.66)表明，共集电极放大电路的电压增益 $A_u < 1$，即没有电压放大作用。输出电压 u_o 和输入电压 u_i 相位相同。一般满足 $(1+\beta)R_e // R_L >> r_{be}$，故 $A_u \approx 1$，即输出电压 u_o 与输入电压 u_i 大小接近相等，因此共集电极放大电路又称为射极电压跟随器。

2)　输入电阻

根据输入电阻 R_i 的定义，由图 3.46 可得到 R_i 的表达式为

$$R_i = \frac{u_i}{i_i} = \frac{u_i}{\dfrac{u_i}{R_b} + \dfrac{u_i}{r_{be} + (1+\beta)R_e // R_L}} = R_b // [r_{be} + (1+\beta)R_e // R_L] \tag{3.67}$$

共集电极放大电路的输入电阻较高，而且和负载电阻 R_L 或后一级放大电路的输入电阻的大小有关。

3)　输出电阻

根据输出电阻 R_o 的定义，计算输出电阻的等效电路，如图 3.47 所示。

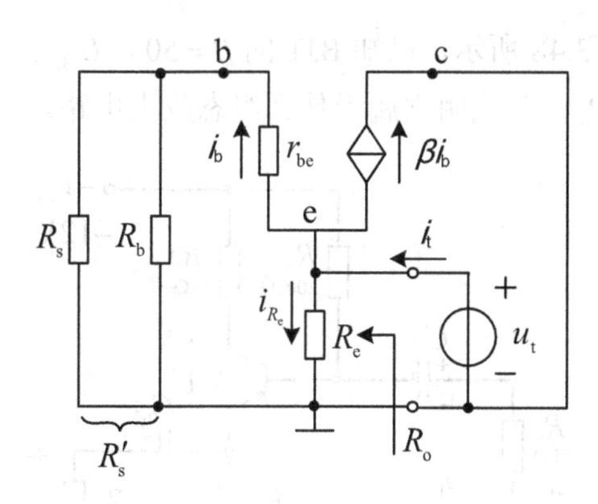

图 3.47　计算共集电极放大电路输出电阻的等效电路

输出电阻按定义表示为

$$R_o = \left.\frac{u_t}{i_t}\right|_{u_s=0, R_L=\infty}$$

在测试电压 u_t 的作用下，相应的测试电流为

$$i_t = i_b + (1+\beta)i_b + i_{R_e}$$
$$= \frac{u_t}{R_s // R_b + r_{be}} + \beta\frac{u_t}{R_s // R_b + r_{be}} + \frac{u_t}{R_e}$$

故该电路的输出电阻为

$$R_o = \frac{R_s // R_b + r_{be}}{1+\beta} // R_e = \frac{R_s' + r_{be}}{1+\beta} // R_e \tag{3.68}$$

式中，$R_s' = R_s // R_b$。

式(3.68)说明，射极电压跟随器的输出电阻为射极电阻 R_e 与电阻 $(R_s'+r_{be})/(1+\beta)$ 两部分并联组成，其中后一部分是基极回路的电阻 $(R_s'+r_{be})$ 折算到射极回路时的等效电阻。通常有 $R_e >> \dfrac{R_s'+r_{be}}{1+\beta}$，因此 $R_o \approx \dfrac{R_s'+r_{be}}{1+\beta}$。

由 R_o 的表达式可知，射极电压跟随器的输出电阻与信号源内阻 R_s 或前一级放大电路的输出电阻有关。

由于通常情况下信号源内阻 R_s 很小，r_{be} 一般在几百欧至几千欧，而 β 值较大，所以共集电极放大电路的输出电阻很小，一般在几十欧至几百欧范围内。为降低输出电阻。可选用 β 值较大的 BJT。

综合以上分析，共集电极放大电路的特点是：电压增益小于 1 而接近于 1，输出电压与输入电压同相；输入电阻高，输出电阻低。正是因为这些特点的存在，使得它在电子电路中的应用极为广泛。例如利用其输入电阻高、从信号源吸取电流小的特点，可将它作为多级放大电路的输入级。利用其输出电阻小、带负载能力强的特点，又可将它作为多级放大电路的输出级。同时利用其输入电阻高、输出电阻低的特点，可将它作为多级放大电路的中间级，以隔离前后级之间的相互影响，在电路中起阻抗变换的作用，这时可称其为缓冲级。

【例 3.3】 电路如图 3.48 所示，已知 BJT 的 $\beta = 50$，$U_{BEQ} = -0.7V$，试求该电路的静态工作点 Q、A_u、R_i 及 R_o，并说明它属于什么组态放大电路。

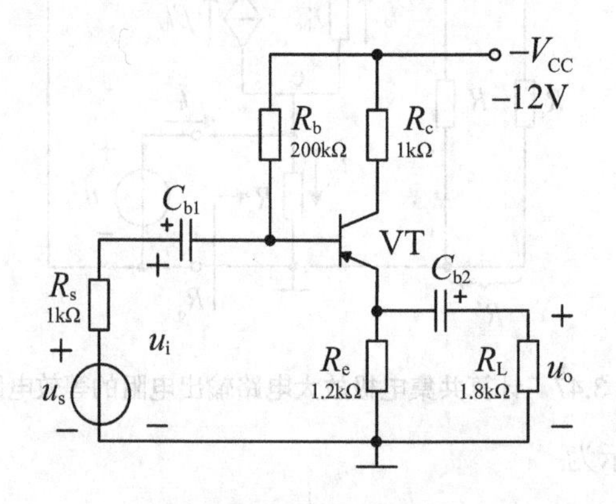

图 3.48　例 3.3 电路图

解： 该电路的直流通路和小信号等效电路分别如图 3.49(a)和图 3.49(b)所示。

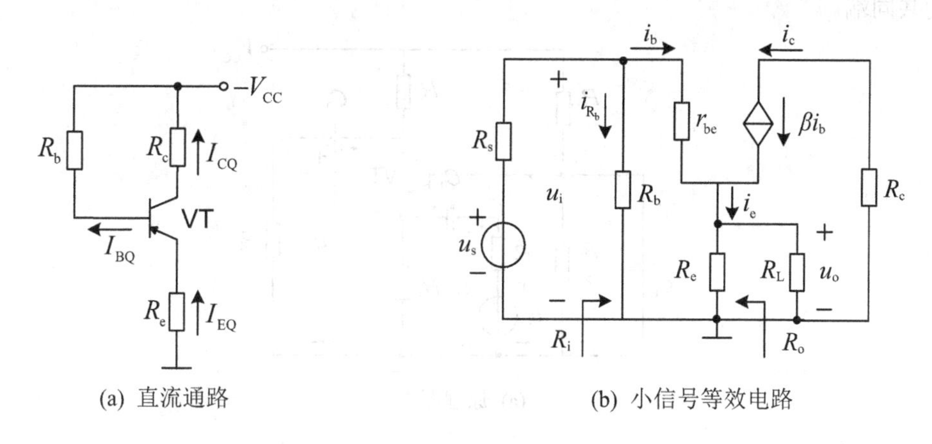

图 3.49　例 3.3 电路的直流通路和小信号等效电路

由直流通路可知

$$I_{BQ}=\frac{V_{CC}-U_{BEQ}}{R_b+(1+\beta)R_e}\approx\frac{12\text{V}}{(200+51\times1.2)\text{k}\Omega}\approx0.046\text{mA=46μA}$$

$$I_{CQ}=\beta I_{BQ}=50\times0.046\text{mA}=2.3\text{mA}$$

$$\begin{aligned}U_{CEQ}&=-[V_{CC}-I_{CQ}(R_c+R_e)]\\&=-(12-2.3\times2.2)\text{V}=-6.94\text{V}\end{aligned}$$

BJT 的输入电阻为

$$r_{be}=200\Omega\text{+}(1\text{+}\beta)\frac{26(\text{mV})}{I_{EQ}(\text{mA})}=\left(200+51\times\frac{26}{2.3}\right)\Omega\approx776\Omega$$

由图 3.49(b)求放大电路的动态指标。

$$\begin{aligned}A_u=\frac{u_o}{u_i}&=\frac{(1+\beta)i_bR_e//R_L}{i_br_{be}+(1+\beta)i_bR_e//R_L}\\&=\frac{(1+\beta)R_e//R_L}{r_{be}+(1+\beta)R_e//R_L}\\&\approx0.98\end{aligned}$$

$$R_i=R_b//[r_{be}+(1+\beta)R_e//R_L]\approx31.58\text{k}\Omega$$

$$R_o=R_e//\frac{r_{be}+R_s//R_b}{1+\beta}\approx0.035\text{k}\Omega\text{=}35\Omega$$

在此电路中，输入信号 u_i 由 BJT 的基极输入，输出信号 u_o 由发射极取出，集电极虽然没有直接与共同端连接，但它与 R_c 既在输入回路中，又在输出回路中，所以仍然是共集电极组态。电阻 R_c (阻值较小)主要是为了防止调试时不慎将 R_e 短路，造成电源电压 V_{CC} 全部加到 BJT 的集电极与发射极之间，使集电结和发射结过载被烧坏而接入的，故称为限流电阻。

3.5.2　共基极放大电路

图 3.50(a)所示是共基极放大电路的原理图，由它的交流通路图 3.50(c)可以看出，输入信号 u_i 加在发射极和基极之间，输出信号 u_o 由集电极和基极之间取出，基极是输入、输出

回路的共同端。

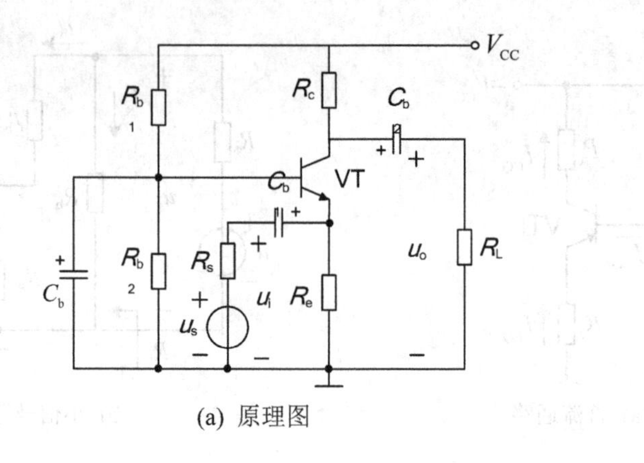

(a) 原理图

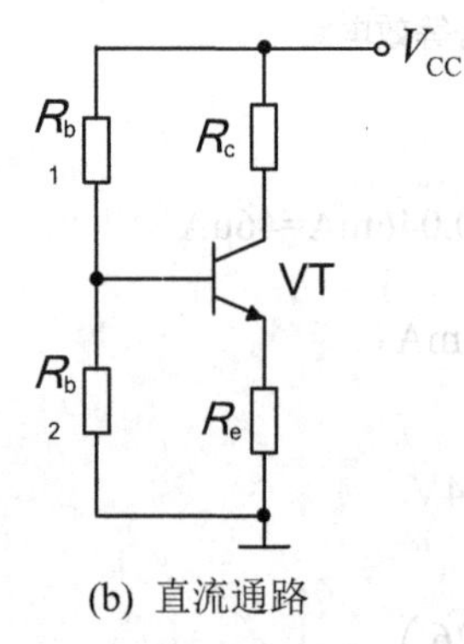

(b) 直流通路

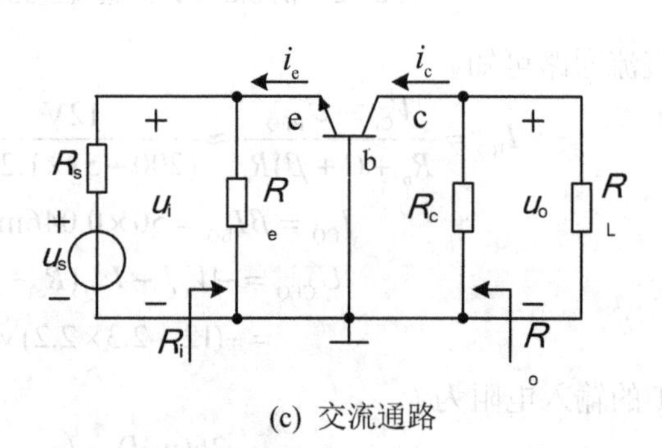

(c) 交流通路

图 3.50 共基极放大电路(续)

1. 静态分析

图 3.50(a)所示电路的偏置电路与分压式射极偏置电路的直流通路是一样的，如图 3.50(b)所示。因而 Q 点的计算与分压式射极偏置电路直流工作点的计算是一致的。在放大状态下，工作点的计算过程如下：

$$U_{BQ}=\frac{R_{b2}}{R_{b1}+R_{b2}}V_{CC}$$

$$I_{CQ}\approx I_{EQ}=\frac{U_{BQ}-U_{BEQ}}{R_e}$$

$$I_{BQ}=\frac{I_{CQ}}{\beta}$$

$$U_{CEQ}=V_{CC}-I_{CQ}(R_e+R_c) \tag{3.69}$$

2. 动态分析

将图 3.50(c)中的 BJT 晶体管用它的 H 参数微变等效电路替代，即可得到共基极放大电路的微变等效电路，如图 3.51 所示。

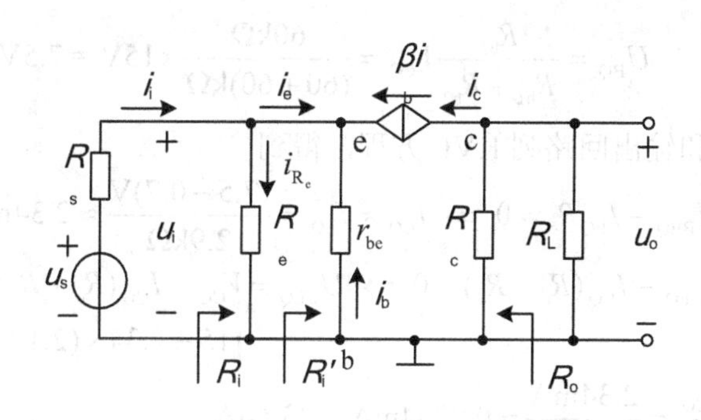

图 3.51 共基极放大电路的微变等效电路

1) 电压增益

由图 3.51 可知

$$u_o = -\beta i_b R_c // R_L$$
$$u_i = -i_b r_{be}$$

所以

$$A_u = \frac{u_o}{u_i} = \frac{\beta R_c // R_L}{r_{be}} = \frac{\beta R_L'}{r_{be}} \tag{3.70}$$

式中，$R_L' = R_c // R_L$。

由式(3.70)可以看出，只要电路参数选择合适，共基极放大电路就具有电压放大能力，其输出电压与输入电压相位相同。

2) 输入电阻 R_i

从图 3.51 中可以看出，该电路的输入电阻 R_i 相当于 R_e 电阻与 R_i' 电阻的并联。

$$R_i' = \frac{u_i}{i_e} = \frac{r_{be}}{1+\beta}$$

$$R_i = R_e // \frac{r_{be}}{1+\beta} \tag{3.71}$$

由式(3.71)可知，共基极放大电路的输入电阻远小于共射极放大电路的输入电阻。

3) 输出电阻 R_o

由图 3.51 可以确定，共基极放大电路的输出电阻为

$$R_o \approx R_c \tag{3.72}$$

由式(3.72)可知，共基极放大电路的输出电阻与共射极放大电路的输出电阻相同，近似等于集电极电阻 R_c。

【例 3.4】 共基极放大电路如图 3.50(a)所示，已知 $V_{CC} = 15\text{V}$，$R_c = 2.1\text{k}\Omega$，$R_e = 2.9\text{k}\Omega$，$R_{b1} = R_{b2} = 60\text{k}\Omega$，$R_L = 1\text{k}\Omega$，晶体管的 $\beta = 100$，$U_{BEQ} = 0.7\text{V}$。各电容对交流信号可视为短路。试求：

(1) 电路的静态工作点 Q。

(2) 电路的电压增益 A_u、输入电阻 R_i 和输出电阻 R_o。

解： (1) 求解电路的静态工作点 Q，画出电路的直流通路，如图 3.50(b)所示。

$$U_{BQ}=\frac{R_{b2}}{R_{b1}+R_{b2}}V_{CC}=\frac{60\text{k}\Omega}{(60+60)\text{k}\Omega}\times 15\text{V}=7.5\text{V}$$

对直流输入回路和输出回路列 KVL 方程，得到

$$U_{BQ}-U_{BEQ}-I_{EQ}R_e=0 \Rightarrow I_{CQ}\approx I_{EQ}=\frac{(7.5-0.7)\text{V}}{2.9\text{k}\Omega}\approx 2.34\text{mA}$$

$$V_{CC}-U_{CEQ}-I_{CQ}(R_c+R_e)=0 \Rightarrow U_{CEQ}=V_{CC}-I_{CQ}(R_c+R_e)$$
$$=[15-2.34\times(2.1+2.9)]\text{V}=3.3\text{V}$$

$$I_{BQ}=\frac{I_{CQ}}{\beta}=\frac{2.34\text{mA}}{100}=0.0234\text{mA}=23.4\mu\text{A}$$

(2) 求电路的电压增益 A_u、输入电阻 R_i 和输出电阻 R_o。画出该电路的小信号等效电路，如图 3.51 所示。

$$r_{be}=200\Omega+(1+\beta)\frac{26(\text{mV})}{I_{EQ}(\text{mA})}=\left(200+101\times\frac{26}{2.34}\right)\Omega\approx 1317.45\Omega\approx 1.32\text{k}\Omega$$

电压增益为

$$A_u=\frac{u_o}{u_i}=\frac{\beta R_c // R_L}{r_{be}}\approx 51.32$$

输入电阻为

$$R_i=R_e//\frac{r_{be}}{1+\beta}\approx 13\Omega$$

输出电阻为

$$R_o\approx R_c=2.1\text{k}\Omega$$

3.5.3 BJT 放大电路三种组态的比较

1．三种组态的判别

一般看输入信号加在 BJT 的哪个电极，输出信号从哪个电极取出。共射极放大电路中，信号由基极输入，集电极输出；共集电极放大电路中，信号由基极输入，发射极输出；共基极电路中，信号由发射极输入，集电极输出。

2．三种组态的特点及用途

共射极放大电路的电压和电流增益都大于 1，输入电阻在三种组态中居中，输出电阻与集电极电阻有关，适用于低频情况下作多级放大电路的中间级；共集电极放大电路只有电流放大作用，没有电压放大，有电压跟随作用，在三种组态中输入电阻最高，输出电阻最小，频率特性好，可用于输入级、输出级或缓冲级；共基极放大电路只有电压放大作用，没有电流放大作用，有电流跟随作用，输入电阻小，输出电阻与集电极电阻有关，高频特性较好，常用于高频或宽频带低输入阻抗的场合，模拟集成电路中亦兼有电位移动的功能。

放大电路三种组态的主要性能如表 3.1 所示。

表 3.1　放大电路三种组态的主要性能

	共射极电路	共集电极电路	共基极电路
电路图	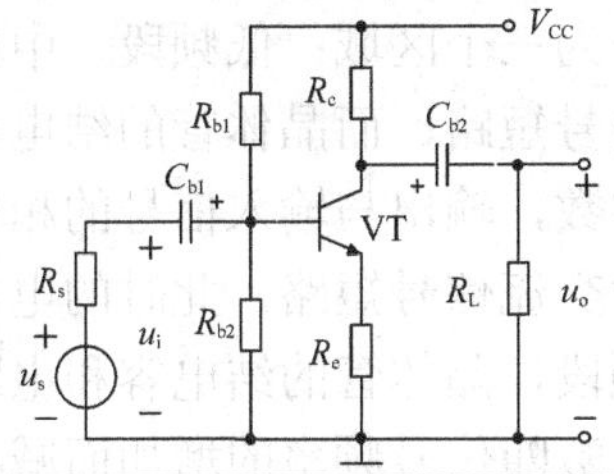	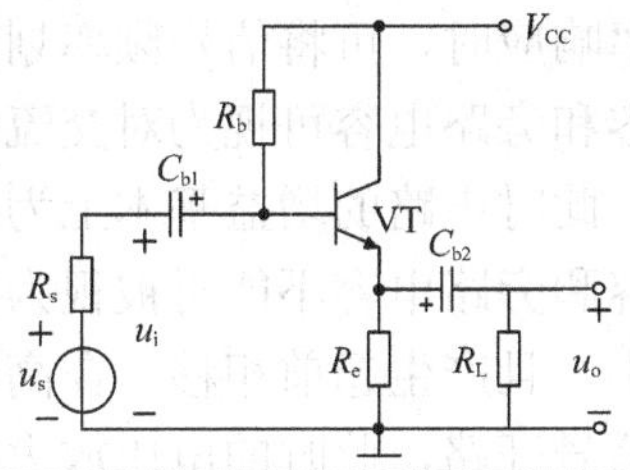	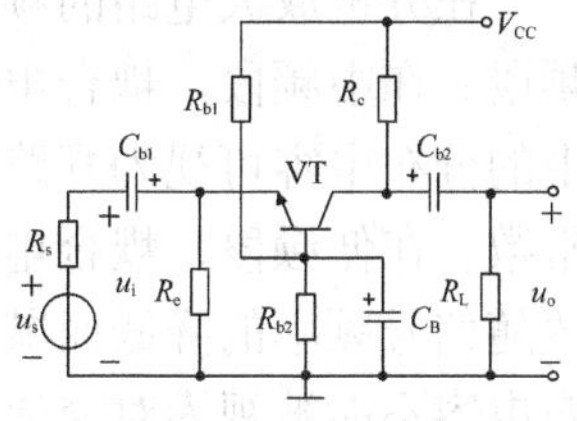
电压增益 A_u	$A_u=-\dfrac{\beta R'_L}{r_{be}+(1+\beta)R_e}$ $(R'_L=R_c//R_L)$	$A_u=\dfrac{(1+\beta)R'_L}{r_{be}+(1+\beta)R'_L}$ $(R'_L=R_e//R_L)$	$A_u=\dfrac{\beta R'_L}{r_{be}}$ $(R'_L=R_c//R_L)$
u_o 与 u_i 的相位关系	反相	同相	同相
最大电流增益 A_i	$A_i\approx\beta$	$A_i\approx 1+\beta$	$A_i\approx\alpha$
输入电阻	$R_i=R_{b1}//R_{b2}//[r_{be}+(1+\beta)R_e]$	$R_i=R_b//[r_{be}+(1+\beta)R'_L]$	$R_i=R_e//\dfrac{r_{be}}{1+\beta}$
输出电阻	$R_o\approx R_c$	$R_o=\dfrac{r_{be}+R'_s}{1+\beta}//R_e$ $(R'_s=R_s//R_b)$	$R_o\approx R_c$
用途	多级放大电路的中间级	输入级、中间级、输出级	高频或宽频带电路

3.6　放大电路的频率响应

由于放大电路中存在着电抗性元件(如耦合电容、旁路电容)以及晶体管中存在结电容，它们的电抗随输入信号频率变化而变化，因此，放大电路对不同频率的信号具有不同的放大能力。增益和相移的大小因频率变化而变化的特性，称为放大电路的频率响应特性，简称频率特性。本节将研究频率响应的基本概念、分析方法以及典型放大电路的频率响应。

3.6.1　频率响应的基本概念

考虑到放大电路的增益与信号的频率有关，放大电路的增益可表示为频率的复函数，即

$$\dot{A}=\left|\dot{A}(\omega)\right|e^{j\varphi(\omega)} \tag{3.73}$$

式中，ω 为信号的角频率；$\left|\dot{A}(\omega)\right|$ 为增益的幅值；$\varphi(\omega)$ 为增益的相角。

式(3.73)表示放大电路的频率响应，其中$\left|\dot{A}(\omega)\right|$为幅度频率特性，简称幅频特性，是描绘输入信号幅度固定、输出信号的幅度随频率变化而变化的规律；$\varphi(\omega)$为相位频率特性，简称相频特性，是描绘输出信号与输入信号之间相位差随信号频率变化而变化的规律。

在分析放大电路的频率响应时，可将信号频率划分为三个区域：低频段、中频段和高频段。在中频段，耦合电容和旁路电容可视为对交流信号短路，而晶体管的结电容和电路中的分布电容可视为开路，此时电路的增益基本上为常数，输出与输入信号的相位差也为常数。在低频段，耦合电容和旁路电容不能再被视为对交流信号短路，此时的电压放大倍数随信号频率的降低而减小，且产生超前相移。在高频段，晶体管的结电容和电路中的分布电容不能被视为对交流信号开路，此时的电压放大倍数随信号频率的增加而减小，且产生滞后相移。

理论上许多非正弦信号的频谱范围都延伸到无穷大，而放大电路的带宽却是有限的，并且相频响应也不能保持为常数。例如，图3.52中输入信号由基波和三次谐波组成，如果受放大电路带宽所限制，对基波和三次谐波的放大倍数不同而造成输出电压波形失真，这种幅频特性偏离中频值的现象，称为幅频失真；图3.53中放大电路对基波和二次谐波的相位移不同而造成输出电压波形失真，这种相频特性偏离中频值的现象，称为相频失真。幅频失真和相频失真总称为频率失真，它们都是由线性电抗元件所引起的，输出信号中并没有增加新的频率成分，它不同于放大电路的截止失真和饱和失真，所以又称为线性失真。放大电路的截止失真和饱和失真是由于晶体管的非线性导致的，输出信号失真后，会产生新的频率成分，因此称为非线性失真。幅频失真和相频失真一般是同时发生的，分开讨论这两种失真，只是为了方便读者理解。和幅频失真相比，相频失真对波形形状的影响更大一些。

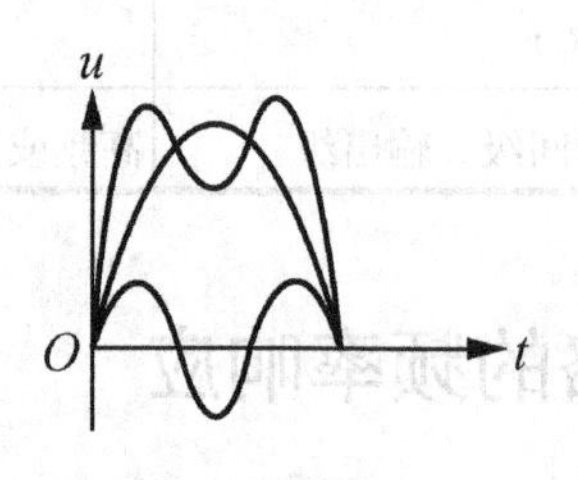

(a) 基波较大三次谐波较小

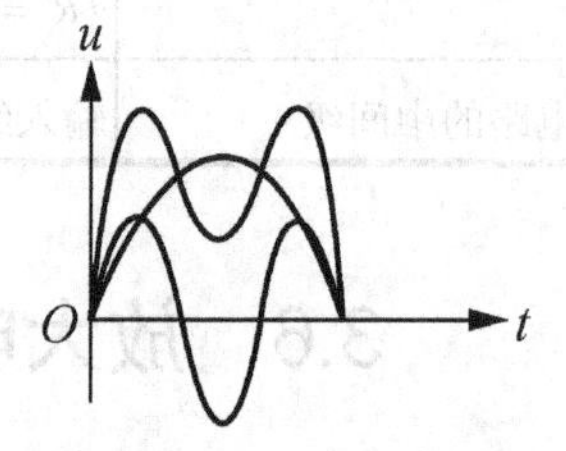

(b) 基波较小三次谐波较大

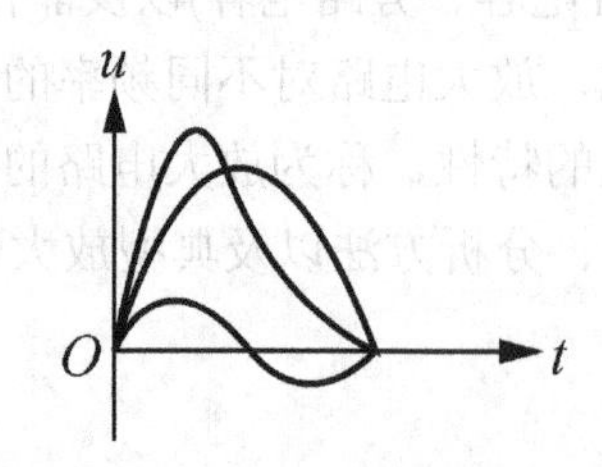

(a) 基波和二次谐波无相移

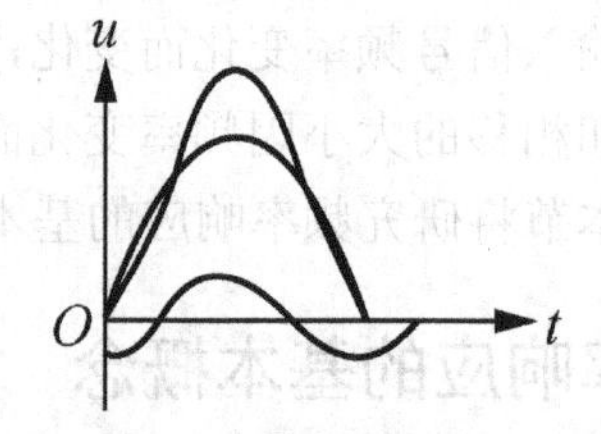

(b) 二次谐波产生相移

图3.53 相频失真示意图

为将信号的频率失真限制在容许的范围内，要求设计放大电路时正确估计信号的有效带宽，以使放大电路带宽与信号带宽相匹配。

3.6.2　一阶 RC 电路的频率响应

1. 一阶 RC 低通电路

一阶 RC 低通电路如图 3.54 所示，研究该电路的特性可以从研究其传递函数出发。该电路的传递函数为

$$A_u(s)=\frac{U_o(s)}{U_i(s)}=\frac{\dfrac{1}{sC}}{R+\dfrac{1}{sC}}=\frac{1}{1+sRC} \tag{3.74}$$

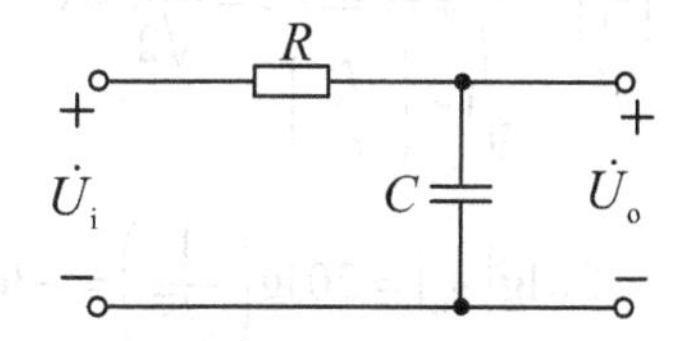

图 3.54　RC 低通电路

对于实际频率，$s=j\omega=j2\pi f$，令 $\omega_H=\dfrac{1}{RC}$ 或 $f_H=\dfrac{1}{2\pi RC}$，其中 RC 为回路的时间常数 τ，则式(3.74)可以写成如下形式：

$$\begin{aligned}\dot{A}_u&=\frac{\dot{U}_o}{\dot{U}_i}=\frac{1}{1+j\omega RC}=\frac{1}{1+j\dfrac{\omega}{\omega_H}}\\&=\frac{1}{1+j2\pi fRC}=\frac{1}{1+j\dfrac{f}{f_H}}\end{aligned} \tag{3.75}$$

$\dot{A}_u$ 的幅值(模)和相角分别为

$$\begin{aligned}\left|\dot{A}_u\right|&=\frac{1}{\sqrt{1+\left(\dfrac{\omega}{\omega_H}\right)^2}}\\&=\frac{1}{\sqrt{1+\left(\dfrac{f}{f_H}\right)^2}}\end{aligned} \tag{3.76}$$

$$\begin{aligned}\varphi&=-\arctan\left(\frac{\omega}{\omega_H}\right)\\&=-\arctan\left(\frac{f}{f_H}\right)\end{aligned} \tag{3.77}$$

式中，f_H 称为上限截止频率，和电路的时间常数 τ 有关。

式(3.76)和式(3.77)分别表示一阶低通电路的幅频特性和相频特性。

为了方便起见，将频率特性曲线画成折线的形式。

(1) 当 $f << f_H$ 时，幅频特性为

$$|\dot{A}_u| = \frac{1}{\sqrt{1+\left(\frac{f}{f_H}\right)^2}} \approx 1$$

用分贝(dB)表示为 $20\lg|\dot{A}_u| \approx 20\lg 1 = 0\text{dB}$

相频特性为 $\varphi = -\arctan\left(\frac{f}{f_H}\right) \approx 0^\circ$

(2) 当 $f = f_H$ 时，幅频特性为

$$|\dot{A}_u| = \frac{1}{\sqrt{1+\left(\frac{f}{f_H}\right)^2}} = \frac{1}{\sqrt{2}} \approx 0.707$$

用分贝(dB)表示为 $20\lg|\dot{A}_u| = 20\lg\left(\frac{1}{\sqrt{2}}\right) = -3\text{dB}$

相频特性为 $\varphi = -\arctan\left(\frac{f}{f_H}\right) = -45^\circ$

(3) 当 $f >> f_H$ 时，$\frac{f}{f_H} >> 1$，幅频特性为

$$|\dot{A}_u| = \frac{1}{\sqrt{1+\left(\frac{f}{f_H}\right)^2}} \approx \frac{f_H}{f}$$

用分贝(dB)表示为 $20\lg|\dot{A}_u| \approx 20\lg\left(\frac{f_H}{f}\right)$

说明 f 每升高 10 倍，$|\dot{A}_u|$ 就降低 10 倍，相当于减小-20dB，是一条具有-20dB/十倍频斜率的直线，当 $f \to \infty$ 时，$|\dot{A}_u| \to 0$。

相频特性为 $\varphi = -\arctan\left(\frac{f}{f_H}\right) \to -90^\circ$

取一组特殊的频率值，代入式(3.76)和式(3.77)，即可得表 3.2 所示的 RC 低通电路频率响应的估算值。

表 3.2 不同频率下 RC 低通电路频率响应的估算值

f	$\|\dot{A}_u\|$	$20\lg\|\dot{A}_u\|$	φ
$f < 0.1f_H$	$\|\dot{A}_u\| \approx 1$	$20\lg\|\dot{A}_u\| = 0\text{dB}$	$\varphi \approx 0^\circ$
$f = 0.1f_H$	$\|\dot{A}_u\| \approx 1$	$20\lg\|\dot{A}_u\| = 0\text{dB}$	$\varphi \approx -5.7^\circ$
$f = f_H$	$\|\dot{A}_u\| \approx 0.707$	$20\lg\|\dot{A}_u\| = -3\text{dB}$	$\varphi \approx -45^\circ$
$f = 10f_H$	$\|\dot{A}_u\| \approx 0.1$	$20\lg\|\dot{A}_u\| = -20\text{dB}$	$\varphi \approx -84.3^\circ$
$f = 100f_H$	$\|\dot{A}_u\| \approx 0.01$	$20\lg\|\dot{A}_u\| = -40\text{dB}$	$\varphi \approx -90^\circ$

将表 3.2 中的估算值描绘在对数坐标中，即可得 RC 低通电路的近似频率特性曲线，如图 3.55 所示。

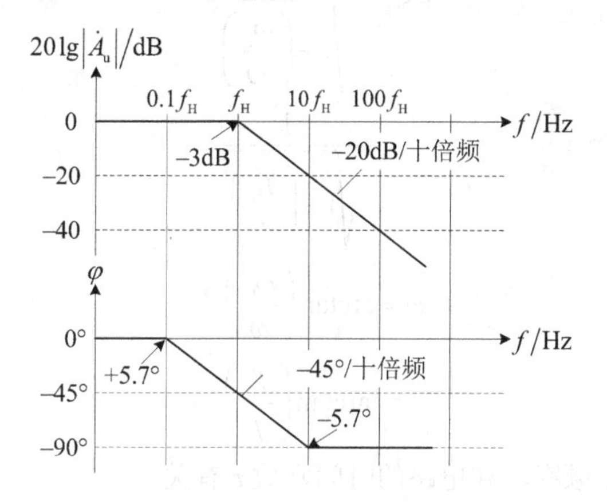

图 3.55 RC 低通电路的频率特性曲线

在上限截止频率 f_H 处，该折线与实际的幅频特性曲线有最大的误差，其值为-3dB；当 $f = f_H$ 时，相频特性将滞后 45°，并具有-45°/十倍频的斜率，在 $0.1f_H$ 和 $10f_H$ 处与实际的相频特性有最大的误差，其值分别为+5.7° 和-5.7°。这种采用对数坐标画出的频率特性曲线称为波特图，是分析放大电路频率响应的重要手段。

2. 一阶 RC 高通电路

一阶 RC 高通电路如图 3.56 所示。该电路的传递函数为：

$$A_u(s) = \frac{U_o(s)}{U_i(s)} = \frac{R}{R + \frac{1}{sC}} = \frac{1}{1 + \frac{1}{sRC}} \tag{3.78}$$

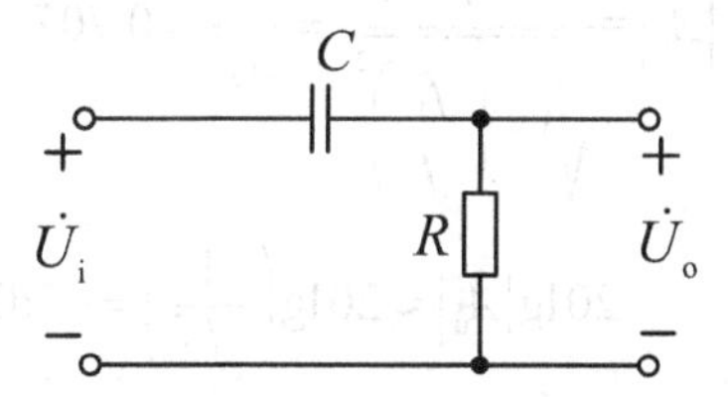

图 3.56 一阶 RC 高通电路

对于实际频率，$s = j\omega = j2\pi f$，令 $\omega_L = \frac{1}{RC}$ 或 $f_L = \frac{1}{2\pi RC}$，则式(3.78)可以写成

$$\begin{aligned}\dot{A}_u &= \frac{\dot{U}_o}{\dot{U}_i} = \frac{1}{1 + 1/j\omega RC} = \frac{1}{1 - j\frac{\omega_L}{\omega}} \\ &= \frac{1}{1 + 1/j2\pi fRC} = \frac{1}{1 - j\frac{f_L}{f}}\end{aligned} \tag{3.79}$$

$\dot{A}_u$ 的幅值(模)和相角分别为

$$|\dot{A}_u| = \frac{1}{\sqrt{1+\left(\frac{\omega_L}{\omega}\right)^2}} = \frac{1}{\sqrt{1+\left(\frac{f_L}{f}\right)^2}} \tag{3.80}$$

$$\varphi = \arctan\left(\frac{\omega_L}{\omega}\right) = \arctan\left(\frac{f_L}{f}\right) \tag{3.81}$$

式中，f_L 称为下限截止频率，和电路的时间常数 τ 有关。

式(3.80)和式(3.81)分别表示一阶高通电路的幅频特性和相频特性。

为了方便起见，将频率特性曲线画成折线的形式。

(1) 当 $f >> f_L$ 时，幅频特性为

$$|\dot{A}_u| = \frac{1}{\sqrt{1+\left(\frac{f_L}{f}\right)^2}} \approx 1$$

用分贝(dB)表示为　$20\lg|\dot{A}_u| \approx 20\lg 1 = 0\text{dB}$

相频特性为　$\varphi = \arctan\left(\frac{f_L}{f}\right) \approx 0^\circ$

(2) 当 $f = f_L$ 时，幅频特性为

$$|\dot{A}_u| = \frac{1}{\sqrt{1+\left(\frac{f_L}{f}\right)^2}} = \frac{1}{\sqrt{2}} \approx 0.707$$

用分贝(dB)表示为　$20\lg|\dot{A}_u| \approx 20\lg\left(\frac{1}{\sqrt{2}}\right) = -3\text{dB}$

相频特性为　$\varphi = \arctan\left(\frac{f_L}{f}\right) = 45^\circ$

(3) 当 $f << f_L$，即 $\frac{f}{f_L} << 1$ 时，幅频特性为

$$|\dot{A}_u| = \frac{1}{\sqrt{1+\left(\frac{f_L}{f}\right)^2}} \approx \frac{f}{f_L}$$

用分贝(dB)表示为　$20\lg|\dot{A}_u| \approx 20\lg\left(\frac{f}{f_L}\right)$

相频特性为
$$\varphi = \arctan\left(\frac{f_L}{f}\right) \to +90^\circ$$

说明 f 每下降 10 倍，$|\dot{A}_u|$ 也下降 10 倍，相当于减小 20dB，可等效成 20dB/十倍频斜率的直线。相移也逐渐增大，最终趋于+90°。

取一组特殊的频率值，代入式(3.80)和式(3.81)，即可得表 3.3 所示的 RC 高通电路频率响应的估算值。

表 3.3　不同频率下 RC 高通电路频率响应的估算值

f	$\lvert\dot{A}_u\rvert$	$20\lg\lvert\dot{A}_u\rvert$	φ
$f > 10f_L$	$\lvert\dot{A}_u\rvert \approx 1$	$20\lg\lvert\dot{A}_u\rvert = 0\text{dB}$	$\varphi \approx 0^\circ$
$f = 10f_L$	$\lvert\dot{A}_u\rvert \approx 1$	$20\lg\lvert\dot{A}_u\rvert = 0\text{dB}$	$\varphi \approx +5.7^\circ$
$f = f_L$	$\lvert\dot{A}_u\rvert \approx 0.707$	$20\lg\lvert\dot{A}_u\rvert = -3\text{dB}$	$\varphi \approx +45^\circ$
$f = 0.1f_L$	$\lvert\dot{A}_u\rvert \approx 0.1$	$20\lg\lvert\dot{A}_u\rvert = -20\text{dB}$	$\varphi \approx +84.3^\circ$
$f = 0.01f_L$	$\lvert\dot{A}_u\rvert \approx 0.01$	$20\lg\lvert\dot{A}_u\rvert = -40\text{dB}$	$\varphi \approx +90^\circ$

由此可作出 RC 高通电路的近似频率特性曲线，如图 3.57 所示。

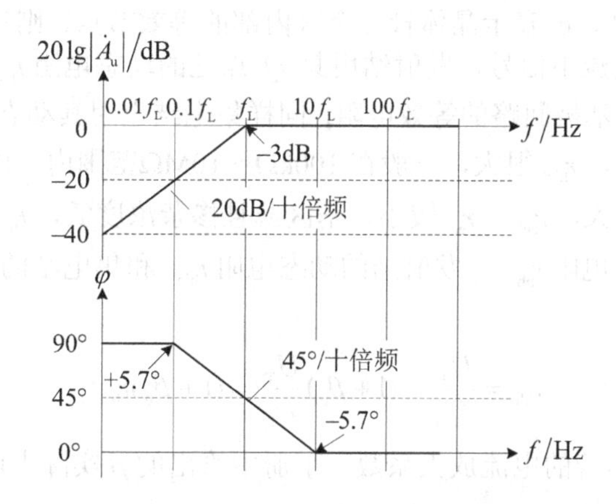

图 3.57　RC 高通电路的频率特性曲线

通过对 RC 低通和高通电路频率响应的分析，可以得到下列具有普遍意义的结论。

(1)　在工程上，常用折线化的波特图近似表示放大电路的频率响应。

(2)　电路的截止频率取决于电容所在回路的时间常数 $\tau = RC$。

(3)　当输入信号频率等于电路的上限截止频率 f_H 或下限截止频率 f_L 时，电路的增益是通带增益的 0.707 倍，或比通带增益下降 3dB，并产生 -45° 或 $+45^\circ$ 的相位偏移。

3.6.3　BJT 的高频等效模型

1．BJT 混合 π 模型的导出

混合 π 模型是一个基于 BJT 晶体管物理结构的模型，其中的每一个参数都描述了器件

内部的某一物理现象，可直接由处于放大状态的晶体管 EM_2 模型导出。图 3.36 给出了确定低频参数的 BJT 物理结构图，图中忽略了 BJT 的结电容效应。高频时，必须考虑 PN 结的结电容对电路性能的影响，因此 BJT 高频物理结构应如图 3.58 所示。

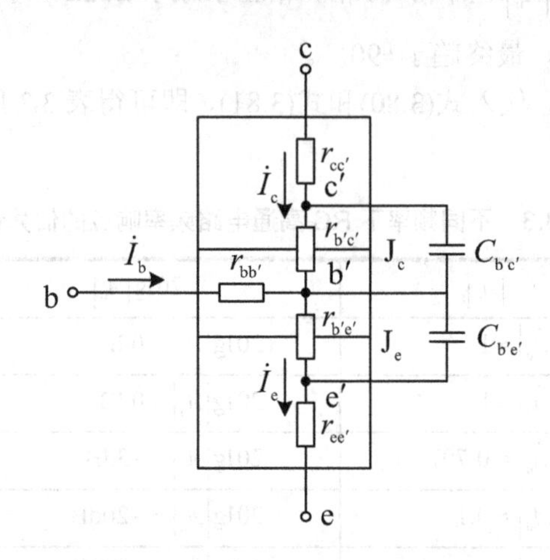

图 3.58 BJT 晶体管物理结构示意图

下面由图 3.58 所示的 BJT 物理结构示意图来说明图 3.59 所示的 BJT 混合π模型。在图 3.58 中分别用b′、e′、c′表示晶体管三个区内部的等效节点，则三个区的体电阻分别为 $r_{bb'}$、$r_{cc'}$、$r_{ee'}$；对于交流小信号，发射结用其 Q 点处的动态电阻 $r_{b'e'}$ 表示，可以看作是发射结正偏电阻 r_e 折算到基极回路的等效电阻；同样集电结也用其动态电阻 $r_{b'c'}$ 表示，在放大区集电结处于反向偏置，$r_{b'c'}$ 很大，一般在 100kΩ～10MΩ范围内。由于发射区的掺杂浓度高，集电区的结面积较大，$r_{cc'}$、$r_{ee'}$ 较小，基区薄且掺杂浓度低，$r_{bb'}$ 较大，故在混合π模型中只保留了基区的体电阻 $r_{bb'}$，发射结的动态电阻 $r_{b'e'}$ 和集电结的动态电阻 $r_{b'c'}$ 可分别表示为 $r_{b'e}$ 和 $r_{b'c}$。可知

$$r_{b'e} = \frac{U_T}{I_{BQ}} = (1+\beta_0)\frac{U_T}{I_{EQ}} = (1+\beta_0) r_{b'e'} \tag{3.82}$$

式中，β_0 为低频段晶体管的电流放大系数，手册中给出的 β 实际上就是 β_0。

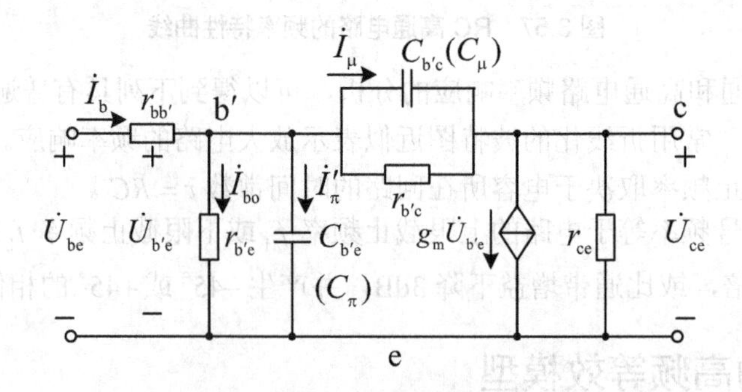

图 3.59 BJT 晶体管的混合π模型

当输入信号频率很高时，晶体管的极间电容会对放大电路的高频特性产生较大的影响，不能忽略。发射结的电容用 $C_{b'e}$ 表示，或用 C_π 表示；集电结的电容用 $C_{b'c}$ 表示，或用 C_μ 表

示。在放大区，晶体管的输出电流$\dot{I}_c$受输入电流$\dot{I}_b$的控制，而输入电流$\dot{I}_b$是受发射结电压$\dot{U}_{b'e}$控制的，因此实质上输出电流$\dot{I}_c$受输入发射结电压$\dot{U}_{b'e}$的控制，故在混合π模型中用一个受$\dot{U}_{b'e}$控制的电流源$g_m\dot{U}_{b'e}$表示晶体管的输出电流$\dot{I}_c$，其中g_m称为跨导，表示输入电压对输出电流的控制能力；r_{ce}是描述基区宽度调制效应的输出电阻。将上述分析结果综合起来即可得到BJT混合π模型。由于交流分析是在稳态正弦小信号下进行的，所以混合π模型中各电压、电流均用复数表示。该模型的形状像希腊字母π，且各参数有不同的量纲，故称之为混合π模型，只适用于器件工作于放大区，而且是交流小信号作用时进行分析。

在低频区和中频区，$r_{b'c}$很大，可以忽略，且不考虑$C_{b'e}$和$C_{b'c}$的影响，故低频等效电路如图3.60(a)所示。图中$r_{bb'}$与$r_{b'e}$串联，总电阻用r_{be}表示，即

$$r_{be}=r_{bb'}+r_{b'e} \tag{3.83}$$

而在高频区必须考虑极间电容$C_{b'e}$和$C_{b'c}$的影响，由于BJT在放大区发射结正偏，$C_{b'e}$主要是扩散电容，数值较大，对于小功率晶体管，一般在十几至几百皮法之间；集电结反偏，$C_{b'c}$主要是势垒电容，数值较小，为零点几到几皮法之间；且由于$r_{b'c}>>\dfrac{1}{\omega C_{b'c}}$，可忽略$r_{b'c}$，故高频混合π模型如图3.60(b)所示。

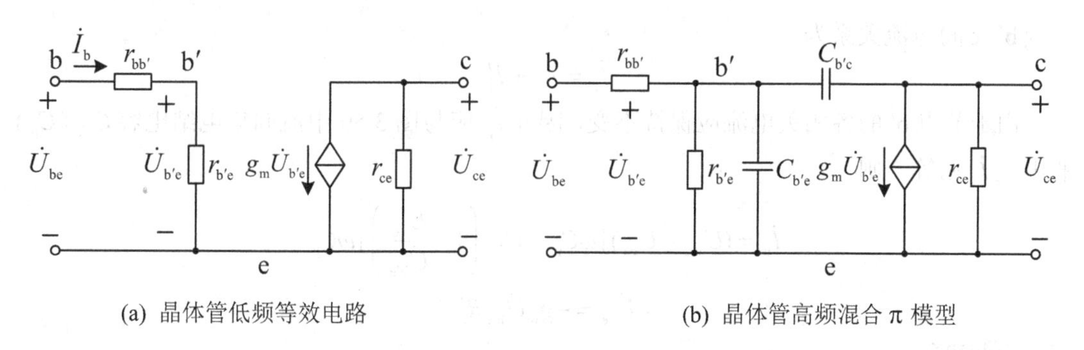

(a) 晶体管低频等效电路　　(b) 晶体管高频混合π模型

图3.60　晶体管的低频等效电路与高频混合π模型

2．混合π模型参数的计算

有了晶体管混合π模型后，需要确定该模型的参数。对于$r_{bb'}$，一般器件手册都会给出；$r_{b'e}$可由式(3.82)得出；r_{ce}数值较大，经常忽略；由于$\dot{I}_c=g_m\cdot\dot{U}_{b'e}$，$\dot{U}_{b'e}=\dot{I}_b\cdot r_{b'e}$，因此$g_m r_{b'e}=\beta_0$，故

$$g_m=\frac{\beta_0}{r_{b'e}} \tag{3.84}$$

将式(3.82)代入式(3.84)，又可得

$$g_m=\frac{\beta_0}{(1+\beta_0)\dfrac{U_T}{I_{EQ}}}=\frac{\alpha_0 I_{EQ}}{U_T}=\frac{I_{CQ}}{U_T} \tag{3.85}$$

对于低频和中频区的混合π模型，由模型可得$g_m\dot{U}_{b'e}=g_m r_{b'e}\dot{I}_b=\beta_0\dot{I}_b$，所以输出回路的受控源也常用$\beta\dot{I}_b$表示。此时的混合π模型与前面介绍的H参数模型是等价的。显然，

对于高频混合π模型，上述关系不成立，输出回路的受控源不能用$\beta\dot{I}_{\mathrm{b}}$表示。

3．高频混合π模型的简化

在高频混合π模型中，由于存在$C_{\mathrm{b'c}}$，使电路的分析变得复杂，因此对电路进行单向化处理。将$C_{\mathrm{b'c}}$等效为折合到b′-e间的电容$C_{\mu'}$和折合到c-e间的电容$C_{\mu''}$，这种等效称为密勒等效。变换前后各相关点的电流应保持不变。单向化处理后的高频混合π模型电路如图3.61所示。

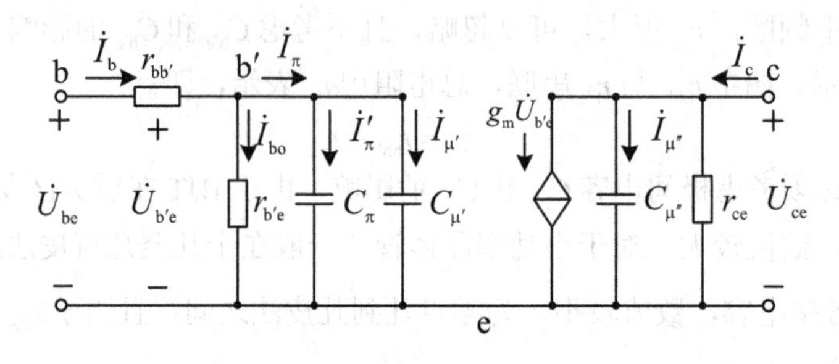

图3.61 单向化处理后的高频混合π模型

b′-e间电流关系为

$$\dot{I}_{\pi}=\dot{I}_{\mu'}+\dot{I}'_{\pi}$$

由于节点b′的各相关电流应保持不变，因此$\dot{I}_{\mu'}$应与图3.59中流向集电结电容$C_{\mathrm{b'c}}$(C_{μ})的电流$\dot{I}_{\mu}$相等，则

$$\dot{I}_{\mu}=(\dot{U}_{\mathrm{b'e}}-\dot{U}_{\mathrm{ce}})\mathrm{j}\omega C_{\mu}=\dot{U}_{\mathrm{b'e}}\left(1-\frac{\dot{U}_{\mathrm{ce}}}{\dot{U}_{\mathrm{b'e}}}\right)\mathrm{j}\omega C_{\mu}$$

$$\dot{U}_{\mathrm{ce}}=-g_{\mathrm{m}}\dot{U}_{\mathrm{b'e}}R'_{\mathrm{c}}$$

由此可得

$$\dot{I}_{\mu}=\dot{U}_{\mathrm{b'e}}(1+g_{\mathrm{m}}R'_{\mathrm{c}})\mathrm{j}\omega C_{\mu}$$

$$\dot{I}_{\mu'}=\dot{U}_{\mathrm{b'e}}\mathrm{j}\omega C_{\mu'}$$

由于$\dot{I}_{\mu'}=\dot{I}_{\mu}$，令放大倍数$|K|=g_{\mathrm{m}}R'_{\mathrm{c}}$，$R'_{\mathrm{c}}=R_{\mathrm{c}}\,/\!/\,R_{\mathrm{L}}$，则$C_{\mathrm{b'c}}$($C_{\mu}$)折合到b′-e间的等效电容$C_{\mu'}$为

$$C_{\mu'}=(1+|K|)C_{\mu} \tag{3.86}$$

同理，输出一侧各相关电流也应保持不变，即$\dot{I}_{\mu''}=\dot{I}_{\mu}$。流过电容$C_{\mu''}$的电流为

$$\dot{I}_{\mu''}=\dot{U}_{\mathrm{ce}}\mathrm{j}\omega C_{\mu''}$$

图3.59中流过集电结电容$C_{\mathrm{b'c}}$(C_{μ})中的电流为

$$\begin{aligned}\dot{I}_{\mu}&=(\dot{U}_{\mathrm{ce}}-\dot{U}_{\mathrm{b'e}})\mathrm{j}\omega C_{\mu}\\&=\left[\dot{U}_{\mathrm{ce}}-\left(-\frac{\dot{U}_{\mathrm{ce}}}{g_{\mathrm{m}}R'_{\mathrm{c}}}\right)\right]\mathrm{j}\omega C_{\mu}\\&=\dot{U}_{\mathrm{ce}}\left(1+\frac{1}{|K|}\right)\mathrm{j}\omega C_{\mu}\end{aligned}$$

因此，将集电极电容 $C_{b'c}$ (C_{μ})折合到 c-e 间的等效电容为

$$C_{\mu''}=\frac{1+K}{K}C_{\mu} \tag{3.87}$$

由于 $C_{\mu''}<<C_{\mu'}$，且一般情况下 $C_{\mu''}$ 的容抗很大，可以忽略 $C_{\mu''}$，所以图 3.61 可简化为图 3.62 所示的电路。

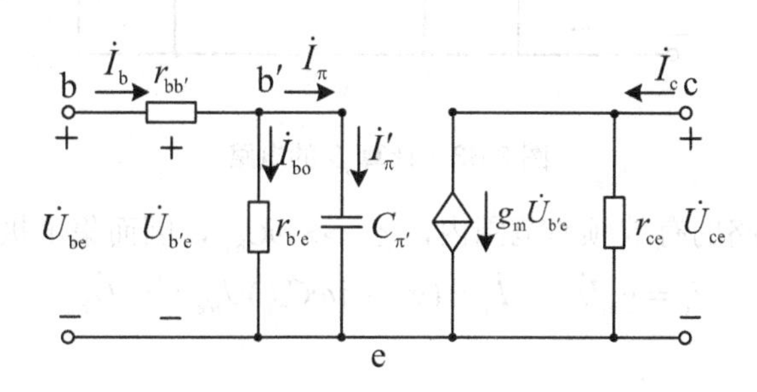

图 3.62　简化高频小信号电路

从输入侧看简化的高频小信号模型，相当于一个一阶 RC 低通电路。b′-e 间总电容为

$$\begin{aligned}C_{\pi'}&=C_{\pi}+C_{\mu'}\\&=C_{\pi}+(1+|K|)C_{\mu}\\&=C_{\pi}+(1-\dot{K})C_{\mu}\end{aligned} \tag{3.88}$$

C_{μ} 可以从半导体器件手册中查到(手册中用 C_{ob} 表示)，数值一般在 2～10pF 范围内；$\dot{K}$ 是放大电路的放大倍数，可以通过计算得到；电容 $C_{b'e}$ (C_{π})的数值可以通过手册中的特征频率 f_T 和放大电路的静态工作点求得，有

$$C_{\pi}=\frac{g_m}{2\pi f_T} \tag{3.89}$$

3.6.4　BJT 电流放大系数的频率响应

从 BJT 的混合 π 模型中可以看出，电容 $C_{b'e}$ 和 $C_{b'c}$ 的存在会使电流 $\dot{I}_c$、$\dot{I}_b$ 的幅值和相位均与频率有关，因此 BJT 的电流放大系数 $\dot{\beta}$ 将产生频率效应。高频时，假设注入基极的交流电流 $\dot{I}_b$ 的幅值不变，随着输入信号频率的增加，b′-e 间的阻抗将减小，电压 $\dot{U}_{b'e}$ 的幅值将减小，相移增大；从而引起集电极电流 $\dot{I}_c$ 的幅值随 $|\dot{U}_{b'e}|$ 线性下降，并产生相同的相移。因此，BJT 的电流放大系数 $\dot{\beta}$ 是频率的函数。

BJTH 参数模型中

$$h_{fe}=\left.\frac{\partial i_C}{\partial i_B}\right|_{U_{CEQ}}$$

表示为

$$\dot{\beta}=\left.\frac{\dot{I}_c}{\dot{I}_b}\right|_{U_{CEQ}} \tag{3.90}$$

即 $\dot{\beta}$ 是 c-e 间交流短路时动态电流 $\dot{I}_c$ 和 $\dot{I}_b$ 之比，因此 $\dot{K}=0$。将图 3.60(b)的输出端短路，可得如图 3.63 所示的电路。

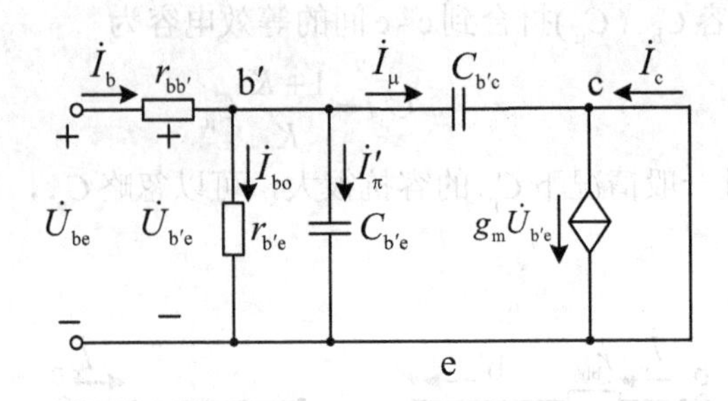

图 3.63　计算 $\dot{\beta}$ 的电路

在图 3.63 所示电路的有效频率范围内，$g_m >> \omega C_{b'c}$，因而集电极电流为

$$\dot{I}_c = g_m\dot{U}_{b'e} - \dot{I}_\mu = (g_m - j\omega C_{b'c})\dot{U}_{b'e} \approx g_m\dot{U}_{b'e} \tag{3.91}$$

基极电流为

$$\begin{aligned}\dot{I}_b &= \frac{\dot{U}_{b'e}}{r_{b'e}} + j\omega C_{b'e}\cdot\dot{U}_{b'e} + j\omega C_{b'c}\dot{U}_{b'e} \\ &= \left(\frac{1}{r_{b'e}} + j\omega C_{b'e} + j\omega C_{b'c}\right)\dot{U}_{b'e}\end{aligned} \tag{3.92}$$

则电流放大系数为

$$\begin{aligned}\dot{\beta} = \frac{\dot{I}_c}{\dot{I}_b} &= \frac{g_m - j\omega C_{b'c}}{\dfrac{1}{r_{b'e}} + j\omega(C_{b'e} + C_{b'c})} \approx \frac{g_m}{\dfrac{1}{r_{b'e}} + j\omega(C_{b'e} + C_{b'c})} \\ &\approx \frac{g_m r_{b'e}}{1 + j\omega(C_{b'e} + C_{b'c})r_{b'e}}\end{aligned}$$

由式(3.84)可得 $g_m r_{b'e} = \beta_0$，代入上式得

$$\dot{\beta} = \frac{\beta_0}{1 + j\omega(C_{b'e} + C_{b'c})r_{b'e}} = \frac{\beta_0}{1 + j\dfrac{f}{f_\beta}} \tag{3.93}$$

式(3.93)与式(3.75)形式相同，说明 $\dot{\beta}$ 的频率响应类似于低通电路。其中

$$f_\beta = \frac{1}{2\pi(C_{b'e} + C_{b'c})r_{b'e}} = \frac{1}{2\pi\tau} \tag{3.94}$$

f_β 称为 BJT 的共射极截止频率，是使 $|\dot{\beta}|$ 下降为 $0.707\beta_0$ 时的信号频率，其数值主要取决于 BJT 的结构。

$\dot{\beta}$ 的幅频特性和相频特性分别为

$$|\dot{\beta}| = \frac{\beta_0}{\sqrt{1 + \left(\dfrac{f}{f_\beta}\right)^2}} \tag{3.95}$$

$$\varphi = -\arctan\left(\frac{f}{f_\beta}\right) \tag{3.96}$$

则 $\dot{\beta}$ 的幅频特性曲线和相频特性曲线如图 3.64 所示。

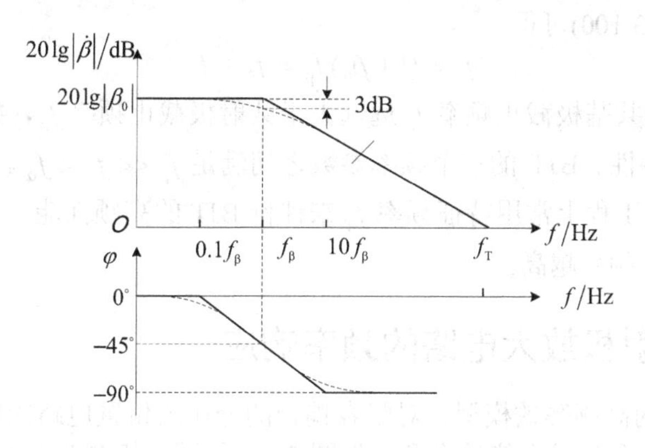

图 3.64　$\dot{\beta}$ 的幅频特性和相频特性

图 3.64 中，f_T 是使 $|\dot{\beta}|$ 下降到 1 时，即 $20\lg|\dot{\beta}|=0$ 时的频率，称为 BJT 的特征频率。其数值和 BJT 的制造工艺有关，可以在器件手册中查到，一般在 300～1000MHz 之间。目前，随着工艺水平的提高可以高达几 GHz。

令式(3.95)等于 1，可求出 f_T 的数值。即

$$|\dot{\beta}|=\frac{\beta_0}{\sqrt{1+\left(\frac{f}{f_\beta}\right)^2}}=1 \Rightarrow \sqrt{1+\left(\frac{f}{f_\beta}\right)^2}=\beta_0$$

由于 $f_T >> f_\beta$，则

$$f_T \approx \beta_0 f_\beta \tag{3.97}$$

将 $\beta_0 = g_m r_{b'e}$ 和 f_β 代入式(3.97)，可得

$$f_T \approx \frac{g_m}{2\pi(C_{b'e}+C_{b'c})} \tag{3.98}$$

一般有 $C_{b'e} >> C_{b'c}$，则

$$f_T \approx \frac{g_m}{2\pi C_{b'e}} \tag{3.99}$$

当输入信号频率高于 f_β 的 5～10 倍时，混合 π 模型中的电阻 $r_{b'e}$ 可以忽略，模型中只有电阻 $r_{bb'}$，它会对 BJT 的高频特性产生很大的影响。

由于共基极电流放大系数 $\dot{\alpha}=\frac{\dot{\beta}}{1+\dot{\beta}}$，由此可以推导出 BJT 的共基极截止频率 f_α。

$$\dot{\alpha}=\frac{\dot{\beta}}{1+\dot{\beta}}=\frac{\frac{\beta_0}{1+\mathrm{j}\frac{f}{f_\beta}}}{1+\frac{\beta_0}{1+\mathrm{j}\frac{f}{f_\beta}}}=\frac{\beta_0}{1+\beta_0+\mathrm{j}\frac{f}{f_\beta}}=\frac{\frac{\beta_0}{1+\beta_0}}{1+\mathrm{j}\frac{f}{(1+\beta)f_\beta}}=\frac{\alpha_0}{1+\mathrm{j}\frac{f}{f_\alpha}} \tag{3.100}$$

式中，f_{α}是$\dot{\alpha}$下降为$0.707\alpha_0$时的信号频率。

由式(3.97)和式(3.100)可得

$$f_{\alpha}=(1+\beta_0)f_{\beta}\approx f_{\beta}+f_{\mathrm{T}} \tag{3.101}$$

这说明，BJT的共基极截止频率f_{α}远远大于共射极截止频率f_{β}，共基极放大电路也因此具有良好的高频特性。BJT的三个频率参数之间满足$f_{\beta}\ll f_{\mathrm{T}}<f_{\alpha}$。它们都是由BJT的结构和工艺决定的，工程上常用特征频率f_{T}来评价BJT的高频性能。f_{T}越高，说明所组成放大电路的上限截止频率越高。

3.6.5 单管共射极放大电路的频率响应

下面利用BJT的高频等效模型，对阻容耦合的分压式偏置电路的频率响应进行分析。首先，要画出电路的全频段小信号模型，如图3.65所示，其中$R_{\mathrm{b}}=R_{\mathrm{b1}}//R_{\mathrm{b2}}$。然后将输入信号的频率范围分为低频段、中频段和高频段，分别计算电路的电压增益。

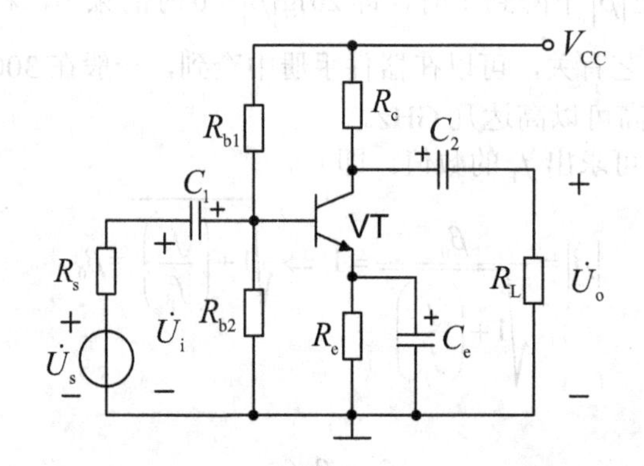

(a) 单管阻容耦合放大电路

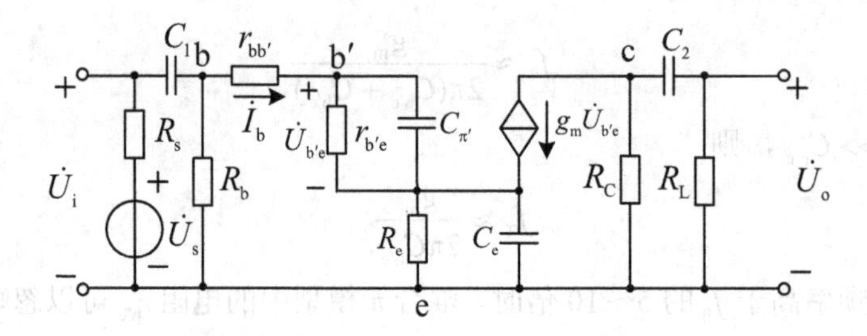

(b) 单管阻容耦合放大电路的全频段小信号模型

图3.65 单管阻容耦合放大电路及其全频段小信号模型

1. 电路的中频响应

中频电压信号作用时，极间电容的容抗很大，可视为开路；耦合电容和旁路电容的容抗很小，可视为短路，即不考虑电路中的电容对电路增益的影响。因此，中频段电压增益可以看成是常数，在一定的信号频率范围内，电压增益不随信号频率的改变而变化。此时，电路的小信号模型如图3.66所示。

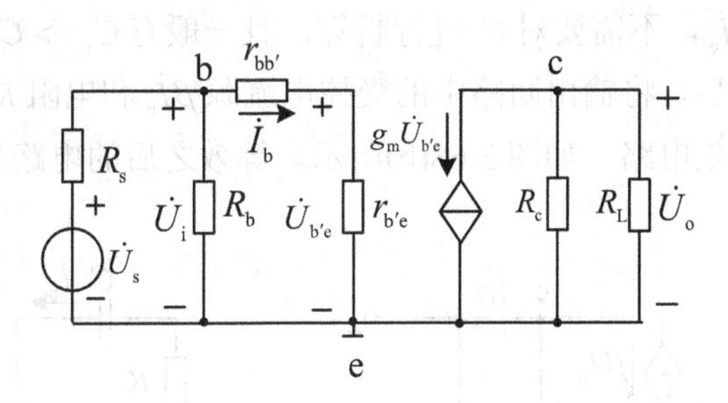

图 3.66　中频小信号模型

中频电压增益为

$$\dot{A}_{usm}=\frac{\dot{U}_o}{\dot{U}_s}=\frac{\dot{U}_o}{\dot{U}_{b'e}}\cdot\frac{\dot{U}_{b'e}}{\dot{U}_i}\cdot\frac{\dot{U}_i}{\dot{U}_s}=-(g_m R_L')\cdot\frac{r_{b'e}}{r_{be}}\cdot\frac{R_i}{R_s+R_i} \tag{3.102}$$

式中，$R_i=R_{b1}\,//\,R_{b2}\,//(r_{bb'}+r_{b'e})=R_b\,//\,r_{be}$；$R_L'=R_c\,//\,R_L$。

2．电路的低频响应

低频电压信号作用时，极间电容可以视为开路，而耦合电容和旁路电容的电抗增大，不能视为短路。考虑到耦合电容和旁路电容对电路低频特性的影响，画出电路的低频小信号模型，如图 3.67 所示。

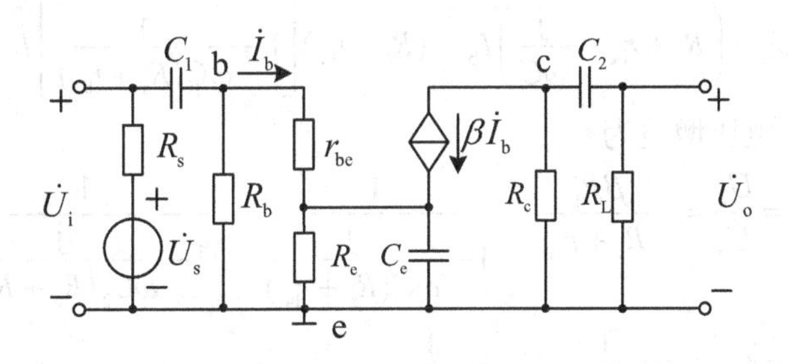

图 3.67　低频小信号模型

首先对图 3.67 进行合理的简化。一般情况下，基极电阻 $R_b=R_{b1}\,//\,R_{b2}$ 远远大于电路的输入阻抗，因此忽略电阻 R_b；在电路中，一般采用容值较大的电解电容作为旁路电容 C_e，在低频范围内，它的容抗远小于电阻 R_e 的值，因此可以忽略电阻 R_e。于是，得到简化的低频小信号模型如图 3.68(a)所示。再将旁路电容 C_e 折算到基极回路。由于发射极电流是基极电流的 $1+\beta$ 倍，因此折算后的电容 C_e' 为

$$C_e'=\frac{C_e}{1+\beta}$$

容抗为原来的 $1+\beta$ 倍，即

$$X_{C_e'}=\frac{1}{\omega C_e'}=(1+\beta)\frac{1}{\omega C_e}$$

它与耦合电容 C_1 串联，所以输入回路的等效电容为

$$C=\frac{C_1C_e}{(1+\beta)C_1+C_e} \tag{3.103}$$

在输出回路中$\dot{I}_c \approx \dot{I}_e$，不需要对$C_e$进行折算，且一般有$C_e >> C_2$，因此可以忽略电容$C_e$，将其视为短路。最后，将输出回路中的受控电流源$\beta\dot{I}_b$和电阻$R_c$用戴维南等效电路代替，得到图3.68(a)的等效电路，如图3.68(b)所示。等效之后的电路相当于一个一阶RC高通电路。输出电压为

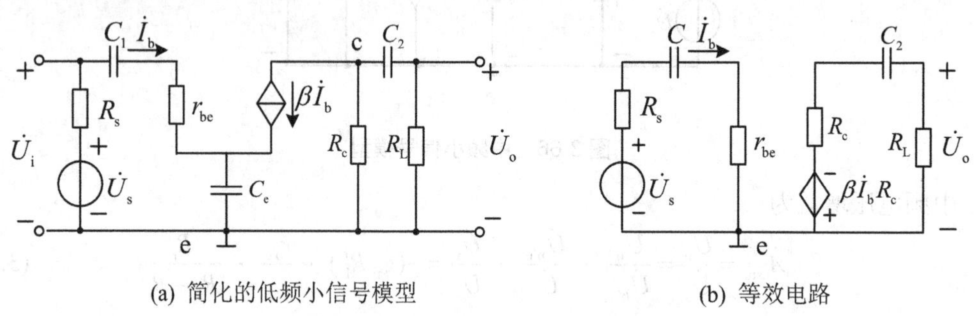

(a) 简化的低频小信号模型　　(b) 等效电路

图3.68　简化的低频小信号模型

$$\dot{U}_o = -\frac{R_L}{R_c + R_L + \dfrac{1}{j\omega C_2}}\beta\dot{I}_b R_c = -\frac{\beta\dot{I}_b R_L'}{1 - \dfrac{j}{\omega C_2(R_c + R_L)}}$$

信号源电压为

$$\dot{U}_s = \left(R_s + r_{be} - \frac{j}{\omega C}\right)\dot{I}_b = (R_s + r_{be})\left[1 - \frac{j}{\omega C(R_s + r_{be})}\right]\dot{I}_b$$

则电路的低频源电压增益为

$$\begin{aligned}\dot{A}_{usl} = \frac{\dot{U}_o}{\dot{U}_s} &= -\frac{\beta R_L'}{R_s + r_{be}} \cdot \frac{1}{1 - \dfrac{j}{\omega C(R_s + r_{be})}} \cdot \frac{1}{1 - \dfrac{j}{\omega C_2(R_c + R_L)}} \\ &= \dot{A}_{usm} \cdot \frac{1}{1 - j\dfrac{f_{L1}}{f}} \cdot \frac{1}{1 - j\dfrac{f_{L2}}{f}}\end{aligned} \tag{3.104}$$

式中

$$f_{L1} = \frac{1}{2\pi C(R_s + r_{be})} \tag{3.105}$$

$$f_{L2} = \frac{1}{2\pi C_2(R_c + R_L)} \tag{3.106}$$

由此可见，单管共射放大电路在满足C_e的容抗远小于R_e时，低频段有两个下限截止频率。由于流过发射极旁路电容C_e的电流$\dot{I}_e$是基极电流$\dot{I}_b$的$1+\beta$倍，因此C_e会对电路的电压增益产生较大的影响。一般来说，$f_{L1} > f_{L2}$，应取f_{L1}作为电路的下限截止频率。

$$f_L = \max(f_{L1}, f_{L2}) \tag{3.107}$$

可以将式(3.104)简化为

$$\dot{A}_{usl} = \dot{A}_{usm} \cdot \frac{1}{1 - j\dfrac{f_{L1}}{f}} \tag{3.108}$$

由此可以推导出低频电压增益幅频响应和相频响应的表达式为

$$20\lg\left|\dot{A}_{\text{usl}}\right| = 20\lg\left|\dot{A}_{\text{usm}}\right| - 20\lg\sqrt{1+\left(\frac{f_{\text{L1}}}{f}\right)^2} \tag{3.109}$$

$$\varphi = -180^\circ - \arctan\left(-\frac{f_{\text{L1}}}{f}\right) = -180^\circ + \arctan\left(\frac{f_{\text{L1}}}{f}\right) \tag{3.110}$$

根据分析结果，近似画出单管放大电路的低频响应，如图 3.69 所示。

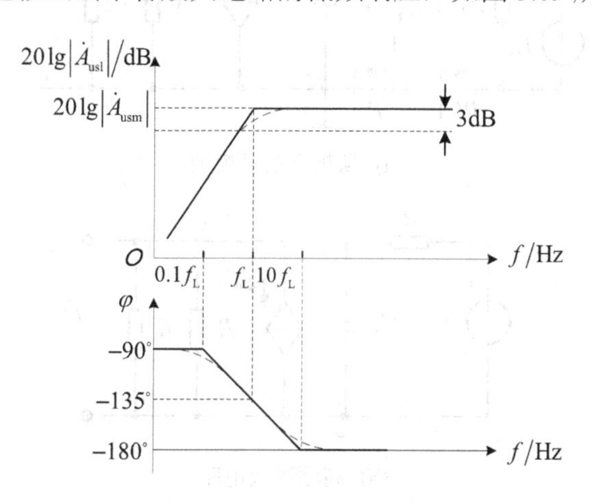

图 3.69　单管放大电路低频响应

【例 3.5】电路如图 3.65 所示，选取 BJT 的 $\beta = 80$，$r_{\text{be}} \approx 1.5\text{k}\Omega$，$V_{\text{CC}} = 15\text{V}$，$R_{\text{s}} = 50\Omega$，$R_{\text{b1}} = 110\text{k}\Omega$，$R_{\text{b2}} = 33\text{k}\Omega$，$R_{\text{c}} = 4\text{k}\Omega$，$R_{\text{L}} = 2.7\text{k}\Omega$，$R_{\text{e}} = 1.8\text{k}\Omega$，$C_1 = 30\mu\text{F}$，$C_2 = 1\mu\text{F}$，$C_{\text{e}} = 50\mu\text{F}$，估算该电路的下限截止频率。

解：输入回路的等效电容为

$$C = \frac{C_1 C_{\text{e}}}{(1+\beta)C_1 + C_{\text{e}}} \approx 0.6\mu\text{F}$$

分别求出电路的下限截止频率，即

$$f_{\text{L1}} = \frac{1}{2\pi C(R_{\text{s}} + r_{\text{be}})} \approx 171.2\text{Hz}$$

$$f_{\text{L2}} = \frac{1}{2\pi C_2(R_{\text{c}} + R_{\text{L}})} \approx 23.8\text{Hz}$$

$$f_{\text{L}} = \max(f_{\text{L1}}, f_{\text{L2}}) = 171.2\text{Hz}$$

则电路的下限截止频率 $f_{\text{L}} \approx f_{\text{L1}} = 171.2\text{Hz}$。

由放大电路的低频特性可知，通过提高回路的时间常数，选用大的耦合电容或旁路电容，提高电路的等效电阻可以降低下限截止频率，但如果输入信号频率很低时，最好采用直接耦合电路。

3．电路的高频响应

高频电压信号作用时，电路中耦合电容和旁路电容的容抗很小，可视为短路；极间电容会对放大电路的高频特性产生较大的影响，不能视为开路。这里主要讨论等效电容 $C_{\pi'}$ 对电路高频特性的影响。首先，画出电路的高频小信号模型，如图3.70(a)所示。

从输入回路看，放大电路可以等效成一个一阶RC低通电路，如图3.70(b)所示。根据戴维南定理，可求出输入回路的等效电阻，进而求得输入回路的时间常数。

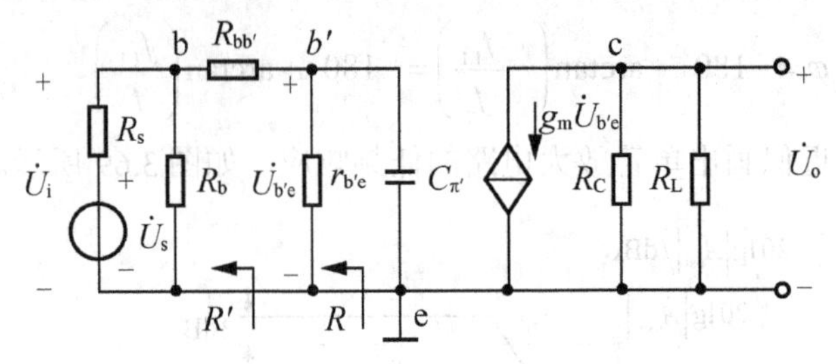

(a) 高频小信号模型

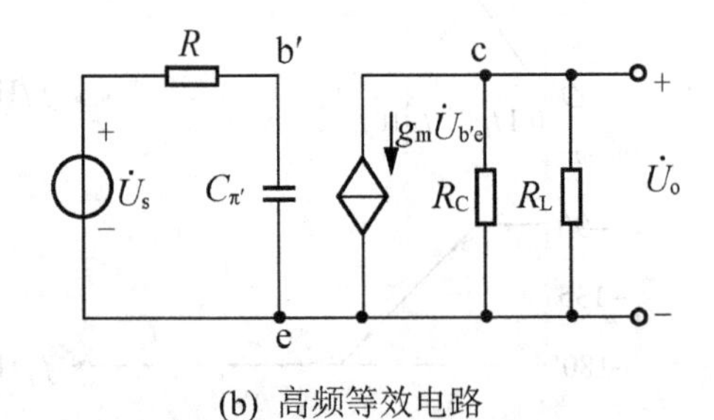

(b) 高频等效电路

图3.70 单管放大电路高频小信号模型

等效电阻R为

$$R' = r_{bb'} + R_b // R_s$$

$$R = r_{b'e} // R' = r_{b'e} //[r_{bb'} + R_b // R_s] \tag{3.111}$$

电路的时间常数为

$$\tau = RC'_\pi$$

高频电压增益为

$$\dot{A}_{ush} = \frac{\dot{U}_o}{\dot{U}_s} = \frac{\dot{U}_i}{\dot{U}_s} \cdot \frac{\dot{U}_{b'e}}{\dot{U}_i} \cdot \frac{\dot{U}_o}{\dot{U}_{b'e}}$$

$$= \frac{R_i}{R_s + R_i} \cdot \frac{r_{b'e}}{r_{be}} \cdot \frac{\frac{1}{j\omega RC'_\pi}}{1 + \frac{1}{j\omega RC'_\pi}} \cdot (-g_m R'_L)$$

和中频电压增益进行比较，可得

$$\dot{A}_{ush} = \dot{A}_{usm} \cdot \frac{1}{1 + j\omega RC'_\pi} = \dot{A}_{usm} \cdot \frac{1}{1 + j\frac{f}{f_H}} \tag{3.112}$$

电路的上限截止频率为

$$f_{\mathrm{H}}=\frac{1}{2\pi\tau}=\frac{1}{2\pi RC'_{\pi}} \tag{3.113}$$

高频电压增益的幅频响应和相频响应表达式为

$$20\lg\left|\dot{A}_{\mathrm{ush}}\right|=20\lg\left|\dot{A}_{\mathrm{usm}}\right|-20\lg\sqrt{1+\left(\frac{f}{f_{\mathrm{H}}}\right)^{2}} \tag{3.114}$$

$$\varphi=-180^{\circ}-\arctan\left(\frac{f}{f_{\mathrm{H}}}\right) \tag{3.115}$$

根据分析结果，近似画出单管放大电路的高频响应，如图 3.71 所示。

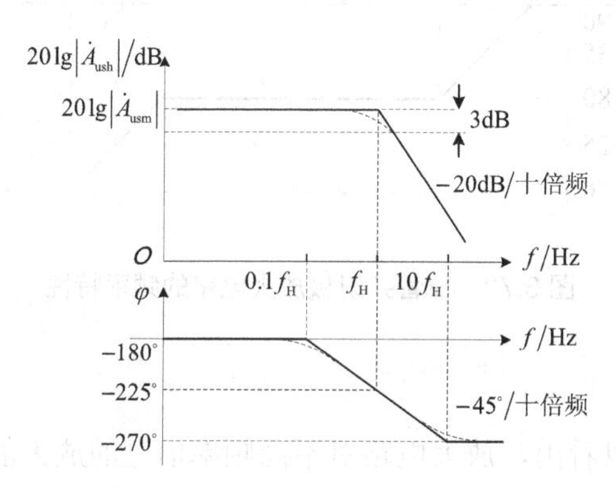

图 3.71　单管放大电路的高频响应

4．放大电路的全频段响应

在对放大电路的频率响应进行分析的过程中不难发现如下几点。

(1) 电路中的耦合电容和旁路电容是影响放大电路低频特性的主要因素。选用大的电容，增大回路的时间常数，可以使低频特性得到改善，但效果不大。采用直接耦合放大电路，是改善低频特性最根本的方法。

(2) 在中频段，耦合电容和旁路电容可视为短路；BJT 的极间电容可视为开路。在一定频率范围内，电压增益为常数。

(3) BJT 的极间电容 $C_{\mathrm{b'e}}$ 和 $C_{\mathrm{b'c}}$ 是影响放大电路高频特性的主要因素。此外，信号源内阻 R_{s} 和基极体电阻 $r_{\mathrm{b'b}}$ 也会对电路的高频特性产生较大的影响。可以选用 $r_{\mathrm{b'b}}$、$C_{\mathrm{b'e}}$、$C_{\mathrm{b'c}}$ 小、f_{T} 高的 BJT；选用内阻 R_{s} 小的信号源，以降低电路的时间常数，获得良好的高频特性。

考虑所有这些因素的影响，可以得到单管放大电路的全频段响应为

$$\dot{A}_{\mathrm{us}}=\begin{cases}\dot{A}_{\mathrm{usm}}\cdot\dfrac{1}{1-\mathrm{j}\dfrac{f_{\mathrm{L1}}}{f}}\cdot\dfrac{1}{1-\mathrm{j}\dfrac{f_{\mathrm{L2}}}{f}} & f\leqslant f_{\mathrm{L}}\\ \dot{A}_{\mathrm{usm}} & f_{\mathrm{L}}<f<f_{\mathrm{H}}\\ \dot{A}_{\mathrm{usm}}\cdot\dfrac{1}{1+\mathrm{j}\dfrac{f}{f_{\mathrm{H}}}} & f\geqslant f_{\mathrm{H}}\end{cases}$$

由此画出单管共射极放大电路的频率特性，如图 3.72 所示。

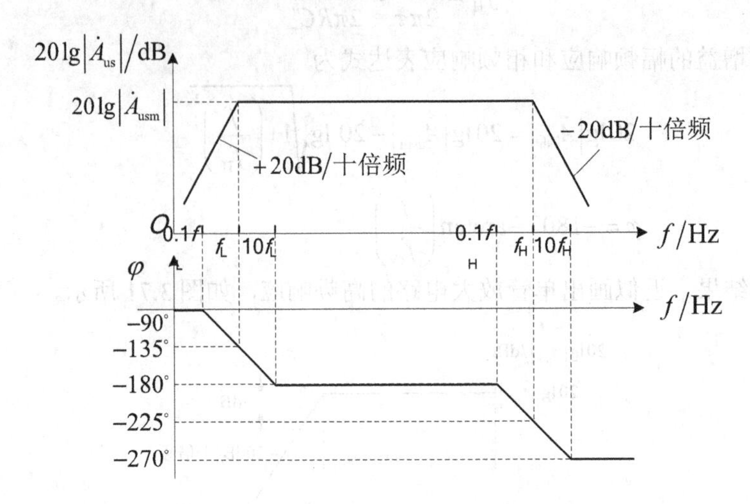

图 3.72　单管共射极放大电路的频率特性

5. 增益-带宽积

通过前面的分析可以看出，放大电路对不同频率信号的放大能力是不同的，在工程上用通频带(或带宽)进行衡量。由于 $f_H >> f_L$，因此，放大电路的通频带近似等于电路的上限截止频率，即

$$BW = f_H - f_L \approx f_H$$

为了提高电路的上限截止频率，就要减小 $g_m R_L'$，从而减小电容 $C_{b'c}$ 对电路频率特性的影响，起到拓展放大电路带宽的作用。但减小 $g_m R_L'$ 会使中频电压增益 $\dot{A}_{usm}$ 减小。由此可见，带宽和增益是相互制约的。增益-带宽积也就是中频增益与带宽的乘积，可以综合考虑这两方面的性能。图 3.65 所示电路的增益-带宽积为

$$\left|\dot{A}_{usm} \cdot f_H\right| = g_m R_L' \cdot \frac{r_{b'e}}{r_{be}} \cdot \frac{R_b // r_{be}}{R_s + R_b // r_{be}} \cdot \frac{1}{2\pi[r_{b'e} //(r_{b'b} + R_b // R_s)][C_{b'e} + (1 + g_m R_L')C_{b'c}]}$$

一般情况下，有 $R_b >> R_s$，$R_b >> r_{be}$，则

$$\left|\dot{A}_{usm} \cdot f_H\right| \approx \frac{g_m R_L'}{2\pi(r_{b'b} + R_s)[C_{b'e} + (1 + g_m R_L')C_{b'c}]} \tag{3.116}$$

BJT 和电路的参数确定后，增益-带宽积基本就是一个常数。

【例 3.6】 电路如图 3.73 所示，BJT 的型号为 3DG8，$C_\mu = 4\text{pF}$，$f_T = 150\text{MHz}$，$\beta = 50$，$r_{bb'} = 300\Omega$。求中频电压增益、下限截止频率和上限截止频率、带宽和增益-带宽积。

解： (1) 求静态工作点。

$$I_{BQ} = \frac{U_{BQ} - U_{BEQ}}{R_b} = \frac{12 - 0.7}{560 \times 10^3}\text{A} \approx 0.02\text{mA}$$

$$I_{CQ} = \beta I_{BQ} = 50 \times 0.02\text{mA} = 1\text{mA}$$

$$U_{CEQ} = V_{CC} - I_{CQ} R_c = 12\text{V} - 1 \times 4.7\text{V} = 7.3\text{V}$$

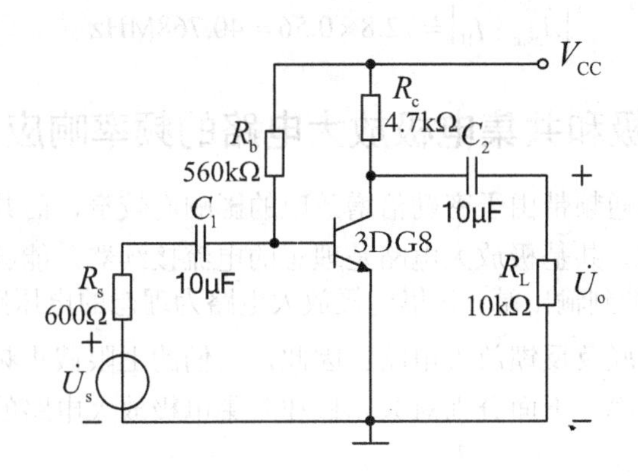

图 3.73　例 3.6 电路图

(2) 求解混合 π 模型参数。

$$r_{b'e}=\frac{U_T}{I_{BQ}}=\frac{26}{0.02}\Omega=1.3\text{k}\Omega$$

$$g_m=\frac{I_{EQ}}{U_T}=\frac{1}{26}\text{S}\approx 38.5\text{mS}$$

$$C_\pi=\frac{g_m}{2\pi f_T}=\frac{38.5}{2\pi\times 150\times 10^6}\text{F}\approx 41\text{pF}$$

$$\dot{K}=\frac{\dot{U}_{ce}}{\dot{U}_{be}}=-g_m(R_c//R_L)=-38.5\times 10^{-3}\times(4.7//10)\times 10^3\approx 123$$

$$C'_\pi=C_\pi+(1+\dot{K})C_\mu=(41+124\times 4)\text{pF}=537\text{pF}$$

(3) 计算中频电压放大倍数。

$$R_i=R_b//(r_{bb'}+r_{b'e})=560\text{k}\Omega//(0.3+1.3)\text{k}\Omega\approx 1.6\text{k}\Omega$$

$$R'_L=R_c//R_L=4.7\text{k}\Omega//10\text{k}\Omega\approx 3.2\text{k}\Omega$$

$$\dot{A}_{usm}=-(g_mR'_L)\cdot\frac{r_{b'e}}{r_{be}}\cdot\frac{R_i}{R_s+R_i}\approx -38.5\times 3.2\times\frac{1.3}{1.6}\times\frac{1.6}{1.6+0.6}=-72.8$$

其中，$R_i=r_{be}//R_b\approx r_{be}$

(4) 计算下限截止频率。

将 C_2 和 R_L 看成是下一级的输入端耦合电容和输入电阻，分析本级频率响应时，可以暂不考虑它们的影响。

$$f_L=\frac{1}{2\pi C_1(R_s+R_i)}=\frac{1}{2\pi\times(0.6+1.6)\times 10^3\times 10\times 10^{-6}}\approx 7.2\text{Hz}$$

(5) 计算上限截止频率。

输入回路的等效电阻为

$$R=r_{b'e}//[r_{bb'}+R_b//R_s]=1.3//(0.3+0.6//560)\text{k}\Omega\approx 0.53\text{k}\Omega$$

$$f_H=\frac{1}{2\pi RC'_\pi}=\frac{1}{2\pi\times 0.53\times 10^3\times 537\times 10^{-12}}\approx 0.56\text{MHz}$$

(6) 计算增益-带宽积。

$$\left|\dot{A}_{usm} \cdot f_H\right| = 72.8 \times 0.56 = 40.768\text{MHz}$$

3.6.6 单管共基极和共集电极放大电路的频率响应

共射极放大电路的通频带由于密勒倍增效应的影响而较窄，而共基极和共集电极放大电路中不存在密勒效应。共基极放大电路是理想的电流接续器，能够在很宽的频率范围内($f < f_\alpha$)将输入电流接续到输出端；共集电极放大电路为理想的电压跟随器，也就是反馈系数是百分之百的电压串联负反馈放大电路。因此，它们的上限截止频率都远远高于共射极放大电路的上限截止频率。下面分别对共基极和共集电极放大电路的高频响应和上限截止频率进行分析。

1. 共基极放大电路的频率响应

共基极放大电路如图 3.74(a)所示，画出该电路的交流通路和高频小信号模型，如图 3.74(b)和图 3.74(c)所示，其中 $R'_L = R_c // R_L$。对高频小信号模型进行合理的简化，由于在较宽的频率范围内，$\dot{I}_b$ 比 $\dot{I}_c$ 和 $\dot{I}_e$ 小得多，而且 $r_{bb'}$ 的数值也很小，因此 b′ 点的交流电位可以忽略，认为 $\dot{U}_{b'} \approx 0$。而集电结电容相当于接在输出端口，因此，共基极放大电路中不存在密勒效应，简化的高频小信号模型如图 3.74(d)所示。

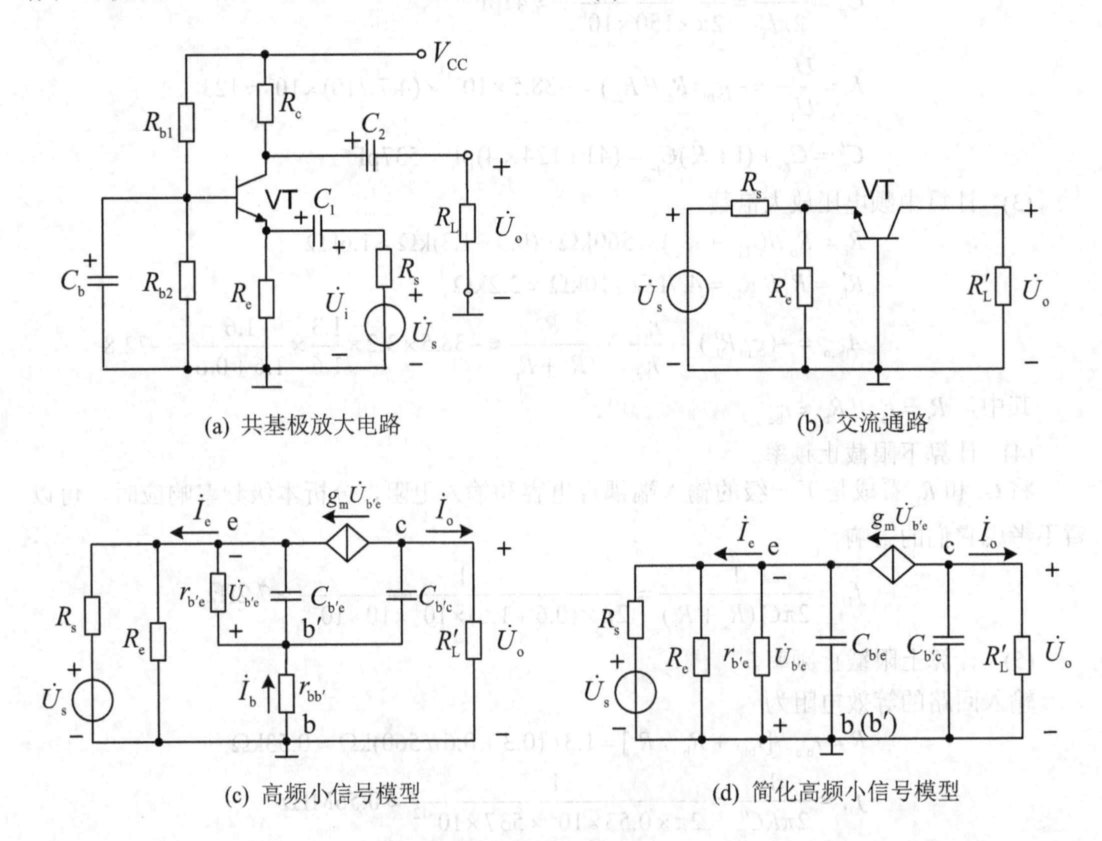

图 3.74 共基极放大电路

由图 3.74(d)可知，发射极输入电流为

$$\dot{I}_{e}=\frac{\dot{U}_{b'e}}{r_{b'e}}+g_{m}\dot{U}_{b'e}+j\omega C_{b'e}\dot{U}_{b'e}$$

式中，$r_{b'e}=(1+\beta_0)r_{b'e'}$，$g_m=\dfrac{\beta_0}{r_{b'e}}=\dfrac{\beta_0}{(1+\beta_0)r_{b'e'}}\approx\dfrac{1}{r_{b'e'}}$，则

$$\begin{aligned}\dot{I}_{e}&=\dot{U}_{b'e}\left(\frac{1}{r_{b'e}}+g_m+j\omega C_{b'e}\right)\\&=\dot{U}_{b'e}\left[\frac{1}{(1+\beta_0)r_{b'e'}}+\frac{1}{r_{b'e'}}+j\omega C_{b'e}\right]\\&\approx\dot{U}_{b'e}\left(\frac{1}{r_{b'e'}}+j\omega C_{b'e}\right)\end{aligned}\tag{3.117}$$

由式(3.117)可以看出，高频信号作用时发射极的输入导纳为

$$\frac{\dot{I}_{e}}{\dot{U}_{b'e}}=\frac{1}{r_{b'e'}}+j\omega C_{b'e}\tag{3.118}$$

于是，可以得到共基极放大电路的高频等效电路，如图3.75所示。输入和输出回路分别等效为时间常数为$\tau_1=(R_s//R_e//r_{b'e'})C_{b'e}$和$\tau_2=R'_L C_{b'c}$的一阶RC低通电路。

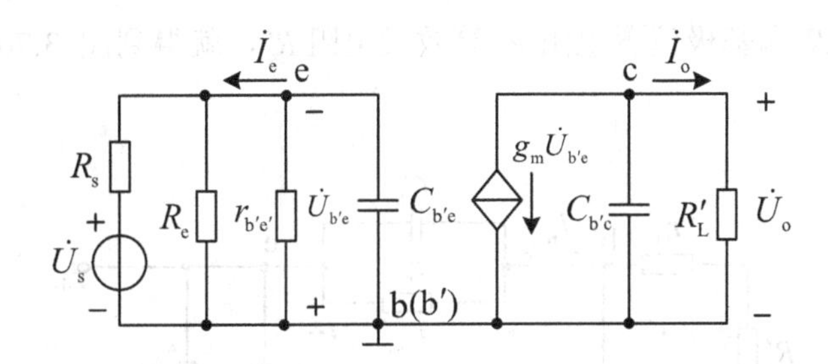

图3.75 共基极放大电路的高频等效电路

因此，共射极放大电路的高频电压增益为

$$\begin{aligned}\dot{A}_{ush}&=\dot{A}_{usm}\cdot\frac{1}{1+j\omega(R_s//R_e//r_{b'e'})C_{b'e}}\cdot\frac{1}{1+j\omega R'_L C_{b'c}}\\&=\dot{A}_{usm}\cdot\frac{1}{1+j\dfrac{f}{f_{H1}}}\cdot\frac{1}{1+j\dfrac{f}{f_{H2}}}\end{aligned}\tag{3.119}$$

式中

$$f_{H1}=\frac{1}{2\pi(R_s//R_e//r_{b'e'})C_{b'e}}\tag{3.120}$$

$$f_{H2}=\frac{1}{2\pi R'_L C_{b'c}}\tag{3.121}$$

$$\dot{A}_{usm}=g_m R'_L\frac{R_e//r_{b'e'}}{R_s+R_e//r_{b'e'}}\tag{3.122}$$

电路有两个上限截止频率f_{H1}和f_{H2}，一般情况下应取数值较小的作为整个电路的上限截止频率，即

$$f_H=\min(f_{H1},f_{H2})\tag{3.123}$$

从前面的分析过程中可以看出，共基极放大电路中不存在密勒电容倍增效应，BJT 的发射结正向电阻又很小，因此 f_{H1} 很高；由于集电结电容 $C_{b'c}$ 很小，f_{H2} 也很小，所以共基极放大电路具有比较好的高频特性，常用作高频放大器。

2．共集电极放大电路的频率响应

首先，画出图 3.45(a)所示共集电极放大电路的高频小信号模型，如图 3.76 所示，其中 $R_L' = R_c // R_L$。

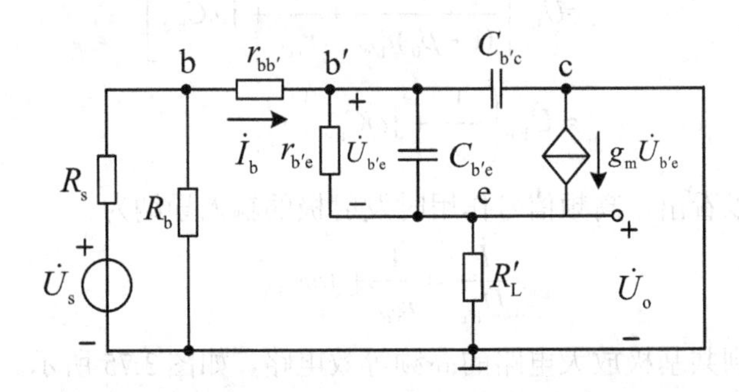

图 3.76　共集电极放大电路的高频小信号等效电路

将信号源内阻 R_s 和基极偏置电阻 R_b 等效成电阻 R_s'，就得到图 3.76 的简化电路，如图 3.77 所示。

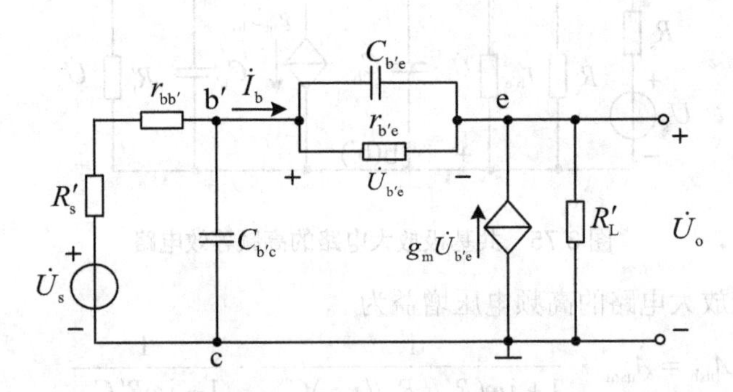

图 3.77　共集电极放大电路的简化高频小信号等效电路

由图 3.77 可以看出，共集电极放大电路的高频等效电路是一个包含 $C_{b'c}$ (C_μ)、$C_{b'e}$ (C_π) 的二阶电路，下面讨论 $C_{b'c}$ 和 $C_{b'e}$ 对电路高频响应的影响。

1)　$C_{b'c}$ 的影响

$C_{b'c}$ 直接接在 b′ 和地之间，亦即在输入回路中，不会产生如共射放大器中的密勒倍增效应。由于 $C_{b'c}$ 本身很小(约为零点几到几皮法)，故只要信号源内阻 R_s 及 $r_{bb'}$ 较小，$C_{b'c}$ 对高频响应的影响就很小。

2)　$C_{b'e}$ 的影响

在图 3.77 中，电阻 $r_{b'e}$ 和电容 $C_{b'e}$ (C_π)跨接在输入回路和输出回路之间，因而会产生密勒效应，需要进行单向化处理。利用密勒定理将其等效到输入端，则密勒等效电容为

$$C_M = C_\pi(1-\dot{A}_u) \tag{3.124}$$

而共集电极放大电路是理想的电压跟随器，在一定频率范围内，电压增益 $\dot{A}_u = \dfrac{\dot{U}_o}{\dot{U}_{b'c}}$ 的数值小于 1 而接近于 1，故 $C_M << C_\pi$。可见 C_π 的密勒等效电容远小于 C_π 本身，故 C_π 对高频响应的影响也很小。

综上所述，共集电极放大器由于不存在密勒倍增效应，故其上限频率远高于共射极放大器。此外，共集电极放大器是反馈系数为 1 的电压串联负反馈放大器，因而是理想的电压跟随器，这也是其上限频率高的原因之一。理论分析表明，共集电极放大器的上限频率可接近于管子的特征频率 f_T。

3.7 单管放大电路的仿真实例

1．研究内容

用 Multisim V10.0.1 对单管放大电路进行仿真，求解电路的静态工作电压及交流特性。

2．仿真电路

分压式工作点稳定的单管共射极放大电路如图 3.78 所示，NPN 型 BJT 的型号选用元件库中的 FMMT5179，该管子的电流放大系数 $\beta = 133$。

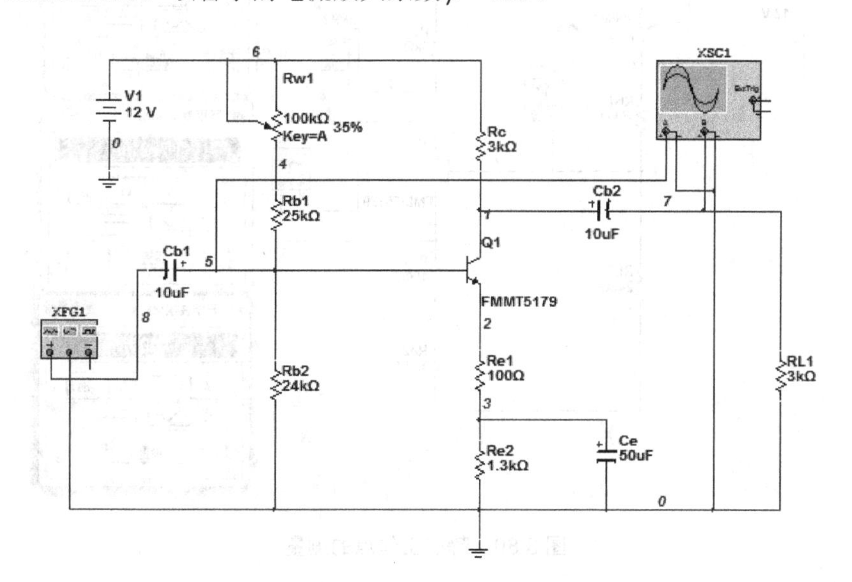

图 3.78 单管共射极放大电路的仿真

3．仿真结果

1) 静态工作点的仿真

首先给放大电路设置合适的静态工作点。调节滑动变阻器，使 $R_{W1} = 35\text{k}\Omega$。利用软件菜单中的仿真工具分析 BJT 各电极的静态电压 U_{BQ}、U_{CQ}、U_{EQ}，其中基极对应电路图中节点 5，发射极对应节点 2，集电极对应节点 1，分析结果如图 3.79 所示。

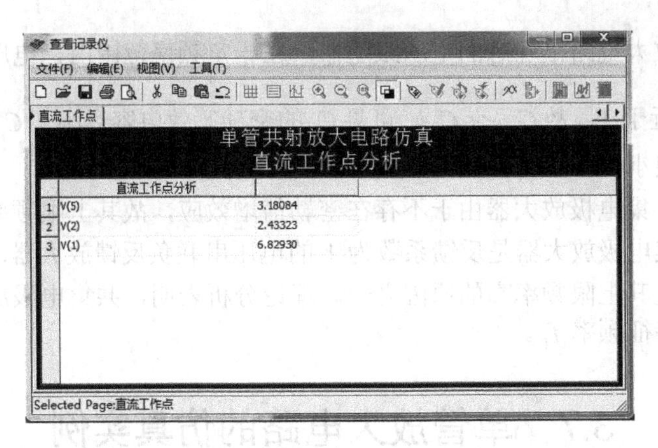

图 3.79　单管共射极放大电路的静态电压仿真

去掉函数信号发生器和电容，避免交流信号对直流信号产生影响，得到分压式偏置电路的直流通路。用虚拟万用表分别测量 BJT 的基极电流 I_{BQ}、集电极电流 I_{CQ} 和管压降 U_{CEQ}。打开仿真开关，万用表的测量结果如图 3.80 所示。

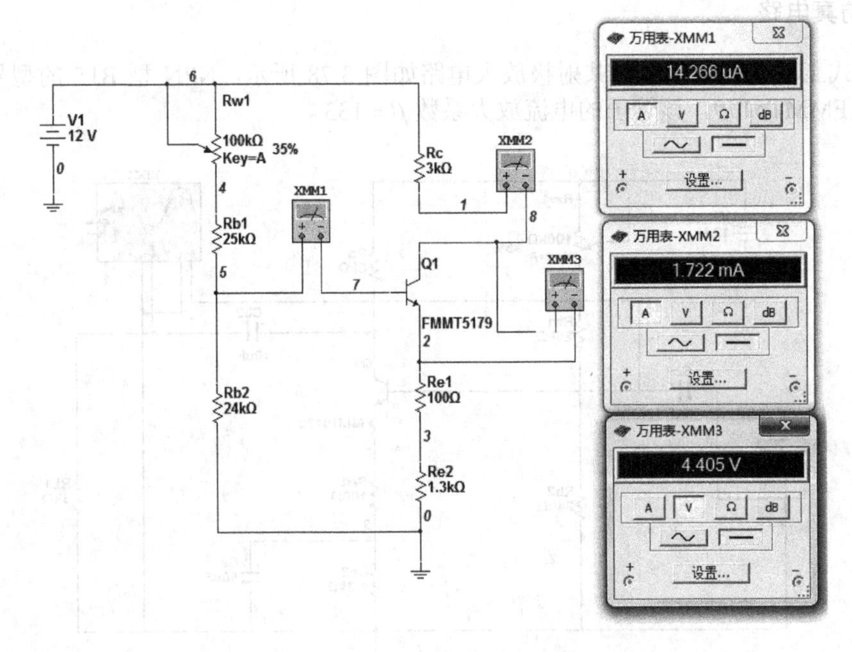

图 3.80　静态工作点的测量

2)　交流参数的测量

(1)　电压增益 A_u。

选用函数信号发生器产生 $u_{im}=50\text{mV}$、$f=1\text{kHz}$ 的交流信号，作为放大电路的输入电压。用示波器观察输入、输出波形如图 3.81 所示。输出波形无明显非线性失真，且与输入信号反相，测量输入电压和输出电压的峰值，求出电路的电压增益为

$$A_u=\frac{u_o}{u_i}=-\frac{602.591\text{mV}}{49.998\text{mV}}\approx -12$$

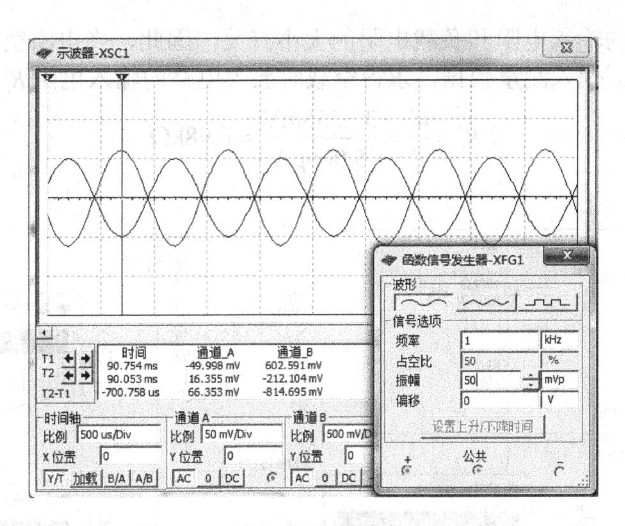

图 3.81　输入电压和输出电压波形

(2)　输入电阻 R_i 和输出电阻 R_o。

输入电阻的测量电路如图 3.82 所示。用虚拟万用表分别测量放大电路的输入电压和输入电流，求得输入电阻为

$$R_i = \frac{u_i}{i_i} = \frac{35.355\text{mV}}{4.913\mu\text{A}} \approx 7.2\text{k}\Omega$$

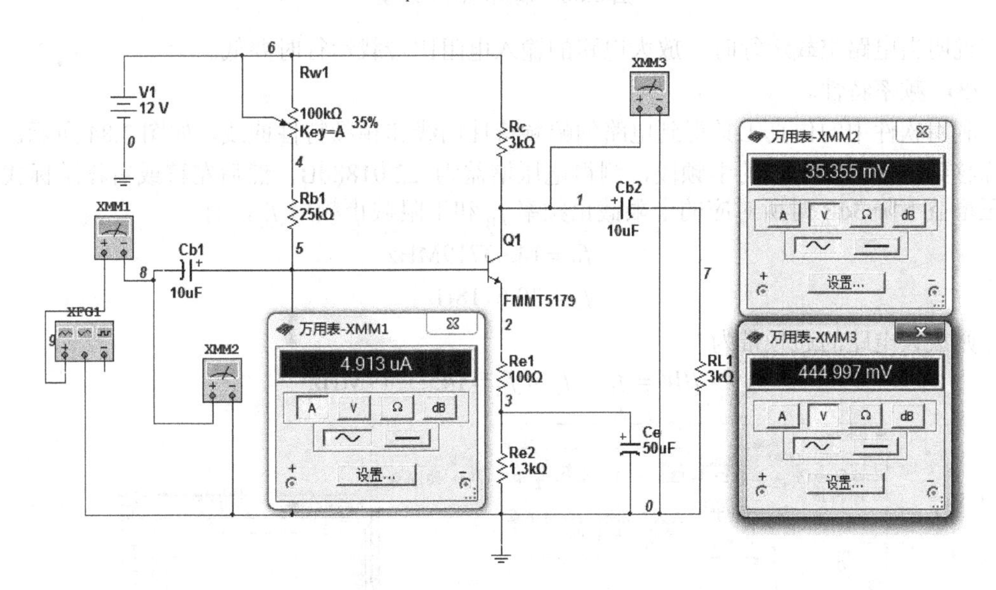

图 3.82　输入电阻的测量

测量输出电阻，首先应测量电路的空载输出电压 u_o' 和带载输出电压 u_o，测量电路如图 3.83 所示。代入式(3.31)，求得输出电阻为

$$R_o = \frac{u_o' - u_o}{u_o} R_L = \frac{881.534\text{mV} - 444.997\text{mV}}{444.997\text{mV}} \times 3\text{k}\Omega \approx 2.94\text{k}\Omega$$

由于放大电路的输入电阻和负载电阻的大小有关，因此，当电路空载时，会对输入电阻的大小产生影响。代入测量数据，求得空载时放大电路的输入电阻 R_i' 为

$$R_i' = \frac{u_i'}{i_i'} = \frac{35.355\text{mV}}{5.066\mu\text{A}} \approx 6.98\text{k}\Omega$$

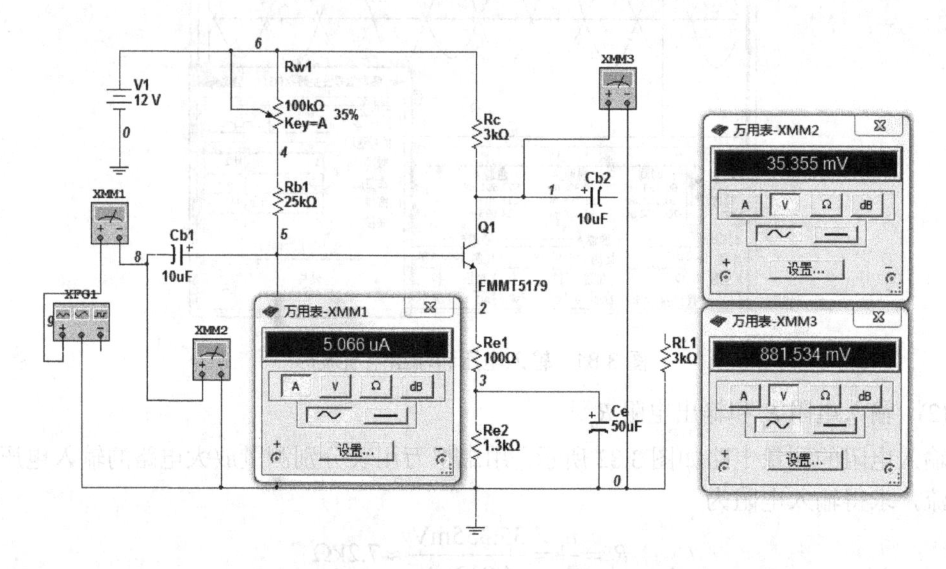

图 3.83　输出电阻的测量

说明当电路空载运行时，放大电路的输入电阻比带载运行时要低。

(3)　频率特性。

利用软件中的仿真工具得到电路的幅频特性曲线和相频特性曲线，如图 3.84 所示。将游标移到幅频特性曲线的中频段，测得电压增益为 22.0188dB，然后左移或右移游标找到电压增益下降 3dB 时所对应的上限截止频率 f_H 和下限截止频率 f_L，有

$$f_H = 145.3719\text{MHz}$$

$$f_L = 30.6118\text{Hz}$$

则放大电路的通频带为

$$BW = f_H - f_L \approx f_H = 145.3719\text{MHz}$$

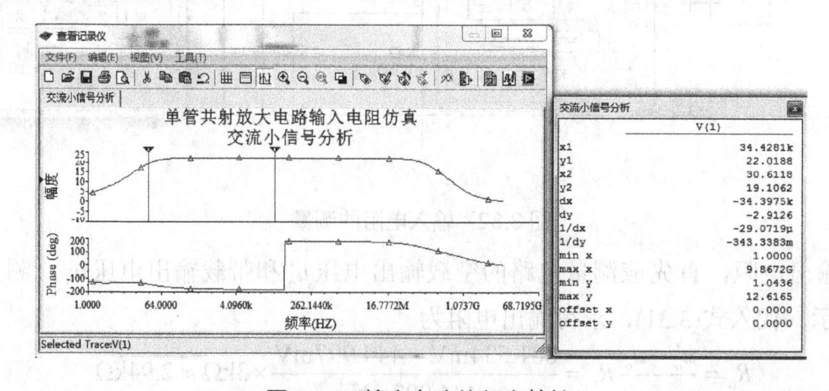

图 3.84　放大电路的频率特性

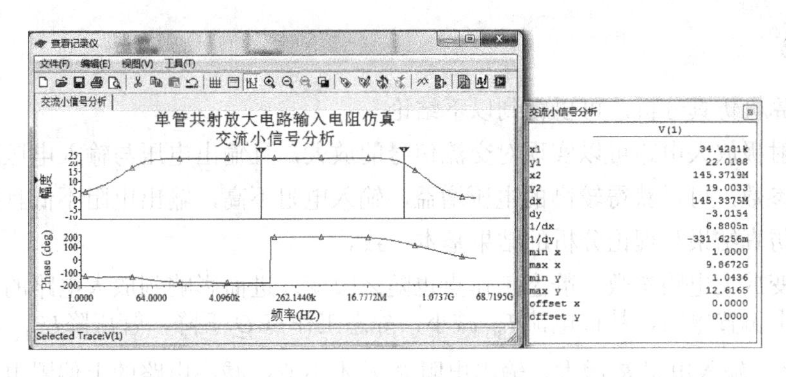

图 3.84　放大电路的频率特性(续)

(4) 非线性失真。

调节函数信号发生器，适当加大输入信号，使 $u_{\mathrm{im}}=200\mathrm{mV}$。调节滑动变阻器 R_{W1} 的大小，可以观察到截止失真和饱和失真的波形，如图 3.85 所示。

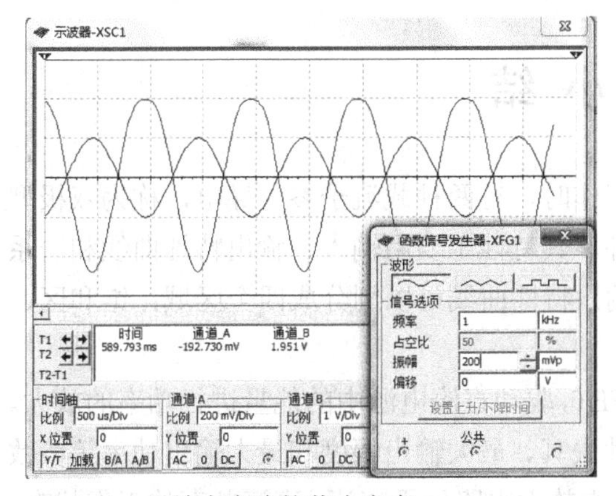

(a) 放大电路的截止失真

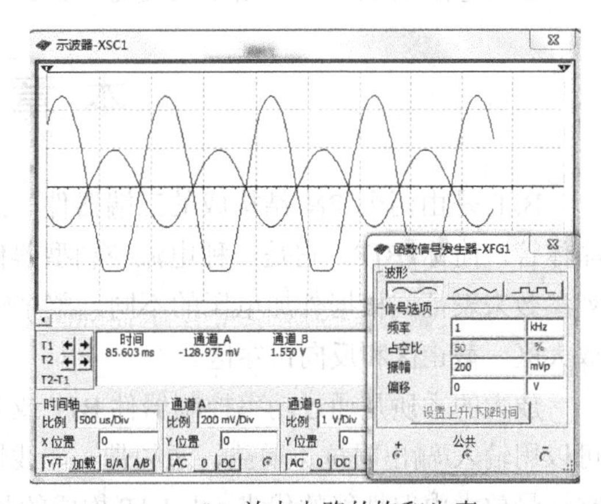

(b) 放大电路的饱和失真

图 3.85　放大电路的非线性失真

3)　放大电路参数的改变对放大电路性能的影响

改变电路参数，重新测量电路的静态工作点、电压放大倍数、输入和输出电阻，结果如表 3.4 所示。

表 3.4　放大电路参数的改变对放大电路性能的影响

电路参数	$I_{\mathrm{BQ}}/\mu\mathrm{A}$	$I_{\mathrm{CQ}}/\mathrm{mA}$	$U_{\mathrm{CEQ}}/\mathrm{V}$	$\lvert\dot{A}_{\mathrm{u}}\rvert$	$R_{\mathrm{i}}/\mathrm{k}\Omega$	$R_{\mathrm{o}}/\mathrm{k}\Omega$
$R_{\mathrm{w1}}=35\mathrm{k}\Omega$，$R_{\mathrm{e1}}=100\Omega$，$R_{\mathrm{e2}}=1.3\mathrm{k}\Omega$	14.266	1.722	4.405	−12	7.2	2.94
$R_{\mathrm{w1}}=50\mathrm{k}\Omega$，$R_{\mathrm{e1}}=100\Omega$，$R_{\mathrm{e2}}=1.3\mathrm{k}\Omega$	11.055	1.4	5.827	−11.7	7.89	2.95
$R_{\mathrm{w1}}=25\mathrm{k}\Omega$，$R_{\mathrm{e1}}=100\Omega$，$R_{\mathrm{e2}}=1.3\mathrm{k}\Omega$	17.644	2.016	3.106	−12.57	6.63	2.93
$R_{\mathrm{w1}}=35\mathrm{k}\Omega$，$R_{\mathrm{e1}}=0\Omega$，$R_{\mathrm{e2}}=1.3\mathrm{k}\Omega$	15.542	1.837	4.082	−87.27	1.60	2.83

4．结论

通过计算机仿真分析，可以得到以下结论。

(1) 共射极放大电路可以实现对交流信号的放大，且输出电压与输入电压反相。设计合理的电路参数，可以获得较高的电压增益，输入电阻不高，输出电阻不低且接近集电极负载电阻。仿真结果和理论分析的结果基本一致。

(2) 改变放大电路参数，静态工作点也随之改变，进而影响到放大电路的交流特性。增大电路的上偏置电阻，基极电流 I_{BQ} 减小，静态工作点 Q 下降，管压降 U_{CEQ} 增大，电压增益 $|\dot{A}_u|$ 下降，输入电阻 R_i 增大，输出电阻 R_o 基本不变；减小电路的上偏置电阻，静态工作点 Q 升高，电压增益 $|\dot{A}_u|$ 增大，输入电阻 R_i 减小，输出电阻 R_o 基本不变；减小发射极电阻，静态工作点 Q 略有改变，对交流信号而言，发射极相当于直接接地，电压增益 $|\dot{A}_u|$ 很大，输入电阻 R_i 减小，输出电阻变化不大。

本 章 小 结

BJT 是由两个 PN 结构成的三端器件。工作时，有两种载流子参与导电，称为双极型晶体管，简称 BJT。它是一种电流控制型器件，其特性主要用输入、输出特性曲线和一系列参数来表征。根据外加电压的不同，整个输出特性曲线可以划分成四个区域：饱和区、放大区、截止区和反向击穿区。

放大的本质是通过功率控制器件 BJT 或 FET，驱动直流电源中的能量进行功率的放大。可以用输入/输出阻抗、增益、通频带、非线性失真、最大输出幅度和最大输出功率等参数来衡量放大电路性能的优劣。由 BJT 构成的基本放大电路处于交流、直流共存的工作状态，可采用图解法和等效电路法两种方法分别分析放大电路的直流工作状态和交流工作状态。静态稳定是基础，交流放大是目的。

温度变化会对 BJT 的参数产生影响，并进一步影响电路的静态工作点。可采用负反馈的方法稳定电路的静态工作点。

由 BJT 构成的放大电路有三种不同的组态：共发射极、共集电极和共基极。不同组态的电路，有其不同的电路性能、特点和适用场合。共射极放大电路的电压和电流增益都较大，但输入、输出阻抗特性不好，适于作为低频放大电路的中间级，提高整个电路的增益；共集电极放大电路具有电压跟随作用，但输入、输出阻抗特性好，可用于输入级、输出级或缓冲级；共基极放大电路的高频特性较好，常用于高频或宽频带放大电路。

放大电路中的耦合电容和旁路电容，以及 BJT 的极间电容都会影响电路的低频和高频性能。可以采用 BJT 的混合π模型对放大电路的频率响应进行分析。在一定条件下，放大电路的增益-带宽积约为常数。要想低频特性好，应考虑采用直接、耦合方式；要想高频特性好，应选用 $r_{bb'}$ 和 $C_{b'c}$ 均小的高频管，同时尽量减小 C'_{π} 所在回路的总等效电阻。

习　　题

1. 在放大电路中，测得晶体管的某两个电极电流方向和大小如图 3.86 所示，试回答以下问题：

(1) 判断各晶体管另外一个电极的电流大小和方向。

(2) 确定各晶体管的电流放大系数β。

(3) 说明各晶体管的类型。

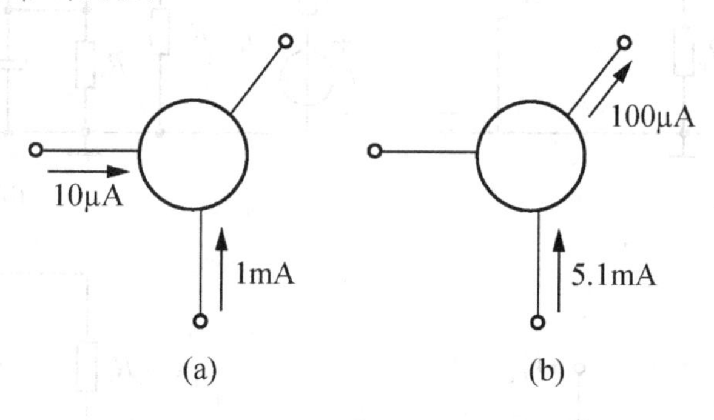

图 3.86　习题 1 电路图

2. 测得放大电路中各 BJT 的直流电位如图 3.87 所示。在圆圈中画出管子符号，并标明三个管脚 E、B、C，说明它们是硅管还是锗管，是 NPN 型还是 PNP 型？

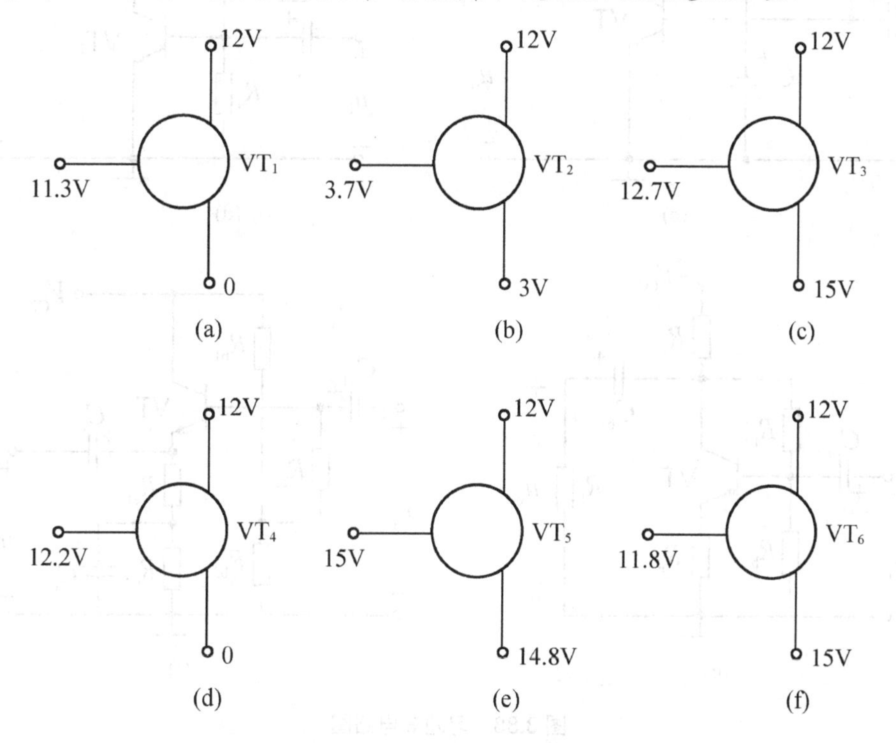

图 3.87　习题 2 电路图

3. 画出图 3.88 中各电路的直流通路和交流通路。设图中所有电容对交流信号均可视为短路。

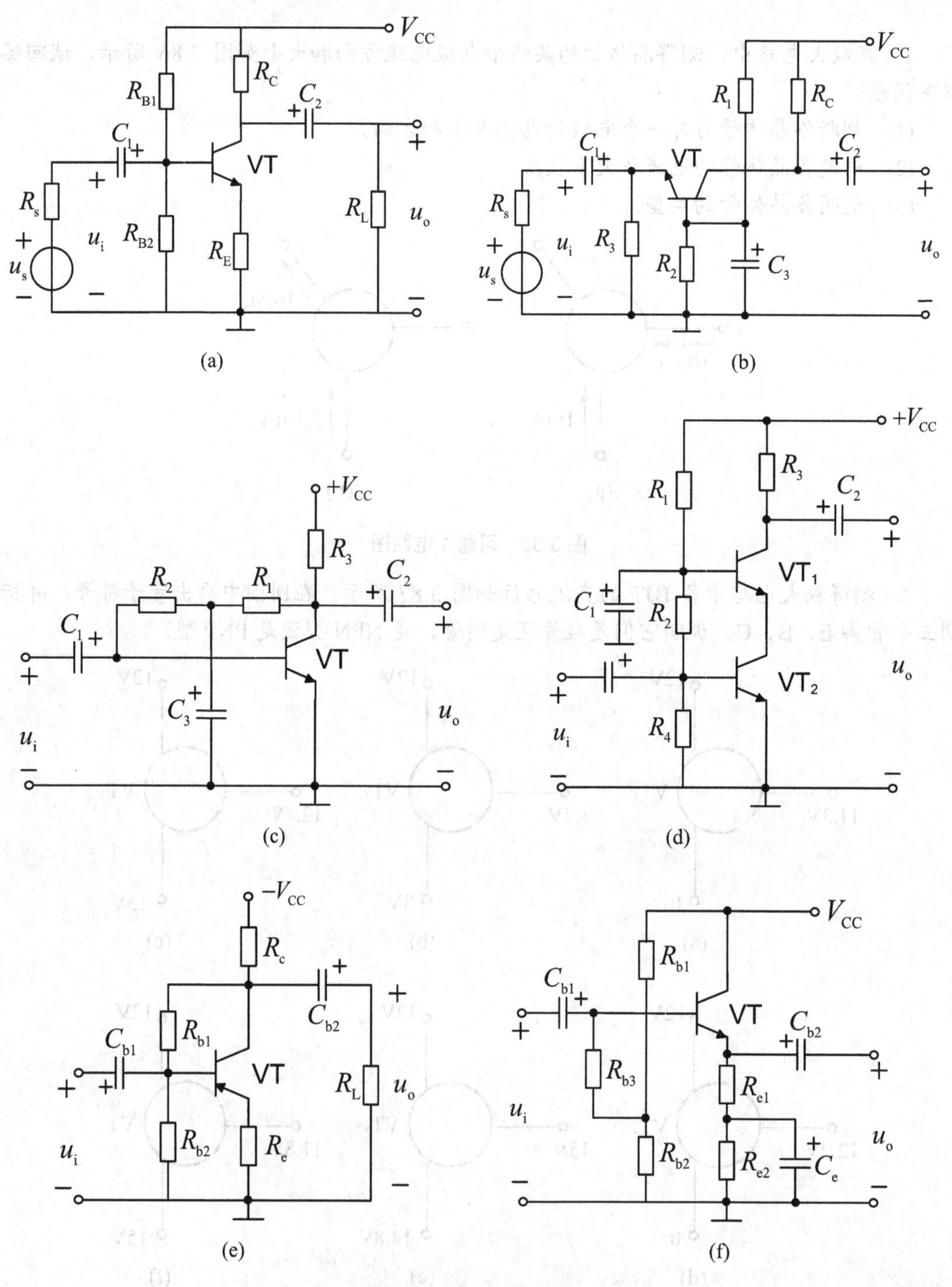

图 3.88 习题 3 电路图

4. 根据放大电路的组成原则，判断图 3.89 中各电路是否具备放大条件，并说明原因。

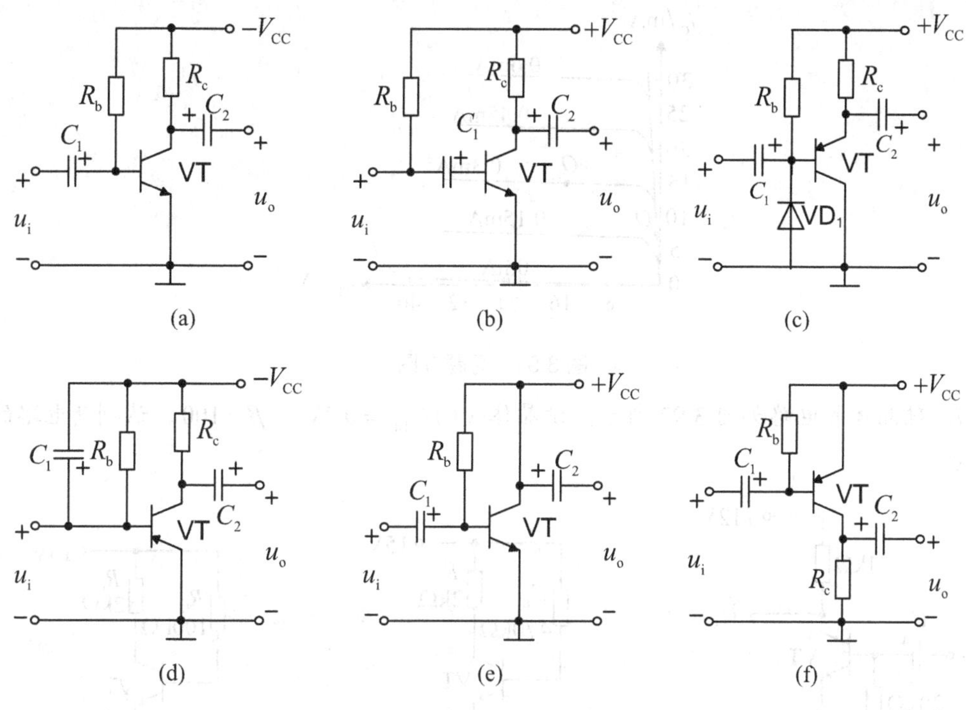

图 3.89　习题 4 电路图

5. 放大电路如图 3.90(a)所示，设晶体管的 $\beta = 40$，V_{CC}=12V，R_B=240kΩ，R_C=3kΩ。

(1) 试用直流通路估算静态工作点 Q。

(2) 晶体管的输出特性如图 3.90(b)所示，试用图解法作出放大电路的静态工作点。

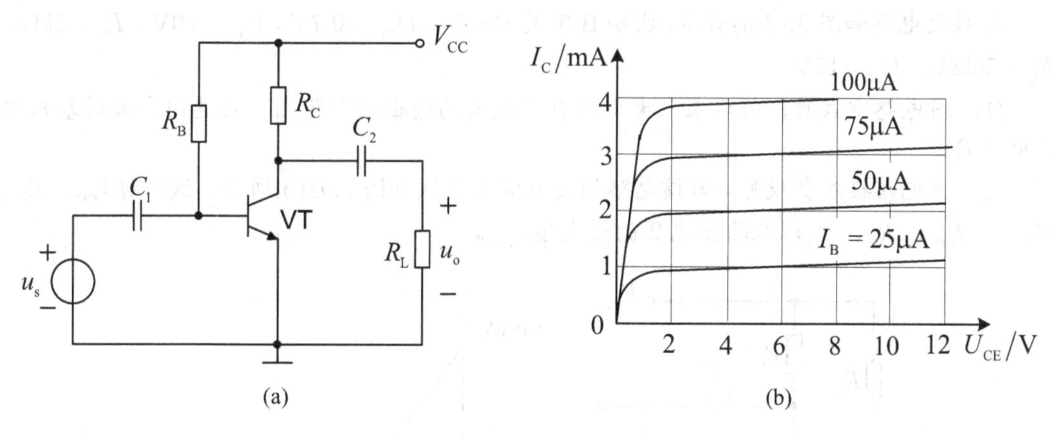

图 3.90　习题 5 电路图

6. 某晶体管的共射输出特性曲线如图 3.91 所示。

(1) 当 $I_{BQ} = 0.3\text{mA}$ 时，试求 Q_1、Q_2 点的 β 值。

(2) 确定该管的 $U_{(BR)CEO}$ 和 P_{CM}。

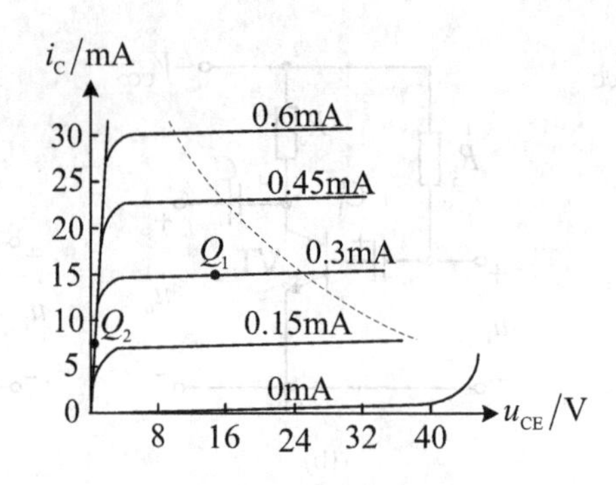

图 3.91 习题 6 图

7. 硅晶体管电路如图 3.92 所示。设晶体管的 $U_{BE}=0.7V$，$\beta=100$。试判断电路的工作状态。

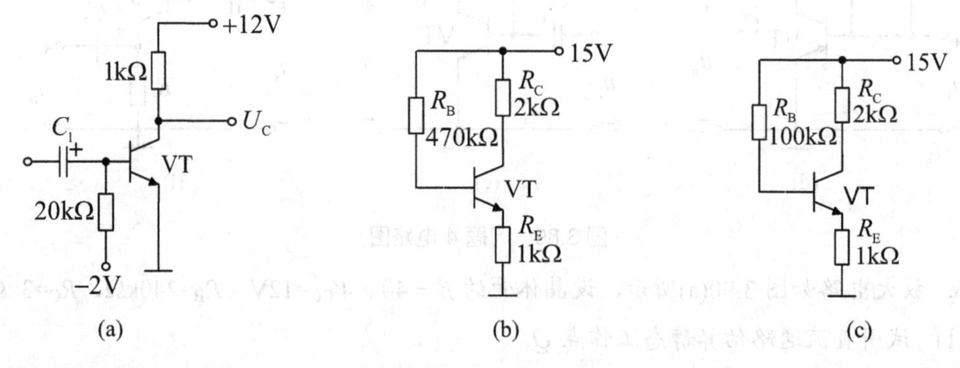

图 3.92 习题 7 电路图

8. 放大电路如图 3.93(a)所示，已知 BJT 的 $\beta=50$，$U_{BE}=0.7V$，$U_{CES}=0V$，$R_C=2k\Omega$，$R_L=20k\Omega$，$V_{CC}=12V$。

(1) 当电路空载时，若要求放大电路具有最大的输出动态范围，应选用多大的基极偏置电阻 R_B。

(2) 当电路接入负载时，若该电路的交直流负载线如图 3.93(b)所示，试求解 V_{CC}、R_C、U_{CEQ}、I_{CQ}、R_L、R_B 以及输出电压的最大值 u_{om}。

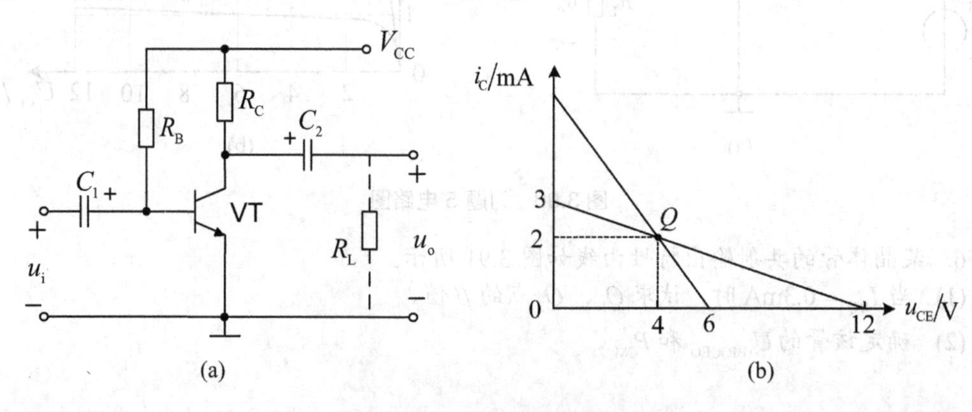

图 3.93 习题 8 电路图

9. 放大电路如图3.94(a)所示，BJT的输出特性曲线以及放大电路的交、直流负载线如图3.94(b)所示。设$U_{BEQ}=0.7V$，$r_{bb'}=200\Omega$。

(1) 计算R_b、R_c、R_L。

(2) 若不断加大输入正弦波电压的幅值，该电路先出现截止失真还是饱和失真？刚出现失真时，输出电压的峰-峰值为多大？

(3) 计算放大电路的输入电阻R_i、电压增益A_u和输出电阻R_o。

(4) 若电路中其他参数不变，只将晶体管换一个β值小一半的管子，这时I_{BQ}、I_{CQ}和U_{CEQ}以及$|A_u|$将如何变化？

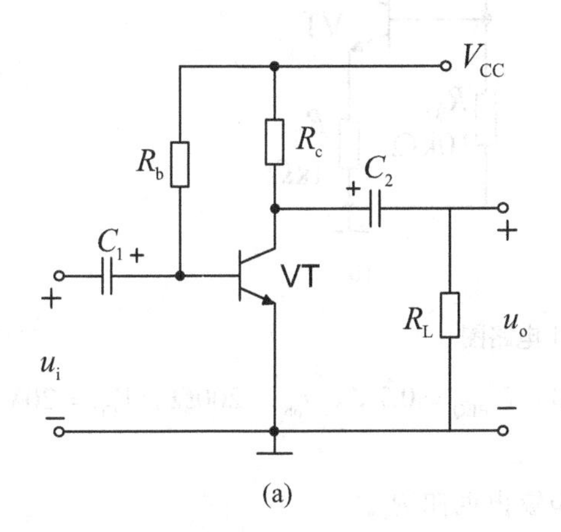

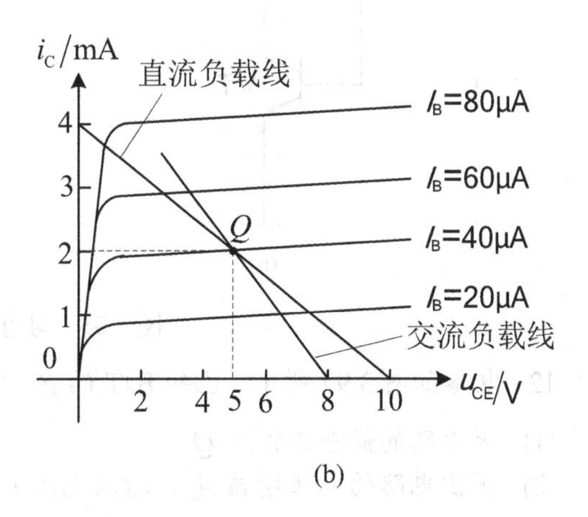

图3.94 习题9电路图

10. 共射基本放大电路如图3.95所示。设BJT的$\beta=100$，$U_{BEQ}=-0.2V$，$V_{CC}=10V$，$r_{bb'}=200\Omega$，C_1、C_2足够大，对交流信号可视为短路。

(1) 计算静态时的I_{BQ}、I_{CQ}和U_{CEQ}。

(2) 计算BJT的r_{be}的值。

(3) 求出中频电压放大倍数$\dot{A}_u$、输入电阻R_i和输出电阻R_o。

(4) 若输出电压波形出现底部削平的失真，问BJT产生了截止失真还是饱和失真？若要使失真消失，应该调整电路中的哪个参数？

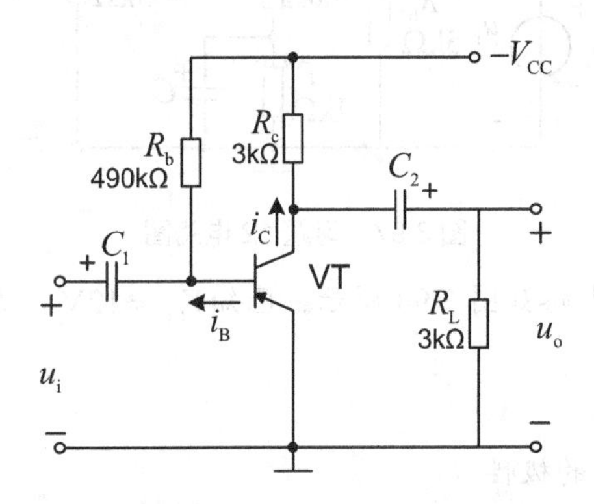

图3.95 习题10电路图

11. 电路如图 3.96 所示，其中图 3.96(a)为固定偏置电路的直流通路，图 3.96(b)为分压式电流负反馈偏置电路的直流通路。两个电路中的 BJT 相同，$U_{BE}=0.6V$。在 20℃时，BJT 的 $\beta=50$，55℃时，$\beta=70$。试分别求两种电路在 20℃时的静态工作点 Q，以及温度升高到 55℃时由于 β 的变化所引起的 I_{CQ} 的改变程度。

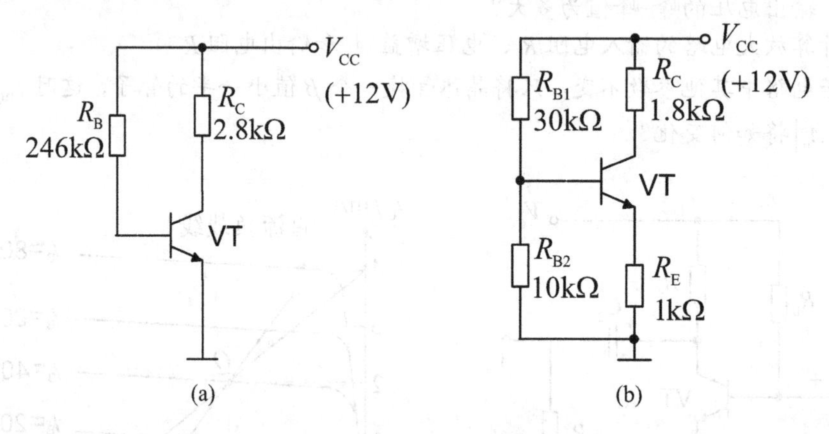

图 3.96　习题 11 电路图

12. 电路如图 3.97 所示，已知 BJT 的 $\beta=100$，$U_{BEQ}=0.7V$，$r_{bb'}=200\Omega$，$V_{CC}=20V$。

(1) 求电路的静态工作点 Q。

(2) 求出电路的电压增益 A_u、输入电阻 R_i 和输出电阻 R_o。

(3) 若改用 $\beta=200$ 的 BJT，则 Q 点如何变化？

(4) 若电容 C_e 开路，将引起电路的哪些动态参数发生变化？如何变化？

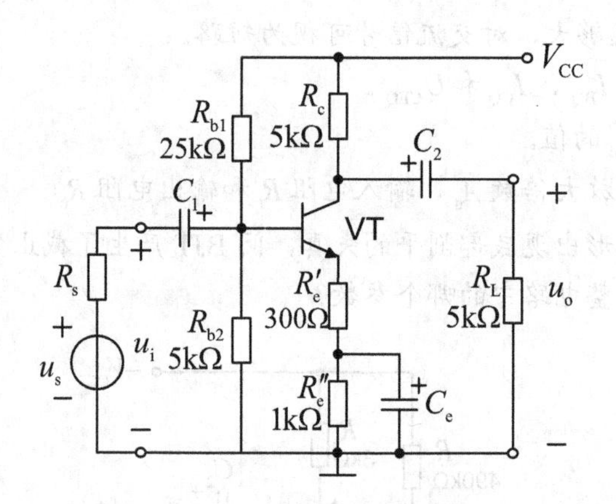

图 3.97　习题 12 电路图

13. 电压反馈型偏置电路如图 3.98 所示。已知 $V_{CC}=12V$，$R_B=200k\Omega$，$R_C=3k\Omega$，$U_{BE}=0.7V$，$\beta=100$。

(1) 求静态工作点 Q。

(2) 标明电容 C_1 和 C_2 的极性。

(3) 简述稳定电压的原理。

14. 电路如图 3.99 所示，已知 BJT 的 $\beta = 50$，$U_{BEQ} = -0.2V$，试求：

(1) 当 $U_{BQ} = 0V$ 时，R_B 的值。

(2) R_E 短路时，I_{CQ}、U_{CEQ} 的值。

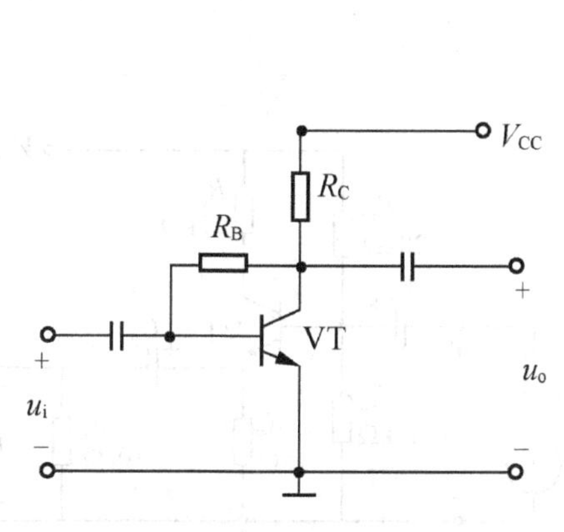

图 3.98 习题 13 电路图

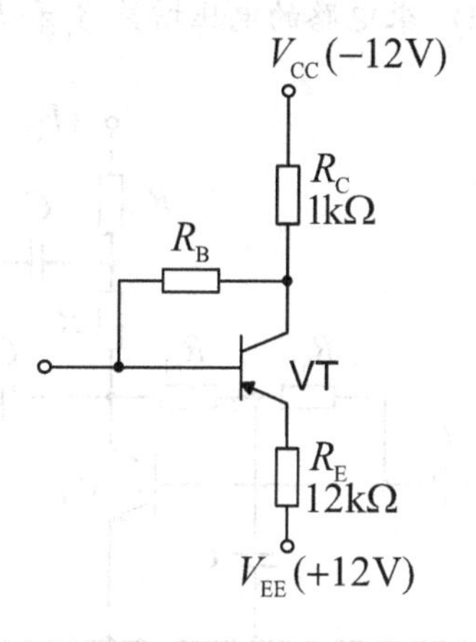

图 3.99 习题 14 电路图

15. 放大电路如图 3.100 所示，设 BJT 的 $\beta = 20$，$r_{bb'} = 200\Omega$，$U_{BEQ} = 0.7V$，D_Z 为理想稳压二极管，稳定电压 $U_Z = 6V$，正向导通的压降为 0.7V，各电容对交流信号均可视为短路。

(1) 试求电路的静态工作点 Q。

(2) 试求电压增益 A_u、输入电阻 R_i 和输出电阻 R_o。

(3) 若 D_Z 极性相反，电路能否正常放大？试计算此时的静态工作点，并定性分析 D_Z 反接对 A_u、R_i、R_o 的影响。

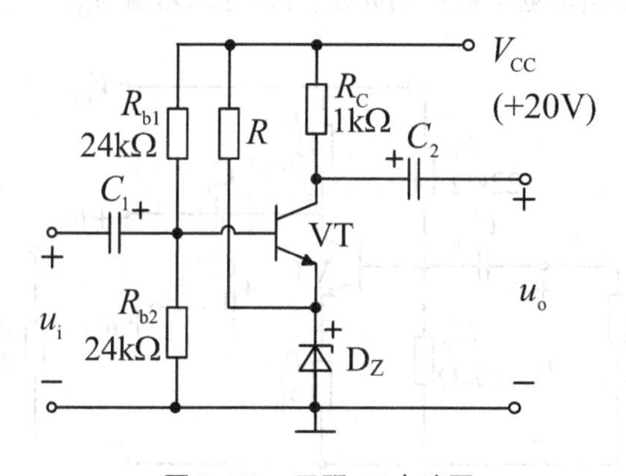

图 3.100 习题 15 电路图

16. 放大电路如图 3.101 所示，U_{BEQ}、β、r_{be} 均已知，各电容对交流信号可视为短路。试写出：

(1) 电路静态工作点的表达式。

(2) 电路的电压增益 A_u、输入电阻 R_i 和输出电阻 R_o 的表达式。

17. 电路如图 3.102 所示，已知 BJT 的 $\beta=100$，$U_{BEQ}=0.7V$，$r_{bb'}=200\Omega$，$V_{CC}=10V$。

(1) 求电路的静态工作点。

(2) 画出中频微变等效电路。

(3) 求电路的电压增益 A_u 和源电压增益 A_{us}、输入电阻 R_i 和输出电阻 R_o。

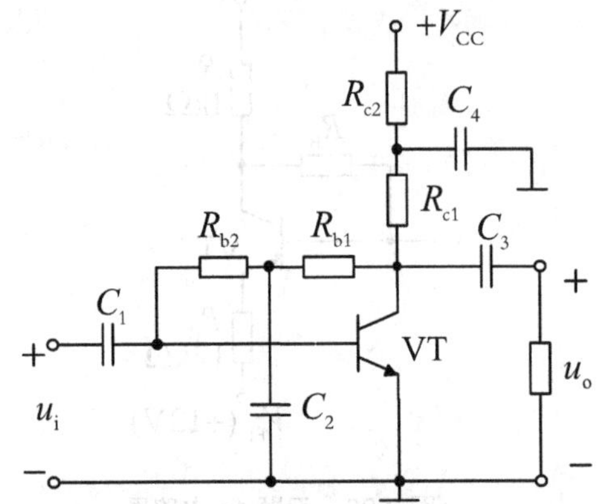

图 3.101　习题 16 电路图

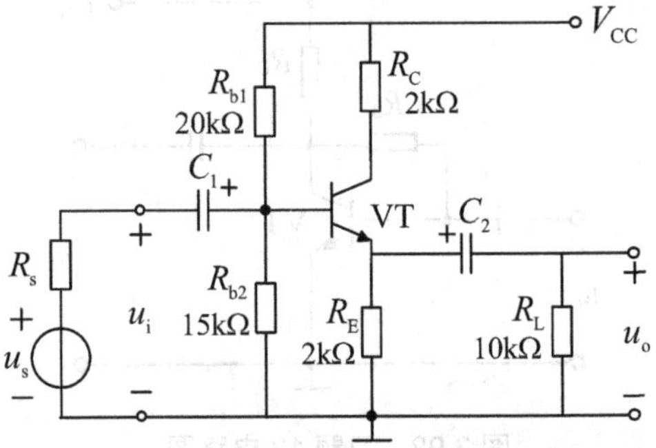

图 3.102　习题 17 电路图

18. 图 3.103 所示是一个分相器电路，设 BJT 的 $\beta=200$，$U_{BEQ}=0.7V$，$r_{bb'}=200\Omega$，$V_{CC}=9V$，各电容对信号可视为短路。试求：

(1) 电路的静态工作点 Q。

(2) 当两输出端开路时，电路的电压增益 A'_{u1}、A'_{u2}。

(3) 当负载电阻 $R_L=2k\Omega$ 接于集电极输出端(射极输出端开路)时的电压增益 A_{u1}；当 $R_L=2k\Omega$ 接于射极输出端(集电极输出端开路)时的电压增益 A_{u2}。

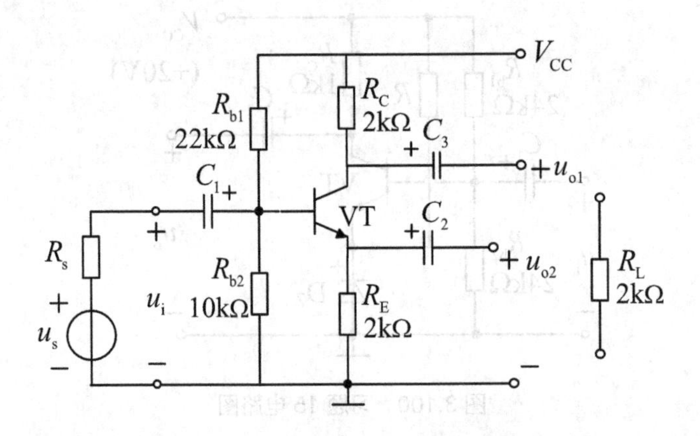

图 3.103　习题 18 电路图

19. 共集电极电路(基极自举电路)如图 3.104 所示，已知 BJT 的 $r_{bb'}=200\Omega$，$r_{b'e}=1k\Omega$，$r_{ce}=\infty$，$\beta=100$；$R_{B1}=R_{B2}=20k\Omega$，$R_{B3}=20k\Omega$，$R_E=R_L=1k\Omega$，电容 C_1、C_2、C_3 对交流信号可视为短路。试画出电路的交流通路，求出电路的输入电阻 R_i 和输 S 出电阻 R_o。

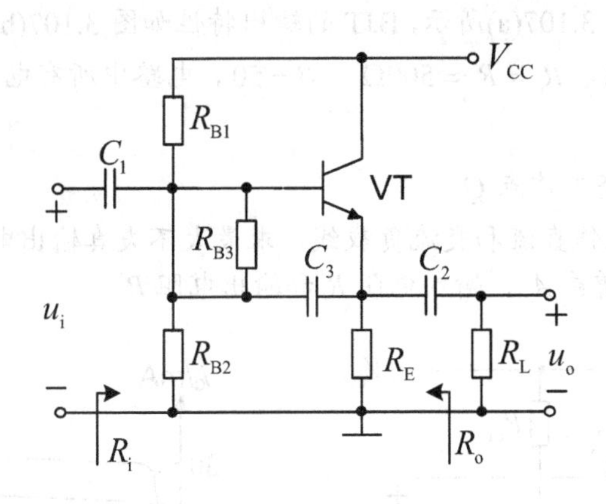

图 3.104　习题 19 电路图

20. 共基极放大电路如图 3.105 所示，已知 BJT 的 $\beta=100$，$r_{be}=1.3\text{k}\Omega$，$R_s=150\Omega$，$R_C=R_L=2\text{k}\Omega$，$R_E=1\text{k}\Omega$，各电容对交流信号可视为短路。试计算电路的电压增益 A_u 和源电压增益 A_{us}、输入电阻 R_i 和输出电阻 R_o。

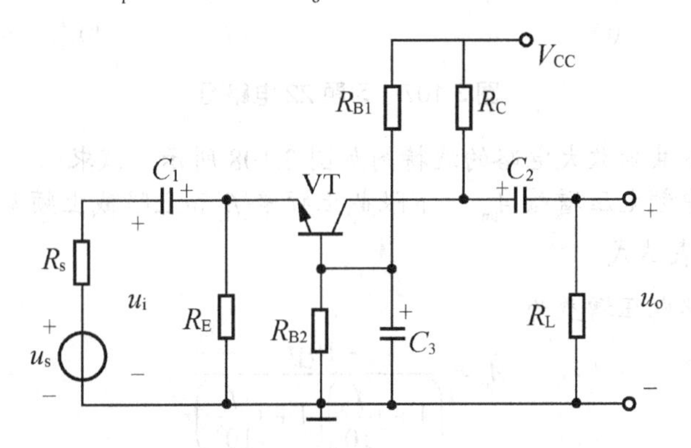

图 3.105　习题 20 电路图

21. 共基极电路如图 3.106 所示，发射极接入一恒流源。设 $\beta=120$，$R_s=0\Omega$，$R_L=\infty$，试求电路的电压增益 A_u、输入电阻 R_i 和输出电阻 R_o。

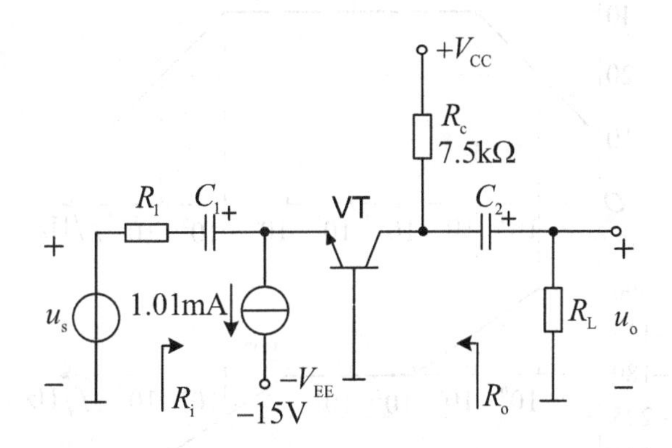

图 3.106　习题 21 电路图

22. 共基极电路如图 3.107(a)所示，BJT 的输出特性如图 3.107(b)所示。已知 $V_{CC}=20V$，$R_{b1}=20k\Omega$，$R_{b2}=60k\Omega$，$R_c=R_e=500\Omega$，$\beta=50$，电路中所有电容对交流信号可视为短路。试求：

(1) 放大电路的静态工作点 Q。

(2) 在图 3.107(b)上作直流和交流负载线，求最大不失真输出电压的幅值。

(3) 求电路的电压增益 A_u、输入电阻 R_i 和输出电阻 R_o。

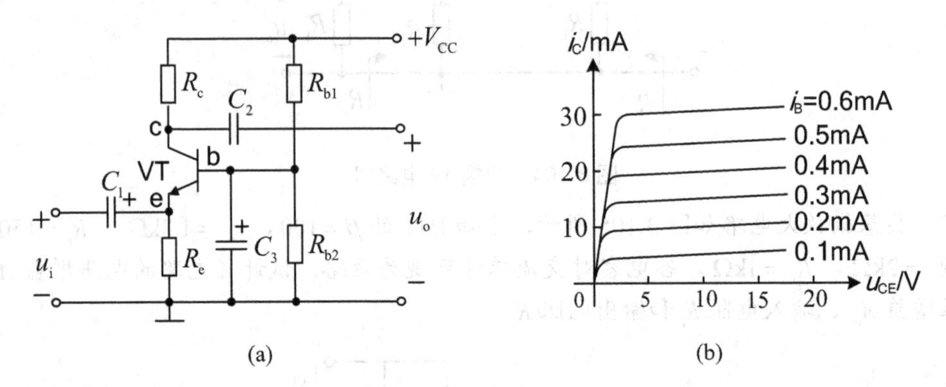

图 3.107 习题 22 电路图

23. 已知某基本共射放大电路的波特图如图 3.108 所示。试求：

(1) 该电路的中频电压增益 A_{um}、下限截止频率 f_L 和上限截止频率 f_H。

(2) 写出 $\dot{A}_u$ 的表达式。

24 已知某电路电压增益为

$$\dot{A}_u=\frac{-10jf}{\left(1+j\frac{f}{10}\right)\left(1+j\frac{f}{10^5}\right)}$$

试求该电路的中频电压增益 $\dot{A}_{um}$、下限截止频率 f_L 和上限截止频率 f_H。

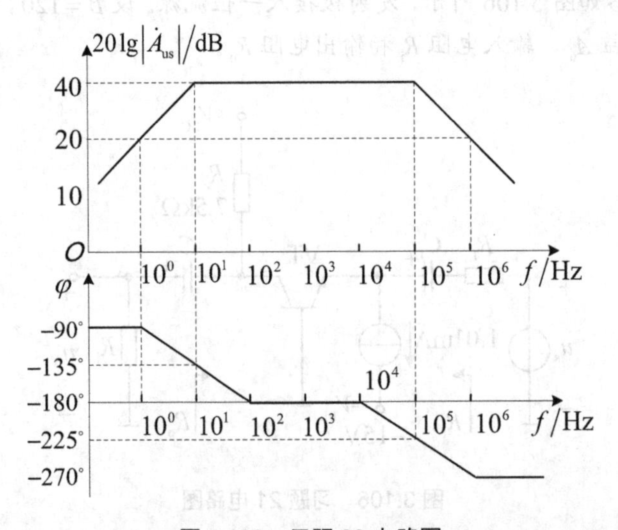

图 3.108 习题 23 电路图

第4章　场效应管及其基本放大电路

本章要点

绝缘栅型场效应管的内部结构、工作原理、特性曲线及参数。
结型场效应管的内部结构、工作原理、特性曲线及参数。
各种场效应管的比较。
场效应管放大电路的静态分析。
场效应管放大电路的动态分析。
场效应管放大电路的频率响应。

本章难点

各种场效应管的工作原理、特性曲线及参数的比较。
场效应管放大电路的静态分析。
场效应管放大电路的频率响应。

场效应管是常用的半导体器件之一，场效应管与双极型晶体管相比具有输入电阻高、体积小、功耗低、噪声小、热稳定性能好等优点，广泛应用于各种电子电路中。

本章首先介绍场效应管的分类、结构、工作原理和主要参数，然后讨论共源、共漏、共栅三种基本放大电路的组成、工作原理和分析方法，最后简要分析了场效应管放大电路的频率响应。通过学习，应掌握不同场效应管的工作原理、特性曲线及参数；掌握三种组态场效应管放大电路的静态与动态分析方法；熟悉场效应管放大电路频率响应的分析方法。

4.1　场 效 应 管

场效应晶体管(Field Effect Transistor，FET)简称场效应管，是利用输入回路的电场效应来控制输出回路电流的一种半导体器件，属于电压控制型半导体器件。场效应管工作时，只有一种载流子参与导电，故又称为单极型晶体管。此外，场效应管制造工艺简单，抗辐射能力强，特别适合于大规模集成，已经成为当前制造超大规模集成电路的主流器件。

4.1.1　场效应管的分类

场效应管的种类很多，按其结构主要分为结型场效应管(JFET)和绝缘栅型场效应管(IGFET)两大类。结型场效应管的基本结构还是PN结，绝缘栅型场效应管则因其栅极与其他电极绝缘而得名。目前在绝缘栅型场效应管中，应用较多的是以二氧化硅为绝缘层的金属-氧化物-半导体场效应管(MOSFET)，简称MOS管。

场效应管按其导电沟道的载流子类型可分为N沟道和P沟道两种。若按导电方式来划分，场效应管又可分为耗尽型与增强型两种。其中结型场效应管均为耗尽型；绝缘栅型场

效应管既有耗尽型的，也有增强型的。场效应管的分类如图 4.1 所示。

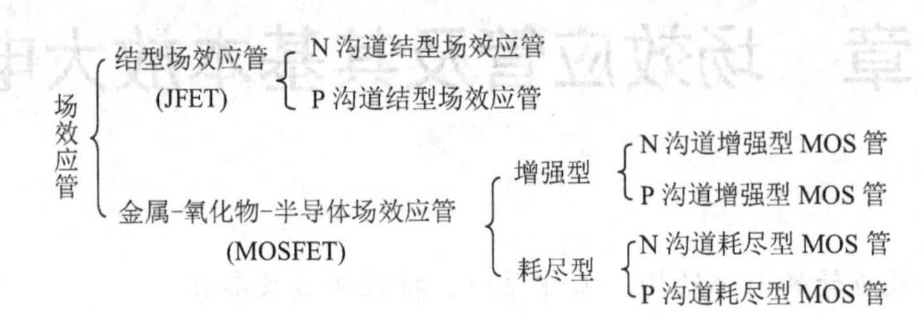

图 4.1 场效应管的分类

4.1.2 绝缘栅型场效应管

绝缘栅型场效应管 IGFET(Insulated Gate Field Effect Transistor)的栅极与半导体材料之间隔了一层很薄的绝缘层，因此具有比结型场效应管更大的输入阻抗且功耗更低又便于高度集成化，广泛应用于大规模集成电路中。绝缘栅型场效应管根据其绝缘材料的不同分为很多类型，其中最常见的是以二氧化硅为绝缘层的金属-氧化物-半导体(Metal-Oxide-Semiconductor)场效应管，简称为 MOSFET。

MOSFET 有 N 沟道和 P 沟道两种类型，每种类型又有增强型和耗尽型之分，因此 MOSFET 可以分为四种类型：N 沟道增强型 MOS 管、P 沟道增强型 MOS 管、N 沟道耗尽型 MOS 管、P 沟道耗尽型 MOS 管。

1. N 沟道增强型 MOS 管

1) 结构

N 沟道增强型 MOS 管的结构简图及符号如图 4.2 所示。它在一块低掺杂的 P 型半导体衬底上利用光刻工艺扩散两个高掺杂的 N^+区，并引出两个电极，分别叫做源极 S(Source)和漏极 D(Drain)。然后在 P 型衬底表面制作一层薄的二氧化硅(SiO_2)绝缘层，并在绝缘层上覆盖一层金属，在上面引出的电极为栅极 G(Gate)。这种场效应管因栅极和其他电极采用 SiO_2 绝缘，所以称为绝缘栅型场效应管，又称为金属-氧化物-半导体场效应管，简称为 MOS 管。

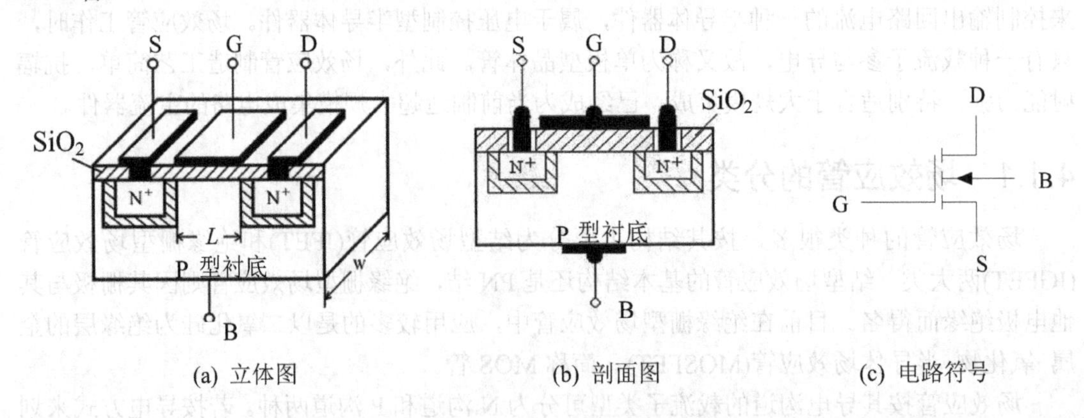

图 4.2 N 沟道增强型 MOS 管的结构简图及符号

2)　工作原理

N 沟道增强型 MOS 管在工作时，通常将源极与衬底相连，在栅极和源极之间加正电压 u_{GS}，在漏极和源极之间加正电压 u_{DS}，利用栅源电压 u_{GS} 的大小来控制漏极电流 i_D 的变化。下面分别讨论栅源电压 u_{GS} 和漏源电压 u_{DS} 对漏极电流 i_D 的影响。

(1)　栅源电压 u_{GS} 对漏极电流 i_D 的影响。

①　当栅源之间不加电压，即 $u_{GS}=0$ 时，漏源之间相当于两个背靠背的二极管，不存在导电沟道，即使漏源之间加电压也不会有漏极电流 i_D 产生，如图 4.3(a)所示。

②　当栅源之间加正电压，即 $u_{GS}>0$ 时，栅极和 P 型半导体相当于以 SiO_2 为介质的平行板电容器，在 u_{GS} 的作用下产生了垂直于衬底表面的电场。由于 SiO_2 层很薄，即使 u_{GS} 很小也能产生很强的电场强度(高达 10^5～10^6V/cm)。该电场一面排斥 P 型衬底中栅极附近的空穴，留下不能移动的负离子形成耗尽层；一面将 P 型衬底中的少子(电子)吸引到栅极下的衬底表面。当 u_{GS} 大到一定值时，吸引到的电子会在 P 型衬底表面形成一个电子薄层，称为 N 型层或反型层。如图 4.3(b)所示，这个反型层构成了漏-源之间的导电沟道。使沟道刚刚形成的 u_{GS} 称为开启电压 $U_{GS(th)}$，$U_{GS(th)}$ 的大小取决于 MOS 管的工艺参数。如果此时在漏-源之间加入电压，就会形成漏极电流 i_D。

③　显然 u_{GS} 越大，电场越强，吸引到 P 型衬底表面的电子越多，沟道越宽，沟道电阻的阻值越小，漏极电流 i_D 就会越大。这类器件就是利用栅源电压 u_{GS} 的大小来控制沟道的导电能力及漏极电流 i_D 的变化。这种在 $u_{GS}=0$ 时没有导电沟道，只有当 $u_{GS}>U_{GS(th)}$ 时才能形成导电沟道的场效应管称为增强型 MOS 管。

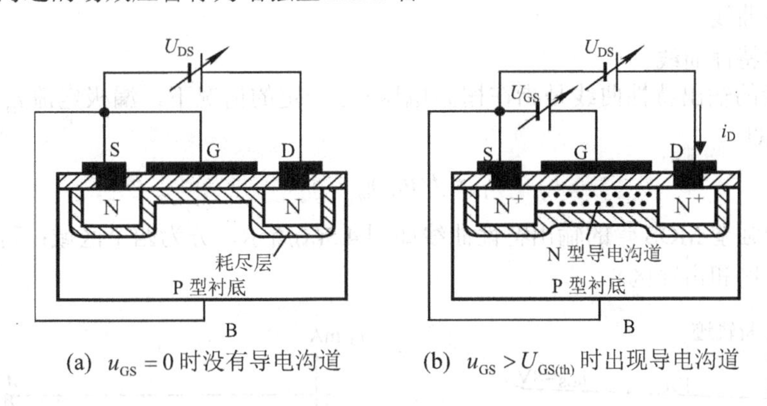

(a)　$u_{GS}=0$ 时没有导电沟道　　(b)　$u_{GS}>U_{GS(th)}$ 时出现导电沟道

图 4.3　N 沟道增强型 MOS 管导电沟道的形成

(2)　漏源电压 u_{DS} 对漏极电流 i_D 的影响。

当 $u_{GS}>U_{GS(th)}$ 且为某一定值时，漏源电压 u_{DS} 对漏极电流 i_D 的影响如图 4.4 所示。

①　当漏源电压 $u_{DS}=0$ 时，i_D=0。

②　当漏源电压 u_{DS} 较小($u_{DS}<u_{GS}-U_{GS(th)}$)时，漏极电流 i_D 随 u_{DS} 的增加基本线性增加。此时，电压沿源极到漏极逐渐升高，而与栅极间的电位差逐渐减小。靠近源极端的电压差最大，其值为 u_{GS}，沟道最深；越向漏极端靠近，与栅极间的电位差就越小，沟道也就越浅；直到漏极端，电压差最小，其值为 $u_{GD}=u_{GS}-u_{DS}>U_{GS(th)}$，相应的沟道最浅。因此，在 u_{GS} 作用下，整个沟道呈楔形分布，如图 4.4(a)所示。

③ 当漏源电压u_{DS}继续增大，使栅极与漏极间的电压$u_{GD}=u_{GS}-u_{DS}=U_{GS(th)}$时，如图 4.4(b)所示，靠近漏极的沟道消失，意味着在漏极一侧出现夹断点，称为预夹断。它是可变电阻区与恒流区的分界点。

④ 如果继续增大u_{DS}，如图 4.4(c)所示，夹断区将随之延长。u_{DS}增加的部分几乎全部用于克服夹断区对漏极电流的阻力，即用于克服不断增加的沟道电阻，漏极电流i_D几乎不再随u_{DS}的增加而增加，或者说i_D仅由u_{GS}的大小决定，场效应管进入恒流区。

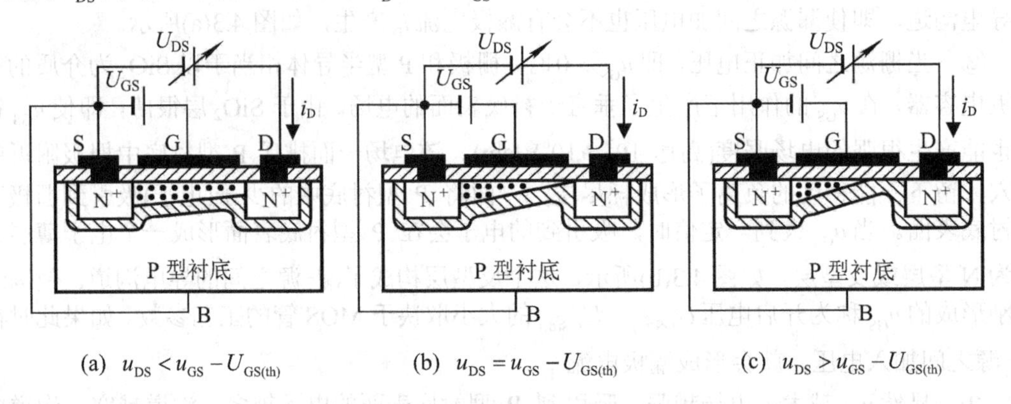

(a) $u_{DS}<u_{GS}-U_{GS(th)}$　　(b) $u_{DS}=u_{GS}-U_{GS(th)}$　　(c) $u_{DS}>u_{GS}-U_{GS(th)}$

图 4.4　u_{DS}对漏极电流i_D的影响

由以上分析可知，场效应管是在u_{GS}和u_{DS}共同作用下工作的，进入恒流区后，场效应管的漏极电流主要由栅源电压控制，因此被称为电压控制电流型器件。

3)　特性曲线

(1)　输出特性曲线。

场效应管的输出特性曲线是指在栅源电压u_{GS}一定的情况下，漏极电流i_D与漏源电压u_{DS}的关系，即

$$i_D=f(u_{DS})\big|_{u_{GS}=\text{常量}}$$

N 沟道增强型 MOS 管的输出特性曲线如图 4.5(a)所示，分为四个区域：可变电阻区、恒流区、截止区和击穿区。

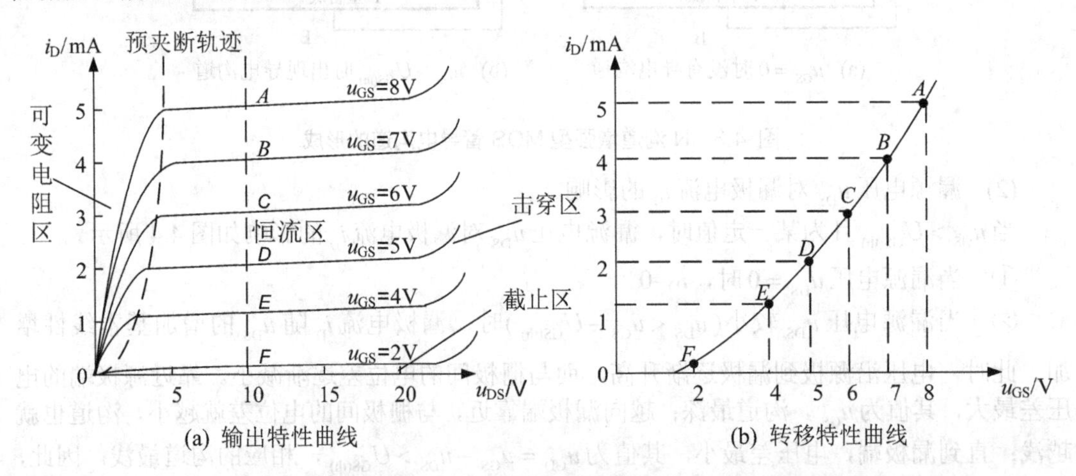

(a) 输出特性曲线　　(b) 转移特性曲线

图 4.5　N 沟道增强型 MOS 管的输出特性曲线和转移特性曲线

输出特性曲线近似表示为

$$i_D = K_n[2(u_{GS} - U_{GS(th)})u_{DS} - u_{DS}^2] \tag{4.1}$$

式中

$$K_n = \frac{K_n'}{2} \cdot \frac{W}{L} = \frac{\mu_n C_{ox}}{2} \cdot \frac{W}{L} \tag{4.2}$$

式中，K_n是N沟道器件的电导常数，单位是mA/V^2，与MOS管的类型、结构有关；本征因子$K_n' = \mu_n C_{ox}$，单位是μA/V^{2}或mA/V^2；μ_n为反型层中的电子迁移率(单位电场作用下电子的平均速率)；C_{ox}为栅极下氧化层单位面积的电容；W和L分别为沟道的宽度和长度(通常L取值为0.5～1μm，W取值0.5～50μm)。

下面讨论四个区的工作特点。

① 可变电阻区。图4.5(a)中左侧的虚线为预夹断轨迹，即由各输出曲线上满足$u_{GD} = u_{GS} - u_{DS} = U_{GS(th)}$出现预夹断时的点连接而成，它是可变电阻区与恒流区的分界线。虚线以左为可变电阻区，此时$u_{DS} \leqslant u_{GS} - U_{GS(th)}$，漏极电流$i_D$随$u_{DS}$的增加基本线性增加，呈现电阻特性。栅源电压越大，曲线越陡，电阻值就越小，故称为可变电阻区。

在可变电阻区，因为u_{DS}很小，可以忽略u_{DS}^2，式(4.1)可以近似为

$$i_D \approx 2K_n(u_{GS} - U_{GS(th)})u_{DS} \tag{4.3}$$

当u_{GS}一定时，可变电阻区内的输出电阻r_{dso}为

$$r_{dso} = \left.\frac{du_{DS}}{di_D}\right|_{u_{GS}=常量} = \frac{1}{2K_n(u_{GS} - U_{GS(th)})} \tag{4.4}$$

由式(4.4)可知，r_{dso}是一个受u_{GS}控制的可变电阻。

② 恒流区。又称饱和区或放大区，为预夹断轨迹以右，$u_{DS} > u_{GS} - U_{GS(th)}$的区域。在恒流区中，$i_D$几乎不随$u_{DS}$的变化而变化，将预夹断电压$u_{DS} = u_{GS} - U_{GS(th)}$代入式(4.1)中得到恒流区的$U$-$I$表达式为

$$i_D = K_n(u_{GS} - U_{GS(th)})^2 = K_n U_{GS(th)}^2 \left(\frac{u_{GS}}{U_{GS(th)}} - 1\right)^2 = I_{DO}\left(\frac{u_{GS}}{U_{GS(th)}} - 1\right)^2 \tag{4.5}$$

式中，$I_{DO} = K_n U_{GS(th)}^2$，它是$u_{GS} = 2U_{GS(th)}$时的漏极电流。

由式(4.5)可知，i_D不随u_{DS}变化，可近似为受u_{GS}控制的电流源，故称为恒流区，类似于双极型晶体管的放大区。

③ 截止区。当$u_{GS} < U_{GS(th)}$时，导电沟道尚未形成，$i_D = 0$，为截止工作状态。

④ 击穿区。当$u_{DS} \geqslant$最大漏源电压$U_{BR(DS)}$时，漏极电流会骤然增大，管子将被击穿，i_D急剧增加。场效应管不允许工作在击穿区。

(2) 转移特性曲线。

由于场效应管的栅极输入端几乎没有电流，讨论它的输入特性没有意义，故讨论转移特性。所谓场效应管的转移特性，是指在漏源电压u_{DS}一定的条件下，栅源电压u_{GS}对漏极电流i_D的控制特性，即

$$i_D = f(u_{GS})\big|_{u_{DS}=常量}$$

由于转移特性与输出特性反映的是场效应管工作的同一物理过程，所以转移特性曲线可由输出特性曲线用作图法直接求出。如图4.5(a)所示，在输出特性曲线的恒流区画一条垂直于横轴的直线，与输出特性曲线交于A、B、C、D、E、F各点，将上述各点的i_D及u_{GS}值画在一直角坐标系中，即可得到MOSFET的转移特性曲线，如图4.5(b)所示。

由于恒流区内的i_D几乎不随u_{DS}变化，所以恒流区不同u_{DS}下的转移特性曲线基本重合。转移特性曲线表达式可由式(4.5)表示，是一条二次曲线，而双极型晶体管的输入特性曲线中，i_B与u_{BE}为指数关系，故MOSFET的转移特性比BJT输入特性的线性更好些。

4) 沟道长度调制效应

理想情况下，当场效应管工作在饱和区时，漏极电流i_D不随u_{DS}变化，但实际上，预夹断后固定u_{GS}，u_{DS}增加时，i_D会略有增加，这种效应我们称为场效应管的沟道长度调制效应。如图4.6所示，输出特性的每条曲线会向上倾斜，若将每条曲线延长，会与横轴相交于同一点，记做$1/\lambda$，λ为沟道长度调制参数。考虑到沟道调制效应，式(4.1)可修正为

$$i_D = K_n[2(u_{GS} - U_{GS(th)})u_{DS} - u_{DS}^2](1 + \lambda u_{DS}) \tag{4.6}$$

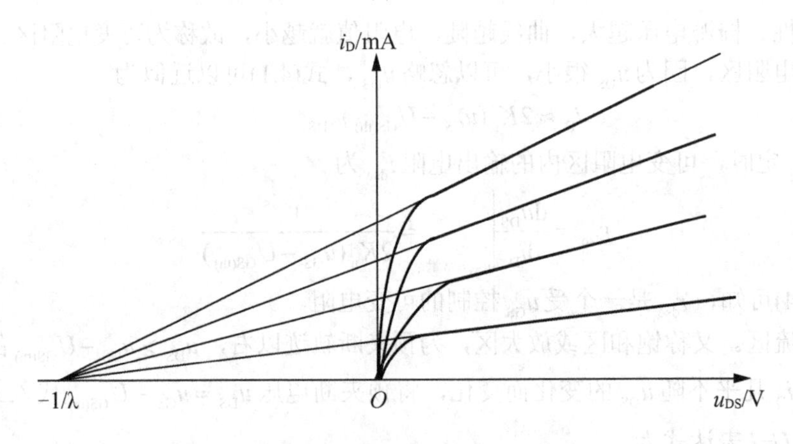

图4.6 场效应管的沟道长度调制效应

一般情况下，由u_{DS}引起的i_D的增大是很小的，可以忽略，今后的计算一般不涉及沟道长度调制效应，令λ=0。

2. N沟道耗尽型MOS管

1) 结构和工作原理

N沟道耗尽型MOS管的结构简图及符号如图4.7所示。它与N沟道增强型MOS管的结构基本相同，只是在制造MOSFET时，在栅极下方的SiO_2绝缘层中掺入了大量的金属正离子(如Na^+或K^+)。这样即使在$u_{GS} = 0$时，由于正离子的存在仍能产生垂直电场，感应出反型层，形成导电沟道，此时只要施加漏源电压，就有漏极电流。

当$u_{GS} > 0$时，作用到衬底表面的电场增强，沟道变宽，在相同的u_{DS}作用下，i_D进一步增大。当$u_{GS} < 0$时，电场被削弱，沟道变窄，i_D减少。当u_{GS}减小到一定值时，反型层消失，沟道被夹断，$i_D = 0$，此时对应的u_{GS}称为夹断电压$V_{GS(off)}$。u_{DS}对i_D的影响与N沟道增强型MOS管一样，这里不再赘述。

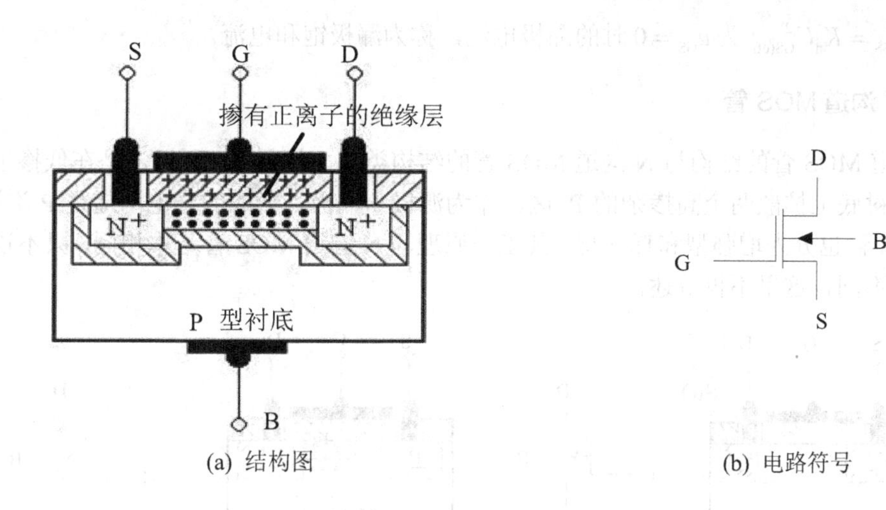

(a) 结构图　　　(b) 电路符号

图 4.7　N 沟道耗尽型 MOS 管的结构简图及符号

这种 N 沟道耗尽型 MOS 管相比于增强型 MOS 管的应用更加灵活，在 u_{GS} 为正或为负时均能实现对漏极电流的控制作用，并且 $i_G \approx 0$，这是 N 沟道耗尽型 MOS 管的主要特点之一。

2)　特性曲线

N 沟道耗尽型 MOS 管的输出特性曲线和转移特性曲线如图 4.8 所示。

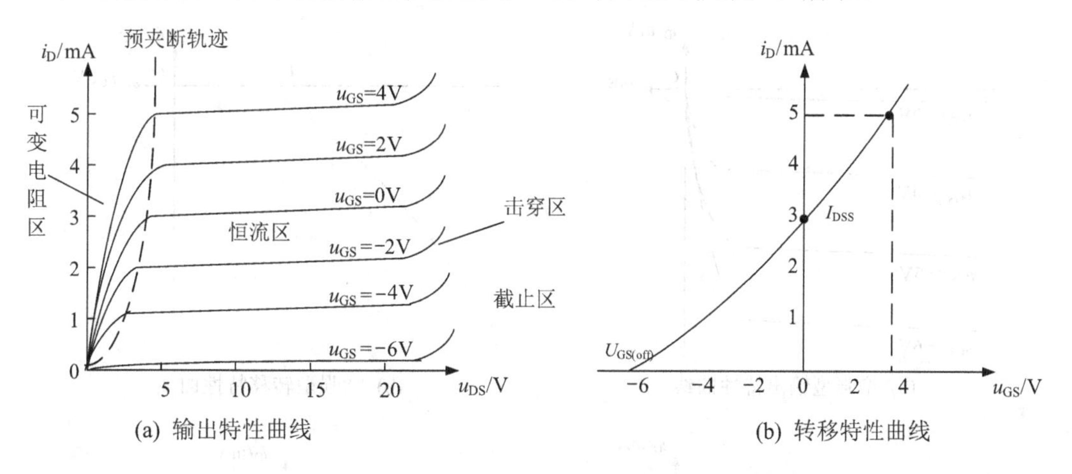

(a) 输出特性曲线　　　(b) 转移特性曲线

图 4.8　N 沟道耗尽型 MOS 管的输出特性曲线和转移特性曲线

N 沟道耗尽型 MOS 管的输出特性曲线同样分为可变电阻区、恒流区、截止区和击穿区。区别在于 N 沟道耗尽型 MOS 管的夹断电压 $U_{GS(off)}$ 为负值，而 N 沟道增强型 MOS 管的开启电压 $U_{GS(th)}$ 为正值。用 $U_{GS(off)}$ 代替式(4.1)、式(4.3)中的 $U_{GS(th)}$ 即为 N 沟道耗尽型 MOS 管的电流方程。

在恒流区内，式(4.5)可改写为

$$i_D \approx I_{DSS}\left(1-\frac{u_{GS}}{U_{GS(off)}}\right)^2 \tag{4.7}$$

式中，$I_{DSS}=K_nU_{GS(off)}^2$为$u_{GS}=0$时的漏极电流，称为漏极饱和电流。

3．P 沟道 MOS 管

P 沟道 MOS 管的结构与 N 沟道 MOS 管的结构类似，如图 4.9 所示，是在低掺杂的 N 型半导体衬底上扩散两个高掺杂的 P^+区，作为源极和漏极，形成的导电沟道是 P 沟道。P 沟道 MOS 管也分为增强型和耗尽型，其工作原理与 N 沟道 MOS 管基本相同，只不过导电的载流子不同，这里不再赘述。

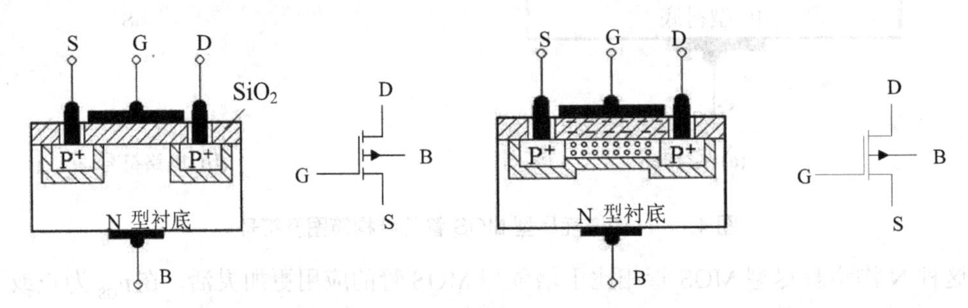

图 4.9　P 沟道 MOS 管的结构简图及符号

P 沟道 MOS 管的特性曲线如图 4.10 所示。

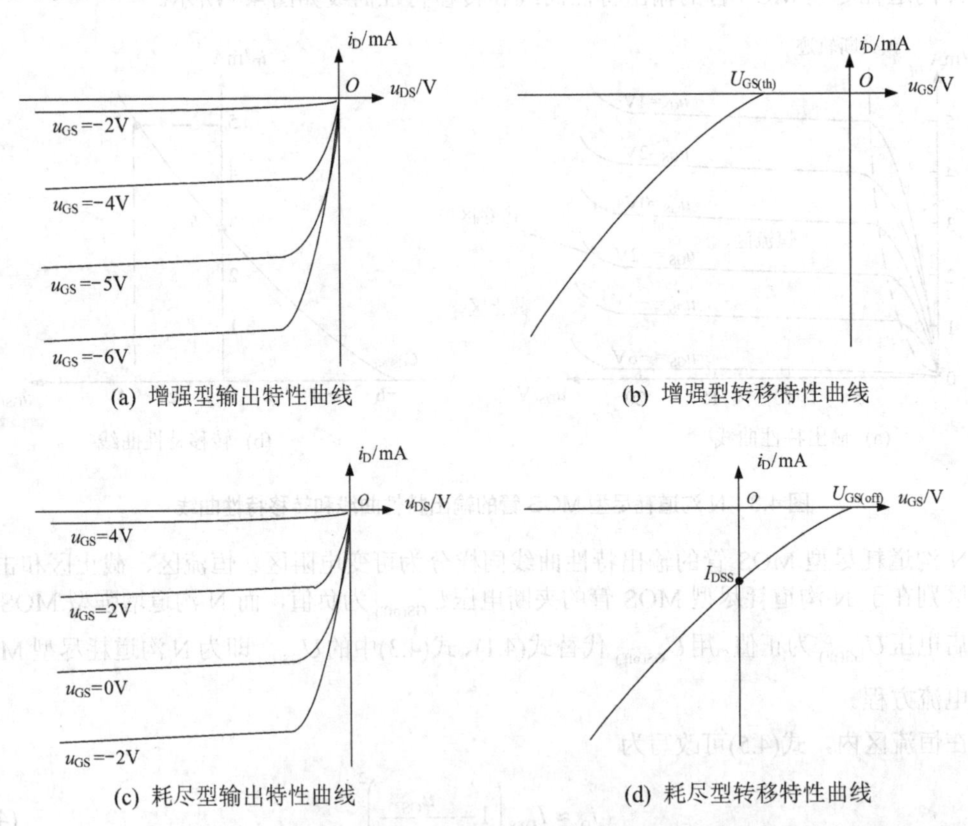

图 4.10　P 沟道 MOS 管的输出特性曲线和转移特性曲线

P 沟道增强型 MOS 管的开启电压$U_{GS(th)}<0$，且$u_{GS}\leqslant U_{GS(th)}$也为负值。P 沟道耗尽型 MOS 管的夹断电压$U_{GS(off)}>0$，$u_{GS}$可正可负，$i_D$随着$u_{GS}$的增大而减小，当$u_{GS}\geqslant U_{GS(off)}$时，沟道全夹断，$i_D=0$。此外，P 沟道 MOS 管的漏源电压$u_{DS}$必须为负值，漏极电流的方向也与 N 沟道 MOS 管相反，从源极 S 流向漏极 D。

对于 P 沟道增强型 MOS 管，假设漏极电流的正向仍为从 D 到 S，则输出特性曲线近似表示为

$$i_D=-K_p[2(u_{GS}-U_{GS(th)})u_{DS}-u_{DS}^2] \tag{4.8}$$

式中

$$K_p=\frac{\mu_p C_{ox}}{2}\cdot\frac{W}{L} \tag{4.9}$$

式中，K_p是 P 沟道器件的电导常数；W、L、C_{ox}分别为沟道的宽度、长度、栅极下氧化层单位面积的电容；μ_p为反型层中的空穴迁移率，通常情况下比反型层中的电子迁移率要低，$\mu_p\approx\mu_n/2$。

4.1.3　结型场效应管

结型场效应管 JFET(Junction Field Effect Transistor)是利用半导体内的电场效应进行工作的，也称为体内场效应管器件。结型场效应管因有两个 PN 结而得名，分为 N 沟道和 P 沟道两种，均为耗尽型。下面以 N 沟道结型场效应管为例进行说明。

1. 结构

N 沟道结型场效应管的结构简图及符号如图 4.11 所示。它在一块 N 型半导体的两侧对称地制作两个高掺杂的P^+区，形成两个 PN 结。将两个P^+区连在一起引出一个电极，称为栅极 G，在 N 型半导体的两端各引出一个电极，分别叫做源极 S 和漏极 D。两个 PN 结之间的 N 型半导体构成导电沟道，沟道的一端是漏极 D，漏极的另一端是源极 S，这种结构称为 N 沟道 JFET。在 JFET 中，源极和漏极是可以互换的。

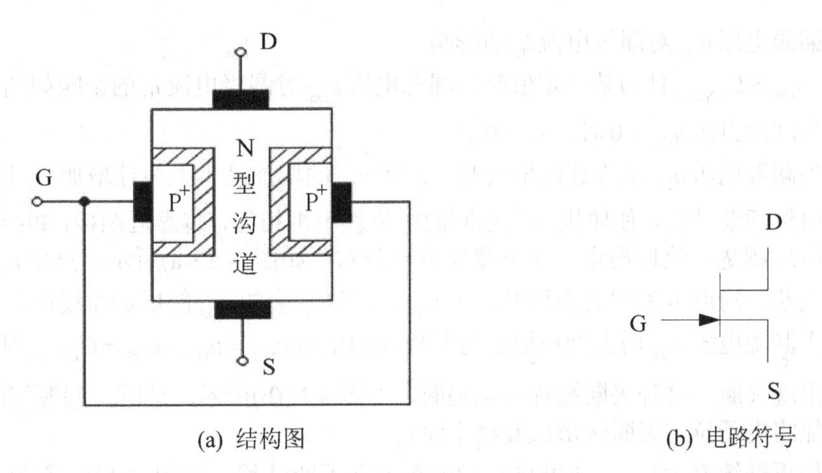

图 4.11　N 沟道结型场效应管的结构简图及符号

2. 工作原理

N 沟道结型场效应管工作时，需在栅极与源极之间加一反向电压($u_{GS}<0$)，使两侧的 PN 结反偏，栅极电流 $i_G \approx 0$，场效应管呈现高达 $10^7\Omega$以上的输入电阻。在漏极与源极之间加一正向电压($u_{DS}>0$)，使沟道中的多数载流子(电子)在电场作用下由源极向漏极移动，形成漏极电流 i_D。i_D 的大小受栅源电压的控制，因此结型场效应管的工作原理仍然是讨论栅源电压 u_{GS} 和漏源电压 u_{DS} 对漏极电流 i_D 的影响。

1) 栅源电压 u_{GS} 对漏极电流 i_D 的影响

当栅源之间不加电压，即 $u_{GS}=0$ 时，栅极与沟道之间零偏置，两个 PN 结的宽度自然形成，如图 4.12(a)所示，耗尽层较窄，沟道较宽。当栅源之间加负电压，即 $u_{GS}<0$ 时，如图 4.12(b)所示，PN 结反偏，耗尽层变宽，使沟道变窄，沟道电阻增大。随着 u_{GS} 反偏电压不断增大，沟道越来越窄，当 u_{GS} 负向增大到某一数值时，如图 4.12(c)所示，沟道全部被夹断，沟道电阻趋于无穷大，此时的 u_{GS} 称为夹断电压 $U_{GS(off)}$。

由此可见，结型场效应管的沟道电阻受栅源电压 u_{GS} 的控制，可以看成是一个电压控制的可变电阻器。若在漏极与源极之间加一固定正向电压 u_{DS}，则 i_D 的大小受栅源电压 u_{GS} 的控制，反偏电压 u_{GS} 不断增大时，i_D 减少。注意，由于两个 PN 结反偏，栅极电流 $i_G \approx 0$。

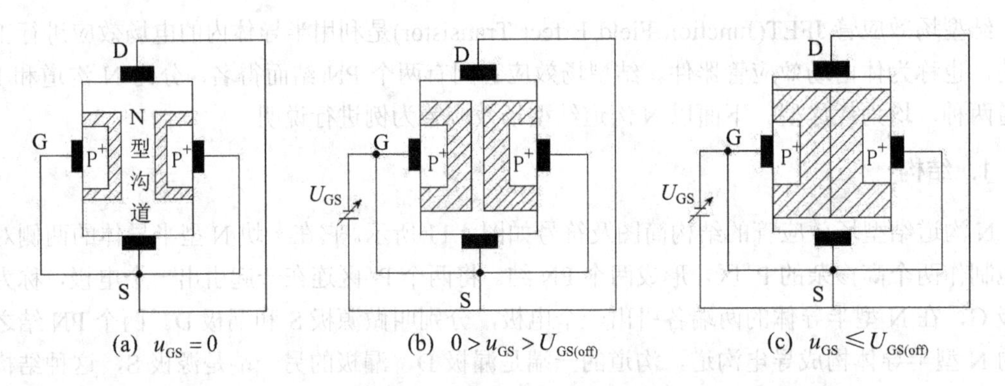

图 4.12 u_{GS} 对导电沟道的影响

2) 漏源电压 u_{DS} 对漏极电流 i_D 的影响

当 $0>u_{GS}>U_{GS(off)}$ 且为某一定值时，漏源电压 u_{DS} 对漏极电流 i_D 的影响如图 4.13 所示。

(1) 当漏源电压 $u_{DS}=0$ 时，$i_D=0$。

(2) 当漏源电压 u_{DS} 从零逐渐增大时，i_D 随 u_{DS} 的增加基本上线性增加。同时由于源极到漏极的电位逐渐升高，使栅极与沟道间的电位差不再相等，越靠近漏极，PN 结反偏电压越大，耗尽层越宽，致使沟道上窄下宽呈楔形分布，如图 4.13(a)所示。只要 u_{DS} 较小，沟道没有被夹断，沟道电阻的大小仍取决于 u_{GS}，所以 i_D 会随 u_{DS} 的增加而线性增加。

(3) 当漏源电压 u_{DS} 增大到使栅极与漏极间的电压 $u_{GD}=u_{GS}-u_{DS}=U_{GS(off)}$ 时，沟道在靠近漏极端出现夹断，这种夹断被称为预夹断，如图 4.13(b)所示。此时，漏源间的电场强度较大，仍能将电子拉过夹断区形成漏极电流 i_D。

(4) 如果继续增大 u_{DS}，夹断区将向源极方向不断延长，如图 4.13(c)所示。这时，一

方面随着 u_{DS} 的增加，使漏源间的纵向电场增强，i_D 增大；另一方面，沟道电阻变大使电子从源极向漏极定向移动所受的阻力也增大，i_D 减小。两种变化趋势相互抵消，使 i_D 几乎不再随 u_{DS} 的增加而增加，表现出恒流特性，场效应管进入恒流区。

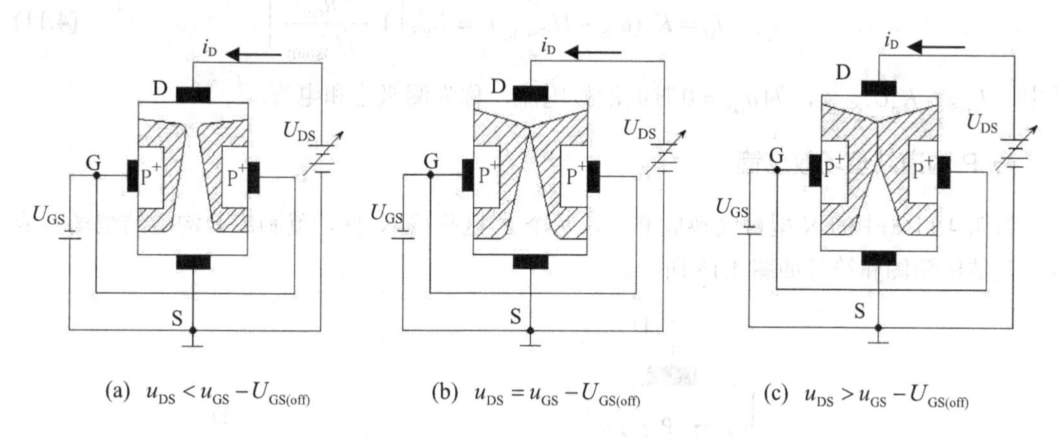

图 4.13　u_{DS} 对导电沟道的影响

由以上分析可知，结型场效应管是电压控制电流器件，i_D 主要受 u_{GS} 的控制。工作时，栅极和沟道间的 PN 结是反偏的，其输入电阻很高，$i_G \approx 0$。预夹断前 i_D 与 u_{DS} 呈近似线性关系，预夹断后 i_D 趋于饱和。

3．特性曲线

N 沟道结型场效应管的输出特性曲线和转移特性曲线如图 4.14 所示。它与 N 沟道耗尽型绝缘栅场效应管的特性曲线基本相同，只不过 N 沟道耗尽型绝缘栅场效应管的栅源电压 u_{GS} 可正可负，而 N 沟道结型场效应管的 u_{GS} 必须为负。

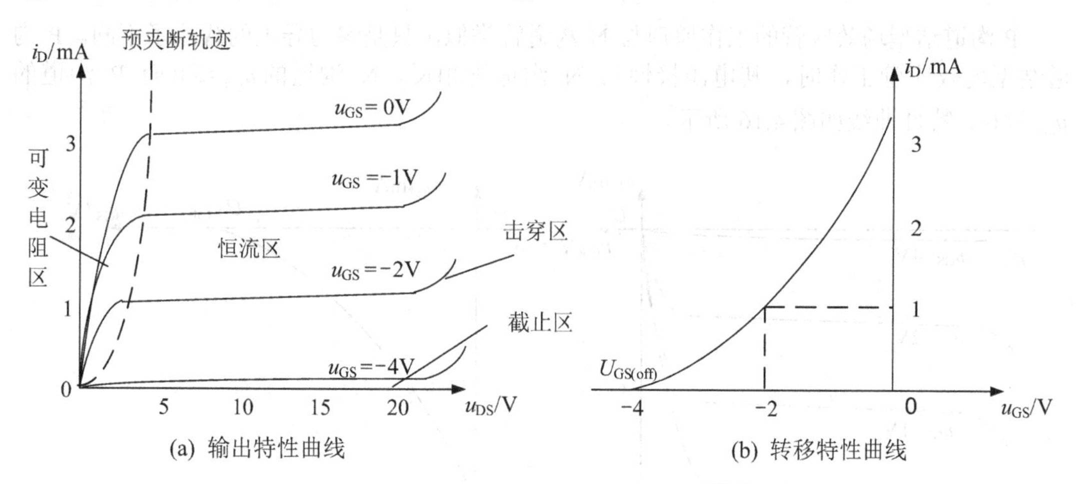

图 4.14　N 沟道结型场效应管的输出特性曲线和转移特性曲线

由输出特性曲线可知，当 $u_{GS} < U_{GS(off)}$ 时，管子截止；当 $U_{GS(off)} < u_{GS} \leqslant 0$，且 $u_{DS} \leqslant u_{GS} - U_{GS(off)}$ 时，管子工作在可变电阻区，其 U-I 曲线可表示为

$$i_D = K_n[2(u_{GS} - U_{GS(off)})u_{DS} - u_{DS}^2] \tag{4.10}$$

当$u_{DS} > u_{GS} - U_{GS(off)}$时，管子工作在恒流区，不考虑沟道调制效应，其 U-I 曲线可表示为

$$i_D = K_n(u_{GS} - U_{GS(off)})^2 \approx I_{DSS}\left(1 - \frac{u_{GS}}{U_{GS(off)}}\right)^2 \tag{4.11}$$

式中，$I_{DSS} = K_n U_{GS(off)}^2$，为$u_{GS} = 0$时的漏极电流，称为漏极饱和电流。

4. P 沟道结型场效应管

将图 4.11(a)中的 N 型衬底换成 P 型，两个 P^+区换成 N^+区，就制成 P 沟道结型场效应管。其结构简图和符号如图 4.15 所示。

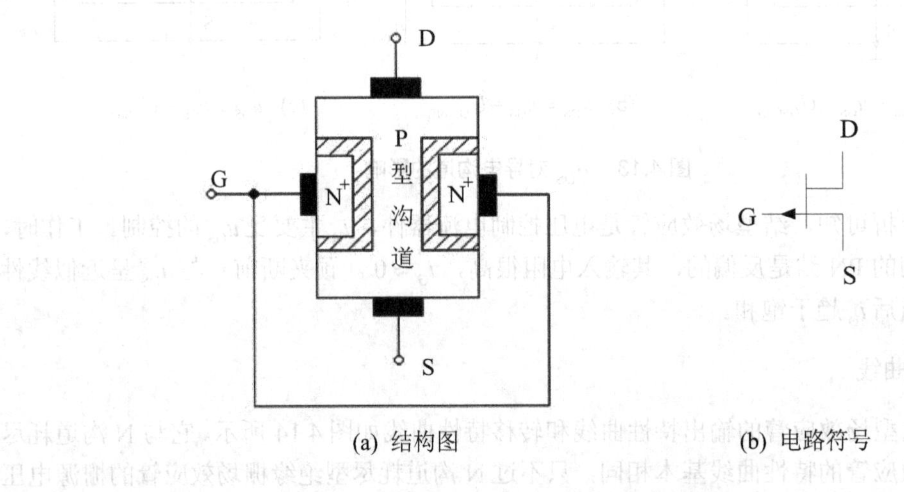

(a) 结构图　　(b) 电路符号

图 4.15　P 沟道结型场效应管的结构简图及符号

P 沟道结型场效应管的工作原理与 N 沟道管类似，只是参与导电的载流子不同。P 沟道结型场效应管工作时，其电源极性与 N 沟道管相反，N 沟道的$u_{GS} \leqslant 0$而 P 沟道的$u_{GS} \geqslant 0$。特性曲线如图 4.16 所示。

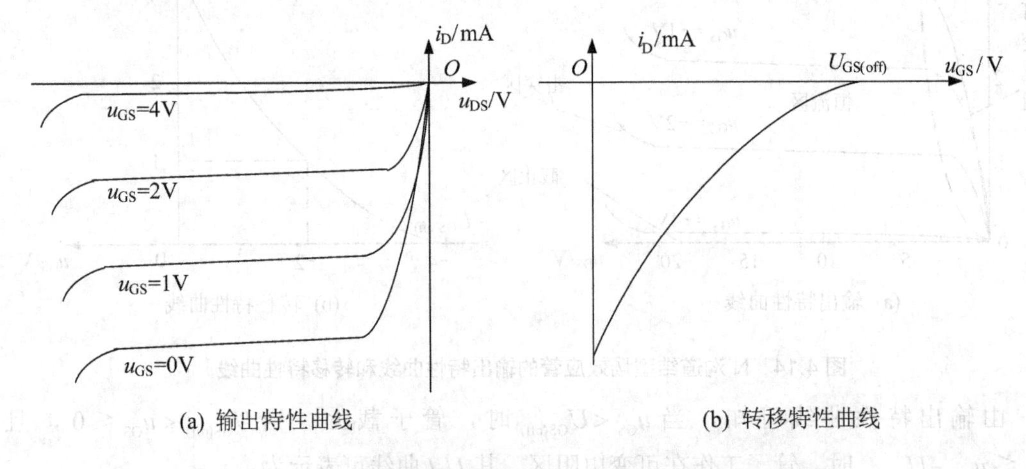

(a) 输出特性曲线　　(b) 转移特性曲线

图 4.16　P 沟道结型场效应管的输出特性曲线和转移特性曲线

5. 各种场效应管特性比较

从前面的分析可以看出，结型场效应管工作时，PN结必须反偏，且反偏电压不能超过夹断电压；绝缘栅型场效应管工作时，必须保证沟道开启。在不考虑击穿区的情况下可知，只要导电沟道被完全夹断，管子就工作在截止区。如果靠近源极处的沟道没有被夹断，则管子工作在恒流区或可变电阻区。判别管子工作在恒流区或可变电阻区的关键是看漏极处的沟道是否被夹断。因此判别方法是看栅极和漏极所加的电压 $u_{GD}=u_{GS}-u_{DS}$，是否使靠近漏极的沟道被夹断，如果夹断，则工作在恒流区，反之，工作在可变电阻区。表4.1给出了场效应管各个工作区间的电压关系。

表4.1　场效应管各个工作区间的电压关系

类　型	截 止 区	可变电阻区	恒 流 区
N沟道JFET	$u_{GS}<U_{GS(off)}$	$U_{GS(off)}<u_{GS}<0$ $u_{DS}\leqslant u_{GS}-U_{GS(off)}$	$U_{GS(off)}<u_{GS}<0$ $u_{DS}>u_{GS}-U_{GS(off)}$
P沟道JFET	$u_{GS}>U_{GS(off)}$	$U_{GS(off)}>u_{GS}>0$ $u_{DS}\geqslant u_{GS}-U_{GS(off)}$	$U_{GS(off)}>u_{GS}>0$ $u_{DS}<u_{GS}-U_{GS(off)}$
N沟道增强型MOSFET	$u_{GS}<U_{GS(th)}$	$u_{GS}>U_{GS(th)}$ $u_{DS}\leqslant u_{GS}-U_{GS(th)}$	$u_{GS}>U_{GS(th)}$ $u_{DS}>u_{GS}-U_{GS(th)}$
N沟道耗尽型MOSFET	$u_{GS}<U_{GS(off)}$	$u_{GS}>U_{GS(off)}$ $u_{DS}\leqslant u_{GS}-U_{GS(off)}$	$u_{GS}>U_{GS(off)}$ $u_{DS}>u_{GS}-U_{GS(off)}$
P沟道增强型MOSFET	$u_{GS}>U_{GS(th)}$	$u_{GS}<U_{GS(th)}$ $u_{DS}\geqslant u_{GS}-U_{GS(th)}$	$u_{GS}<U_{GS(th)}$ $u_{DS}<u_{GS}-U_{GS(th)}$
P沟道耗尽型MOSFET	$u_{GS}>U_{GS(off)}$	$u_{GS}<U_{GS(off)}$ $u_{DS}\geqslant u_{GS}-U_{GS(off)}$	$u_{GS}<U_{GS(off)}$ $u_{DS}<u_{GS}-U_{GS(off)}$

为了便于读者分析，表4.2给出了各种场效应管的符号和特性曲线。

表4.2　各种场效应管的符号和特性曲线

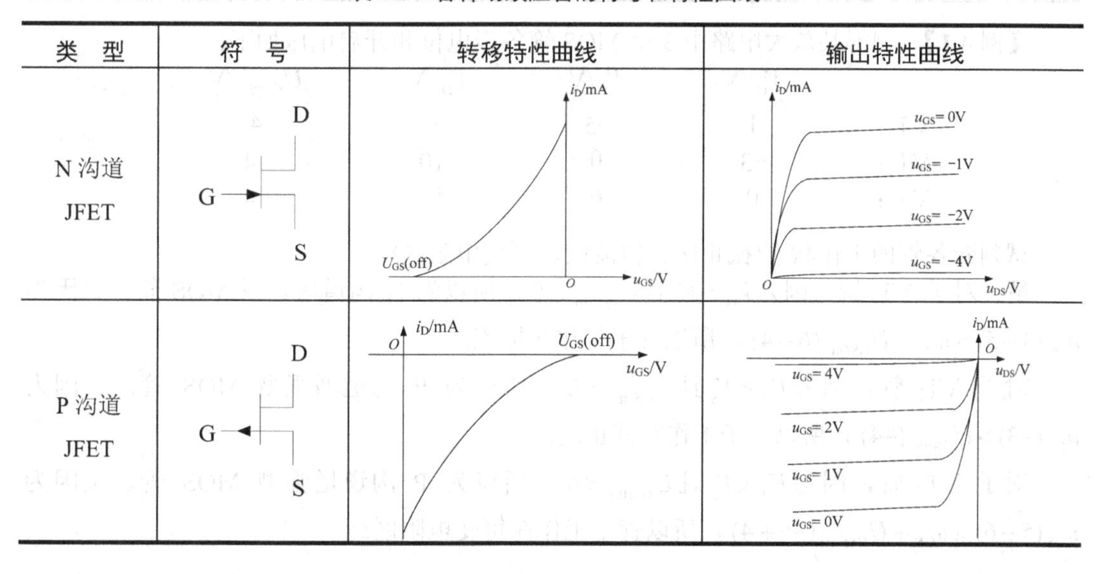

续表

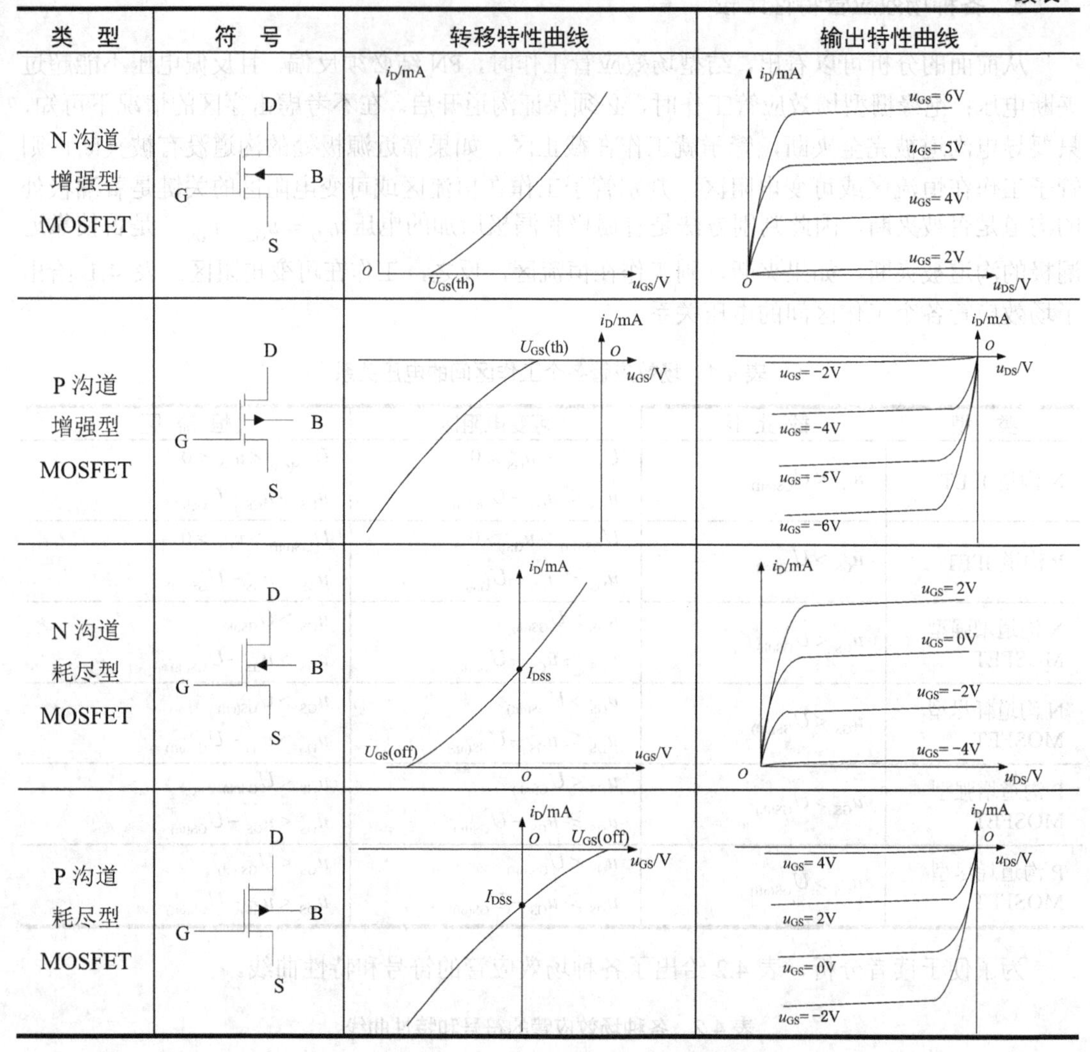

类　型	符　号	转移特性曲线	输出特性曲线
N 沟道增强型 MOSFET	D, G, B, S	i_D/mA, O, $U_{GS(th)}$, u_{GS}/V	i_D/mA, u_{GS}= 6V, u_{GS}= 5V, u_{GS}= 4V, u_{GS}= 2V, O, u_{DS}/V
P 沟道增强型 MOSFET	D, G, B, S	i_D/mA, $U_{GS(th)}$, O, u_{GS}/V	i_D/mA, O, u_{DS}/V, u_{GS}= −2V, u_{GS}= −4V, u_{GS}= −5V, u_{GS}= −6V
N 沟道耗尽型 MOSFET	D, G, B, S	i_D/mA, I_{DSS}, $U_{GS(off)}$, u_{GS}/V, O	i_D/mA, u_{GS}= 2V, u_{GS}= 0V, u_{GS}= −2V, u_{GS}= −4V, O, u_{DS}/V
P 沟道耗尽型 MOSFET	D, G, B, S	i_D/mA, O, $U_{GS(off)}$, u_{GS}/V, I_{DSS}	i_D/mA, O, u_{DS}/V, u_{GS}= 4V, u_{GS}= 2V, u_{GS}= 0V, u_{GS}= −2V

【例 4.1】 测得某放大电路中 3 个 MOS 管各极电位和开启电压如下：

	V_G/V	V_S/V	V_D/V	$U_{GS(th)}$/V
VT_1:	1	−5	3	4
VT_2:	−3	0	−10	−4
VT_3:	0	6	5	−4

试判断各管的工作状态(截止区、恒流区、可变电阻区)。

解： 对于 VT_1 管，因为 $V_D > V_S$ 且 $U_{GS(th)} > 0$，所以为 N 沟道增强型 MOS 管。又因为 $u_{DS}(3+5) > u_{GS} - U_{GS(th)}(6-4)$，所以管子工作在恒流区。

对于 VT_2 管，因为 $V_D < V_S$ 且 $U_{GS(th)} < 0$，所以为 P 沟道增强型 MOS 管。又因为 $u_{GS}(-3) > U_{GS(th)}(-4)$，所以管子工作在截止区。

对于 VT_3 管，因为 $V_D < V_S$ 且 $U_{GS(th)} < 0$，所以为 P 沟道增强型 MOS 管。又因为 $u_{DS}(5-6) > u_{GS} - U_{GS(off)}(-6+4)$，所以管子工作在可变电阻区。

【例 4.2】 N 沟道增强型 MOSFET 的 $U_{GS(th)}=2V$，当 $u_{DS}=0.5V$，$u_{GS}=3V$，$i_D=1mA$ 时，试问该管子工作在什么区？此时，漏源间的电阻 r_{dso} 为多少？

解：因为 $u_{GS}>U_{GS(th)}$，$u_{DS}<u_{GS}-U_{GS(th)}$，所以管子工作在可变电阻区。此时 u_{GS} 一定且 u_{DS} 不大，r_{dso} 可以看成常数，故

$$r_{dso}=\left.\frac{u_{DS}}{i_D}\right|_{u_{GS}=\text{常量}}=\frac{0.5}{1mA}=500\Omega$$

【例 4.3】 设图 4.17 中管子的 $I_{DSS}=3mA$，$U_{GS(off)}=-5V$，试问管子的工作状态。

解：由图 4.17 可知，该管子为 N 沟道结型场效应管，$u_{GS}=-2V$。因为 $u_{GS}>U_{GS(off)}$，所以管子工作在恒流区或可变电阻区。

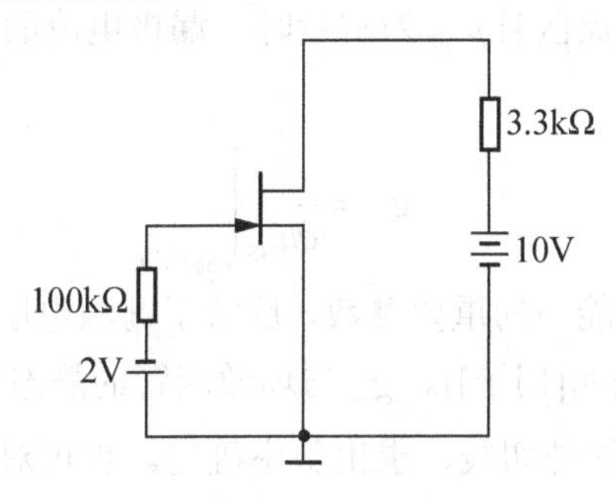

图 4.17 例 4.3 电路图

假设管子工作在恒流区，由式(4.11)可得

$$i_D=K_n(u_{GS}-U_{GS(off)})^2\approx I_{DSS}\left(1-\frac{u_{GS}}{U_{GS(off)}}\right)^2=3\times\left[1-\left(\frac{-2}{-5}\right)\right]^2=1.08mA$$

则 $u_{DS}=10-3.3\times1.08=6.436V>u_{GS}-U_{GS(off)}$，假设成立，所以管子工作在恒流区。

4.1.4 场效应管的主要参数

1. 直流参数

1) 开启电压 $U_{GS(th)}$

开启电压是增强型 MOS 管的参数，是指在 u_{DS} 为一常量(如 10V)时，使漏源间刚刚导通，i_D 等于一个微小的电流(如 50μA)时，栅源间所加的电压。对于 N 沟道增强型 MOS 管，$U_{GS(th)}>0$，当 $u_{GS}>U_{GS(th)}$ 时，场效应管导通；对于 P 沟道增强型 MOS 管，$U_{GS(th)}<0$，当 $u_{GS}<U_{GS(th)}$ 时，场效应管导通。

2) 夹断电压 $U_{GS(off)}$

夹断电压是耗尽型和结型场效应管的参数，是指在 u_{DS} 为一常量(如 10V)时，使漏源间截止，i_D 等于一个微小的电流(如 20μA)时，栅源间所加的电压。对于 N 沟道 MOS 管，$U_{GS(off)}<0$，当 $u_{GS}<U_{GS(off)}$ 时，场效应管截止；对于 P 沟道 MOS 管，$U_{GS(off)}>0$，当 $u_{GS}>U_{GS(off)}$ 时，场效应管截止。

3) 漏极饱和电流 I_{DSS} 和 I_{DO}

I_{DSS} 是耗尽型 MOS 管和 JFET 的参数，是当 $u_{GS}=0$ 时所对应的漏极电流。I_{DO} 是增强 MOS 管的参数，是当 $u_{GS}=2U_{GS(th)}$ 时所对应的漏极电流。

4) 直流输入电阻 R_{GS}

直流输入电阻是指在漏源之间短路的条件下，栅源电压与栅极电流之比。对于 JFET，栅源反偏时 R_{GS} 大于 $10^7\Omega$，对于 MOSFET 可达 10^9～$10^{15}\Omega$。

2．交流参数

1) 低频跨导 g_m

g_m 定义为管子工作在恒流区且 u_{DS} 为常量时，漏极电流的微变量和引起这个变化的栅源电压的微变量之比，即

$$g_m=\left.\frac{\partial i_D}{\partial u_{GS}}\right|_{u_{DS}=常量} \tag{4.12}$$

g_m 是衡量场效应管放大能力的重要参数，反映了栅源电压对漏极电流的控制能力，单位为 mS(毫西[门子])或 μS(微西[门子])。g_m 与场效应管的静态工作点 Q 有关，可以用图解法在转移特性曲线上作出 Q 的外切线，求出斜率确定。也可对式(4.5)、式(4.7)求导得出。

对于增强型 MOS 管

$$g_m=\left.\frac{\partial i_D}{\partial u_{GS}}\right|_{u_{DS}}=\left.\frac{\partial K_n(u_{GS}-U_{GS(th)})^2}{\partial u_{GS}}\right|_{u_{DS}}=2K_n(u_{GS}-U_{GS(th)})=\frac{2}{\left|U_{GS(th)}\right|}\sqrt{I_{DO}i_D} \tag{4.13}$$

对于 JFET 和耗尽型 MOS 管，有

$$g_m=\left.\frac{\partial i_D}{\partial u_{GS}}\right|_{u_{DS}=常量}=\frac{2}{\left|U_{GS(off)}\right|}\sqrt{I_{DSS}i_D} \tag{4.14}$$

2) 输出电阻 r_{ds}

r_{ds} 定义为管子工作在恒流区且 u_{GS} 为常量时，u_{DS} 的变化量与 i_D 的变化量之比，即

$$r_{ds}=\left.\frac{\partial u_{DS}}{\partial i_D}\right|_{u_{GS}=常量} \tag{4.15}$$

输出电阻 r_{ds} 反映了 u_{DS} 对 i_D 的影响，是输出特性曲线某一点上切线斜率的倒数。对于 N 沟道增强型 MOS 管，将式(4.6)代入式(4.15)可得

$$r_{ds}=\left.\frac{\partial u_{DS}}{\partial i_D}\right|_{u_{GS}=常量}=\frac{1}{\lambda K_n(u_{GS}-U_{GS(th)})^2}=\frac{1}{\lambda i_D} \tag{4.16}$$

在恒流区，由于 i_D 几乎不随 u_{DS} 的变化而变化，r_{ds} 较大，通常在几十千欧到几百千欧之间。当 $\lambda=0$，不考虑沟道调制效应时，$r_{ds}\to\infty$。

3) 极间电容

场效应管的 3 个极之间均存在极间电容。通常，栅源电容 C_{gs} 和栅漏电容 C_{gd} 主要由 PN 结的势垒电容组成，约为 1～3pF。漏源电容 C_{ds} 主要由封装电容和引线电容组成，约为 0.1～

1pF。在高频电路中，应考虑极间电容的影响，再确定管子的上限工作频率。

3．极限参数

1)　最大漏极电流 I_{DM}

I_{DM} 是管子正常工作时漏极电流允许的最大值。

2)　最大耗散功率 P_{DM}

P_{DM} 是场效应管性能正常时所允许的最大漏源耗散功率。可由 $P_{DM}=u_{DS}\cdot i_D$ 决定，受管子的最高工作温度限制。

3)　最大漏源电压 $U_{BR(DS)}$

$U_{BR(DS)}$ 是指发生雪崩击穿，i_D 开始急剧上升时的 u_{DS} 值。

4)　最大栅源电压 $U_{BR(GS)}$

$U_{BR(GS)}$ 是指栅源间反向电流急剧增大时的 u_{GS}。对于 MOS 管，它是使二氧化硅绝缘层击穿的电压；对于 JFET，它是使 PN 结反向击穿的电压。

4.2　场效应管放大电路

场效应管放大电路的组成原则与晶体管相同：要求有合适的静态工作点，使输出信号波形不失真且信号幅度足够大。与晶体管放大电路类似，场效应管放大电路也有共源、共漏、共栅三种基本组态，分别与晶体管的共射、共集、共基三种组态对应。场效应管放大电路的分析方法也和晶体管基本相同，分为直流分析和交流分析，每种分析又均可采用等效电路法和图解法进行。下面以共源极放大电路为例，说明场效应管的直流偏置电路与分析方法。

4.2.1　场效应管的直流偏置电路与静态分析

场效应管设置的静态工作点 Q 必须保证在信号的整个周期内，场效应管都工作在恒流区。由于场效应管是电压控制器件，因此放大电路要求建立合适的偏置电压，而不要求偏置电流。不同类型的场效应管的伏安特性有差异，因此对偏置电路的要求也不同。JFET 必须反极性偏置，即 U_{GS} 和 U_{DS} 极性相反；增强型 MOS 管的 U_{GS} 和 U_{DS} 必须同极性偏置；耗尽型 MOS 管的 U_{GS} 可正偏、零偏或反偏。因此，JFET 和耗尽型 MOS 管通常采用自给偏置和分压式偏置电路，而增强型 MOS 管通常采用分压式偏置电路。

1．自给偏置电路

自给偏置就是通过耗尽型场效应管本身的源极电流来产生栅极所需的偏置电压，如图 4.18 所示。将信号源置零，电容视为开路，可画出其直流通路，如图 4.19 所示。

由图 4.19 可知，由于静态时栅极电流为零，故流过 R_G 的电流为零，栅极电压 $U_G=0\text{V}$，源极电流流过 R 时产生压降，故 $U_{GS}=-I_DR<0$，栅源之间获得了负偏置电压。显然，N 沟道增强型 MOS 管不能采用自给偏置的形式，因为其必须在栅源电压正偏的条件下工作。

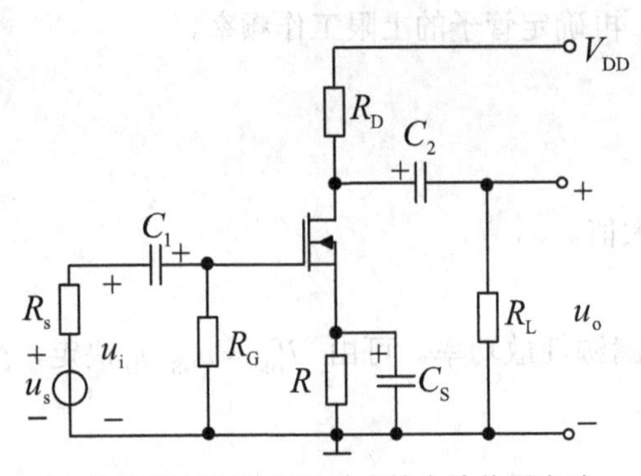

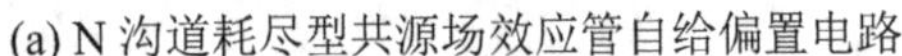
(a) N 沟道耗尽型共源场效应管自给偏置电路

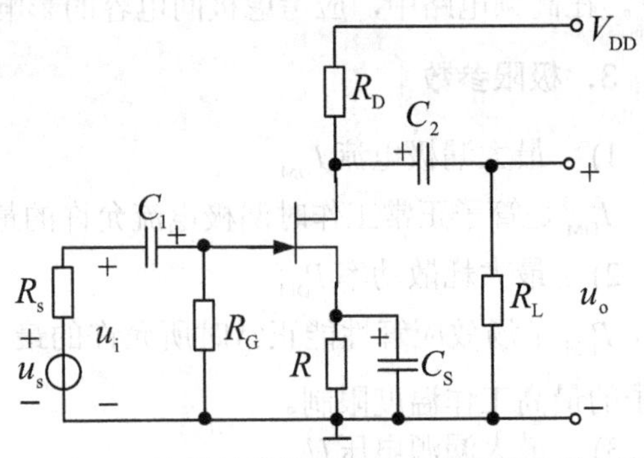

(b) N 沟道结型共源场效应管自给偏置电路

图 4.18　共源场效应管自给偏置电路

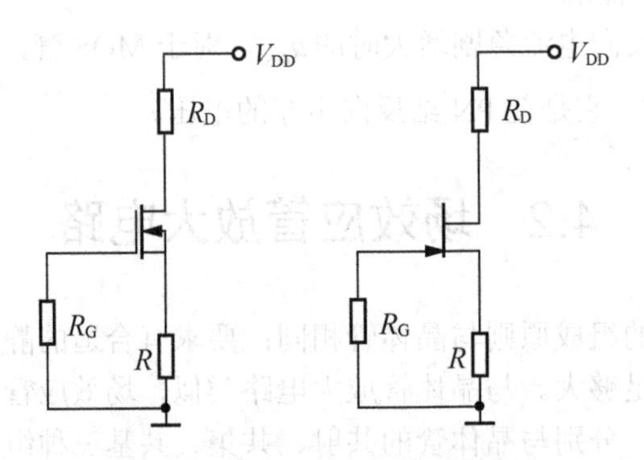

图 4.19　图 4.18 电路的直流通路

由于场效应管的直流输入电阻 R_{GS} 非常大， $I_G \approx 0$ ，所以场效应管的静态工作点包括 U_{GSQ} 、 U_{DSQ} 和 I_{DQ} 的数值，可用计算法和图解法确定。

1)　计算法

计算法和双极型晶体管类似，利用回路方程和场效应管的特性方程共同求解。耗尽型 MOS 管和结型场效应管的电流方程可由式(4.10)确定，当其工作在恒流区时，电流方程可简化为式(4.11)。而场效应管的静态分析就是要确保管子工作在恒流区，因此，一般先假设管子工作在恒流区，确定出 U_{GSQ} 、 U_{DSQ} 和 I_{DQ} ，最后再验证假设成立，前面的分析正确。具体步骤如下。

(1)　列出输入回路电压方程。由图 4.19 可得

$$U_{GSQ} = U_G - U_S = -I_{DQ}R \tag{4.17}$$

(2)　假设管子工作在恒流区，由耗尽型场效应管的电流方程可得

$$I_{DQ} = I_{DSS}\left(1 - \frac{U_{GSQ}}{U_{GS(off)}}\right)^2 \tag{4.18}$$

(3)　列出输出回路电压方程。由图 4.19 可得

$$U_{DSQ} = V_{DD} - I_{DQ}(R_D + R) \tag{4.19}$$

将式(4.17)～式(4.19)联立方程组，可以解出静态工作点 $Q(U_{GSQ}$ 、 U_{DSQ} 、 $I_{DQ})$。

(4) 验证假设是否成立。对于 N 沟道耗尽型场效应管，若$U_{DSQ} > U_{GSQ} - U_{GS(off)}$，管子工作在恒流区，假设成立。否则，管子可能工作在可变电阻区，用式(4.10)代替式(4.18)重新假设计算。

【例 4.4】 一个结型场效应管放大电路如图 4.18(b)所示。已知$I_{DSS} = 4\text{mA}$，$U_{GS(off)} = -4\text{V}$，$R_G = 1\text{M}\Omega$，$R = 2\text{k}\Omega$，$R_D = 2\text{k}\Omega$，$R_L = 2\text{K}\Omega$，$V_{DD} = 20\text{V}$。电容的容量足够大，求静态工作点$Q(U_{GSQ}$、U_{DSQ}、$I_{DQ})$。

解： 由图 4.19 可知

$$U_{GSQ} = U_G - U_S = -I_{DQ}R = -I_{DQ} \times 2000$$

假设管子工作在恒流区，则

$$I_{DQ} = I_{DSS}\left(1 - \frac{U_{GSQ}}{U_{GS(off)}}\right)^2 = 0.004 \times \left(1 - \frac{I_{DQ} \times 2000}{4}\right)^2$$

解得合理解，$I_{DQ} = 1\text{mA}$，$U_{GSQ} = -2\text{V}$。

$$U_{DSQ} = V_{DD} - I_{DQ}(R_D + R) = 20\text{V} - 1 \times 4\text{V} = 16\text{V}$$

因为$U_{DSQ} > U_{GSQ} - U_{GS(off)}$$(16 > -2 + 4)$，管子工作在恒流区，假设成立。

所以静态工作点$U_{GSQ} = -2\text{V}$，$U_{DSQ} = 16\text{V}$，$I_{DQ} = 1\text{mA}$。

2) 图解法

首先，根据式(4.19)利用截矩法，在图 4.20(a)上作出直流负载线 *AB*。其次，将直流负载线 *AB* 与 u_{GS} 交点处的坐标值逐点转移到 $u_{GS} - i_D$ 坐标上，得到对应的转移特性曲线 *CD*，如图 4.20(b)所示。最后，根据式(4.17)，在转移特性曲线 *CD* 上，过原点作斜率为$-1/R$的直线 *OE*，它与 *CD* 的交点，即为 *Q*。

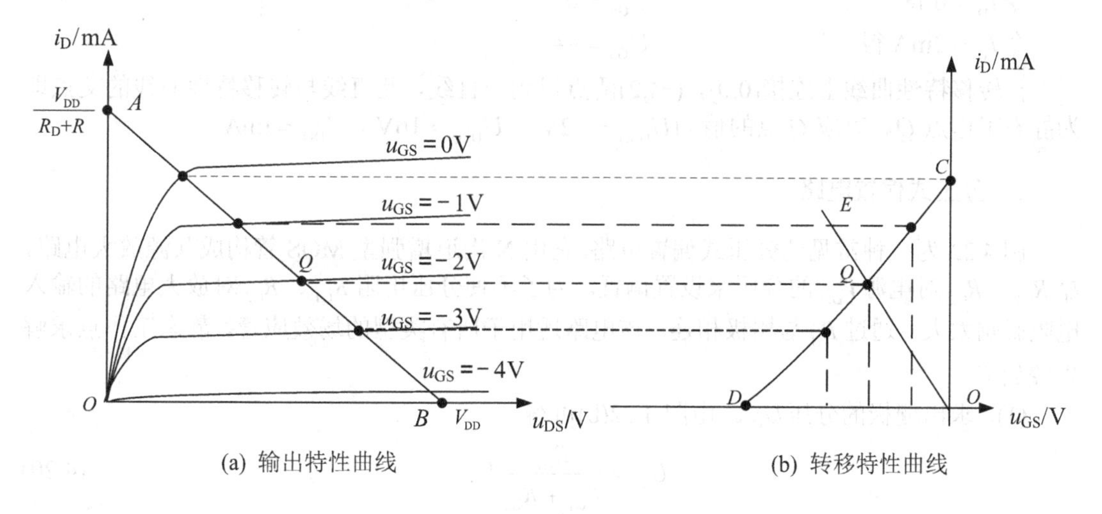

图 4.20 图解法分析静态工作点

【例 4.5】 一个结型场效应管放大电路如图 4.18(b)所示，其中结型场效应管的输出特性曲线如图 4.21 所示。已知$R = 2\text{k}\Omega$，$R_D = 2\text{k}\Omega$，$V_{DD} = 20\text{V}$。试用图解法分析静态工作点$Q(U_{GSQ}$、U_{DSQ}、$I_{DQ})$。

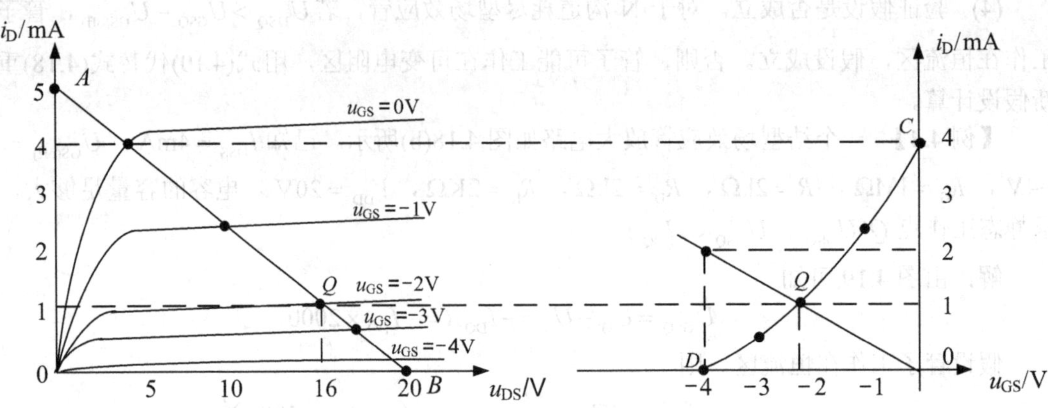

图 4.21　例 4.5 特性曲线图

解：(1)　作直流负载线。

$$U_{DS} = V_{DD} - I_D(R_D + R)$$

令 $U_{DS} = 0$ 得　　$I_D = \dfrac{V_{DD}}{R_D + R} = \dfrac{20}{4}\text{mA} = 5\text{mA}$

令 $I_D = 0$ 得　　$U_{DS} = V_{DD} = 20\text{V}$

在输出特性曲线上连接(20,0)，(0,5)得到直流负载线 AB。

(2)　将直流负载线 AB 与 u_{GS} 交点处的坐标值逐点转移到 $u_{GS} - i_D$ 坐标上，得到对应的转移特性曲线 CD。

(3)　在转移特性曲线上作出 $U_{GS} = -I_{DQ}R$ 的直线。

令 $I_D = 0$ 得　　$U_{GS} = 0$

令 $I_D = 2\text{mA}$ 得　　$U_{GS} = -4\text{V}$

在转移特性曲线上连接(0,0)，(−4,2)两点得到一直线，此直线与转移特性曲线的交点即为静态工作点 Q。对应 Q 点的值为 $U_{GSQ} = -2\text{V}$，$U_{DSQ} = 16\text{V}$，$I_{DQ} = 1\text{mA}$。

2．分压式偏置电路

图 4.22 为一种常见的分压式偏置电路，它由 N 沟道增强型 MOS 管构成共源放大电路，靠 R_{G1}、R_{G2} 对电源 V_{DD} 的分压来设置偏置。为了不使分压电阻 R_{G1}、R_{G2} 对放大电路的输入电阻影响太大，通过 R_G 与栅极相连。该电路适用于所有类型的场效应管。静态工作点求解步骤如下。

(1)　求出栅极的分压 U_G。由图 4.22(b)可得

$$U_G = \frac{R_{G1}}{R_{G1} + R_{G2}} V_{DD} \tag{4.20}$$

(2)　列出输入回路电压方程。由图 4.22(b)可得

$$U_{GSQ} = U_G - U_S = \frac{R_{G1}}{R_{G1} + R_{G2}} V_{DD} - I_{DQ}R \tag{4.21}$$

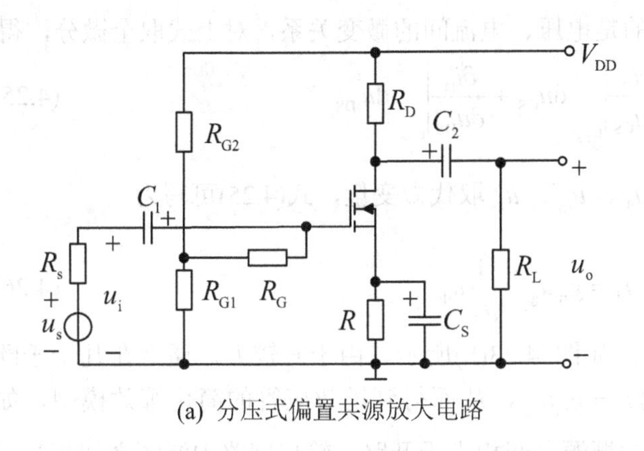

(a) 分压式偏置共源放大电路

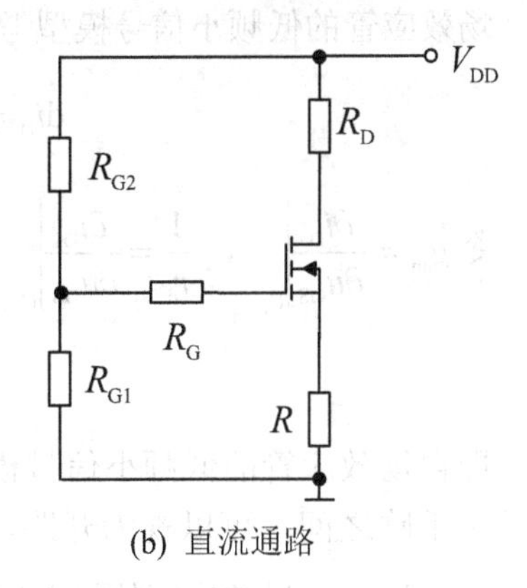

(b) 直流通路

图 4.22 分压式偏置共源放大电路

(3) 假设管子工作在恒流区，由增强型场效应管的电流方程可得

$$I_{DQ} = K_n(U_{GSQ} - U_{GS(th)})^2 = I_{DO}\left(\frac{U_{GSQ}}{U_{GS(th)}} - 1\right)^2 \tag{4.22}$$

(4) 列出输出回路电压方程。由图 4.22(b)可得

$$U_{DSQ} = V_{DD} - I_{DQ}(R_D + R) \tag{4.23}$$

将式(4.20)～式(4.23)联立方程组，可以解出静态工作点 $Q(U_{GSQ}$、U_{DSQ}、$I_{DQ})$。

(5) 验证假设是否成立。对于 N 沟道增强型场效应管，若 $U_{DSQ} > U_{GSQ} - U_{GS(th)}$，管子工作在恒流区，假设成立。否则，管子可能工作在可变电阻区，用式(4.1)代替式(4.22)重新假设计算。

图解法的分析与自给偏置电路相同，只是当 $I_D = 0$ 时，U_{GS} 不为零，而为

$$U_{GS} = \frac{R_{G1}}{R_{G1} + R_{G2}} V_{DD}$$

4.2.2 场效应管的动态分析

场效应管放大电路也有共源、共漏、共栅三种基本组态，分别与晶体管的共射、共集、共基三种组态对应。动态分析可采用图解法和微变等效电路法两种，其中图解法与晶体管类似，在输出特性曲线的交流负载线上分析，这里不再赘述。下面重点介绍场效应管的低频小信号模型(微变等效电路)。

1. 场效应管的低频小信号模型

同晶体管的 H 参数等效模型分析相同，也可将场效应管看成一个双口网络，分别用 u_{GS}、i_G 和 u_{DS}、i_D 表示输入、输出端口间的电压、电流。由于场效应管栅源之间的输入电阻非常大，$i_G \approx 0$，故可视为输入端开路，只存在输入电压，如图 4.23(a)所示。则场效应管的漏极电流 i_D 与栅源电压 u_{GS}、漏源电压 u_{DS} 存在如下关系：

$$i_D = f(u_{GS}, u_{DS}) \tag{4.24}$$

场效应管的低频小信号模型考虑的是电压、电流间的微变关系，对上式取全微分，得

$$\mathrm{d}i_{\mathrm{D}}=\left.\frac{\partial i_{\mathrm{D}}}{\partial u_{\mathrm{GS}}}\right|_{U_{\mathrm{DS}}}\mathrm{d}u_{\mathrm{GS}}+\left.\frac{\partial i_{\mathrm{D}}}{\partial u_{\mathrm{DS}}}\right|_{U_{\mathrm{GS}}}\mathrm{d}u_{\mathrm{DS}} \tag{4.25}$$

令 $g_{\mathrm{m}}=\left.\frac{\partial i_{\mathrm{D}}}{\partial u_{\mathrm{GS}}}\right|_{U_{\mathrm{DS}}}$，$\frac{1}{r_{\mathrm{d}}}=\left.\frac{\partial i_{\mathrm{D}}}{\partial u_{\mathrm{DS}}}\right|_{U_{\mathrm{GS}}}$，$i_{\mathrm{d}}$、$u_{\mathrm{gs}}$、$u_{\mathrm{ds}}$ 取代微变量，式(4.25)可写为

$$i_{\mathrm{d}}=g_{\mathrm{m}}u_{\mathrm{gs}}+\frac{1}{r_{\mathrm{d}}}u_{\mathrm{ds}} \tag{4.26}$$

即得场效应管的低频小信号模型，如图 4.23(b)所示。由于 r_{d} 较大，通常在几十千欧到几百千欧之间，可以视为开路，则 $i_{\mathrm{d}}=g_{\mathrm{m}}u_{\mathrm{gs}}$，从而得到场效应管的简化等效模型，如图 4.23(c)所示。场效应管的输入回路中栅源之间相当于开路，输出回路中漏源之间相当于一个受控电流源。

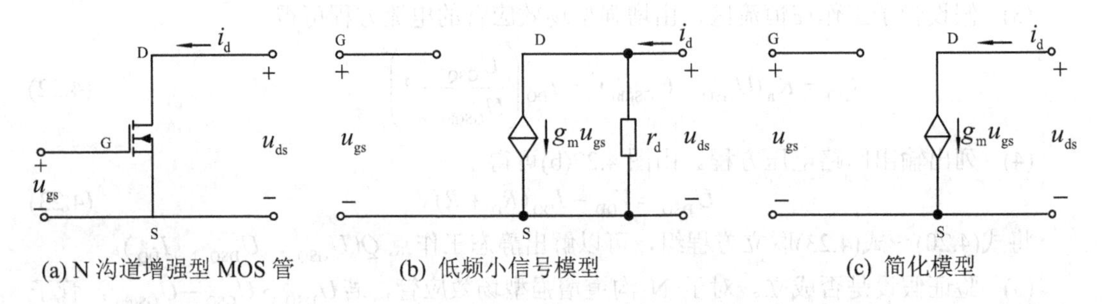

(a) N 沟道增强型 MOS 管　(b) 低频小信号模型　(c) 简化模型

图 4.23　场效应管的低频小信号模型

其中 g_{m} 为场效应管的低频跨导，反映了栅源电压对漏极电流的控制能力，是衡量场效应管放大能力的重要参数，单位为 mS(毫西[门子])或μS(微西[门子])。

对于增强型 MOS 管，有

$$g_{\mathrm{m}}=\left.\frac{\partial i_{\mathrm{D}}}{\partial u_{\mathrm{GS}}}\right|_{U_{\mathrm{DS}}}=2K_{\mathrm{n}}(u_{\mathrm{GS}}-U_{\mathrm{GS(th)}})=\frac{2}{\left|U_{\mathrm{GS(th)}}\right|}\sqrt{I_{\mathrm{DO}}i_{\mathrm{D}}}$$

小信号作用时，可用静态工作点 U_{GSQ}、I_{DQ} 近似来求，即

$$g_{\mathrm{m}}\approx 2K_{\mathrm{n}}(U_{\mathrm{GSQ}}-U_{\mathrm{GS(th)}})=\frac{2}{\left|U_{\mathrm{GS(th)}}\right|}\sqrt{I_{\mathrm{DO}}I_{\mathrm{DQ}}} \tag{4.27}$$

对于 JFET 和耗尽型 MOS 管，有

$$g_{\mathrm{m}}\approx\frac{2}{\left|U_{\mathrm{GS(off)}}\right|}\sqrt{I_{\mathrm{DSS}}I_{\mathrm{DQ}}} \tag{4.28}$$

2．共源基本放大电路

场效应管放大电路的动态分析同晶体管，分析时先将交流通路(电容视为短路，直流电源等效接地)中的场效应管用小信号模型替换，再根据得到的微变等效电路求出电压放大倍数 A_{u}、输入电阻 R_{i} 和输出电阻 R_{o}。

图 4.22 所示放大电路的微变等效电路如图 4.24 所示。

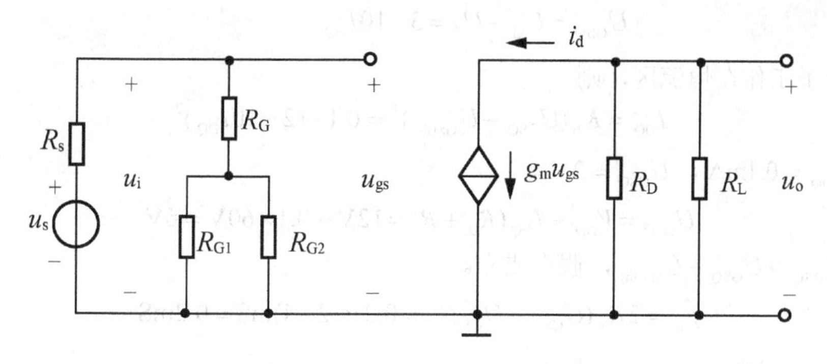

图 4.24　图 4.22 所示电路的微变等效电路

1)　电压放大倍数 A_u

由等效电路可得

$$u_o = -g_m u_{gs}(R_D // R_L)\text{，}\quad u_i = u_{gs}$$

根据电压增益的定义，有

$$A_u = \frac{u_o}{u_i} = -\frac{g_m u_{gs}(R_D // R_L)}{u_{gs}} = -g_m(R_D // R_L) \tag{4.29}$$

由式(4.29)可知，与共射放大电路类似，共源放大电路的输入与输出反相。

2)　输入电阻 R_i

$$R_i = \frac{u_i}{i_i} = R_G + R_{G1} // R_{G2} \tag{4.30}$$

由式(4.30)可知，虽然场效应管具有输入电阻近似无穷大的特点，但场效应管放大电路的输入电阻并不一定很大。

3)　输出电阻 R_o

根据加压求流法可得

$$R_o = \left.\frac{u_t}{i_t}\right|_{u_s=0, R_L=\infty} = R_D \tag{4.31}$$

根据以上分析可知，共源放大电路与共射极放大电路类似，输入与输出反相。但它的电压放大能力不如共射极放大电路，输入电阻要比共射极放大电路大得多，两者的应用场合基本相同。

【例 4.6】　已知一个场效应管的放大电路如图 4.22(a)所示。其中 $K_n = 0.1\text{mA/V}^2$，$U_{GS(th)} = 1\text{V}$，$R_G = 1\text{M}\Omega$，$R_{G1} = 50\text{k}\Omega$，$R_{G2} = 150\text{k}\Omega$，$V_{DD} = 12\text{V}$，$R = 10\text{k}\Omega$，$R_D = 50\text{k}\Omega$，$R_L = 50\text{k}\Omega$。电容的容量足够大，求电路的小信号电压增益 $A_u = u_o / u_i$、输入电阻 R_i 和输出电阻 R_o。

解： 先求静态工作点 Q。

由图 4.22(b)可得

$$U_G = \frac{R_{G1}}{R_{G1} + R_{G2}} V_{DD} = \frac{50}{50+150} \times 12\text{V} = 3\text{V}$$

$$U_{GSQ}=U_G-U_S=3-10I_{DQ}$$

假设管子工作在恒流区，则

$$I_{DQ}=K_n(U_{GSQ}-U_{GS(th)})^2=0.1\times(2-10I_{DQ})^2$$

解得 $I_{DQ}=0.1\text{mA}$，$U_{GSQ}=2\text{V}$。

$$U_{DSQ}=V_{DD}-I_{DQ}(R_D+R)=12\text{V}-0.1\times60\text{V}=6\text{V}$$

显然 $U_{DSQ}>U_{GSQ}-U_{GS(th)}$，假设成立。

$$g_m=2K_n(U_{GSQ}-U_{GS(th)})=0.2\times(2-1)\text{mS}=0.2\text{mS}$$

由图 4.24 可得

$$A_u=\frac{u_o}{u_i}=-g_m(R_D\,//\,R_L)=-0.2\times25=-5$$

$$R_i=R_G+R_{G1}\,//\,R_{G2}=1000\text{k}\Omega+\frac{50\times150}{50+150}\text{k}\Omega\approx1.04\text{M}\Omega$$

$$R_o=R_D=50\text{k}\Omega$$

3．共漏基本放大电路

共漏放大电路及其微变等效电路如图 4.25 所示。

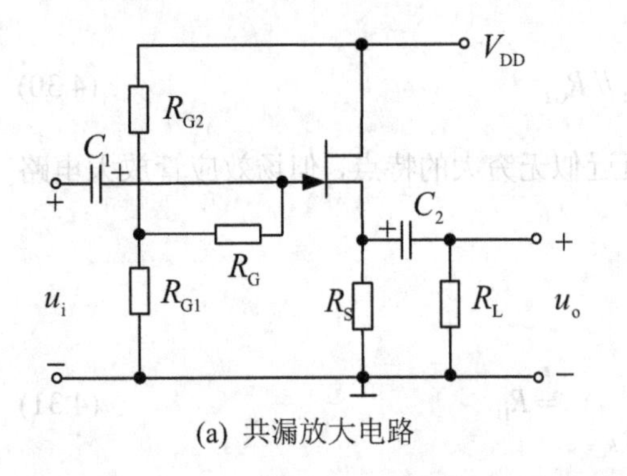

(a) 共漏放大电路

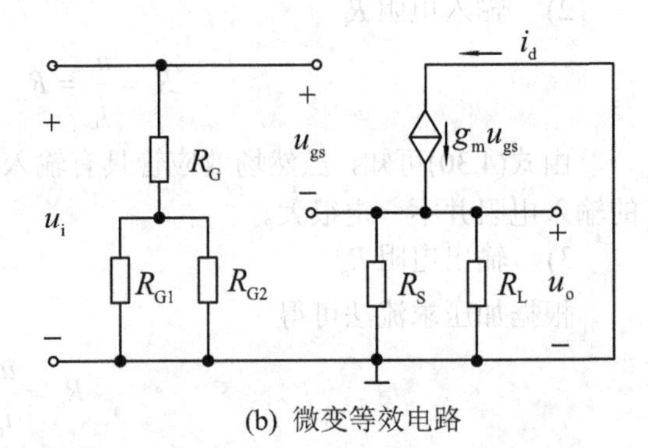

(b) 微变等效电路

图 4.25　共漏放大电路及其微变等效电路

1)　电压放大倍数 A_u

$$A_u=\frac{u_o}{u_i}=\frac{g_m u_{gs}(R_S\,//\,R_L)}{u_{gs}+g_m u_{gs}(R_S\,//\,R_L)}=\frac{g_m R_L'}{1+g_m R'}\approx1 \tag{4.32}$$

式中，$R_L'=R_S\,//\,R_L$。

2)　输入电阻 R_i

$$R_i=\frac{u_i}{i_i}=R_G+R_{G1}\,//\,R_{G2} \tag{4.33}$$

3)　输出电阻 R_o

令 $u_i=0$，$R_L=\infty$，并在输出端加一信号 u_t，将图 4.25(b)改为图 4.26 所示形式，可得

$$u_{gs} = -u_t$$

$$i_t = \frac{u_t}{R_S} - g_m u_{gs} = \frac{u_t}{R_S} + g_m u_t$$

$$R_o = \frac{u_t}{i_t} = R_S // \frac{1}{g_m} \tag{4.34}$$

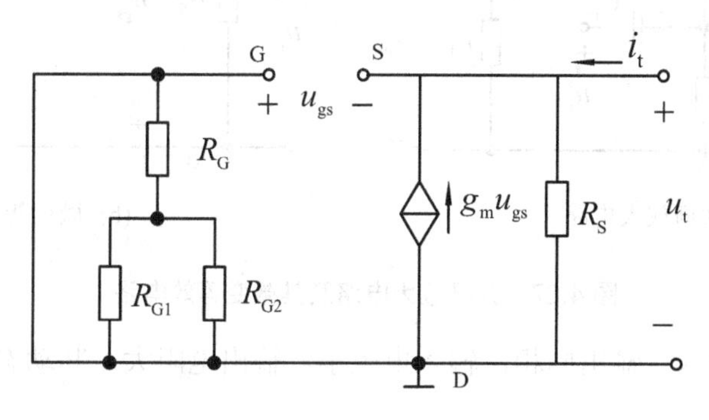

图 4.26 求 R_o 的等效电路

根据以上分析可知，共漏放大电路的输出电阻很小，与共集电极放大电路一样没有电压放大能力，故共漏放大电路又称为源极跟随器或源极输出器。

【例 4.7】 已知一个场效应管放大电路如图 4.25(a)所示。其中 $g_m = 5\text{mS}$，$R_G = 1\text{M}\Omega$，$R_{G1} = 50\text{k}\Omega$，$R_{G2} = 150\text{k}\Omega$，$V_{DD} = 12\text{V}$，$R_S = 10\text{k}\Omega$，$R_L = 50\text{k}\Omega$，求电路的小信号电压增益 $A_u = u_o / u_i$、输入电阻 R_i 和输出电阻 R_o。

解：

$$A_u = \frac{u_o}{u_i} = \frac{g_m(R_S // R_L)}{1 + g_m(R_S // R_L)} = \frac{5\times(10//50)}{1+5\times(10//50)} \approx 0.977$$

$$R_i = R_G + R_{G1} // R_{G2} = 1000 + \frac{50\times150}{50+150} \approx 1.04\text{M}\Omega$$

$$R_o = R_S // \frac{1}{g_m} = 10000 // \frac{1}{0.005} \approx 200\Omega$$

4．共栅基本放大电路

共栅放大电路及其微变等效电路如图 4.27 所示。

1) 电压放大倍数 A_u

$$A_u = \frac{u_o}{u_i} = \frac{-g_m u_{gs}(R_D // R_L)}{-u_{gs}} = g_m(R_D // R_L) \tag{4.35}$$

2) 输入电阻 R_i

$$R_i = \frac{u_i}{i_i} = \frac{-u_{gs}}{-\frac{u_{gs}}{R_S} - g_m u_{gs}} = \frac{1}{\frac{1}{R_S} + g_m} = R_S // \frac{1}{g_m} \tag{4.36}$$

3) 输出电阻 R_o

$$R_o = R_D \tag{4.37}$$

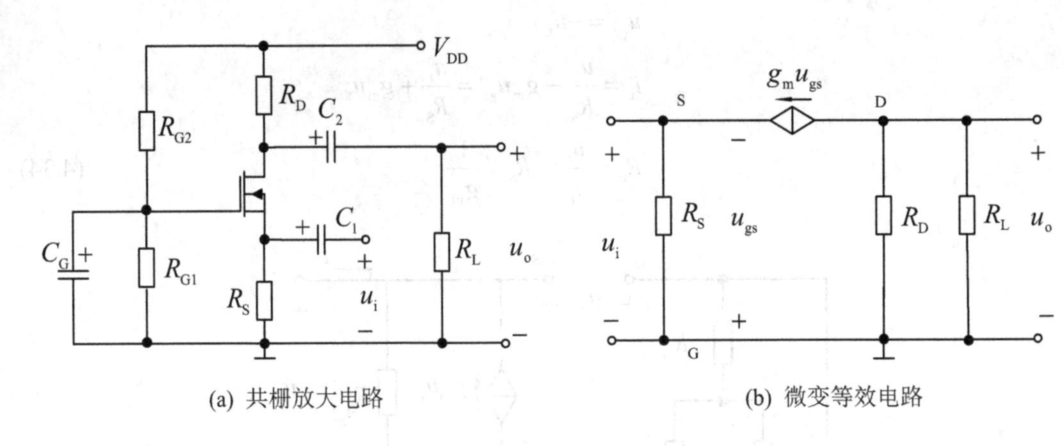

图 4.27 共栅放大电路及其微变等效电路

共栅放大电路输入、输出同相，输入电阻小，输出电阻大。其动态指标与晶体管共基极放大电路类似。

4.2.3 场效应管和晶体管放大电路的比较

场效应管与双极型晶体管相比，最突出的优点是可以组成高输入电阻的放大电路。此外它还具有体积小、功耗低、噪声小、热稳定性能好、易于集成等优点，广泛应用于各种电子电路中。表 4.3 所示为场效应管与晶体管的性能比较，表 4.4 所示为场效应管与晶体管基本放大电路的比较。

表 4.3 场效应管与晶体管的性能比较

	场效应管	晶 体 管
载流子极性	一种载流子参与导电的单极型器件	两种载流子同时参与导电的双极型器件
控制方式	电压控制	电流控制
类型	N 沟道和 P 沟道	NPN 和 PNP
输入电阻	10^7～$10^{15}\Omega$，很高	10^2～$10^4\Omega$，较低
输出电阻	r_{ds} 很高	r_{ce} 很高
放大参数	$g_m = 1$～ 5mS 较低	$\beta = 20$～ 200
热稳定性	好	差
制造工艺	简单、易于集成	较复杂
对应电极	G—S—D	B—E—C

表 4.4 场效应管场与晶体管的放大电路比较

	共源/共射极放大电路		共漏/共集极放大电路		共栅/共基极放大电路	
电路	V_{DD} R_{G2} R_D C_2 C_1 + u_i R_{G1} R_G R_S C_S R_L u_o + − −	V_{CC} R_{b1} R_c C_{b2} C_{b1} + u_i R_{b2} R_e C_i R_L u_o + − −	V_{DD} R_{G2} C_1 + u_i R_G R_{G1} C_2 R_S R_L u_o + − −	V_{CC} R_b C_{b1} + u_i C_{b2} R_e R_L u_o + − −	V_{DD} R_{G1} R_D C_2 C_G R_{G2} C_1 R_S u_i R_L u_o + − + −	V_{CC} R_{b1} R_c C_{b1} C_{b2} + u_i R_e R_{b2} C_B R_L u_o + − −
电压增益	$A_u=-g_m(R_D//R_L)$	$A_u=-\frac{\beta(R_C//R_L)}{r_{be}}$	$A_u=\frac{g_m(R_S//R_L)}{1+g_m(R_S//R_L)}\approx 1$	$A_u=\frac{(1+\beta)(R_e//R_L)}{r_{be}+(1+\beta)(R_e//R_L)}\approx 1$	$A_u=g_m(R_D//R_L)$	$A_u=\frac{\beta(R_C//R_L)}{r_{be}}$
输入电阻	$R_i=R_G+R_{G1}//R_{G2}$	$R_i=R_{b1}//R_{b2}//r_{be}$	$R_i=R_G+R_{G1}//R_{G2}$	$R_i=R_b//[r_{be}+(1+\beta)(R_e//R_L)]$	$R_i=R_S//\frac{1}{g_m}$	$R_i=R_e//\frac{r_{be}}{1+\beta}$
输出电阻	$R_o=R_D$	$R_o=R_c$	$R_o=R_S//\frac{1}{g_m}$	$R_o=R_e//\frac{r_{be}}{1+\beta}$	$R_o=R_D$	$R_o=R_c$
应用范围	电压增益高，适用于多级放大电路的中间级		输入电阻高，输出电阻低，可作阻抗变换，用于放大电路的输出级、缓冲级或输入级		输入电阻小，输入电容小，适用于高频、宽带电路	

4.3 场效应管放大电路的频率响应

4.3.1 场效应管的高频小信号模型

由于场效应管的 3 个电极之间均存在极间电容，其高频小信号模型与双极型晶体管相似，如图 4.28 所示。图中，C_{gs}、C_{gd}、C_{ds} 分别为栅源电容、栅漏电容和漏源电容。在 MOS 管中，衬底与源极相连，所以栅极和衬底间的电容 C_{gb} 可以归纳到 C_{gs} 中。

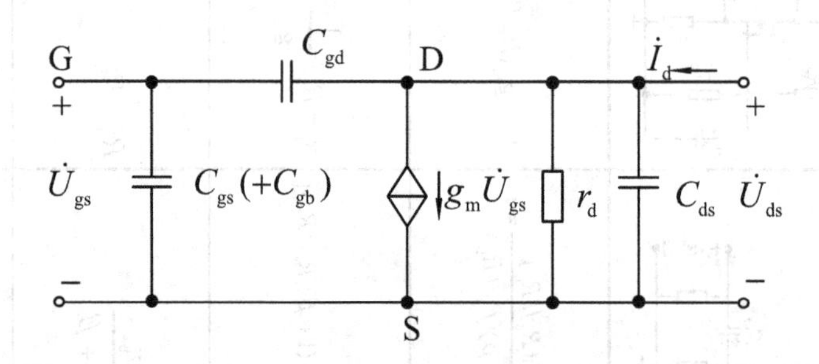

图 4.28 场效应管的高频小信号模型

场效应管放大电路的频率响应与晶体管放大电路的频率响应的分析方法和结果基本相似，这里重点介绍共源放大电路的频率响应。

4.3.2 场效应管放大电路的频率响应

将图 4.29(a)中的场效应管用高频小信号模型替换，忽略 r_d，耦合电容、旁路电容仍然视为短路，就得到场效应管放大电路的高频等效电路，如图 4.29(b)所示。

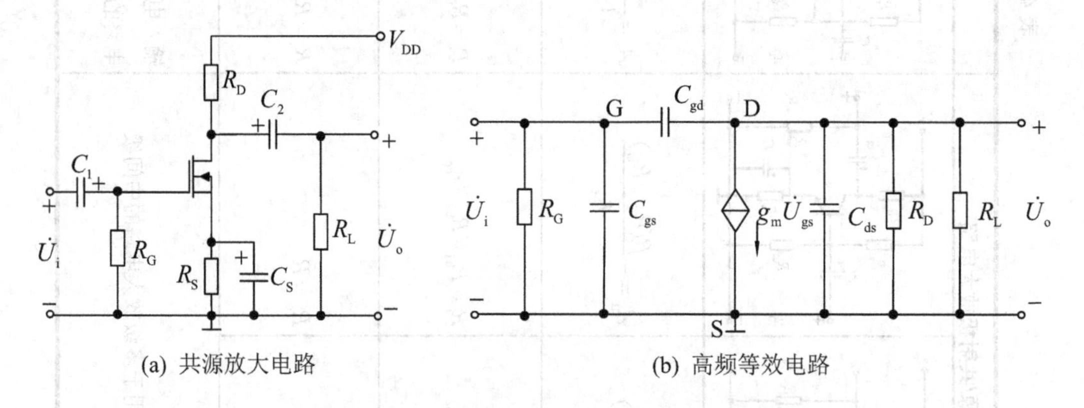

图 4.29 共源放大电路及其高频等效电路

为了便于分析，应用密勒定理将跨接在栅漏之间的电容 C_{gd} 进行单向化处理，分别等效为输入回路的 C_{M1} 和输出回路的 C_{M2}，如图 4.30 所示。其中

$$C_{M1} = C_{gd}[1 + g_m(R_D // R_L)] \tag{4.38}$$

$$C_{M2} \approx C_{gd} \tag{4.39}$$

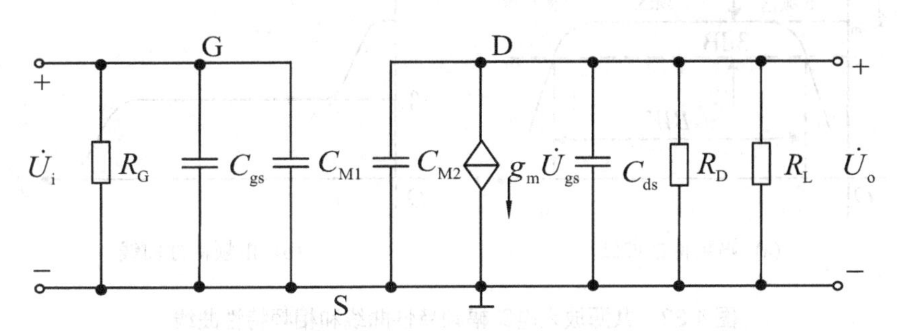

图 4.30　图 4.29(a)的简化高频等效电路

这样，输入回路的等效电容 C_i 为

$$C_i = C_{gs} + C_{M1} \tag{4.40}$$

输出回路的等效电容 C_o 为

$$C_o = C_{ds} + C_{M2} \tag{4.41}$$

由于 C_o 远小于 C_i，忽略 C_o 的影响，可得到场效应管的高频简化电路，如图 4.31 所示。

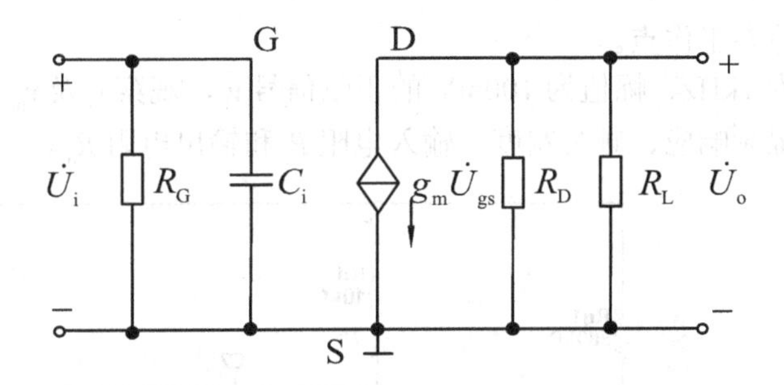

图 4.31　图 4.30 的简化高频等效电路

根据简化电路得到电压放大倍数为

$$\dot{A}_{ush} = \dot{A}_{usm} \cdot \frac{1}{\left(1 + j\frac{f}{f_H}\right)} \tag{4.42}$$

式中

$$\dot{A}_{usm} = -g_m R'_L = -g_m(R_L // R_D) \tag{4.43}$$

上限截止频率为

$$f_H = \frac{1}{2\pi R_G C_i} \tag{4.44}$$

在低频段，场效应管的极间电容可视为开路，这时要考虑电路中耦合电容、旁路电容的影响，具体分析方法参见双极型晶体管的低频响应一节，这里不再赘述。

场效应管共源放大电路的幅频特性曲线和相频特性曲线如图 4.32 所示。

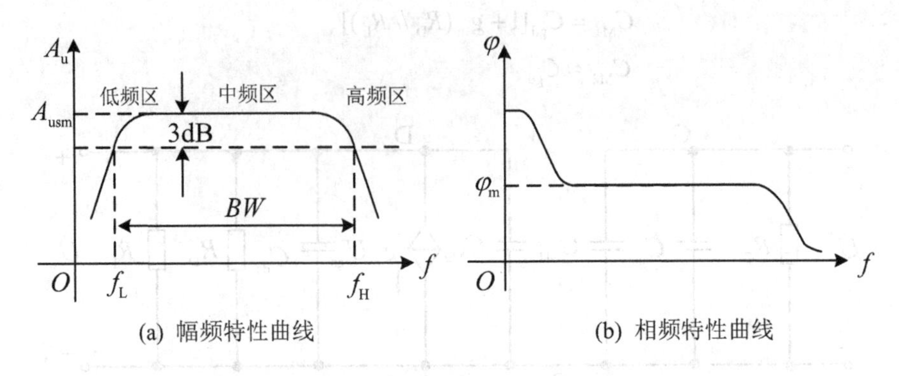

图 4.32 共源放大电路幅频特性曲线和相频特性曲线

4.4 仿 真 实 例

【例 4.8】 仿真电路如图 4.33 所示，场效应管采用 NMOS BSS129，$R_{g1}=300\text{k}\Omega$，$R_{g2}=100\text{k}\Omega$，$R_{g3}=2\text{M}\Omega$，$R_{S1}=2\text{k}\Omega$，$R_{S2}=10\text{k}\Omega$，$R_d=10\text{k}\Omega$，$R_L=10\text{k}\Omega$，$V_{DD}=20\text{V}$，$C_1=0.1\mu\text{F}$，$C_2=4.7\mu\text{F}$，$C_3=47\mu\text{F}$。

(1) 求电路的静态工作点。

(2) 输入频率为 1kHz、幅值为 100mV 的正弦信号 v_i，观察 v_i 及 v_o 的波形。

(3) 求电路的幅频响应、频带宽度、输入电阻 R_i 和输出电阻 R_o。

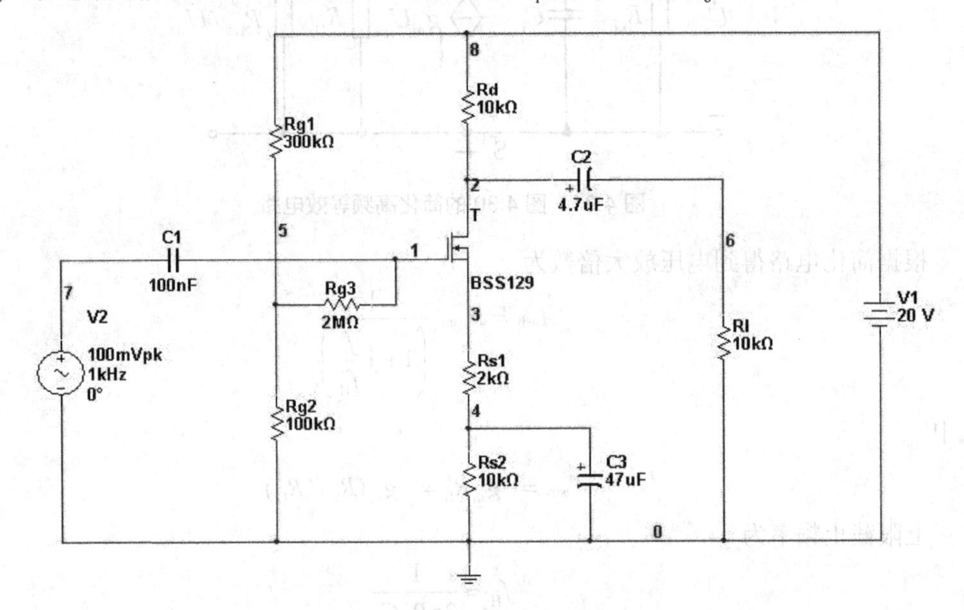

图 4.33 共源仿真放大电路

解：(1) 确定静态工作点。对图 4.33 仿真电路的节点 1、2、3(即场效应管的 G、D、S 三极)作直流工作点分析(DC Operaing Point)，得到如图 4.34 所示的分析结果。

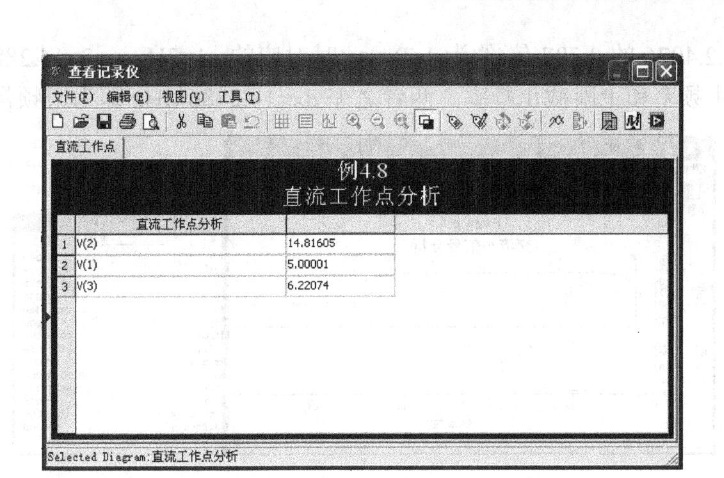

	直流工作点分析	
1	V(2)	14.81605
2	V(1)	5.00001
3	V(3)	6.22074

图 4.34 共源放大电路的静态工作点

由图 4.34 可知

$$U_{\mathrm{GSQ}}=V(1)-V(3)=5\mathrm{V}-6.22\mathrm{V}=-1.22\mathrm{V}$$

$$U_{\mathrm{DSQ}}=V(2)-V(3)=14.82\mathrm{V}-6.22\mathrm{V}=8.6\mathrm{V}$$

$$I_{\mathrm{DQ}}=\frac{V_{\mathrm{DD}}-V(2)}{R_{\mathrm{d}}}=\frac{20-14.82}{10}\mathrm{mA}=0.518\mathrm{mA}$$

静态工作点的分析还可以用直接测量的方法，就是用电压表、电流表、万用电表或测量探针测出相关电路的电压、电流，确定静态工作点是否合适。

(2) 将图 4.33 所示的仿真电路接上示波器，打开仿真开关，调整示波器扫描时间和通道 A、B 的显示比例，得到如图 4.35 所示的输入输出波形。由图 4.35 可以看出共源放大电路的输入、输出反相，信号被放大了 2.4 倍左右。

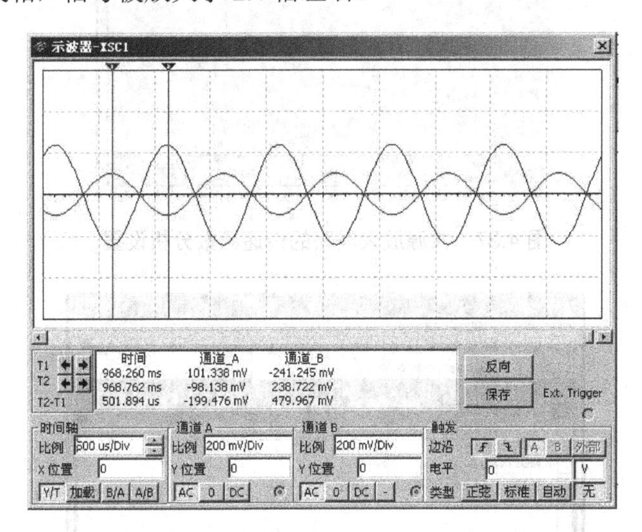

图 4.35 共源放大电路的输入、输出波形

(3) 确定电压放大倍数和通频带。对图 4.33 所示电路中的节点 6 作交流分析(AC Analysis)，把纵坐标刻度设置为 Linear，得到如图 4.36 所示的频率响应特性及测量数据。其中纵轴的最大值 max y＝2.4076 就是电路的中频放大倍数。拉动两个游标使其对应的

y1、y2 约等于 2.4076 的 0.707 倍(约为 1.7)，此时对应的 x1≈3Hz，x2≈14.2886MHz 分别为电路的下限截止频率和上限截止频率。两者之差 dx≈14.2886MHz 即为通频带。

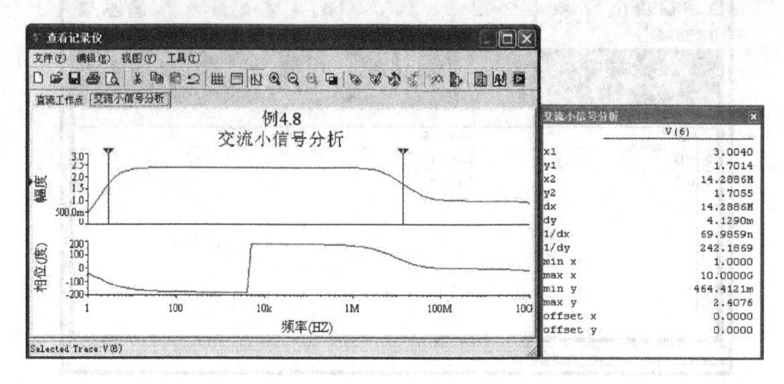

图 4.36　共源放大电路的频率响应特性及测量数据

(4) 确定输入、输出电阻。将图 4.33 所示电路中的的 C_1 用短路线代替后，按图 4.37 所示设置其传递函数分析参数，选择需要分析的输入信号源为 vv2，输出变量为 2 号节点的电压，得到的分析结果如图 4.38 所示。其中，第二行 2.07496MΩ 为输入电阻，第三行 10kΩ 为输出电阻。

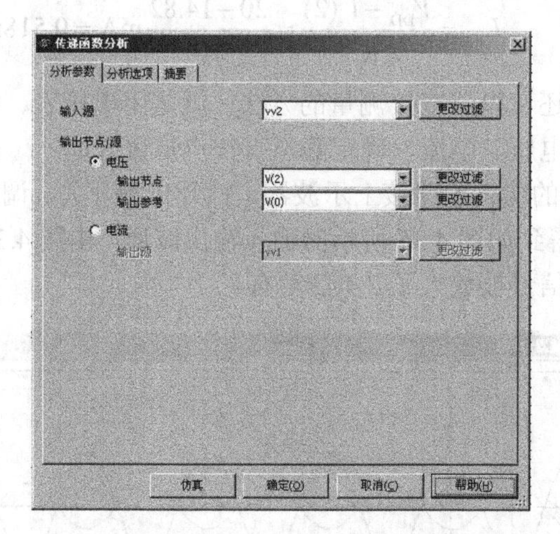

图 4.37　共源放大电路的传递函数分析设置

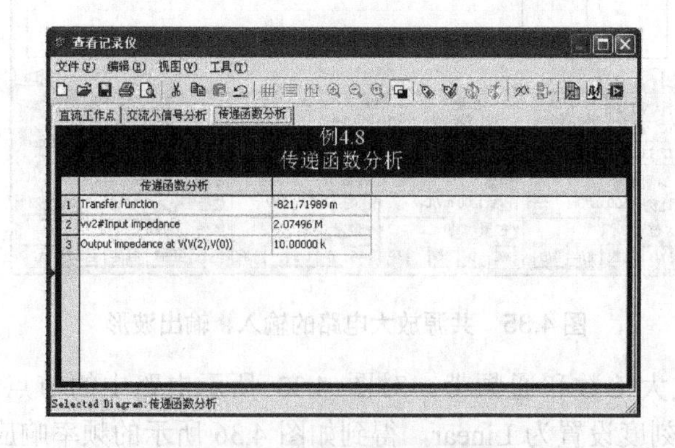

	传递函数分析	
1	Transfer function	-821.71989 m
2	vv2#Input impedance	2.07496 M
3	Output impedance at V(V(2),V(0))	10.00000 k

图 4.38　传递函数分析结果

显然，利用 Multisim10 可以非常方便地得到放大电路的各项指标。

本章小结

本章首先介绍了场效应管的分类、结构、工作原理和主要参数，然后讨论了共源、共漏、共栅三种基本放大电路的组成、工作原理和主要特点，主要内容归纳如下。

(1) 场效应管具有与晶体管十分类似的输出特性曲线，可组成放大电路，但场效应管是一种电压控制器件，利用栅源电压u_{GS}去控制漏极电流i_D，工作时只有一种载流子参与导电，属于单极型器件；而晶体管是一种电流控制器件，有两种载流子参与导电，属于双极型器件。场效应管与双极型晶体管相比，最突出的优点是可以组成高输入电阻的放大电路。此外它还具有体积小、功耗低、噪声小、热稳定性能好、易于集成等优点，广泛应用于各种电子电路中。

(2) 场效应管的种类很多，主要分为 JFET 和 MOSFET 两大类，每类场效应管根据导电沟道载流子的不同，又分为 N 沟道和 P 沟道两种，MOSFET 由于其工艺简单，集成度高，在电子电路中的应用比 JFET 广泛得多。此外，MOSFET 又可分成耗尽型与增强型两种，耗尽型 MOS 管具有原始的导电沟道，正常工作时u_{GS}可正偏、零偏或反偏；增强型 MOS 管只有外加的栅源电压u_{GS}超过开启电压后$U_{GS(th)}$，才能形成导电沟道，正常工作时，u_{GS}和u_{DS}必须同极性偏置。JFET 在正常工作时必须反极性偏置，即u_{GS}和u_{DS}极性相反。

(3) 场效应管的主要参数大致可分为直流参数、交流参数和极限参数三大类。其中低频跨导g_m是衡量场效应管放大能力的重要参数，反映了栅源电压对漏极电流的控制能力，数值上通常比晶体管的电流放大系数要小很多。因为场效应管的i_D与u_{GS}为平方律关系，而晶体管的i_C与u_{BE}为指数关系。

(4) 场效应管放大电路的分析方法和晶体管基本相同，分为直流分析和交流分析。场效应管放大电路的直流偏置通常采用自给偏置和分压式偏置两种方式。分压式偏置电路适用于各种类型的场效应管组成的放大电路，而自给偏置电路只适用于 JFET 和耗尽型 MOS 管。直流分析有图解法和计算法两种，分析的是管子的静态工作点$Q(U_{GSQ}$、I_{DQ}、$U_{DSQ})$是否工作在恒流区。

(5) 场效应管放大电路也有共源、共漏、共栅三种基本组态，分别与晶体管的共射、共集、共基三种组态对应。动态分析可采用图解法和微变等效电路法两种，主要计算电路的A_u、R_i、R_o。其中共源放大电路电压增益最高，适用于多级放大电路的中间级；共漏放大电路输入电阻高，输出电阻低，可作阻抗变换，适用于放大电路的输出级、缓冲级或输入级；共栅放大电路的高频特性好。

习　题

1. 根据图 4.39 所示的场效应管转移特性曲线，判断场效应管的类型，并标出夹断电压$U_{GS(off)}$或开启电压$U_{GS(th)}$和漏极饱和电流I_{DSS}的位置。

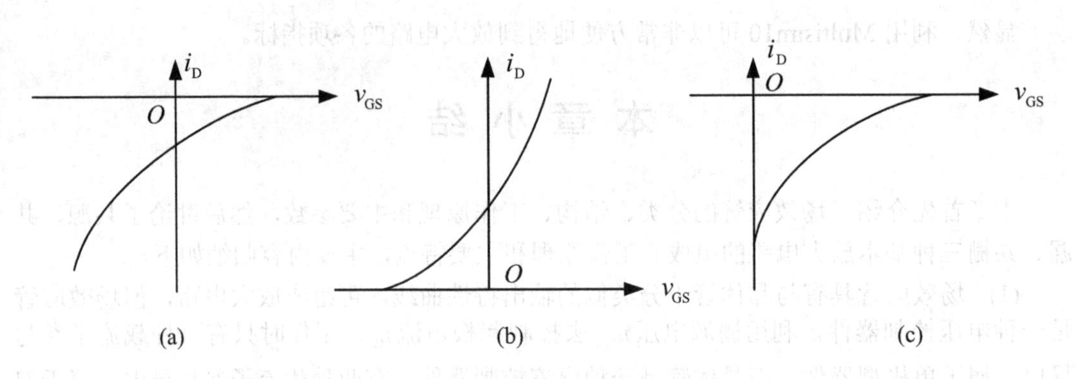

图 4.39　习题 1 特性曲线图

2. 根据图 4.40 所示的场效应管输出特性曲线，判断场效应管的类型，并确定夹断电压 $U_{GS(off)}$ 或开启电压 $U_{GS(th)}$ 的大小。

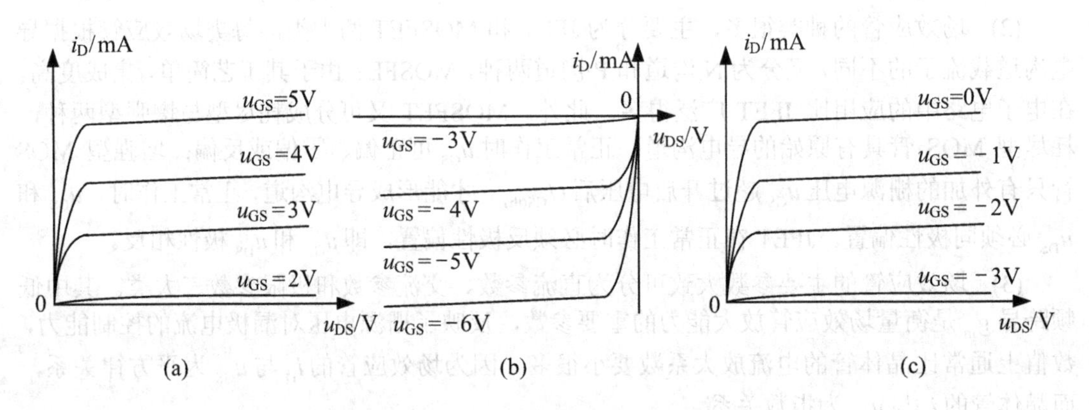

图 4.40　习题 2 特性曲线图

3. 在场效应管组成的电路中，其各极的电位如图 4.41 所示，已知 $|U_{GS(off)}| = |U_{GS(th)}| = 3V$，确定管子的工作状态。

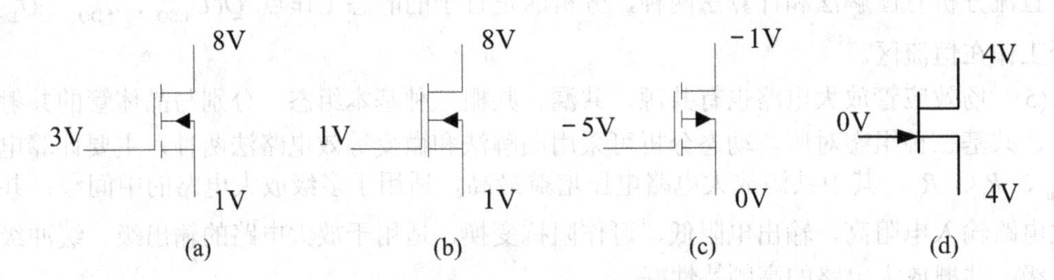

图 4.41　习题 3 特性曲线图

4. 已知 N 沟道增强型 MOS 管的参数为 $U_{GS(th)} = 1V$，$W = 100\mu m$，$L = 5\mu m$，$\mu_n = 650cm^2/V \cdot s$，$C_{ox} = 76.7 \times 10^{-9} F/cm^2$。当 $U_{GS} = 2U_{GS(th)}$ 时，管子工作在饱和区，试计算此时的漏极电流 I_D。

5. 判断图 4.42 所示各电路能否放大交流信号，并说明理由。

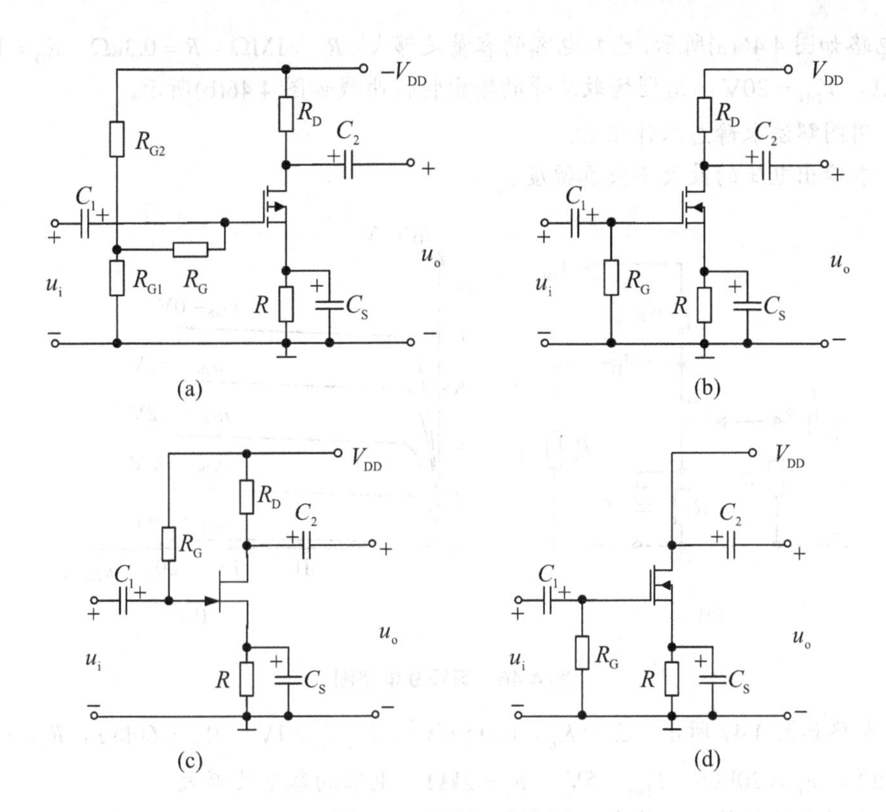

图 4.42 习题 5 电路图

6. 电路如图 4.43 所示，已知 $I_{DSS}=4\text{mA}$，$U_{GS(off)}=-4\text{V}$，$R_G=1\text{M}\Omega$，$R=1\text{k}\Omega$，$R_D=2\text{k}\Omega$，$V_{DD}=12\text{V}$。电容的容量足够大，求静态工作点 $Q(U_{GSQ}$、U_{DSQ}、$I_{DQ})$。

7. 电路如图 4.44 所示，已知 $K_n=0.1\text{mA/V}^2$，$U_{GS(th)}=1\text{V}$，$R_{G1}=30\text{k}\Omega$，$R_{G2}=20\text{k}\Omega$，$R_D=10\text{k}\Omega$，$V_{DD}=5\text{V}$。电容的容量足够大，求该电路的静态工作点，说明此时场效应管工作在什么状态。

8. 电路如图 4.45 所示，由电流源提供偏置。设管子的参数为 $K_n=160\mu\text{A/V}^2$，$U_{GS(th)}=1\text{V}$，$V_{DD}=V_{SS}=5\text{V}$，$I_{DQ}=0.25\text{mA}$，$U_{DQ}=2.5\text{V}$，求该电路的静态工作点及 R_D 的阻值。

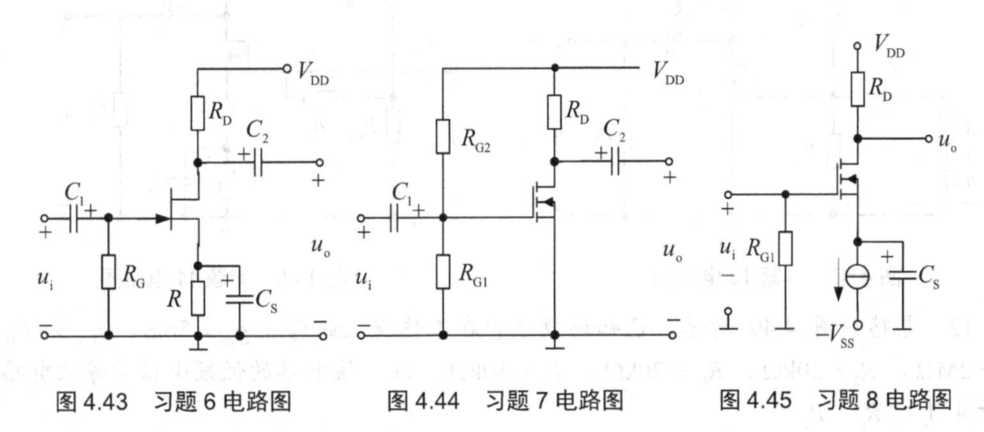

图 4.43 习题 6 电路图　　图 4.44 习题 7 电路图　　图 4.45 习题 8 电路图

9. 电路如图 4.46(a)所示，已知电容的容量足够大，$R_G = 1\text{M}\Omega$，$R = 0.3\text{k}\Omega$，$R_D = 1.7\text{k}\Omega$，$R_L = 2\text{k}\Omega$，$V_{DD} = 20\text{V}$，结型场效应管的输出特性曲线如图 4.46(b)所示。

(1) 用图解法求静态工作点 Q。

(2) 求输出电压的最大不失真幅度。

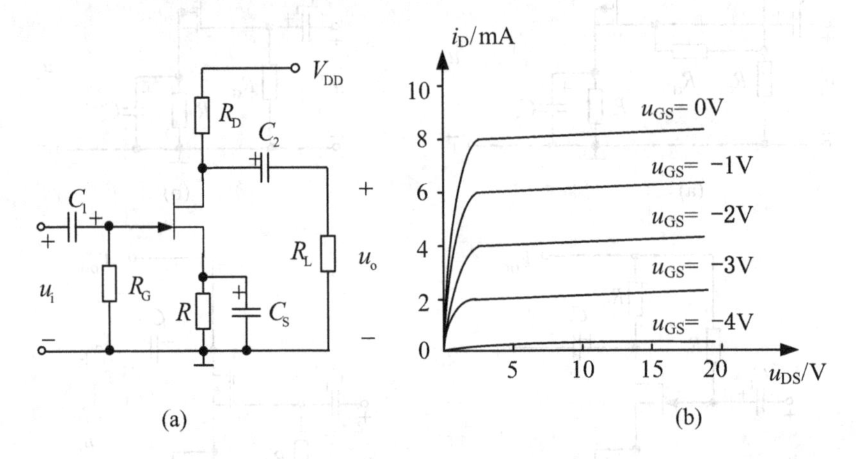

图 4.46 习题 9 电路图

10. 电路如图 4.47 所示，已知 $K_n = 0.1\text{mA/V}^2$，$U_{GS(th)} = 1\text{V}$，$R_{G1} = 60\text{k}\Omega$，$R_{G2} = 90\text{k}\Omega$，$R_D = 20\text{k}\Omega$，$R_L = 20\text{k}\Omega$，$V_{DD} = 5\text{V}$，$R_s = 2\text{k}\Omega$。电容的容量足够大。

(1) 求该电路的静态工作点。

(2) 画出微变等效电路，并计算 A_u、R_i、R_o。

(3) 计算源电压放大倍数 A_{us}。

11. 电路如图 4.48 所示，已知场效应管在工作点上的跨导 $g_m = 1\text{mS}$，$r_{DS} >> R_D$，$R_G = 1\text{M}\Omega$，$R_{G1} = 100\text{k}\Omega$，$R_{G2} = 300\text{k}\Omega$，$R_{S1} = 2\text{k}\Omega$，$R_{S2} = 10\text{k}\Omega$，$R_D = 10\text{k}\Omega$，$R_L = 10\text{k}\Omega$，$V_{DD} = 20\text{V}$，电容的容量足够大，求电路的小信号电压增益 $A_u = u_o / u_i$、输入电阻 R_i 和输出电阻 R_o。

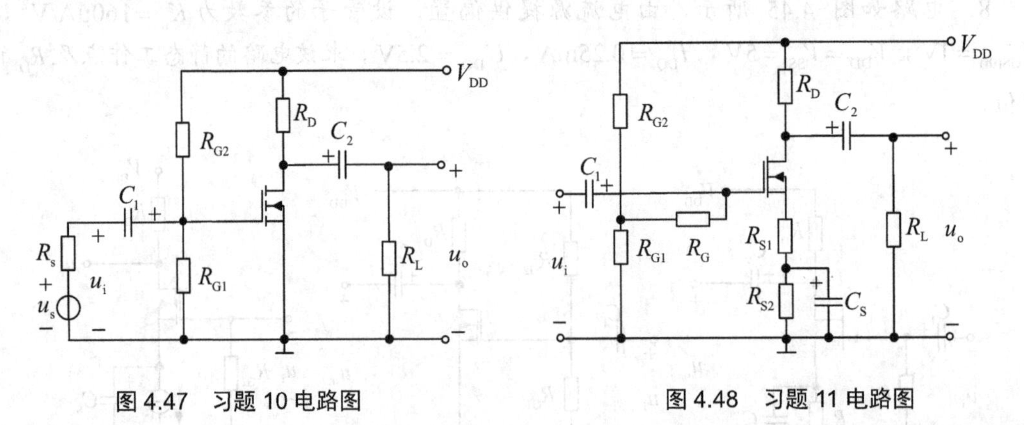

图 4.47 习题 10 电路图　　　　图 4.48 习题 11 电路图

12. 电路如图 4.49 所示，已知场效应管在工作点上的跨导 $g_m = 5\text{mS}$，$r_{DS} >> R_D$，$R_1 = 2\text{M}\Omega$，$R_2 = 20\text{k}\Omega$，$R_D = 20\text{k}\Omega$，$R_L = 10\text{k}\Omega$，画出该电路的低频小信号等效电路，并计算 A_u、R_i、R_o。

13．电路如图 4.50 所示，其中 $g_m = 2\text{mS}$，$R_G = 1\text{M}\Omega$，$R_{G1} = 30\text{k}\Omega$，$R_{G2} = 50\text{k}\Omega$，$R_S = 10\text{k}\Omega$，$R_L = 10\text{k}\Omega$，求 R_L 接入和断开两种情况下的增益 A_u、输入电阻 R_i 和输出电阻 R_o。

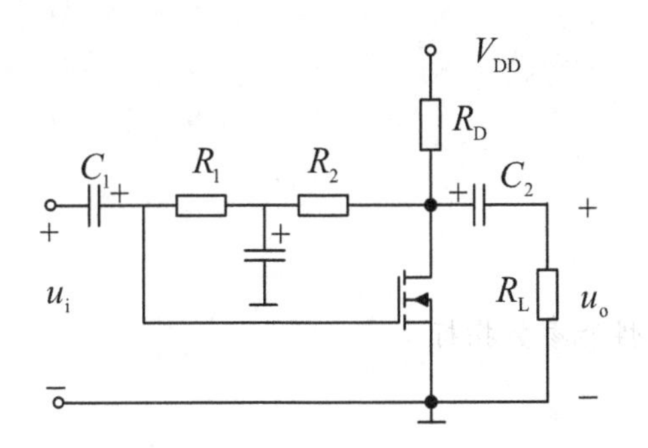

图 4.49　习题 12 电路图

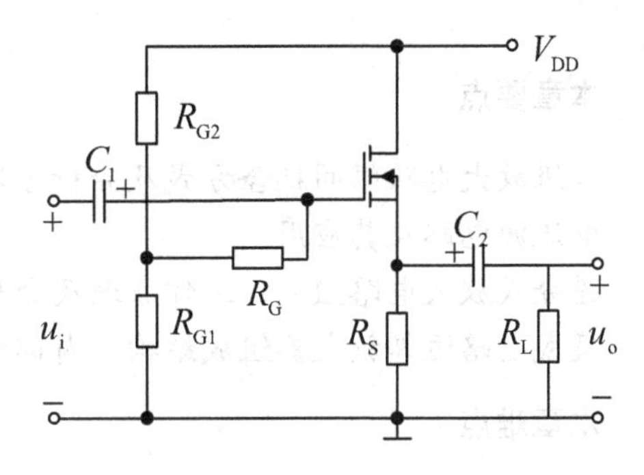

图 4.50　习题 13 电路图

14．电路如图 4.51 所示，已知 $I_{DSS} = 8\text{mA}$，$U_{GS(off)} = -4\text{V}$，$R_S = 1\text{k}\Omega$，$R_D = 5\text{k}\Omega$，$R_L = 5\text{k}\Omega$，$V_{DD} = 18\text{V}$。电容的容量足够大。

(1) 求该电路的静态工作点。

(2) 画出微变等效电路，并计算 A_u、R_i、R_o。

15．电路如图 4.52 所示，已知 $g_m = 1\text{mS}$，$r_{DS} >> R_D$，$R_S = 2\text{k}\Omega$，$R_{G1} = 1\text{M}\Omega$，$R_{G2} = 160\text{k}\Omega$，$R_D = 10\text{k}\Omega$，$R_L = 10\text{k}\Omega$，$V_{DD} = 18\text{V}$，电容的容量足够大，画出该电路的低频小信号等效电路，并计算 A_u、R_i、R_o。

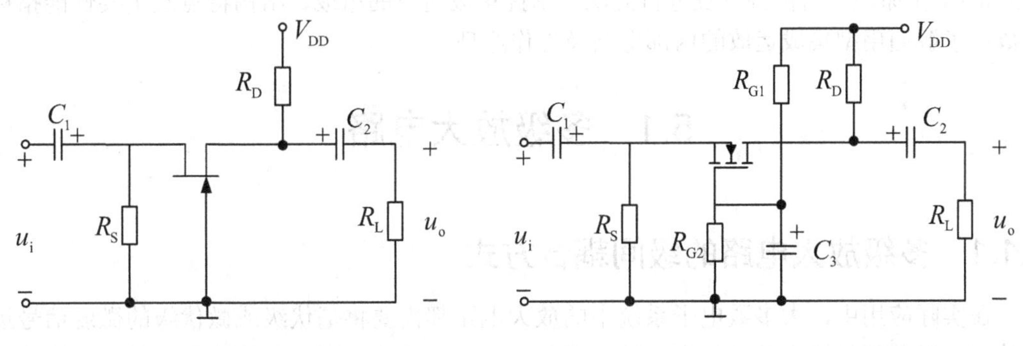

图 4.51　习题 14 电路图　　　　图 4.52　习题 15 电路图

16．一个结型场效应管放大电路如图 4.18(b)所示。其中场效应管采用 JFET 2N3822，$R_G = 1\text{M}\Omega$，$R = 2\text{k}\Omega$，$R_D = 2\text{k}\Omega$，$R_L = 2\text{k}\Omega$，$V_{DD} = 20\text{V}$，$C_1 = 0.1\mu\text{F}$，$C_2 = 4.7\mu\text{F}$，$C_S = 100\mu\text{F}$。

(1) 求静态工作点 Q。

(2) 输入频率为 1kHz、幅值为 100mV 的正弦信号 v_i，用 Multisim 观察 v_i 及 v_o 的波形。

(3) 求电路的幅频响应、频带宽度、输入电阻 R_i 和输出电阻 R_o。

第5章　集成电路运算放大器及单元电路

本章要点

多级放大电路级间耦合方式及分析方法。
电流源电路及其应用。
差分式放大电路组成、工作原理及分析。
集成电路运算放大器组成结构、内部电路及性能参数指标。

本章难点

多级放大电路的分析。
差分式放大电路的动态分析。
通用集成电路运算放大器内部电路分析。

本章从集成电路运算放大器出发讨论构成集成运放的部分单元电路、集成运放组成及结构特点。主要内容包括多级放大电路的级间耦合方式及多级放大电路的分析，电流源电路，差分式放大电路的组成、工作原理及分析，集成运放组成，通用型集成运放的内部电路简单分析及集成运放的主要参数指标。通过学习，应掌握多级放大电路级间耦合方式及特点、多级放大电路的分析方法；掌握构成集成运放的单元电路(电流源电路、差分式放大电路)的工作原理、结构特点及分析方法；掌握集成运放的组成、结构特点及主要性能指标参数；了解通用型集成运放的内部电路及工作原理。

5.1　多级放大电路

5.1.1　多级放大电路的级间耦合方式

在实际应用中，大多数电子系统中的放大电路都需要将毫伏级或微伏级的微弱信号进行放大，以获得足够大的信号去驱动负载正常工作。这就需要各项性能指标都较高的放大电路，如放大倍数达几千倍、输入阻抗几兆欧、输出电阻小于几百欧。但是，仅靠前面所介绍的任何一种基本单级放大电路都不可能同时满足上述要求，这时可以选择多个基本放大电路并将它们合理级联起来构成多级放大电路，来满足性能指标要求。

多级放大电路中的每一个基本放大电路称为一级，多级放大电路的级与级之间、放大电路与信号源之间、放大电路与负载之间的连接方式称为耦合。放大电路前、后级之间相连时，相互之间会产生一些影响，因此，对级间耦合电路有一定的要求，即一定要保证各级放大电路有合适的静态工作点及信号在级间有效的传输。

目前，常用的耦合方式有直接耦合、阻容耦合、变压器耦合和光电耦合等。

1．直接耦合

将前一级放大电路的输出端通过导线直接连接到后一级放大电路的输入端，称为直接耦合，如图 5.1 所示。它是一个由两个基本共射单级放大电路构成的两级直接耦合放大电路，其中第一级输出(VT_1集电极)与第二级输入(VT_2的基极)、信号源与第一级输入(VT_1的基极)、第二级输出(VT_2的集电极)与负载之间均为直接耦合。

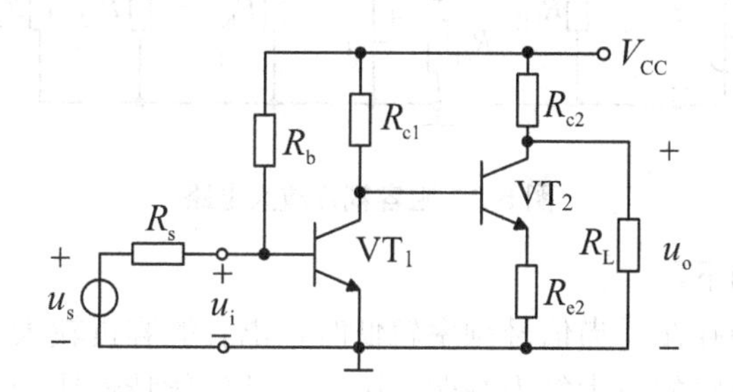

图 5.1　直接耦合放大电路

直接耦合的优点如下。

(1) 放大电路中没有电抗性的元件，频率响应好，既可以放大交流信号，也可以放大直流和变化非常缓慢的信号。

(2) 适宜于集成化，实际的集成放大电路一般都是采用直接耦合多级放大电路。随着电子技术的飞速发展，集成放大电路的性能越来越好，种类越来越多，价格也越来越便宜，故凡能用集成放大电路的场合，均不再使用分立元件放大电路。

直接耦合的缺点如下。

(1) 电路中各级静态工作点相互牵制，彼此不独立，导致电路设计和调整比较麻烦。

(2) 存在零点漂移现象，即放大电路输入为零，输出不为零且随时间缓慢变化的现象，有关零点漂移的相关知识将在 5.3.1 节中介绍。

2．阻容耦合

在多级放大电路中，各级之间通过电容连接的方式称为阻容耦合，如图 5.2 所示。它是一个两级阻容耦合放大电路，电容 C_1将输入信号耦合到第一级电路晶体管的基极，电容 C_2连接第一级放大电路的输出和第二级放大电路的输入，电容 C_3将输出信号耦合到负载。考虑每一级放大电路的输入电阻，则每一个电容都相当于与电阻相连，故这种连接称为阻容耦合。由于连接前后两级的耦合电容具有隔直通交的作用，因此阻容耦合适用于只要求放大交流信号的电路。

阻容耦合的优点如下。

(1) 电路各级之间通过电容相连，各级放大电路的静态工作点相互独立，互不影响，这给放大电路的分析、设计和调试带来了很大的方便。

(2) 只要耦合电容的容量足够大，在一定频率范围内，就可以保证前级输出信号几乎无损失地传送到下一级。因此，阻容耦合方式在分立元件组成的放大电路中得到了广泛的应用。

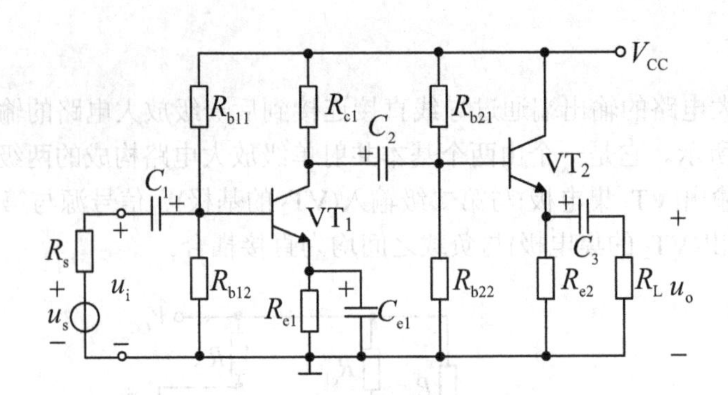

图 5.2　阻容耦合放大电路

阻容耦合的缺点如下。

(1) 由于有电容的存在，当信号频率较低时，电容的容抗较大，信号的一部分将损失在耦合电容上，使得电路的放大能力减弱。因此，其低频特性比较差，不适用于传送缓慢变化的信号，更不能传送直流信号。

(2) 在集成工艺中，制造大容量电容十分困难，因此这种耦合方式不便于集成化。

应当指出，通常只有在信号频率较高、输出功率较大等特殊情况下，才考虑采用分立元件构成的阻容耦合放大电路。

3．变压器耦合

将放大电路前级的输出信号通过变压器耦合到后级的输入端或负载上称为变压器耦合，如图 5.3 所示。它是一个变压器耦合两级放大电路，第一级输出和第二级输入、第二级输出与负载之间分别通过变压器 T_1、T_2 连接。

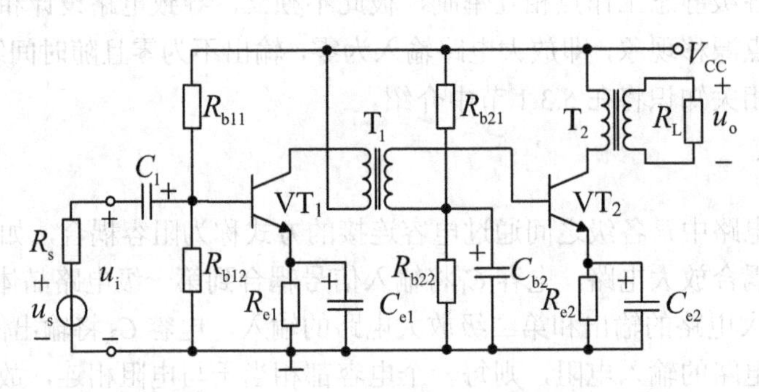

图 5.3　变压器耦合放大电路

变压器耦合的优点如下。

(1) 变压器耦合电路的前、后级之间通过磁路进行耦合，所以同阻容耦合电路一样，它们各级放大电路的静态工作点相互独立，互不影响，电路的设计和调整比较方便。

(2) 与前两种耦合方式相比，变压器耦合最大的优点是可以进行阻抗变换。通过变压器的阻抗变换作用，使级与级之间达到阻抗匹配，以获得最大的功率增益。

在实际系统中，负载电阻的数值往往都比较小。例如音频功率放大电路中的负载——扬声器，其阻值一般为几欧至十几欧。如果将扬声器通过直接耦合或阻容耦合方式连接到

任何一种放大电路的输出端，都将使放大电路的放大倍数的数值变得很小，从而使负载无法获得足够大的功率。在变压器耦合电路中，设原边的电流为 I_1，副边的电流为 I_2，将负载折合到原边的等效电阻为 R_L'，如图5.4所示。

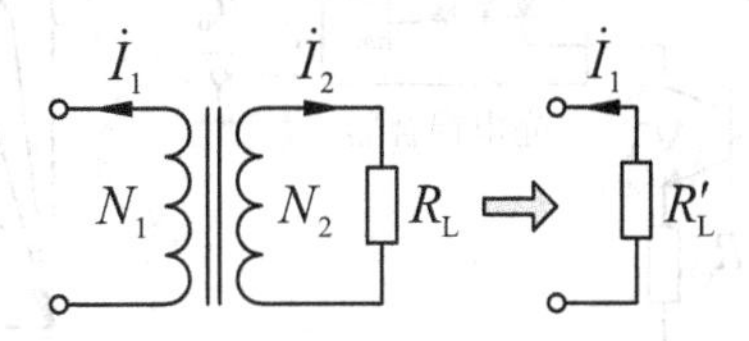

图5.4　变压器耦合的阻抗变换

若忽略变压器自身的损耗，根据功率守恒原理，可得原边损耗的功率等于副边负载电阻所获得的功率，则 $I_1^2 R_L' = I_2^2 R_L$，从而

$$R_L' = \left(\frac{I_2}{I_1}\right)^2 R_L \tag{5.1}$$

由于变压器原边与副边的电流之比等于副边与原边线圈的匝数比，所以

$$R_L' = \left(\frac{N_1}{N_2}\right)^2 R_L = n^2 R_L \tag{5.2}$$

根据 R_L' 的变换公式，当负载电阻 R_L 较小时，通过适当配置变压器的匝数比 n 可以使负载获得足够大的功率，因此变压器耦合经常用于功率放大电路中。

变压器耦合的缺点如下。

(1) 高频和低频特性都比较差，频带窄。当信号频率较低时，信号损耗严重，无法传递直流信号；信号频率较高时，由于漏感和分布电容的影响，高频特性也将变差。

(2) 变压器体积大，笨重，价格也比较贵。随着晶体管电路日益向宽频带、小型化和集成化方向发展，变压器耦合已远不能适应这种要求。

在集成功率放大电路产生之前，几乎所有功率放大电路都采用变压器耦合方式。而目前，只有在集成功率放大电路无法满足要求的情况下，如需要输出特大功率或实现高频功率放大时，才考虑采用分立元件构成的变压器耦合放大电路。

4．光电耦合

光电耦合以光信号为媒介实现电信号在级间的耦合和传递，因其抗干扰能力强而得到越来越广泛的应用。光电耦合放大电路如图5.5(a)所示，电路中信号耦合或传递的主要部件为光电耦合器，该器件将发光元件(发光二极管)和光敏元件(光电晶体管)相互绝缘地组合在一起，发光元件为输入回路，它将电信号转换为光信号；光敏元件为输出回路，它将光信号转换为电信号，从而实现了电—光—电的转换，在输出回路，为了增加放大倍数，常采用复合管(达林顿结构)形式。

图 5.5(b)所示为光电耦合器的输出特性，它描述了当发光二极管的电流为一个常量 I_D 时，光电晶体管集电极电流 i_C 与管压降 u_{CE} 之间的函数关系，即

$$i_C = f(u_{CE})\big|_{I_D} \tag{5.3}$$

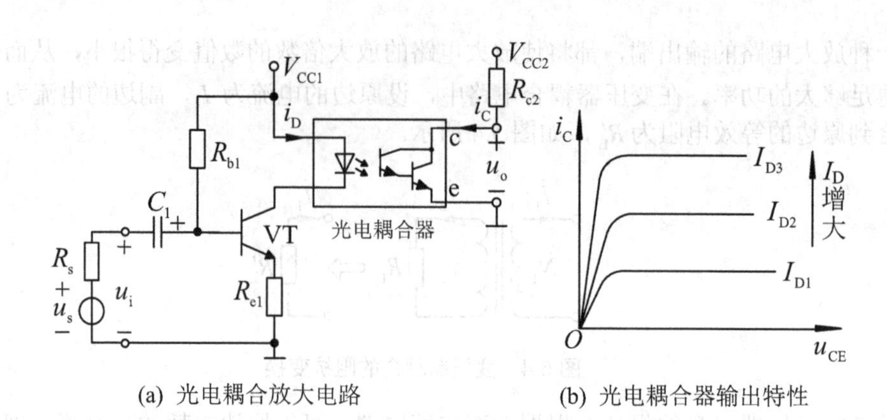

(a) 光电耦合放大电路　　(b) 光电耦合器输出特性

图 5.5　光电耦合放大电路及其光电耦合器输出特性

当管压降u_{CE}足够大时，i_C几乎仅决定于i_D。与晶体管电流放大系数β相类似，在 c-e 之间的电压一定的情况下，i_C的变化量与i_D的变化量之比称为光电耦合器的传输比 CTR。

$$\text{CTR} = \left.\frac{\Delta i_C}{\Delta i_D}\right|_{U_{CE}} \tag{5.4}$$

CTR 的值一般较小，只有 0.1～1.5 左右。

光电耦合最大的优点是可以实现前后两部分电路之间的电气隔离，从而有效的抑制相互之间的电干扰，主要应用于输入电路地线与输出电路地线需要相互隔离的场合。

5.1.2　多级放大电路的分析方法

多级放大电路的分析与基本放大电路的分析一样，包含直流(静态)分析和交流(动态)分析。对于多级放大电路的直流分析首先要看耦合方式。如果是直接耦合，各级的静态工作点是相互联系、相互影响的。在求解静态工作点时，应写出放大电路直流通路中各个回路的方程，然后求解多元一次方程。随着计算机及相关技术的不断进步，目前，在实际应用中多采用计算机软件仿真及辅助分析来实现。如果是阻容耦合、变压器耦合和光电耦合，各级的静态工作点通常是彼此独立的，可以单独进行各级静态工作点的计算。

有关多级放大电路的静态工作点详细的计算和分析方法，在此不详细介绍，下面介绍多级放大电路的动态分析。

一个 n 级放大电路的交流等效电路可用图 5.6 所示的方框图表示。由图可知，放大电路的前级为后级的信号源，后级为前级的负载，前级输出电压就是后级的输入电压，即$\dot{U}_{o1}=\dot{U}_{i2}$、$\dot{U}_{o2}=\dot{U}_{i3}$、…、$\dot{U}_{o(n-1)}=\dot{U}_{in}$，所以，多级放大电路的放大倍数为

$$\dot{A}_u = \frac{\dot{U}_{o1}}{\dot{U}_i}\cdot\frac{\dot{U}_{o2}}{\dot{U}_{i2}}\cdots\frac{\dot{U}_{on}}{\dot{U}_{in}} = \dot{A}_{u1}\cdot\dot{A}_{u2}\cdots\dot{A}_{un} \tag{5.5}$$

即

$$\dot{A}_u = \prod_{i=1}^{n}\dot{A}_{ui} \tag{5.6}$$

式(5.6)表明，多级放大电路的电压放大倍数等于组成它的各级放大电路电压放大倍数之积。需要特别注意的是，对于第一级到第$(n-1)$级，每一级的放大倍数均是以后级输入电

阻作为负载时的放大倍数。

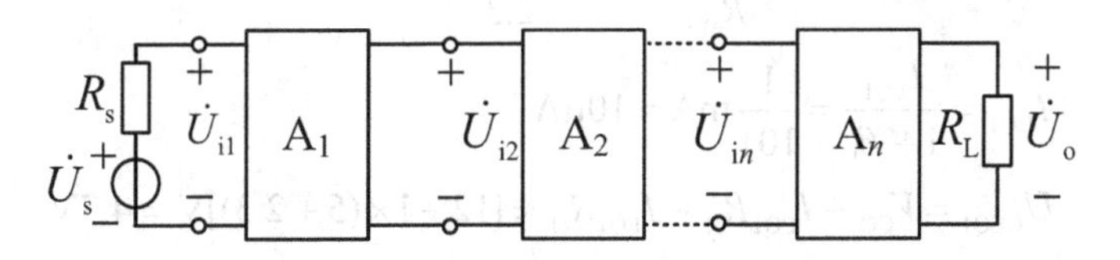

图 5.6　多级放大电路交流等效电路方框图

根据放大电路输入电阻的定义，多级放大电路的输入电阻 R_i 就是第一级的输入电阻 R_{i1}。不过在计算 R_{i1} 时应将第二级的输入电阻 R_{i2} 作为其负载 R_{L1}，即

$$R_i = R_{i1}\big|_{R_{L1}=R_{i2}} \tag{5.7}$$

根据放大电路输出电阻的定义，多级放大电路的输出电阻 R_o 为最后一级的输出电阻 R_{on}。同样，在计算 R_{on} 时应将倒数第二级电路的输出电阻 $R_{o(n-1)}$ 作为其信号源内阻 R_{sn}，即

$$R_o = R_{on}\big|_{R_{sn}=R_{o(n-1)}} \tag{5.8}$$

在具体计算输入电阻或输出电阻时，根据电阻的组态，有时它们不仅与本级电路参数有关，也会与后级或前级电路的参数有关。例如，当输入级是共集电极电路时，输入电阻 R_i 与负载电阻，即第二级的输入电阻 R_{i2} 有关；而把共集电极电路作为输出级时，输出电阻 R_o 与作为该级信号源的内阻，即前一级的输出电阻 $R_{o(n-1)}$ 有关。

【例 5.1】 图 5.7 所示为一阻容耦合两级放大电路，已知 $V_{CC}=12V$，$R_s=2k\Omega$，$R_{b11}=15k\Omega$，$R_{b12}=R_{c1}=R_{e2}=R_L=5k\Omega$，$R_{e1}=2.3k\Omega$，$R_{b2}=100k\Omega$，两只晶体管的电流放大系数 $\beta_1=\beta_2=100$，$U_{BEQ1}=U_{BEQ2}=0.7V$，$r_{bb'}=200\Omega$。试估算电路的静态工作点并求电路电压放大倍数 $\dot{A}_u$、输入电阻 R_i、输出电阻 R_o 及源电压放大倍数 $\dot{A}_{us}$。

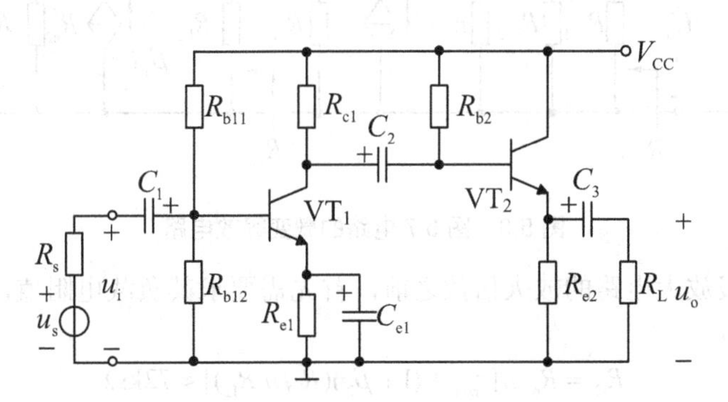

图 5.7　两级阻容耦合放大电路分析计算实例

解：(1)　求解 Q 点。

由于电路采用阻容耦合方式，因此每一级电路的 Q 点都可以按单管放大电路进行求解。

第一级放大电路为典型稳定 Q 点分压式射极偏置电路，根据直流通路及电路参数，其 Q 点估算如下：

$$U_{BQ1} \approx \frac{R_{b12}}{R_{b11}+R_{b12}} \cdot V_{CC} = \frac{5}{15+5} \times 12V = 3V$$

$$I_{\text{CQ1}} \approx I_{\text{EQ1}} = \frac{U_{\text{BQ1}} - U_{\text{BEQ1}}}{R_{\text{e1}}} = \frac{3-0.7}{2.3}\text{mA} = 1\text{mA}$$

$$I_{\text{BQ1}} = \frac{I_{\text{EQ1}}}{1+\beta_1} = \frac{1}{101}\text{mA} \approx 10\mu\text{A}$$

$$U_{\text{CEQ1}} = V_{\text{CC}} - I_{\text{CQ1}}R_{\text{c1}} - I_{\text{EQ1}}R_{\text{e1}} \approx [12 - 1\times(5+2.3)]\text{V} = 4.7\text{V}$$

第二级放大电路为共集电极电路，根据直流通路及电路参数，其 Q 点估算如下：

$$I_{\text{BQ2}} = \frac{V_{\text{CC}} - U_{\text{BEQ2}}}{R_{\text{b2}} + (1+\beta_2)R_{\text{e2}}} = \frac{12-0.7}{100+101\times 5}\text{mA} \approx 0.0187\text{mA} = 18.7\mu\text{A}$$

$$I_{\text{CQ2}} = \beta_2 I_{\text{BQ2}} = 100\times 18.7\mu\text{A} = 1.87\text{mA}$$

$$I_{\text{EQ2}} = (1+\beta_2)I_{\text{BQ2}} = 101\times 18.7\mu\text{A} \approx 1.89\text{mA}$$

$$U_{\text{CEQ2}} = V_{\text{CC}} - I_{\text{EQ2}}R_{\text{e2}} = (12 - 1.89\times 5)\text{V} = 2.55\text{V}$$

(2) 求解 $\dot{A}_{\text{u}}$、R_{i}、R_{o} 及 $\dot{A}_{\text{us}}$。

画出电路的微变等效电路，如图 5.8 所示。图中 r_{be1}、r_{be2} 的数值可通过两晶体管的射极静态电流求得，有

$$r_{\text{be1}} = r_{\text{bb'}} + (1+\beta_1)\cdot\frac{U_{\text{T}}}{I_{\text{EQ1}}} = 200\Omega + 101\times\frac{26}{1}\Omega \approx 2.8\text{k}\Omega$$

$$r_{\text{be2}} = r_{\text{bb'}} + (1+\beta_2)\cdot\frac{U_{\text{T}}}{I_{\text{EQ2}}} = 200\Omega + 101\times\frac{26}{1.89}\Omega \approx 1.6\text{k}\Omega$$

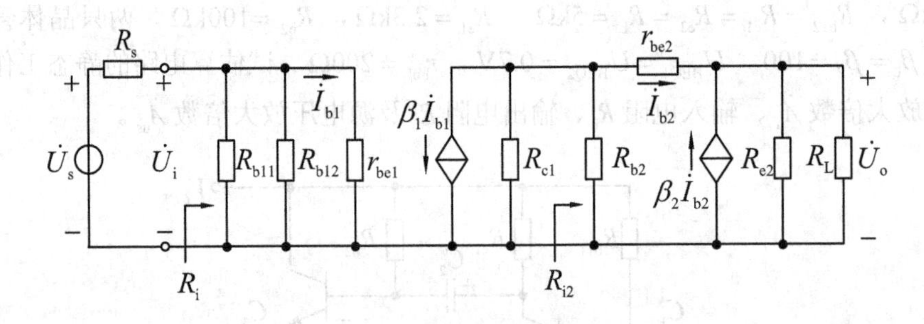

图 5.8　图 5.7 电路的微变等效电路

在求解第一级放大电路的放大倍数之前，首先需要求其负载电阻值，即第二级放大电路的输入电阻 R_{i2}。

$$R_{\text{i2}} = R_{\text{b2}} // [r_{\text{be2}} + (1+\beta_2)(R_{\text{e2}} // R_{\text{L}})] \approx 72\text{k}\Omega$$

$$\dot{A}_{\text{u1}} = -\frac{\beta_1(R_{\text{c1}} // R_{\text{i2}})}{r_{\text{be1}}} = -\frac{100\times\dfrac{5\times 72}{5+72}}{2.8} \approx -167$$

第二级放大电路为共集电极放大电路，其放大倍数应接近于 1，由电路可得

$$\dot{A}_{\text{u2}} = \frac{(1+\beta_2)(R_{\text{e2}} // R_{\text{L}})}{r_{\text{be2}} + (1+\beta_2)(R_{\text{e2}} // R_{\text{L}})} = \frac{101\times 2.5}{1.6 + 101\times 2.5} \approx 0.994$$

将 $\dot{A}_{\text{u1}}$ 与 $\dot{A}_{\text{u2}}$ 相乘，得到两级放大电路的电压放大倍数为

$$\dot{A}_{\text{u}} = \dot{A}_{\text{u1}}\cdot\dot{A}_{\text{u2}} = -167\times 0.994 \approx -166$$

根据输入电阻的定义，可得

$$R_{\mathrm{i}}=R_{\mathrm{b11}}//R_{\mathrm{b12}}//r_{\mathrm{be1}}=\left(\frac{1}{\frac{1}{15}+\frac{1}{5}+\frac{1}{2.8}}\right)\mathrm{k\Omega}\approx 1.6\mathrm{k\Omega}$$

电路的输出电阻与第一级的输出电阻 R_{c1} 有关，可得

$$R_{\mathrm{o}}=R_{\mathrm{e2}}//\frac{r_{\mathrm{be2}}+(R_{\mathrm{b2}}//R_{\mathrm{c1}})}{1+\beta_2}\approx\frac{r_{\mathrm{be2}}+R_{\mathrm{c1}}}{1+\beta_2}=\frac{1.6+5}{101}\mathrm{k\Omega}\approx 65\Omega$$

由 R_{i}、R_{s} 和 $\dot{A}_{\mathrm{u}}$ 可求电路的源电压放大倍数为

$$\dot{A}_{\mathrm{us}}=\frac{\dot{U}_{\mathrm{o}}}{\dot{U}_{\mathrm{s}}}=\frac{\dot{U}_{\mathrm{i}}}{\dot{U}_{\mathrm{s}}}\cdot\frac{\dot{U}_{\mathrm{o}}}{\dot{U}_{\mathrm{i}}}=\frac{R_{\mathrm{i}}}{R_{\mathrm{i}}+R_{\mathrm{s}}}\cdot\dot{A}_{\mathrm{u}}=\frac{1.6}{1.6+2}\times(-166)\approx -73.8$$

5.1.3 多级放大电路的频率响应

多级放大电路的频率响应是以单级放大电路的频率响应为基础的。在多级放大电路中有多个晶体管，因而在高频等效电路中含有多个结电容，即存在多个低通电路，它们影响电路的上限频率；在阻容耦合电路中有多个耦合电容或旁路电容，则在低频等效电路中就含有多个高通电路，它们影响电路的下限频率。

设 n 级放大电路每一级的电压放大倍数分别为 $\dot{A}_{\mathrm{u1}}$、$\dot{A}_{\mathrm{u2}}$、…、$\dot{A}_{\mathrm{u}n}$，则总的电压放大倍数是各级电压放大倍数的乘积，即

$$\dot{A}_{\mathrm{u}}=\dot{A}_{\mathrm{u1}}\cdot\dot{A}_{\mathrm{u2}}\cdots\dot{A}_{\mathrm{u}n}=\prod_{k=1}^{n}\dot{A}_{\mathrm{u}k} \tag{5.9}$$

对式(5.9)取对数，则多级放大电路的幅频特性为

$$20\lg\left|\dot{A}_{\mathrm{u}}\right|=20\lg\left|\dot{A}_{\mathrm{u1}}\right|+20\lg\left|\dot{A}_{\mathrm{u2}}\right|+\cdots+20\lg\left|\dot{A}_{\mathrm{u}n}\right|=\sum_{k=1}^{n}20\lg\left|\dot{A}_{\mathrm{u}k}\right| \tag{5.10}$$

相频特性为

$$\varphi=\varphi_1+\varphi_2+\cdots+\varphi_n=\sum_{k=1}^{n}\varphi_k \tag{5.11}$$

由式(5.10)和式(5.11)可知，多级放大电路的对数幅频特性为各级对数幅频特性之和，总相位移等于各级相位移之和。所以多级放大电路的对数幅频特性和相频特性只需把各级放大电路的对数幅频特性和相移在同一横坐标下分别叠加即可。

按照上述放大电路总频率特性曲线的形成方法，设组成两级放大电路的两个单级共射放大电路具有相同的频率响应 $\dot{A}_{\mathrm{u1}}=\dot{A}_{\mathrm{u2}}$，即它们的中频电压增益 $\dot{A}_{\mathrm{um1}}=\dot{A}_{\mathrm{um2}}$，下限频率 $f_{\mathrm{L1}}=f_{\mathrm{L2}}$，上限频率 $f_{\mathrm{H1}}=f_{\mathrm{H2}}$；故整个电路的中频电压增益为

$$20\lg\left|\dot{A}_{\mathrm{um}}\right|=20\lg\left|\dot{A}_{\mathrm{um1}}\cdot\dot{A}_{\mathrm{um2}}\right|=40\lg\left|\dot{A}_{\mathrm{um1}}\right|$$

当 $f=f_{\mathrm{L1}}$ 时，$\left|\dot{A}_{\mathrm{ul1}}\right|=\left|\dot{A}_{\mathrm{ul2}}\right|=\frac{\left|\dot{A}_{\mathrm{um1}}\right|}{\sqrt{2}}$，所以

$$20\lg\left|\dot{A}_{\mathrm{u}}\right|=40\lg\left|\dot{A}_{\mathrm{um1}}\right|-40\lg\sqrt{2}$$

说明两级放大电路的电压增益在单级放大电路下限频率处下降了 6dB，同时由于 $\dot{A}_{\mathrm{u1}}$、

$\dot{A}_{u2}$ 均产生了+45°的附加相移，所以 $\dot{A}_u$ 产生了+90°的相移。根据同样的分析可得，当 $f = f_{H1}$ 时，增益也下降6dB，所产生的附加相移为−90°。两级放大电路或组成它的单级放大电路的波特图如图5.9所示。根据截止频率的定义，在幅频特性中找到使增益下降3dB的频率就是两级放大电路的下限频率 f_L 和上限频率 f_H，如图5.9中所标注。显然，$f_L > f_{L1}(f_{L2})$，$f_H < f_{H1}(f_{H2})$，因此两级放大电路的通频带比组成它的单级放大电路窄。

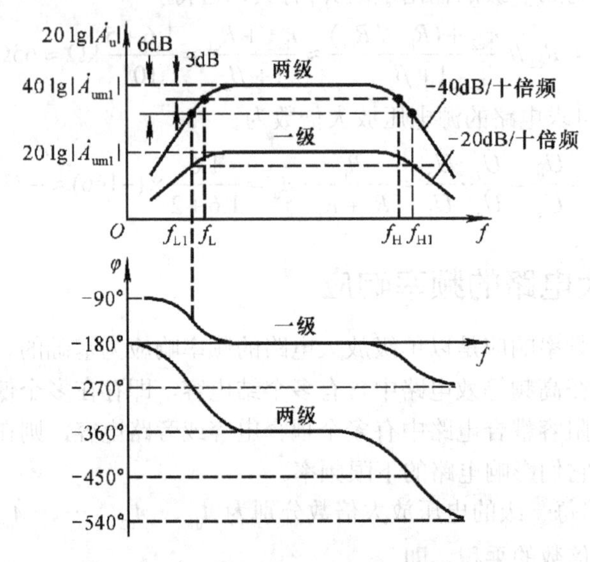

图5.9 两级放大电路和单级放大电路波特图

上述结论具有普遍意义，由此得出结论：多级放大电路与单级放大电路相比放大倍数虽然提高了，但多级放大电路的通频带总是比组成它的每一级的通频带窄。

在多级放大电路中，如果某一级的 f_{Lk} 比其他各级大5倍以上，则可认为多级放大电路的 $f_L = f_{Lk}$；如果某一级的 f_{Hk} 不到其他各级的1/5，则可认为多级放大电路的 $f_H = f_{Hk}$；如果各级的上、下限截止频率相差不大，则可用下式进行估算：

$$f_L \approx 1.1\sqrt{f_{L1}^2 + f_{L2}^2 + \cdots + f_{Ln}^2} \tag{5.12}$$

$$\frac{1}{f_H} \approx 1.1\sqrt{\frac{1}{f_{H1}^2} + \frac{1}{f_{H2}^2} + \cdots + \frac{1}{f_{Hn}^2}} \tag{5.13}$$

5.2 电流源电路

5.2.1 电流源

在晶体管或场效应管放大电路中，都有相应的偏置电路为器件提供合适的静态工作点，从而保证器件处于放大状态，这些偏置电路通常是由电阻和直流电源组成的。在集成电路中，通常用电流源电路来构成偏置电路。电流源由于能够输出稳定的直流电流，因此也称为恒流源。在集成电路中使用电流源作为偏置电路，可以避免使用大电阻；同时，电流源还可以替代大电阻作为有源负载，以增强放大能力。

1．镜像电流源

图 5.10 所示为镜像电流源，VT_1 和 VT_2 由集成电路工艺制造，具有完全相同的特性。两管的基极连接在一起并与 VT_1 管的集电极相连，使得 VT_1 的管压降 U_{CE1} 与其基极-发射极(b-e)间电压 U_{BE1} 相等，保证 VT_1 管工作在放大状态，而不可能进入饱和状态，故其集电极电流 $I_{C1}=\beta_1 I_{B1}$。同时，两管的发射极都接地，故 VT_1 和 VT_2 两管 b-e 间电压相等，从而它们的基极电流 $I_{B1}=I_{B2}=I_B$，同时两管的电流放大系数 $\beta_1=\beta_2=\beta$，故 $I_{C1}=I_{C2}=I_C=\beta I_B$。可见，电流 I_{C2} 与 I_{C1} 相等，二者之间呈镜像关系，因此称此电路为镜像电流源，I_{C2} 为输出电流。

图 5.10 中流经电阻 R 的电流为基准电流 I_{REF}，其表达式为

$$I_{REF}=\frac{V_{CC}-U_{BE}}{R}=I_C+2I_B=I_C+\frac{2I_C}{\beta} \tag{5.14}$$

故集电极电流为

$$I_C=\frac{\beta}{\beta+2}\cdot I_{REF} \tag{5.15}$$

当 $\beta \gg 2$ 时，输出电流为

$$I_{C2}=I_C\approx I_{REF}=\frac{V_{CC}-U_{BE}}{R} \tag{5.16}$$

集成运放中纵向晶体管的 β 均在百倍以上，因而式(5.16)成立。当 V_{CC} 和 R 的数值一定时，I_{C2} 也就随之确定，因而输出镜像电流 I_{C2} 受环境温度变化的影响很小，并且具有一定的温度补偿作用，同时电路兼具结构简单的优点。但是，该电路受电源电压 V_{CC} 变化的影响较大，故电路对电源 V_{CC} 的稳定性要求较高。此外，在直流电源 V_{CC} 一定的情况下，若要求输出电流 I_{C2} 较大，则 I_{REF} 必然较大，电阻 R 上的功耗增大，在集成电路中应避免；若要求输出电流较小(在微安级)，则所用的电阻 R 将非常大(达兆欧级)，这在集成电路中是难以实现的。

2．比例电流源

在镜像电流源的两个晶体管 VT_1 和 VT_2 的射极分别接入射极电阻 R_{e1}、R_{e2} 就构成了比例电流源电路，比例电流源电路改变了镜像电流源中 $I_{C2}\approx I_{REF}$ 的关系，使输出电流 I_{C2} 与基准电流成一定的比例关系，从而克服了镜像电流源的缺点，比例电流源电路如图 5.11 所示。

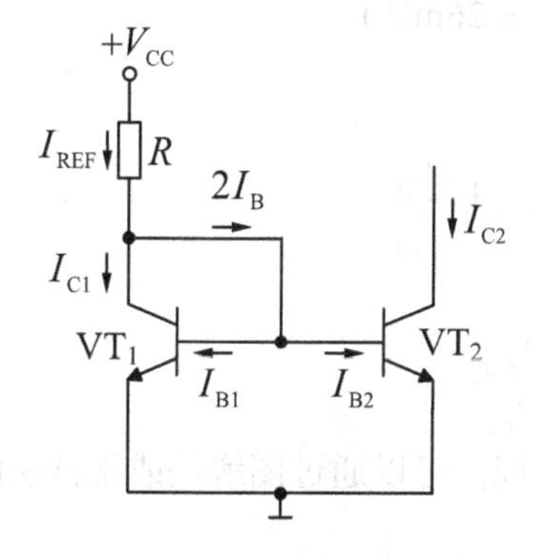

图 5.10　镜像电流源

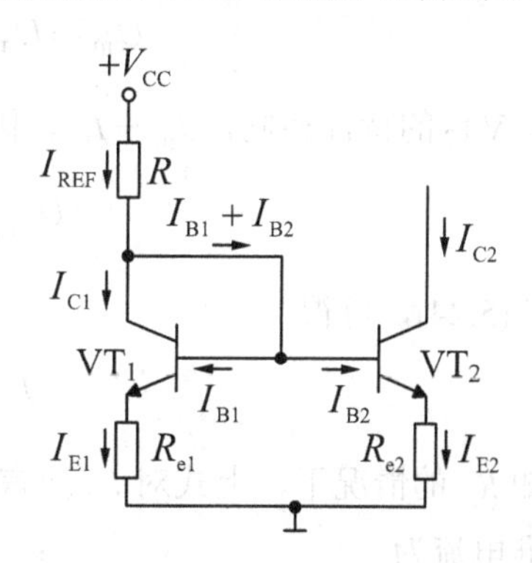

图 5.11　比例电流源

由电路图可知

$$U_{BE1}+I_{E1}R_{e1}=U_{BE2}+I_{E2}R_{e2} \tag{5.17}$$

由于 VT_1 和 VT_2 的特性相同，则 $U_{BE1}=U_{BE2}$，所以

$$I_{E1}R_{e1}=I_{E2}R_{e2} \tag{5.18}$$

忽略 VT_1 和 VT_2 管的基极电流，可得

$$I_{E1}\approx I_{C1}\approx I_{REF} \tag{5.19}$$

$$I_{E2}\approx I_{C2} \tag{5.20}$$

从而

$$\frac{I_{C2}}{I_{REF}}\approx\frac{R_{e1}}{R_{e2}} \tag{5.21}$$

可见，改变射极电阻 R_{e1} 和 R_{e2} 的比值，就可以改变 I_{C2} 与 I_{REF} 的比值，即 I_{C2} 与 I_{REF} 成比例关系，所以称为比例电流源。式(5.21)中，基准电流 I_{REF} 为

$$I_{REF}\approx\frac{V_{CC}-U_{BE1}}{R+R_{e1}} \tag{5.22}$$

与典型的静态工作点稳定电路一样，电阻 R_{e1} 和 R_{e2} 具有电流负反馈作用，因此与镜像电流源比较，在温度变化情况下，比例电流源的输出电流 I_{C2} 具有更高的温度稳定性。

3．微电流源

如果需要的输出电流很小，如微安数量级甚至更小，对于镜像电流源及比例电流源而言，在电源电压一定的情况下，电阻 R 需要选得很大，这在集成电路中是应该避免的。在比例电流源电路中，将 VT_1 管的射极电阻 R_{e1} 减为零，即可获得一个比基准电流 I_{REF} 小很多的微电流源，适用于微功耗的集成电路。

微电流源电路如图 5.12 所示，由图可知

$$U_{BE1}=U_{BE2}+I_{E2}R_{e2} \tag{5.23}$$

$$I_{C2}\approx I_{E2}=\frac{U_{BE1}-U_{BE2}}{R_{e2}} \tag{5.24}$$

式(5.24)中，$(U_{BE1}-U_{BE2})$只有几十毫伏甚至更小，因此，R_{e2} 只需要几千欧，就可得到几十微安的电流。

根据 PN 结电流与电压之间的关系，三极管发射结电流与电压之间的关系为

$$U_{BE}=U_T\ln\frac{I_E}{I_S}\ (U_T=26\text{mV}) \tag{5.25}$$

VT_1 和 VT_2 的特性相同，$I_{S1}=I_{S2}$，因此

$$U_{BE1}-U_{BE2}=U_T\ln\frac{I_{E1}}{I_{E2}} \tag{5.26}$$

代入式(5.24)，可得

$$I_{C2}\approx\frac{U_T}{R_{e2}}\ln\frac{I_{REF}}{I_{C2}} \tag{5.27}$$

在已知 R_{e2} 的情况下，上式对 I_{C2} 而言是超越方程，可以通过图解法或累试法解出 I_{C2}。式中，基准电流为

$$I_{\mathrm{REF}} \approx \frac{V_{\mathrm{CC}} - U_{\mathrm{BE1}}}{R} \tag{5.28}$$

4．改进型电流源

在基本型电流源电路中，只有当β值足够大时，式(5.16)、式(5.21)、式(5.27)才成立。也就是说，在上述电路的分析中均忽略了基极电流对集电极电流I_{C1}的影响。如果在基本电流源中采用横向 PNP 管，则β值只有几倍至几十倍，这样基极电流对集电极电流I_{C1}的影响就不能忽略。为了减小基极电流的影响，提高输出电流与基准电流的传输精度，稳定输出电流，可对基本镜像电流源电路进行改进。

图 5.13 所示为改进型电流源电路。设图中三极管 VT_1、VT_2和 VT_3的各参数都相同，$\beta_1=\beta_2=\beta_3=\beta$，由于$U_{\mathrm{BE1}}=U_{\mathrm{BE2}}$，$I_{\mathrm{B1}}=I_{\mathrm{B2}}=I_{\mathrm{B}}$，从而得输出电流为

$$I_{\mathrm{C2}} = I_{\mathrm{C1}} = I_{\mathrm{REF}} - I_{\mathrm{B3}} = I_{\mathrm{REF}} - \frac{I_{\mathrm{E3}}}{1+\beta} = I_{\mathrm{REF}} - \frac{2I_{\mathrm{B1}}}{1+\beta} = I_{\mathrm{REF}} - \frac{2I_{\mathrm{C1}}}{(1+\beta)\beta} \tag{5.29}$$

整理得

$$I_{\mathrm{C2}} = \frac{I_{\mathrm{REF}}}{1+\dfrac{2}{(1+\beta)\beta}} \approx I_{\mathrm{REF}} \tag{5.30}$$

从式(5.30)可以看出，即使β值不是足够大，也能满足$I_{\mathrm{C2}} \approx I_{\mathrm{REF}}$。因此和基本镜像电流源比较，在电路参数相同的情况下，改进型电流源可以使输出电流I_{C2}与基准电流I_{REF}更接近镜像关系。

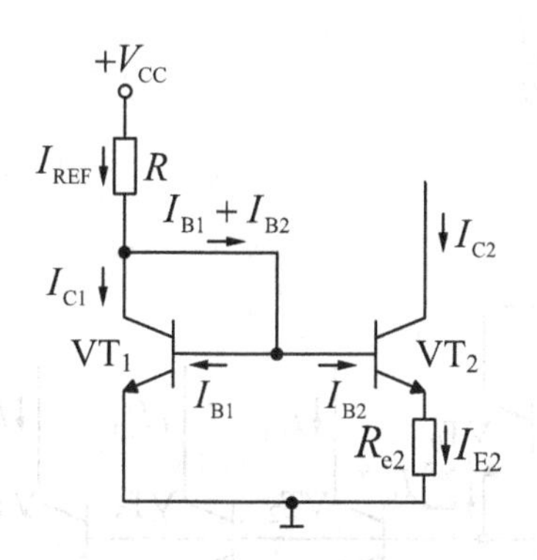

图 5.12　微电流源

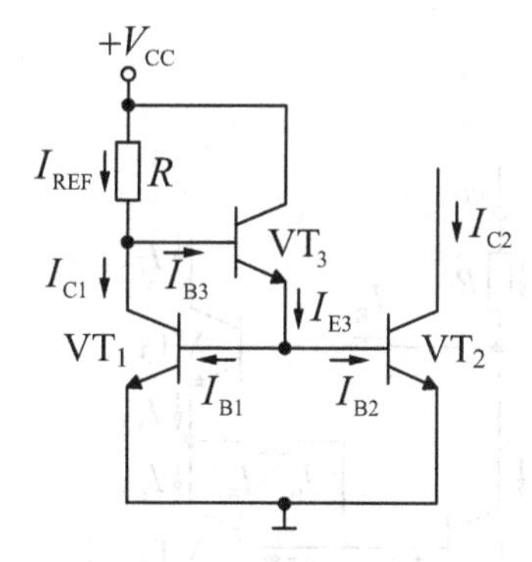

图 5.13　改进型电流源

5．威尔逊电流源

威尔逊电流源也是一种改进型电流源，同图 5.13 所示的改进型电流源一样，能够减小基极电流的影响，提高输出电流与基准电流的传输精度，同时还是一种具有高输出阻抗的电流源。

威尔逊电流源电路如图 5.14 所示，图中I_{C3}为输出电流，VT_2管 c-e 串联在 VT_3的发射极，其作用与典型的工作点稳定电路中的R_{e}相同。由于 c-e 间的等效电阻非常大，所以可以使输出电流I_{C3}高度稳定。

图中三极管 VT_1、VT_2和 VT_3管特性相同，所以$\beta_1=\beta_2=\beta_3=\beta$，$I_{\mathrm{C1}}=I_{\mathrm{C2}}=I_{\mathrm{C}}$。根据

各支路的电流，可得

$$I_{E3}=I_{C2}+I_{B1}+I_{B2}=I_C+2I_B=I_C+\frac{2I_C}{\beta}=\frac{\beta+2}{\beta}\cdot I_C \tag{5.31}$$

$$I_C=\frac{\beta}{\beta+2}I_{E3}=\frac{\beta}{\beta+2}\cdot\frac{1+\beta}{\beta}\cdot I_{C3}=\frac{1+\beta}{\beta+2}\cdot I_{C3} \tag{5.32}$$

$$I_{REF}=I_C+I_{B3}=\frac{1+\beta}{\beta+2}\cdot I_{C3}+\frac{I_{C3}}{\beta}=\frac{\beta^2+2\beta+2}{\beta^2+2\beta}I_{C3} \tag{5.33}$$

整理可得输出电流为

$$I_{C3}=\left(1-\frac{2}{\beta^2+2\beta+2}\right)I_{REF}\approx I_{REF} \tag{5.34}$$

式中

$$I_{REF}=\frac{V_{CC}-U_{BE3}-U_{BE1}}{R} \tag{5.35}$$

从式(5.34)可以看出，威尔逊电流源输出电流与基准电流之间的偏差仍然与晶体管的电流放大系数有关，但相比基本镜像电流源，其偏差大大减小，电流精度得到进一步提高。

6. 多路电流源

集成放大电路是一个多级放大电路，因而需要多路电流源分别给各级提供合适的静态偏置电流。图 5.15 所示为一个具有三路输出的多路比例电流源电路，各三极管特性完全相同，由电路图可得

$$I_{C1}=I_{REF}-\frac{\sum I_B}{\beta} \tag{5.36}$$

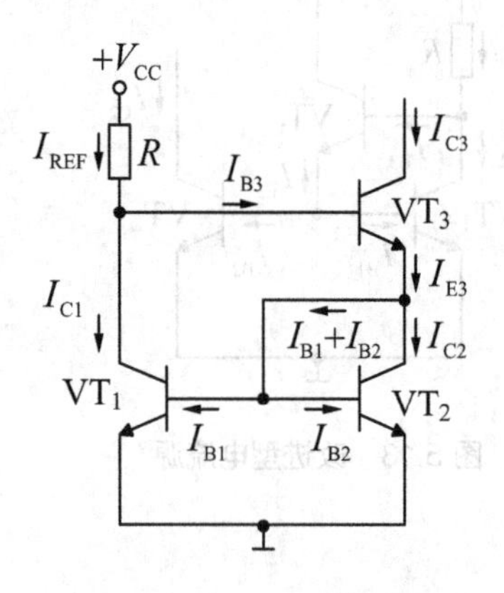

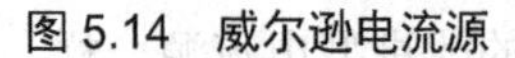
图 5.14 威尔逊电流源

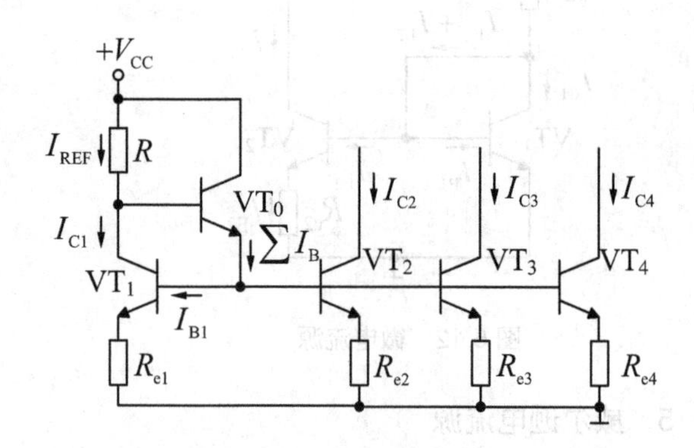

图 5.15 多路电流源

当 $\beta \gg 1$ 时，有 $I_{C1}\approx I_{REF}$，由于各管的 β、U_{BE} 相同，则

$$I_{E1}\cdot R_{e1}=I_{E2}\cdot R_{e2}=I_{E3}\cdot R_{e3}\approx I_{REF}\cdot R_{e1} \tag{5.37}$$

所以

$$I_{C2}\approx I_{E2}=\frac{I_{REF}\cdot R_{e1}}{R_{e2}}，\quad I_{C3}\approx I_{E3}=\frac{I_{REF}\cdot R_{e1}}{R_{e3}}，\quad I_{C4}\approx I_{E4}=\frac{I_{REF}\cdot R_{e1}}{R_{e4}} \tag{5.38}$$

当基准电流 I_{REF} 确定后，改变各电流源射极电阻，可以获得不同比例的输出电流。

前面介绍的电流源电路均由晶体管组成，由场效应管同样也可以组成电流源电路，图 5.16 所示为一个由 MOSFET 管构成的多路电流源电路，场效应管构成的电流源电路的分析方法与晶体管类似，这里不再赘述。

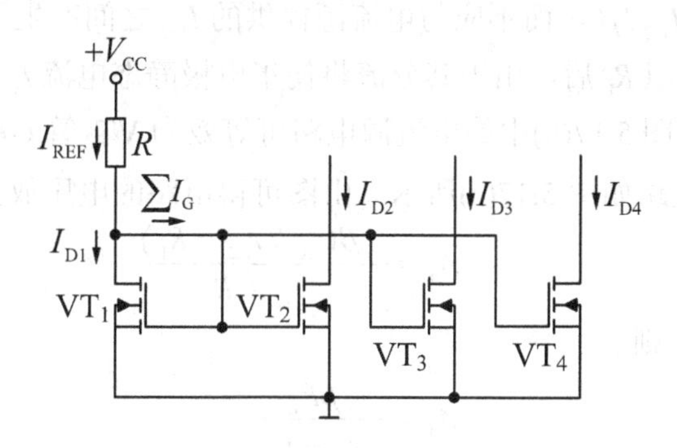

图 5.16　MOSFET 多路电流源

5.2.2　电流源电路的作用

在集成运算放大电路中，电流源电路的主要作用有两个：一是作为偏置电路为运放各级放大电路提供合适的静态工作点；二是作为放大电路的有源负载，取代集成电路工艺中难以实现的大容量电阻，以提高放大电路的电压增益。

图 5.17(a)所示为基本共射放大电路，由其交流通路可知，该电路的负载电阻为R_c，若以电流源替换R_c，则电路变为一个以电流源为负载的放大电路，如图 5.17(b)所示。由于电流源中的晶体管(或场效应管)是有源元件，因此称为有源负载，图 5.17(b)中是以镜像电流源为有源负载的。

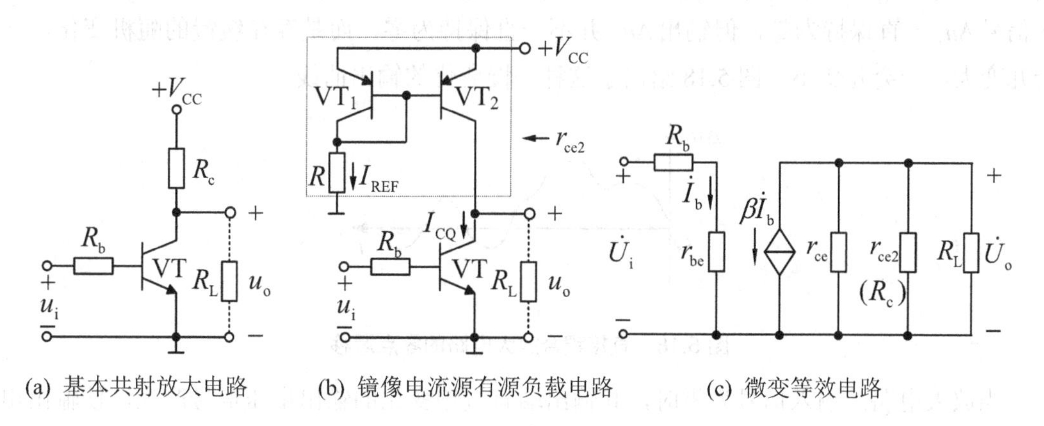

(a) 基本共射放大电路　　(b) 镜像电流源有源负载电路　　(c) 微变等效电路

图 5.17　共射有源负载放大电路

图 5.17(b)中，VT 为放大管，VT_1 和 VT_2 构成镜像电流源，VT_2 是 VT 的有源负载。设 VT_1、VT_2 特性完全相同，$\beta_1=\beta_2$，$I_{C1}=I_{C2}$。由电路可以得到，在空载时放大管 VT 的静态集电极电流为

$$I_{CQ}=I_{C2}=\frac{\beta}{\beta+2}\cdot I_{REF} \tag{5.39}$$

可见，放大管 VT 的静态集电极电流与电流源基准电流有关，而由镜像电流源可知，基准电流仅取决于电源 V_{CC} 和电阻 R，因此，在 V_{CC} 一定的情况下，合理选取电阻 R，就可以设置合适的静态工作点。需要特别注意的是，放大管的基极也有合适的静态基极偏置电流 I_{BQ}，其大小应等于 I_{CQ}/β，而不应与电流源提供的 I_{CQ} 之间产生矛盾。另外，当通过直接耦合方式接上负载电阻 R_L 后，由于其分流将使集电极静态电流 I_{CQ} 产生变化。

对交流信号而言，图 5.17(b)中的电流源电路可等效为 VT_2 管 c-e 之间的动态电阻 r_{ce2}，图 5.17(b)的微变等效电路如图 5.17(c)所示。由图可得电路的电压放大倍数为

$$\dot{A}_u = -\frac{\beta(r_{ce} // r_{ce2} // R_L)}{r_{be} + R_b} \tag{5.40}$$

若 $R_L \ll (r_{ce} // r_{ce2})$，则

$$\dot{A}_u = -\frac{\beta R_L}{r_{be} + R_b} \tag{5.41}$$

与图 5.17(a)所示基本共射放大电路的电压放大倍数 $\dot{A}_u = -\frac{\beta(R_c // R_L)}{r_{be} + R_b}$ 相比，有源负载使放大电路的电压增益大大提高。

5.3 差分式放大电路

5.3.1 直接耦合放大电路中的零点漂移

对各种类型的放大电路而言，如各元器件配合适当，在输入电压信号 Δu_I 为零时，输出电压信号 Δu_O 也应该为零。但在直接耦合放大电路长时间的实验观察中会发现，尽管输入信号 Δu_I 一直保持为零，但输出 Δu_O 并不一直保持为零，而是存在缓慢的随机变化，一会儿变大，一会儿变小。图 5.18 给出了这种缓慢变化的输出曲线。

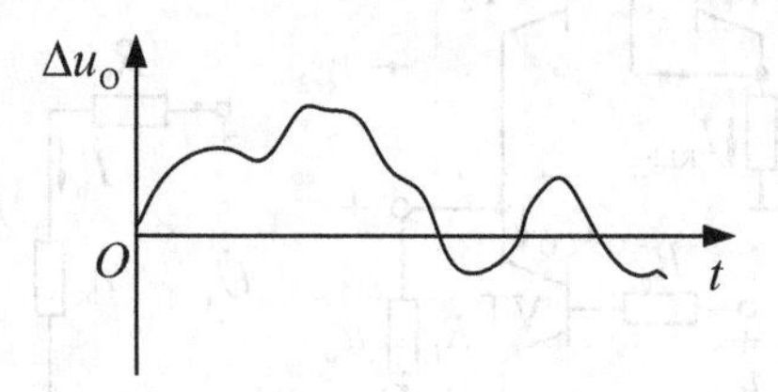

图 5.18 直接耦合放大电路的零点漂移

当放大电路的输入信号为零时，其输出端有缓慢变化的输出电压信号产生，使输出电压偏离静态值而上下漂动，这种现象叫做零点漂移，简称零漂。

产生零点漂移的原因很多，如电源电压的波动、元器件的老化、半导体器件参数随温度变化而产生的变化，都将产生输出电压的漂移。在电路中采用高质量的稳压电源和经过老化实验的元件就可以大大减小由于上述原因而产生的漂移。这样，由温度变化所引起的半导体器件参数(I_{CEO}、β 和 U_{BE})的变化就成为产生零点漂移现象的主要原因，因此，也称零点漂移为温度漂移，简称温漂。

在阻容耦合及变压器耦合放大电路中，由于各级放大电路静态工作点相互独立，这种缓慢变化的信号不会从前级传递到后级进行进一步放大，因此阻容耦合及变压器耦合可以阻挡零点漂移。而直接耦合放大电路由于前后级直接相连，前级的漂移信号与有用信号将一起送到下级，而且将被逐级放大，从而使输出端的零点漂移更加严重，以至于有时在输出端无法区分什么是有用信号，什么是漂移电压，从而使放大电路不能正常工作。

放大电路的放大倍数越大，输出端的漂移将越严重。所以衡量一个放大电路温度漂移的大小不能只看输出端漂移电压的大小，还要考虑放大电路的增益。为了便于比较，排除放大电路增益的影响，通常把输出漂移电压折算到输入端，同时考虑引起温度漂移的温度变化范围，引入温度漂移指标。

温度漂移是指在输入端短路时，把输出端的温漂电压 Δu_{O} 折合到输入端，得到等效输入端温漂电压 Δu_{I} 与温度变化量之比，即

$$\frac{\Delta u_{\mathrm{I}}}{\Delta T}=\frac{\Delta u_{\mathrm{O}}}{A_{\mathrm{u}}\Delta T} \tag{5.42}$$

式中，A_{u} 为电压放大倍数，ΔT(°C) 为温度变化量。

对于直接耦合放大电路，如不采取措施抑制温度漂移，从理论分析它的性能再优良，也不能成为实用电路。因此一个高质量的放大电路应该是一个各方面性能指标俱佳的电路，其中包括有较低的零漂。常用的抑制零点漂移的方法如下。

(1) 引入直流负反馈以稳定静态工作点。例如典型的静态工作点稳定电路，如图 3.41 所示，其中的电阻 R_{E} 即引入了直流负反馈以稳定静态工作点。

(2) 温度补偿。利用热敏元件补偿放大管的零漂。

(3) 使用差分式放大电路，利用电路的对称性结构，抵消器件参数变化的影响来抑制零漂。

5.3.2 差分式放大电路组成及工作原理

差分式放大电路是一种新的放大电路方案，其主要的工作原理是利用电路的对称性来解决和克服零点漂移问题，具有优异的抑制零点漂移的特性，因而成为集成运放的主要组成单元，一般将其作为集成运放的输入级。

1. 差模信号和共模信号

差分式放大电路的功能是放大两个输入信号之差，电路可以有两个输入端，一个或两个输出端。有两个输入端、一个输出端的理想差分式放大电路可用图 5.19 所示的线性放大电路方框图来表示。

图 5.19 线性放大电路方框图

图 5.19 中有两个输入信号，分别为 u_{I1}、u_{I2}，这两个信号是没有任何关系的任意信号。通过适当的变换可以将它们重新写成如下形式：

$$u_{I1}=\frac{u_{I1}+u_{I2}}{2}+\frac{u_{I1}-u_{I2}}{2}=u_{Ic}+\frac{u_{Id}}{2} \tag{5.43}$$

$$u_{I2}=\frac{u_{I1}+u_{I2}}{2}-\frac{u_{I1}-u_{I2}}{2}=u_{Ic}-\frac{u_{Id}}{2} \tag{5.44}$$

式(5.43)和式(5.44)右边第二项是大小相等，但极性相反的两个信号。称这种大小相等、极性相反的信号为差模信号(differential-mode signal)。若用符号 u_{Id} 表示差分式放大电路的差模输入信号，则

$$u_{Id}=u_{I1}-u_{I2} \tag{5.45}$$

式(5.43)和式(5.44)右边第一项是大小和极性均完全相同的两个信号。称这种大小相等、极性相同的信号为共模信号(common-mode signal)。若用符号 u_{Ic} 表示差分式放大电路的共模输入信号，则

$$u_{Ic}=\frac{u_{I1}+u_{I2}}{2} \tag{5.46}$$

差模信号和共模信号是两个非常重要的概念，若差分式放大电路两输入端分别输入任意信号 u_{I1} 和 u_{I2}，在分析时可以将输入信号分解为差模信号和共模信号，分别讨论差分式放大电路对差模信号和共模信号的放大情况，最后用叠加原理求解总的输出。差分式放大电路输入差模信号和共模信号的情况如图 5.20 所示。

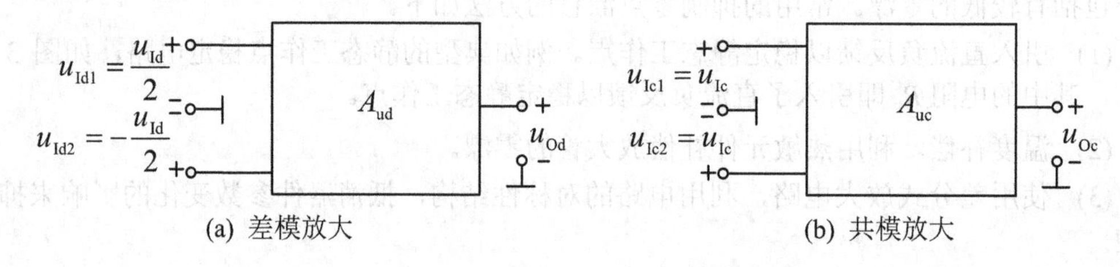

(a) 差模放大　　(b) 共模放大

图 5.20　差分式放大电路差模及共模放大情况

图 5.20(a)中，$u_{Id1}=-u_{Id2}=u_{Id}/2=(u_{I1}-u_{I2})/2$，输入为大小相等、相位相反的差模信号，此时放大电路的输出称为差模输出电压，记为 u_{Od}。定义差模输出电压 u_{Od} 与差模输入电压 u_{Id} 之间的比值为差模电压放大倍数，记为 A_{ud}，则

$$A_{ud}=\frac{u_{Od}}{u_{Id}}=\frac{u_{Od}}{u_{I1}-u_{I2}} \tag{5.47}$$

图 5.20(b)中，$u_{Ic1}=u_{Ic2}=u_{Ic}=(u_{I1}+u_{I2})/2$，输入为大小相等、相位相同的共模信号，此时放大电路的输出称为共模输出电压，记为 u_{Oc}。定义共模输出电压 u_{Oc} 与共模输入电压 u_{Ic} 之间的比值为共模电压放大倍数，记为 A_{uc}，则

$$A_{uc}=\frac{u_{Oc}}{u_{Ic}}=\frac{u_{Od}}{\frac{u_{I1}+u_{I2}}{2}} \tag{5.48}$$

利用叠加原理，电路总的输出为

$$u_O=u_{Od}+u_{Oc}=A_{ud}\cdot u_{Id}+A_{uc}\cdot u_{Ic} \tag{5.49}$$

2. 差分式放大电路的组成及工作原理

图 5.21(b)所示是一个基本差分式放大电路，它是由两个完全相同的如图 5.21(a)所示的

典型工作点稳定基本共射放大电路通过对称连接而来的，电路左右两侧结构完全对称，即晶体管 VT_1、VT_2 的特性完全相同，电路参数对称，$R_{c1}=R_{c2}$，$R_{b1}=R_{b2}$、$R_{e1}=R_{e2}$，因此在输入信号为零时，晶体管 VT_1、VT_2 各极的静态电流和静态电位完全相同。

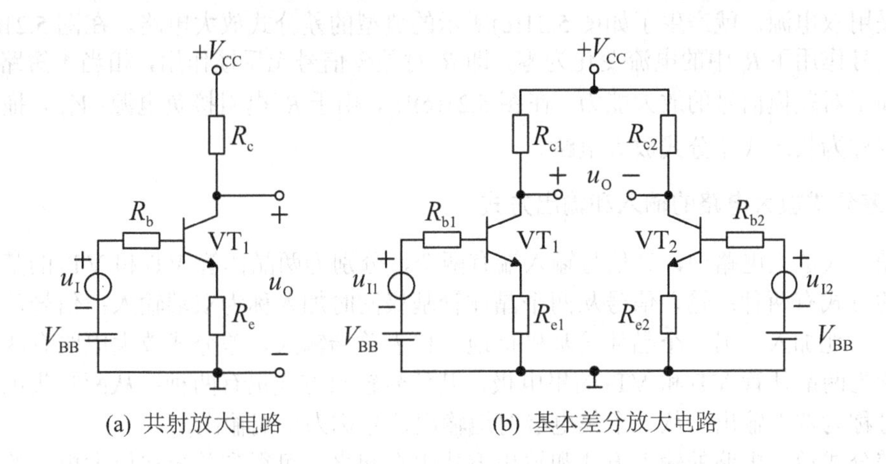

(a) 共射放大电路　　(b) 基本差分放大电路

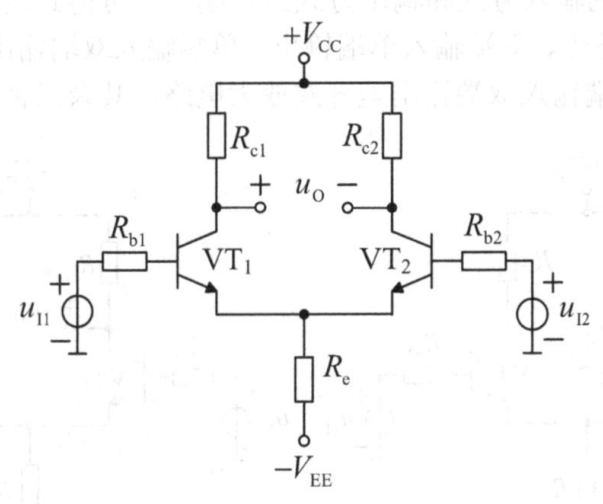

(c) 典型差分式放大电路

图 5.21　差分式放大电路的组成

对于图 5.21(b)所示电路，当 u_{I1} 和 u_{I2} 所加信号为大小相等、极性相同的输入信号(共模信号)时，由于电路参数对称，VT_1 管和 VT_2 管所产生的电流变化相等，即 $\Delta i_{B1}=\Delta i_{B2}$、$\Delta i_{C1}=\Delta i_{C2}$；因此集电极电位的变化也相等，即 $\Delta u_{C1}=\Delta u_{C2}$。因为输出电压是 VT_1 管和 VT_2 管集电极电位差，如图 5.21(b)中所标注，所以输出电压 $\Delta u_O=\Delta u_{C1}-\Delta u_{C2}=0$，说明差分放大电路对共模信号具有很强的抑制作用，在参数理想对称的情况下，共模输出为零。

当 u_{I1} 和 u_{I2} 所加信号为大小相等、极性相反的输入信号(差模信号)，即 $\Delta u_{I1}=-\Delta u_{I2}$ 时，由于电路参数对称，VT_1 和 VT_2 所产生的电流的变化大小相等而方向相反，即 $\Delta i_{B1}=-\Delta i_{B2}$、$\Delta i_{C1}=-\Delta i_{C2}$；因此集电极电位的变化也是大小相等、方向相反，相对于静态电位，一边升高，一般降低，即 $\Delta u_{C1}=-\Delta u_{C2}$，这样得到的输出电压 $\Delta u_O=\Delta u_{C1}-\Delta u_{C2}=2\Delta u_{C1}$，从而实现了电压放大。但是，图中 R_{e1}、R_{e2} 的存在将使电路的电压放大能力变差，当它们数值较大时，甚至不能放大。

在研究差模输入信号作用时，不难发现，VT_1和VT_2发射极电流的变化与基极电流一样，变化量的大小相等、方向相反，即$\Delta i_{E1}=-\Delta i_{E2}$，将$VT_1$和$VT_2$发射极连在一起，将$R_{e1}$和$R_{e2}$合并为一个电阻$R_e$，同时为了简化电路，便于$Q$点调节，也为了使电源与信号源“共地”而采用双电源，就产生了如图5.21(c)所示的典型的差分式放大电路。在图5.21(c)中，在差模信号作用下R_e中的电流变化为零，即R_e对差模信号无反馈作用，相当于短路，因此大大提高了对差模信号的放大能力。在图5.21(c)中，由于R_e电阻接负电源$-V_{EE}$，拖着一个尾巴，也称为长尾式差分式放大电路。

3．差分式放大电路的输入和输出方式

在差分式放大电路中，其信号输入端有两个，分别为两晶体管VT_1和VT_2的基极，信号输入的方式有两种：输入信号从两个晶体管基极同时加入称为双端输入；信号从一个晶体管基极对地加入，另一个晶体管基极接地，称为单端输入。差分式放大电路有两个输出端，分别为两晶体管VT_1和VT_2的集电极，其信号输出方式也有两种：从两管集电极之间输出信号称为双端输出；从一个集电极对地输出信号称为单端输出。

将差分式放大电路的输入方式和输出方式组合起来，可得到差分式放大电路的四种工作方式：双端输入双端输出、双端输入单端输出、单端输入双端输出和单端输入单端输出。

图5.21(c)所示为双端输入双端输出差分式放大电路。其余三种方式如图5.22所示。

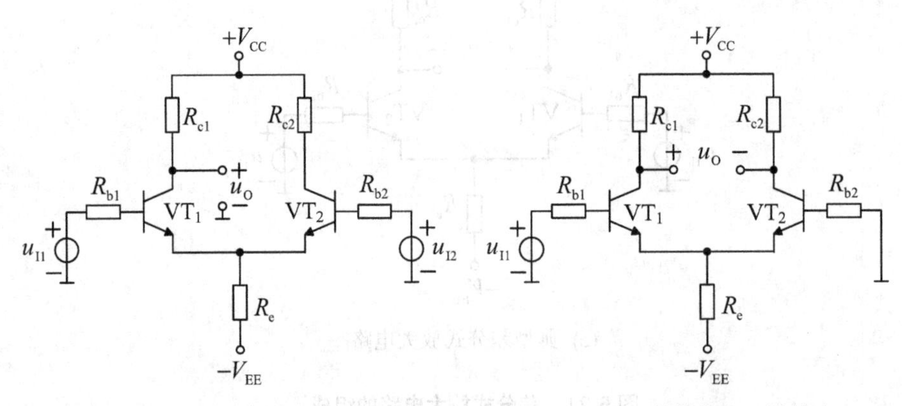

(a) 双端输入单端输出　　(b) 单端输入双端输出

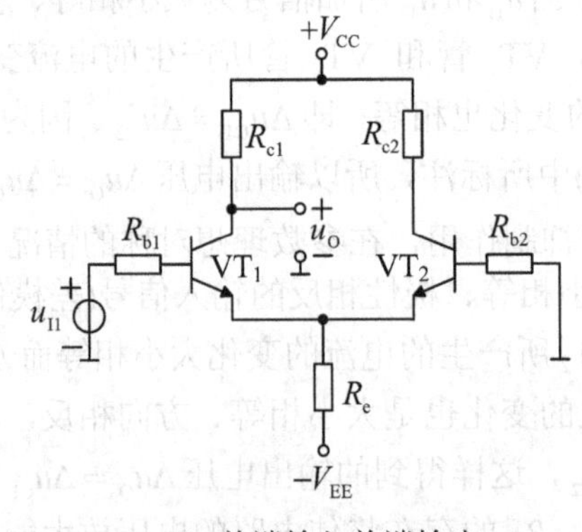

(c) 单端输入单端输出

图5.22 差分式放大电路的输入输出方式

5.3.3　差分式放大电路的静态分析

和其他放大电路的分析方法一样，差分式放大电路的分析也遵循先静态后动态的分析方法。

在静态时，输入信号 $u_{I1}=u_{I2}=0$，通过分析四种不同工作方式的差分式放大电路，可以发现，当不接负载电阻 R_L 时，四种工作方式下的直流通路均相同。接入负载电阻 R_L 后，直流通路随输出方式不同而有差异，而与输入方式无关。差分式放大电路两种不同输出方式下的直流通路如图 5.23 所示。

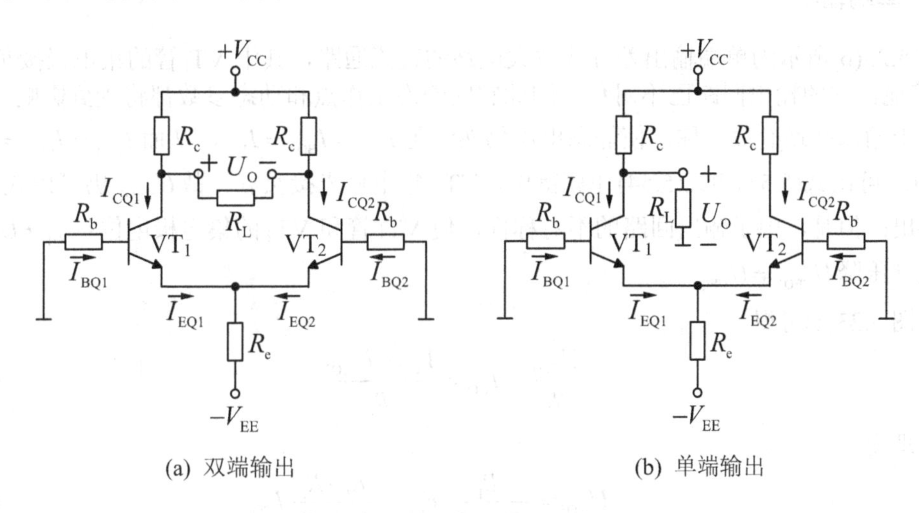

(a) 双端输出　　　　(b) 单端输出

图 5.23　差分式放大电路的直流通路

1．双端输出

图 5.23(a)所示为双端输出差分式放大电路的直流通路，由于电路的参数完全对称，即 $R_{c1}=R_{c2}=R_c$、$R_{b1}=R_{b2}=R_b$；VT$_1$ 管和 VT$_2$ 管特性相同，即 $\beta_1=\beta_2=\beta$、$U_{BEQ1}=U_{BEQ2}=U_{BEQ}$、$r_{be1}=r_{be2}=r_{be}$。因此有 $I_{BQ1}=I_{BQ2}=I_{BQ}$、$I_{CQ1}=I_{CQ2}=I_{CQ}$、$I_{EQ1}=I_{EQ2}=I_{EQ}$。

由直流通路可得，记流过电阻 R_e 的电流为 I_{EEQ}，则

$$I_{EEQ}=I_{EQ1}+I_{EQ2}=2I_{EQ} \tag{5.50}$$

由基极回路方程可得

$$I_{BQ}R_b+U_{BEQ}+2I_{EQ}R_e=V_{EE} \tag{5.51}$$

根据式(5.50)和式(5.51)可以求出基极电流 I_{BQ} 和发射极电流 I_{EQ}，从而解出静态工作点。通常情况下，由于电阻 R_b 的值很小(一般情况 R_b 为信号源内阻)，且 I_{BQ} 也很小，因此在近似计算中，基极电阻 R_b 上的电压降可忽略不计，从而有发射极电位 $U_{EQ1}=U_{EQ2}=U_{EQ}=-U_{BEQ}$，所以发射极静态电流为

$$I_{EQ1}=I_{EQ2}=I_{EQ}=\frac{V_{EE}-U_{BEQ}}{2R_e} \tag{5.52}$$

同时可得

$$I_{CQ1}=I_{CQ2}=I_{CQ}\approx I_{EQ} \tag{5.53}$$

$$I_{BQ1}=I_{BQ2}=I_{BQ}=\frac{I_{EQ}}{1+\beta} \tag{5.54}$$

$$U_{CEQ1}=U_{CEQ2}=U_{CEQ}=U_{CQ}-U_{EQ}=V_{CC}-I_{CQ}R_{C}+U_{BEQ} \tag{5.55}$$

由于集电极静态电位 $U_{CQ1}=U_{CQ2}=U_{CQ}$，因此电路的静态输出电压 $U_{O}=U_{CQ1}-U_{CQ2}=0$，负载电阻 R_L 上无电流流过，因此静态工作点与负载电阻 R_L 无关。

2．单端输出

图 5.23(b)所示为单端输出差分式放大电路的直流通路，其中 VT_1 管的集电极接负载电阻 R_L 接地。它的输出回路已不对称，因此它的静态工作点和动态参数都将受到影响。

由于输入回路参数对称，使静态电流仍然满足 $I_{BQ1}=I_{BQ2}=I_{BQ}$，从而 $I_{CQ1}=I_{CQ2}=I_{CQ}$，I_{CQ}、I_{BQ} 可由式(5.53)和式(5.54)计算得出，VT_2 集电极未接负载，故 U_{CEQ2} 仍可由式(5.55)计算得出；但是，由于输出回路的不对称性，使 VT_1 管和 VT_2 的集电极电位 $U_{CQ1}\neq U_{CQ2}$，从而使管压降 $U_{CEQ1}\neq U_{CEQ2}$。

由图 5.23(b)可得

$$\frac{U_{CQ1}}{R_L}+I_{CQ}=\frac{V_{CC}-U_{CQ1}}{R_c} \tag{5.56}$$

整理得

$$U_{CQ1}=\frac{R_L}{R_L+R_c}V_{CC}-\frac{R_L\cdot R_c}{R_L+R_c}I_{CQ} \tag{5.57}$$

从而得

$$U_{CEQ1}=U_{CQ1}-U_{EQ}=\frac{R_L}{R_L+R_c}V_{CC}-\frac{R_L\cdot R_c}{R_L+R_c}I_{CQ}+U_{BEQ} \tag{5.58}$$

5.3.4 差分式放大电路的动态分析

当差分式放大电路两输入端加入两个任意信号 u_{I1} 和 u_{I2}，根据式(5.43)和式(5.44)可得，这两个信号均可分解为差模信号和共模信号，下面分别对差模信号和共模信号作用下的动态工作情况进行分析。

1．双端输入差分式放大电路

1) 差模信号工作情况

对于双端输入差分式放大电路，当输入信号中仅有差模信号，没有共模信号即 $u_{Ic}=0$ 时，有

$$u_{I1}=-u_{I2}=\frac{u_{Id}}{2} \tag{5.59}$$

图 5.21(c)所示双端输入双端输出差分式放大电路加入差模信号后的电路如图 5.24(a)所示，其差模交流通路如图 5.24(b)所示。为便于讨论，在输出端接上负载电阻 R_L。由于 $u_{Id1}=-u_{Id2}$，因此在差模信号的作用下，两个三极管的集电极电流变化是相反的，从而导致

VT_1管和 VT_2管集电极电位变化也是相反的，一个下降、一个上升，从而在负载电阻 R_L 得到差模输出电压。差模输出电压使 R_L 上的交流电位一边升高一边降低，故 R_L 中心点电位必定和交流地电位相等，故在交流通路中，R_L 中心点接地。

另外，在差模信号的作用下，流过电阻 R_e 的电流的变化量为 $\Delta i_{E1}+\Delta i_{E2}$，由于 $\Delta i_{E1}=-\Delta i_{E2}$，因此流过 R_e 上的差模电流为零，从而导致 R_e 上的差模交流电压也等于零，使 R_e 对差模交流信号相当于短路，因此 VT_1 管和 VT_2 管的射极在交流通路中直接接地。根据交流通路，画出微变等效电路，如图 5.24(c)所示。

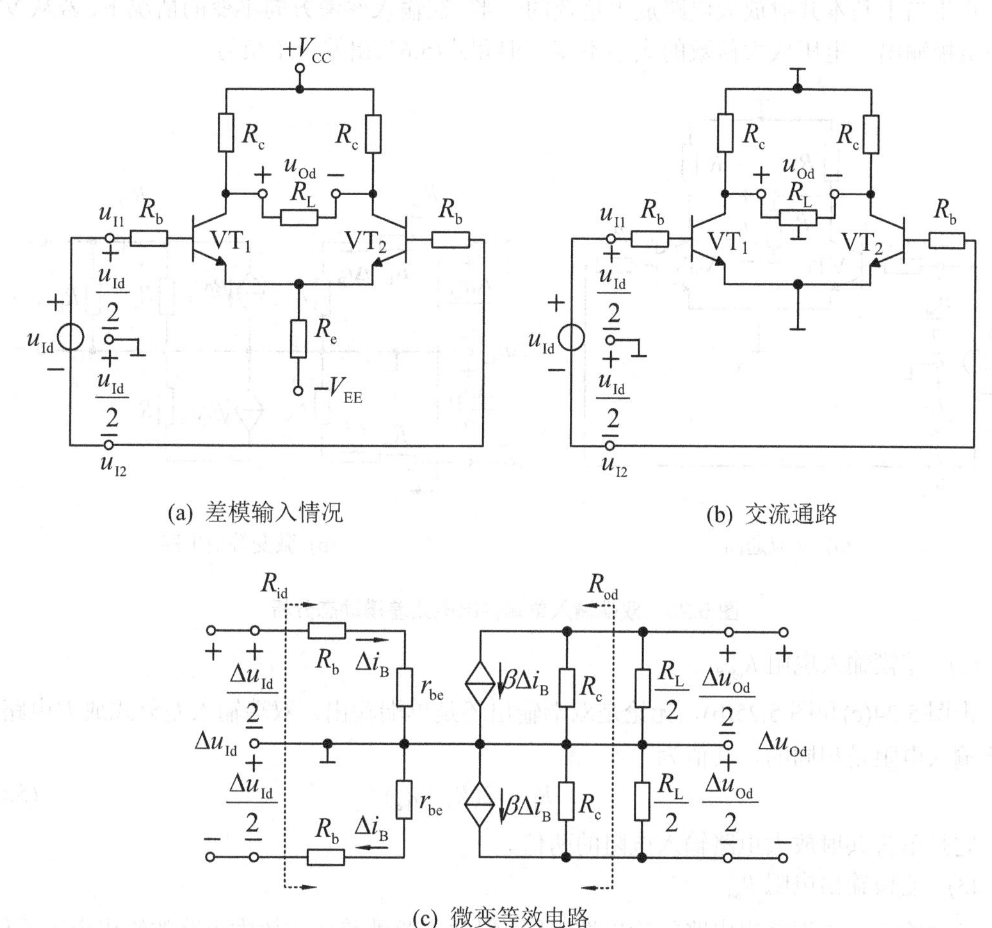

(a) 差模输入情况　　(b) 交流通路

(c) 微变等效电路

图 5.24　双端输入双端输出电路差模动态分析

(1) 差模电压放大倍数 A_{ud}。

由微变等效电路及差模电压放大倍数 A_{ud} 的定义，可得双端输入双端输出差模电压放大倍数为

$$A_{ud}=\frac{\Delta u_{Od}}{\Delta u_{Id}}=\frac{\dfrac{\Delta u_{Od}}{2}}{\dfrac{\Delta u_{Id}}{2}}=\frac{-\beta\Delta i_B\left(R_c//\dfrac{R_L}{2}\right)}{\Delta i_B(R_b+r_{be})}=-\frac{\beta\left(R_c//\dfrac{R_L}{2}\right)}{R_b+r_{be}} \tag{5.60}$$

由此可见，虽然差分放大电路用了两只晶体管，但它的电压放大能力只相当于单管共

射放大电路。

对于双端输入单端输出电路，此时负载电阻 R_L 接在其中一个三极管的集电极和地之间(以 VT_1 管集电极输出为例)，交流通路如图 5.25(a)所示，微变等效电路如图 5.25(b)所示。由图 5.25(b)可知，双端输入单端输出的差模电压放大倍数为

$$A_{ud单}=\frac{\Delta u_{Od}}{\Delta u_{Id}}=\frac{\Delta u_{Od}}{2\cdot\frac{\Delta u_{Id}}{2}}=\frac{-\beta\Delta i_B\left(R_c//R_L\right)}{2\Delta i_B\left(R_b+r_{be}\right)}=-\frac{\beta\left(R_c//R_L\right)}{2\left(R_b+r_{be}\right)} \tag{5.61}$$

它相当于基本共射放大电路放大倍数的一半，在输入参考方向不变的情况下，若从 VT_2 管集电极输出，电压放大倍数的大小不变，但和式(5.61)相差一个负号。

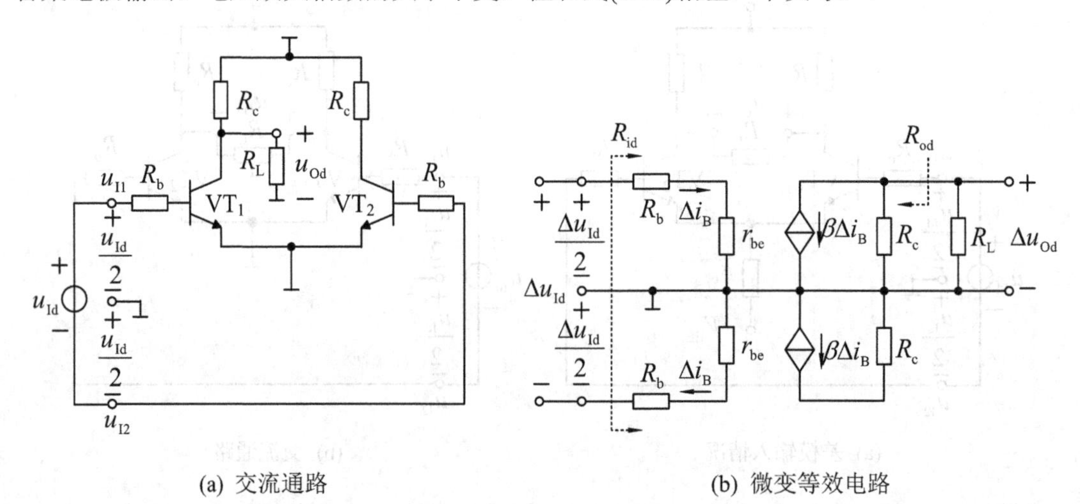

(a) 交流通路　　　(b) 微变等效电路

图 5.25　双端输入单端输出电路差模动态分析

(2) 差模输入电阻 R_{id}。

由图 5.24(c)和图 5.25(b)，无论是双端输出还是单端输出，双端输入差分式放大电路的差模输入电阻是相同的，其值为

$$R_{id}=2(R_b+r_{be}) \tag{5.62}$$

它是单管共射放大电路输入电阻的两倍。

(3) 差模输出电阻 R_{od}。

双端输出和单端输出电路的输出端不同，因此这两种差分式放大电路的输出电阻不同。由图 5.24(c)可得双端输入双端输出电路的差模输出电阻为

$$R_{od}=2R_c \tag{5.63}$$

由图 5.25(b)可得双端输入单端输出电路的差模输出电阻为

$$R_{od单}=R_c \tag{5.64}$$

2) 共模信号工作情况

当输入信号中仅有共模信号，无差模信号时，有

$$u_{I1}=u_{I2}=u_{Ic} \tag{5.65}$$

双端输入双端输出差分式放大电路加入共模信号后的电路如图 5.26(a)所示。在共模信

号作用下，VT_1和 VT_2两管电流变化是相同的，因此R_e上的电流变化是每个三极管电流变化的两倍，由此可以画出其交流通路，如图 5.26(b)所示。在图 5.26(b)中，将R_e对每一个三极管的交流共模信号的影响分别表示在 VT_1和 VT_2的发射极上，因此等效后的发射极电阻为$2R_e$。由图 5.26(b)可以画出微变等效电路，如图 5.26(c)所示。

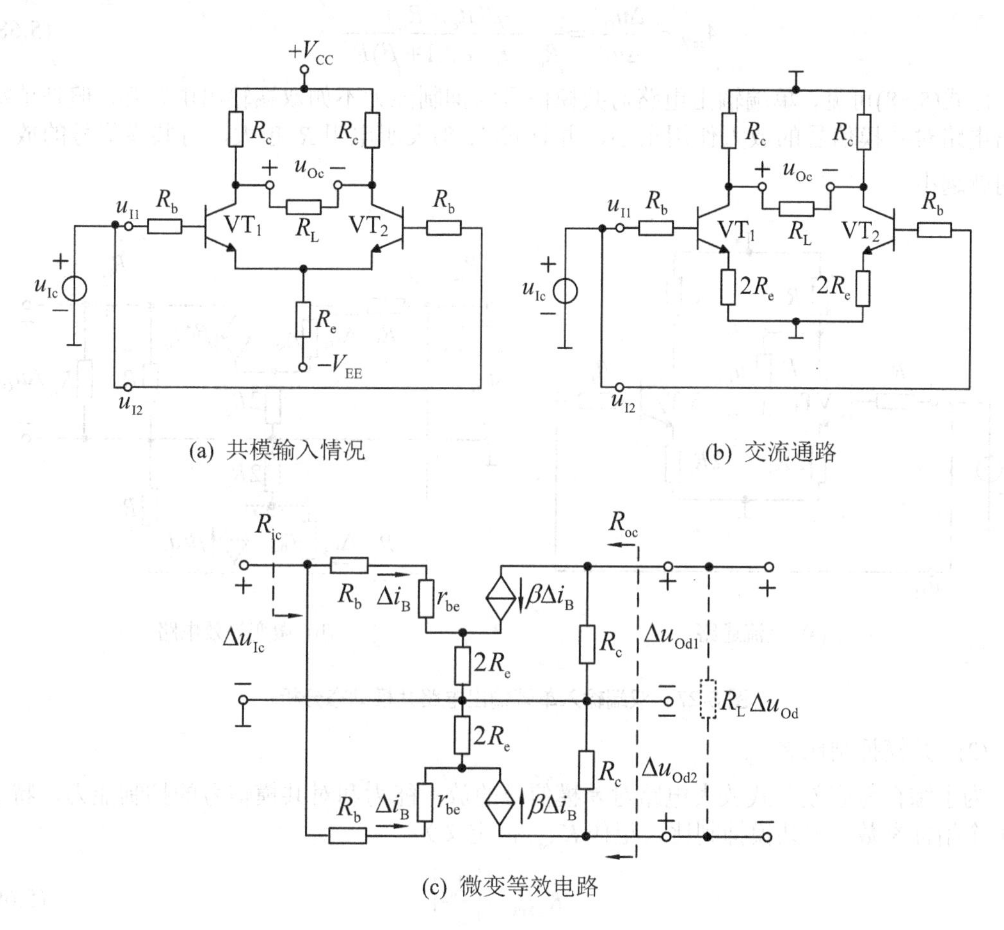

图 5.26 双端输入双端输出电路共模动态分析

(1) 共模电压放大倍数 A_{uc}。

从图 5.26(c)可以看出，电路为两个完全对称的共发射极电路，由共模信号引起的 VT_1和 VT_2管的集电极共模输出电压的变化量 Δu_{Oc1}、Δu_{Oc2}完全相同，因此输出共模电压为

$$\Delta u_{Oc} = \Delta u_{Oc1} - \Delta u_{Oc2} = 0 \tag{5.66}$$

共模电压放大倍数为

$$A_{uc} = \frac{\Delta u_{Oc}}{\Delta u_{Ic}} = 0 \tag{5.67}$$

式(5.67)说明，双端输入双端输出的差分式放大电路对共模信号根本不放大。一般干扰信号属于共模信号，因此这种放大电路对干扰信号有极强的抑制作用。

另外，在共模信号的作用下，流过负载电阻R_L的电流为零，因此在交流通路及微变等效电路中R_L可以按开路处理，对电路没有影响。

对于双端输入单端输出电路，由于负载电阻的接入电路的对称结构将被破坏，单端输出时(以 VT_1 管集电极输出为例)共模输出电压的变化量将不为零，其交流通路及微变等效电路分别如图 5.27(a)和图 5.27(b)所示。

由图 5.27(b)可得，双端输入差分式放大电路单端输出时，共模电压放大倍数为

$$A_{uc单}=\frac{\Delta u_{Oc}}{\Delta u_{Ic}}=\frac{-\beta(R_c // R_L)}{R_b+r_{be}+2(1+\beta)R_e} \tag{5.68}$$

由式(5.68)可见，单端输出电路对共模信号的抑制能力不如双端输出电路强。但是单端输出电路对共模信号的放大作用很小，并且式(5.68)表明电阻 R_e 越大，对共模信号的放大作用就越小。

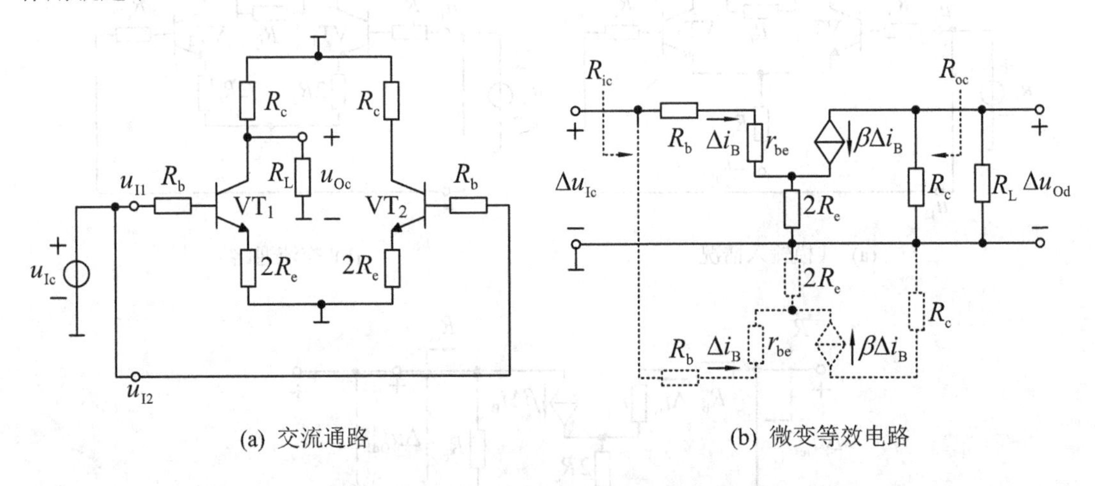

(a) 交流通路　　　　(b) 微变等效电路

图 5.27　双端输入单端输出电路共模动态分析

(2) 共模抑制比 K_{CMR}。

为了综合考察差分式放大电路对差模信号的放大能力和对共模信号的抑制能力，特引入一个指标参数——共模抑制比，记作 K_{CMR}，定义为

$$K_{CMR}=\left|\frac{A_{ud}}{A_{uc}}\right| \tag{5.69}$$

其值越大，说明电路的性能越好。

对于双端输入双端输出差分式放大电路，由于其共模电压放大倍数 $A_{uc}=0$，因此其共模抑制比 K_{CMR} 为无穷大。

对于双端输入单端输出差分式放大电路，其共模抑制比为

$$K_{CMR单}=\left|\frac{A_{ud单}}{A_{uc单}}\right|=\left|\frac{-\dfrac{\beta(R_c // R_L)}{2(R_b+r_{be})}}{-\dfrac{\beta(R_c // R_L)}{R_b+r_{be}+2(1+\beta)R_e}}\right|=\frac{R_b+r_{be}+2(1+\beta)R_e}{2(R_b+r_{be})} \tag{5.70}$$

式(5.70)表明，电阻 R_e 越大，单端输出时的 K_{CMR} 越大。

(3) 共模输入电阻。

由图 5.26(c)和图 5.27(b)可以看出，从输入端看进去的共模输入电阻无论是双端输出还是单端输出均为

$$R_{ic}=\frac{1}{2}[R_b+r_{be}+2(1+\beta)R_e] \tag{5.71}$$

(4) 共模输出电阻。

双端输出时的共模输出电阻为

$$R_{oc}=2R_c \tag{5.72}$$

单端输出时的共模输出电阻为

$$R_{oc单}=R_c \tag{5.73}$$

2. 单端输入差分式放大电路

在单端输入差分式放大电路中，电路两个输入端有一个接地($u_{I1}=0$ 或 $u_{I2}=0$)，输入信号加在另一端与地之间。在这种电路中，差模信号 $u_{Id}=u_{I1}-u_{I2}$ 是通过发射极相连的方式实现发射极电流在两个晶体管发射极之间传递的，故称这种电路为射极耦合电路。

在图 5.28(a)所示单端输入电路中， $u_{I1}=u_I$ 、 $u_{I2}=0$ ，根据式(5.43)和式(5.44)，对其进行等效变换，把原来的信号分解为共模信号和差模信号，得

$$u_{I1}=\frac{u_{I1}+u_{I2}}{2}+\frac{u_{I1}-u_{I2}}{2}=\frac{u_I}{2}+\frac{u_I}{2}=u_{Ic}+\frac{u_{Id}}{2} \tag{5.74}$$

$$u_{I2}=\frac{u_{I1}+u_{I2}}{2}-\frac{u_{I1}-u_{I2}}{2}=\frac{u_I}{2}-\frac{u_I}{2}=u_{Ic}-\frac{u_{Id}}{2} \tag{5.75}$$

于是，可以这样理解，在加入信号一端 u_{I1} ，可将输入信号分为两个串联的信号源，它们的大小相等，极性相同；在接地端 u_{I2} ，也可等效为两个串联的信号源，它们大小相等，极性相反，如图 5.28(b)所示。

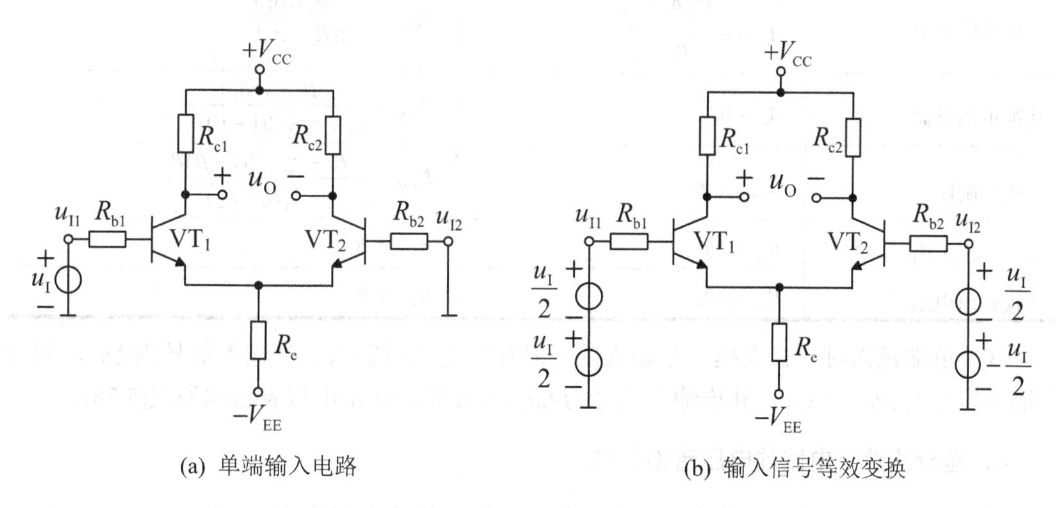

(a) 单端输入电路　　(b) 输入信号等效变换

图 5.28　单端输入差分式放大电路输入信号等效变换

从图 5.28(b)可以看出，单端输入电路在输入信号等效变换后，相当于在两输入端同时接入了共模信号 $u_I/2$ ，以及差模信号 $u_I/2$ 和 $-u_I/2$ ，这样单端输入方式与双端输入方式就基本一样了。单端输入电路与双端输入电路的区别在于：在差模信号输入的同时，伴随着共模信号输入。因此，在共模放大倍数不为零时，输出端不仅有差模信号作用而得到的差模输出电压，而且还有共模信号作用而得到的共模输出电压，即输出电压为

$$\Delta u_O = A_{ud} \cdot \Delta u_{Id} + A_{uc} \cdot \Delta u_{Ic} = A_{ud} \cdot \Delta u_I + A_{uc} \cdot \frac{\Delta u_I}{2} \tag{5.76}$$

单端输入电路由于信号可以分解为差模和共模两部分，因此单端输入电路在分析中，差模和共模工作情况可以分别进行。这样，单端输入电路的分析与双端输入电路的分析就基本一样了。就差模信号而言，单端输入时电路的工作状态与双端输入时的工作状态一致。因此，单端输入双端输出电路与双端输入双端输出电路的动态分析完全相同，指标参数的计算也相同；单端输入单端输出电路与双端输入单端输出电路的动态分析也完全相同，指标参数计算也相同，这里不再一一推导。

3. 差分式放大电路的动态工作特点

根据前面的分析，将差分式放大电路四种不同工作方式的动态工作参数特点归纳如下。

(1) 差模输入电阻和共模输入电阻与输入方式和输出方式都无关。

差模输入电阻 $R_{id} = 2(R_b + r_{be})$

共模输入电阻 $R_{ic} = \frac{1}{2}[R_b + r_{be} + 2(1+\beta)R_e]$

(2) 差模电压增益、共模电压增益、共模抑制比、差模和共模输出电阻与输入方式无关，而与输出方式有关。表5.1给出了不同输出方式参数之间的对比。

表5.1 不同输出方式参数对比

参　数	双端输出	单端输出
差模电压增益	$A_{ud} = -\frac{\beta\left(R_c // \frac{R_L}{2}\right)}{R_b + r_{be}}$	$A_{ud单} = -\frac{\beta(R_c // R_L)}{2(R_b + r_{be})}$
共模电压增益	$A_{uc} = 0$	$A_{uc单} = \frac{-\beta(R_c // R_L)}{R_b + r_{be} + 2(1+\beta)R_e}$
共模抑制比	$K_{CMR} = \infty$	$K_{CMR单} = \frac{R_b + r_{be} + 2(1+\beta)R_e}{2(R_b + r_{be})}$
差模输出电阻	$R_{od} = 2R_c$	$R_{od单} = R_c$
共模输出电阻	$R_{oc} = 2R_c$	$R_{oc单} = R_c$

(3) 单端输入时，在差模信号输入的同时伴随着共模输入。若输入信号为Δu_I，则差模输入信号为$\Delta u_{Id} = \Delta u_I$，共模输入信号为$\Delta u_{Ic} = \Delta u_I/2$。输出电压表达式为式(5.76)。

4. 差分式放大电路的电压传输特性

前面我们讨论了差分式放大电路在小信号线性工作状态下的放大作用，而当在大信号工作时，差分式放大电路的放大作用将有何变化呢？这就需要知道输出信号随输入信号变化的规律，即电路的传输特性。了解电路的传输特性对正确分析、设计电路都有帮助。

电压传输特性就是放大电路输出电压与输入电压之间的关系曲线，即

$$u_O = f(u_I) \tag{5.77}$$

将差模输入电压Δu_{Id}按图5.24(a)接到输入端，并令其幅值由零逐渐增加，输出端的Δu_{Od}也将出现相应的变化，画出二者的关系，如图5.29中实线所示。可以看出，只有在中

间一段(即小信号线性工作状态下)二者是线性关系，其斜率即为式(5.60)所表示的差模放大倍数。当输入电压幅值过大时，输出电压就会产生失真，若再加大Δu_{Id}，则Δu_{Od}将趋于不变，其数值取决于电源电压V_{CC}。若改变Δu_{Id}的极性，则可得到另一条如图 5.29 中虚线所示的传输特性曲线，它与实线完全对称。

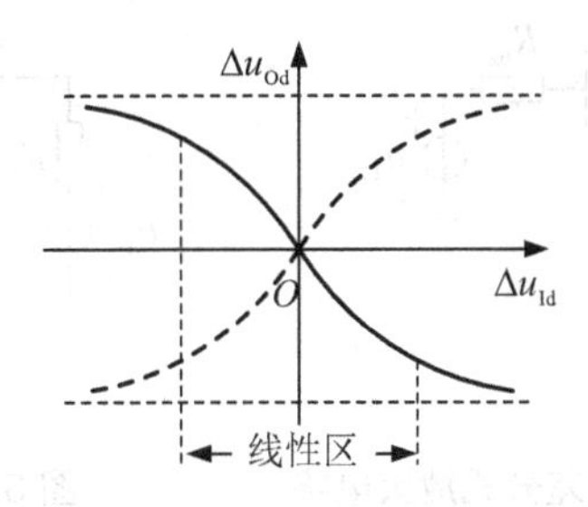

图 5.29　差分式放大电路的电压传输特性

5.3.5　改进型差分式放大电路

通过前面的分析知道，差分式放大电路是通过增加器件利用电路的对称性结构来实现对共模信号的抑制作用的。但是单端输出电路和双端输出电路相比，对共模信号的抑制能力及差模信号的放大能力都有所减弱。为了进一步提高差分式放大电路的性能及适应实际电路的需求，可以对基本差分式放大电路进行适当的改进。

1. 利用恒流源替代电阻 R_e 的差分式放大电路

在差分式放大电路中，增大发射极电阻R_e，能够有效地抑制每一边电路的温度漂移，提高共模抑制比，这一点对于单端输出电路尤为重要。可以设想，若R_e为无穷大，则即使是单端输出电路，根据式(5.68)和式(5.70)，也可以使共模电压增益A_{uc}为零，共模抑制比K_{CMR}为无穷大。在实际电路中，如果直接增大R_e电阻，则在保证一定的射极静态电流的情况下，必定会使电源V_{EE}的电压增大而使电路变得不合理，另外在集成电路中也难以实现。由于恒流源具有直流电阻小、交流电阻大的特点，因此可以满足差分式放大电路既能采用较低的电源电压、又有很大的等效电阻R_e的要求。

正如 5.2 节所介绍的，恒流源的具体电路是多种多样的。若用符号代表具体恒流源电路并替代差分式放大电路中的电阻R_e，则可得到如图 5.30 所示的差分放大电路。在理想情况下，恒流源的内阻为无穷大，即相当于 VT_1 管和 VT_2 管的发射极接了一个阻值为无穷大的电阻，对共模信号的负反馈作用无穷大，因此使电路的$A_{uc}=0$，$K_{CMR}=\infty$。在实际电路中，由于难以做到参数理想对称，常用一个阻值很小的电位器R_W加在两只管子的发射极之间，调节电位器滑动端的位置便可使电路在静态时$u_O=0$，所以常称R_W为调零电位器。应当指出，R_W在交流通路中存在，因此对电路的动态参数会产生影响。

2. 利用恒流源作有源负载差分式放大电路

利用恒流源作有源负载可以进一步改进差分式放大电路的性能，图 5.31 所示为利用镜像电流源作有源负载的双端输入单端输出差分式放大电路，该电路可以使单端输出电路的差模电压增益提高到接近双端输出时的情况。

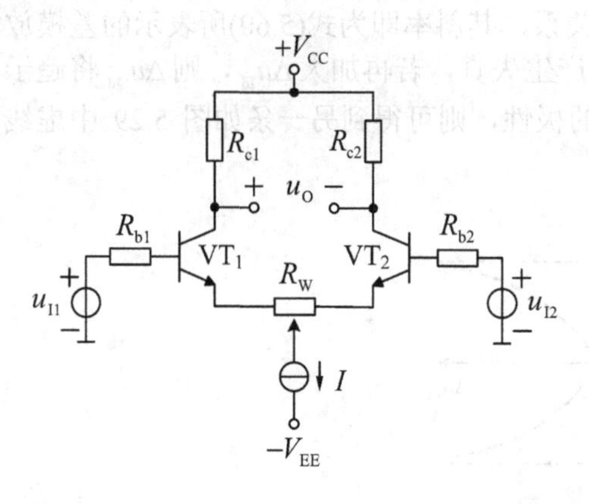

图 5.30　恒流源替代电阻 R_e 的差分式放大电路

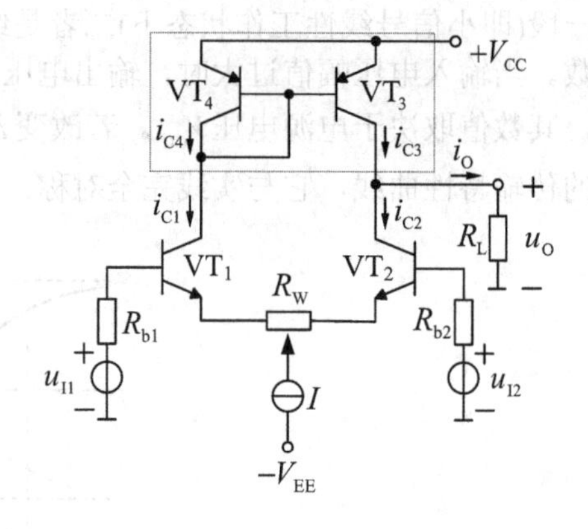

图 5.31　有源负载差分式放大电路

图 5.31 中 VT_1 与 VT_2 为放大管，VT_3 与 VT_4 组成镜像电流源作为有源负载，$i_{C3}=i_{C4}$。

静态时，VT_1 管和 VT_2 管的集电极电流 $I_{C1}=I_{C2}\approx I/2$。若 $\beta_4 \gg 2$，则有 $I_{C1}\approx I_{C4}$；由镜像电流源可知 $I_{C3}=I_{C4}$，所以 $I_{C3}=I_{C1}$，$I_O=I_{C3}-I_{C2}\approx 0$。

当输入差模信号 Δu_{Id} 时，根据差分式放大电路的特点，集电极动态电流 $\Delta i_{C1}=-\Delta i_{C2}$，而 $\Delta i_{C4}\approx\Delta i_{C1}$，由于 i_{C3} 和 i_{C4} 的镜像关系，所以 $\Delta i_{C3}=\Delta i_{C4}\approx\Delta i_{C1}$，从而 $\Delta i_O=\Delta i_{C3}-\Delta i_{C2}\approx\Delta i_{C1}-(-\Delta i_{C1})=2\Delta i_{C1}$。由此可见，其输出电流约为单端输出时的两倍，因而输出电压也为单端输出时的两倍，故电压增益接近双端输出时的情况，其大小为

$$A_{ud}=\frac{\Delta u_{Od}}{\Delta u_{Id}}=\frac{2\Delta i_{C1}(R_L // r_{ce2} // r_{ce3})}{2\Delta i_{B1}(R_{b1}+r_{be1})}=\frac{\beta_1(R_L // r_{ce2} // r_{ce3})}{R_{b1}+r_{be1}} \tag{5.78}$$

若 $r_{ce2} // r_{ce3} \gg R_L$，则

$$A_{ud}\approx\frac{\beta_1 R_L}{R_{b1}+r_{be1}} \tag{5.79}$$

3．场效应管差分式放大电路

为了获得高输入电阻的差分式放大电路，可以将前面所讲电路中的差放管用场效应管取代晶体管，如图 5.32 所示，这种电路特别适于做直接耦合多级放大电路的输入级。通常情况下，可以认为其输入电阻为无穷大。和晶体管差分式放大电路相同，场效应管差分式放大电路也有四种接法，可以采用前面叙述的方法对四种接法进行分析，这里不再赘述。

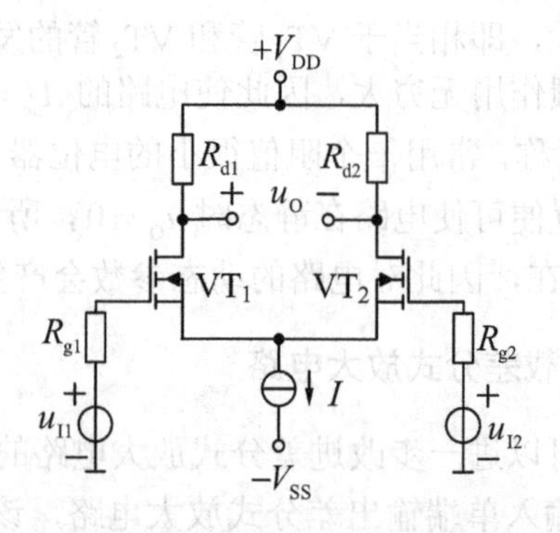

图 5.32　场效应管差分式放大电路

5.4 集成电路运算放大器

5.4.1 集成电路运算放大器概述

集成电路(Integrated Circuit，IC)就是采用一定的生产工艺把一个电路中所需的晶体管、场效应管、二极管、电阻等元件及它们之间的连线集成在一块半导体基片上，然后封装在一个管壳内，成为一个完整的具有所需电路功能的器件。集成电路中所有元件在结构上已组成一个整体，这样，整个电路的体积大大缩小，且引出线和焊接点的数目也大为减少，从而使电子元件向着微小型化、低功耗和高可靠性方面迈进了一大步。

1. 模拟集成电路运算放大器的结构特点

集成电路按其功能、结构的不同，可以分为模拟集成电路、数字集成电路和数/模混合集成电路三大类。其中模拟集成电路是在分立元件的模拟电路理论和数字集成电路工艺的基础上发展起来的。在电路构成方面，模拟集成电路具有以下特点。

(1) 电路结构与元件参数具有对称性

集成电路中各元器件在同一硅片上，相同元件、器件的制作工艺相同，当它们的结构相同且几何尺寸相同时，它们的特性和参数就比较一致。因此，在模拟集成电路中往往采用结构对称或元件参数彼此匹配的电路形式，利用参数补偿的原理来提高电路的性能。

(2) 用有源器件代替无源器件。

由于集成化的晶体管占用的芯片面积小，参数也易于匹配，因此在模拟集成电路中常常用双极型晶体管或场效应管等有源器件来代替电阻、电容等无源元件。

(3) 采用复合结构的电路。

由于复合结构电路的性能较佳而制作又不增加多少困难，因而在模拟集成电路中多采用诸如复合管等复合结构的电路。

(4) 级间采用直接耦合方式。

在硅片上不能制作大容量的电容，故集成电路运算放大电路均采用直接耦合方式。

(5) 外接少量分立元件。

由于目前集成电路工艺还不宜制作电感，大容量的电容以及阻值较小和阻值较大的电阻也难以集成，因此，模拟集成电路在应用时还需接部分电感、电阻和电容等元件。另外，某些模拟集成电路中往往需要在不同的应用条件下调整偏置，因此也需要外接部分分立元件。

2. 集成电路运算放大器的组成

在模拟集成电路中，模拟集成电路运算放大器发展最早、应用最广，通常将模拟集成运算放大器简称为集成运放或运放。

集成运放的内部电路可以看作一个直接耦合的多级放大电路，从电路结构上可分为四个部分：输入级、中间级、输出级和偏置电路，如图5.33所示。

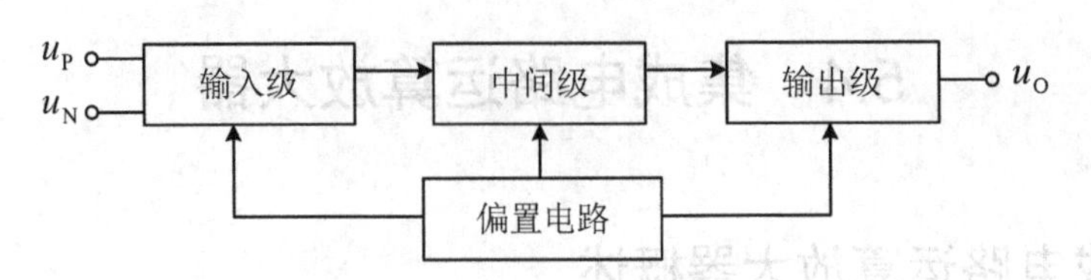

图 5.33　集成运放组成结构框图

1)　偏置电路

偏置电路的功能主要是为集成运放各级放大电路提供稳定、合适的静态电流，从而设置合适的静态工作点。在集成运放中，偏置电路通常由电流源电路构成。

2)　输入级

输入级又称为前置级，其性能直接影响集成运放的大多数性能参数。输入级一般要求输入电阻高，静态电流小，差模放大倍数大，抑制共模信号能力强。输入级一般采用差分式放大电路。

3)　中间级

中间级是整个放大器的主放大级，要求有较高的电压放大倍数，一般采用共射或共源放大电路。为了进一步提高放大倍数，常采用复合管为放大管，恒流源电路为有源负载。

4)　输出级

输出级要求能为负载提供一定的输出功率，输出电阻小，带负载能力强。集成运放输出级常采用互补功率放大电路。

3. 集成运放的符号及电压传输特性

由图 5.33 可以看出，集成运放有两个输入端，分别为同相输入端和反相输入端，这里的“同相”和“反相”是指运放的输入电压与输出电压之间的相位关系。在规定的正方向条件下，输出信号 u_O 与输入信号 u_P 的极性相同，称加入 u_P 的输入端为同相输入端；输出信号 u_O 与输入信号 u_N 的极性相反，称加入 u_N 的输入端为反相输入端。集成运放的符号如图 5.34(a)(常用符号)和图 5.34(b)(国标符号)所示。从外部看，集成运放可以看作是一个双端输入单端输出，具有高差模电压增益、高输入电阻、低输出电阻、能有效抑制温漂的差分式放大电路。

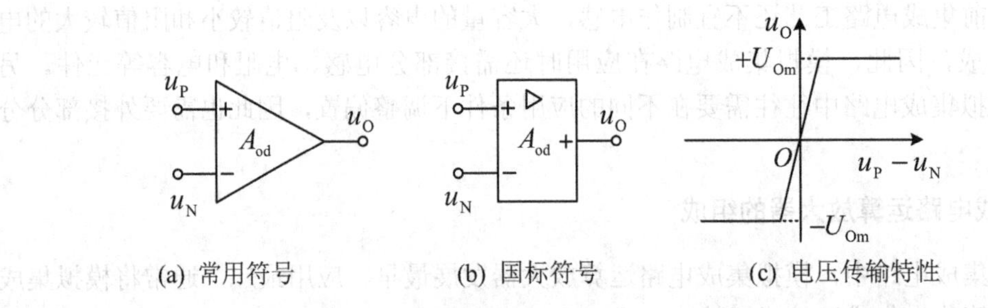

(a) 常用符号　　(b) 国标符号　　(c) 电压传输特性

图 5.34　集成运放的符号和电压传输特性

集成运放的输出电压 u_O 与输入电压 $u_I=u_P-u_N$ (即同相输入端与反相输入端之间的电位差)之间的关系曲线称为电压传输特性，即

$$u_O = f(u_P - u_N) \tag{5.80}$$

对于由正、负电源供电的集成运放，其电压传输特性曲线如图5.34(c)所示。从图示曲线可以看出，集成运放的传输特性分为两部分：线性区(放大区)和非线性区(饱和区)。在线性区内，输出电压和输入电压呈线性关系，曲线的斜率为电压放大倍数，由于其放大的是差模信号，且没有通过外电路引入反馈，故称其电压放大倍数为差模开环电压放大倍数，记作A_{od}，因此当集成运放工作在线性区时

$$u_O = A_{od}(u_P - u_N) \tag{5.81}$$

通常集成运放的放大倍数很大(10^5以上)，所以对输入信号而言，线性区很窄。在非线性区内，输出电压与输入电压之间不再有线性关系，输出电压只有两种情况，即$+U_{Om}$或$-U_{Om}$，其大小通常受电源电压的限制，呈现饱和特性。

5.4.2　通用型集成电路运算放大器简介

集成运放按功能和性能可分为通用型和专用型。通用型集成运放制造工艺主要采用双极型工艺，其特点是差模开环电压放大倍数大、指标参数比较均衡、适用范围广，适宜于对电路性能无特殊要求的场合。专用型集成运放是一种在某个性能上有特殊要求的运算放大电路，为了满足特殊要求，它的某个性能指标往往比通用型集成运放的对应指标高出很多，而其他指标也可能不如通用型集成运放电路，其适用范围较窄。专用型集成运放种类很多，根据用途及性能不同可分为高阻型、高速型、高精度型、宽带型、低功耗型、高电压及高功率型等。在实际电路设计中，选择何种运放，应视具体的性能指标要求而定。

从本质上看，集成运放是一种高性能的直接耦合多级放大电路。尽管品种繁多，内部结构也各不相同，但它们的基本组成部分、结构形式和组成原理则基本一致。因此，在进行集成运放内部电路的分析时，对于典型的通用电路的分析具有普遍意义，一方面可从中理解集成运放的性能特点，同时也可以了解复杂电路的分析及读图方法。

下面分别以典型的通用型双极型集成运放F007和单极型集成运放C14573为例，来介绍集成运放电路的组成、工作原理及其特点。

1. 基于晶体管的双极型集成运放F007

F007是通用型集成电路运算放大器的国内型号，由于其性能好，价格便宜，因此是使用较多的集成运算放大器之一，其对应的国外同类产品为741型通用集成运放(如μA741、LM741等)。其双列直插式(DIP)封装及管脚排列如图5.35所示。

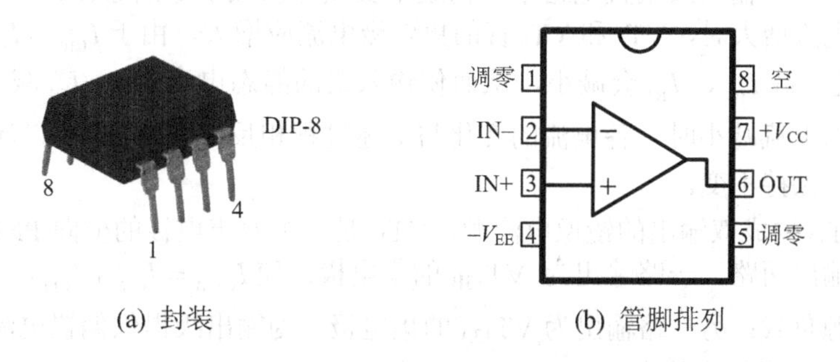

(a) 封装　　(b) 管脚排列

图5.35　F007封装及管脚排列

由图 5.35 可知，F007 是一个单运放的集成电路运算放大器，其内部原理电路如图 5.36 所示。由集成运放的组成结构可知，F007 内部原理电路可以分为偏置电路、输入级、中间级和输出级四个部分，如图 5.36 中虚线分隔所示。

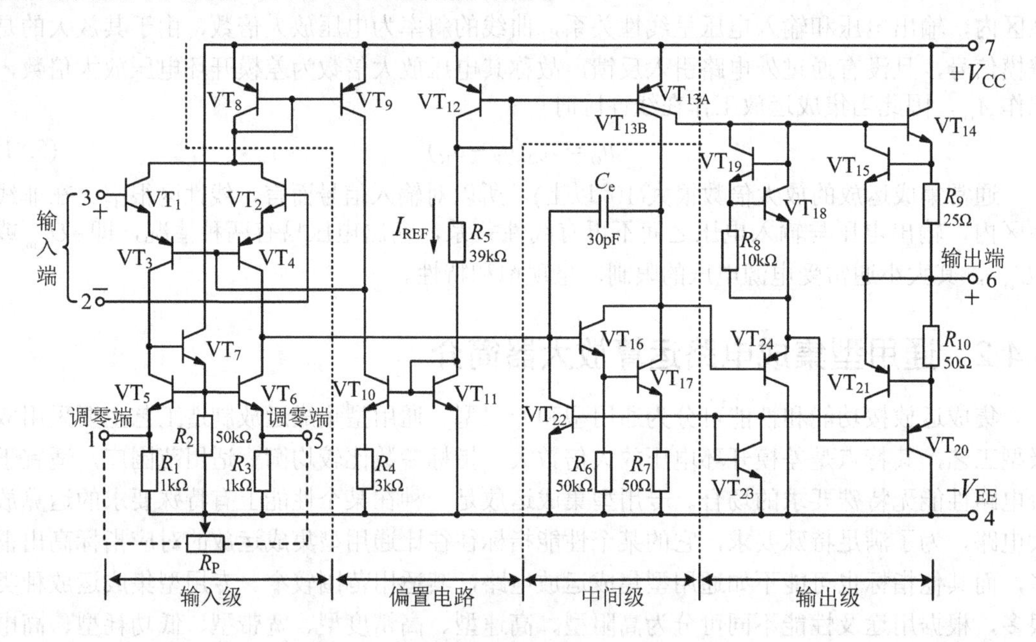

图 5.36 通用型集成运放 F007 内部电路

1) 偏置电路

偏置电路负责给输入级、中间级及输出级提供偏置电流。在 F007 中，偏置电路由晶体管 VT_8～VT_{13} 及电阻 R_4、R_5 组成。在偏置电路中，有一个电流可以直接估算出来的主偏置电路，它决定了偏置电路的基准电路 I_{REF}，F007 中的主偏置电路由 $+V_{CC}$→VT_{12}→R_5→VT_{11}→$-V_{EE}$ 构成，基准电流 I_{REF} 的大小为

$$I_{REF}=\frac{V_{CC}+V_{EE}-U_{EB12}-U_{BE11}}{R_5} \tag{5.82}$$

VT_{10} 和 VT_{11} 构成微电流源，为 VT_3 和 VT_4 提供基极偏置电流，同时 VT_{10} 的集电极电流 I_{C10} 等于 VT_9 管的集电极电流 I_{C9} 和 VT_3、VT_4 管的基极电流 I_{B3}、I_{B4} 之和，即 $I_{C10}=I_{C9}+I_{B3}+I_{B4}$；$VT_8$ 和 VT_9 为横向 PNP 管，构成镜像电流源，为输入级 VT_1、VT_2 提供偏置电流。此外，输入级偏置电路本身构成了反馈环以减小零点漂移。如当某种原因使输入级的静态电流增大时，VT_8 和 VT_9 管的集电极电流应增大，由于 $I_{C10}=I_{C9}+I_{B3}+I_{B4}$，且 I_{C10} 基本恒定，故 I_{B3}、I_{B4} 会减小，从而使输入级的静态电流 I_{C1}～I_{C4} 减小。当某种原因使输入级静态电流减小时，各电流的变化与上述过程相反，这种反馈调节作用将使输入级静态电流基本保持不变。

VT_{13} 与 VT_{12} 构成双输出的镜像电流源，VT_{13} 是一个双集电极的横向 PNP 管，可视为两个晶体管，输出两路，一路输出为 VT_{13B} 的集电极，使 $I_{C13B}=I_{C16}+I_{C17}$，主要作为中间主放大级的有源负载；另一路输出为 VT_{13A} 的集电极，为输出级提供偏置电流，使 VT_{14} 和 VT_{20} 工作在甲、乙类放大状态。

2) 输入级

为了分析方便，将偏置电路分离出去并用恒流源代替各电流源电路，同时去除相位补偿电容 C_e 和输出过载保护电路 VT_{15}、VT_{21}～VT_{23}，将 VT_{18}、VT_{19} 及 R_8 等效为两个二极管，可得 F007 内部简化放大电路部分，如图 5.37 所示。在图 5.37 中，根据信号的流通方向可将其分为输入级、中间级和输出级。

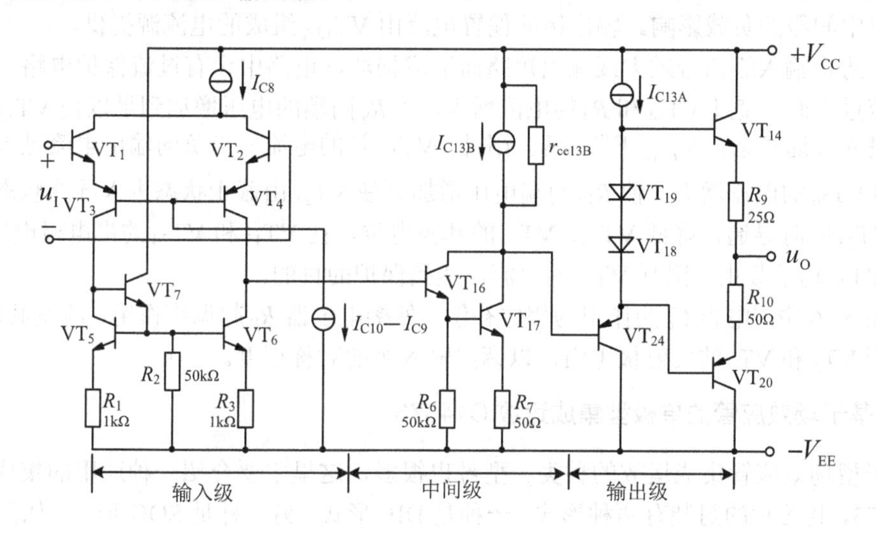

图 5.37 F007 内部简化放大电路

输入级由 VT_1～VT_6 组成的差分式放大电路构成，输入信号从 VT_1、VT_2 管的基极输入，从 VT_4 管(即 VT_6 管)的集电极输出，故输入级是一个双端输入、单端输出的差分式放大电路。VT_1、VT_3 和 VT_2、VT_4 构成共集—共基复合差分式放大电路，其中，纵向 NPN 管 VT_1 和 VT_2 组成共集电路可以提高输入阻抗；耐压高横向 PNP 管 VT_3 和 VT_4 组成共基电路，可以改善频率特性及提高输入电压的范围；VT_5、VT_6、VT_7 构成的电流源电路作为差分式放大电路的有源负载，可以提高输入级的电压增益，其中 VT_7 的 β 值较大，I_{B7} 很小，可以忽略，因此 $I_{C3}=I_{C5}$，这样无论有无差模信号输入，都有 $I_{C3}=I_{C5}=I_{C6}$ 的关系。

VT_5、VT_6、VT_7 构成的电流源电路作为有源负载，在差模工作状态下可以将 VT_3 管集电极动态电流转为输出电流 Δi_{B16} 的一部分从而提高电压增益。由于电路的对称性，当输入差模信号时，有 $\Delta i_{C3}=-\Delta i_{C4}$，由于 $\Delta i_{C5}=\Delta i_{C3}$，$\Delta i_{C5}=\Delta i_{C6}$，因此有输出电流 $\Delta i_{B16}=\Delta i_{C4}-\Delta i_{C6}=2\Delta i_{C4}$，从而使输出电流加倍，使差分式放大电路单端输出电压增益接近双端输出情况。而对于共模信号有 $\Delta i_{C3}=\Delta i_{C4}$，从而使 $\Delta i_{B16}=\Delta i_{C4}-\Delta i_{C6}=0$，从而使共模抑制比大大提高。

综上所述，输入级是一个输入电阻大、耐压高、有较大差模电压增益和较强共模信号抑制能力的双端输入单端输出差分式放大电路。

3) 中间级

中间级是由 VT_{16} 和 VT_{17} 组成的复合管共射放大电路，集电极以 VT_{13B} 构成的电流源为负载，其交流电阻大，故本级有很强的放大能力，为 F007 的主放大级。

4) 输出级

输出级为互补输出电路，由 NPN 管 VT_{14} 和 PNP 管 VT_{20} 组成并工作在甲乙类状态下。

VT_{19}管的集电极和基极短路，相当于一个二极管接于VT_{18}管的集电极和基极之间，这样使得T_{18}的管压降U_{CE18}为两个PN结的电压降。VT_{18}管的集电极、射极分别接于VT_{14}和VT_{20}两管的基极，因此U_{CE18}为VT_{14}和VT_{20}提供一个起始偏压，使它们在没有输入信号时就处于一种微导通状态，从而克服交越失真。从VT_{14}的基极到VT_{20}的基极相当于经过了两个PN结，故VT_{18}、VT_{19}及R_8可等效为两个串联的二极管。VT_{24}管为共集电极电路形式，可以减小对中间级的负载影响。输出级的偏置电流由VT_{13A}组成的电流源提供。

为了防止输入级信号过大或输出短路而造成损坏，电路中设有过流保护电路。当正向输出电流过大时，流过VT_{14}和R_9的电流增大，使R_9两端的电压增加到足以使VT_{15}管由截止状态进入导通状态，U_{CE18}下降，从而限制VT_{14}管的电流。当负向输出电流过大时，流过R_{10}和VT_{20}的电流增大，使R_{10}两端电压增加到使VT_{21}由截止状态进入导通状态，同时VT_{22}、VT_{23}同时导通，降低VT_{16}、VT_{17}的基极电位，使VT_{17}和VT_{24}的集电极电位上升，从而使VT_{20}趋于截止，限制VT_{20}的电流，达到保护的目的。

在图5.36中，电容C_e的作用为相位补偿；外接电位器R_P起调零作用，改变其滑动端，可以改变VT_5和VT_6的发射极电阻，以调整输入级的对称程度。

2. 基于场效应管的单极型集成运放C14573

单极型场效应管集成运放的种类、型号也很多，这里主要介绍一种通用的集成运放电路C14573，其芯片的封装有两种形式，一种是DIP形式，另一种是SOG形式，如图5.38(a)所示。C14573芯片内部有四个独立的运算放大器，其内部结构及管脚排列如图5.38(b)所示。

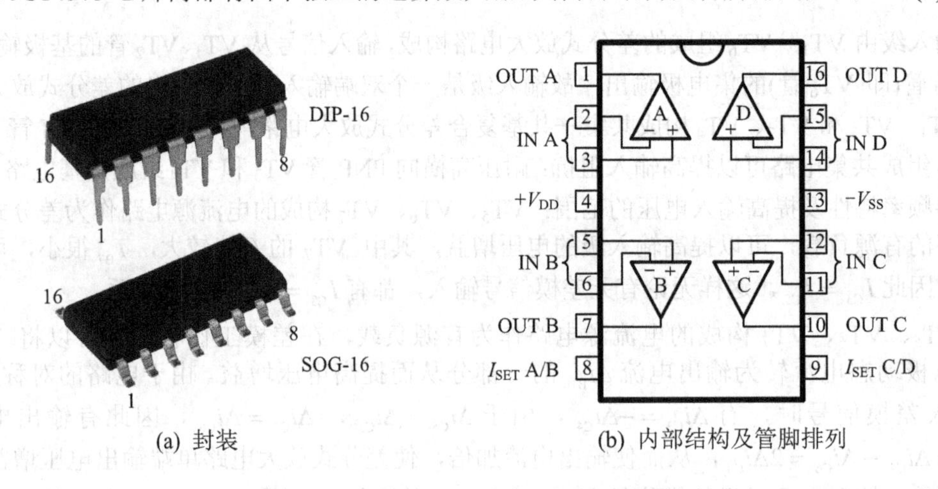

(a) 封装　　　(b) 内部结构及管脚排列

图5.38　C14573封装和内部结构及管脚排列

C14573内部电路如图5.39所示，与前面介绍的双极型晶体管集成运放相比，所用器件较少，电路相对简单，但其组成结构是类似的，分析方法也基本相同。

由图5.39可知，C14573全部由增强型的MOS管构成。其中偏置电路主要由VT_1、VT_2和VT_7组成，它们构成了多路电流源，在已知VT_1管开启电压$U_{GS(th)}$的情况下，通过在I_{SET}端外接参考电阻R_{REF}可以确定偏置电路的基准电流I_{REF}，进而得到VT_2漏极和VT_7源极的电流。其中VT_2管为VT_3、VT_4提供偏置电流，VT_7为VT_8提供偏置同时作为VT_8的有源负载。将偏置电路从电路中分离出去后，可以看出C14573的放大电路只有两级。

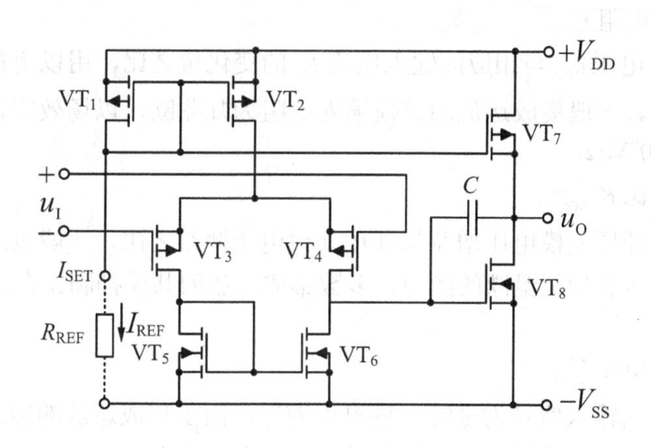

图 5.39　C14573 内部电路图

第一级为输入级，P 沟道 MOS 管 VT_3、VT_4 为放大管，组成共源差分式放大电路，信号由 VT_4 管的漏极输出，因此输入级是一个双端输入单端输出电路，N 沟道 MOS 管 VT_5、VT_6 构成电流源电路，作为差分式放大电路的有源负载，从而使单端输出电路的电压增益近似等于双端输出情况，同时，第二级的输入为 VT_8 的栅极，其输入电阻很大，所以第一级有较强的电压放大能力。

第二级为输出级，以 N 沟道 MOS 管 VT_8 为放大管构成共源放大电路，VT_7 所构成的电流源电路作有源负载，故也具有较强的放大能力。由于 VT_7 所构成的电流源的动态电阻很大，因此电路的输出电阻很大，带负载能力较弱，因此 C14573 是为高阻抗负载而设计的，适用于以场效应管为负载的场合。另外，电容 C 起相位补偿的作用。

基于场效应管的集成运算放大器的特点是输入阻抗高(可达 $10^{10}\Omega$ 以上)、功耗小，可在低电压下工作，因此特别适合于需要高输入电阻、低功耗的测量电路。另外，从工艺上讲，同时制作 N 沟道和 P 沟道互补对管工艺实现容易，且占用芯片面积小、集成度高，因此 COMS 技术广泛用于集成电路中。

5.4.3　集成运放的主要性能指标参数及低频等效模型

1. 主要性能指标

对电子技术工程设计人员而言，最关心的不是集成电路芯片内部的电路结构及组成，而是其外部特性。因此，为了合理地选择和正确地使用集成电路运算放大器，必须充分了解和掌握集成运放的特性及表征其性能的各项指标参数的意义。

表征集成运放性能的指标参数很多，具体使用时可查阅有关产品的说明书或资料。下面对常用的几项主要性能指标参数进行介绍。

1)　开环差模电压增益 A_{od}

A_{od} 是指运放在无外加反馈情况下的差模电压放大倍数，即 $A_{od}=\Delta u_O/\Delta(u_P-u_N)$，一般用对数 $20\lg|A_{od}|$ 表示，单位为分贝(dB)。理想情况下希望 A_{od} 为无穷大，实际集成运放一般 A_{od} 为 100dB 左右，高质量的集成运 A_{od} 可达 140dB 以上。

2) 差模输入电阻 r_{id}

r_{id} 是差模输入电压 u_{Od} 与相应的输入电流 I_{Id} 的变化量之比，用以衡量集成运放向信号源索取电流的大小。一般集成运放的差模输入电阻为几兆欧，以场效应管作为输入级的集成运放，r_{id} 可达 $10^6\text{M}\Omega$。

3) 共模抑制比 K_{CMR}

共模抑制比是开环差模电压增益与开环共模电压增益之比，一般也用对数表示，这个指标用以衡量集成运放抑制温漂的能力。多数集成运放的共模抑制比在 80dB 以上，高质量的可达 160dB。

4) 输入失调电压 U_{IO}

理想情况下，当输入信号为零时，输出也为零。由于集成运放的输入级——差分式放大电路不可能绝对对称，故当输入电压为零时，输出并不为零。

输入失调电压 U_{IO} 是指为了使输出电压为零，在输入端所需要加的补偿电压。实际上是指当输入 $u_{\text{I}}=0$ 时，输出电压 U_{O} 折合到输入端的电压负值，即

$$U_{\text{IO}}=-\frac{U_{\text{O}}\big|_{u_{\text{I}}=0}}{A_{\text{od}}} \tag{5.83}$$

其数值表征了输入级差分对管失配的程度，在一定程度上了反映温漂的大小。一般运放的 U_{IO} 值为 1～10mV，高质量的在 1mV 以下。

5) 输入失调电压温漂 $\Delta U_{\text{IO}}/\Delta T$

输入失调电压温漂表示输入失调电压 U_{IO} 在规定工作范围内的温度系数，是衡量运放温度漂移的重要指标。一般运放为±(10~ 20)μV/ ℃，高质量的低于 ±0.5μV/ ℃。这个指标往往比失调电压更为重要，因为可以通过调整电阻的阻值人为地使失调电压等于零，但却无法将失调电压的温漂调至零，甚至不一定能使其降低。

6) 输入失调电流 I_{IO}

输入失调电流为集成运放输入失调电压补偿后，即在静态输出电压为零时，两个输入端偏置电流之差，即

$$I_{\text{IO}}=\left|I_{\text{B1}}-I_{\text{B2}}\right| \tag{5.84}$$

I_{IO} 用以描述差分对管输入电流的不对称情况，一般运放为几十至一百纳安，高质量的低于 1nA。

7) 输入失调电流温漂 $\Delta I_{\text{IO}}/\Delta T$

与输入失调电压温漂 $\Delta U_{\text{IO}}/\Delta T$ 类似，$\Delta I_{\text{IO}}/\Delta T$ 代表输入失调电流的温度系数。一般为几 nA/℃，高质量的只有几十 pA/℃。

8) 输入偏置电流 I_{IB}

I_{IB} 为当输出电压等于零时，两个输入端偏置电流的平均值，这是衡量差分对管输入电流绝对值大小的指标，它的值主要取决于集成运放输入级的静态集电极电流及输入级放大管的 β 值。I_{IB} 越小，信号源内阻对集成运放静态工作点的影响也就越小，而通常 I_{IB} 越小，I_{IO} 也就越小。一般晶体管输入级集成运放的输入偏置电流约为 10nA～1μA，场效应管输入级集成运放的输入偏置电流在 1nA 以下。

9) 最大共模输入电压 U_{Icmax}

U_{Icmax} 表示集成运放输入端所能输入的最大共模电压。如果超过此值，集成运放的共模抑制性能将显著恶化。

10) 最大差模输入电压 U_{Idmax}

U_{Idmax} 是集成运放同相输入端与反相输入端之间能够承受的最大电压。若超过这个限度，输入级差分对管中的一个管子的发射结可能被反向击穿。

11) −3dB 带宽 f_{H}

f_{H} 是使 A_{od} 下降 3dB(下降到约 0.707 倍)时信号的频率。由于集成运放中的晶体管(或场效应管)数目较多，故极间电容较多，同时众多元件集成在一小块硅片上，分布电容及寄生电容也较多，因此，当信号频率升高时，这些电容的容抗减小，使信号受到损失而导致 A_{od} 下降且产生相移。一般集成运放的 f_{H} 值较低，只有几赫至几千赫。

应当说明的是，在实际应用电路中，引入负反馈，可以展宽频带，故上限频率可达几百千赫

12) 单位增益带宽 BW_{G} (f_{T})

BW_{G} 指 A_{od} 降至 0dB 时的信号频率，即此时开环差模电压放大倍数等于 1。BW_{G} 衡量集成运放的一项重要品质因素——增益带宽积的大小，它与晶体管的特征频率 f_{T} 相类似。

13) 转换速率 SR

转换速率是指在额定负载条件下，输入一个大幅度的阶跃信号时，输出电压的最大变化率，即

$$SR = \left|\frac{\mathrm{d}u_{\text{O}}}{\mathrm{d}t}\right|_{\max} \tag{5.85}$$

SR 的单位为 V/μS，这个指标描述集成运放对大幅度信号的适应能力。在实际工作中，输入信号的变化率一般不要大于集成运放的 SR 值。

除了以上介绍的几项主要技术指标外，还有很多项其他指标，如最大输出电压、静态功耗及输出电阻等，由于它们的含义比较明显，在此不再赘述。

2. 低频等效模型

集成运放内部电路结构比较复杂，在分析由集成运放构成的各种应用电路时，如果直接对运放内部电路及整个应用电路进行分析，将是十分复杂的。为了能够简明方便地分析由集成运放构成的各种实际应用电路，通常用对应的等效模型去替代电路中的集成运放，这样使得电路的分析与线性电路的分析变得完全相同，降低了电路的分析难度。

为了能够正确反映集成运放的指标参数及性能特点，在一定的精度范围内，集成运放的等效模型应该与运放的输入端口和输出端口有相同或相似的特性。当然，分析问题不同，所建立的等效模型也应有所不同。

图 5.40 所示为集成运放的低频等效模型。从模型中可以看出，在输入端，考虑了差模输入电阻 r_{id}、偏置电流 I_{IB}、失调电压 U_{IO} 及失调电流 I_{IO} 四个参数；在输出端，同时考虑了运放的差模电压放大作用、共模电压放大作用及输出电阻，故在输出端画出了两个电压源 $A_{\text{od}} \cdot u_{\text{Id}}$、$A_{\text{oc}} \cdot u_{\text{Ic}}$ 及一个输出电阻 r_{o} 的串联结构。

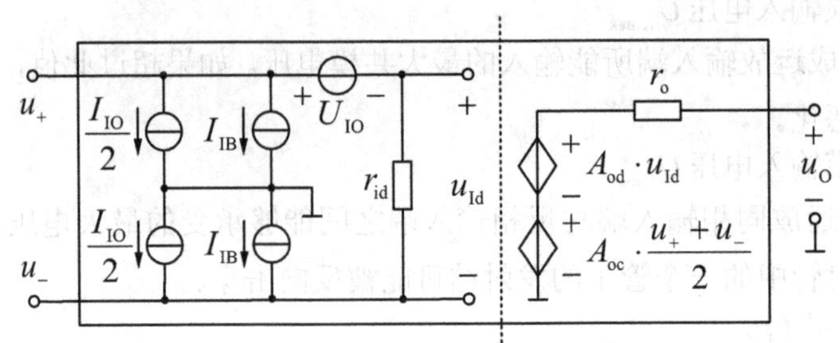

图 5.40　集成运放低频等效模型

由图 5.40 可以看出，模型显然没有考虑集成运放中管子的结电容及分布电容、寄生电容的影响，因此，该模型仅适用于信号工作频率不高的情况下，故称为低频等效模型。

图 5.40 所示模型是一个较为全面考虑集成运放输入/输出参数的一个模型，由于其考虑的因素较多，因此使用起来还是比较复杂。在大多数情况下，通常仅研究对输入信号的放大，而不考虑失调因素对电路的影响，因此可以使用简化的集成运放低频等效模型，如图 5.41 所示。

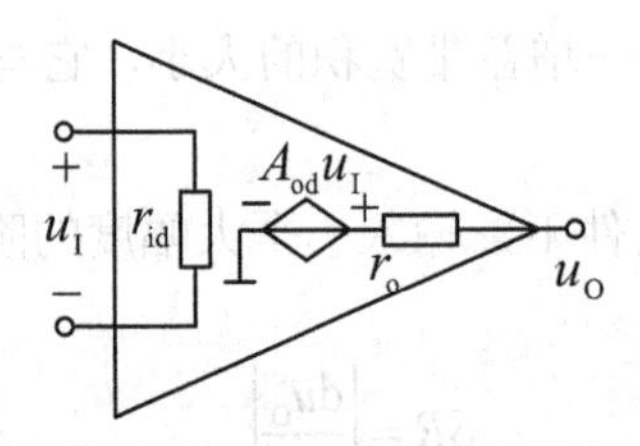

图 5.41　简化的集成运放低频等效模型

对于简化等效模型，从运放输入端看进去，等效为一个电阻 r_{id}；从输出端看进去，等效为一个输入电压控制的内阻为 r_o 的受控电压源 $A_{od}u_I$。对于理想运放，简化模型中的 $r_{id}=\infty$，$r_o=0$，$A_{od}=\infty$。在后面章节涉及集成运放的电路的分析中，其中的集成运放几乎都是按理想运放模型来处理的。

5.5　差分式放大电路仿真实例

1. 研究内容

研究差分式放大电路的工作原理及特点，测量其静态工作点及不同输出方式下的差模电压放大倍数、共模电压放大倍数及共模抑制比。

2. 仿真电路

仿真电路如图 5.42 所示，通过单刀双掷开关，电路中的放大管 Q_1 和 Q_2 的发射极可直接通过 R_e 与负电源 V_{EE} 相连，也可以通过图中由晶体管 Q_3 组成的恒流源与负电源 V_{EE} 相连，进而提高放大电路对共模信号的抑制能力。图中晶体管 Q_1～Q_3 均为虚拟 NPN 晶体管，$\beta=100$，$U_{BEQ}=0.75V$。

3．静态分析

令输入信号 $u_{i1}=u_{i2}=0$ (即输入信号对地短路)，可得电路的直流通路，在直流通路中接入虚拟万用表(或指示器中的电压计、电流计)XMM1～3，即可测量放大电路的静态工作点，电路如图 5.43 所示。其中 XMM1、XMM2 设置为测直流电流，分别用于测量基极和集电极电流 I_{BQ}、I_{CQ}。XMM3 设置为测量直流电压，用于测量管压降 U_{CEQ}。在图示电路参数下，测得当单刀双掷开关分别接电阻 R_e 和恒流源时电路的静态工作点分别如下。

(1) 接 R_e 时，$I_{BQ}=7.044\mu A$，$I_{CQ}=704.325\mu A$，$U_{CEQ}=8.737V$。

(2) 接恒流源时，$I_{BQ}=7.034\mu A$，$I_{CQ}=703.437\mu A$，$U_{CEQ}=8.747V$。

两种情况下，晶体管的静态工作点基本相同。

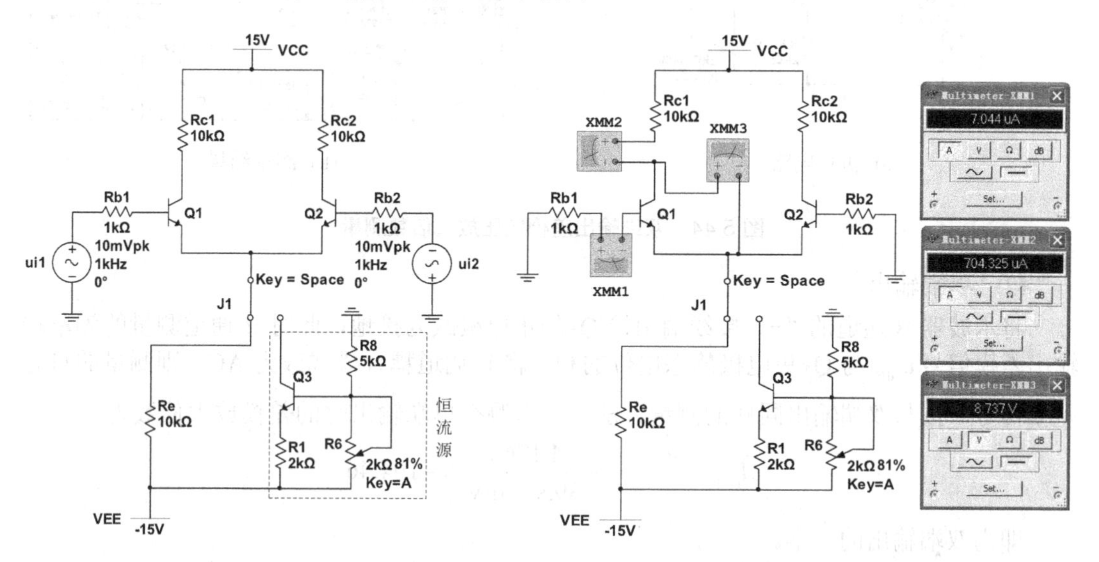

图 5.42　差分式放大电路仿真电路图　　　图 5.43　差分式放大电路静态工作点的测量

4．动态分析

1)　差模电压放大倍数

在电路两输入端接入差模信号 $u_{i1}=-u_{i2}=20mV$ (峰峰值)，即输入差模信号峰峰值为 $u_{id}=u_{i1}-u_{i2}=40mV$。注意此时输入信号的幅度大小应保证输出信号不失真，用示波器观察电路的输出波形和输入波形。若从 Q_1 的集电极输出，则输出电压 u_{od} 波形与输入电压 u_{id} 波形相位相反；若从 Q_2 的集电极输出，则输出电压 u_{od} 波形与输入电压 u_{id} 波形相位相同。

(1) 双端输出。

将示波器 A 通道两接线端分别接入到两信号输入端，B 通道两接线端分别接到 Q_1、Q_2 的集电极，此时 A 通道测量的为输入差模信号 u_{id}，B 通道测量的为双端输出差模信号 u_{od}，电路连接如图 5.44(a)所示。示波器显示测量结果如图 5.44(b)所示，在示波器中拖动标尺 1 和 2 进行测量，读出输入和输出电压的峰峰值，得双端输出时的差模放大倍数为

$$A_{ud}=\frac{u_{od}}{u_{id}}=-\frac{8.354V}{39.977mV}\approx -208.97$$

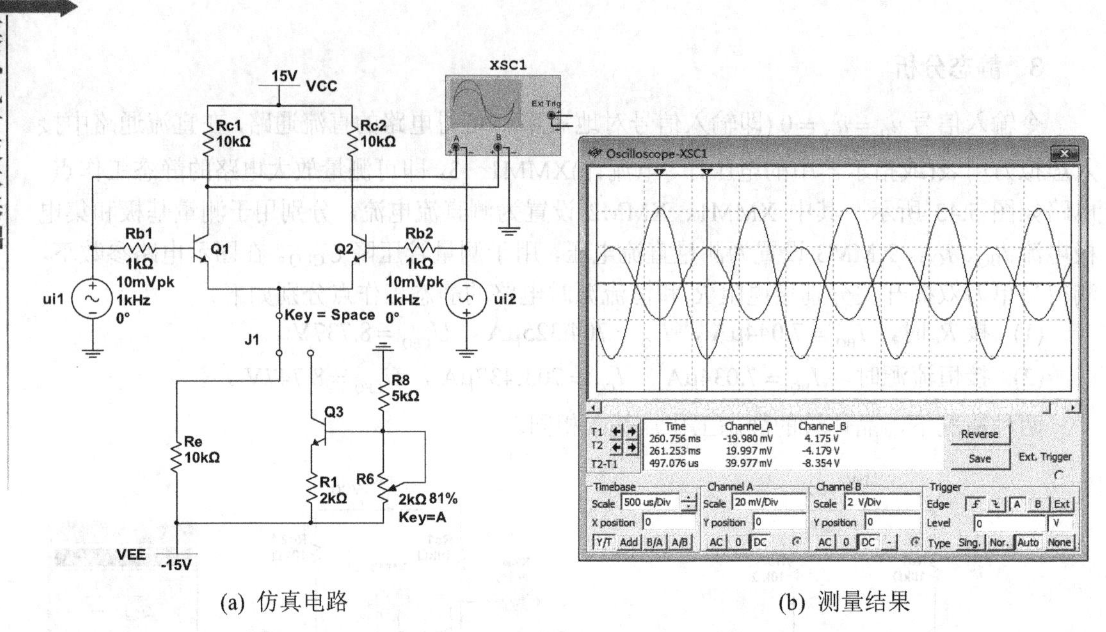

(a) 仿真电路 (b) 测量结果

图 5.44 双端输出差模电压放大倍数测量

(2) 单端输出。

将示波器 B 通道的“-”接线端由接 Q_2 的集电极改为接地，此时 B 通道测量的为单端输出差模信号 $u_{od单}$ 与 Q_2 集电极静态电位的和，将 B 通道耦合模式改为 AC，则测量的只有差模信号，按与双端输出同样的测量方法，可以测得单端输出时的差模放大倍数为

$$\dot{A}_{ud单}=\frac{u_{od单}}{u_{id}}=-\frac{4.176\text{V}}{39.977\text{mV}}\approx-104.46$$

即为双端输出的一半。

在差模电压放大倍数的测量中，开关 J_1 在 R_e 和恒流源之间切换，差模电压放大倍数测量结果几乎不变，这主要是两种情况下，静态工作点设置基本相同。

2) 共模电压放大倍数及共模抑制比

在电路两输入端接入共模信号 $u_{i1}=u_{i2}=100\text{mV}$ (峰峰值)，同样输入信号幅度应保证输出不失真，此时共模输入信号为 $u_{ic}=u_{i1}(u_{i2})=100\text{mV}$。注意，此时示波器测量共模输入的通道的“+”接线端接 u_{i1} 或 u_{i2}，“-”接线端应接地，共模输出测量与差模输出测量相同。

(1) 双端输出。

由于电路的对称结构，在仿真测量中，无论开关 J_1 置于何处，双端输出时共模输出电压 u_{oc} 均为零，因此在双端输出时的共模电压放大倍数 $\dot{A}_{uc}=0$，共模抑制比 $K_{CMR}=\infty$。

(2) 单端输出。

单端输出共模电压放大倍数测量电路如图 5.45(a)所示，在共模输入信号的作用下，当开关 J_1 分别接电阻 R_e 和恒流源时，共模输出情况不同，分别如下。

① 接电阻 R_e。

开关 J_1 接电阻 R_e 时的测量结果如图 5.45(b)所示，此时共模输出电压 $u_{oc单}$ 不为零，由图可得共模电压放大倍数和共模抑制比分别为

$$\dot{A}_{uc单}=\frac{u_{oc单}}{u_{ic}}=-\frac{98.693\text{mV}}{199.886\text{mV}}\approx -0.49$$

$$K_{CMR}=\left|\frac{\dot{A}_{ud单}}{\dot{A}_{uc单}}\right|=\left|\frac{-104.46}{-0.49}\right|\approx 213.2$$

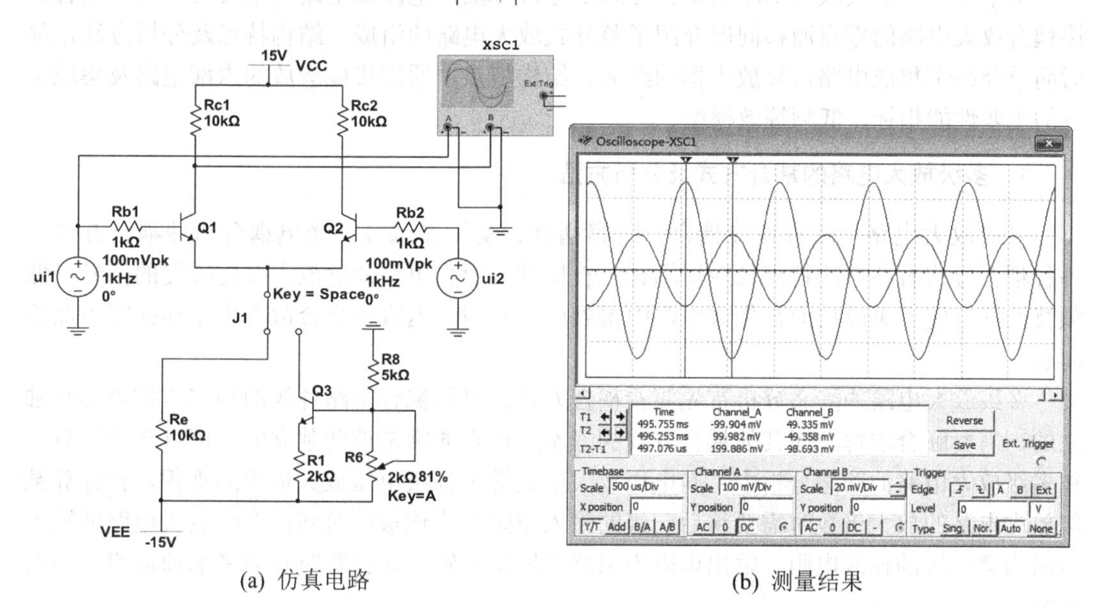

(a) 仿真电路　　(b) 测量结果

图 5.45　单端输出共模电压放大倍数测量

② 接恒流源。

当开关 J_1 接恒流源时，测量发现共模电压输出 $u_{oc单}\to 0$，故此时的共模电压放大倍数 $\dot{A}_{uc单}\to 0$，共模抑制比 $K_{CMR}\to\infty$。

5. 结论

通过上述仿真及测量结果，可得如下结论。

(1) 差分式放大电路对差模信号有放大作用，其差模电压放大倍数较大，且与输出方式有关，在不带负载的情况下，双端输出差模放大倍数为单端输出的两倍。

(2) 差分式放大电路对共模信号有抑制作用，其共模电压放大倍数较小，同样与输出方式有关，双端输出时共模电压输出为零，共模电压放大倍数为零，共模抑制比趋于无穷大；单端输出时共模电压输出虽然不为零，但通常情况下都比较小，故共模电压放大倍数较小，共模抑制比较大。故差分式放大电路对共模信号有较强的抑制作用。

(3) 在放大管的发射极与负电源之间利用恒流源替代电阻 R_e，在静态工作点相同的条件下，对差模电压放大倍数没有影响。但是通过接入恒流源，可以大大提高电路对共模信号的抑制能力。

本章小结

本章介绍了多级放大电路的耦合方式及分析方法，电流源电路的组成及应用，结合直接耦合放大电路的零点漂移问题介绍了差分式放大电路的组成、结构特点及分析方法，最后简单介绍了集成电路运算放大器的组成、结构特点，通用集成运放的内部电路及集成运放的主要性能指标、低频等效模型。

1．多级放大电路的耦合方式及分析方法

多级放大电路一般有直接耦合、阻容耦合、变压器耦合和光电耦合四种耦合方式，各种耦合方式有各自的特点及应用场合。直接耦合放大电路能够放大变化缓慢的信号，低频特性好，便于集成化而在集成电路中得到广泛应用，但直接耦合放大电路存在零点漂移问题。

多级放大电路的静态分析首先要看耦合方式。直接耦合电路各级的静态工作点不是独立的，需要联合求解。而其他耦合方式的静态工作点通常是彼此独立的，可以单独计算。在多级放大电路的动态分析中，其电压放大倍数等于各级电压放大倍数的乘积，在计算某级放大电路的放大倍数时需要将后一级的输入电阻作为该级的负载；多级放大电路的输入电阻为第一级的输入电阻，输出电阻为末级的输出电路，在计算时也应考虑前后级之间的影响。

多级放大电路的对数幅频特性为各级对数幅频特性之和，总相位移等于各级相位移之和。和单级放大电路相比，多级放大电路的放大倍数有所增加，但其通频带总是比组成它的每一级电路的通频带都窄。

2．电流源电路

常见的电流源电路有镜像电流源、比例电流源、微电流源、改进型电流源、威尔逊电流源及多路电流源等。电流源电路的主要用途是：作为集成电路中的偏置电路为各级放大电路提供合适的静态工作点；替代大电阻作有源负载，以增强放大能力。

3．差分式放大电路

直接耦合放大电路的输入信号为零而输出有缓慢变化信号输出的现象叫做零点漂移，简称零漂。零点漂移主要由晶体管(或场效应管)的温度漂移造成，故也称为温漂。

差分式放大电路利用晶体管(或场效应管)和电路参数的对称性来抑制温度漂移。

差分式放大电路有两个输入端，若两输入端信号大小相等、极性相反，称输入信号为差模信号；若两输入端信号大小相等、极性相同，称输入信号为共模信号。若两输入端输入两个任意信号，则可将它们分解为差模信号和共模信号。

差分式放大电路有两个输入端口、两个输出端口，根据输入方式和输出方式的不同，差分式放大电路有四种工作方式：双端输入双端输出、双端输入单端输出、单端输入双端输出、单端输入单端输出。

差分式放大电路的分析可从静态和动态两方面进行，静态计算的原则与基本放大电路相同。动态分析需分成差模信号输入和共模信号输入两种情况，同时根据电路的输入、输出方式不同，动态分析也有所差别。由于单端输入可以等效为双端输入，因此差分式放大电路的动态参数与输入方式无关，而只与输出方式有关。双入双出、单入双出的电压增益、输出电阻表达式相同；四种工作方式的输入电阻表达式都相同。

共模抑制比 K_{CMR} 是一个综合考察差分式放大电路对差模信号的放大能力和对共模信号的抑制能力的指标参数，定义为差模电压放大倍数与共模电压放大倍数的比值的绝对值。其值越大，说明电路的性能越好。双端输出电路由于共模电压放大倍数为零，故其 K_{CMR} 为无穷大。在单端输出电路中，电阻 R_e 越大，K_{CMR} 越大。

在改进性差分式放大电路中，利用恒流源代替射极电阻 R_e，可以极大提高共模抑制比；利用恒流源作差分式电路的有源负载，可以改善电路的性能，使单端输出电路的差模电压增益提高到接近双端输出时的情况；为了提高输入电阻，可以采用场效应管差分式放大电路。

4. 集成电路运算放大器

集成运放实际上是一个高性能的直接耦合的多级放大电路，从外部看，可等效为双端输入单端输出的差分式放大电路。集成运放从结构上可分为四个部分：输入级、中间级、输出级和偏置电路。输入级多为差分式放大电路；中间级要求有较高的电压放大倍数，一般采用共射或共源放大电路；输出级常采用互补功率放大电路；偏置电路为多路电流源电路。在集成运放的分析中，通常将内部电路分为上述四个部分进行。

集成运放的主要指标有 A_{od}、r_{id}、K_{CMR}、U_{IO}、$\Delta U_{IO}/\Delta T$、I_{IO}、$\Delta I_{IO}/\Delta T$、I_{IB}、U_{Icmax}、U_{Idmax}、f_H、BW_G 和 SR 等。通用型集成运放各方面参数均衡，适合一般通用应用。

集成运放的低频等效模型是一个较为全面考虑集成运放输入/输出参数的一个模型，在大多数情况下，通常仅研究对输入信号的放大，而不考虑失调因素对电路的影响，因此可以使用简化模型(理想模型)来分析集成运放电路。

习　题

1. 填空题。

(1) 为了放大从热电偶获得的反应温度变化的微弱信号，放大电路应采用________耦合方式；为了使放大电路的信号与负载间有良好的匹配，以获得尽可能大的输出功率，应采用________耦合方式；当放大电路需要实现前后两部分电路之间的电气隔离以减少相互之间的干扰时，应采用________耦合方式。

(2) 在多级放大电路中，后级输入电阻是前级的________，而前级的输出电阻可作为后级的____________。若两个放大电路空载时的电压放大倍数分别为 A 和 B，则将它们级联成两级放大电路时，其放大倍数为_________(等于 AB，大于 AB，小于 AB)。

(3) 在由三极管基本放大电路组成的两级放大电路中，若要求有较高的输入电阻、较大的电压放大倍数，则第一级应采用_________放大电路，第二级应采用________放大电路。若要求两级放大电路有较大的电压放大倍数及较强的带负载能力，则第一级应采用____________放大电路，第二级应采用_________放大电路。

(4) 电流源电路的主要用途是__________和__________。

(5) 直接耦合放大电路零点漂移的主要原因是__________，利用电路的对称结构，采用__________电路，可克服直接耦合放大电路的零点漂移。

(6) 差分式放大电路的差模信号为两个输入端信号的__________，共模信号为两个输入端信号的__________。若差分式放大电路的两输入端的信号分别为 3V 和−2V，则差模信号为__________，共模信号为__________。差分式放大电路具有放大__________信号，抑制__________信号的能力。

(7) 差分式放大电路有四种工作方式，通过差分式放大电路的动态分析可以发现，其动态参数中，输入电阻与输入和输出方式都无关，而放大倍数和输出电阻与__________无关，与__________有关。

(8) 集成运放通常采用__________耦合方式，从电路结构上可分为四个部分。其中偏置电路多采用__________电路；输入级一般采用__________放大电路；中间级要求有较高的电压放大倍数，常采用__________电路；输出级要求能够输出一定功率，带负载能力强，常采用__________电路。

2. 电路如图 5.46 所示。

(1) 设各电路的静态工作点均合适，分别画出它们的交流等效电路，并写出 $\dot{A}_u$、R_i 和 R_o 的表达式。

(2) 对于图 5.46(b)所示电路，若输入正弦信号时，输出电压波形出现了顶部失真。若原因是第一级电路的 Q 点不合适，则第一级产生的是什么失真？如何消除？若原因是第二级电路的 Q 点不合适，则第二级产生的是什么失真？又如何消除？

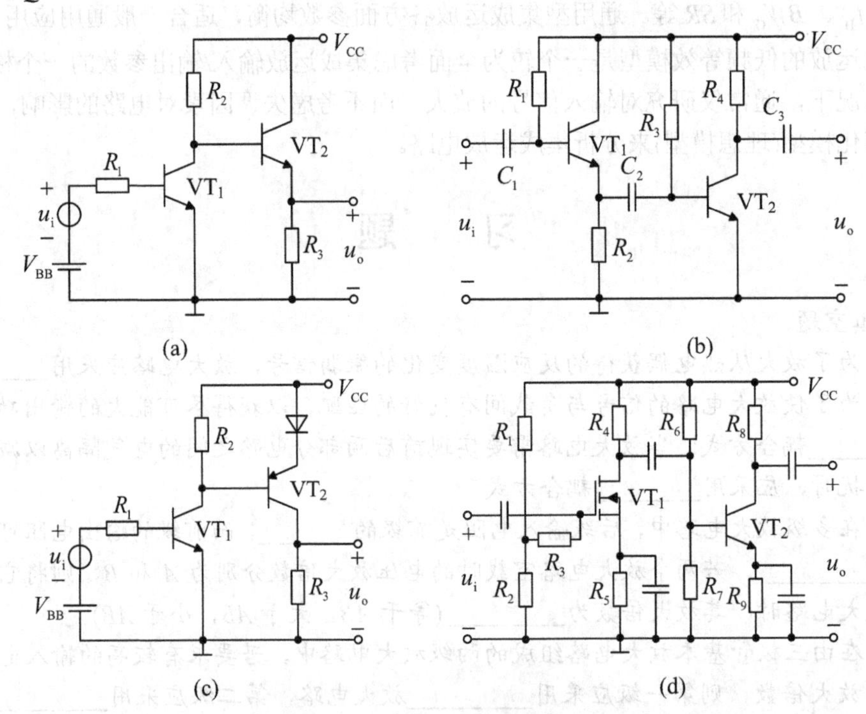

图 5.46 习题 2 电路图

3. 两级放大电路如图 5.47 所示，已知 $\beta_1=\beta_2=50$，$U_{\rm BEQ1}=U_{\rm BEQ2}=0.7{\rm V}$，电路中各电容的容量足够大，其他参数如图所示，求：

(1) 两级放大电路第一级静态工作点 $Q_1(I_{\rm BQ1}$、$I_{\rm CQ1}$、$U_{\rm CEQ1})$和第二级静态工作点 $Q_2(I_{\rm BQ2}$、$I_{\rm CQ2}$、$U_{\rm CEQ2})$。

(2) 画交流等效电路并求电阻 $r_{\rm be1}$、$r_{\rm be2}$。

(3) 计算两级放大电路的电压放大倍数 $\dot{A}_{\rm u}$、输入电阻 $R_{\rm i}$ 和输出电阻 $R_{\rm o}$。

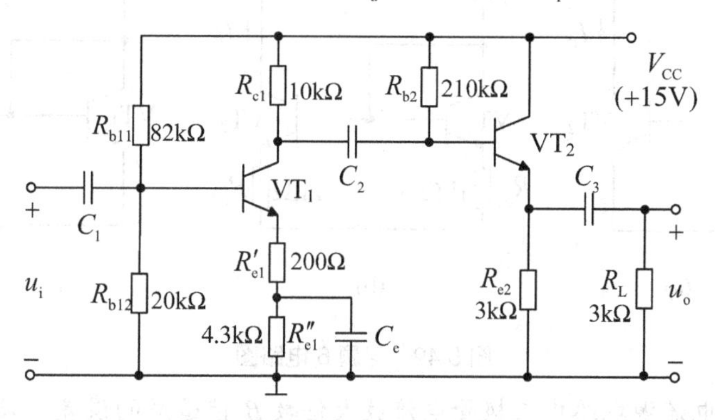

图 5.47 习题 3 电路图

4. 在一个两级放大电路中，已知第一级的中频电压增益为-100dB，下限频率 $f_{\rm L1}=10{\rm Hz}$，上限频率 $f_{\rm H1}=20{\rm kHz}$；第二级的中频电压增益为-20dB，下限频率 $f_{\rm L2}=100{\rm Hz}$，上限频率 $f_{\rm H2}=150{\rm kHz}$。试问该两级放大电路总的对数电压增益等于多少分贝？总的上限频率 $f_{\rm H}$ 和下限频率 $f_{\rm L}$ 为多少？若第一级和第二级的下限频率均为 100Hz，上限频率均为 20kHz，总的上限频率 $f_{\rm H}$ 和下限频率 $f_{\rm L}$ 又为多少？

5. 若构成两级放大电路的两个单级放大电路的波特图均如图 5.48 所示，试：

(1) 写出单级放大电路 $\dot{A}_{\rm u}$ 的表达式。

(2) 画出两级放大电路的波特图。

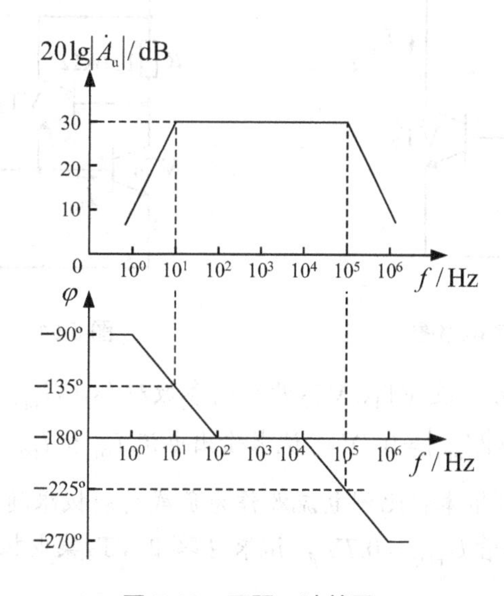

图 5.48 习题 5 波特图

6. 电流源电路如图 5.49 所示，电路中所有晶体管的$\beta=100$，$U_{\mathrm{BE}}=0.7\mathrm{V}$。

(1) 分别计算图 5.49(a)、(b)的输出电流I_{O}。

(2) 若图 5.49(c)的输出电流$I_{\mathrm{O}}=20\mu\mathrm{A}$，试确定电阻$R_{\mathrm{e2}}$的值。

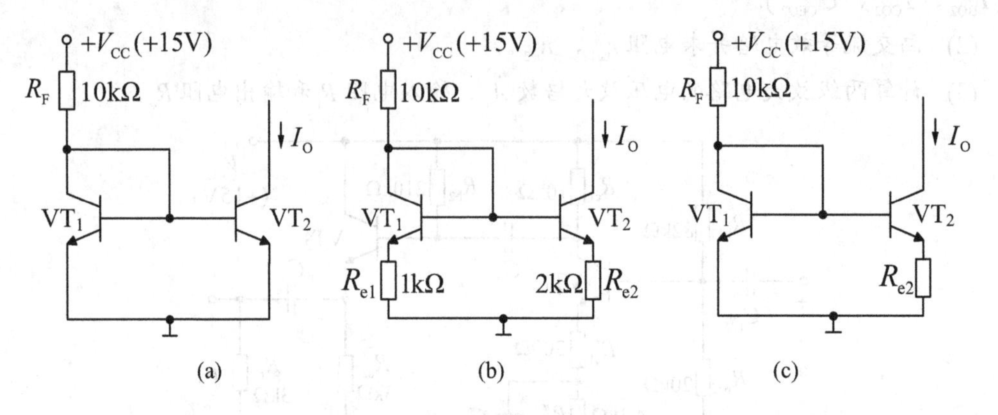

图 5.49 习题 6 电路图

7. 为了克服电流源电路中三极管电流放大倍数β值造成的误差，采用带共集管的镜像电流源，如图 5.50 所示，I_{REF}是基准电流，I_{O}是输出电流，试分析 $\mathrm{VT_3}$管的接入对电路性能有何改善？并计算当电流放大倍数β分别为 10、100 时，输出电流I_{O}与基准电流I_{REF}的误差。

8. 多路电流源电路如图 5.51 所示，已知所有晶体管的特性均相同，U_{BE}均为 0.7V。试求I_{C1}、I_{C2}各为多少。

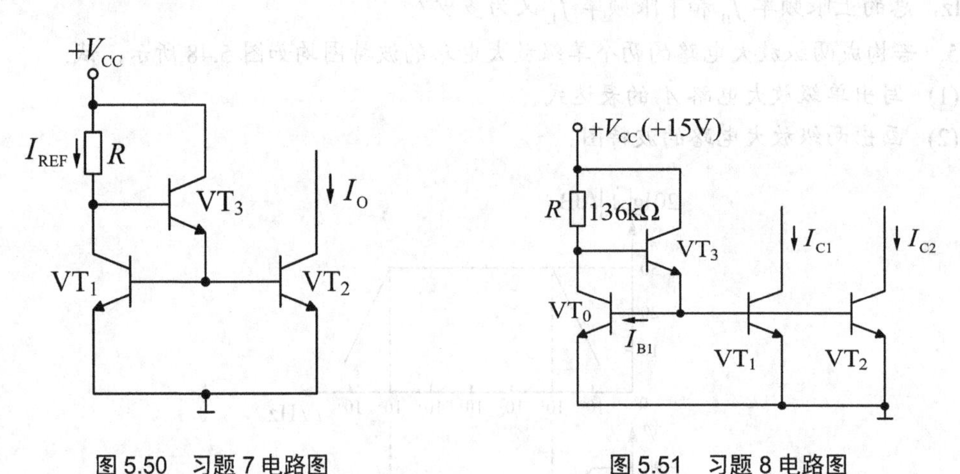

图 5.50 习题 7 电路图

图 5.51 习题 8 电路图

9. 电路如图 5.52 所示，设 $\mathrm{VT_1}$、$\mathrm{VT_2}$ 两管的参数对称，$U_{\mathrm{BE1}}=U_{\mathrm{BE2}}=0.7\mathrm{V}$。$\mathrm{VT_3}$、$\mathrm{VT_4}$两管的参数对称，$|U_{\mathrm{BE3}}|=|U_{\mathrm{BE4}}|=0.7\mathrm{V}$，试求输出电流$I_{\mathrm{O1}}$和$I_{\mathrm{O2}}$。

10. 图 5.53 所示为用晶体管比例电流源作为负载的射极跟随器电路，试简述电流源电路的作用。若电路中晶体管$U_{\mathrm{BEQ}}=0.7\mathrm{V}$，试求电路中 $\mathrm{VT_2}$集电极静态电流I_{CQ2}的值。

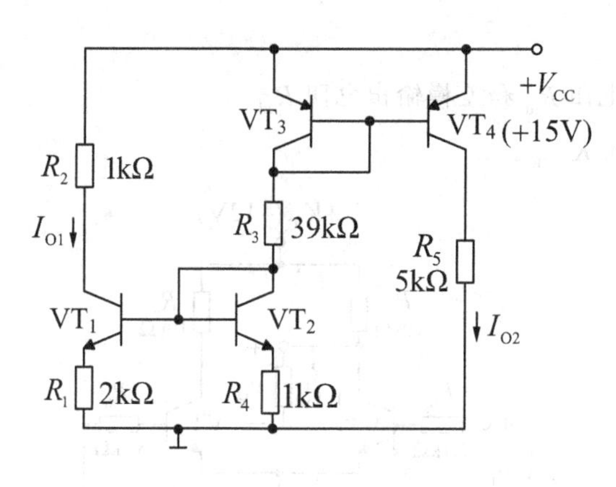

图 5.52　习题 9 电路图

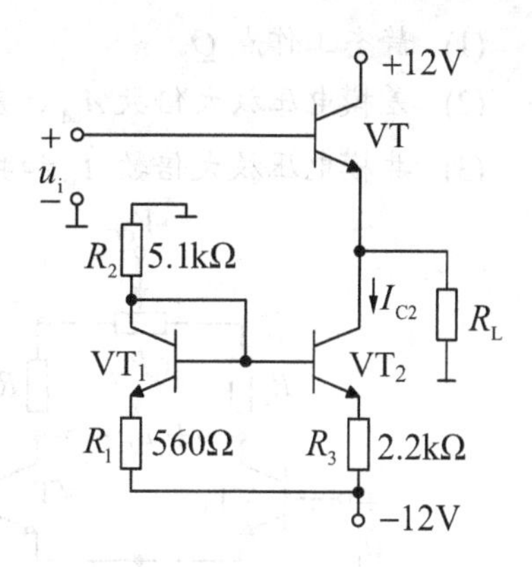

图 5.53　习题 10 电路图

11. 图 5.54 所示为双端输入双端输出差分式放大电路，已知 VT_1、VT_2 两管参数一致，$\beta_1=\beta_2=30$，$U_{BE1}=U_{BE2}=0.7V$，$r_{bb'}=300\Omega$，试计算：

(1) 电路的静态工作点 Q。

(2) 差模电压放大倍数 $\dot{A}_{ud}$、输入电阻 R_{id}、输出电阻 R_{od}。

12. 图 5.55 所示为双端输入双端输出差分式放大电路，已知 VT_1、VT_2 两管参数一致，$\beta_1=\beta_2=80$，$r_{bb'}=200\Omega$，$U_{BE1}=U_{BE2}=0.6V$，当 R_W 滑动到中点时，试计算：

(1) 电路的静态工作点 Q。

(2) 差模电压放大倍数 $\dot{A}_{ud}$、差模输入电阻 R_{id} 和差模输出电阻 R_{od}。

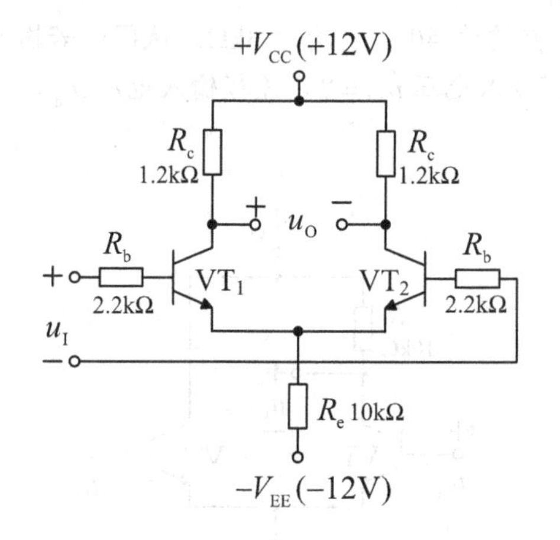

图 5.54　习题 11 电路图

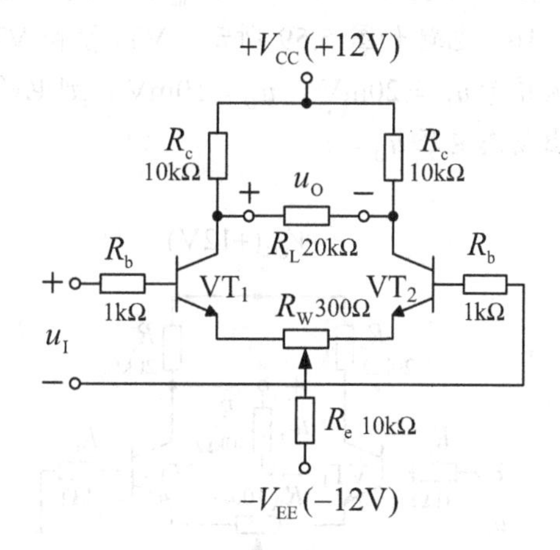

图 5.55　习题 12 电路图

13. 如图 5.56 所示的差分式放大电路参数理想对称，$\beta_1=\beta_2=\beta$，$r_{be1}=r_{be2}=r_{be}$。

(1) 写出 R_W 的滑动端在中点时差模电压放大倍数 $\dot{A}_{ud}$ 的表达式。

(2) 写出 R_W 的滑动端在最右端时差模电压放大倍数 $\dot{A}_{ud}$ 的表达式。

(3) 比较两个结果有什么不同。

14. 图 5.57 所示为双端输入单端输出差分式放大电路，已知 VT_1、VT_2 两管参数一致，$\beta_1=\beta_2=80$，$r_{bb'}=300\Omega$，$U_{BE1}=U_{BE2}=0.7V$，试计算：

(1) 静态工作点 Q。

(2) 差模电压放大倍数 $\dot{A}_{ud}$、差模输入电阻 R_{id} 和差模输出电阻 R_{od}。

(3) 共模电压放大倍数 $\dot{A}_{uc}$ 和共模抑制比 K_{CMR}。

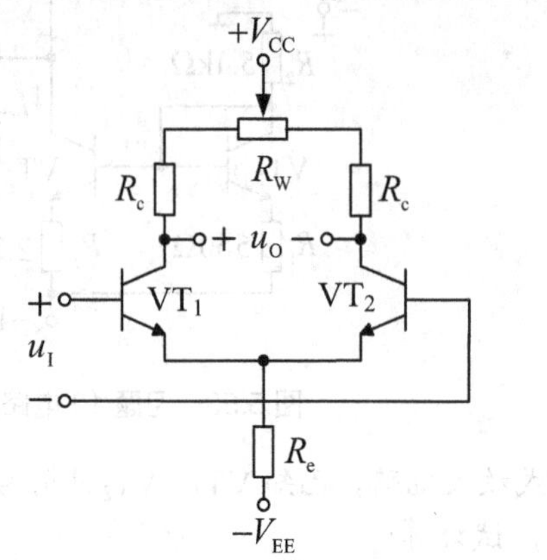

图 5.56　习题 13 电路图

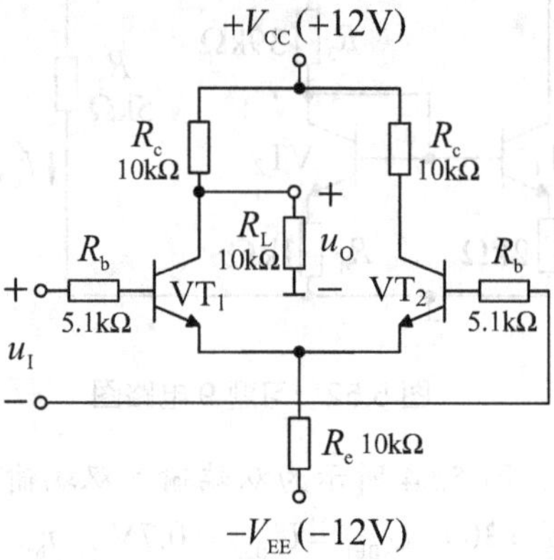

图 5.57　习题 14 电路图

15. 图 5.58 所示为单端输入单端输出差分式放大电路，已知 VT_1、VT_2 两管参数一致，$\beta_1=\beta_2=100$，$r_{bb'}=300\Omega$，$U_{BE1}=U_{BE2}=0.7V$，试计算：

(1) 静态工作点 Q。

(2) 差模电压放大倍数 $\dot{A}_{ud}$、差模输入输出电阻 R_{id}、R_{od}。

(3) 共模电压放大倍数 $\dot{A}_{uc}$ 和共模抑制比 K_{CMR}。

16. 电路如图 5.59 所示，VT_1 管和 VT_2 管的 β 均为 40，r_{be} 均为 3kΩ。试问：若输入直流信号 $u_{I1}=20mV$，$u_{I2}=10mV$，则电路的共模输入电压 $u_{Ic}=?$，差模输入电压 $u_{Id}=?$，输出动态电压 $u_O=?$

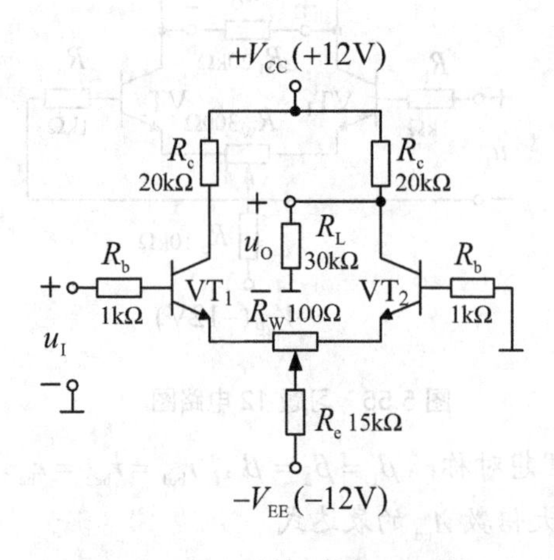

图 5.58　习题 15 电路图

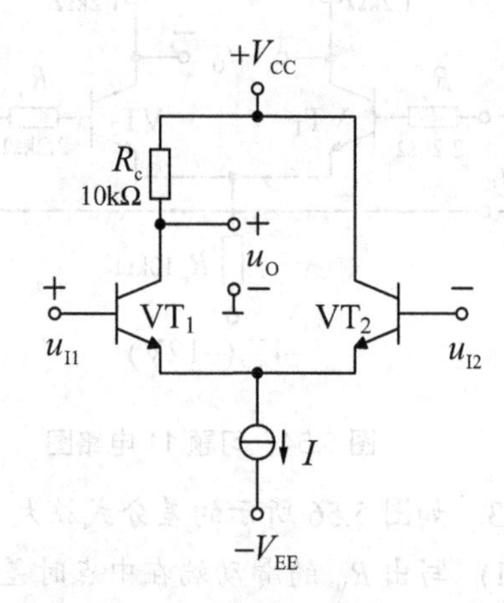

图 5.59　习题 16 电路图

17. 带恒流源的差分式放大电路如图 5.60 所示，R_W 滑动头位于其中间，已知 VT_1、VT_2 两管参数一致，$\beta_1=\beta_2=50$，$R_L=10k\Omega$，$r_{be1}=r_{be2}=1.5k\Omega$，$U_{BE1}=U_{BE2}=0.7V$，稳压管的稳定电压 $U_Z=8V$。

(1) 简述 VT_3、R、R_e、VD 在电路中的作用。

(2) 估算差分式放大电路的静态工作点 Q。

(3) 计算差模电压放大倍数 $\dot{A}_{ud}$、差模输入电阻 R_{id} 和差模输出电阻 R_{od}。

18. 电路如图 5.61 所示，VT1 和 VT2 的低频跨导 gm 均为 2mA/V。试求解差模电压放大倍数 $\dot{A}_{ud}$、差模输入电阻 R_{id} 和差模输出电阻 R_{od}。

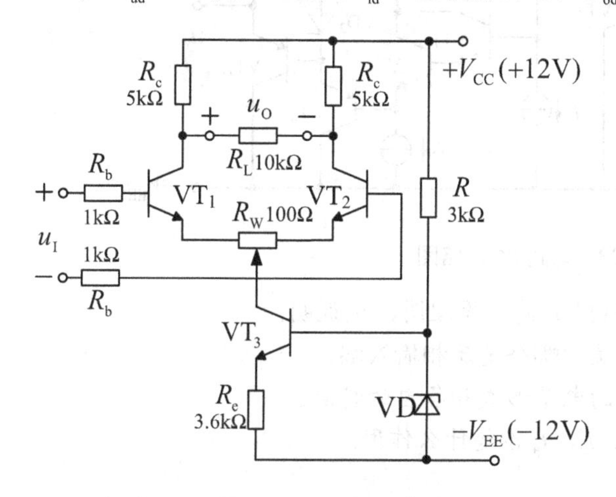

图 5.60 习题 17 电路图

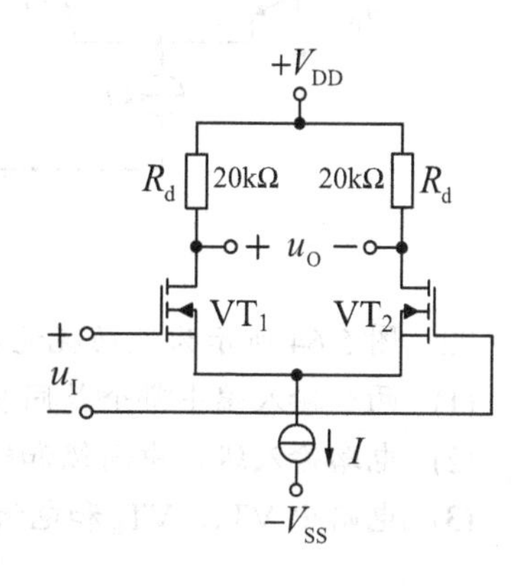

图 5.61 习题 18 电路图

19. 电路如图 5.62 所示，VT_1～VT_5 的电流放大系数分别为 β_1～β_5，b-e 间动态电阻分别为 r_{be1}～r_{be5}，写出 $\dot{A}_u$、R_i 和 R_o 的表达式。

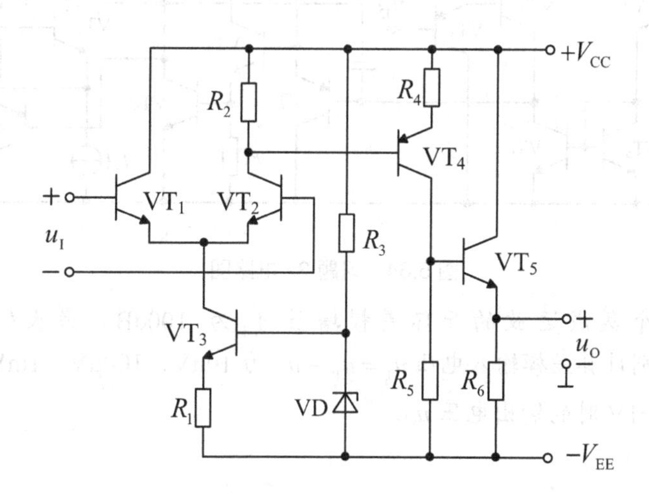

图 5.62 习题 19 电路图

20. 通用型集成运放一般由几部分电路组成，每一部分常采用哪种基本电路？通常对每一部分的性能要求分别是什么？

21. 图 5.63 所示为一简化的高精度运放电路原理图，试分析：

(1) 两个输入端中哪个是同相输入端，哪个是反相输入端。

(2) VT_3 与 VT_4 的作用。

(3) 电流源 I_3 的作用。

(4) VD_1与VD_2的作用。

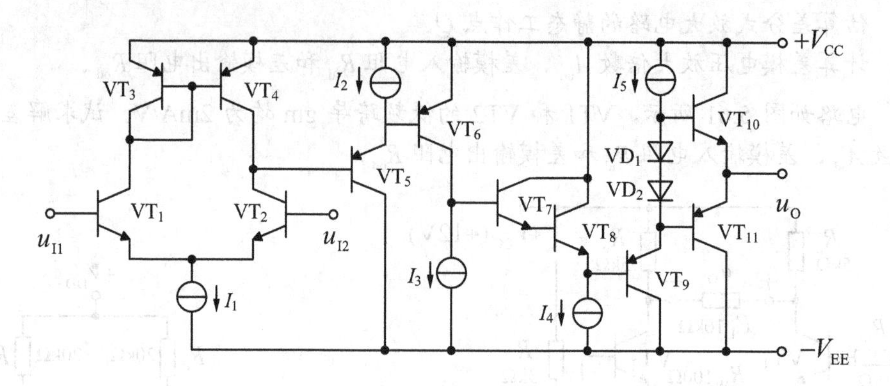

图 5.63　习题 21 电路图

22．图 5.64 所示为低功耗运放 LM324 的简化原理图，试说明：

(1) 两个输入端中哪个是同相输入端，哪个是反相输入端。

(2) 电路输入级、中间级和输出级的电路形式和各自的特点。

(3) 电路中VT_5、VT_6和电流源I_1、I_2、I_4各起什么作用。

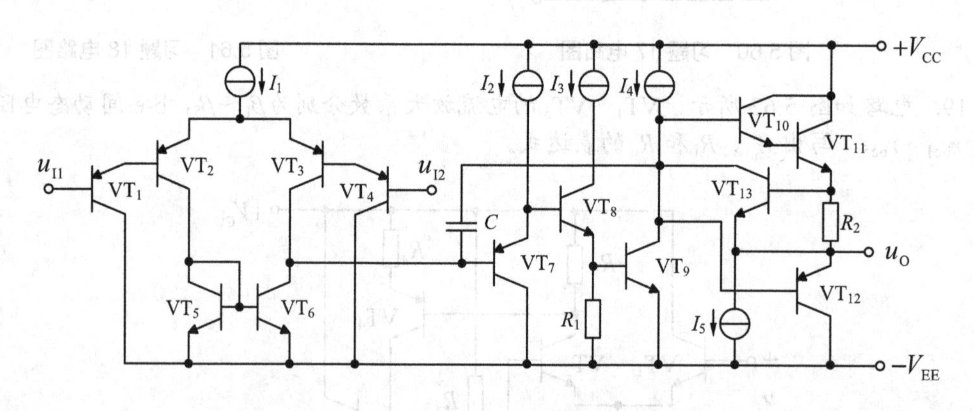

图 5.64　习题 22 电路图

23．已知一个集成运放的开环差模增益A_{od}为 100dB，最大输出电压峰峰值$U_{op\text{-}p}=\pm14V$，分别计算差模输入电压$u_I=u_P-u_N$为 10μV、100μV、1mV、1V 和−10μV、−100μV、−1mV、−1V 时的输出电压u_O。

第 6 章　放大电路中的反馈

本章要点

反馈的概念和判断方法。
负反馈放大电路的组态。
深度负反馈条件下增益的估算。
负反馈对放大电路的性能影响。
负反馈放大电路自激振荡条件和消除的方法。
负反馈放大电路仿真研究。

本章难点

反馈类型的判断。
深度负反馈条件下增益的估算。
负反馈放大电路稳定性的判断。
*自激振荡的消除。

本章首先介绍了反馈的概念、分类及判断方法，然后重点分析了四种负反馈类型的判断，在深度负反馈条件下其增益的近似估算，以及负反馈对放大电路性能的影响，最后简要分析了反馈放大电路的自激振荡条件和消除方法，通过学习应掌握四种负反馈类型的判断、对放大电路性能的影响以及增益的近似估算，熟悉自激振荡产生的条件及电路稳定工作的条件。

6.1　反 馈 概 述

在实用的放大电路中，反馈的应用是极为普遍的。适当地引入反馈，可以改善放大电路某些方面的性能。因此，掌握反馈的基本概念是研究实用电路的基础。

6.1.1　反馈的概念

按照控制论的概念，反馈是指将系统的输出返回到输入端并以某种方式改变输入，进而影响系统功能的过程，即将输出量通过恰当的检测装置返回到输入端并与输入量进行比较的过程。

在电子电路中，所谓反馈，是指将电路输出电量(电压或电流)的一部分或全部通过反馈网络，用一定的方式送回到输入回路，以影响输入电量(电压或电流)的过程。反馈的目的一般有两个，一个是稳定电路的行为特性，使其在一定范围内，不随外部变化的参数而变化；另一个目的是提供电路振荡条件。

尽管本书首次介绍反馈的概念，但其实在前面章节的电路中就已经引入反馈了。

例如图 6.1 所示的 BJT 的 H 参数小信号模型，输入回路中的电压 $h_{re}u_{ce}$ 就反映出 BJT 输出电压 u_{ce} 对输入电压 u_{be} 的反作用，这是一种反馈。由于这种反馈产生在 BJT 内部，故称为内部反馈。

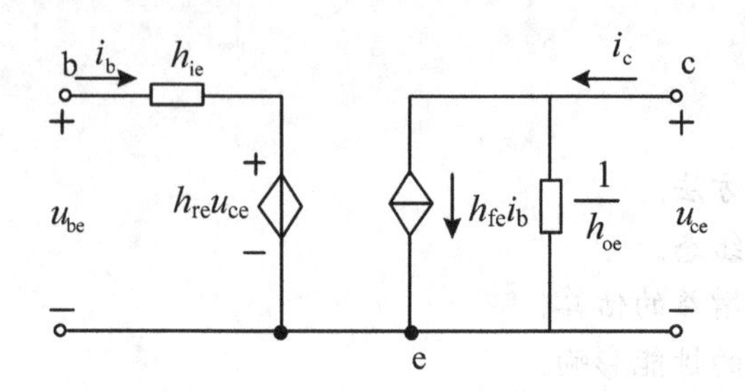

图 6.1　H 参数小信号模型中的负反馈

再如，由于电路参数、BJT 参数、温度变化等原因，BJT 的静态工作点会发生移动，使电路的工作状态发生改变，而工程中希望 BJT 的静态工作点能稳定，因此提出了基极分压式射极偏置电路，如图 6.2 所示。

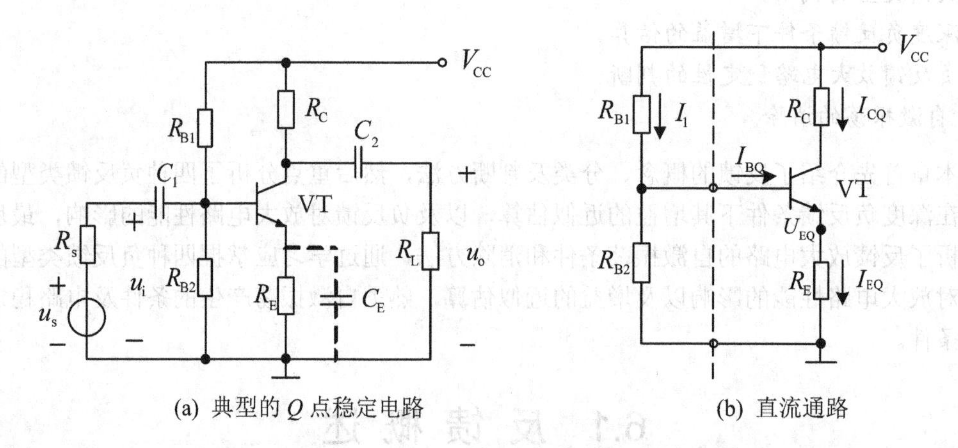

(a) 典型的 Q 点稳定电路　　(b) 直流通路

图 6.2　基极分压式射极偏置电路

在该电路中，外接发射极电阻 R_E 的作用是稳定电路的集电极静态电流 I_{CQ}。假定 U_{BEQ} 不变，此稳定过程如下：

$$T(°C)\uparrow\rightarrow I_{CQ}\uparrow\rightarrow I_{EQ}\uparrow\rightarrow U_{EQ}\uparrow\rightarrow U_{BEQ}\downarrow(=U_{BQ}-U_{EQ})\rightarrow I_{BQ}\downarrow\rightarrow I_{CQ}\downarrow$$

$$T(°C)\downarrow\rightarrow I_{CQ}\downarrow\rightarrow I_{EQ}\downarrow\rightarrow U_{EQ}\downarrow\rightarrow U_{BEQ}\uparrow(=U_{BQ}-U_{EQ})\rightarrow I_{BQ}\uparrow\rightarrow I_{CQ}\uparrow$$

这也是一种反馈，并且这种反馈通过外接电路元件人为引入，称为外部反馈。本章所讨论的反馈都指这种外部反馈。

6.1.2 反馈结构

根据信号与系统理论，电路的结构可分为单向结构和反馈结构。

单向结构如图 6.3(a)所示，是指电路的输出信号没有通过其他电路再送回到输入端。这种未引入反馈的基本放大电路称为开环放大电路。其中，基本放大电路 A 可以是单级也可以是多级的。

反馈结构如图 6.3(b)所示，是指电路输出端的信号经过反馈网络$\dot{F}$再返回到电路输入端，放大电路与反馈网络组成一个闭环系统，称为闭环放大电路。其中，反馈网络$\dot{F}$可以是独立于$\dot{A}$电路存在的，也可以是$\dot{A}$电路的一部分。反馈网络$\dot{F}$一般由无源元件组成，没有放大作用，其正向传输作用可忽略。为了简化分析，认为信号从输入到输出的正向传输只经过基本放大电路$\dot{A}$，而不通过反馈网络$\dot{F}$。同样，信号从输出到输入的反向传输只通过反馈网络$\dot{F}$。

图 6.3 中，$\dot{X}_i$表示输入量，$\dot{X}_o$表示输出量，$\dot{X}_f$表示反馈量，$\dot{X}_{id}$表示净输入量，这些变量可以是电压也可以是电流。符号“⊗”表示信号的叠加，称为比较环节或比较电路。电路中存在$\dot{X}_{id}=\dot{X}_i-\dot{X}_f$或 $\dot{X}_{id}=\dot{X}_i+\dot{X}_f$的比较关系。

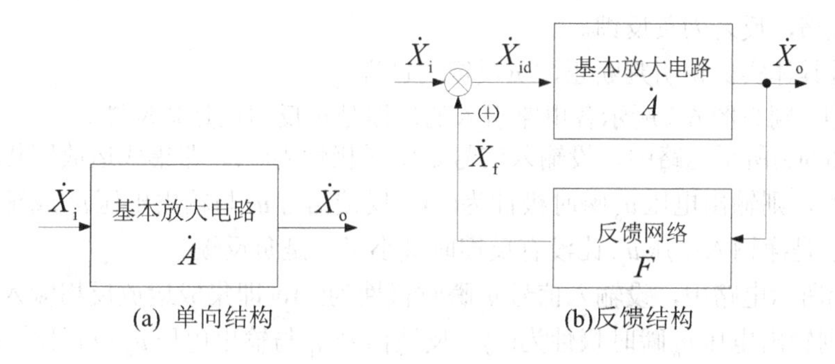

图 6.3 放大电路框图

根据图 6.3(b)可知，判断一个放大电路是否存在反馈，关键是看该电路有没有联系输出回路与输入回路的反馈网络存在。

【例 6.1】 试判断图 6.4 所示两电路是否存在反馈。

解：图 6.4(a)所示为两级放大电路，每一级都有一条反馈通路，第一级的输出端与反相输入端之间由电阻R_3构成反馈通路；第二级的输出端与反相输入端之间由导线连接，形成反馈通路。此外，第二级的输出到第一级的反相输入端之间由电阻R_5构成反馈通路。通常称每级各自存在的反馈为本级反馈，称跨级的反馈为级间反馈。

图 6.4(b)所示电路中虽然R跨接在集成运放的输出端与反相输入端之间，但是因为反相输入端接地，R只是集成运放的负载，净输入信号始终是u_i，不因u_o的改变而改变，因此该图不存在反馈。

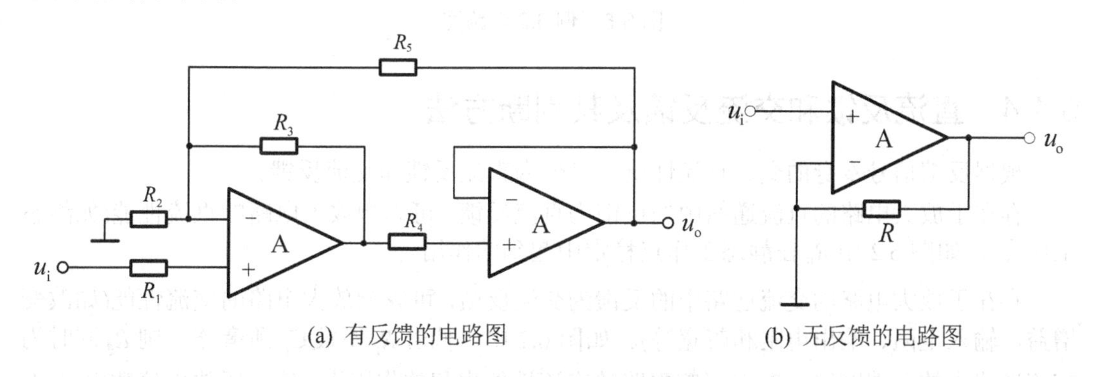

图 6.4 例 6.1 电路图

6.1.3　正反馈和负反馈及其判断方法

根据反馈效果的不同，可以分为正反馈和负反馈。

如果引入的反馈信号增强了净输入信号，使输出信号增大，这样的反馈称为正反馈；相反，如果反馈信号削弱了净输入信号，使输出信号减小，则称为负反馈。

为了判断引入的是正反馈还是负反馈，通常采用“瞬时极性法”，即先假定输入信号在某一个瞬时变化的极性为正，用(+)表示，并设信号的频率在放大电路的通带内，然后根据各级输入、输出之间的相位关系依次推断其他有关各点电位的瞬时极性，或有关支路电流的瞬时流向，最后判断反馈到输入端信号的瞬时极性是增强还是削弱了净输入信号。如果增强为正反馈，反之为负反馈。

下面通过具体实例说明判断正、负反馈的过程。

【例 6.2】 判断图 6.5 所示各电路引入的反馈是正反馈还是负反馈。

解： 图 6.5(a)所示电路中，设输入信号u_i瞬时极性为(+)，即集成运放同相输入端电位瞬时极性为(+)，则输出电压u_o瞬时极性为(+)，反馈信号u_f与输出电压u_o成正比，瞬时极性也为(+)，于是净输入电压u_{id}比没有反馈时减小了，是负反馈。

图 6.5(b)所示电路中，设输入信号u_i瞬时极性为(+)，即集成运放反相输入端电位瞬时极性为(+)，则输出电压u_o瞬时极性为(−)，反馈信号u_f与输出电压u_o成正比，瞬时极性也为(−)，于是净输入电压u_{id}比没有反馈时增大了，是正反馈。

图 6.5(c)所示电路中，设输入信号u_s瞬时极性为(+)，即集成运放反相输入端电位瞬时极性为(+)，则输出电压u_o瞬时极性为(−)，u_o作用于电阻R_f，产生电流i_f的瞬时流向如图 6.5(c)所示。i_f对i_1的分流使净输入电流i_{id}减小，是负反馈。

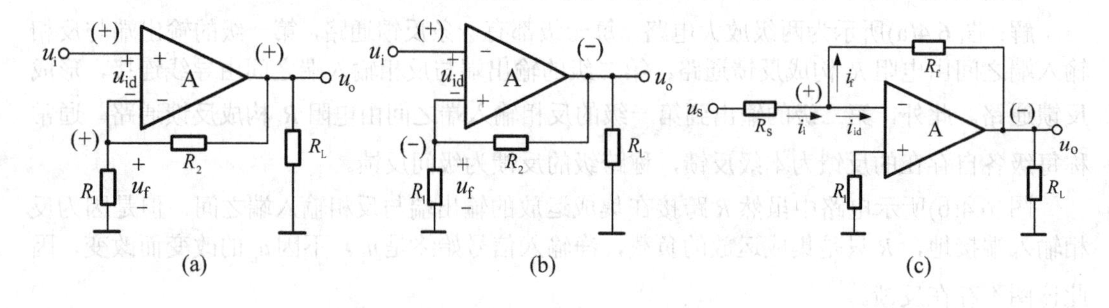

图 6.5　例 6.2 电路图

6.1.4　直流反馈和交流反馈及其判断方法

根据反馈信号本身的交、直流性质，可分为直流反馈和交流反馈。

存在于放大电路的直流通路中的反馈为直流反馈，可影响放大电路的直流性能(如静态工作点)，如图 6.2 中R_E在静态工作点稳定中起到的作用。

存在于放大电路的交流通路中的反馈为交流反馈，可影响放大电路的交流性能(如改变增益、输入电阻、输出电阻和带宽等)。如图 6.2 中，倘若R_E不被C_E所旁路，则R_E同时为交流通路中的反馈网络，R_E在影响电路的交流性能中起的作用为：使电压放大倍数由R_E被

C_E 旁路时的 $\dot{A}_u = -\frac{\beta(R_C // R_L)}{r_{be}}$ 改变为 $\dot{A}_u = -\frac{\beta(R_C // R_L)}{r_{be} + (1+\beta)R_E}$，输入电阻由 $R_i = R_{B1} // R_{B2} // r_{be}$ 变为 $R_i = R_{B1} // R_{B2} // [r_{be} + (1+\beta)R_E]$。因此交流反馈的存在会使放大电路的动态参数发生改变，6.5 节将详述。

本章讨论的主要内容均是针对交流反馈而言。

【例 6.3】 判断图 6.6 所示电路中引入的是交流反馈还是直流反馈。

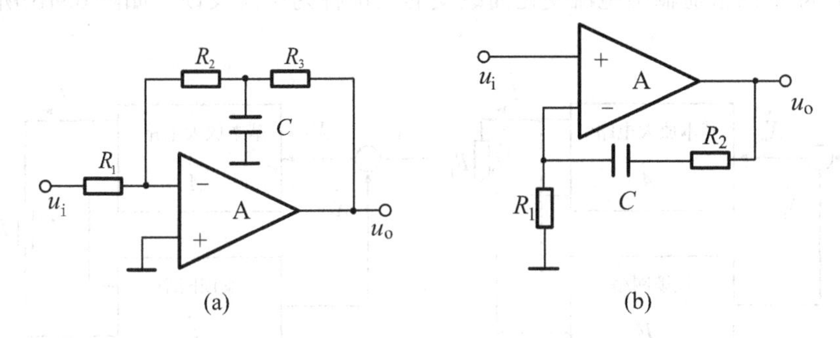

图 6.6　例 6.3 电路图

解：(1)　图 6.7(a)、(b)分别为图 6.6(a)所示电路的直流通路和交流通路，R_2 和 R_3 组成的反馈通路仅存在于直流通路中，因此图 6.6(a)所示电路引入的是直流反馈。

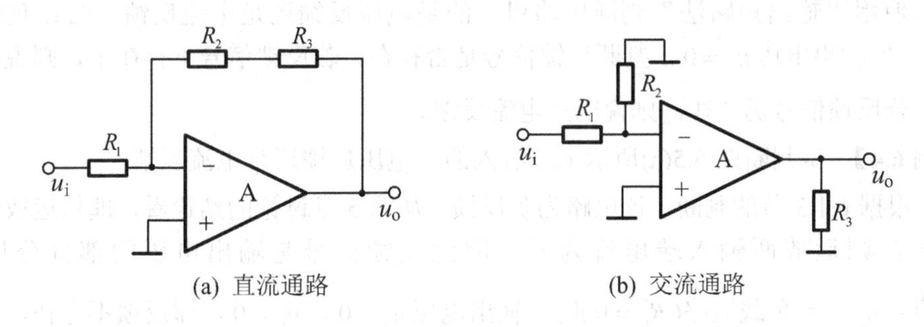

图 6.7　图 6.6(a)的直流及交流通路

(2)　图 6.8(a)、(b)分别为图 6.6(b)所示电路的直流通路和交流通路，R_1 和 R_2 组成的反馈通路仅存在于交流通路中，因此图 6.6(b)所示电路引入的是交流反馈。

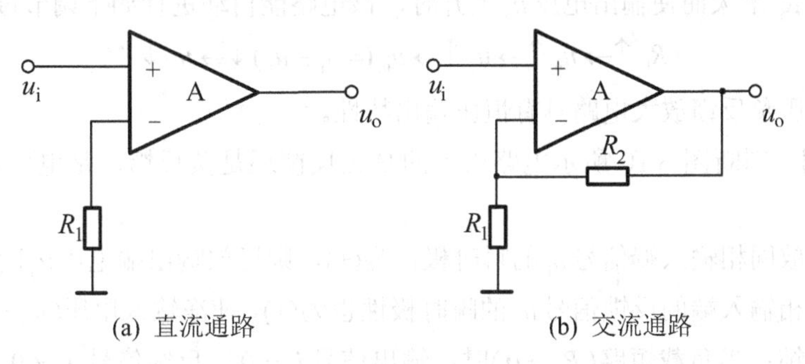

图 6.8　图 6.6(b)的直流及交流通路

6.1.5 电压反馈和电流反馈及其判断方法

根据负反馈信号在放大电路输出端采样方式的不同，可以分为电压反馈和电流反馈。

反馈信号 $\dot{X}_f$ 是输出电压的一部分或全部($\dot{X}_f = \dot{F}\dot{U}_o$)，即反馈量随输出电压变化而改变的反馈称为电压反馈，如图 6.9(a)所示。反馈信号 $\dot{X}_f$ 是输出电流的一部分或全部($\dot{X}_f = \dot{F}\dot{I}_o$)，即反馈量随输出电流变化而改变的反馈称为电流反馈，如图 6.9(b)所示。

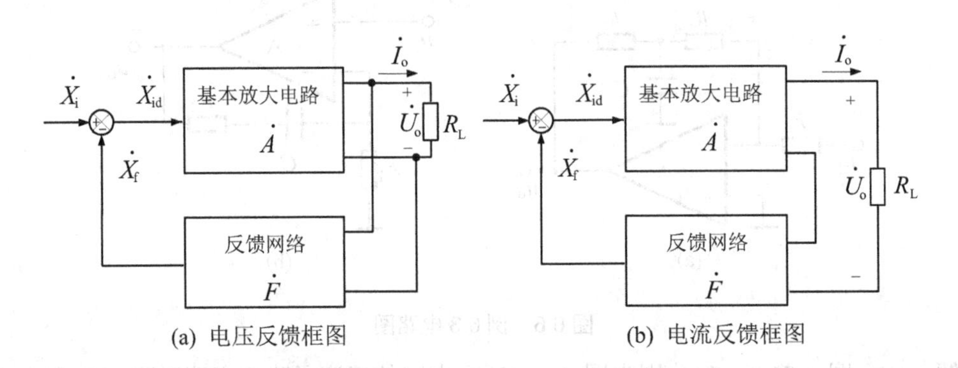

图 6.9 电压反馈、电流反馈框图

通常使用“输出短路法”判断电路引入的是电压反馈还是电流反馈。假设负载短路($R_L = 0$)，使输出电压 $u_o = 0$，判断反馈信号是否存在，若反馈信号不存在了，则说明是电压反馈；若反馈信号仍存在，则说明是电流反馈。

【例 6.4】 试判断图 6.5(a)所示电路引入的是电压反馈还是电流反馈。

解：根据 6.1.3 节的判断，该电路为负反馈；从第 5 章讨论的结论看，理想运放输入电阻 $r_{id} = \infty$，则运放两输入端电流为零，因此反馈信号是输出电压的部分分压，为 $u_f = \dfrac{R_1}{R_1 + R_2} u_o$。当负载短路($R_L = 0$)时，输出电压 $u_o = 0$，$u_f = 0$，即反馈不存在，因此是电压负反馈。

电压负反馈的主要特点是具有稳定输出电压的作用。本例电路中，如果输入电压 u_i 一定，负载电阻 R_L 增大而使输出电压 u_o 上升时，该电路能自动进行如下调节过程：

$$R_L \uparrow \rightarrow u_o \uparrow \rightarrow u_f \uparrow \rightarrow u_{id}(= u_i - u_f) \downarrow \rightarrow u_o \downarrow$$

这说明电压负反馈放大电路具有恒压输出特性。

【例 6.5】 判断图 6.10 所示电路引入的是正反馈还是负反馈，是电压反馈还是电流反馈。

解：设运放同相输入端信号 u_i 的瞬时极性为(+)，则运放输出端电压 u_o 瞬时极性为(+)，反馈到运放反相输入端的反馈信号 u_f 的瞬时极性也为(+)，使净输入电压($u_{id} = u_i - u_f$)减小，该电路为负反馈；当负载短路($R_L = 0$)时，输出信号 $i_o \neq 0$，反馈信号 $u_f \neq 0$，即反馈仍存在，是电流负反馈。

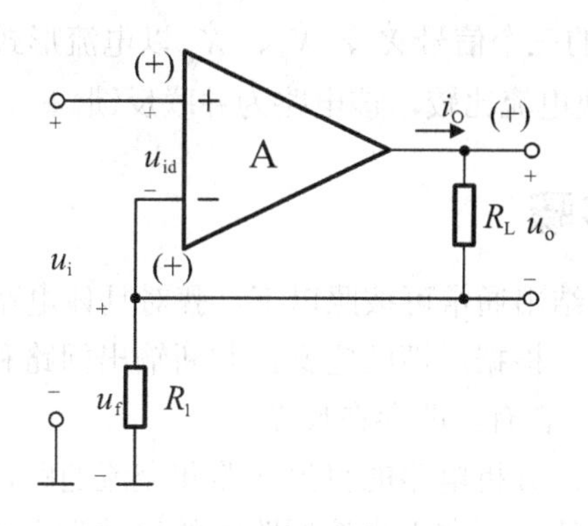

图 6.10　例 6.5 电路图

电流负反馈的主要特点是具有稳定输出电流的作用，如本例电路中，如果输入电压 u_i 一定，负载电阻 R_L 增大而使输出电流 i_o 下降时，该电路能自动进行如下调节过程：

$$R_L \uparrow \to i_o \downarrow \to u_f \downarrow \to u_{id}(=u_i-u_f)\uparrow \to i_o \uparrow$$

这说明电流负反馈放大电路具有恒流输出特性。

6.1.6　串联反馈和并联反馈及其判断方法

根据放大电路输入端输入信号和反馈信号的连接方式分类，可以分为串联反馈和并联反馈。

如图 6.11(a)所示，在放大电路输入端，反馈网络与基本放大电路是串联连接，电路输入回路的三个信号 $\dot{X}_i$、$\dot{X}_f$、$\dot{X}_{id}$ 以电压形式出现，且净输入信号 $\dot{U}_{id}$ 是 $\dot{U}_i$ 与 $\dot{U}_f$ 之差($\dot{U}_{id}=\dot{U}_i-\dot{U}_f$)，以实现电压比较的反馈电路称为串联反馈。如图 6.11(b)所示，在放大电路的输入端，反馈网络与基本放大电路是并联连接，电路输入回路的三个信号 $\dot{X}_i$、$\dot{X}_f$、$\dot{X}_{id}$ 以电流形式出现，且净输入信号 $\dot{I}_{id}$ 是 $\dot{I}_i$ 与 $\dot{I}_f$ 之差($\dot{I}_{id}=\dot{I}_i-\dot{I}_f$)，以实现电流比较的反馈电路称为并联反馈。

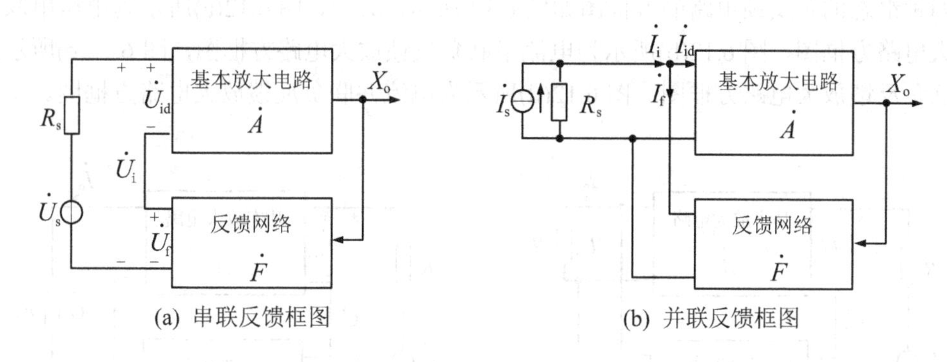

(a) 串联反馈框图　　(b) 并联反馈框图

图 6.11　串联反馈、并联反馈框图

【例 6.6】 试判断图 6.5(a)、(c)所示电路分别是串联反馈还是并联反馈。

解： 图 6.5(a)所示电路输入回路的三个信号 $\dot{X}_i$、$\dot{X}_f$、$\dot{X}_{id}$ 以电压形式出现，输入信号 u_i 与反馈信号 u_f 是串联连接，净输入信号 $u_{id}=u_i-u_f$，实现电压比较，因此为串联反馈。

图 6.5(c)所示电路输入回路的三个信号 $\dot{X}_{\mathrm{i}}$、$\dot{X}_{\mathrm{f}}$、$\dot{X}_{\mathrm{id}}$ 以电流形式出现，净输入信号 $\dot{I}_{\mathrm{id}}$ 是 $\dot{I}_{\mathrm{i}}$ 与 $\dot{I}_{\mathrm{f}}$ 之差($\dot{I}_{\mathrm{id}}=\dot{I}_{\mathrm{i}}-\dot{I}_{\mathrm{f}}$)，实现电流比较，该电路为并联反馈。

6.1.7 反馈的判断步骤

通过以上讨论，可以总结出通常可按照以下步骤对具体电路进行反馈类型的判断。

(1) 判断是否存在反馈。根据反馈的定义，判断输出回路和输入回路之间是否有共同存在的元件(一个或者多个)，若有，即存在反馈。

(2) 判断交、直流反馈：分析电路的直流通路和交流通路，存在于直流通路中的反馈为直流反馈，可改变直流性能；存在于交流通路中的反馈为交流反馈，可改变交流性能；同时存在于交、直流通路中的反馈为交、直流反馈。

(3) 判断正、负反馈：使用瞬时极性法标明各相关电位的瞬时极性或电流的瞬时流向，判断反馈到输入端信号的瞬时极性是增强还是削弱了原来的输入信号。如果增强为正反馈，反之为负反馈。

(4) 对于交流负反馈判断输入、输出类型。使用“输出短路法”判断是电压反馈还是电流反馈。再通过判断反馈量、输入量和净输入量所对应支路的关系是串联还是并联来确定是串联反馈还是并联反馈。

6.2 负反馈放大电路的四种组态

一般来说，基本放大电路和反馈网络是双口网络，综合它们在输入、输出端上的不同连接方式，可以有四种负反馈类型：电压串联负反馈、电流串联负反馈、电压并联负反馈、电流并联负反馈。本节对这四种组态进行详细讨论。

6.2.1 负反馈四种组态的方框图

四种组态的负反馈电路的方框图如图 6.12 所示，其中，图 6.12(a)所示为电压串联负反馈放大电路方框图，图 6.12(b)所示为电流串联负反馈放大电路方框图，图 6.12(c)所示为电压并联负反馈放大电路方框图，图 6.12(d)所示为电流并联负反馈放大电路方框图。

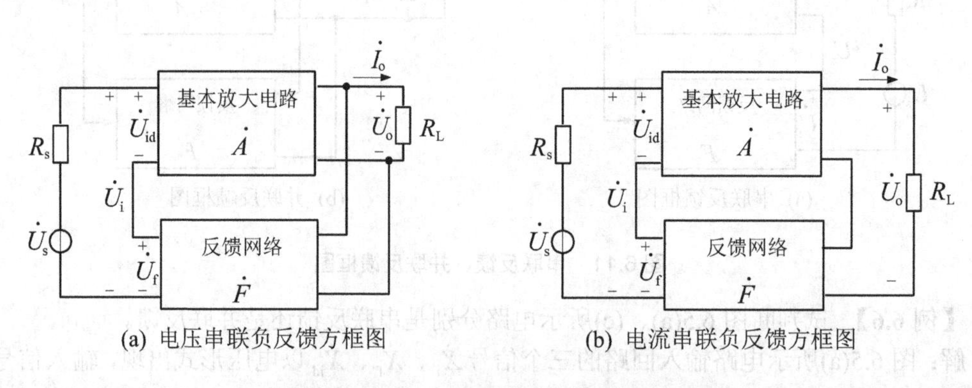

(a) 电压串联负反馈方框图　　(b) 电流串联负反馈方框图

图 6.12 负反馈四种组态的方框图

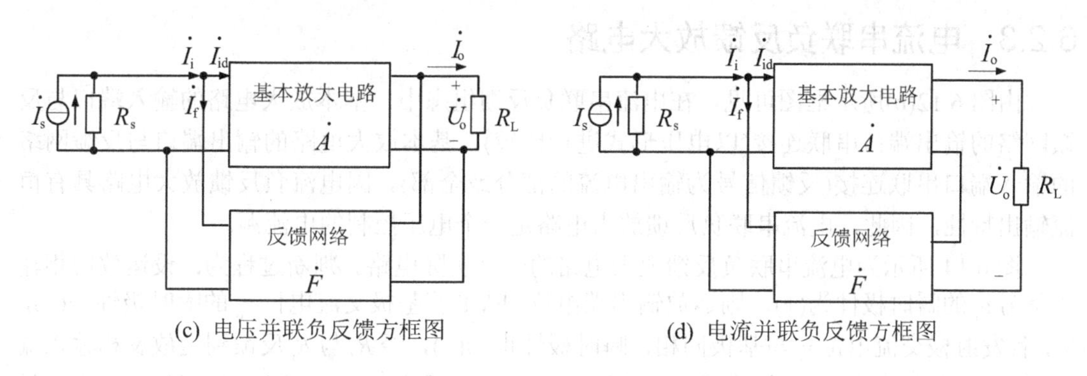

(c) 电压并联负反馈方框图　　(d) 电流并联负反馈方框图

图 6.12　负反馈四种组态的方框图(续)

四种反馈组态的性能各有不同，6.5 节将具体讨论其对电路交流性能的影响，而正确判断电路引入的交流负反馈类型是研究的基础。下面通过具体实例，说明对电路进行判断的过程。

6.2.2　电压串联负反馈放大电路

由图 6.12(a)所示框图可见，在电压串联负反馈组态中，基本放大电路的输入端口与反馈网络的输出端口串联连接(以电压形式进行比较)，基本放大电路的输出端口与反馈网络的输入端口并联连接(反馈信号为输出电压的部分或全部)。因电压负反馈放大电路具有恒压输出特性，因此，电压串联负反馈放大电路是一个电压控制的电压源。

图 6.13 所示为电压串联负反馈放大电路的一个实际电路。判断过程为：设输入电压 u_i 瞬时极性为(+)，即集成运放同相输入端电位瞬时极性为(+)，则输出电压 u_o 瞬时极性为(+)，反馈电压 u_f 与输出电压 u_o 成正比，瞬时极性也为(+)，于是净输入电压 u_{id} 比没有反馈时减小了，是负反馈；反馈信号 $u_f = \dfrac{R_1}{R_1 + R_2} u_o$ 为输出电压的一部分，负载短路($R_L = 0$)时，输出电压 $u_o = 0$ ，反馈信号不存在，则此电路为电压反馈；输入回路的三个信号 $\dot{X}_i$ 、$\dot{X}_f$ 、$\dot{X}_{id}$ 以电压形式出现，即净输入信号为 $u_{id} = u_i - u_f$ ，则此电路为串联反馈。综上，此电路为电压串联负反馈。

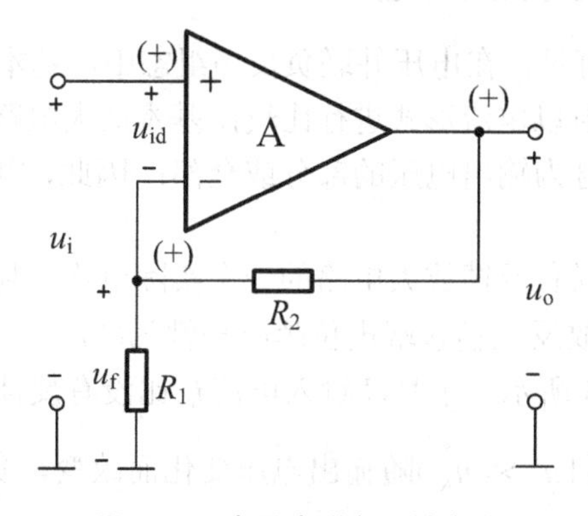

图 6.13　电压串联负反馈电路

6.2.3 电流串联负反馈放大电路

由图 6.12(b)所示框图可见，在电流串联负反馈组态中，基本放大电路的输入端口与反馈网络的输出端口串联连接(以电压形式进行比较)，基本放大电路的输出端口与反馈网络的输入端口串联连接(反馈信号为输出电流的部分或全部)。因电流负反馈放大电路具有恒流输出特性，因此，电流串联负反馈放大电路是一个电压控制的电流源。

图 6.14 所示为电流串联负反馈放大电路的一个实际电路。判断过程为：设运放同相输入信号 u_{i} 的瞬时极性为(+)，则运放输出端电位即 VT 管基极交流电位 v_{b} 的瞬时极性为(+)，VT 管发射极交流电位 v_{e} 与基极同相，瞬时极性也为(+)，经 R_2 与 R_1 反馈到运放反相输入端的反馈信号 u_{f} 应为(+)，使净输入电压($u_{\mathrm{id}}=u_{\mathrm{i}}-u_{\mathrm{f}}$)减小，该电路为负反馈；反馈信号 $u_{\mathrm{f}}=\dfrac{i_{\mathrm{o}}R_1R_3}{R_1+R_2+R_3}$ 为输出电流的一部分，负载短路($R_{\mathrm{L}}=0$)时，虽然输出电压 $u_{\mathrm{o}}=0$，但反馈信号仍存在，则此电路为电流反馈；输入回路的三个信号 $\dot{X}_{\mathrm{i}}$、$\dot{X}_{\mathrm{f}}$、$\dot{X}_{\mathrm{id}}$ 以电压形式出现，净输入信号为 $u_{\mathrm{id}}=u_{\mathrm{i}}-u_{\mathrm{f}}$，则此电路为串联反馈，综上，此电路引入的为电流串联负反馈。

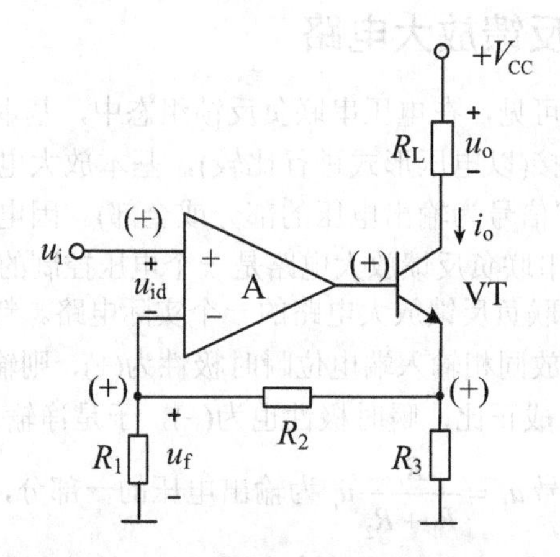

图 6.14 电流串联负反馈电路

6.2.4 电压并联负反馈放大电路

由图 6.12(c)所示框图可见，在电压并联负反馈组态中，基本放大电路的输入端口与反馈网络的输出端口并联连接(以电流形式进行比较)，基本放大电路的输出端口与反馈网络的输入端口并联连接(反馈信号为输出电压的部分或全部)。因此，电压并联负反馈放大电路是一个电流控制的电压源。

图 6.15 所示为电压并联负反馈放大电路的一个实际电路。判断过程为：设输入电压 u_{s} 瞬时极性为(+)，即集成运放反相输入端电位瞬时极性为(+)，输出电压 u_{o} 瞬时极性为(−)，反馈电流 i_{f} 的方向如图 6.15 所示，于是净输入电流 i_{id} 比没有反馈时减小了，是负反馈；反馈信号 $i_{\mathrm{f}}=\dfrac{u_{\mathrm{N}}-u_{\mathrm{o}}}{R_{\mathrm{f}}}\approx-\dfrac{u_{\mathrm{o}}}{R_{\mathrm{f}}}$ (因 $u_{\mathrm{o}}>>u_{\mathrm{N}}$)随输出电压变化而改变，负载短路($R_{\mathrm{L}}=0$)时，输出电压 $u_{\mathrm{o}}=0$，反馈信号不存在，则此电路为电压反馈；输入回路的三个信号 $\dot{X}_{\mathrm{i}}$、$\dot{X}_{\mathrm{f}}$、$\dot{X}_{\mathrm{id}}$ 以

电流形式出现，净输入信号 $i_{id}=i_i-i_f$，则此电路为并联反馈。综上，此电路为电压并联负反馈。

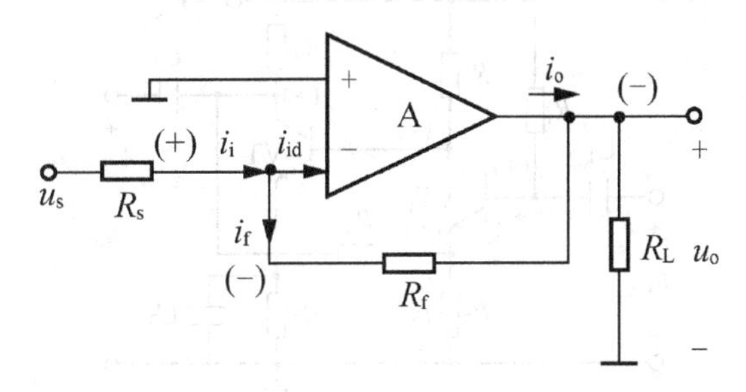

图 6.15　电压并联负反馈电路

6.2.5　电流并联负反馈放大电路

由图 6.12(d)所示框图可见，在电流并联负反馈组态中，基本放大电路的输入端口与反馈网络的输出端口并联连接(以电流形式进行比较)，基本放大电路的输出端口与反馈网络的输入端口串联连接(反馈信号为输出电流的部分或全部)。因此，电流并联负反馈放大电路是一个电流控制的电流源。

图 6.16 所示为电流并联负反馈放大电路的一个实际电路。判断过程为：设输入电压 u_s 瞬时极性为(+)，即集成运放反相输入端电位瞬时极性为(+)，输出电压 u_o 瞬时极性为(−)，反馈电流 i_f 的方向如图 6.16 所示，于是净输入电流 i_{id} 比没有反馈时减小了，是负反馈；反馈信号 $i_f\approx-\dfrac{i_oR_2}{R_1+R_2}$(因为 u_N 很小，近似为 0，R_1 与 R_2 近似于并联)随输出电流变化而改变，负载短路($R_L=0$)时，即使输出电压 $u_o=0$，反馈信号仍存在，则此电路为电流反馈；输入回路的三个信号 $\dot{X}_i$、$\dot{X}_f$、$\dot{X}_{id}$ 以电流形式出现，净输入信号 $i_{id}=i_i-i_f$，则此电路为并联反馈。综上，此电路为电流并联负反馈。

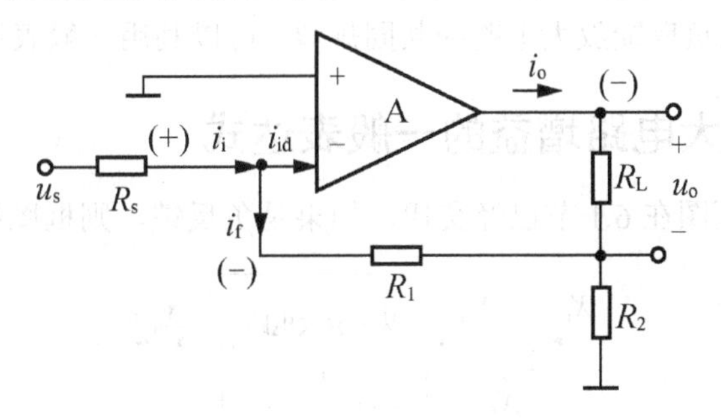

图 6.16　电流并联负反馈电路

由上述对四个电路的讨论可知，串联负反馈适用于信号源均为恒压源或近似恒压源的情况，并联负反馈适用于信号源为恒流源或近似恒流源的情况。这是因为如果串联时加恒流源，则电路的净输入电压将恒等于信号源电流与输入电阻的乘积，不受反馈电压的影响；如果并联时加恒压源，则电路的净输入电流将恒等于信号源电压除以输入电阻，也不受反馈电流的影响。

【例 6.7】判断图 6.17 所示电路中是否存在级间交流负反馈，如果有请判断反馈类型。

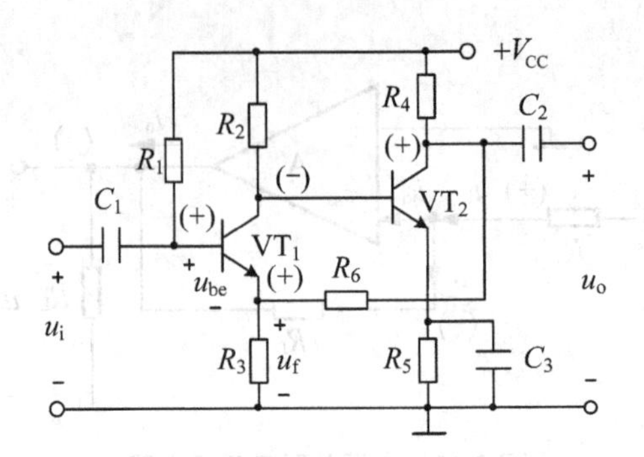

图 6.17 例 6.7 电路图

解：该电路为两级放大电路，交流通路中R_3、R_6为两级间联系输入回路与输出回路的共有元件，故存在级间交流反馈；设输入信号u_i瞬时极性为(+)，即VT_1管的基极电位瞬时极性为(+)，则VT_1管的集电极电位(VT_2管的基极电位)瞬时极性为(−)，VT_2管的集电极电位瞬时极性为(+)，反馈电压$u_f \approx \dfrac{R_3}{R_3+R_6}u_o$(因为经两级放大后，$u_o \gg u_{e1}$)正比于输出电压$u_o$，因此$u_f$瞬时极性为(+)，使得净输入信号$u_{be}$减小，因此引入了负反馈；负载短路($R_L=0$)时，输出电压$u_o=0$，反馈信号不存在，则此电路为电压反馈；输入回路的三个信号$\dot{X}_i$、$\dot{X}_f$、$\dot{X}_{id}$以电压形式出现，净输入信号为$u_{be}=u_i-u_f$，则此电路为串联反馈。综上，此电路级间引入的是电压串联负反馈。

6.3 负反馈放大电路的通用描述

从上节讨论可见，负反馈放大电路有四种基本组态，即使对于同一种组态各个电路也不相同，所以为了研究负反馈放大电路的共同规律，可以利用一般表达式来描述所有电路。

6.3.1 负反馈放大电路增益的一般表达式

对于反馈结构的框图在 6.1 节已经交代，如果是负反馈，则框图如图 6.18 所示，

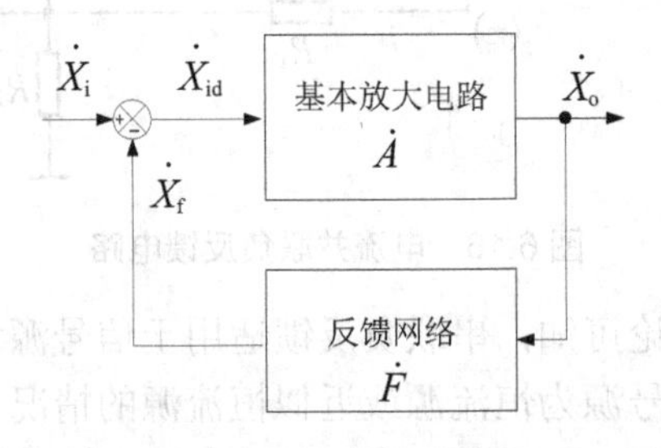

图 6.18 负反馈框图

下面根据图 6.18，推导反馈放大电路的基本方程。

净输入信号为

$$\dot{X}_{id}=\dot{X}_i-\dot{X}_f \tag{6.1}$$

放大器的开环增益$\dot{A}$(或称开环放大倍数)定义为输出量$\dot{X}_o$与净输入量$\dot{X}_{id}$之比，即

$$\dot{A}=\frac{\dot{X}_o}{\dot{X}_{id}} \tag{6.2}$$

定义反馈量$\dot{X}_f$与输出量$\dot{X}_o$之比为反馈网络的反馈系数$\dot{F}$，即

$$\dot{F}=\frac{\dot{X}_f}{\dot{X}_o} \tag{6.3}$$

定义$\dot{A}_f$为该放大器的闭环增益(或称闭环放大倍数)，即

$$\dot{A}_f=\frac{\dot{X}_o}{\dot{X}_i} \tag{6.4}$$

根据图 6.12 所示，四种组态所对应的$\dot{A}$、$\dot{F}$、$\dot{A}_f$表达式各不相同，如表 6.1 所示。不同的反馈组态中，$\dot{A}$、$\dot{F}$、$\dot{A}_f$的物理意义不同，量纲也不同，其中$\dot{A}_{uu}$表示电压增益(无量纲)，$\dot{A}_{iu}$表示互导增益(量纲为西[门子])，$\dot{A}_{ui}$表示互阻增益(量纲为欧[姆])，$\dot{A}_{ii}$表示电流增益(无量纲)。

表 6.1　四种反馈组态对应的$\dot{A}$、$\dot{F}$、$\dot{A}_f$

反馈组态	$\dot{X}_i\dot{X}_f\dot{X}_{id}$	$\dot{X}_o$	$\dot{A}$	$\dot{F}$	$\dot{A}_f$	功　能
电压串联	$\dot{U}_i\dot{U}_f\dot{U}_{id}$	$\dot{U}_o$	$\dot{A}_{uu}=\frac{\dot{U}_o}{\dot{U}_{id}}$	$\dot{F}_{uu}=\frac{\dot{U}_f}{\dot{U}_o}$	$\dot{A}_{uuf}=\frac{\dot{U}_o}{\dot{U}_i}$	$\dot{U}_i$控制$\dot{U}_o$ 电压放大
电流串联	$\dot{U}_i\dot{U}_f\dot{U}_{id}$	$\dot{I}_o$	$\dot{A}_{iu}=\frac{\dot{I}_o}{\dot{U}_{id}}$	$\dot{F}_{ui}=\frac{\dot{U}_f}{\dot{I}_o}$	$\dot{A}_{iuf}=\frac{\dot{I}_o}{\dot{U}_i}$	$\dot{U}_i$控制$\dot{I}_o$ 电压转换成电流
电压并联	$\dot{I}_i\dot{I}_f\dot{I}_{id}$	$\dot{U}_o$	$\dot{A}_{ui}=\frac{\dot{U}_o}{\dot{I}_{id}}$	$\dot{F}_{iu}=\frac{\dot{I}_f}{\dot{U}_o}$	$\dot{A}_{uif}=\frac{\dot{U}_o}{\dot{I}_i}$	$\dot{I}_i$控制$\dot{U}_o$ 电流转换成电压
电流并联	$\dot{I}_i\dot{I}_f\dot{I}_{id}$	$\dot{I}_o$	$\dot{A}_{ii}=\frac{\dot{I}_o}{\dot{I}_{id}}$	$\dot{F}_{ii}=\frac{\dot{I}_f}{\dot{I}_o}$	$\dot{A}_{iif}=\frac{\dot{I}_o}{\dot{I}_i}$	$\dot{I}_i$控制$\dot{I}_o$ 电流放大

根据式(6.1)～式(6.4)可推导出

$$\dot{A}_f=\frac{\dot{X}_o}{\dot{X}_{id}+\dot{X}_f}=\frac{\frac{\dot{X}_o}{\dot{X}_{id}}}{1+\frac{\dot{X}_f}{\dot{X}_{id}}}=\frac{\frac{\dot{X}_o}{\dot{X}_{id}}}{1+\frac{\dot{X}_o}{\dot{X}_{id}}\cdot\frac{\dot{X}_f}{\dot{X}_o}}=\frac{\dot{A}}{1+\dot{A}\dot{F}} \tag{6.5}$$

放大电路引入反馈后，增益的大小由原来的$|\dot{A}|$变为$|\dot{A}_f|$，增益的改变与$|1+\dot{A}\dot{F}|$有关，通常把$|1+\dot{A}\dot{F}|$称为反馈深度，有如下几种情况。

(1) 如果$|1+\dot{A}\dot{F}|>1$，则$|\dot{A}_f|<|\dot{A}|$，增益减小，为负反馈。

(2) 如果$|1+\dot{A}\dot{F}|<1$，则$|\dot{A}_f|>|\dot{A}|$，增益增加，为正反馈。

(3) 如果$|1+\dot{A}\dot{F}|=0$，则$|\dot{A}_f|\to\infty$，这就是说放大电路没有输入信号时，也会有输出信号，产生了自激振荡。在负反馈放大电路中，自激振荡应该设法消除。6.6 节将详述自激

振荡内容。

(4) 如果$|1+\dot{A}\dot{F}|>>1$，则$|\dot{A}_f|=\left|\dfrac{\dot{A}}{1+\dot{A}\dot{F}}\right|\approx\dfrac{1}{|\dot{F}|}$，此时，放大电路闭环增益仅由反馈系数来决定，而与开环增益几乎无关，这种情况称为“深度负反馈”。

大多数实用的负反馈放大电路，特别是用集成运放组成的反馈放大电路，所引起的负反馈为深度负反馈。也就是增益只与反馈网络有关，而反馈网络往往为无源网络，受环境温度的影响极小，因而这样的放大电路的增益有很高的稳定性。

6.3.2 深度负反馈的实质

由前面内容的讨论可知，当$|1+\dot{A}\dot{F}|>>1$时，放大电路为深度负反馈放大电路，此时将式(6.3)、式(6.4)代入$|\dot{A}_f|\approx\dfrac{1}{|\dot{F}|}$，可得

$$\dot{X}_i=\dot{X}_f \tag{6.6}$$

式(6.6)表明，当$|1+\dot{A}\dot{F}|>>1$时，反馈信号$\dot{X}_f$与输入信号$\dot{X}_i$相差甚微，净输入信号$\dot{X}_{id}$甚小，因而有

$$\dot{X}_{id}\approx 0 \tag{6.7}$$

对于深度串联负反馈，$\dot{X}_i$、$\dot{X}_f$、$\dot{X}_{id}$均为电压，则有

$$\dot{U}_f\approx\dot{U}_i \tag{6.8}$$

即$\dot{U}_{id}=\dot{U}_i-\dot{U}_f\approx 0$，此时放大电路的净输入电压可以忽略不计。

对于深度并联负反馈，$\dot{X}_i$、$\dot{X}_f$、$\dot{X}_{id}$均为电流，则有

$$\dot{I}_f\approx\dot{I}_i \tag{6.9}$$

即$\dot{I}_{id}=\dot{I}_i-\dot{I}_f\approx 0$，此时放大电路的净输入电流可以忽略不计。

图6.19所示为集成运放的传输特性。

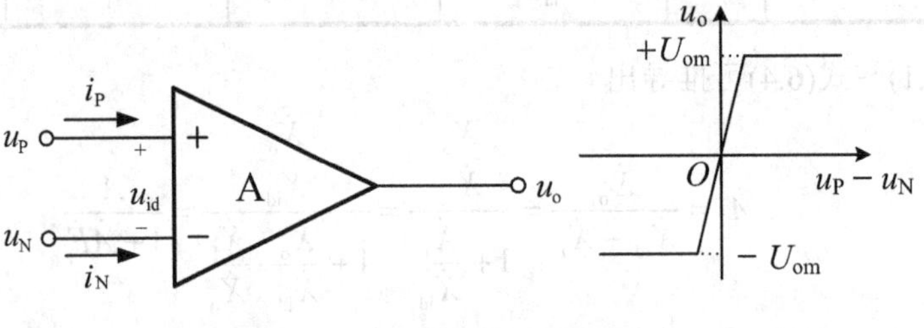

图6.19 集成运放传输特性

(1) 对于集成运放构成的深度串联负反馈，此时有

$$\dot{U}_{id}=u_{id}\approx 0\text{或}u_p\approx u_N \tag{6.10}$$

由于净输入信号u_{id}非常小，集成运放工作在线性区，即此时输出信号u_o和净输入信号u_{id}之间满足线性关系。$u_p\approx u_N$相当于两输入之间接近短路，而又不是真正的短路，称为“虚短”。如果真正短路，$u_{id}=0$，$u_o=0$，集成运放停止工作。

又由于集成运放的输入电阻r_{id}很大，此时有

$$i_{\mathrm{id}} \approx 0 \text{ 或 } i_{\mathrm{P}} \approx i_{\mathrm{N}} \approx 0 \tag{6.11}$$

即流入集成运放两输入端的电流几乎为零，近似断路，而在运放内部电路中，并没有出现断路，称这种状态为“虚断”。

(2) 对于集成运放构成的深度并联负反馈，此时有 $\dot{I}_{\mathrm{id}} = i_{\mathrm{id}} \approx 0$ 或 $i_{\mathrm{P}} \approx i_{\mathrm{N}} \approx 0$，集成运放输入端“虚断”。$\dot{I}_{\mathrm{id}} = i_{\mathrm{id}} \approx 0$，因而在输入电阻 r_{id} 上 $u_{\mathrm{id}} \approx 0$ 或 $u_{\mathrm{p}} \approx u_{\mathrm{N}}$，处于“虚短”状态。

不论是串联还是并联深度负反馈，均有 $u_{\mathrm{id}} \approx 0$ (虚短)、$i_{\mathrm{id}} \approx 0$ (虚断)同时存在。利用“虚短”、“虚断”的概念可以方便地估算出负反馈放大电路的闭环增益或闭环电压增益。

6.4　深度负反馈条件下增益的估算

实用的放大电路中多引入深度负反馈，而根据上节讨论的结论，在深度负反馈条件下，可利用“虚短”、“虚断”概念求出四种反馈组态放大电路的闭环增益和闭环电压增益。

6.4.1　电压串联深度负反馈电路

【例 6.8】 设图 6.20 所示电路满足深度负反馈的条件，写出该电路的闭环增益和闭环电压增益。

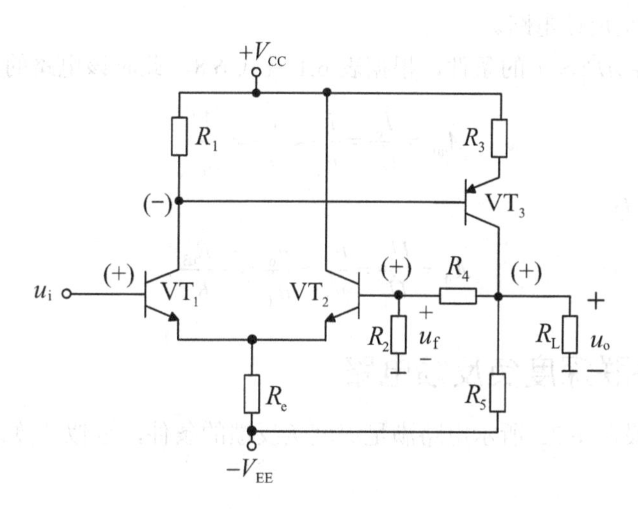

图 6.20　例 6.8 电路图

解： 图 6.20 所示电路中 R_2 和 R_4 组成反馈网络。在放大电路的输出回路，反馈网络接自信号输出端，用输出短路法可判断是电压反馈。在放大电路的输入回路，净输入信号为输入端电位和反馈端电位相比较，是串联反馈。用瞬时极性法可判断该电路为负反馈。因此，该电路为电压串联负反馈电路。

若电路满足 $|1+\dot{A}\dot{F}| >> 1$ 的条件，根据表 6.1 及式(6.8)，此时该电路的闭环增益为

$$\dot{A}_{\mathrm{uuf}} = \frac{\dot{U}_{\mathrm{o}}}{\dot{U}_{\mathrm{i}}} = \frac{u_{\mathrm{o}}}{u_{\mathrm{i}}} \approx \frac{u_{\mathrm{o}}}{u_{\mathrm{f}}} = 1 + \frac{R_4}{R_2}$$

上式中的闭环增益即为电压增益，通常也记为 $\dot{A}_{\mathrm{uf}}$。

6.4.2 电流串联深度负反馈电路

【例 6.9】 计算图 6.21 所示电路在深度负反馈条件下的闭环增益和闭环电压增益。

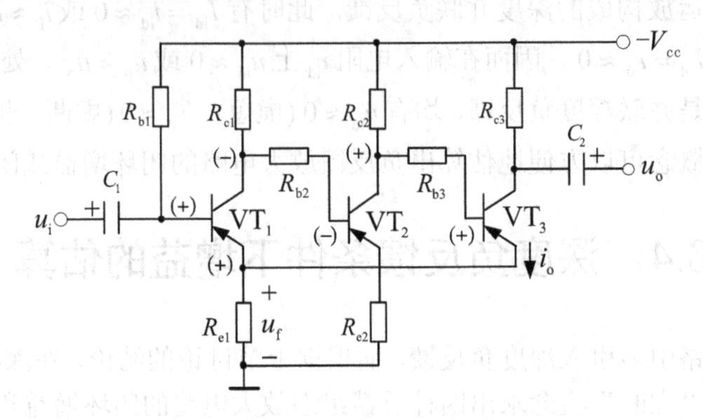

图 6.21 例 6.9 电路图

解：图 6.21 所示电路中 R_{e1} 为反馈元件。在放大电路的输出回路，反馈元件接至非信号输出端，用输出短路法可判断是电流反馈。在放大电路的输入回路，净输入信号为输入端电位和反馈端电位相比较，是串联反馈。用瞬时极性法可判断该电路为负反馈。因此，该电路为电流串联负反馈电路。

若电路满足 $\left|1+\dot{A}\dot{F}\right|>>1$ 的条件，根据表 6.1 及式 6.8，此时该电路的闭环增益为

$$\dot{A}_{iuf}=\frac{\dot{I}_o}{\dot{U}_i}=\frac{i_o}{u_i}\approx\frac{i_o}{u_f}=\frac{1}{R_{e1}}$$

闭环电压增益为

$$\dot{A}_{uf}=\frac{\dot{U}_o}{\dot{U}_i}=\frac{u_o}{u_i}\approx\frac{u_o}{u_f}=-\frac{R_{c3}}{R_{e1}}$$

6.4.3 电压并联深度负反馈电路

【例 6.10】 设图 6.22 所示电路满足深度负反馈的条件，近似计算该电路的闭环增益和闭环电压增益。

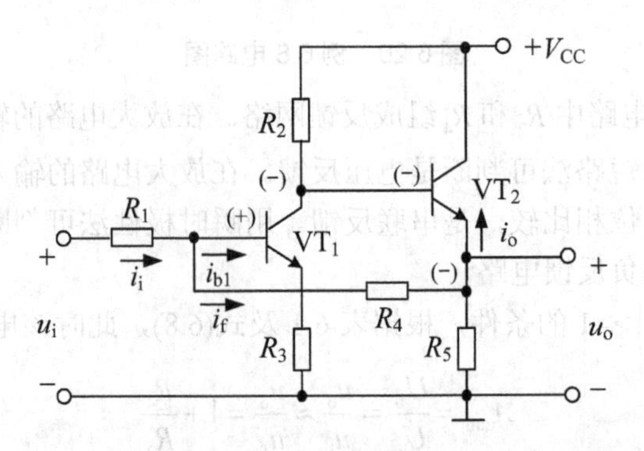

图 6.22 例 6.10 电路图

解： 图 6.22 所示电路中 R_4 和 R_5 为反馈元件。在放大电路的输出回路，反馈元件接至信号输出端，用输出短路法可判断是电压反馈。在放大电路的输入回路，净输入信号为输入端电流和反馈端电流相比较，是并联反馈。用瞬时极性法可判断该电路为负反馈。因此，该电路为电压并联负反馈电路。

若电路满足 $|1+\dot{A}\dot{F}|>>1$ 的条件，根据式(6.9)，$i_i \approx i_f$，$i_{b1} \approx 0$，得 $v_{b1} \approx v_{e1}=0$，于是 $i_f=-\dfrac{u_o}{R_4}$。

根据表 6.1，该电路的闭环增益为

$$\dot{A}_{uif}=\frac{\dot{U}_o}{\dot{I}_i}=\frac{u_o}{i_i}\approx\frac{u_o}{i_f}=-R_4$$

闭环电压增益为

$$\dot{A}_{uf}=\frac{\dot{U}_o}{\dot{U}_i}=\frac{u_o}{u_i}=\frac{u_o}{i_iR_1}\approx\frac{u_o}{i_fR_1}=-\frac{R_4}{R_1}$$

6.4.4 电流并联深度负反馈电路

【例 6.11】 设图 6.23 所示电路满足深度负反馈的条件，写出该电路的闭环增益和闭环电压增益。

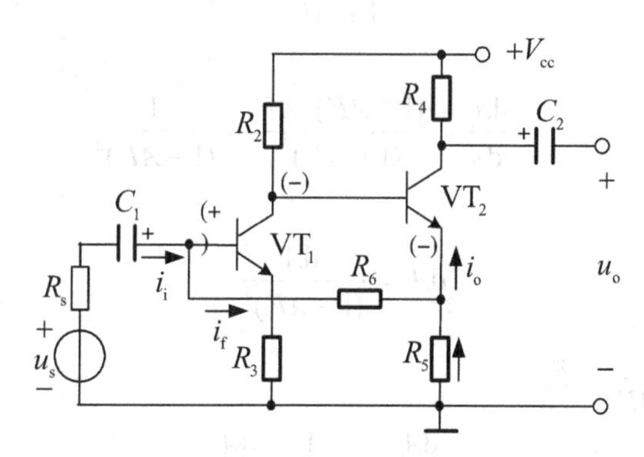

图 6.23 例 6.11 电路图

解： 图 6.23 所示电路中 R_5 和 R_6 为输入/输出回路的共同元件。在放大电路的输出回路，用输出短路法可判断是电流反馈。在放大电路的输入回路，净输入信号为输入端电流和反馈端电流相比较，是并联反馈。用瞬时极性法可判断该电路为负反馈。因此，该电路为电流并联负反馈电路。

若电路满足 $|1+\dot{A}\dot{F}|>>1$ 的条件，根据表 6.1 及式(6.9)，此时该电路的闭环增益为

$$\dot{A}_{iif}=\frac{\dot{I}_o}{\dot{I}_i}=\frac{i_o}{i_i}\approx\frac{i_o}{i_f}=\frac{i_o}{\dfrac{i_oR_5}{R_6+R_5}}=1+\frac{R_6}{R_5}$$

信号源闭环电压增益为

$$\dot{A}_{usf}=\frac{\dot{U}_o}{\dot{U}_s}=\frac{u_o}{u_s}=\frac{i_oR_4}{i_iR_s}\approx\frac{i_oR_4}{i_fR_s}=\frac{R_4(R_5+R_6)}{R_sR_5}$$

6.5 负反馈对放大电路性能的影响

通过对图 6.12 的讨论可知，引入负反馈后虽然会使增益减小，但却能改善放大电路的其他性能，如输入电阻的改变。本节将重点讨论负反馈对放大电路各性能的改善起到的作用。

6.5.1 稳定闭环增益

放大电路的开环增益 $\dot{A}$ 会由于元件老化或更换、环境温度的变化、负载大小的变化、电源不稳等因素的影响而不稳定。引入负反馈后，放大电路的稳定性由闭环增益 $\dot{A}_f$ 决定，相对开环增益 $\dot{A}$ 来说得到提高，下面来证明此结论。

增益的稳定性常用有、无反馈时的相对变化量之比来衡量。用 $d\dot{A}/\dot{A}$ 和 $d\dot{A}_f/\dot{A}_f$ 分别表示开环和闭环增益的相对变化率。

由式(6.5)可知
$$\dot{A}_f=\frac{\dot{A}}{1+\dot{A}\dot{F}}$$

在中频段，$\dot{A}_f$、$\dot{A}$ 和 $\dot{F}$ 为实数，上式可写成
$$A_f=\frac{A}{1+AF} \tag{6.12}$$

对 A 求导数得
$$\frac{dA_f}{dA}=\frac{(1+AF)-AF}{(1+AF)^2}=\frac{1}{(1+AF)^2} \tag{6.13}$$

可得
$$dA_f=\frac{dA}{(1+AF)^2} \tag{6.14}$$

两边除以 $A_f=\dfrac{A}{1+AF}$，得
$$\frac{dA_f}{A_f}=\frac{1}{1+AF}\frac{dA}{A} \tag{6.15}$$

式(6.15)表明，引入负反馈后，闭环增益的变化量是开环增益的变化量的 $\dfrac{1}{1+AF}$ 倍，证明增益的稳定性得到了提高。

例如，开环增益 A 变化 10%时，若 $1+AF=100$，则闭环增益 A_f 变化为 0.1%。相对稳定度提高了，且 $1+AF$ 越大，负反馈越深，稳定性越好。但负反馈不能使输入量保持不变，而是趋于不变，且只能减小因开环增益 A 变化引起的闭环增益 A_f 的变化。如果是因反馈系数 F 变化而引起的闭环增益 A_f 的变化，那么是无法通过引入负反馈抑制的。

不同的负反馈类型所能稳定的闭环增益也不同，如电压串联负反馈只能稳定闭环电压增益 $\dot{A}_{uuf}$，电流串联负反馈只能稳定闭环互导增益 $\dot{A}_{iuf}$，电压并联负反馈只能稳定闭环互阻增益 $\dot{A}_{uif}$，电流并联负反馈只能稳定闭环电流增益 $\dot{A}_{iif}$。

6.5.2 影响输入电阻和输出电阻

放大电路中引入不同组态的交流负反馈，将对电路的交流参数，即输入电阻和输出电阻产生不同的影响。

1．负反馈对输入电阻的影响

输入电阻是从输入端看进去的等效电阻，必然与反馈网络在输入回路的连接方式有关，即取决于电路引入的是串联反馈还是并联反馈。

1) 串联负反馈增大输入电阻

图6.24所示为串联负反馈放大电路的方框图。无反馈时，基本放大电路的输入电阻为$R_i=\frac{\dot{U}_{id}}{\dot{I}_i}$。引入串联负反馈后，输入电压$\dot{U}_i=\dot{U}_{id}+\dot{U}_f=\dot{U}_{id}+\dot{A}\dot{F}\dot{U}_{id}=(1+\dot{A}\dot{F})\dot{U}_{id}$，输入电阻为

$$R_{if}=\frac{\dot{U}_i}{\dot{I}_i}=\frac{(1+\dot{A}\dot{F})\dot{U}_{id}}{\dot{I}_i}=(1+\dot{A}\dot{F})R_i \tag{6.16}$$

式(6.16)表明反馈环内输入电阻增大为R_i的$1+\dot{A}\dot{F}$倍。

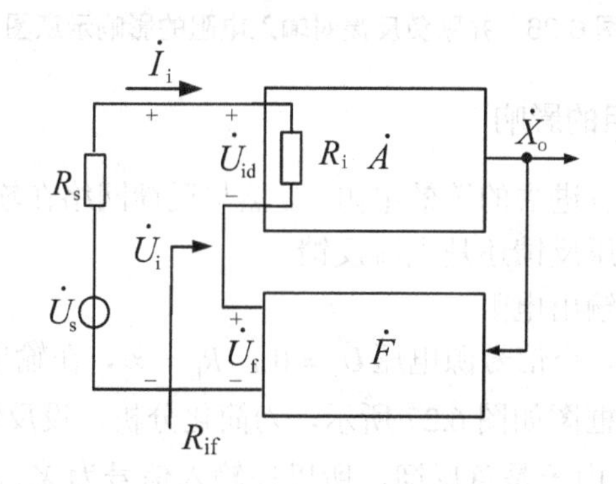

图6.24 串联负反馈对输入电阻的影响示意图

如果反馈环外还有电阻，如图6.25所示，R_b并联在输入端，反馈对它不产生影响，而$R'_{if}=(1+\dot{A}\dot{F})R_i$，则整个电路的输入电阻$R_{if}=R_b\,//\,R'_{if}$。

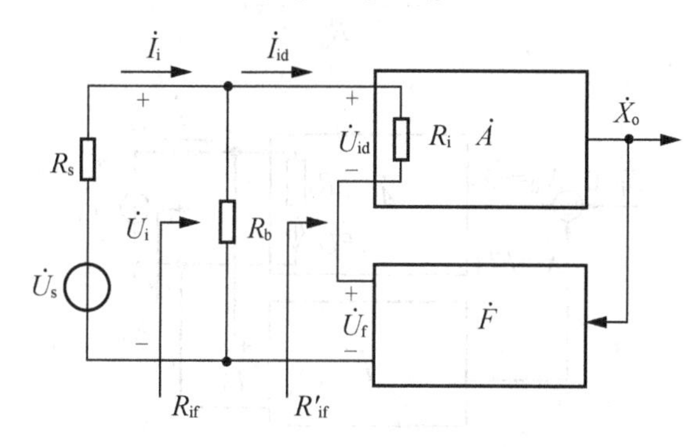

图6.25 反馈环外有电阻的串联负反馈

2)　并联负反馈减小输入电阻

图 6.26 所示为并联负反馈放大电路的方框图。无反馈时，基本放大电路的输入电阻为 $R_{\rm i}=\dfrac{\dot U_{\rm i}}{\dot I_{\rm id}}$。引入并联负反馈后，输入电流 $\dot I_{\rm i}=\dot I_{\rm id}+\dot I_{\rm f}=\dot I_{\rm id}+\dot A\dot F\dot I_{\rm id}=(1+\dot A\dot F)\dot I_{\rm id}$，输入电阻为

$$R_{\rm if}=\frac{\dot U_{\rm i}}{\dot I_{\rm i}}=\frac{\dot U_{\rm i}}{(1+\dot A\dot F)\dot I_{\rm id}}=\frac{1}{1+\dot A\dot F}R_{\rm i} \tag{6.17}$$

式(6.17)表明反馈环内输入电阻减小为 $R_{\rm i}$ 的 $\dfrac{1}{1+\dot A\dot F}$。

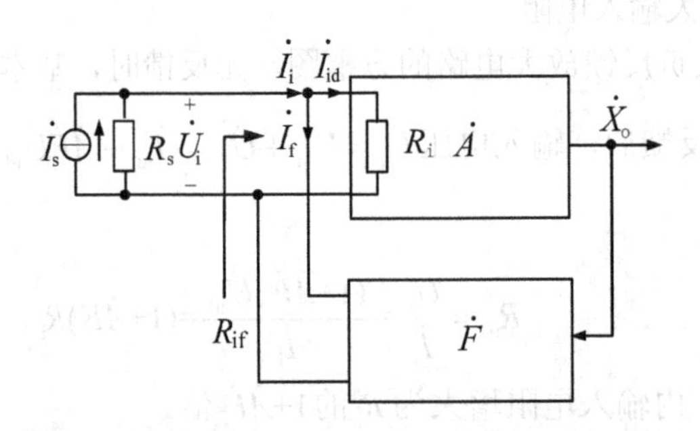

图 6.26　并联负反馈对输入电阻的影响示意图

2．负反馈对输出电阻的影响

输出电阻是从输出端看进去的等效电阻，必然与反馈网络在输出回路的连接方式有关，即取决于电路引入的是电压反馈还是电流反馈。

1)　电压负反馈减小输出电阻

根据输出电阻的定义，令信号源电压 $\dot U_{\rm s}=0$，$R_{\rm L}=\infty$，在输出端加一测试信号 $\dot U_{\rm t}$，必然产生动态电流 $\dot I_{\rm t}$，电路框图如图 6.27 所示，为简化分析，设反馈网络的输入电阻为无穷大，反馈量为 $\dot X_{\rm f}=\dot F\dot U_{\rm t}$，由于是负反馈，所以净输入信号为 $\dot X_{\rm id}=-\dot X_{\rm f}=-\dot F\dot U_{\rm t}$，反馈环内输出电阻为

$$R_{\rm of}=\frac{\dot U_{\rm t}}{\dot I_{\rm t}}=\frac{\dot U_{\rm t}}{\dfrac{\dot U_{\rm t}-(-\dot A\dot F\dot U_{\rm t})}{R_{\rm o}}}=\frac{R_{\rm o}}{1+\dot A\dot F} \tag{6.18}$$

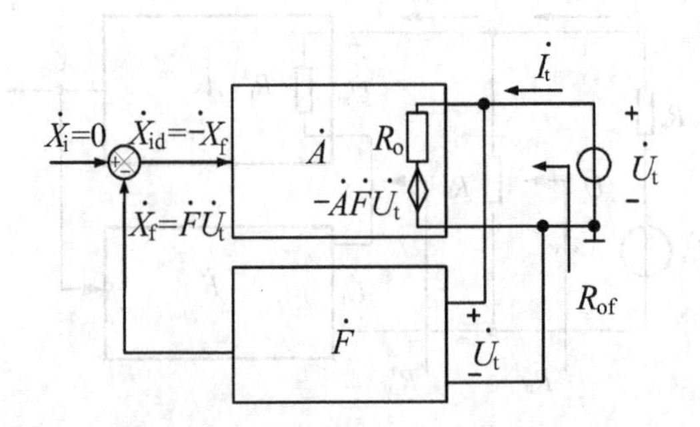

图 6.27　电压负反馈对输出电阻的影响示意图

电压负反馈的作用是稳定输出电压，必然使输出电阻减小，且输出电阻减小为$R_{\rm o}$的$\dfrac{1}{1+\dot{A}\dot{F}}$，当$1+\dot{A}\dot{F}$趋于无穷大时，$R_{\rm of}$趋于零，此时输出具有恒压源特性。

2)　电流负反馈增加输出电阻

根据输出电阻的定义，令信号源电压$\dot{U}_{\rm s}=0$，$R_{\rm L}=\infty$，在输出端加一测试信号$\dot{U}_{\rm t}$，必然产生动态电流$\dot{I}_{\rm t}$，电路框图如图6.28所示，为简化分析，设反馈网络的输入电阻为零，反馈量为$\dot{X}_{\rm f}=\dot{F}\dot{I}_{\rm t}$，由于是负反馈，所以净输入信号为$\dot{X}_{\rm id}=-\dot{X}_{\rm f}=-\dot{F}\dot{I}_{\rm t}$，反馈环内输出电阻为

$$R_{\rm of}=\frac{\dot{U}_{\rm t}}{\dot{I}_{\rm t}}=\frac{[\dot{I}_{\rm t}-(-\dot{A}\dot{F}\dot{I}_{\rm t})]R_{\rm o}}{\dot{I}_{\rm t}}=(1+\dot{A}\dot{F})R_{\rm o} \tag{6.19}$$

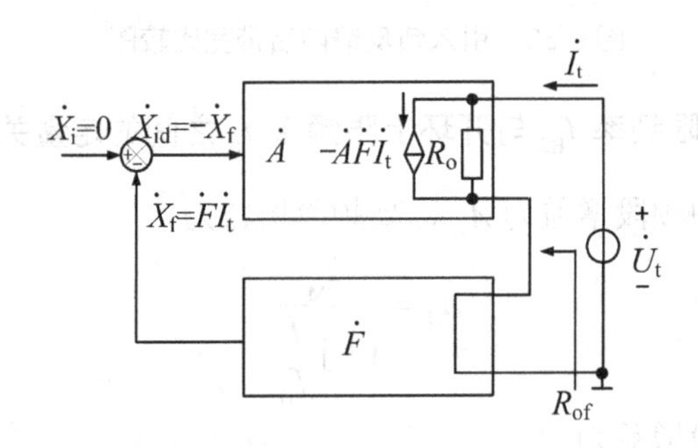

图6.28　电流负反馈对输出电阻的影响示意图

电流负反馈的作用是稳定输出电流，必然使输出电阻增大，且输出电阻增大为$R_{\rm o}$的$1+\dot{A}\dot{F}$倍，当$1+\dot{A}\dot{F}$趋于无穷大时，$R_{\rm of}$趋于无穷，此时输出具有恒流源特性。

与求输入电阻类似，要根据实际电路求解实际的输出电阻。如若电路中的$R_{\rm c}$不在反馈环内，如图6.29所示，则整个电路的输出电阻为$R_{\rm of}=R'_{\rm of}\ /\!/\ R_{\rm c}$=$(1+\dot{A}\dot{F})R_{\rm o}\ /\!/\ R_{\rm c}$。

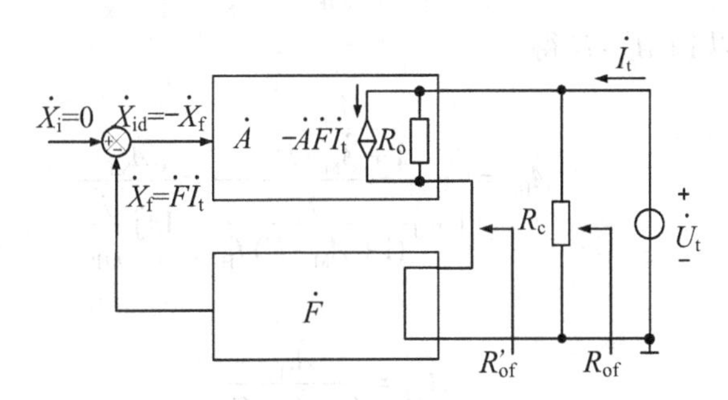

图6.29　反馈环外有电阻的电流负反馈

6.5.3　展宽频带

引入负反馈后，增益减小，根据第3章介绍的频率响应的增益-带宽积近似是一个常数可知，引入负反馈后通频带会展宽，如图6.30所示。

以上结论可用公式进行证明，为使问题简化，设反馈网络由纯电阻组成，即反馈系数为与信号频率无关的实数，且放大电路波特图的低频段和高频段各仅有一个拐点。

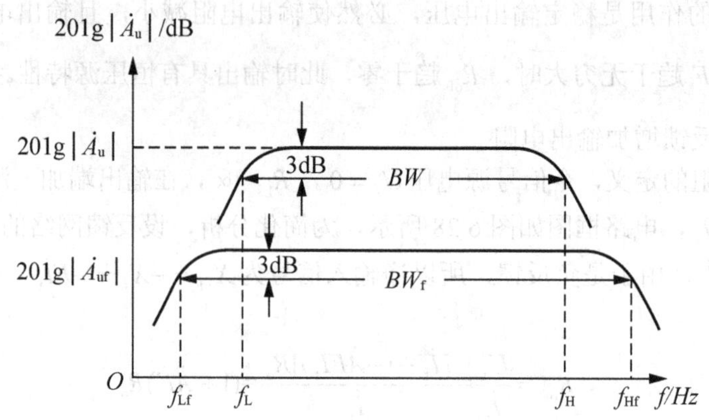

图 6.30 引入负反馈前后带宽比较图

1. 闭环放大电路上限频率 f_{Hf} 与开环上限频率 f_{H} 之间的定量关系

设基本放大电路的中频段增益为 $\dot{A}_{\mathrm{M}}$，高频段增益为

$$\dot{A}_{\mathrm{H}}=\frac{\dot{A}_{\mathrm{M}}}{1+\mathrm{j}\dfrac{f}{f_{\mathrm{H}}}}$$

引入反馈后，高频段增益为

$$\dot{A}_{\mathrm{Hf}}=\frac{\dot{A}_{\mathrm{H}}}{1+\dot{A}_{\mathrm{H}}\cdot\dot{F}}=\frac{\dfrac{\dot{A}_{\mathrm{M}}}{1+\mathrm{j}\dfrac{f}{f_{\mathrm{H}}}}}{1+\dfrac{\dot{A}_{\mathrm{M}}\cdot\dot{F}}{1+\mathrm{j}\dfrac{f}{f_{\mathrm{H}}}}}=\frac{\dot{A}_{\mathrm{M}}}{1+\dot{A}_{\mathrm{M}}\cdot\dot{F}+\mathrm{j}\dfrac{f}{f_{\mathrm{H}}}}$$

上式分子分母除以 $1+\dot{A}_{\mathrm{M}}\cdot\dot{F}$ 得

$$\dot{A}_{\mathrm{Hf}}=\frac{\dfrac{\dot{A}_{\mathrm{M}}}{1+\dot{A}_{\mathrm{M}}\cdot\dot{F}}}{1+\mathrm{j}\dfrac{f}{(1+\dot{A}_{\mathrm{M}}\cdot\dot{F})f_{\mathrm{H}}}}=\frac{\dot{A}_{\mathrm{Mf}}}{1+\mathrm{j}\dfrac{f}{f_{\mathrm{Hf}}}}\tag{6.20}$$

式中

$$\dot{A}_{\mathrm{Mf}}=\frac{\dot{A}_{\mathrm{M}}}{1+\dot{A}_{\mathrm{M}}\cdot\dot{F}}\tag{6.21}$$

$$f_{\mathrm{Hf}}=(1+\dot{A}_{\mathrm{M}}\cdot\dot{F})f_{\mathrm{H}}\tag{6.22}$$

2. 闭环放大电路下限频率 f_{Lf} 与开环下限频率 f_{L} 之间的定量关系

低频段增益的表达式为

$$\dot{A}_{\mathrm{L}}=\frac{\dot{A}_{\mathrm{M}}}{1-\mathrm{j}\dfrac{f_{\mathrm{L}}}{f}}$$

引入反馈后，低频段增益为

$$\dot{A}_{\mathrm{Lf}}=\frac{\dot{A}_{\mathrm{L}}}{1+\dot{A}_{\mathrm{L}}\cdot F}=\frac{\dfrac{\dot{A}_{\mathrm{M}}}{1-\mathrm{j}\dfrac{f_{\mathrm{L}}}{f}}}{1+\dfrac{\dot{A}_{\mathrm{M}}\cdot F}{1-\mathrm{j}\dfrac{f_{\mathrm{L}}}{f}}}=\frac{\dot{A}_{\mathrm{M}}}{1+\dot{A}_{\mathrm{M}}\cdot F-\mathrm{j}\dfrac{f_{\mathrm{L}}}{f}}$$

上式分子分母除以$1+\dot{A}_{\mathrm{M}}\cdot F$得

$$\dot{A}_{\mathrm{Lf}}=\frac{\dfrac{\dot{A}_{\mathrm{M}}}{1+\dot{A}_{\mathrm{M}}\cdot F}}{1-\mathrm{j}\dfrac{f_{\mathrm{L}}}{(1+\dot{A}_{\mathrm{M}}\cdot F)f}}=\frac{\dot{A}_{\mathrm{Mf}}}{1-\mathrm{j}\dfrac{f_{\mathrm{Lf}}}{f}}$$

式中

$$f_{\mathrm{Lf}}=\frac{f_{\mathrm{L}}}{(1+\dot{A}_{\mathrm{M}}\cdot F)} \tag{6.23}$$

一般情况下，$f_{\mathrm{H}}>>f_{\mathrm{L}}$，$f_{\mathrm{Hf}}>>f_{\mathrm{Lf}}$，因此

$$f_{\mathrm{BW}}=f_{\mathrm{H}}-f_{\mathrm{L}}\approx f_{\mathrm{H}}$$

$$f_{\mathrm{BWf}}=f_{\mathrm{Hf}}-f_{\mathrm{Lf}}\approx f_{\mathrm{Hf}}$$

即引入负反馈后，频带展宽到基本放大电路的$1+\dot{A}_{\mathrm{M}}\cdot F$倍。

如果放大电路不是纯电阻网络，或波特图有多个拐点，则问题分析较为复杂，但展宽的趋势不变。

6.5.4　减小非线性失真

第 3 章讨论过，由于 BJT 或集成放大电路的非线性器件，在其组成的放大电路中，由于工作点选择不合适或者输入信号过大，都将引起信号波形失真。引入负反馈后，可以减小非线性失真。

如图 6.31 所示，当输入正弦波信号时，由于器件非线性，在输出端得到正半周幅度大、负半周幅度小的失真信号，经过反馈网络后仍为正半周幅度大、负半周幅度小的信号，与输入信号求差后得到正半周幅度小、负半周幅度大的净输入信号送到输入端，可使输出信号的失真得到一定程度的补偿。也就是说，负反馈是利用失真了的波形来改善波形的失真，但其只能减小失真，不能完全消除失真。

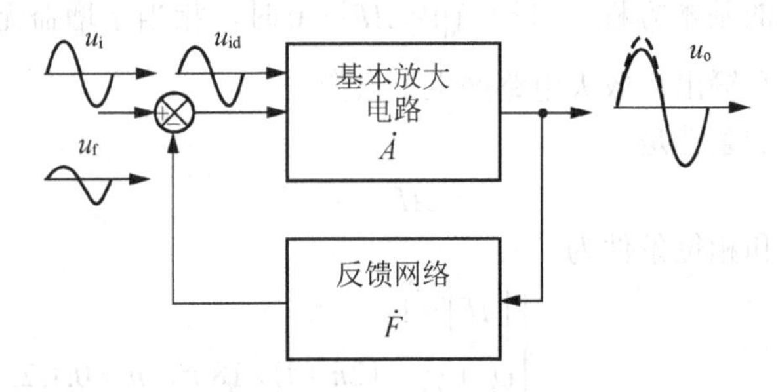

图 6.31　负反馈减小非线性失真

6.6 负反馈放大电路的稳定性

由 6.5 节的讨论可知，交流负反馈可以改变放大电路多方面的性能，而且反馈越深(即$|1+\dot{A}\dot{F}|$越大)，性能越好。但事实并非如此，如果电路的组合不合理，反馈过深，那么即使在放大电路的输入端不加输入信号，输出端仍会产生具有一定幅值和频率的输出信号，这种现象叫做自激振荡。发生自激振荡时，放大电路不能正常工作，不具有稳定性。本节先分析自激振荡产生的原因及稳定工作的条件，然后介绍消除自激振荡的方法。

6.6.1 负反馈放大电路自激振荡产生的原因和条件

在中频段，负反馈放大电路的净输入信号$\dot{X}_{id}$将减小，因此$\dot{X}_f$与$\dot{X}_i$必然是同相的，即有$\varphi_a+\varphi_f=2n\times180°$，$n=0,1,2,\cdots$($\varphi_a$、$\varphi_f$分别是$\dot{A}$、$\dot{F}$的相角)。在高频区或低频区，电路中各种电抗性元件的影响不能忽略，$\dot{A}\dot{F}$是频率的函数。在低频段，因为耦合电容、旁路电容的存在，$\dot{A}\dot{F}$产生超前相移；在高频段，因为半导体元件极间电容的存在，$\dot{A}\dot{F}$产生滞后相移。这些元件的影响会在原来的基础上叠加一定的相移，当$\varphi_a+\varphi_f=(2n+1)\times180°$时，$\dot{X}_f$与$\dot{X}_i$反相，净输入信号$\dot{X}_{id}$将增大，由负反馈变为正反馈。

输入端为零时(如图 6.32 所示)，因为合闸通电等电扰动，其中含有频率为f_0的信号，使$\dot{A}\dot{F}$的附加相移达到 180º，即$\dot{X}_f$与$\dot{X}_{id}$变为反相，使放大电路的$\dot{X}_{id}$由中频时的减小变为增大，由于半导体器件的非线性特性，增大到一定程度，电路达到动态平衡，即$\dot{X}_{id}=-\dot{X}_f=-\dot{A}\dot{F}\dot{X}_{id}$($\dot{A}\dot{F}=-1$)，$\dot{X}_f$维持着$\dot{X}_{id}$，而$\dot{X}_o$又维持着$\dot{X}_f$，它们相互依存，则称电路产生了自激振荡。

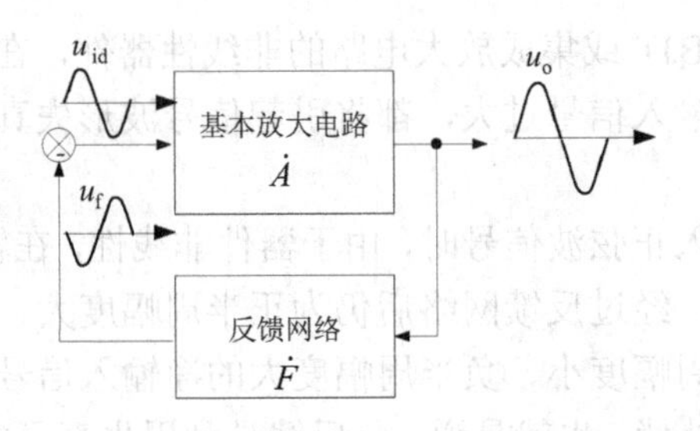

图 6.32 负反馈放大电路的自激振荡

另外，根据反馈的基本方程，可知当$|1+\dot{A}\dot{F}|=0$时，相当于增益无穷大，也就是不需要输入，放大电路就有输出，放大电路产生了自激。

综上，自激振荡的条件是

$$\dot{A}\dot{F}=-1 \tag{6.24}$$

分解成幅值条件和相位条件为

$$\begin{cases}|\dot{A}\dot{F}|=1\\ \varphi_a+\varphi_f=(2n+1)\times180°,\ n=0,1,2,\cdots\end{cases} \tag{6.25}$$

起振过程中，$|\dot{X}_o|$是从小到大的过程，因此起振条件为

$$|\dot{A}\dot{F}|>1 \tag{6.26}$$

6.6.2　负反馈放大电路稳定工作的条件

由自激振荡的条件可知，如果 $\dot{A}\dot{F}$ 的幅值条件和相位条件不能同时满足，负反馈放大电路就不会产生自激振荡。为直观运用幅值条件和相位条件，常用环路增益 $\dot{A}\dot{F}$ 的波特图判断负反馈放大电路是否可能产生自激振荡。

定义满足自激振荡相位条件的频率为 f_0，满足幅值条件的频率为 f_c。

1．判断方法

两个负反馈放大电路的 $\dot{A}\dot{F}$ 的波特图如图 6.33 所示。

图 6.33(a)中，满足 $\varphi_a+\varphi_f=-180^\circ$ 的频率 f_0 所对应幅频特性图中的 $20\lg|\dot{A}\dot{F}|>0\text{dB}$，即 $|\dot{A}\dot{F}|>1$，满足起振条件，能够产生自激振荡。即当电路存在 f_0 且 $f_0<f_c$ 时，电路不稳定，产生自激振荡。

图 6.33(b)中，满足 $\varphi_a+\varphi_f=-180^\circ$ 的频率 f_0 所对应幅频特性图中的 $20\lg|\dot{A}\dot{F}|<0\text{dB}$，即 $|\dot{A}\dot{F}|<1$，不满足起振条件，不能产生自激振荡。即当电路存在 f_0 且 $f_0>f_c$ 时，电路稳定，不会产生自激振荡。

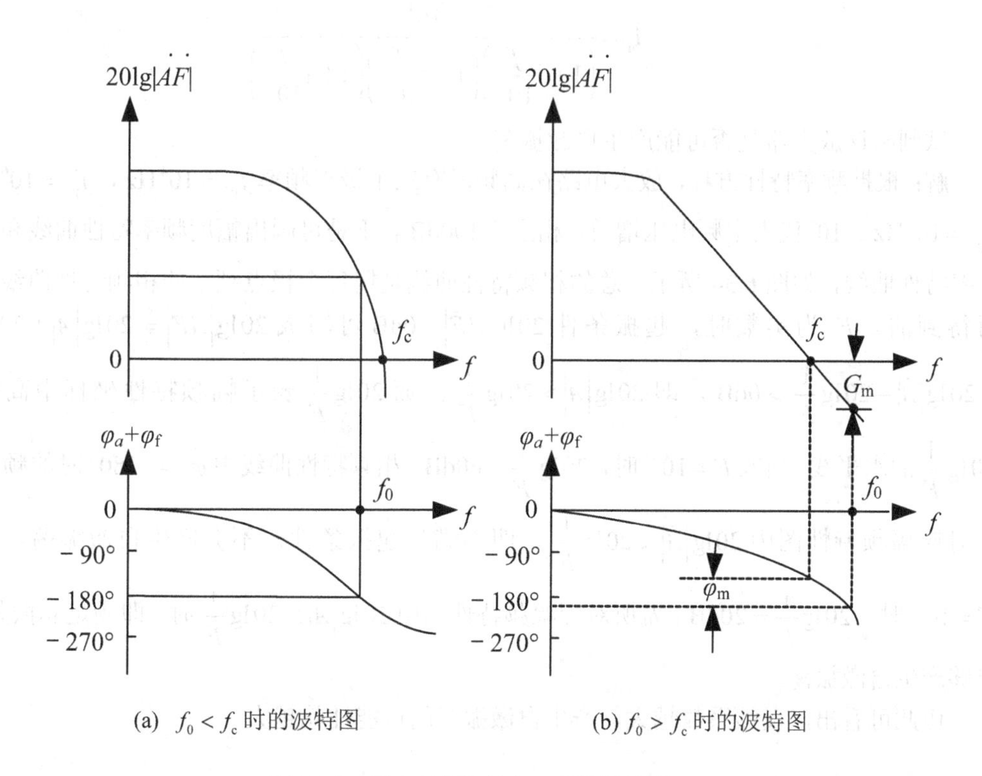

(a) $f_0<f_c$ 时的波特图　　(b) $f_0>f_c$ 时的波特图

图 6.33　两个负反馈放大电路的波特图

2. 稳定裕度

为了使电路具有足够的可靠性，让它远离自激振荡状态，需要规定电路应该有一定的稳定裕度。稳定裕度包括增益裕度和相位裕度。

定义 $f=f_0$ 时所对应的幅频特性图中的 $20\lg|\dot{A}\dot{F}|$ 的值为幅值裕度 G_m，如图 6.33(b)中标注的 G_m 所示，其表达式为

$$G_\mathrm{m}=20\lg|\dot{A}\dot{F}|_{f=f_0} \tag{6.27}$$

稳定的负反馈放大电路的 $G_\mathrm{m}<0\mathrm{dB}$，一般要求 $G_\mathrm{m}\leqslant-10\mathrm{dB}$，以保证电路有足够的增益裕度。

定义 $f=f_\mathrm{c}$ 时所对应的相频特性图中的 $|\varphi_\mathrm{a}+\varphi_\mathrm{f}|$ 的值与 $180°$ 的差值为相位裕度 φ_m，如图 6.33(b)中标注的 φ_m 所示，其表达式为

$$\varphi_\mathrm{m}=180°-|\varphi_\mathrm{a}+\varphi_\mathrm{f}|_{f=f_\mathrm{c}} \tag{6.28}$$

稳定的负反馈放大电路的 $\varphi_\mathrm{m}>0°$，而且 φ_m 越大，电路越稳定。一般要求 $\varphi_\mathrm{m}\geqslant45°$，保证电路有足够的增益裕度。

综上所述，只有当 $G_\mathrm{m}\leqslant-10\mathrm{dB}$ 且 $\varphi_\mathrm{m}\geqslant45°$ 时，负反馈电路才具有可靠的稳定性。

如果反馈网络由纯电阻组成，即反馈系数为与信号频率无关的实数，有 $\varphi_\mathrm{f}=0°$。这时只要利用开环增益 $\dot{A}$ 的波特图来判别负反馈放大电路的稳定性即可。

【例 6.12】 有一个三极点直接耦合开环放大器的频率特性方程式如下：

$$\dot{A}_\mathrm{u}=\frac{10^5}{\left(1+\mathrm{j}\frac{f}{10^4}\right)\left(1+\mathrm{j}\frac{f}{10^6}\right)\left(1+\mathrm{j}\frac{f}{10^7}\right)}$$

试判断该放大器是否可能产生自激振荡。

解：根据频率特性方程，放大电路在高频段有三个极点频率 $f_\mathrm{p1}=10^4\mathrm{Hz}$，$f_\mathrm{p2}=10^6\mathrm{Hz}$，$f_\mathrm{p3}=10^7\mathrm{Hz}$。$10^5$ 代表中频电压增益，相当于 $100\mathrm{dB}$，于是可画出幅度频率特性曲线和相位频率特性曲线，如图 6.34 所示。总的相频特性曲线是用每个极点频率的相频特性曲线合成而得到的。F 为实数时，起振条件 $20\lg|\dot{A}\dot{F}|>0\mathrm{dB}$ 可写成 $20\lg|\dot{A}\dot{F}|=20\lg|\dot{A}|+20\lg F=20\lg|\dot{A}|-20\lg\frac{1}{F}>0\mathrm{dB}$，即 $20\lg|\dot{A}|>20\lg\frac{1}{F}$，而 $20\lg\frac{1}{F}$ 表示幅频特性坐标中高度为 $20\lg\frac{1}{F}$ 的水平线。当取 $F=10^{-3}$ 时，$20\lg\frac{1}{F}=60\mathrm{dB}$，相频特性曲线中 $\varphi_\mathrm{a}=-180°$ 时的频率 f_0 所对应幅频特性图中 $20\lg|\dot{A}|<20\lg\frac{1}{F}$，即不满足起振条件，不会产生自激振荡。当取 $F=10^{-1}$ 时，$20\lg\frac{1}{F}=20\mathrm{dB}$，$f_0$ 所对应幅频特性图中 $20\lg|\dot{A}|>20\lg\frac{1}{F}$ 时，即满足起振条件，能够产生自激振荡。

由此可看出，反馈系数越大，产生自激振荡的可能性就越大。

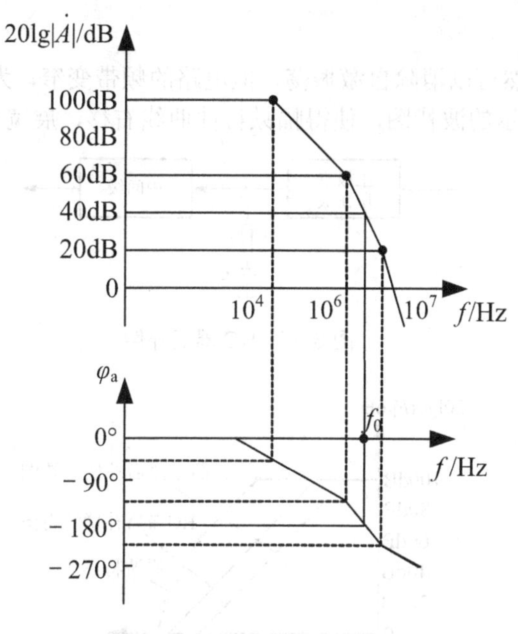

图 6.34　例 6.12 波特图

*6.6.3　消除负反馈放大电路自激的方法

发生在负反馈放大电路中的自激振荡是有害的，必须设法消除。如果采用某种方法能够改变 $\dot{A}\dot{F}$ 的频率特性，使之根本不存在 f_0，或者即使存在但满足 $f_0 > f_c$，这样自激振荡就会被消除。这种频率补偿方法的思想是：将电路各极点的间距拉开，特别是将主极点和其他相近极点的间距拉开，即可按预定目标改变相频响应，从而有效地增加环路增益。主要方法是在反馈环路内增加电抗性元件，下面为常用的消振方法。

1．简单滞后补偿

在电路中找到主极点那级电路，加补偿电路，如图 6.35 所示。这种方法可以将主极点左移，使之远离其他极点，直到第二个极点不超过 0dB 为止，如图 6.36 所示。

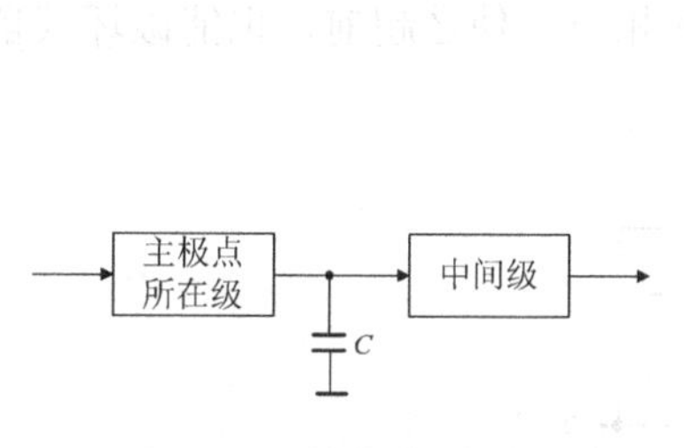

图 6.35　简单滞后补偿

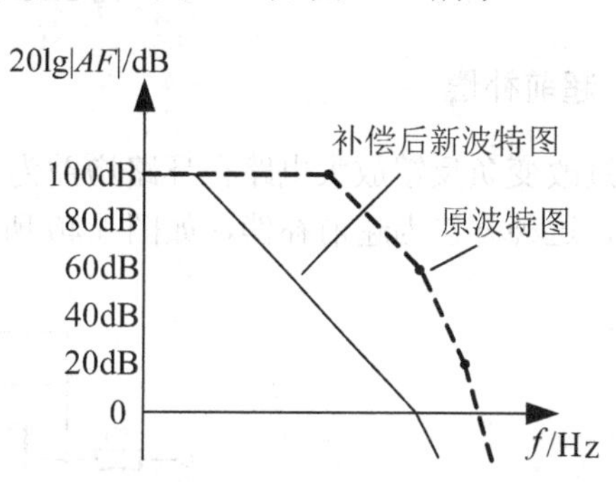

图 6.36　简单滞后补偿后的波特图

2．RC 滞后补偿

简单滞后补偿虽然可以消除自激振荡，但电路的频带变窄，为此可采用图 6.37 所示的电路，得到图 6.38 所示的波特图，使得幅频特性曲线右移，展宽频带。

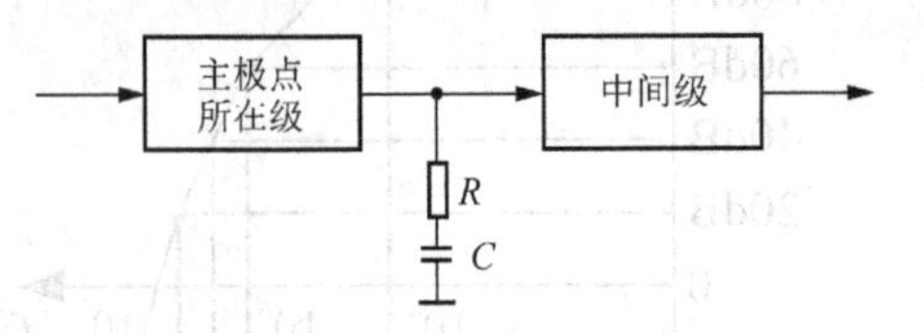

图 6.37　RC 滞后补偿

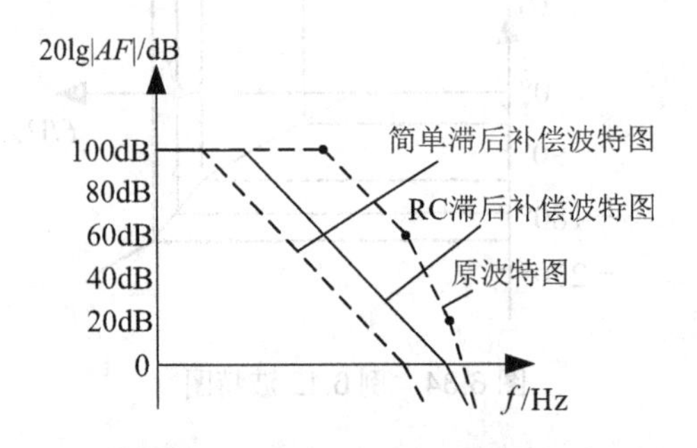

图 6.38　RC 滞后补偿后的波特图

3．密勒补偿

前两种(简单滞后补偿，RC 滞后补偿)补偿中所用电容和电阻都比较大，在集成电路内部使用较困难，这时可利用密勒效应，将补偿元件跨接在某级放大电路的输入、输出之间，如图 6.39 所示。

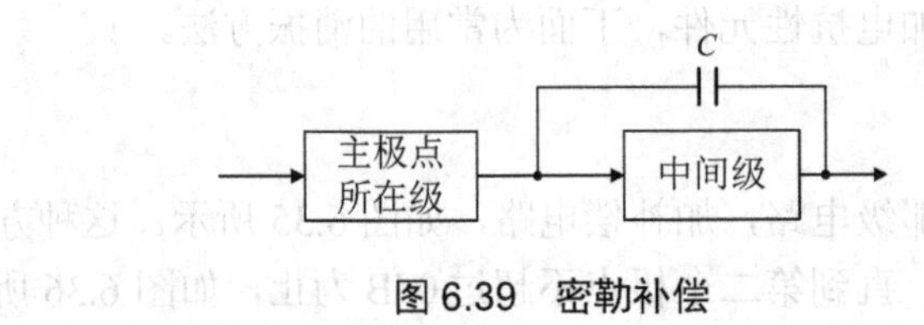

图 6.39　密勒补偿

4．超前补偿

通过改变负反馈放大电路在环路增益为 0dB 处的相位，使之超前，也能破坏其自激振荡条件，这种补偿为超前补偿，如图 6.40 所示。

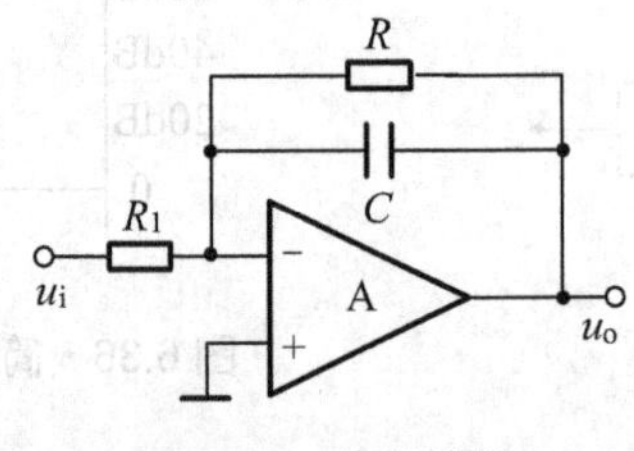

图 6.40　超前补偿

通过以上方法，可消除电路产生的自激振荡。

6.7　Multisim 仿真实例——负反馈对放大性能的影响

1．仿真目的

(1) 掌握交流放大器的调试和测量方法，了解两级放大电路调试中的某些特殊问题。
(2) 研究电压串联负反馈对放大电路性能的影响。

2．仿真电路

仿真电路如图 6.41 所示，不加 C_F 和 R_F 时，该电路是一个无级间反馈的两级放大电路。在第一级电路中，静态工作点的计算为

$$V_{B1} \approx \frac{R_3}{R_1+R_2+R_3}V_1,\ I_{E1} \approx \frac{V_{B1}-V_{BE1}}{R_5+R_6} \approx I_{C1},\ V_{CE1}=V_1-I_{C1}(R_4+R_5+R_6)$$

$$V_{B2} \approx \frac{R_9}{R_7+R_8+R_9}V_1,\ I_{E1} \approx \frac{V_{B2}-V_{BE2}}{R_{11}+R_{12}} \approx I_{C2},\ V_{CE2}=V_1-I_{C2}(R_{10}+R_{11}+R_{12})$$

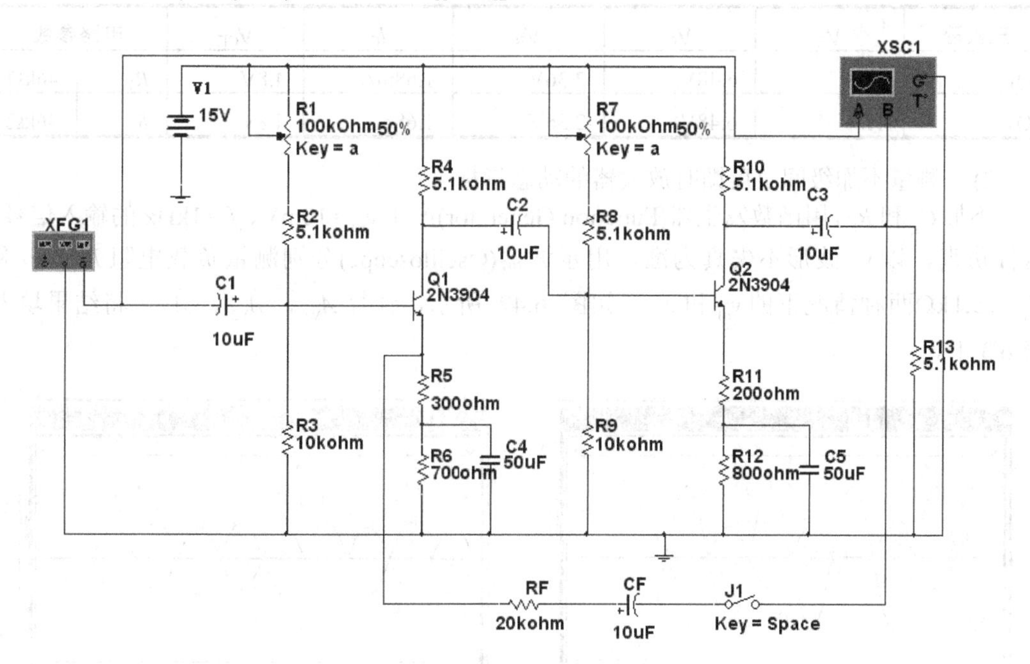

图 6.41　仿真原理图

第一级电压增益为
$$A_{V1}=-\frac{\beta_1(R_4 /\!/ R_{i2})}{r_{be1}+(1+\beta_1)R_5}$$

式中，$R_{i2}=(R_7+R_8) /\!/ R_9 /\!/ [r_{be2}+(1+\beta_2)R_{11}]$。

第二级电压增益为
$$A_{V2}=-\frac{\beta_2(R_{10} /\!/ R_{13})}{r_{be2}+(1+\beta_2)R_{11}}$$

总的电压增益为

$$\dot{A}_{\mathrm{V}}=\frac{\dot{V}_{\mathrm{O2}}}{\dot{V}_{\mathrm{i}}}=\frac{\dot{V}_{\mathrm{O1}}}{\dot{V}_{\mathrm{i}}}\cdot\frac{\dot{V}_{\mathrm{O2}}}{\dot{V}_{\mathrm{O1}}}=\dot{A}_{\mathrm{V1}}\cdot\dot{A}_{\mathrm{V2}}$$

接入C_{F}和R_{F}时，电路中引入电压串联负反馈。

当负反馈深度较深时，电压串联负反馈的电压增益可通过下式估算：

$$A_{\mathrm{VF}}=\frac{1}{F_{\mathrm{V}}}=\frac{R_5+R_6+R_{\mathrm{F}}}{R_5+R_6}$$

电路的输入电阻提高，输出电阻降低。

3．仿真内容及结果

1) 调整静态工作点

调节R_1和R_7分别使V_{E1}=1.7V，V_{E2}=1.7V，在软件中选择“仿真”|“分析”|“直流工作点”命令或者使用软件提供的数字万用表(Multimeter)测量两管的V_{C}、V_{E}、V_{B}。可以通过计算获得I_{C}、V_{CE}，仿真结果如表 6.2 所示。

表 6.2 静态工作点仿真

三极管	V_{E}	V_{C}	V_{B}	I_{C}	V_{CE}	电路参数	
Q_1	1.68V	6.48V	2.36V	1.68mA	4.8V	R_1	46kΩ
Q_2	1.7V	6.48V	2.36V	1.68mA	4.8V	R_7	46kΩ

2) 测量不加级间负反馈时放大器的动态指标

不加C_{F}和R_{F}，用函数发生器(Function Generator)产生v_{im}=10mV、f=1kHz 的输入信号，运行仿真，以v_{o2}波形不失真为准，用示波器(Oscilloscope)分别测量负载电阻$R_{13}=\infty$和$R_{13}=5.1\mathrm{k}\Omega$两种情况下的$v_{\mathrm{o1}}$和$v_{\mathrm{o2}}$，如图 6.42 所示，计算$\dot{A}_{\mathrm{V1}}$、$\dot{A}_{\mathrm{V2}}$、$\dot{A}_{\mathrm{V}}$，将结果填入表 6.3 中。

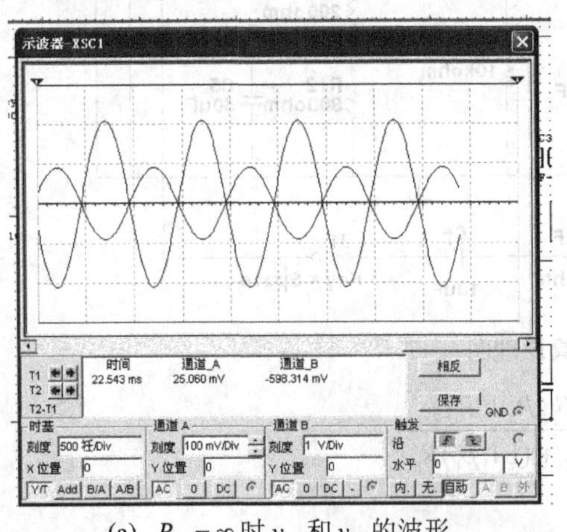

(a) $R_{13}=\infty$时v_{o1}和v_{o2}的波形

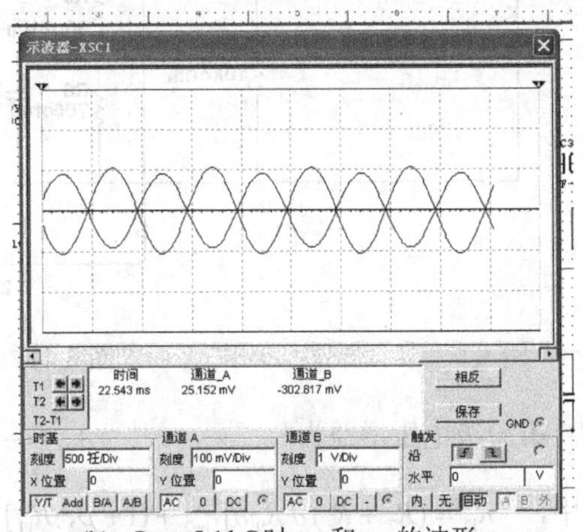

(b) $R_{13}=5.1\mathrm{k}\Omega$时$v_{\mathrm{o1}}$和$v_{\mathrm{o2}}$的波形

图 6.42 无反馈时v_{o1}和v_{o2}的波形

表 6.3　不加级间负反馈时放大器的动态指标

	v_{im}	v_{o1}	计算 $\dot{A}_{V1}$	v_{o2}	计算 $\dot{A}_{V2}$	计算 $\dot{A}_V$
$R_{13}=5.1\text{k}\Omega$	10mV	-100mV	-10	1V	-10	100
$R_{13}=\infty$	10mV	-100mV	-10	2V	-20	200

3)　测量加上级间负反馈 C_F 和 R_F 后放大器的动态指标，研究电压串联负反馈特点

(1)　连入 C_F 和 R_F。

(2)　运行仿真，用示波器(Oscilloscope)测量 v_{o1} 和 v_{o2}，仿真图略，计算 $\dot{A}_V$，将结果填入表 6.4 中。

表 6.4　加级间负反馈时放大器的动态指标

	v_{im}	v_{o1}	v_{o2}	计算 $\dot{A}_V$
$R_{13}=5.1\text{k}\Omega$	10mV	-38mV	0.40V	40
$R_{13}=\infty$	10mV	-27mV	0.48V	48

4)　测量放大器的频率特性

(1)　不加级间负反馈，带负载时，选择“仿真”|“分析”|“交流分析”命令进行频率分析，测量两级交流放大电路的频率特性，从两级放大电路的频率曲线(见图 6.43)中读出频带增益为 105，f_L=23Hz，f_H=1.8MHz，BW=1.8MHz。

(2)　加上级间负反馈，带负载时，选择“仿真”|“分析”|“交流分析”命令进行频率分析，测量两级交流放大电路的频率特性，从两级放大电路的频率曲线(见图 6.44)中读出频带增益为 39.60，f_L=17Hz，f_H=1.8MHz，BW=5MHz。

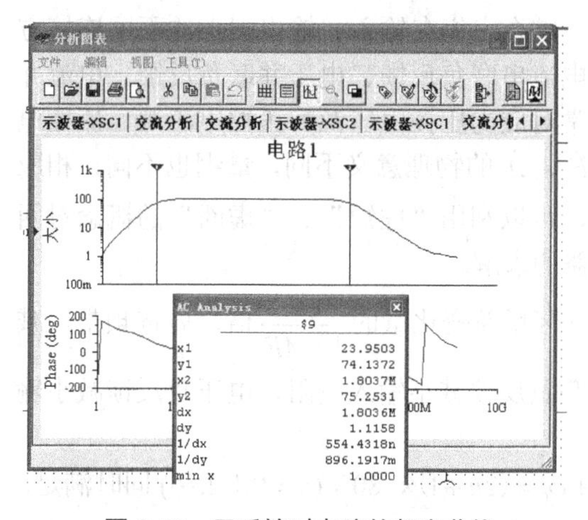

图 6.43　无反馈时电路的频率曲线

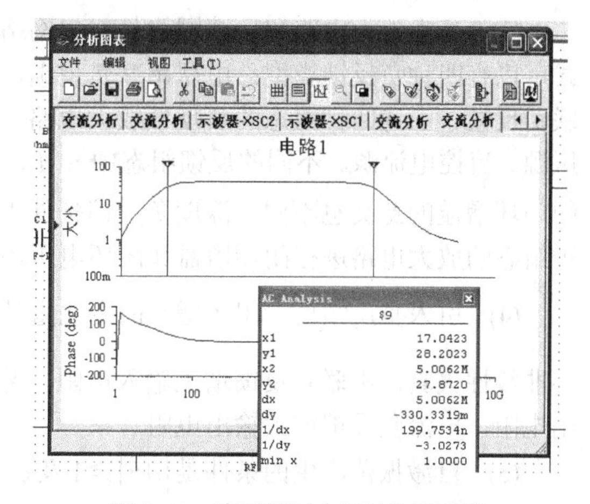

图 6.44　有反馈时电路的频率曲线

4. 结论

反馈的存在虽然使电路增益降低，但却能使带宽变宽。

本章小结

本章主要讲述了反馈的概念和判断方法、负反馈放大电路的组态、深度负反馈条件下增益的估算、反馈对放大电路的性能影响、反馈放大电路自激振荡条件和消除的方法。主要内容如下。

(1) 概念定义：电路中存在的反馈网络可以将电路输出电量(电压或电流)的一部分或全部用一定的方式送回到输入回路，以影响输入电量(电压或电流)增大或减小。如果引入的反馈信号增强了外加输入信号，从而使放大电路的增益得到提高，这样的反馈称为正反馈；相反，如果反馈信号削弱外加输入信号，使放大电路增益降低，则称为负反馈。存在于放大电路直流通路中的反馈为直流反馈。存在于放大电路交流通路中的反馈为交流反馈。反馈量随输出电压变化而改变的反馈称为电压反馈，随输出电流变化而改变的反馈称为电流反馈。在放大电路输入端，反馈网络与基本放大电路是串联连接称为串联反馈，并联连接称为并联反馈。

(2) 判断方法。判断是否存在反馈：根据反馈的定义，判断输出回路和输入回路之间是否有共同存在的元件(一个或者多个)，若有，即存在反馈。判断交、直流反馈：分析电路的直流通路和交流通路，存在于直流通路中的反馈为直流反馈，可改变直流性能；存在于交流通路中的反馈为交流反馈，可改变交流性能；同时存在于交、直流通路中的反馈为交、直流反馈。判断正、负反馈：使用瞬时极性法标明各相关电位的瞬时极性或电流的瞬时流向，判断反馈到输入端信号的瞬时极性是增强还是削弱了原来的输入信号。如果增强为正反馈，反之为负反馈。对于交流负反馈判断输入、输出类型：使用“输出短路法”判断是电压反馈还是电流反馈；再通过判断反馈量、输入量和净输入量所对应支路的关系是串联还是并联来确定是串联反馈还是并联反馈。

(3) 基本放大电路和反馈网络是双口网络，综合它们在输入、输出端上的不同连接方式可以有四种负反馈类型：电压串联负反馈、电流串联负反馈、电压并联负反馈、电流并联负反馈。上述四种组态的负反馈放大电路又常对应为压控电压源、压控电流源、流控电压源、流控电流源。不同的反馈组态中，$\dot{A}$、$\dot{F}$、$\dot{A}_f$ 的物理意义不同，量纲也不同，相应的闭环增益的意义也不同。深度负反馈条件下，可以利用“虚短”、“虚断”的概念对四种组态的放大电路进行闭环增益和闭环电压增益的求解。

(4) 引入负反馈后，闭环增益的变化量是开环增益变化量的$\dfrac{1}{1+AF}$倍，展宽频带，减小非线性失真。串联负反馈增大输入电阻，并联负反馈减小输入电阻，电压负反馈减小输出电阻，电流负反馈增大输出电阻。

(5) 自激振荡产生的条件是$|\dot{A}\dot{F}| \geqslant 1$及$\varphi_a+\varphi_f=(2n+1)\times180°, (n=0,1,2,\cdots)$同时满足。为消除自激振荡可采用频率补偿的方法。

习 题

1. 选择题。

(1) 对于放大电路，所谓开环是指( )。

A. 无信号源 B. 无反馈通路 C. 无电源 D. 无负载

而所谓闭环是指( )。

A. 考虑信号源内阻 B. 存在反馈通路

C. 接入电源 D. 接入负载

(2) 在输入量不变的情况下，若引入反馈后( )，则说明引入的反馈是负反馈。

A. 输入电阻减小 B. 输出量增大

C. 净输入量增大 D. 净输入量减小

(3) 直流负反馈是指( )。

A. 直接耦合放大电路中所引入的负反馈

B. 只有放大直流信号时才有的负反馈

C. 在直流通路中的负反馈

(4) 交流负反馈是指( )。

A. 只存在于阻容耦合电路中的负反馈

B. 交流通路中的负反馈

C. 放大正弦波信号时才有的负反馈

D. 变压器耦合电路中的负反馈

(5) 为了实现下列目的，应引入何种负反馈。

① 为了稳定静态工作点，应引入( )。

② 为了稳定放大倍数，应引入( )。

③ 为了改变输入电阻和输出电阻，应引入( )。

④ 为了抑制温漂，应引入( )。

⑤ 为了展宽频带，应引入( )。

A. 直流负反馈 B. 交流负反馈

(6) 选择合适答案填入空内。

① 为了稳定放大电路的输出电压，应引入( )负反馈。

② 为了稳定放大电路的输出电流，应引入( )负反馈。

③ 为了增大放大电路的输入电阻，应引入( )负反馈。

④ 为了减小放大电路的输入电阻，应引入( )负反馈。

⑤ 为了增大放大电路的输出电阻，应引入( )负反馈。

⑥ 为了减小放大电路的输出电阻，应引入( )负反馈。

A. 电压 B. 电流 C. 串联 D. 并联

(7) 深度负反馈的条件是指( )。

A. $|1+\dot{A}\dot{F}|<<1$ B. $|1+\dot{A}\dot{F}|>>1$ C. $|1+\dot{A}\dot{F}|<<0$ D. $|1+\dot{A}\dot{F}|>>0$

(8) 深度电流串联负反馈放大器相当于一个(　　)。

A. 压控电压源　　B. 压控电流源

C. 流控电压源　　D. 流控电流源

(9) 为了将输入电流转换成与之成比例的输出电压，应引入深度(　　)负反馈。在信号源内阻小、负载电阻大的场合，欲改善放大器的性能，应采用(　　)负反馈。

A. 电压串联　　B. 电压并联　　C. 电流串联　　D. 电流并联

(10) 当信号源内阻很大时，会(　　)串联反馈效果。

A. 提高　　B. 降低

(11) 判断负反馈电路可能发生自激振荡的根据有(　　)。

A. 负反馈深度较大的两级放大电路　　B. 环路增益的幅值 $\left|\dot{A}\dot{F}\right|<1$

C. 环路增益的相位裕度 $\varphi_{\mathrm{m}}>0°$　　D. 环路增益的幅值裕度 $G_{\mathrm{m}}>0\mathrm{dB}$

2. 判断题。

(1) 若放大电路的放大倍数为负，则引入的反馈一定是负反馈。　(　　)

(2) 负反馈放大电路的放大倍数与组成它的基本放大电路的放大倍数量纲相同。　(　　)

(3) 若放大电路引入负反馈，则负载电阻变化时，输出电压基本不变。　(　　)

(4) 阻容耦合放大电路的耦合电容、旁路电容越多，引入负反馈后，越容易产生低频振荡。　(　　)

3. 判断图 6.45 所示各电路中是否引入了反馈，是直流反馈还是交流反馈，是正反馈还是负反馈。设图中所有电容对交流信号均可视为短路。

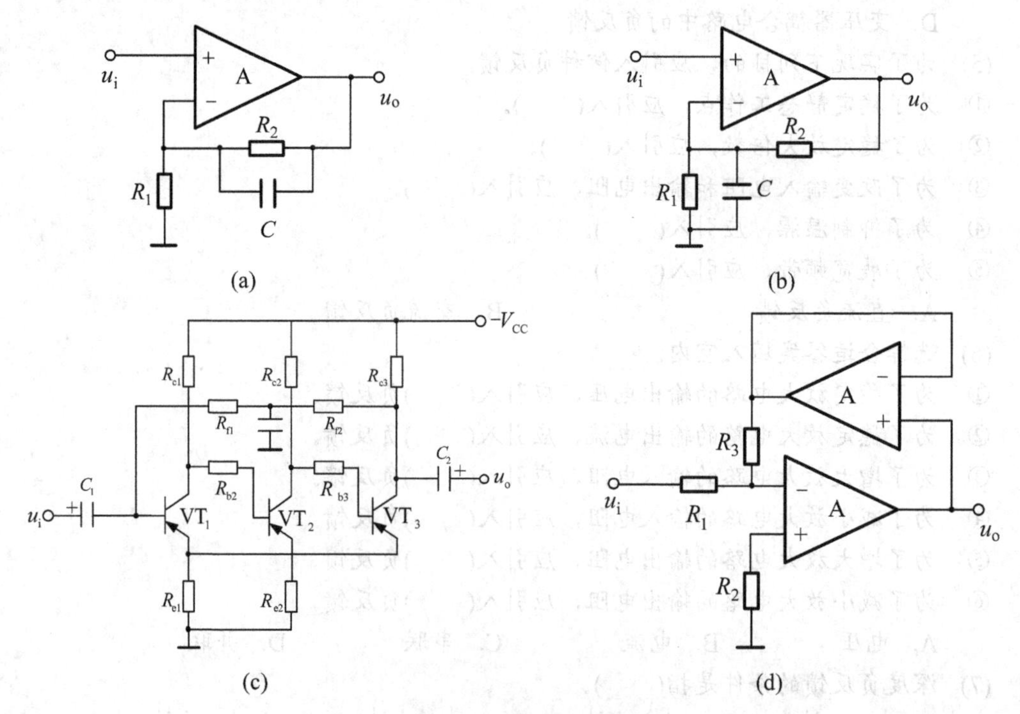

图 6.45　习题 3 电路图

4. 图 6.46 所示各电路中引入了哪种组态的交流负反馈？计算在深度负反馈条件下的电压放大倍数，并定性说明引入的交流负反馈使得放大电路输入电阻和输出电阻所产生的变化。

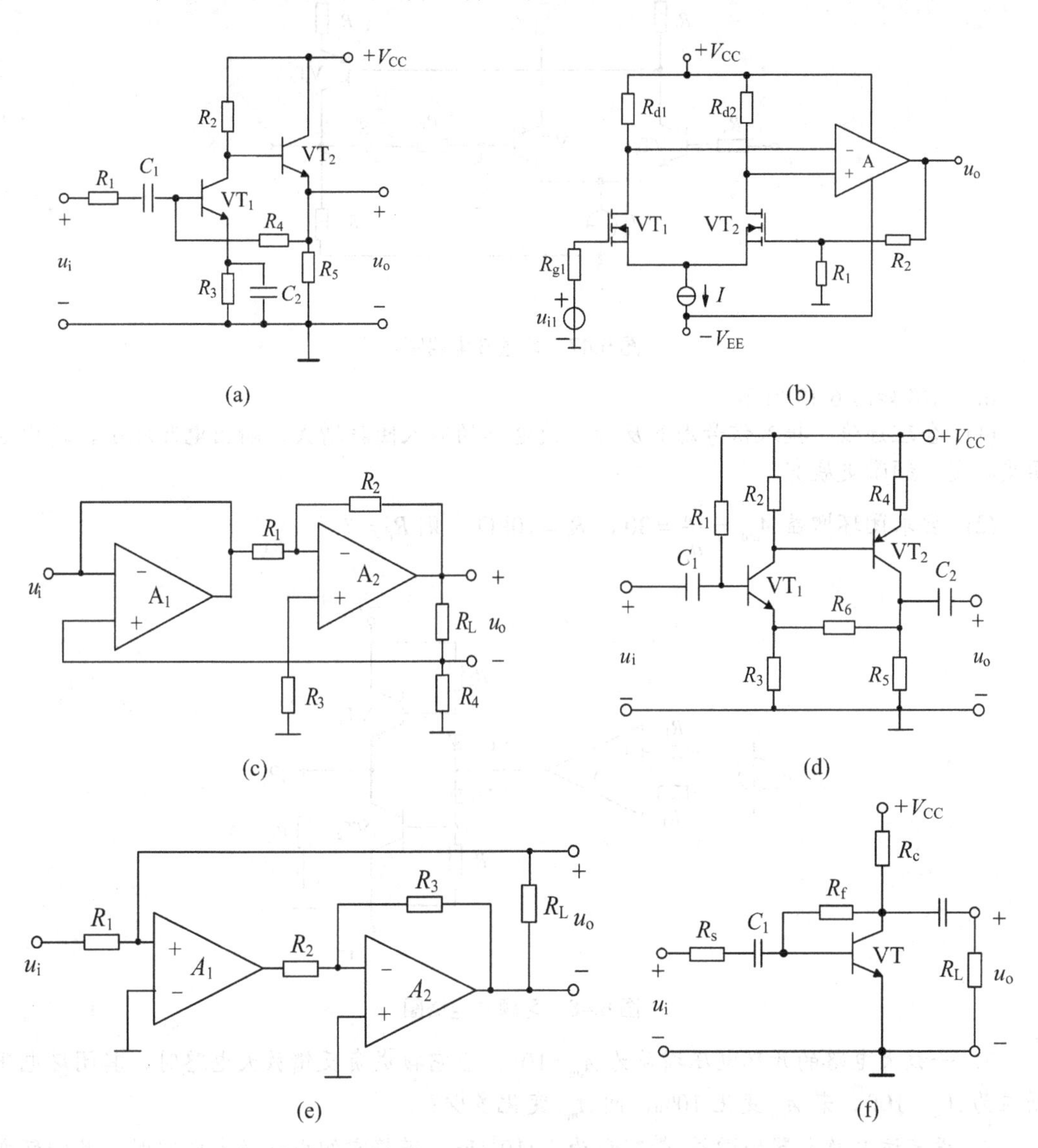

图 6.46　习题 4 电路图

5. 放大电路如图 6.47 所示，其中晶体管均为硅管，$u_{be}=0.7\text{V}$，$\beta_1=\beta_2=\beta_3=100$，$r_{be3}=1.5\text{k}\Omega$，$r_{be1}=r_{be2}=5\text{k}\Omega$，$R_5=R_s=3\text{k}\Omega$，$R_c=10\text{k}\Omega$，$R_f=12\text{k}\Omega$，$R_{c3}=7.5\text{k}\Omega$，$+V_{CC}=15\text{V}$，$-V_{EE}=-15\text{V}$。

(1) 设电路中开关 S 打开，试计算电压放大倍数 $A_u=\dfrac{u_o}{u_i}=?$

(2) 设开关 S 闭合，试问电路中引入了何种类型和极性的反馈？假定电路满足深度负反馈条件，试估算该电路的闭环电压放大倍数 $A_{uuf}=\dfrac{u_o}{u_i}=?$

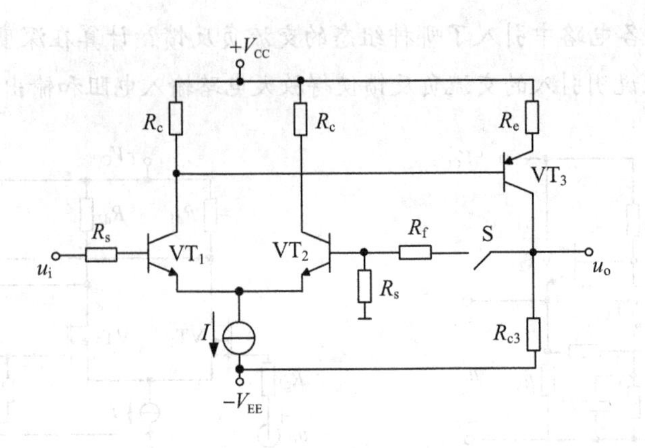

图 6.47 习题 5 电路图

6. 电路如图 6.48 所示。

(1) 合理连线，接入信号源和反馈，使电路的输入阻抗增大，输出电阻减小，输出电压更稳定，频带更展宽。

(2) 要求闭环增益 $A_{uuf}=\dfrac{u_o}{u_i}=20$，$R_1=10\text{k}\Omega$，则 $R_f=?$

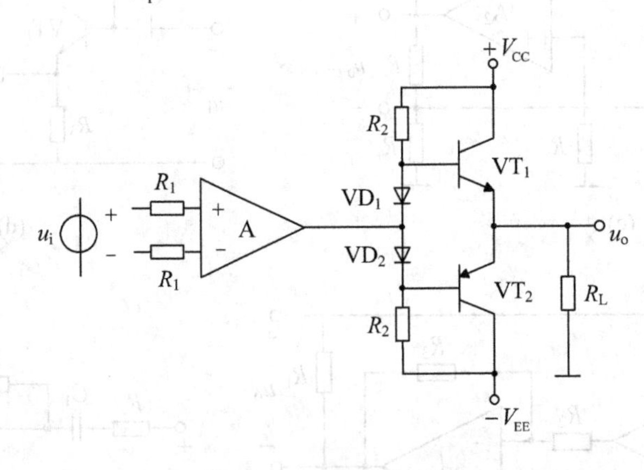

图 6.48 习题 6 电路图

7. 一放大电路的开环电压增益为 $A_{uu}=10^4$，当它接成负反馈放大电路时，其闭环电压增益为 $A_{uuf}=100$，若 A_{uu} 变化 10%，问 A_{uuf} 变化多少？

8. 设某运算放大器的增益-带宽积为 4×10^5 Hz，若将它组成一放大电路时，其闭环增益为 100，问它的闭环带宽是多少？

9. 设某集成运放的开环频率响应的表达式为

$$\dot{A}_u=\frac{10^5}{\left(1+j\dfrac{f}{f_{H1}}\right)\left(1+j\dfrac{f}{f_{H2}}\right)\left(1+j\dfrac{f}{f_{H3}}\right)}$$

式中，$f_{H1}=1\text{MHz}$，$f_{H2}=10\text{MHz}$，$f_{H3}=50\text{MHz}$。

(1) 画出它的波特图。

(2) 利用该运放组成一电阻性负反馈放大电路，并要求具有 45° 的相位裕度，问此放大电路的最大环路增益为多少？

第7章　功率放大电路

本章要点

- 功率放大电路的分类及特点。
- 功率放大电路的工作原理。
- 功率放大电路相关参数的计算。
- 集成功放及其应用。

本章难点

- 功率放大电路中晶体管的选择。
- 集成功率放大电路的特点。

本章讨论功率放大电路的特点，主要涉及功率放大电路的分类、工作原理以及相关参数的计算。通过学习，应掌握功率放大电路的特征以及常用功率放大电路的设计、电路中晶体管的选择，掌握集成功率放大电路的应用。

7.1　概　　述

多级放大电路的末级一般都是功率放大级，以将前级送来的低频信号进行功率放大，去推动负载工作，例如使扬声器发声，继电器动作等。能够向负载提供足够信号功率的放大电路称为功率放大电路，简称功放。

从能量控制和转换的角度看，功率放大电路和普通电压放大电路并没有本质上的不同，它们都是利用三极管的电流放大作用，把电源的直流功率转换成输出负载的交流功率。不同点在于电压放大电路是在小信号输入条件下工作，要求在信号不失真的前提下输出足够大的电压；而功率放大电路中不仅要求比较大的电压，还要求有比较大的电流输出，即获得较大的功率输出。

7.1.1　功率放大电路的特点

1．功率放大电路的分析方法

功率放大电路的输出电压和电流较大，功放管特性的非线性不可忽略，所以在分析功放电路时，不能采用仅适用于小信号的交流等效电路，应采用图解法。

2．功率放大电路的主要技术指标

功率放大电路的主要技术指标为最大输出功率P_{om}和转换效率η。

1)　最大输出功率P_{om}

功率放大电路提供给负载的信号功率称为输出功率。输出功率是交流功率，而最大输

出功率是在电路参数确定的情况下负载上可能获得的最大交流功率。

2) 转换效率η

功率放大电路的输出功率与电源所提供的功率之比称为转换效率。通常输出功率大，电源消耗的功率也多。因此，在一定的输出功率下，减小直流电源的消耗，就可以提高电路的效率。

3．功率放大电路中的晶体管

在功率放大电路中，为了使输出功率尽可能大，要求晶体管工作在极限应用状态。I_{CM}、$U_{(BR)CEO}$和P_{CM}是晶体管的极限参数，即晶体管集电极电流最大时接近I_{CM}，管压降最大时接近$U_{(BR)CEO}$，耗散功率最大时接近P_{CM}。在选择功放管时，要特别注意极限参数的选择，以确保管子安全工作。以上三个参数反映在晶体管的输出特性曲线上，如图 7.1 所示。三条特性曲线限制了管子必须工作在安全工作区。另外工作在功率放大电路中的晶体管，要注意散热及加保护电路。

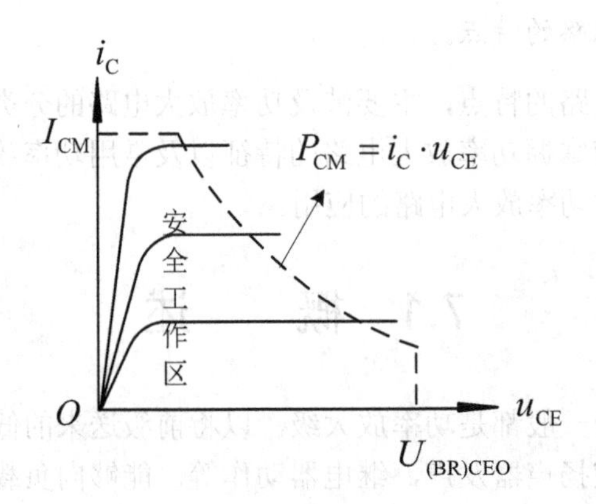

图 7.1　晶体管的安全工作区

4．功率放大电路的非线性失真

功率放大电路是在大信号下工作，所以不可避免地会产生非线性失真，而且同一功放管输出功率越大，非线性失真越严重。在实际应用中，有的场合对波形要求比较严格，要求失真较小；有的则以输出功率为主要目的，失真则为相对较次要的问题。另一方面，功率放大电路中的非线性失真还可以通过引入交流负反馈来加以改善。

7.1.2　功率放大电路提高效率的主要途径

按照晶体管静态工作点的不同设置，功率放大电路主要分为甲类、乙类和甲乙类放大电路。甲类功率放大电路一般用一只晶体管作为功率管，功率管工作时，静态工作点位于较合适的位置。在有输入信号时，功率管在输入信号整个周期内都导通。如图 7.2(a)所示，导通角$\theta = 2\pi$。在甲类放大电路中，电源始终不断地输送功率，在没有输入信号时，这些功率全部消耗在器件和电阻上，并转换成热量耗散出去。当有信号输入时，电源功率的一部分将转换为负载上有用的输出功率，其余耗散在器件和电阻上。但是由于甲类放大电路静态工作电流比较大，结果对电源的消耗比较大，电路效率低。在理想情况下，甲类功放的最高效率只能达到50%。

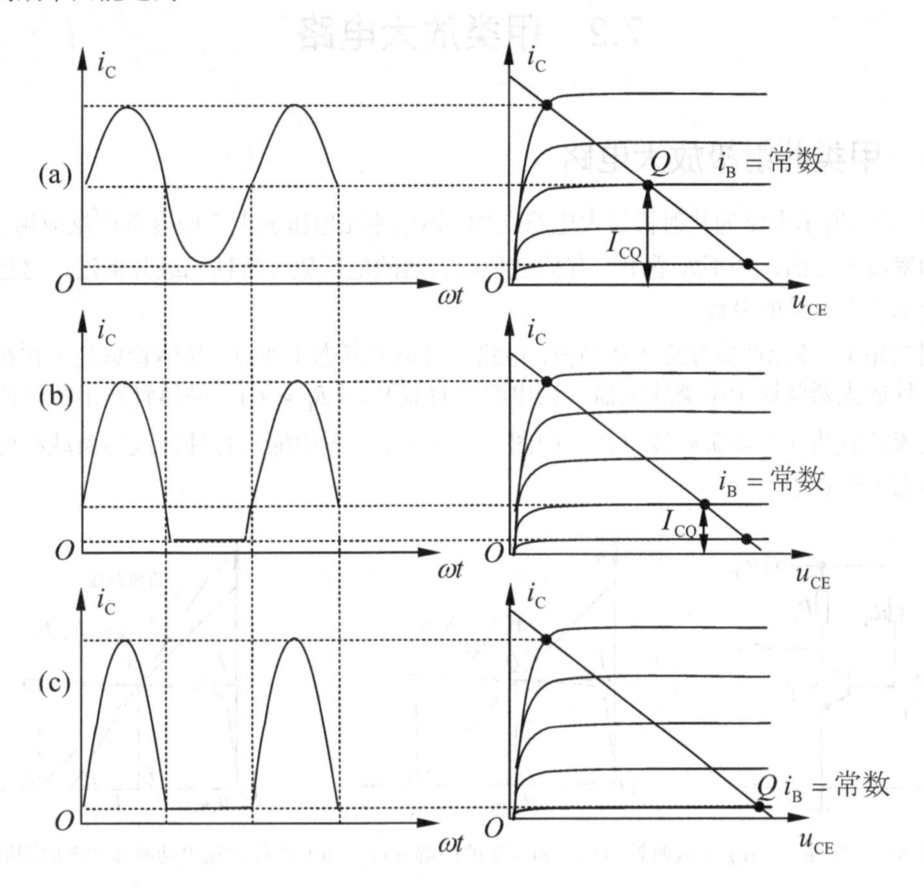

图 7.2　功率放大电路的分类

(a) 甲类放大，导通角 $\theta = 2\pi$ ；(b) 甲乙类放大，导通角 $\pi < \theta < 2\pi$ ；(c) 乙类放大，导通角 $\theta = \pi$

从甲类电路得知，静态电流是造成管耗的主要因素，管耗越大，效率越低。为了提高电路的效率，可以把静态工作点下移。例如乙类功率放大电路中的功率管工作时，静态工作点选择在截止区的边缘，如图7.2(c)所示，在无输入信号时对电源的消耗为零；在有输入信号时，功率管在输入信号的半个周期内导通，导通角 $\theta = \pi$ 。这时如果输入信号为正弦波，输出信号仅为正弦波的 $\frac{1}{2}$ 。因此在乙类功率放大电路中，经常用两只晶体管共同完成放大任务，使负载上得到一个完整的输出信号。

功率管的静态工作点位于甲类和乙类之间，则称为甲乙类功率放大电路。如图7.2(b)所示，在有输入信号时，导通角 $\pi < \theta < 2\pi$ 。这时，输入信号为正弦波，输出信号比正弦波的 $\frac{1}{2}$ 一半多一点。与乙类功率放大电路相比，甲乙类功率放大电路给晶体管加入了很小的静态偏置电流。由于晶体管的静态偏置电流很小，所以没有信号输入时，放大电路对直流电源的消耗也较小，电路效率相对较高。这种电路广泛应用于音频功率放大电路中。

7.2 甲类放大电路

7.2.1 甲类共射极放大电路

图 7.3(a)所示电路为共射极放大电路结构。该电路在电压放大方面有着广泛应用。如果用在功率放大方面，却不太适用。有关这种放大器的电压放大特性已经分析过，这里只分析与功率放大有关的参数。

图 7.3(a)中各元件参数给予适当值，电路有合适的静态工作点，晶体管总是工作在放大区，这种放大器就属于甲类放大器。设电路中负载开路($R_L=\infty$)，晶体管输出特性曲线图中的交流负载线和直流负载线重合，如图 7.3(b)所示。图中输出特性曲线与负载线的交点即为静态工作点 Q。

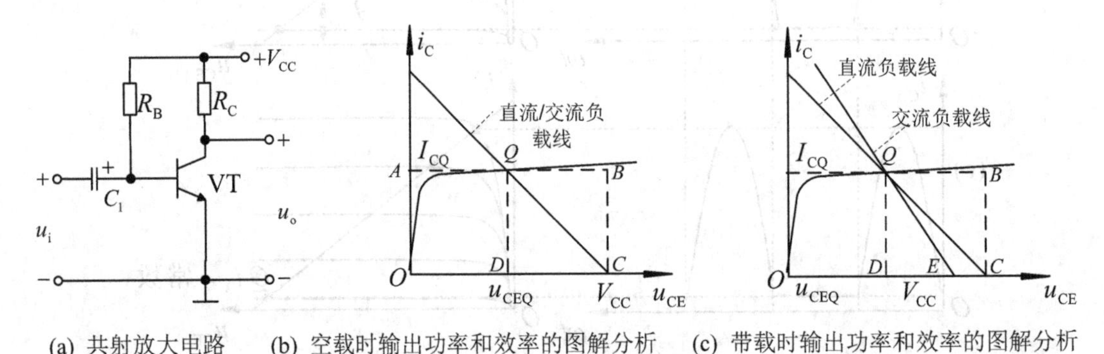

(a) 共射放大电路 (b) 空载时输出功率和效率的图解分析 (c) 带载时输出功率和效率的图解分析

图 7.3 共射极放大电路输出功率与效率的分析

当电路中输入正弦波信号时，集电极电流的交流分量也为正弦波，电路工作点沿着交流负载线上下移动。忽略晶体管基极的电流，则电源输出的平均电流为 I_{CQ}，因而电源提供的功率为 $I_{CQ}V_{CC}$，即图 7.3(b)中 $ABCO$ 的面积，这是电路的总功率；为保证波形不失真，集电极电流交流分量的最大幅值为 I_{CQ}，管压降和 R_C 两端交流电压最大幅值为 $I_{CQ}R_C$，所以在 R_C 两端可能获得的最大交流功率 P_{om} 为

$$P_{om}=\left(\frac{I_{CQ}}{\sqrt{2}}\right)^2 R_C=\frac{1}{2}I_{CQ}\cdot(I_{CQ}R_C)$$

即图中 QDC 的面积。从图 7.3(b)中可以看出，总功率为电源提供的功率，即图 7.3(b)中 $ABCO$ 的面积，有用输出功率最大为 QDC 的面积，电路效率比较低。用同样分析方法，当电路带负载 R_L 时，电路中交流负载线与直流负载线不重合，如图 7.3(c)所示。电阻 R_C 和 R_L 上可能获得的总的最大交流功率为 QDE 的面积，电路效率较低。

从上述对电路功率参数的分析可知，这类放大电路在保证信号不失真方面有良好特性，但是自身功率损耗大，电路效率低。另外输入电阻小，输出电阻大，用作功率放大的场合较少。

7.2.2 射极输出器的输出功率与效率

共集电极放大电路(即射极输出器)的电流增益较大，比较容易获得较大的功率增益。如图7.4所示，该电路是一个用电流源作射极偏置和负载的射极输出器电路。

假设输入信号 u_i 为正弦信号，VT_3 管工作在放大区。在输入信号 u_i 的正半周，u_o 输出正半周波形，当输入信号逐渐增大使 VT_3 管达到临界饱和时，输出 u_o 正向振幅达到最大值 U_{om+}。设 VT_3 管的饱和压降为 U_{CES3}，则有

$$U_{om+}=V_{CC}-U_{CES3}$$

在输入信号 u_i 的负半周，随着输入信号幅值增大，VT_3 出现截止或 VT_2 达到饱和，输出 u_o 负向振幅达到最大值 U_{om-}。设 VT_3 管首先出现截止，则有

$$U_{om-}=|-I_{REF}R_L|$$

设 VT_2 管首先出现饱和，VT_2 管饱和压降为 U_{CES2}，则有

$$U_{om-}=|-V_{EE}+U_{CES2}|$$

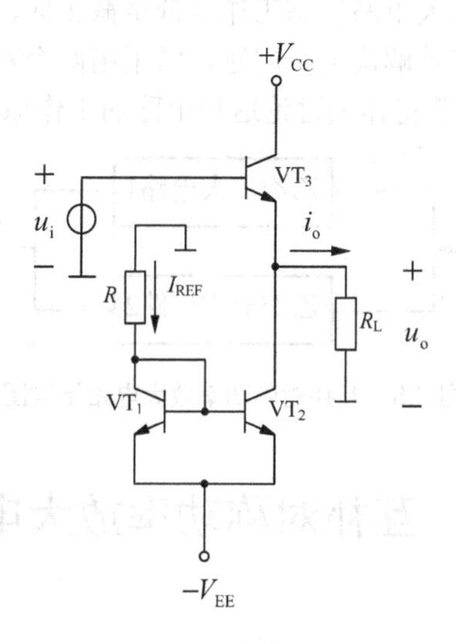

图7.4 射极输出器电路

【例7.1】 设电路如图7.4所示，输入信号 u_i 为正弦信号，在给定参数条件下，进行电路输出功率和效率的计算。假定给定电路中 $V_{CC}=V_{EE}=12V$，$I_{REF}=1.50A$，$R_L=8\Omega$，各晶体管的饱和压降均为0V。

解： 先求电路最大输出功率 P_{om}。

$$U_{om+}=12V$$

$$U_{om-}=|-I_{REF}R_L|=12V$$

$$U_{om-}=|-V_{EE}+U_{CES2}|=12V$$

为了保证波形不发生失真，取以上三个幅值中最小的值作为最大输出幅度，因此输出电压是幅值为 $U_{om}=12V$ 的正弦波，最大输出功率为

$$P_{om}=\left(\frac{U_{om}}{\sqrt{2}}\right)^2\cdot\frac{1}{R_L}=\left(\frac{12}{\sqrt{2}}\right)^2\cdot\frac{1}{8}W=9W$$

考虑到正弦信号的平均值是 0，i_{C3} 的平均值 $I_{CIAV}=I_{REF}=1.50A$，因此正电源 V_{CC} 提供的功率为

$$P_{VC}=V_{CC}I_{CIAV}=12\times1.50W=18W$$

负电源 V_{EE} 提供的功率为

$$P_{VE}=V_{EE}I_{REF}=12\times1.50W=18W$$

电源供给的总功率为正负电源提供功率之和，负载输出功率为有用功，其他为无用功。则电路的效率为有用功与总功率之比，即

$$\eta=\frac{P_{om}}{P_{VE}+P_{VC}}\times100\%=\frac{9}{18+18}\times100\%=25\%$$

由上例可知，图 7.4 所示的工作在甲类的射极输出器的效率较小。即使在理想情况下，甲类放大电路的效率最高也只能达到 50%。

射极输出器具有输入电阻高、输出电阻低、带负载能力强等特点，所以射极输出器比较适宜作功率放大电路。由于甲类放大电路静态功耗大，电路效率比较低，所以大多采用乙类功率放大电路。但乙类放大电路静态工作点低至截止区，因此只能放大半个周期的信号，会导致信号失真。为了有效解决失真问题，常采用两个对称的乙类放大电路构成互补电路，如图 7.5 所示。在下一节将详细讨论这种电路的工作原理。

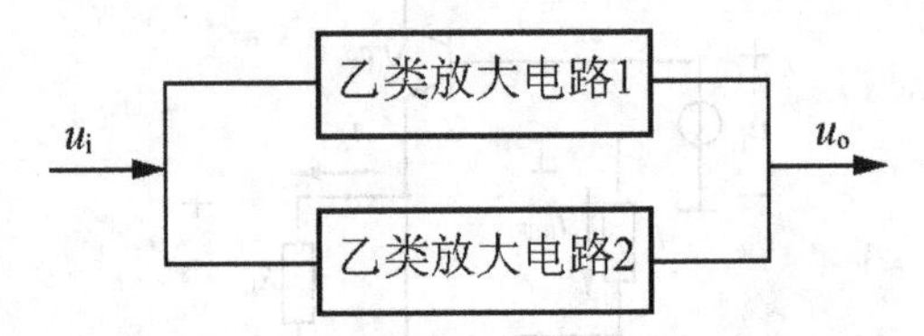

图 7.5 互补对称功率放大电路结构图

7.3 互补对称功率放大电路

7.3.1 乙类双电源互补对称功率放大电路

如图 7.6 所示，乙类双电源互补对称功率放大电路由一对特性相同的 NPN、PNP 互补 BJT 三极管组成，两管构成的电路形式都为射极输出器。电路采用正、负双电源供电。由于输出端无电容，此电路又称为 OCL 电路[①]。其工作原理分析如下。

1. 静态分析

由于电路没有静态偏置电路，所以电路中两个晶体管都工作在截止区，无管耗。电路属于乙类工作状态。此时负载上无电流流过，输出电压 u_o=0。即该电路可以实现零输入时的零输出，因此该电路输入/输出的耦合电容可以省略。

① OCL 为 Output Capacitorless(无输出电容器)的缩写。后面将要讨论的 OTL 是 Output Transformerless (无输出变压器)的缩写。

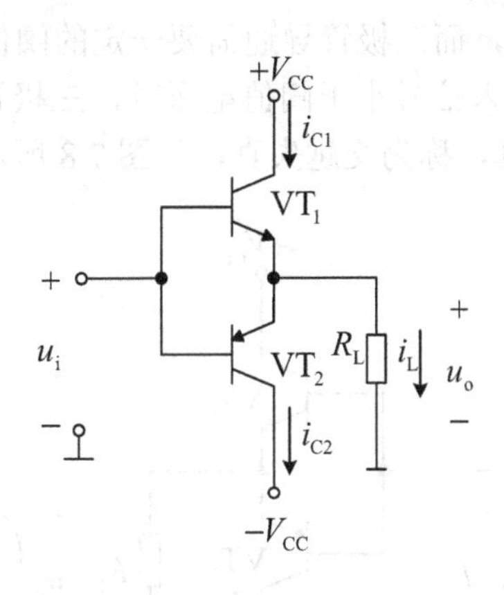

图 7.6　乙类双电源互补对称功率放大电路

2．动态分析

设输入信号为正弦信号，当输入信号为正半周，即 $u_i>0$ 时，VT_1 导通，VT_2 截止，$i_{C2}=0$。VT_1 管导通的等效电路如图 7.7(a)所示，负载上的电流自上而下，输出电压 $u_o>0$。根据 VT_1 管所构成射极输出器的电压跟随特性，在负载 R_L 上形成正半周电压信号输出，如图 7.7(c)所示。

当输入信号为负半周，即 $u_i<0$ 时，VT_1 截止，VT_2 导通，$i_{C1}=0$。VT_2 管导通的等效电路如图 7.7(b)所示，负载上的电流自下而上，输出电压 $u_o<0$。根据 VT_2 管所构成射极输出器的电压跟随特性，在负载 R_L 上形成负半周电压信号输出，如图 7.7(c)所示。

综上所述，VT_1、VT_2 三极管分别只在输入信号的半个周期内导通，属于乙类放大。在输入信号的一个周期内，两管轮流导通，且流过负载的电流方向相反，从而负载上形成完整的正弦波信号。图 7.7(c)为加入正弦交流信号时电路中各参数的波形，各电流正方向如图 7.6 所标示。这种电路中，VT_1、VT_2 三极管交替工作，互相补充，故又称为乙类互补对称推挽电路。

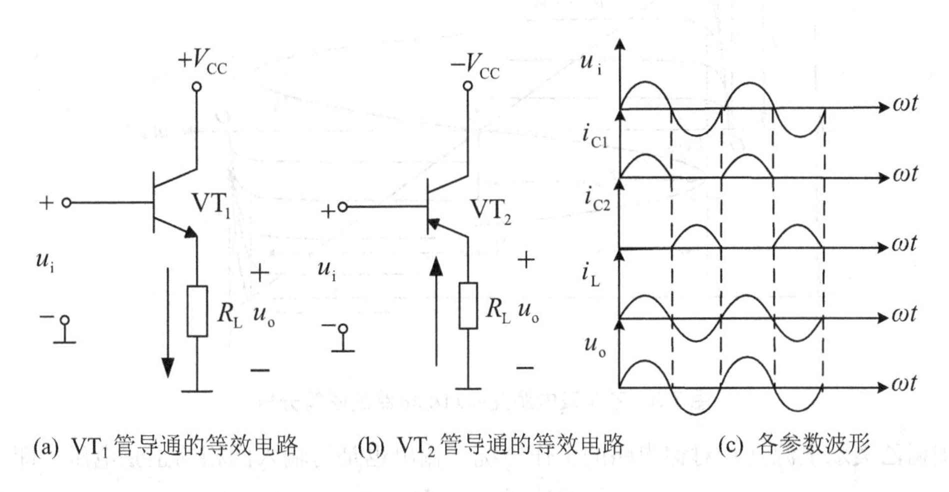

(a) VT_1 管导通的等效电路　(b) VT_2 管导通的等效电路　(c) 各参数波形

图 7.7　乙类双电源互补对称功率放大电路分析

由于电路没有静态工作点，而三极管导通需要一定的阈值电压，所以这部分电压需要由交流输入信号来提供。当输入信号小于阈值电压时，三极管不导通，u_o=0。因此，输出电压 u_o 在过零点附近出现失真，称为交越失真，如图 7.8 所示。

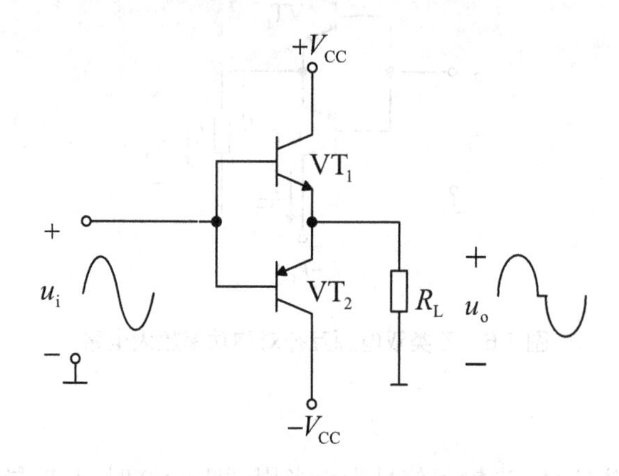

图 7.8 乙类功率放大电路的交越失真

3. 电路参数的计算

在图 7.6 所示电路中，设输入是正弦电压，在输入信号 u_i 的整个周期内，VT_1、VT_2 轮流导通半个周期，使输出 u_o 是一个完整的正弦信号波形。如图 7.9 所示，图中假定，只要 u_{BE}>0，晶体管就开始导通，为了便于分析，将 VT_2 的特性曲线倒置在 VT_1 的右下方，并令二者在 Q 点处重合，这时负载线通过 Q 点形成一条斜线，其斜率为$-1/R_L$。显然，i_C 的最大变化范围为 $2I_{cm}$，u_{CE} 的变化范围为 $2(V_{CC}-U_{CES})=2U_{omax}$。

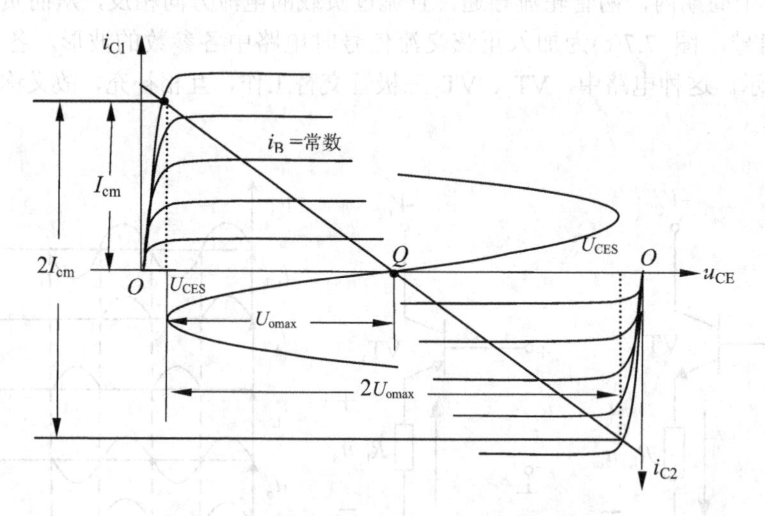

图 7.9 乙类双电源互补对称电路的图解分析

根据乙类双电源互补对称电路的工作情况，输出也是与输入同相的正弦电压，即

$$u_o = \sqrt{2}U_o \sin \omega t = U_{om} \sin \omega t \tag{7.1}$$

式中，U_o 为输出电压有效值；U_{om} 为输出电压振幅。

1)　输出功率 P_o

根据功率定义，其大小为电压和电流有效值的乘积，即

$$P_o=U_oI_o=\frac{U_{om}}{\sqrt{2}}\cdot\frac{U_{om}}{\sqrt{2}\cdot R_L}=\frac{V_{om}^2}{2R_L} \tag{7.2}$$

由式(7.2)可见，输出电压 U_{om} 越大，输出功率越高，当三极管达到临界饱和时，输出电压最大。如图 7.9 所示，$U_{omax}=V_{CC}-U_{CES}$，若忽略 U_{CES}，则 $U_{omax}\approx V_{CC}$，故负载上得到的最大不失真输出功率为

$$P_{omax}=\frac{(V_{CC}-U_{CES})^2}{2R_L}\approx\frac{V_{CC}^2}{2R_L} \tag{7.3}$$

2)　直流电源提供的功率 P_E

两个直流电源各提供半个周期的电流，其峰值为 $I_{om}=U_{om}/R_L$。故每个电源提供的平均电流为

$$I_E=\frac{1}{2\pi}\int_0^{\pi}I_{om}\sin\omega t\mathrm{d}(\omega t)=\frac{U_{om}}{\pi R_L} \tag{7.4}$$

功率放大电路有两个电源，电源提供的总功率为

$$P_E=2I_EV_{CC}=\frac{2V_{CC}U_{om}}{\pi R_L} \tag{7.5}$$

由式(7.5)可知，当输出电压振幅为最大 $U_{omax}=V_{CC}-U_{CES}$ 时，电源提供的功率最大，由前面分析可知，此时负载上的输出功率达到最大功率。若忽略 U_{CES}，电源最大功率为

$$P_{Em}=\frac{2V_{CC}(V_{CC}-U_{CES})}{\pi R_L}\approx\frac{2V_{CC}^2}{\pi R_L} \tag{7.6}$$

3)　管耗 P_T

直流电源提供的功率与输出功率之差即为两个三极管的耗散功率，即

$$P_T=P_E-P_o=\frac{2V_{CC}U_{om}}{\pi R_L}-\frac{U_{om}^2}{2R_L} \tag{7.7}$$

两个三极管特性参数一致，在电路中耗散功率相同，则每个三极管的耗散功率为

$$P_{T1}=P_{T2}=\frac{1}{2}P_T=\frac{V_{CC}U_{om}}{\pi R_L}-\frac{U_{om}{}^2}{4R_L} \tag{7.8}$$

管耗的另外一种计算方法如下。

由分析可知，VT_1 管只在半个周期导通，有

$$\begin{aligned}P_{T1}&=\frac{1}{2\pi}\int_0^{\pi}(V_{CC}-U_{om}\sin\omega t)\frac{U_{om}\sin\omega t}{R_L}\mathrm{d}(\omega t)\\&=\frac{V_{CC}U_{om}}{\pi R_L}-\frac{U_{om}^2}{4R_L}\end{aligned} \tag{7.9}$$

管耗的两种方式计算结果相同。管耗为 U_{om} 的二次函数，那么是不是 U_{om} 达到最大值时，管耗也达到最大值呢？答案显然是否定的。下面用求极值的方法来计算管耗最大值出现在什么条件下。由式(7.9)有

$$\frac{\mathrm{d}P_{T1}}{\mathrm{d}V_{om}}=\frac{V_{CC}}{\pi R_L}-\frac{U_{om}}{2R_L}$$

令 $dP_{T1}/dV_{om}=0$，可得 $\frac{V_{CC}}{\pi R_L}-\frac{U_{om}}{2R_L}=0$。

由分析可知，三极管达到最大管耗的条件为

$$U_{om}=\frac{2V_{CC}}{\pi}\approx 0.6V_{CC} \tag{7.10}$$

将 $U_{om}=\frac{2V_{CC}}{\pi}$ 代入式(7.9)中，可计算得出单管最大管耗的值为

$$P_{T1m}=P_{T2m}=\frac{V_{CC}^2}{\pi^2 R_L} \tag{7.11}$$

由式(7.3)和式(7.11)可以得出负载最大输出功率与最大管耗的关系为

$$P_{T1m}=P_{T2m}=\frac{V_{CC}^2}{\pi^2 R_L}=\frac{2}{\pi^2}P_{omax}\approx 0.2P_{omax} \tag{7.12}$$

4) 效率 η

输出功率与电源提供的总功率之比为功率放大电路的效率，有

$$\eta=\frac{P_o}{P_E}=\frac{\pi}{4}\cdot\frac{U_{om}}{V_{CC}} \tag{7.13}$$

由式(7.13)可知，输出电压越大，电路效率越高。输出电压最大为 $U_{omax}=V_{CC}-U_{CES}$，若忽略 U_{CES}，则 $U_{omax}\approx V_{CC}$，故电路的最大效率为

$$\eta=\frac{P_o}{P_E}=\frac{\pi}{4}\cdot\frac{V_{CC}-U_{CES}}{V_{CC}}\approx\frac{\pi}{4}\cdot\frac{V_{CC}}{V_{CC}}=\frac{\pi}{4}\approx 78.5\% \tag{7.14}$$

5) 功率管的选择

在分立元件功率放大电路中，三极管是最重要的元件，并且一般都工作在极限状态。为了保证三极管在电路工作过程中不被损坏，在选择三极管时必须满足以下条件。

(1) 三极管的最大允许功耗应大于三极管在电路中的单管最大耗散功率，即

$$P_{CM}>P_{T1m}=0.2P_{omax} \tag{7.15}$$

(2) 在功率放大电路中，处于截止状态的三极管承受的最大反向电压达到约 $2V_{CC}$。三极管的最大耐压，即反向击穿电压应满足

$$U_{(BR)CEO}>2V_{CC} \tag{7.16}$$

(3) 三极管的最大集电极电流应满足

$$I_{CM}\geqslant\frac{V_{CC}}{R_L} \tag{7.17}$$

【例 7.2】 乙类双电源互补对称功率放大电路的 V_{CC}=20V，R_L=8Ω，求功率管的参数要求。

解： 最大输出功率为

$$P_{omax}\approx\frac{V_{CC}^2}{2R_L}=25W$$

三极管的最大功耗应满足

$$P_{CM}>0.2P_{omax}=5W$$

三极管的反向击穿电压应满足

$$U_{(BR)CEO} > 2V_{CC} = 40V$$

三极管的最大集电极电流应满足

$$I_{CM} \geqslant \frac{V_{CC}}{R_L} = 2.5A$$

7.3.2　甲乙类双电源互补对称功率放大电路

前面讨论的乙类双电源互补对称功率放大电路在负载上可以得到正、负半周的电压输出信号，但是实际上输出电压波形存在交越失真。为了消除交越失真，可以采用一定的辅助电路建立合适的静态工作点，使两管均工作在临界导通或微导通状态，避开死区段，即工作在甲乙类状态。这样既能消除失真，又不会对功率和效率有太大影响。

图 7.10 所示为甲乙类双电源互补对称功率放大电路，图中的 R_1、R_2、VD_1、VD_2 用来作为 VT_1 和 VT_2 的偏置电路。合理选择电路参数值，使静态时输入到两管基极上的电压刚好克服三极管的死区电压，则两个三极管均达到微导通，三极管工作在甲乙类状态。由于两二极管 VD_1 和 VD_2 的交流等效电阻很小，对电路放大性能的影响程度大大降低，基本可以忽略。在实际应用中，这种电路仍然可以看作乙类双电源互补对称功率放大电路来处理。这种电路的输出功率、效率等指标估算仍使用乙类双电源互补对称功率放大电路的相关公式。

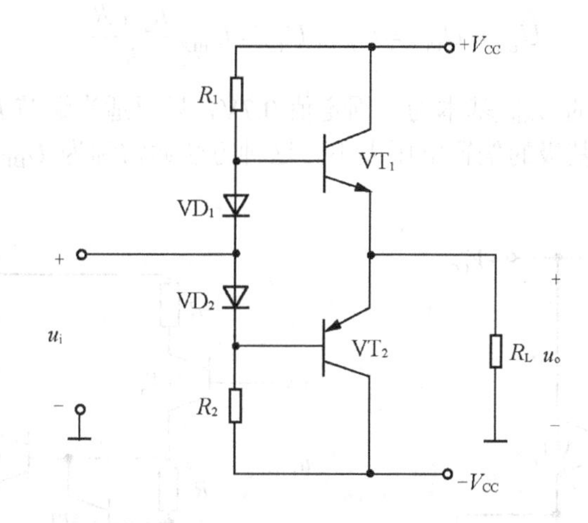

图 7.10　甲乙类双电源互补对称功率放大电路

【例 7.3】如图 7.10 所示，甲乙类双电源互补对称功率放大电路中，V_{CC}=15V，R_L=10Ω，晶体管的饱和压降$|U_{CES}|$=2V。

(1) 求最大不失真输出功率和电路的最大效率。

(2) 当输入交流正弦信号的电压幅值为 6V 时，求电路的输出功率和效率。

解： 乙类双电源互补对称功率放大电路的相关公式在甲乙类电路中仍可使用。

(1) 根据式(7.3)，电路的最大不失真输出功率为

$$P_{omax} = \frac{(V_{CC} - U_{CES})^2}{2R_L} = 8.45W$$

根据式(7.14)，电路的最大效率为

$$\eta = \frac{P_o}{P_E} = \frac{\pi}{4} \cdot \frac{V_{CC} - U_{CES}}{V_{CC}} \approx 68\%$$

(2) 当输入交流正弦信号的电压幅值为 6V 时，根据放大电路的电压跟随特性，输出电压的幅值 U_{om}=6V。

电路的输出功率为

$$P_o = U_o I_o = \frac{U_{om}}{\sqrt{2}} \cdot \frac{U_{om}}{\sqrt{2} \cdot R_L} = \frac{U_{om}^2}{2R_L} = 1.8\text{W}$$

电路的效率为

$$\eta = \frac{P_o}{P_E} = \frac{\pi}{4} \cdot \frac{U_{om}}{V_{CC}} = 31.4\%$$

图 7.10 所示电路中，为了与前面推动级电路配合方便，输入端一般选在 VT_1 或 VT_2 管的基极，如图 7.11(a)所示。其中 VT_3 组成前置放大级，VT_1 和 VT_2 组成互补输出级。当然，这种方式会导致两个三极管输入信号的不平衡，但是由于二极管的交流等效电阻很小，所以这种影响可以忽略。图 7.11(b)所示也是一种常用的甲乙类互补对称形式，其中 VT_4 组成前置放大级，与图 7.11(a)所示电路相比，它的优点是偏置电压易调整。图 7.11(b)所示电路中，VT_3 管基极的电流远小于流过电阻 R_2 和 R_3 的电流，则 VT_3 管基极的电流可忽略不计。于是可以得到 VT_1、VT_2 两管基极的偏置电压为

$$U_{BB} = U_{CE3} = U_{R1} + U_{R2} = U_{BE3} \frac{R_2 + R_3}{R_3}$$

因此，利用 VT_3 管的 U_{BE3} 基本为一固定值 0.7V，只要适当调节 R_2 和 R_3 的阻值，就可以改变 VT_1、VT_2 两管基极的偏置电压大小。这种方法通常称为 U_{BE} 扩大电路，在集成电路中应用广泛。

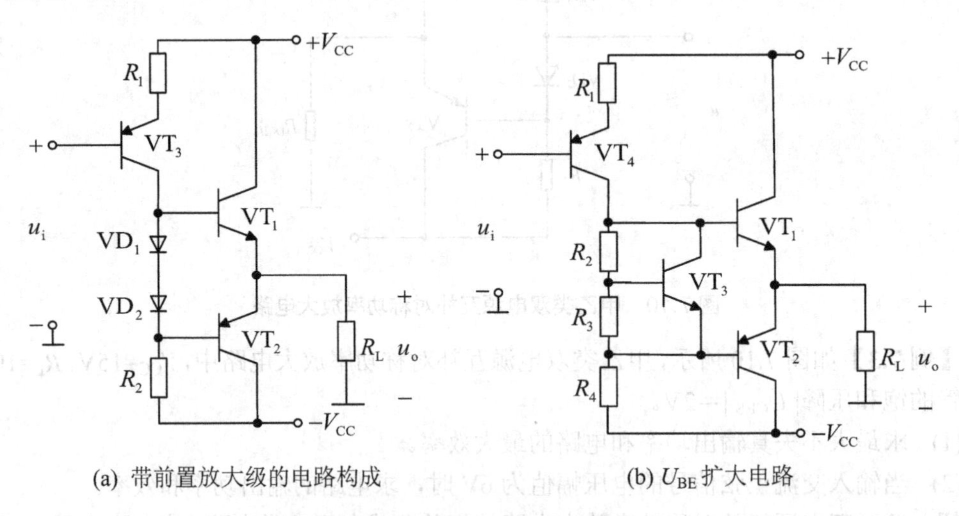

(a) 带前置放大级的电路构成　　(b) U_{BE} 扩大电路

图 7.11　常见甲乙类互补对称形式

7.3.3　甲乙类单电源互补对称功率放大电路

双电源互补对称功率放大电路由于静态时输出端电位为零，负载可以直接连接，不需

要耦合电容，构成 OCL 电路。OCL 电路低频响应好、输出功率大、便于集成，但需要双电源供电，使用不便。如果采用单电源供电，只要在负载之前接入一个大电容即可，这种电路又称为无输出变压器电路，简称 OTL 电路。甲乙类单电源互补对称功率放大电路如图 7.12 所示。

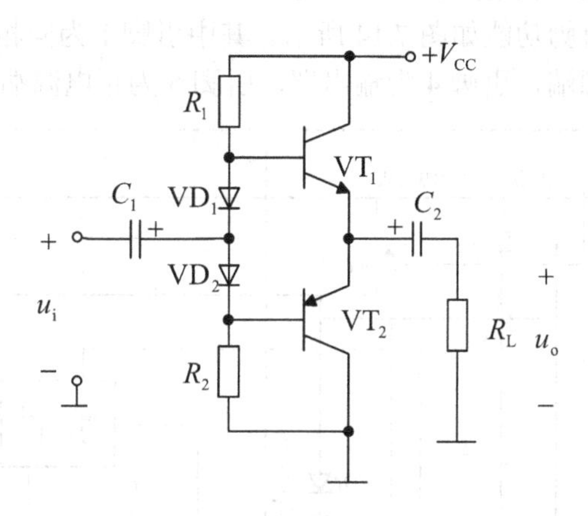

图 7.12 甲乙类单电源互补对称功率放大电路

适当选取电路中电阻参数的取值，可使静态时两三极管公共发射极的电位为 $V_{CC}/2$，则电路稳定后，输出端电容 C_2 两端的电压也达到 $V_{CC}/2$。当输入信号 u_i 为正半周，即 $u_i>0$ 时，VT_1 导通，VT_2 截止，VT_1 管的集电极电流从 V_{CC} 正极通过 VT_1、C_2 和 R_L 向 C_2 充电，根据 VT_1 管所构成射极输出器的电压跟随特性，负载 R_L 上形成正半周输出电压；当输入信号 u_i 为负半周时，VT_2 导通，VT_1 截止，电容 C_2 通过 VT_2 和 R_L 放电，负载 R_L 上形成负半周输出电压，此时，C_2 充当 VT_2 的直流电源。在此工作过程中，只要电容 C_2 容值足够大(R_LC_2 远大于信号周期)，其两端电压基本不变。C_2 相当于一个输出电压为 $V_{CC}/2$ 的电压源。

在进行相关功率计算时，只需将双电源电路公式中的 V_{CC} 换成 $V_{CC}/2$ 即可。

7.4 集成功率放大器

集成功率放大器具有输出功率大、外围连接元件少、使用方便等优点，目前应用越来越广泛。它的品种很多，TDA2030A 是较为常用的一款放大器。

7.4.1 TDA2030A 音频集成功率放大器的组成及功能

TDA2030A 的电气性能稳定，能适应长时间连续工作，内部集成了过载保护和过热保护电路。其金属外壳与负电源引脚相连，所以在单电源使用时，金属外壳能直接固定在散热片上并与地线相连，无需绝缘，使用方便。TDA2030A 既适合作音频功率放大器，又适合作其他电子设备中的功率放大。其主要性能参数如下所示。

电源电压 V_{CC}：±3～±18V。

输出峰值电流：3.5A。

静态电流：＜60mA(测试条件：V_{CC}=±18V)。

电压增益：30dB。

输入电阻：>0.5MΩ。

频响带宽：0～140kHz。

输出功率：14W(电源电压 V_{CC}=±15V，负载 R_L=4Ω)。

TDA2030A 的内部电路构成如图 7.13 所示，与其他功放相比，它的引脚和外部元件都比较少。其引脚排列及引脚功能如图 7.14 所示。其中引脚 1 为同相输入端，引脚 2 为反相输入端，引脚 3 为负电源端，引脚 4 为输出端，引脚 5 为正电源端。

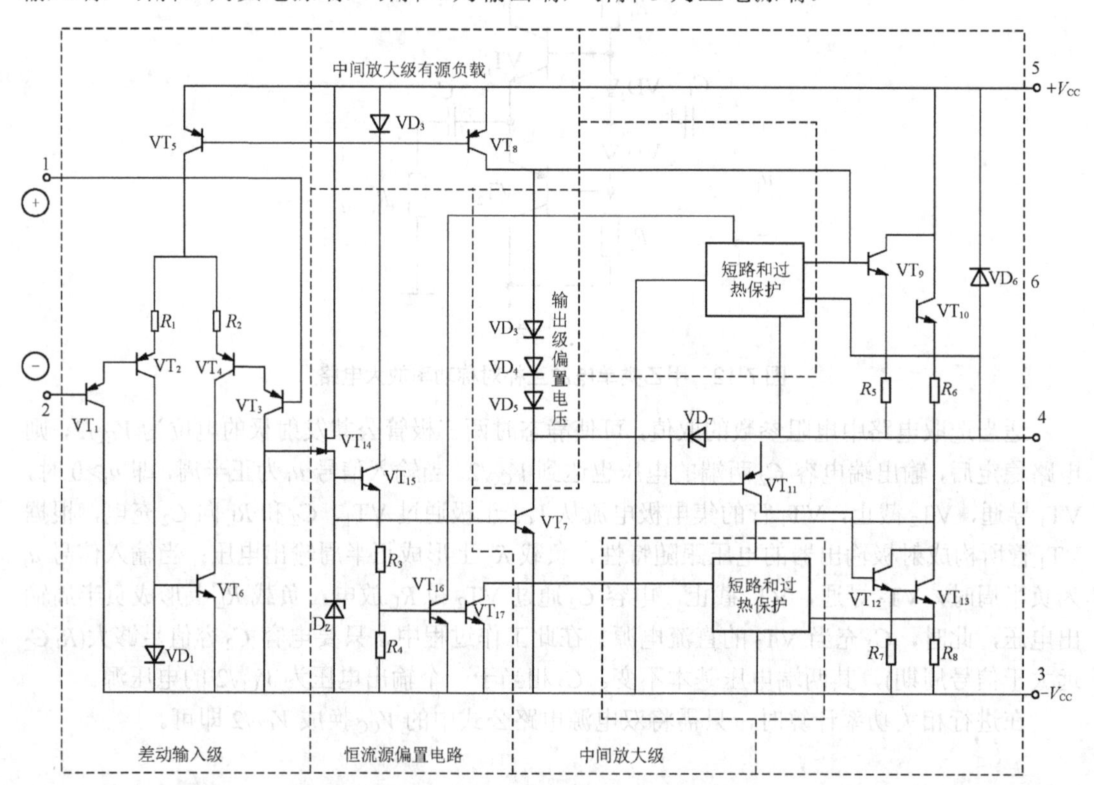

图 7.13 TDA2030A 内部电路构成

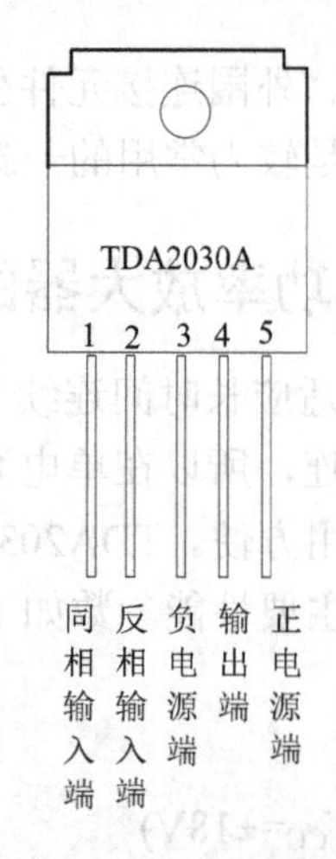

图 7.14 TDA2030A 外形及引脚排列

7.4.2 TDA2030A的典型应用

图7.15所示的是TDA2030A使用双电源时的典型应用电路。输入信号从同相端输入，R_1、R_2、C_2构成交流串联电压负反馈，且为深度负反馈。因此，该电路的闭环电压放大倍数为

$$A_{uf} = 1 + \frac{R_2}{R_1} \approx 32 \tag{7.18}$$

R_3为输入端的静态平衡电阻，为了保持两输入端直流电阻平衡，选择$R_2=R_3$。VD_1、VD_2二极管为保护二极管，用来限制输出端的电压最大为$\pm(V_{CC}+0.7)V$。C_1、C_4为去耦电容，用于减少电源内阻对交流信号的影响。C_2、C_3为耦合电容。

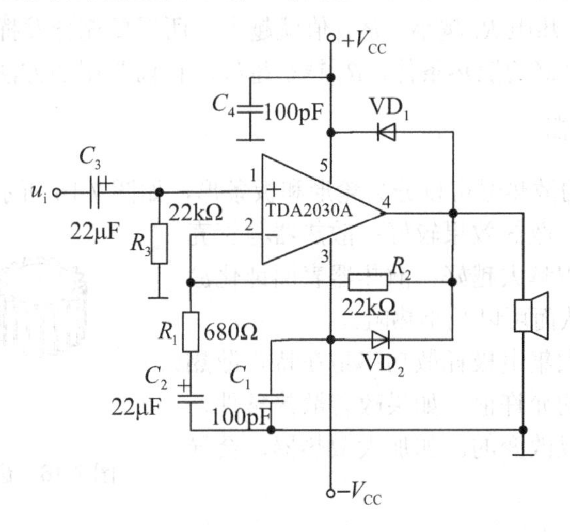

图7.15 TDA2030A构成的OCL电路

7.5 功率放大电路的安全运行

7.5.1 功放管的散热

功放管损坏的重要原因是实际耗散功率超过额定数值P_{CM}。耗散功率等于集电极电流与管压降之积。功放管工作时，如果散热措施不合适，即使耗散功率没有超过最大值，随着电路的运行，晶体管的温度也会不断上升，最后使晶体管烧毁。这种现象常称为热致击穿。

产生热致击穿的原因是因为耗散功率一定时，集电结的温度T_j增大，穿透电流增加，集电极电流I_C增加，从而使管耗增加，继而温度T_j进一步增大，这种负面循环的结果可能导致在较短时间内晶体管集电结的温度T_j增大到超过最大允许值而使晶体管烧毁。

晶体管集电结的温度T_j最大允许值又称最大结温，可以用T_{jM}来表示，对于硅材料的晶体管来说，这个温度可达到120～180℃，对于锗材料的晶体管来说，这个温度可以达到85～100℃。改善功放管的散热条件，可以起到有效保护功放电路正常运行的作用。在散热方面，热阻是影响散热的主要因素。

1. 热阻

热在物体中传导时所受到的阻力称为热阻，当晶体管耗散功率一定时，随着电路运行，PN 结升温，热量从管芯向外传递。设集电结的温度为 T_j，外界环境温度为 T_a，则温差 $T=T_j-T_a$。实验证明，T 与耗散功率成正比，比例系数为热阻 R_T。即

$$T=T_j-T_a=P_C R_T \tag{7.19}$$

由式(7.19)可见，热阻越大，表示同样的功耗引起的结温增加的度数越高。热阻是一个反应物体散热能力的参数。热阻越大，散热阻力越大，越不容易散热，晶体管结温升高就越快。

不难看出，当外界环境温度 T_a 为一定值时，结温达到最大允许值 T_{jM} 时，晶体管耗散功率达到最大值 P_{CM}，热阻 R_T 越小，P_{CM} 值就越大。所以要充分发挥管子的潜力，一个很重要的因素就是创造良好的散热条件，R_T 越小越好。目前常用的方法就是加散热器。

2. 功放管的散热器

功放管目前常用的散热器可以分齿轮形和板条形，如图 7.16 所示。经验表明，当散热器垂直或水平放置时，散热效果较好；散热器与管壳要良好接触，有效面积越大越好；散热器表面钝化涂黑，有利于热辐射，从而可以减小热阻。

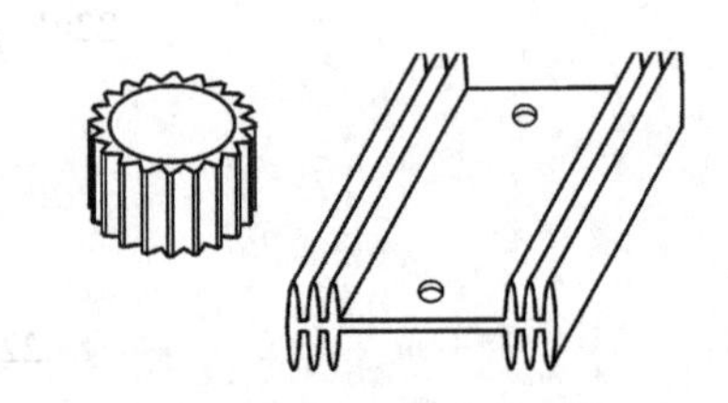

图 7.16　齿轮形和板条形散热器

手册中给出的最大集电极耗散功率是在特定散热器和环境温度下测得的允许值，如果改善散热条件，则最大耗散功率是可以改变的。如加大散热器，会导致最大耗散功率增大。

7.5.2　功放管的二次击穿

在实际工作中，常发现功率管的耗散功率并未超过允许的 P_{CM} 值，管身也并不烫，但是功率管却突然损坏，这种情况，多数是由于二次击穿现象造成的。

据分析，二次击穿与电流、电压、功率和结温都有关系，它的产生过程多数人认为是由于流过晶体管结面的电流不均匀，造成结面局部高温，而产生热击穿所致，与晶体管本身制造工艺无关。

由晶体管的输出特性曲线可知，当集电极与发射极之间的电压超过一定允许值后，集电极电流会突然增加，这时称为一次击穿。晶体管在一次击穿后，若不加限制，当 I_C 增加到一定值后，会出现 U_{CE} 快速下降，I_C 再次剧增的现象。此时晶体管性能明显下降，甚至造成永久损坏，但晶体管外壳并不发热，这种现象称为二次击穿。由于二次击穿时间很短，以至于管壳还没有来得及发热，晶体管就已经被烧毁。如果晶体管发生一次击穿且时间短，电流没有达到很大，晶体管仍可使用。但是二次击穿是不可逆的，一旦发生，则晶体管就被损坏。

从二次击穿的产生过程可知，防止晶体管一次击穿，并限制集电极电流，即可以避免二次击穿。例如在 C、E 极之间加稳压管可以避免一次击穿，进而可以避免二次击穿。

7.6 Multisim 仿真实例——乙类双电源互补对称功率放大电路的输出功率和效率的研究

1. 仿真目的

(1) 研究乙类双电源互补对称功率放大电路的交越失真。

(2) 研究乙类双电源互补对称功率放大电路的输出功率和效率。

(3) 研究甲乙类双电源互补对称功率放大电路对交越失真的克服。

2. 仿真电路及内容

图 7.17 所示电路为乙类双电源互补对称功率放大电路，电路中晶体管采用低频功率管 NPN 型 2SC2001，PNP 型 2SA952，负载电阻 500Ω，输入为 1kHz 的正弦波信号。输出功率 P_o 为交流功率，电源消耗的功率 P_E 为平均功率。

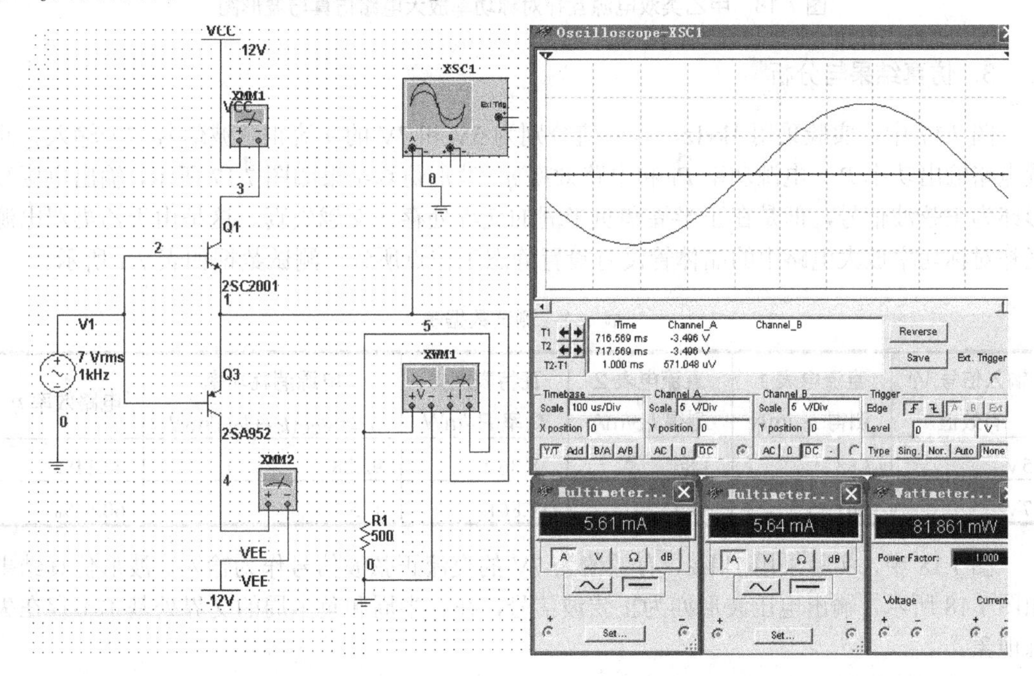

图 7.17 乙类双电源互补对称功率放大电路仿真与波形图

仿真内容具体如下。

(1) 采用示波器观测输出电压波形，观察输出波形的失真情况。

(2) 采用瓦特表测量输出功率 P_o。

(3) 采用直流电流表测量电源的平均输出电流，根据测量值计算电源功率。

图 7.18 所示为甲乙类双电源互补对称功率放大电路仿真与波形图，电路中晶体管采用低频功率管 NPN 型 2SC2001，PNP 型 2SA952，负载电阻 500Ω，输入为 1kHz 的正弦波信号。用示波器观测输出电压波形，观察输出波形与图 7.17 所示输出波形的区别，看其是否克服了交越失真现象。

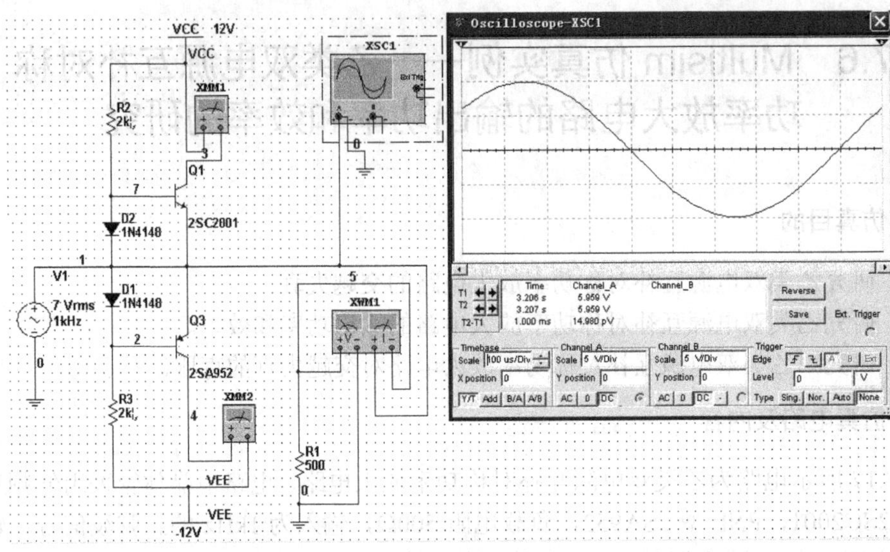

图 7.18　甲乙类双电源互补对称功率放大电路仿真与波形图

3．仿真结果与分析

图 7.17 中，实验采用 1kHz、有效值分别为 5V 和 7V 的交流正弦波信号作为输入。测量电路输出功率 P_o，电源功率 P_E 和电路效率 η。波形仿真结果如图 7.17 所示，输出电压波形亦为正弦波信号，但是在正半周和负半周的交界处存在交越失真。这是由于乙类双电源互补对称功率放大电路中的晶体管没有设置静态工作点所致。测试数据如表 7.1 所示。

表 7.1　测试数据表

输入信号 V_i 有效值	直流电表 1 测得 I_{C1}/mA	直流电表 2 测得 I_{C2}/mA	瓦特表测得功率 P_o/mW	电源消耗功率 $P_E=V_{CC}(I_{C1}+I_{C2})$/mW	电路效率 η
5V	3.83	3.86	38.86	92.28	42.11%
7V	5.61	5.64	81.861	135	60.64%

图 7.18 中，实验采用 1kHz、有效值为 7V 的交流正弦波信号作为输入。波形仿真结果如图 7.18 所示，输出电压波形亦为正弦波信号，在正半周和负半周的交界处基本不存在失真现象。

理论计算分析如下。

根据乙类双电源互补对称功率放大电路的分析方法，可以得到输出功率、电源功率和电路效率的理论计算公式，亦可计算出电路相关的参数(输入信号为 7V 有效值)。

$$P_o=U_oI_o=\frac{U_{om}}{\sqrt{2}}\cdot\frac{U_{om}}{\sqrt{2}\cdot R_L}=\frac{U_{om}^2}{2R_L}=98\text{mW}$$

$$P_E=2I_EV_{CC}=\frac{2V_{CC}U_{om}}{\pi R_L}=151\text{mW}$$

$$\eta=\frac{P_o}{P_E}=\frac{\pi}{4}\cdot\frac{U_{om}}{V_{CC}}=64.75\%$$

由上述计算结果可见，理论值与实测值存在一定的误差，此误差原因分析如下。

(1) 功率放大电路输出信号峰值略小于输入信号的峰值，而在公式计算过程中是按输出电压峰值和输入电压峰值相等得出的计算结果，所以导致理论计算结果偏大。

(2) 由于输出波形存在交越失真，且由于两个功率管参数不是完全对称，所以正负半周输出幅度略有不对称，用直流电表和瓦特表测量必然会引入一部分误差。

本章小结

本章主要讲述功率放大电路的构成、工作原理、最大输出功率和效率的估算以及集成功放的应用。

功率放大电路是在大信号下工作，通常采用图解法进行分析，主要研究如何在允许一定失真的情况下，尽可能提高电路的输出功率和效率。

与甲类功率放大电路相比，乙类和甲乙类电路的主要优点是效率高。在理想情况下，最高效率能达到约 78.5%。另外乙类功放输出信号存在交越失真，而甲乙类功放电路有效地解决了这个问题。在功放电路中，晶体管的选择必须注意下列参数。

(1) 晶体管的最大允许功耗应大于晶体管在电路中的单管最大耗散功率，即

$$P_{CM} > P_{T1m} = 0.2P_{omax}$$

(2) 晶体管的最大耐压，即反向击穿电压应满足

$$U_{(BR)CEO} > 2V_{CC}$$

(3) 晶体管的最大集电极电流应满足

$$I_{CM} \geqslant \frac{V_{CC}}{R_L}$$

在集成功放应用中，为了保证器件的安全运行，可从功率管的散热、防止功率管 BJT 二次击穿、降低使用定额和保护措施等方面来考虑。

习　　题

1. 选择题。

(1) 功率放大电路的转换效率是指(　　)。

A. 输出功率与晶体管所消耗的功率之比

B. 输出功率与电源提供的平均功率之比

C. 晶体管所消耗的功率与电源提供的平均功率之比

(2) 乙类功率放大电路的输出电压信号波形存在(　　)。

A. 饱和失真　　B. 交越失真　　C. 截止失真

(3) 乙类双电源互补对称功率放大电路中，若最大输出功率为 2W，则电路中功放管的集电极最大功耗约为(　　)。

A. 0.1W　　B. 0.4W　　C. 0.2W

(4) 在选择功放电路中的晶体管时，应当特别注意的参数有(　　)。

A. β　　B. I_{CM}　　C. I_{CBO}　　D. $U_{(BR)CEO}$　　E. P_{CM}

(5) 乙类双电源互补对称功率放大电路的转换效率理论上最高可达到(　　)。

A. 25%　　B. 50%　　C. 78.5%

(6) 乙类互补功放电路中的交越失真，实质上就是(　　)。

A. 线性失真　　B. 饱和失真　　C. 截止失真

(7) 功放电路的能量转换效率主要与(　　)有关。

A. 电源供给的直流功率　　B. 电路输出信号最大功率　　C. 电路的类型

2. 如图 7.19 所示电路中，设 BJT 的 β=100，U_{BE}=0.7V，U_{CES}=0.5V，I_{CEO}=0，电容 C 对交流可视为短路。输入信号 u_i 为正弦波。

(1) 计算电路可能达到的最大不失真输出功率 P_{om}。

(2) 此时 R_B 应调节到什么数值?

(3) 此时电路的效率 η=?

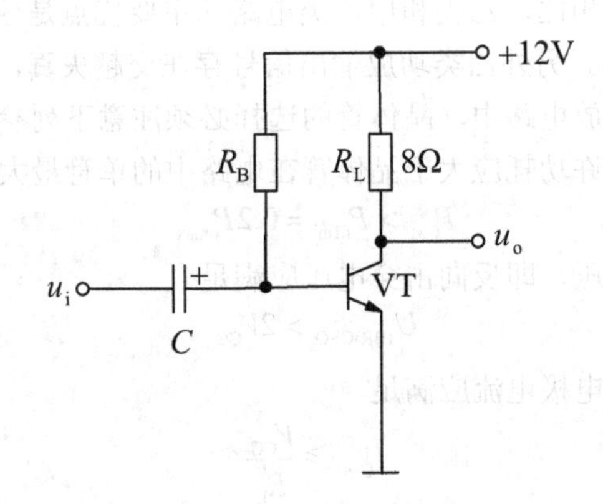

图 7.19　习题 2 电路图

3. 一双电源互补对称功率放大电路如图 7.20 所示，已知 V_{CC}=12V，R_L=8Ω，u_i 为正弦波。

(1) 在 BJT 的饱和压降 U_{CES}=0 的条件下，负载上可能得到的最大输出功率 P_{om} 为多少? 每个管子允许的管耗 P_{CM} 至少应为多少? 每个管子的耐压 $|U_{(BR)CEO}|$ 至少应大于多少?

(2) 当输出功率达到最大时，电源供给的功率 P_E 为多少? 输出功率最大时的输入电压有效值应为多大?

4. 电路如图 7.20 所示，已知 V_{CC}=15V，R_L=16Ω，u_i 为正弦波。

(1) 在输入信号 U_i=8V(有效值)时，求电路的输出功率、管耗、直流电源供给的功率和效率。

(2) 当输入信号幅值 $U_{im}=V_{CC}$=15V 时，求电路的输出功率、管耗、直流电源供给的功率和效率。

(3) 当输入信号幅值 U_{im}=20V 时，电路的输出会发生什么现象?

5. 在图 7.21 所示电路中，已知 V_{CC} = 16V，R_L = 4Ω，VT_1 和 VT_2 管的饱和压降 $|U_{CES}|$ = 2V，输入电压足够大。试计算:

(1) 最大输出功率 P_{om} 和效率 η。

(2) 晶体管的最大功耗 P_{Tmax}。

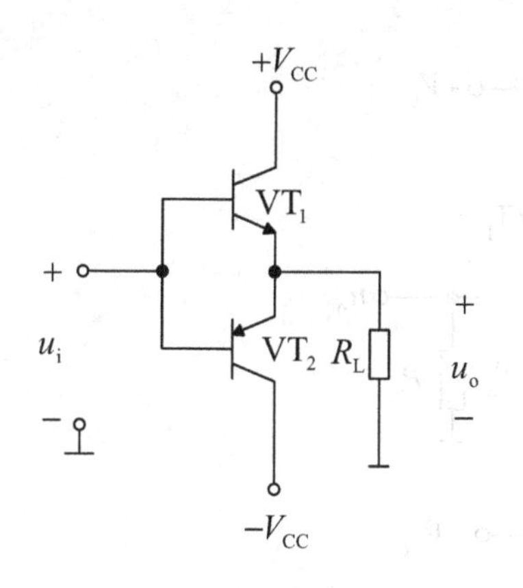

图 7.20 习题 3、4 电路图

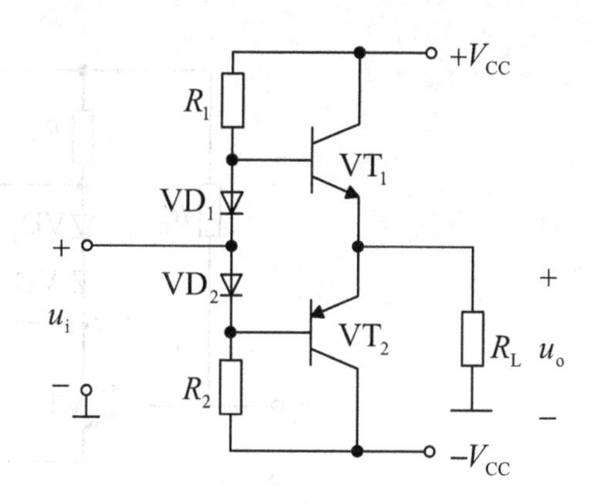

图 7.21 习题 5 电路图

6. 在图 7.22 所示电路中，已知 V_{CC} = 15V，VT_1 和 VT_2 管的饱和管压降 $|U_{CES}|$ = 2V，输入电压足够大。试计算:

(1) 最大不失真输出电压的有效值。

(2) 负载电阻 R_L 上电流的最大值。

(3) 最大输出功率 P_{om} 和效率 η。

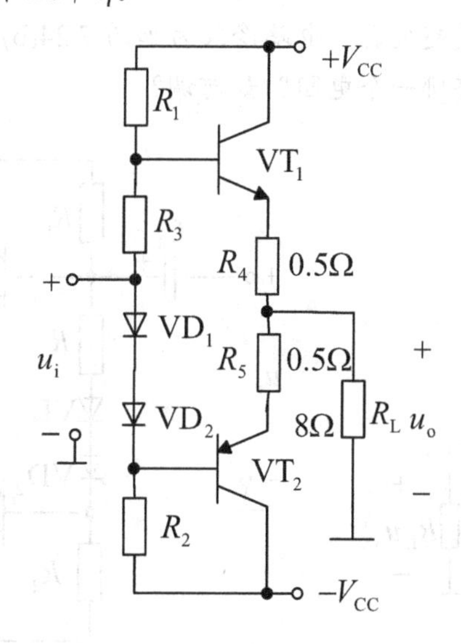

图 7.22 习题 6 电路图

7. 一带前置推动级的甲乙类双电源互补对称功放电路如图 7.23 所示，图中 V_{CC}=20V，R_L=8Ω，VT_1 和 VT_2 管的 $|U_{CES}|$ = 2V。

(1) 当 VT_3 管输出信号 U_{o3}=10V(有效值)时，计算电路的输出功率、管耗、直流电源供给的功率和效率。

(2) 计算该电路的最大不失真输出功率、效率和达到最大不失真输出时所需的 U_{o3} 有效值。

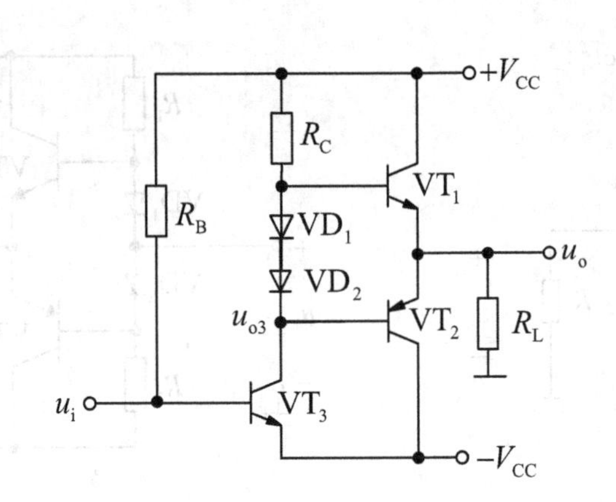

图 7.23 习题 7 电路图

8. 一乙类单电源互补对称(OTL)电路如图 7.24(a)所示，设 VT_1 和 VT_2 的特性完全对称，u_i 为正弦波，$R_L = 8\Omega$。

(1) 静态时，电容 C 两端的电压应是多少？

(2) 若管子的饱和压降 U_{CES} 可以忽略不计。忽略交越失真，当最大不失真输出功率可达到 9W 时，电源电压 V_{CC} 至少应为多少？

(3) 为了消除该电路的交越失真，电路修改为如图 7.24(b)所示，若此修改电路实际运行中还存在交越失真，应调整哪一个电阻？如何调？

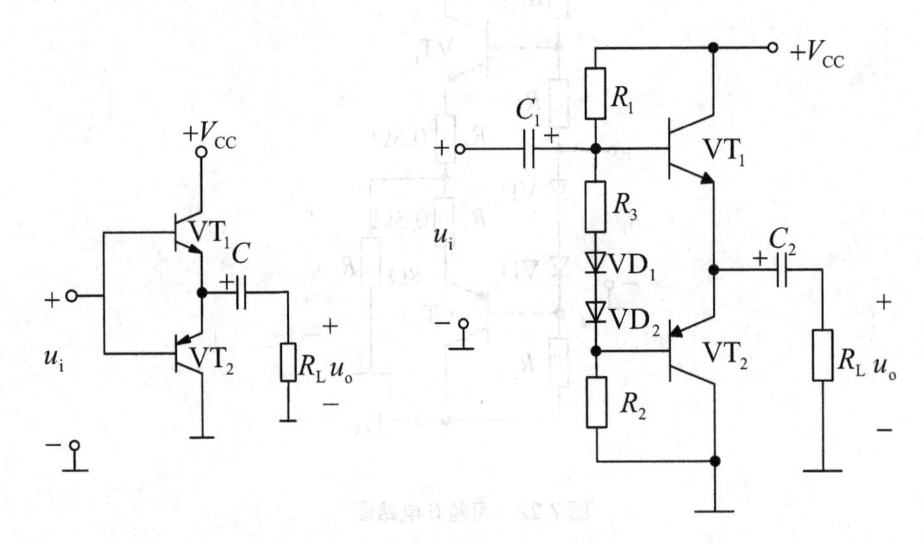

图 7.24 习题 8 电路图

9. 在图 7.25 所示电路中，已知 $V_{CC} = 15V$，VT_1 和 VT_2 管的饱和管压降 $|U_{CES}| = 1V$，集成运放的最大输出电压幅值为±13V，二极管的导通电压为 0.7V。

(1) 若输入电压幅值足够大，则电路的最大输出功率为多少？

(2) 为了提高输入电阻，稳定输出电压，且减小非线性失真，应引入哪种组态的交流负反馈？在电路中画出反馈电路。

(3) 若 $U_i = 0.1$V 时，$U_o = 5$V，则反馈网络中电阻的取值约为多少？

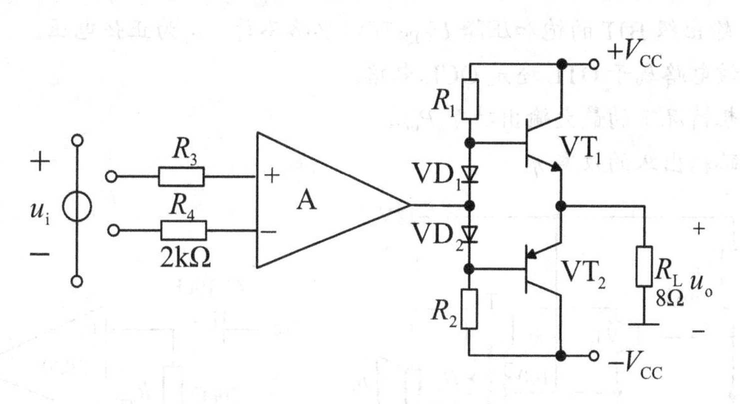

图 7.25　习题 9 电路图

10. 某电路的输出级如图 7.26 所示。试分析:

(1) R_3、R_4和 VT_3 电路组合有什么作用？

(2) 电路中引入 VD_1、VD_2有什么作用？

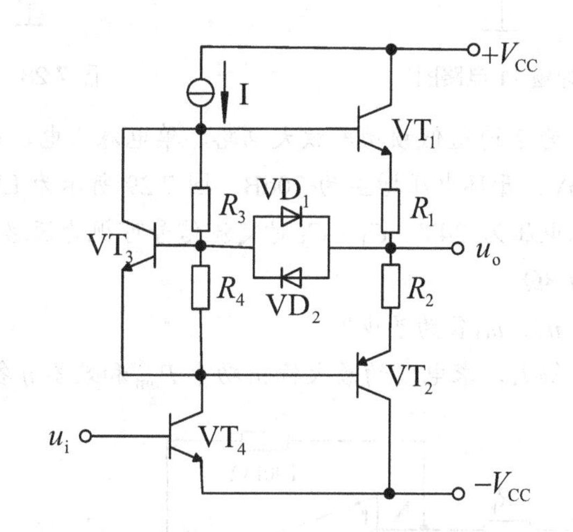

图 7.26　习题 10 电路图

11. 一个简易手提式小型扩音机的输出级如图 7.27 所示。

(1) 试计算负载上的输出功率和扩音机效率。

(2) 验算是否超过 BJT 3AD1 的限值？

提示:

(1) 电路基本上工作在乙类，T_{r2} 内阻可忽略，变压器效率为 0.8。管子 3AD1 的 $|U_{(BR)CEO}|=30$V，$I_{CM}=1.5$A，$P_{CM}=1$W(加散热片 150mm × 150mm × 3mm 时为 8W)。

(2) 此题的等效交流负载电阻为

$$R_L' = \left(\frac{N_1}{N_2}\right)^2 R_L$$

(3) 可参考双电源互补对称功放的有关计算公式算出 BJT 集电极输出功率，再乘以变压器效率就是负载 R_L 上的输出功率。

12. 2030 集成功率放大器的一种应用电路如图 7.28 所示，双电源供电，电源电压为 ±15V，假定其输出级 BJT 的饱和压降 U_{CES} 可以忽略不计，u_i 为正弦电压。

(1) 指出该电路属于 OTL 还是 OCL 电路。

(2) 求理想情况下的最大输出功率 P_{om}。

(3) 求电路输出级的效率 η。

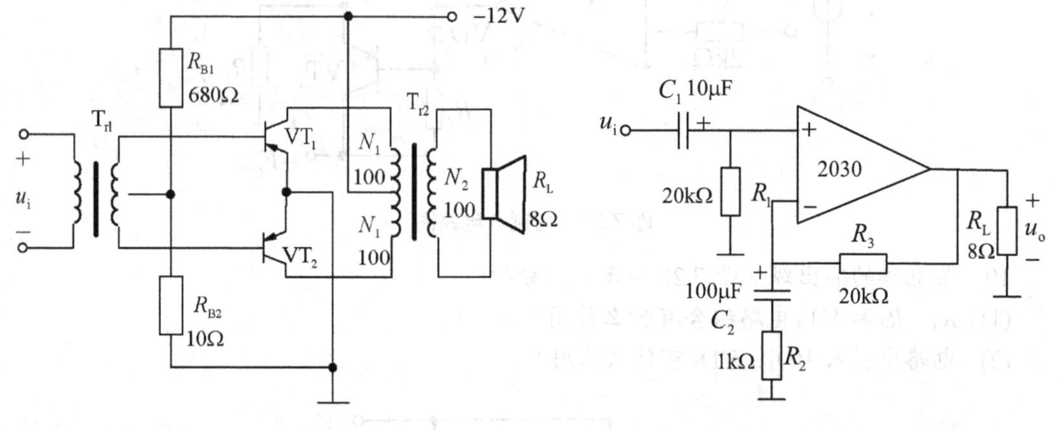

图 7.27　习题 11 电路图　　　图 7.28　习题 12 电路图

13. LM1877N−9 为 2 通道低频功率放大电路，单电源供电，最大不失真输出电压的峰峰值 $U_{op\text{-}p}=(V_{CC}-6)$V，开环电压增益为 70dB。图 7.29 所示为 LM1877N−9 中一个通道组成的实用电路，电源电压为 24V，C_1～C_3 对交流信号可视为短路；R_3 和 C_4 起相位补偿作用，可以认为负载为 8Ω。

(1) 求静态时 u_P、u_N、u_O 各为多少？

(2) 设输入电压足够大，求电路的最大输出功率 P_{om} 和效率 η 各为多少？

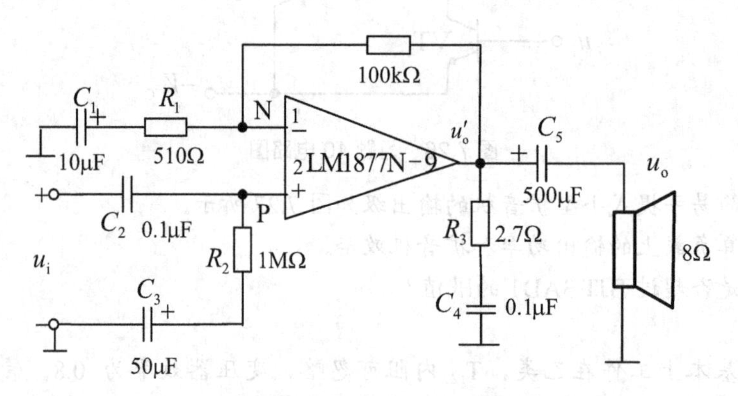

图 7.29　习题 13 电路图 S

第 8 章　模拟信号的运算和处理电路

本章要点

集成运算放大器线性电路的分析方法。

由集成运算放大器组成的典型运算电路。

典型的有源滤波电路。

集成运算放大器组成的信号变换电路。

本章难点

积分运算和微分运算电路。

有源滤波器的级联设计。

精密全波整流电路。

本章讨论由集成运算放大器构成的典型运算和处理电路。主要内容包括集成运算放大器线性电路的通用分析方法，典型运算电路的工作原理及应用，有源滤波电路的结构、原理及分析和设计方法，信号变换电路的组成和分析方法。通过学习，应掌握集成运算放大器线性电路的“虚短”和“虚断”分析方法；掌握比例运算、加减运算、乘法和除法运算、对数和指数运算、微分和积分运算等典型运算电路的原理及应用；理解低通、高通、带通滤波电路的组成和特点；了解集成滤波器和开关电容滤波器的原理和使用方法。

8.1　集成运算放大器应用电路的基本知识

集成运算放大器是一种差分输入、单端输出的放大电路，用来处理两个输入端之间的微弱差模信号，将其变换成以电源公共端为参考地的单端信号。其最早的应用表现在构成各种运算电路，并因此而得名，简称集成运放。集成运放具有差模电压增益高、共模电压增益低、输入阻抗高、输出阻抗低等特点。在分析集成运放的应用电路时，常常将其中的集成运放视为理想运放。所谓理想运放就是将集成运放的各项技术指标理想化，即具有如下特点。

开环差模电压增益 $A_{od} = \infty$ 。

共模抑制比 $K_{CMR} = \infty$ 。

差模输入电阻 $r_{id} = \infty$ 。

输出电阻 $r_o = 0$ 。

输入失调电压 U_{IO} 、输入失调电流 I_{IO} 及其温漂均为零。

输入偏置电流 $I_{IB} = 0$ 。

−3dB 带宽 $f_H = \infty$ 。

8.1.1 集成运放线性电路的分析方法

当集成运放工作在线性区时，其输出电压u_O与同相输入端电位u_P和反相输入端电位u_N满足关系$u_O = A_{od}(u_P - u_N)$，其中A_{od}是开环差模电压增益。

对于理想运放，由于A_{od}无穷大，而输出电压有限，则$u_P = u_N$，称同相输入端和反相输入端为“虚短”连接关系。由于理想运放的差模输入电阻$r_{id} = \infty$，因此$i_P = i_N = 0$，称同相输入端、反相输入端和输入信号之间为“虚断”连接。利用“虚短”和“虚断”的概念，结合电路分析中的节点电流法和电压叠加原理，可以分析由理想运放组成的线性电路。具体方法为：列出集成运放线性电路中各关键节点的电流方程，利用$u_P = u_N$和$i_P = i_N = 0$，求出输入输出之间的运算关系。对于多输入信号的情况，首先分别求出每个输入电压单独作用时的输出电压，然后将所有输出电压相加，即为所有输入信号同时作用下总的输出电压。

一般情况下，在分析集成运放的应用电路时将实际的集成运放视为理想运放有利于简化工作过程，其分析误差在工程上是允许的。

8.1.2 集成运放线性电路的组成结构

为了实现模拟信号的运算与处理，且为了稳定输出电压，需要从集成运放的输出端到其反相输入端引入深度电压负反馈，使其工作在线性区。其中的反馈网络可以是电阻或电抗型、线性或非线性，或者是它们的任意组合。

因此，集成运放线性电路的结构特征是：从集成运放的输出端到其反相输入端存在反馈通路。

8.2 典型运算电路

8.2.1 比例运算电路

1. 反相比例运算电路

反相比例运算电路如图 8.1 所示，输入电压u_I经电阻R接到运放的反相输入端，输出电压经反馈电阻引回到反相输入端，运放的同相输入端经电阻R_P接地。实际应用中，为保证集成运放输入级差分电路的对称性，选择R_P的阻值为$R_P = R // R_f$。

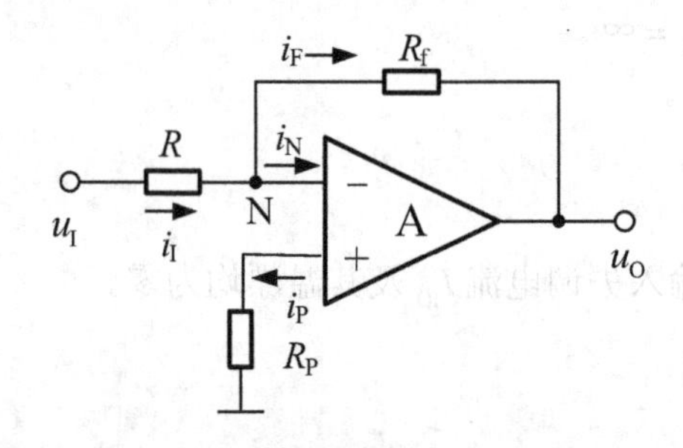

图 8.1 反相比例运算电路

依据“虚断”的原则，可得$i_{\mathrm{P}}=i_{\mathrm{N}}=0$；依据“虚短”的原则，可得$u_{\mathrm{N}}=u_{\mathrm{P}}=0$，节点 N 称为“虚地”。则节点 N 的电流方程为$i_{\mathrm{I}}=i_{\mathrm{F}}$，即

$$\frac{u_{\mathrm{I}}-u_{\mathrm{N}}}{R}=\frac{u_{\mathrm{N}}-u_{\mathrm{O}}}{R_{\mathrm{f}}}$$

$$u_{\mathrm{O}}=-\frac{R_{\mathrm{f}}}{R}u_{\mathrm{I}} \tag{8.1}$$

显然u_{O}与u_{I}为比例关系，负号表示二者反相。由于引入了深度电压并联负反馈，比例系数的数值由反馈电阻网络决定，实际应用中易于设计。

由于反相输入端为“虚地”，所以电路的输入电阻为$R_{\mathrm{i}}=R$。实际应用中，R的取值不宜过大。理想情况下，反相比例运算电路的反相输入端为“虚地”电位，其共模输入电压为零，电路的输出电阻为零，电路带载后运算关系不变。

【例 8.1】 T 型网络反相比例运算电路如图 8.2 所示，设$R=R_1=R_3=100\mathrm{k\Omega}$，$R_2=1\mathrm{k\Omega}$，试求：

(1) u_{o}与u_{I}之间的比例系数A_{u}。

(2) 电路的等效输入电阻R_{i}。

(3) 在断开R_2的情况下，要求$A_{\mathrm{u}}=-100$，$R_{\mathrm{i}}=100\mathrm{k\Omega}$，若$R_1=R_3$，$R$、$R_1$、$R_3$的阻值应为多少？

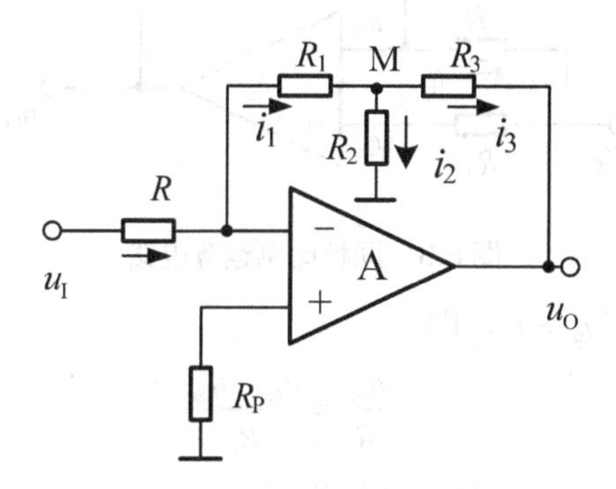

图 8.2　例 8.1 电路图

解： (1) 依据“虚短”和“虚断”原则列写方程，得

$$\frac{u_{\mathrm{I}}}{R}=-\frac{u_{\mathrm{M}}}{R_1}$$

$$u_{\mathrm{M}}=\frac{R_1 /\!/ R_2}{R_1 /\!/ R_2+R_3}u_{\mathrm{O}}$$

整理得

$$u_{\mathrm{O}}=-\frac{R_1}{R}\left(1+\frac{R_3}{R_1 /\!/ R_2}\right)u_{\mathrm{I}}$$

比例系数为

$$A_{\mathrm{u}}=-\frac{R_1}{R}\left(1+\frac{R_3}{R_1 /\!/ R_2}\right)\approx -102$$

(2) 由于反相输入端为“虚地”，所以电路的输入电阻为$R_{\mathrm{i}}=R=100\mathrm{k\Omega}$。

(3) 在断开 R_2 的情况下，电路为如图 8.1 所示的典型反相比例运算电路，则 $R = R_i = 100\text{k}\Omega$；$R_1 = R_3 = 100 \times 100\text{k}\Omega/2 = 5\text{M}\Omega$。

从例 8.1 可以看出，典型反相比例运算电路中要同时满足高输入阻抗和高增益两项指标，必须增大反馈电阻，而实际应用中不能保证大电阻的精度和稳定性，同时将引入较大的反馈电阻噪声，还会降低反馈深度，甚至不能满足深度负反馈的条件。

若采用 T 型网络反相比例运算电路，则电路中所用电阻阻值不大就能够同时满足高输入阻抗和高增益两项指标。但由于 R_2 的引入使反馈减弱，实际应用中为保证深度负反馈的条件，应选用开环增益较大的集成运放。

2. 同相比例运算电路

同相比例运算电路如图 8.3 所示，输入电压 u_I 经电阻 R_1 接到运放的同相输入端，但为保证引入负反馈，输出电压经反馈电阻 R_f 仍然引回到反相输入端，运放的反相输入端经电阻 R 接地。实际应用中，为保证集成运放输入级差分电路的对称性，选择 R_1 的阻值为 $R_1 = R // R_f$。

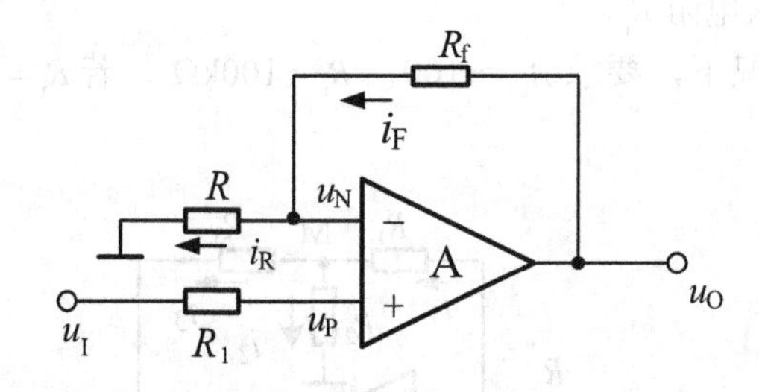

图 8.3 同相比例运算电路

依据“虚断”的原则有 $i_R = i_F$，即

$$\frac{u_N}{R} = \frac{u_O - u_N}{R_f} \tag{8.2}$$

又由“虚短”知 $u_N = u_P = u_I$，代入式(8.2)得

$$u_O = \left(1 + \frac{R_f}{R}\right) u_I \tag{8.3}$$

式(8.3)表明：u_O 与 u_I 同相，且比例系数大于或等于 1。

当 $R_f = 0$ 或 $R = \infty$ 时，电路简化为如图 8.4 所示的形式，分析可知 $u_O = u_I$，称为电压跟随器。

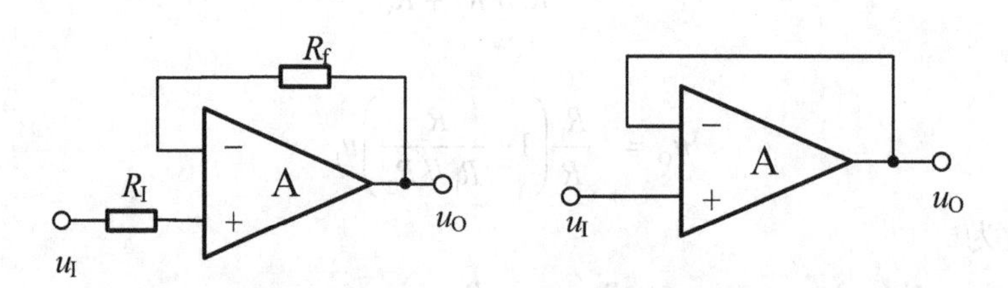

图 8.4 电压跟随器

由“虚断”的概念可知，理想的同相比例运算电路的输入电阻为无穷大。

实际应用中，同相比例运算电路由于引入了深度电压并联负反馈，因此具有输入电阻高、输出电阻低的优点。但由于存在共模输入，应当选用高共模抑制比的集成运放。

多级电路级联时，理想情况下认为各级电路的输出电阻均为零，具有恒压特性，所以后级电路虽然是前级电路的负载，但不影响前级电路的运算关系，因此每级电路的分析和单级电路完全相同。

【例 8.2】 电路如图 8.5 所示，试列写输入/输出关系表达式。

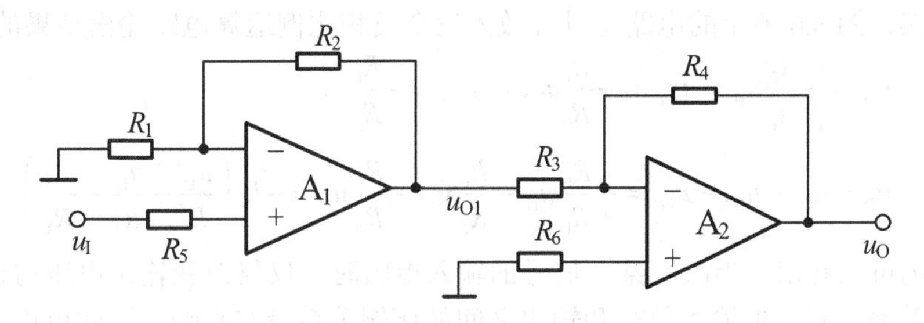

图 8.5　例 8.2 电路图

解： 单独分析各级电路即可。A_1 构成同相比例运算电路，A_2 构成反相比例运算电路，则

$$u_{O1}=\left(1+\frac{R_2}{R_1}\right)u_I$$

$$u_O=-\frac{R_4}{R_3}u_{O1}=-\frac{R_4}{R_3}\left(1+\frac{R_2}{R_1}\right)u_I$$

8.2.2　加法和减法运算电路

1. 反相求和运算电路

在如图 8.6 所示的反相求和运算电路中，三个输入信号共同作用于运放的反相输入端。电路仍然引入电压负反馈。对于多输入信号的电路，可以采用两种分析方法。

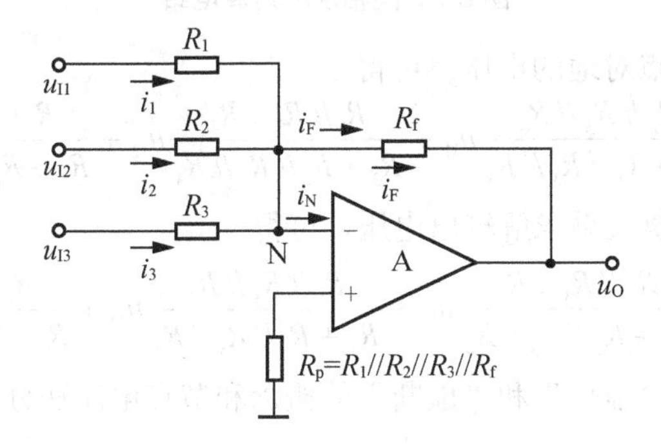

图 8.6　反相求和运算电路

方法一： 同前面分析比例运算电路一样，利用“虚短”和“虚断”的概念和节点电流法进行分析。由 $u_N=u_P=0$ 和 $i_1+i_2+i_3=i_F$ 可得如下方程：

$$\frac{u_{I1}}{R_1}+\frac{u_{I2}}{R_2}+\frac{u_{I3}}{R_3}=-\frac{u_O}{R_f}$$

则输出电压为

$$u_O=-R_f\left(\frac{u_{I1}}{R_1}+\frac{u_{I2}}{R_2}+\frac{u_{I3}}{R_3}\right) \tag{8.4}$$

方法二：分别求出各输入信号单独作用时的输出电压，然后利用叠加原理获得总的输出电压。显然，图 8.6 所示的电路可以等效为三个反相比例运算电路输出结果的叠加。即

$$u_{O1}=-\frac{R_f}{R_1}u_{I1}，\quad u_{O2}=-\frac{R_f}{R_2}u_{I2}，\quad u_{O3}=-\frac{R_f}{R_3}u_{I3}$$

$$u_O=u_{O1}+u_{O2}+u_{O3}=-\frac{R_f}{R_1}u_{I1}-\frac{R_f}{R_2}u_{I2}-\frac{R_f}{R_3}u_{I3}=-R_f\left(\frac{u_{I1}}{R_1}+\frac{u_{I2}}{R_2}+\frac{u_{I3}}{R_3}\right)$$

由式(8.4)可以看出，当改变某一信号的输入电阻时，仅仅改变输出电压与该输入电压之间的比例关系，对其他输入信号和输出之间的比例关系没有影响，因此可以灵活方便地调节反相求和运算电路的各比例系数。

2．同相求和运算电路

多个输入信号同时作用于运放的同相输入端即构成同相求和运算电路，如图 8.7 所示，电路仍然引入电压负反馈。

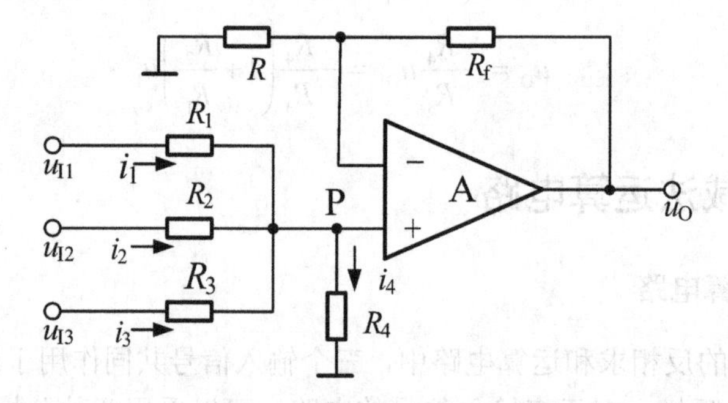

图 8.7　同相求和运算电路

利用叠加原理求 P 点对地的电压，可得

$$u_P=\frac{R_2/\!/R_3/\!/R_4}{R_1+R_2/\!/R_3/\!/R_4}u_{I1}+\frac{R_1/\!/R_3/\!/R_4}{R_2+R_1/\!/R_3/\!/R_4}u_{I2}+\frac{R_1/\!/R_2/\!/R_4}{R_3+R_1/\!/R_2/\!/R_4}u_{I3}$$

再利用同相比例运算关系求解输出电压，可得

$$u_O=\left(1+\frac{R_f}{R}\right)\left(\frac{R_2/\!/R_3/\!/R_4}{R_1+R_2/\!/R_3/\!/R_4}u_{I1}+\frac{R_1/\!/R_3/\!/R_4}{R_2+R_1/\!/R_3/\!/R_4}u_{I2}+\frac{R_1/\!/R_2/\!/R_4}{R_3+R_1/\!/R_2/\!/R_4}u_{I3}\right) \tag{8.5}$$

当然，也可以利用“虚短”和“虚断”的概念和节点电流法分析同相求和运算电路，分析结果和式(8.5)相同。

由式(8.5)可以看出，当改变某一信号的输入电阻时，其他输入信号和输出电压之间的比例关系将随之变化，因此同相求和运算电路各比例系数的调节不如反相求和运算电路简单方便。

3．加减运算电路

图 8.8 所示为采用单级运放实现的加减运算电路。将同相求和运算电路和反相求和运算电路相结合，即构成加减运算电路。利用叠加原理可以求解输入电压和输出电压之间的关系。

当所有反相输入信号同时作用，所有同相输入信号为零时，输出电压为

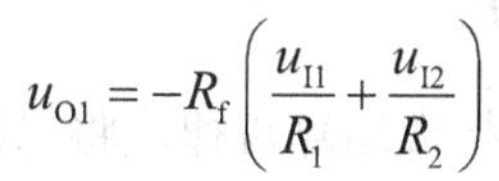

$$u_{O1} = -R_f\left(\frac{u_{I1}}{R_1}+\frac{u_{I2}}{R_2}\right)$$

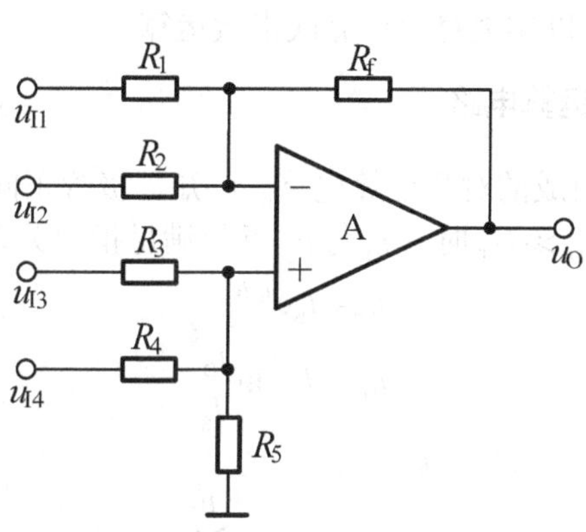

图 8.8　单级运放构成的加减运算电路

当所有同相输入信号同时作用，所有反相输入信号为零时，输出电压为

$$u_{O2} = \left(1+\frac{R_f}{R_1 // R_2}\right)\cdot\left(\frac{R_4 // R_5}{R_3+R_4 // R_5}u_{I3}+\frac{R_3 // R_5}{R_4+R_3 // R_5}u_{I4}\right)$$

若 $R_1 // R_2 // R_f = R_3 // R_4 // R_5$，则输出电压为

$$u_O = u_{O1}+u_{O2} = R_f\left(\frac{u_{I3}}{R_3}+\frac{u_{I4}}{R_4}-\frac{u_{I1}}{R_1}-\frac{u_{I2}}{R_2}\right) \tag{8.6}$$

在由单级运放构成的加减运算电路中，阻值的选取以及比例系数的调整很不方便。图 8.9 所示为采用两级运放实现的加减运算电路，运放 A_1 和运放 A_2 分别构成两输入的反相加法运算电路，其输出电压分别为

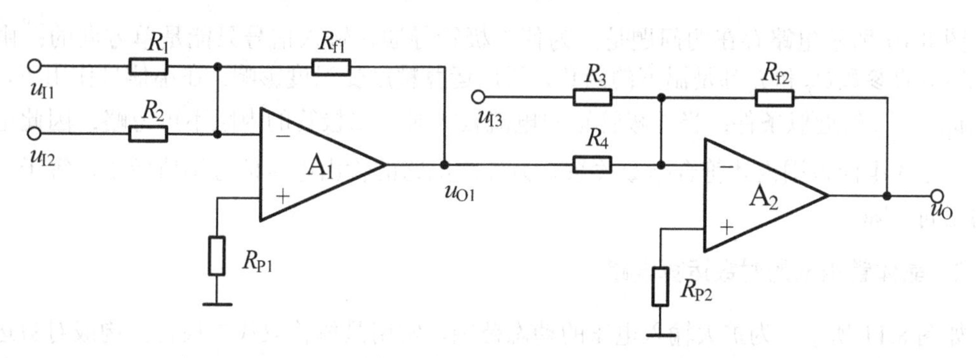

图 8.9　两级运放构成的加减运算电路

$$u_{O1}=-R_{f1}\left(\frac{u_{I1}}{R_1}+\frac{u_{I2}}{R_2}\right)$$

$$u_O=-R_{f2}\left(\frac{u_{I3}}{R_3}+\frac{u_{O1}}{R_4}\right)=R_{f2}\left(\frac{R_{f1}}{R_4}\left(\frac{u_{I1}}{R_1}+\frac{u_{I2}}{R_2}\right)-\frac{u_{I3}}{R_3}\right)$$

8.2.3 对数和指数运算电路

利用 PN 结伏安特性所具有的指数运算规律，将二极管或者三极管分别接入集成运放的反馈回路或输入回路，可以实现对数运算或指数运算。

1. 二极管组成的对数运算电路

图 8.10 所示为二极管组成的对数运算电路。已知二极管正向电流与其端电压之间符合方程 $i_D=I_S(e^{u_D/U_T}-1)$，当 $u_D\gg U_T$ 时，i_D 与 u_D 近似满足指数关系

$$i_D\approx I_S e^{u_D/U_T}$$

即

$$u_D\approx U_T\ln\frac{i_D}{I_S}$$

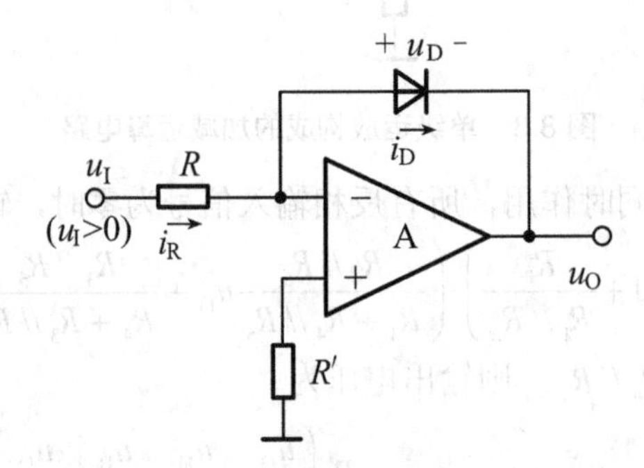

图 8.10 二极管组成的对数运算电路

依据“虚短”和“虚断”的原则有 $i_D=i_R$，$u_O=-u_D$。则

$$u_O\approx -U_T\ln\frac{i_D}{I_S}=-U_T\ln\frac{i_R}{I_S}=-U_T\ln\frac{u_I}{I_S R} \tag{8.7}$$

图 8.10 所示电路存在的问题是：为使二极管导通，输入信号只能是单方向的；由于式(8.7)中的参数 U_T 和 I_S 都是温度的函数，所以运算精度受温度影响。在小信号作用下，不满足 $u_D\gg U_T$ 的近似条件；当二极管正向电流较大时，二极管的内阻不可忽略；因此电路仅在一定的电流范围内才符合指数关系。另外，电路的输出电压信号幅值较小，等于二极管的正向压降。

2. 晶体管组成的对数运算电路

如图 8.11 所示，为扩大输入电压的动态范围，常用晶体管取代二极管，构成对数运算电路。忽略晶体管基区体电阻压降，设共基电路放大系数 a 近似为 1，若 $u_{BE}\gg U_T$，则有

$i_C = a i_E \approx I_S e^{\frac{u_{BE}}{U_T}}$，即 $u_{BE} \approx U_T \ln \frac{i_C}{I_S}$。则输出电压为

$$u_O = -u_{BE} \approx -U_T \ln \frac{u_I}{I_S R}$$

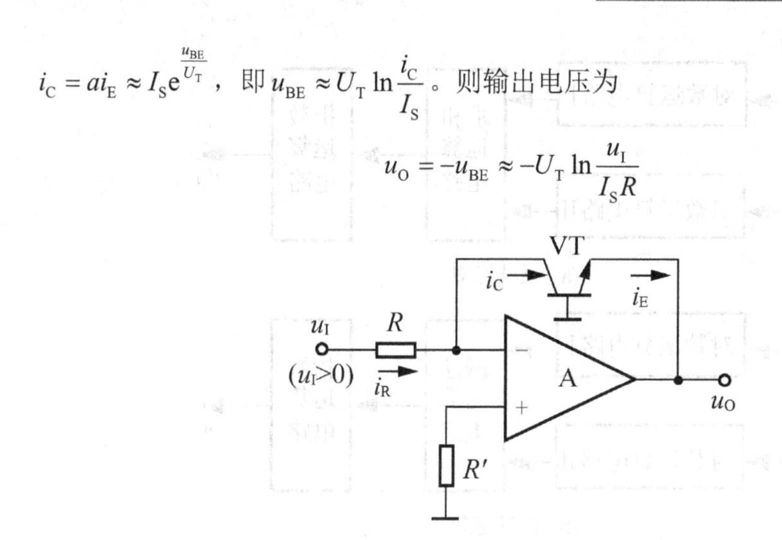

图 8.11　晶体管组成的对数运算电路

为克服温度变化对运算精度的影响，集成的对数运算电路中利用特性相同的两个三极管进行补偿。实际应用时还可以采用热敏电阻补偿温度的影响。

3．指数运算电路

指数运算是对数运算的逆运算。将对数电路中的二极管或三极管和输入电阻互换，即可实现指数运算，如图 8.12 所示。u_I 应大于零且只能工作在发射结导通电压范围内。因为

$u_{BE} = u_I$，$i_R = i_E \approx I_S e^{\frac{u_I}{U_T}}$，所以

$$u_O = -i_R R = -I_S e^{\frac{u_I}{U_T}} R \tag{8.8}$$

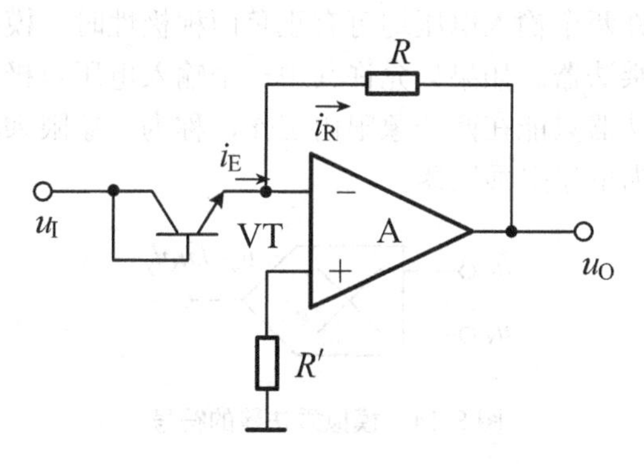

图 8.12　晶体管组成的指数运算电路

指数电路和对数电路一样受温度影响，可以采用类似的补偿方法。

4．利用对数和指数电路实现乘法和除法运算

如果 $Z = XY$，则 $\ln Z = \ln X + \ln Y$；如果 $Z = X/Y$，则 $\ln Z = \ln X - \ln Y$。依据乘法和除法与指数和对数运算之间的关系，可以给出图 8.13 所示的乘法和除法运算电路组成原理框图。

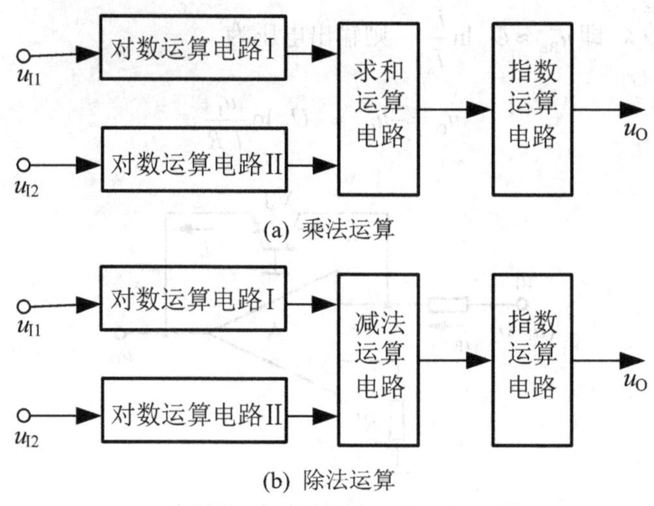

图 8.13 乘法和除法运算电路组成原理框图

8.2.4 模拟乘法器及其典型应用电路

模拟乘法器是实现两个模拟信号相乘运算的非线性电子器件，可以用来实现乘、除、乘方、开方等运算，还可用于构成信号的倍频变换、功率测量和增益控制等实用电路。

1．模拟乘法器的概念

模拟乘法器的符号如图 8.14 所示，输出电压和两个输入电压的乘积成比例，即 $u_O = ku_xu_y$，其中 k 为乘积系数，又称乘积增益。当 $k>0$ 时，称为同相乘法器；当 $k<0$ 时，称为反相乘法器。当允许两个输入电压均可有正负两种极性时，模拟乘法器可以在四个象限内工作，称为四象限乘法器。如果只允许其中一个输入电压双极性工作，而另一个输入电压为单一极性，则乘法器只能在两个象限内工作，称为二象限乘法器。如果两个输入电压均为单极性的，则称为单象限乘法器。

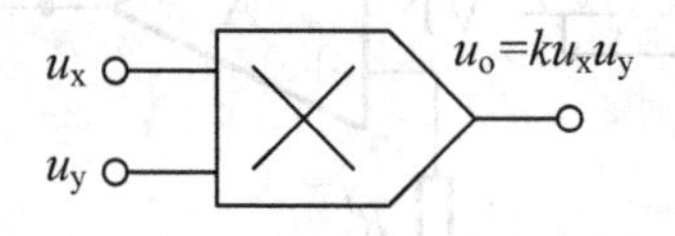

图 8.14 模拟乘法器的符号

2．变跨导模拟乘法器的原理

集成的模拟乘法器产品多采用变跨导型电路，其结构比较简单、成本低、频带较宽、速度较高。图 8.15 所示为二象限变跨导模拟乘法器的原理电路，是在差分放大电路的基础上演变而来的。由差分放大电路的对称性，可得

$$I_{E1Q} = I_{E2Q} = I_{EQ} = \frac{I}{2} = \frac{u_y - U_{BE3}}{2R_e} \tag{8.9}$$

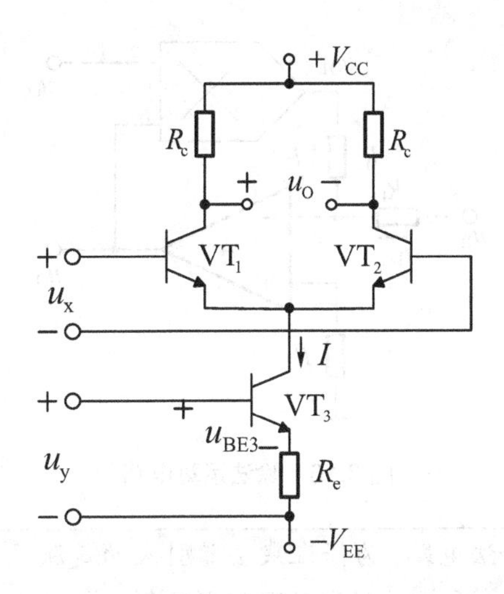

图 8.15　二象限变跨导模拟乘法器的原理电路

当 $u_y \gg U_{BE3}$ 时，式(8.9)简化为

$$I_{EQ} \approx \frac{u_y}{2R_e}$$

已知差分放大电路的输出电压为

$$u_O = -\frac{\beta R_c}{r_{be}} u_x \tag{8.10}$$

式中，$r_{be} = r_{bb'} + (1+\beta)\dfrac{U_T}{I_{EQ}}$，一般 $(1+\beta)\dfrac{U_T}{I_{EQ}} \gg r_{bb'}$，则 $r_{be} \approx (1+\beta)\dfrac{U_T}{I_{EQ}}$，代入式(8.10)得

$$u_O \approx -\frac{I_{EQ}}{U_T} \cdot R_c \cdot u_x \approx -\frac{u_y}{2R_e U_T} \cdot R_c \cdot u_x = -g_m \cdot R_c \cdot u_x = k \cdot u_x \cdot u_y \tag{8.11}$$

式中，$g_m = \dfrac{I_{EQ}}{U_T} \approx \dfrac{u_y}{2R_e U_T}$ 称为差分电路的跨导，显然跨导 g_m 不是常数，而随 u_y 变化，故称为变跨导型电路。输出电压 u_O 与输入电压 u_x 和 u_y 的乘积成比例，实现了乘法运算，k 为乘法器的乘积系数。

对于图 8.15 所示的原理电路，若 u_y 幅度较小，不能满足 $u_y \gg U_{BE3}$ 时，运算误差较大。另外，u_y 必须单极性，即满足 $u_y > 0$，因此该电路属于二象限乘法器。

3．除法运算电路

如图 8.16 所示，将模拟乘法器放在集成运放的反馈通路中，可构成除法运算电路。这种运算电路采用了逆运算(又称反函数)型电路设计方法。由模拟乘法器的运算关系可知 $u_{O1} = ku_{I2}u_O$，又依据“虚短”和“虚断”原则有 $\dfrac{u_{I1}}{R_1} = -\dfrac{u_{O1}}{R_2}$，则

$$u_O = -\frac{R_2}{kR_1} \cdot \frac{u_{I1}}{u_{I2}} \tag{8.12}$$

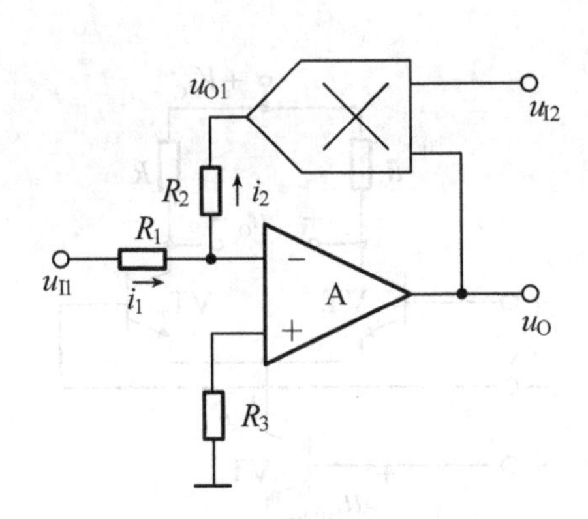

图 8.16　除法运算电路

注意：对于图 8.16 所示的除法电路，为保证乘法器引入的是深度负反馈，要求 u_{O1} 必须和 u_{I1} 反相，又已知 u_O 和 u_{I1} 反相，则要求同相乘法器的输入 u_{I2} 为正极性，而反相乘法器的输入 u_{I2} 为负极性。请读者思考：如果模拟乘法器接入到运放 A 的同相端，对于输入信号的极性有什么要求？

4．开方运算电路

图 8.17(a)所示为平方根运算电路，是一种反函数型运算电路，其中反馈回路完成平方运算，即 $u_{O1}=ku_O^2$。又由 $i_1=i_2$，$u_N=u_P=0$ 可得 $\dfrac{u_I}{R_1}=\dfrac{-u_{O1}}{R_2}=-\dfrac{-ku_O^2}{R_2}$，即

$$|u_O|=\sqrt{-\frac{R_2u_I}{kR_I}} \tag{8.13}$$

显然 u_I 与 k 必须符号相反。因为 u_O 与 u_I 极性相反，所以当 $u_I>0$、$k<0$ 时有 $u_O=-\sqrt{-\dfrac{R_2u_I}{kR_1}}$；当 $u_I<0$、$k>0$ 时有 $u_O=\sqrt{-\dfrac{R_2u_I}{kR_1}}$。

图 8.17(b)所示为立方根运算电路，其中反馈回路完成立方运算，即 $u_{O1}=k^2u_O^3$。又由 $i_1=i_2$，$u_N=u_P=0$ 可得 $\dfrac{u_I}{R_1}=-\dfrac{u_{O1}}{R_2}$，则输出电压为

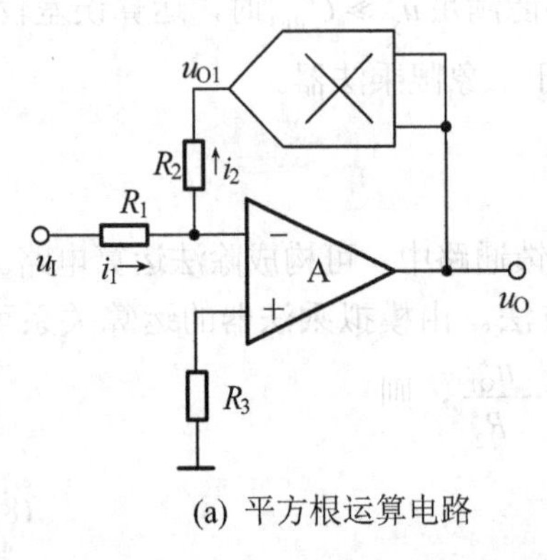

(a) 平方根运算电路

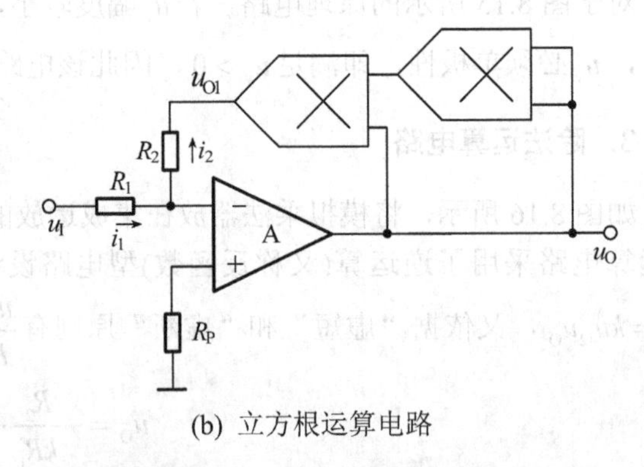

(b) 立方根运算电路

图 8.17　开方运算电路

$$u_{\mathrm{O}}=\sqrt[3]{-\frac{R_2}{k^2R_1}\cdot u_{\mathrm{I}}} \tag{8.14}$$

无论采用同相还是反相乘法器，因为u_{O}^3与u_{I}反相，所以电路均引入负反馈。

理论上可以采用多个模拟乘法器级联组成任意次幂的运算电路，但是实际上当级联的乘法器超过 3 个时，运算误差的积累就会使运算精度很差。因此高次幂的乘方或高次根的开方运算电路通常采用对数和指数电路与模拟乘法器相组合，如图 8.18 所示。

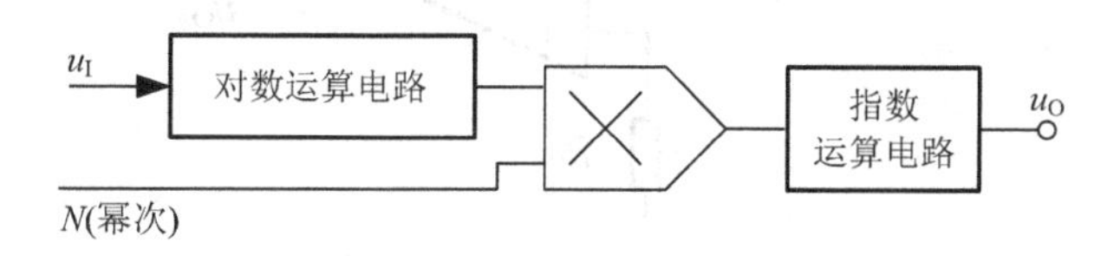

图 8.18　N 次幂运算电路

注意：反函数型运算电路中要求正确设置输入信号的极性，否则电路将引入正反馈，出现运放不能返回线性区工作的现象，称为电路闭锁。实用中常在运放输出端串联二极管，以防止闭锁现象发生。

5．模拟信号的倍频变换

模拟乘法器除了可以构成各种运算电路，还广泛用于信号处理领域。如果将一个正弦波电压信号同时接入到乘法器的两个输入端，则有

$$u_{\mathrm{O}}=ku_{\mathrm{I1}}u_{\mathrm{I2}}=k(U_{\mathrm{m}}\sin\omega t)^2=\frac{U_{\mathrm{m}}^2}{2}(1-\cos 2\omega t) \tag{8.15}$$

在乘法器的输出端接入隔直电容即可获得二倍频的余弦信号。

8.2.5　积分运算和微分运算电路

1．积分运算电路

将比例运算放大电路中的反馈电阻用电容替代，就构成了积分运算电路，如图 8.19 所示。已知电容两端的电压u_{C}与流过电容的电流i_{C}存在积分关系，即$u_{\mathrm{C}}=\frac{1}{C}\int i_{\mathrm{C}}\mathrm{d}t$。因为电路中 N 点为“虚地”，则有$i_{\mathrm{C}}=i_{\mathrm{R}}=\frac{u_{\mathrm{I}}}{R}$，$u_{\mathrm{O}}=-u_{\mathrm{C}}$。因此，有

$$u_{\mathrm{O}}=-\frac{1}{C}\int i_{\mathrm{C}}\mathrm{d}t=-\frac{1}{RC}\int u_{\mathrm{I}}\mathrm{d}t \tag{8.16}$$

当求解t_1到t_2时间段的积分数值时，有

$$u_{\mathrm{O}}=-\frac{1}{RC}\int_{t_1}^{t_2}u_{\mathrm{I}}\mathrm{d}t+u_{\mathrm{O}}(t_1)$$

其中$u_{\mathrm{O}}(t_1)$为积分器输出的初始值。

对于图 8.19 所示电路，当输入为低频信号时，电容的阻抗增大，反馈作用减弱，为防止增益过大而使电路不能稳定工作，实际应用电路中常在电容上并联一个电阻加以限制，

如图 8.19 中虚线所示。

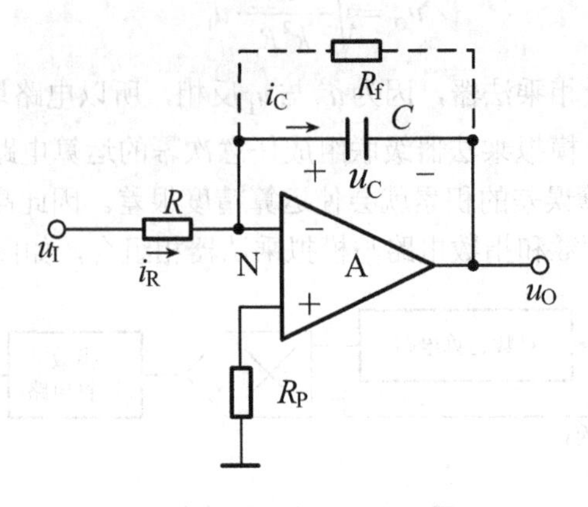

图 8.19　积分运算电路

2. 微分运算电路

微分是积分的逆运算。将积分电路反馈网络中的电阻和电容互换，即构成微分运算电路，如图 8.20 所示。

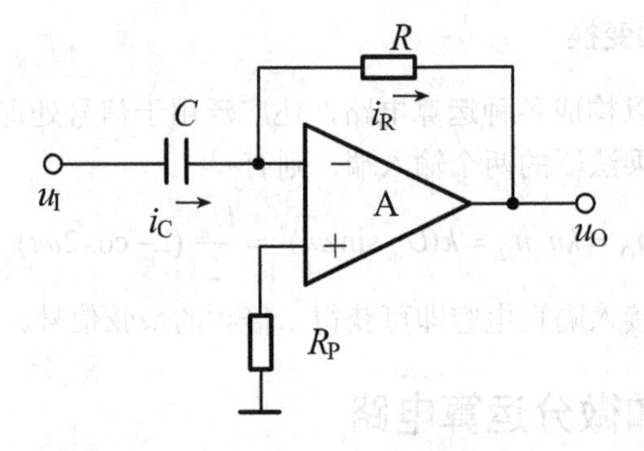

图 8.20　微分运算电路

依据“虚短”和“虚断”分析方法，有 $i_R = i_C = C\dfrac{du_I}{dt}$，因此，输出电压为

$$u_O = -i_R R = -RC\frac{du_I}{dt} \tag{8.17}$$

可见，输出电压和输入电压满足微分关系。

当图 8.20 所示电路的输入信号频率升高时，电容的容抗减小，则电路的闭环增益增大，即电路对于高频噪声信号敏感。另外，电路的反馈网络为滞后环节，易与集成运放内部的滞后环节相叠加而引起自激振荡，从而使电路不能稳定工作。再有，当输入电压发生突变时可能使集成运放进入非线性状态，出现电路闭锁现象。

为解决以上问题，常采用如图 8.21 所示的实用微分电路。其中，R_1 和 C_1 用来降低高频增益，从而抑制高频噪声；R 和 C_1 构成超前相位环节，用来进行相位补偿，提高电路稳定性；两个稳压管用以限制输出幅度，防止电路闭锁。当 $R_1 \ll \dfrac{1}{\omega C}$，而 $R \ll \dfrac{1}{\omega C_1}$ 时，R_1 和 C_1

对电路影响很小，电路的输出电压和输入电压之间近似满足微分关系。

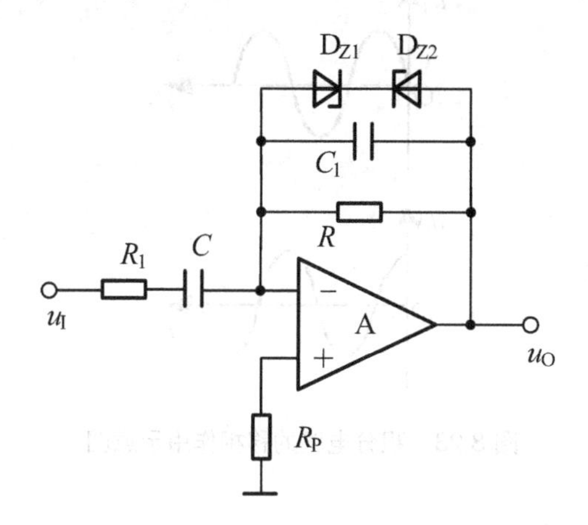

图 8.21　实用微分运算电路

3. 积分电路和微分电路的应用

1)　波形变换

如图 8.22 所示，图 8.19 所示的积分电路可以实现方波—三角波的波形变换；图 8.20 所示的微分电路可以将方波变换为尖脉冲波。

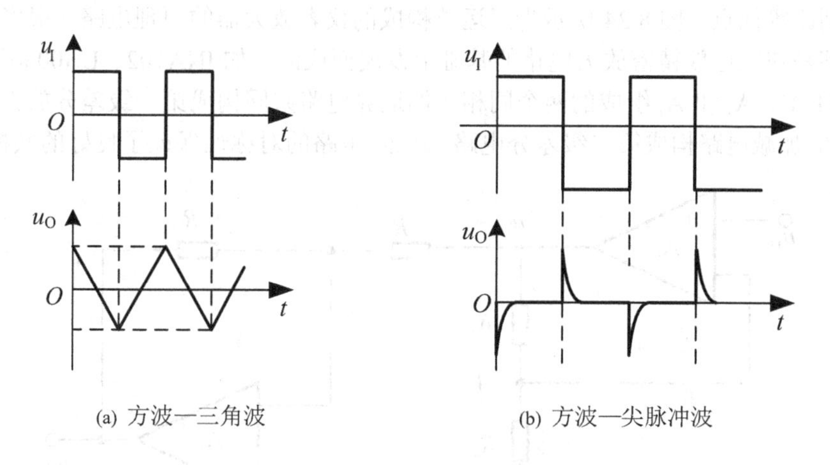

(a) 方波—三角波　　(b) 方波—尖脉冲波

图 8.22　波形变换示意图

2)　移相

如果在积分或微分运算电路中输入正弦波，则输出为余弦电压信号。如图 8.23 所示。图 8.19 所示的积分电路可使输出电压相位超前输入电压 90°；而图 8.20 所示的微分电路可使输出电压相位滞后输入电压 90°。

积分电路和微分电路的其他典型应用包括：常用于自动控制系统中构成调节器；作为组成模拟计算机的基本单元，实现对微分方程的模拟；利用电路中电容的充放电过程实现延时、定时等功能。

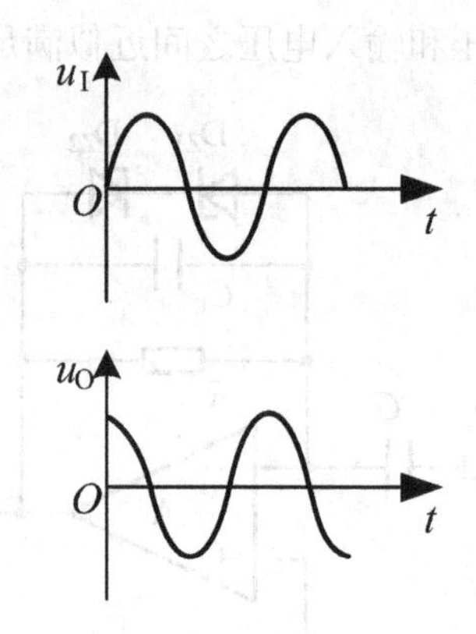

图 8.23　积分电路的移相作用示意图

8.2.6　综合应用电路

将前面介绍的典型运算电路相互综合，可以构成各种特殊用途的电路。下面给出两个应用实例。

1．仪表放大器

仪表放大器通常用于将传感器输出的微弱信号进行放大，具有高增益、高输入电阻和高共模抑制比等优点。图 8.24 所示为三运放构成的仪表放大器的原理电路，很多集成的仪表放大器都是在三运放精密放大电路的基础上发展而成的，如 INA102、LH0036、AD620。

图 8.24 中，A_1 和 A_2 组成的两个同相比例运算电路共同构成第一级差分放大电路，运放 A_3 构成的加减电路构成第二级差分电路。显然，电路的对称性保证了良好的共模抑制比。

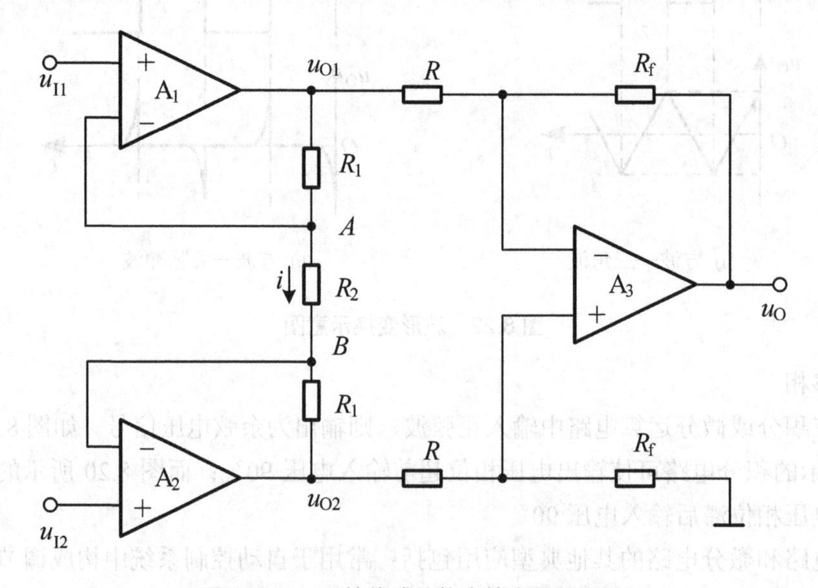

图 8.24　三运放构成的仪表放大器原理图

依据“虚短”和“虚断”原则，可得

$$\frac{u_{I1}-u_{I2}}{R_2}=\frac{u_{O1}-u_{O2}}{2R_1+R_2}$$

又由 A_3 构成的加减电路运算关系，可得

$$u_O=-\frac{R_f}{R}(u_{O1}-u_{O2})=-\frac{R_f}{R}\left(1+\frac{2R_1}{R_2}\right)(u_{I1}-u_{I2}) \tag{8.18}$$

2．微分方程模拟电路

图 8.25 所示为一个由加法运算电路和积分运算电路共同组成的应用电路。设 $x=\frac{t}{RC}$，由积分运算电路的分析结果，可以给出图中 A、B 点的输出电压为

$$u_A=-\frac{dy}{dx}，\quad u_B=\frac{d^2y}{dx^2}$$

则由加法运算电路可以求出以下微分方程

$$\frac{d^2y}{dx^2}+a\frac{dy}{dx}+by=f(x) \tag{8.19}$$

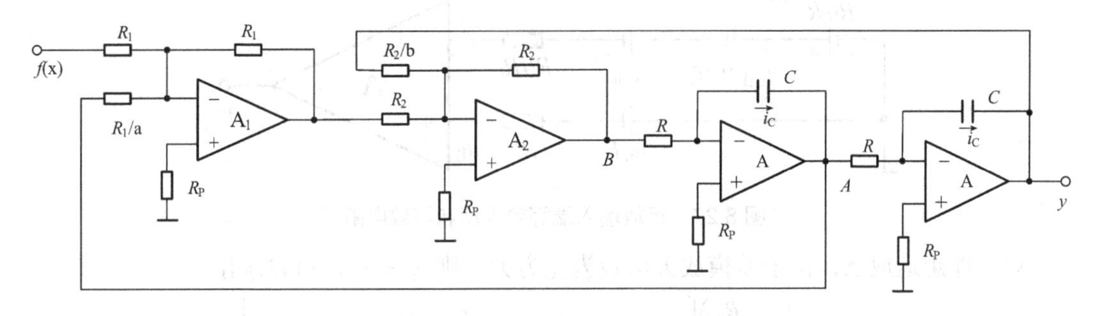

图 8.25　模拟计算机解微分方程电路图

8.2.7　集成运放性能指标对运算误差的影响

前面分析由集成运放构成的线性电路时，均认为集成运放为理想运放。实际应用中，由于运放的开环差模电压增益 A_{od}、共模抑制比 K_{CMR}、差模输入电阻 r_{id} 均为有限值，输入偏置电流 I_{IB}、输入失调电压 U_{IO} 及其温漂、输入失调电流 I_{IO} 及其温漂均不为零，必然引入误差。下面以输入偏置电流、输入失调电压、输入失调电流不为零为例进行误差分析。

仅考虑输入偏置电流 I_{IB}、输入失调电压 U_{IO}、输入失调电流 I_{IO} 的影响，比例运算电路的等效电路如图 8.26 所示，其中 A 为理想运放。图中 $I_{B1}=I_{IB}+\frac{I_{IO}}{2}$，$I_{B2}=I_{IB}-\frac{I_{IO}}{2}$。利用戴维南定理和诺顿定理可得理想运放 A 两输入端的等效电压和等效电阻，如图 8.27 所示。A 两输入端的电位分别为

$$u_P=-\left(I_{IB}-\frac{I_{IO}}{2}\right)R'$$

$$u_N=\frac{R}{R+R_f}u_O-\left(I_{IB}+\frac{I_{IO}}{2}\right)(R//R_f)-u_{IO}$$

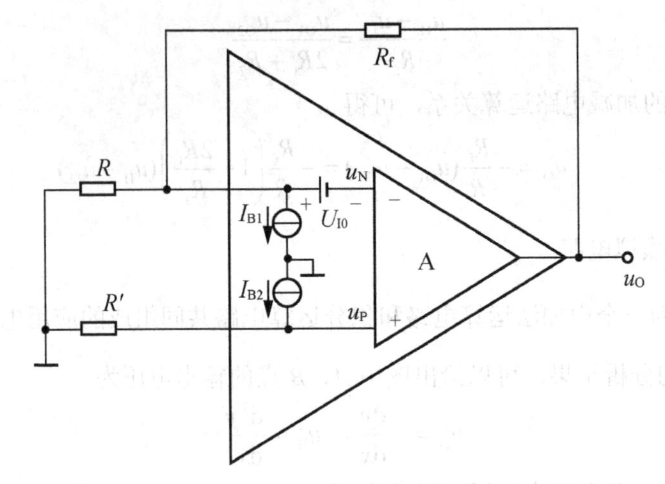

图 8.26　考虑 I_{IB}、U_{IO}、I_{IO} 影响的比例运算等效电路

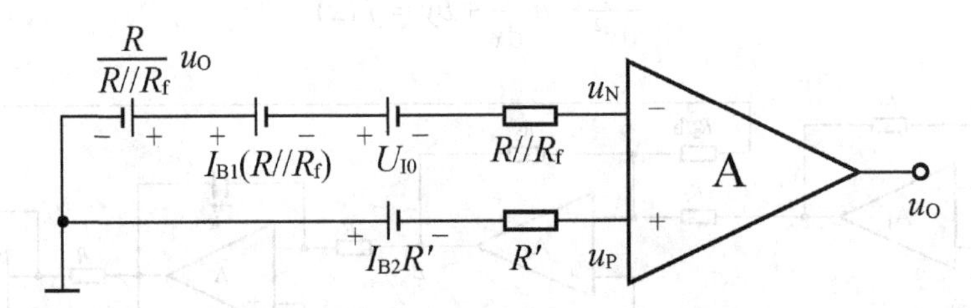

图 8.27　运放输入端等效电压和等效电阻

对于理想运放 A，由于差模放大倍数为无穷大，则 $u_P = u_N$，可以求出

$$u_O = \left(1+\frac{R_f}{R}\right)\left[u_{IO} + I_{IB}(R//R_f - R') + \frac{I_{IO}}{2}(R//R_f + R')\right] \tag{8.20}$$

u_o 即为输入偏置电流 I_{IB}、输入失调电压 U_{IO}、输入失调电流 I_{IO} 引入的误差电压。由式(8.20)可知，取 $R' = R//R_f$，可以消除输入偏置电流 I_{IB} 引入的误差电压；$\left(1+\frac{R_f}{R}\right)$ 和 R' 越大，U_{IO} 和 I_{IO} 引入的输出误差电压就越大。可以采用调零电位器、补偿电路等方法抵消失调误差电压。

应当指出，不仅集成运放的非理想指标引入运算误差，其他元器件的精度和电源电压的稳定性也都会引入误差。因此为提高运算精度，除了应选择高质量的集成运放外，还应合理选择其他元器件，提高电源电压稳定性，减小环境温度变化，抑制干扰和噪声，精心设计电路板。

8.3　有源滤波电路

8.3.1　概述

滤波电路的功能是使特定频率范围内的信号顺利通过，而其他频率范围内的信号被阻止。在通信、测量和控制等系统中，常采用模拟滤波电路对模拟信号进行处理，如用滤波器抑制干扰信号。

1. 模拟滤波器的分类

按工作频带的不同，滤波器可分为低通滤波器(LPF，Low Pass Filter)、高通滤波器(HPF，High Pass Filter)、带通滤波器(BPF，Band Pass Filter)、带阻滤波器(BSF，Band Stop Filter)、全通滤波器(APF，All Pass Filter)。

仅用无源元件(电阻、电容、电感)组成的滤波电路称为无源滤波器，采用无源元件(通常为电阻和电容)和有源元件(通常为集成运放)共同组成的滤波电路称为有源滤波器。

无源滤波电路具有通带增益和截止频率随负载变化的缺点，不满足信号处理的需求。有源滤波器利用集成运放输入阻抗高、输出阻抗低、高差模增益等优点，具有良好的带载能力。有源滤波电路的工作带宽和输出电流能力受集成运放本身的局限，实际设计中应根据需要选择合适的集成运放芯片。通常，高频或大电流方面的应用不采用有源滤波器，而选择无源的 LC 滤波器。

2. 滤波器的传递函数

通常在复频域分析有源滤波电路。定义电阻、电容和电感的复阻抗分别为 $Z_{\mathrm{R}}(s)=R$，$Z_{\mathrm{C}}(s)=1/sC$，$Z_{\mathrm{L}}(s)=sL$。则输出电压和输入电压的比值称为传递函数，记作

$$A_{\mathrm{u}}(s)=\frac{U_{\mathrm{o}}(s)}{U_{\mathrm{i}}(s)}$$

滤波器的一般方程式可以表示为

$$A_{\mathrm{u}}(s)=\frac{a_m s^m+a_{m-1}s^{m-1}+\cdots+a_1 s+a_0}{b_n s^n+b_{n-1}s^{n-1}+\cdots+b_1 s+b_0} \tag{8.21}$$

式中 s 称为拉普拉斯算子；分母的次数 n 称为滤波器的阶数。

用 $\mathrm{j}\omega$ 代替传递函数式中的 s 可以获得滤波器的频率响应，记作

$$\dot{A}_{\mathrm{u}}(\mathrm{j}\omega)=\left|\dot{A}_{\mathrm{u}}(\mathrm{j}\omega)\right|\mathrm{e}^{\mathrm{j}\varphi(\omega)} \tag{8.22}$$

这里 $\left|\dot{A}_{\mathrm{u}}(\mathrm{j}\omega)\right|$ 为频率响应的模，其随频率变化的特性称为幅频响应；$\varphi(\omega)$ 为输出电压与输入电压之间的相位，其随频率变化的特性称为相频响应。理想滤波电路的幅频响应如图 8.28 所示。允许通过的信号频率范围称为通带，被阻止的信号频率范围称为阻带，通带和阻带的界限频率称为截止频率。

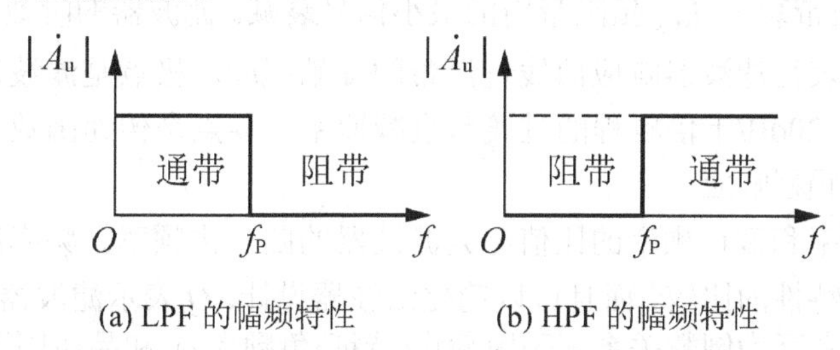

(a) LPF 的幅频特性　　(b) HPF 的幅频特性

图 8.28 理想滤波电路的幅频特性

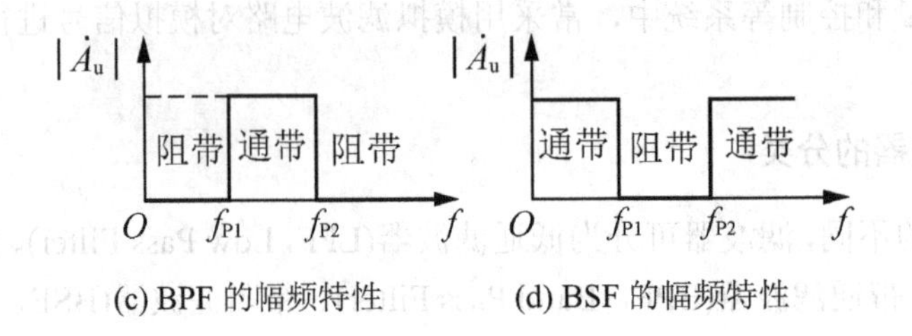

(c) BPF 的幅频特性　　(d) BSF 的幅频特性

图 8.28　理想滤波电路的幅频特性(续)

3．滤波器的参数

实际的滤波器很难实现如图 8.28 所示的理想幅频特性，而是在通道和阻带之间存在着过渡带，阻带衰减也不是无限的。以低通滤波器为例，实际滤波器常用的参数定义如图 8.29 所示。

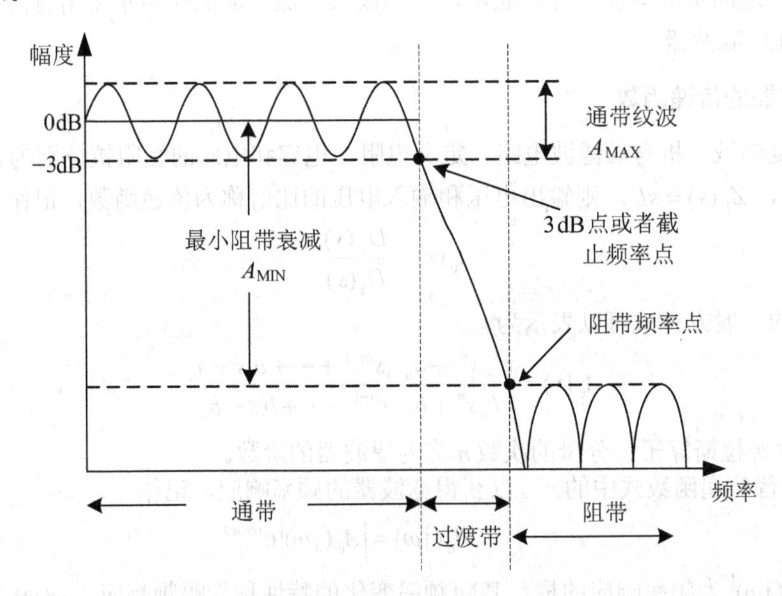

图 8.29　滤波器的参数定义

截止频率 f_0 指滤波器响应曲线下降到误差带界限的频率点(通常为-3dB 点)。阻带频率 f_s 指滤波器响应曲线在阻带内的最小衰减处的频率点。通带纹波 A_{MAX} 指 S 通带响应的起伏(即误差带)。最小阻带衰减 A_{MIN} 指阻带内的最小信号衰减。滤波器的阶数 n 对应滤波器传递函数的极点个数，表征滤波器响应曲线过渡带的陡峭程度。极点是滤波器传递函数分母的根，每个极点给出-20dB/十倍频程的过渡带衰减速率。零点是传递函数分子的根，每个零点给出+20dB/十倍频程响应。

滤波器实际频率和截止频率的比值称为滤波器的归一化频率。频率归一化后的频率响应便于不同滤波器特性的比较，而且可以简化滤波器设计。Q 表示滤波器的品质因数，α 定义为衰减系数，二者互为倒数关系。采用截止(特征)角频率 ω_0 和品质因数 Q 描述的二阶低通、高通和带通滤波器的传递函数分别为

$$A_{uLP}(s)=\frac{A_{up}\omega_0^2}{s^2+\frac{\omega_0}{Q}s+\omega_0^2}$$

$$A_{uHP}(s)=\frac{A_{up}s^2}{s^2+\frac{\omega_0}{Q}s+\omega_0^2}$$

$$A_{uBP}(s)=\frac{A_{up}\omega_0 S}{s^2+\frac{\omega_0}{Q}s+\omega_0^2} \tag{8.23}$$

式中，A_{up} 称为通带增益。

4．滤波器的特性

Q 值决定截止频率附近的响应特性，依据此响应特性，可以将滤波器区分为巴特沃斯(Butterworth)滤波器、切比雪夫(Chebshev)滤波器、贝塞尔(Bessel)滤波器等不同的类型。

从图 8.30 中可以看出，巴特沃斯滤波器通带和阻带内都没有纹波，称为最大平坦滤波器。切比雪夫滤波器比同阶的巴特沃斯滤波器过渡带小，但它的通带内有纹波。从图 8.31 中可以看出，贝塞尔滤波器通带内具有线性相位特征，具有优异的瞬态响应性能。

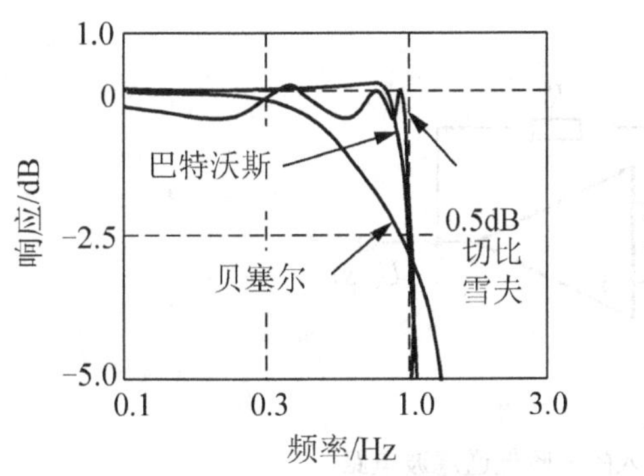

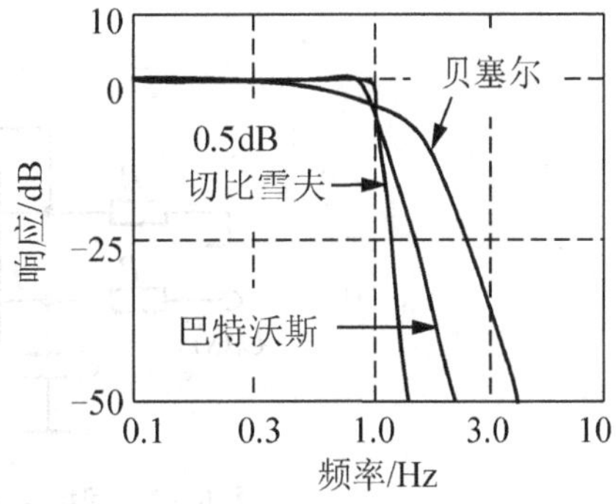

图 8.30 贝塞尔、巴特沃斯、切比雪夫滤波器幅度响应特性比较

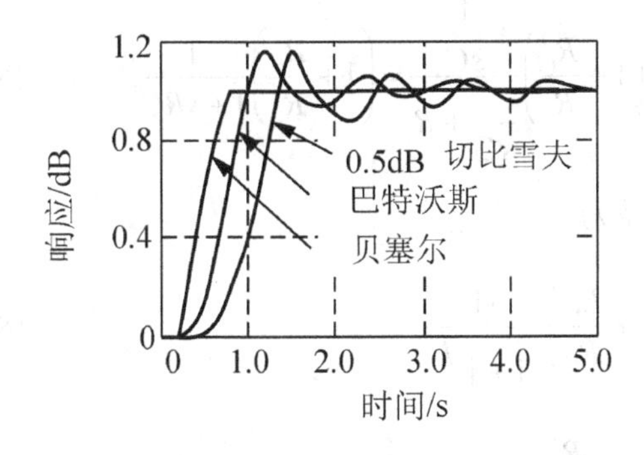

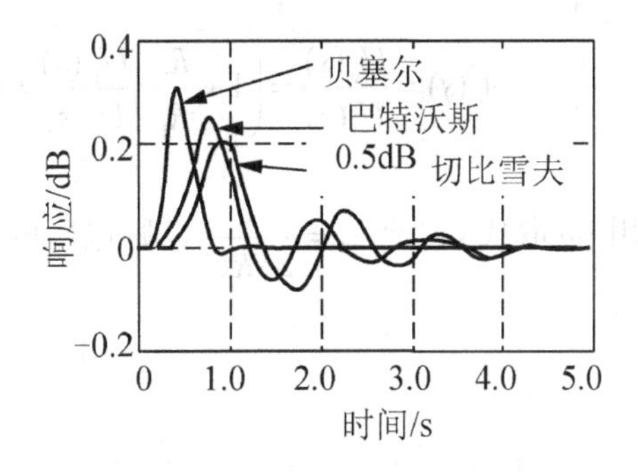

图 8.31 贝塞尔、巴特沃斯、切比雪夫滤波器阶跃响应和冲激响应比较

8.3.2 典型的有源滤波电路

有源滤波电路由集成运放和电阻、电容等组成，根据高通、低通、带通、带阻等功能的不同，电容和电阻的配置位置有所不同。常见的电路结构形式包括单反馈型有源滤波电路、压控电压源(Voltage Controlled Voltage Source，VCVS)型有源滤波电路、无限增益多路反馈(Infinite Gain Multiple Feedback)型有源滤波电路等。对于相同的电路结构，选择不同的电路元件和参数，可以实现不同的频率特性。

有源滤波电路的一般分析方法为：将电路中的电阻和电容元件用复阻抗表示，利用电路分析中的节点电流法和电压叠加原理，得出滤波电路的传递函数，进而给出电路的频率响应。一阶和二阶滤波电路为构成高阶滤波器的基本单元电路，下面重点分析常见的低阶滤波电路。

1. 单反馈型有源滤波电路

单反馈型有源滤波电路通常用来实现一阶滤波器，是最简单的滤波电路。一阶滤波器的过渡带较宽，幅频特性的最大衰减斜率仅为20dB/十倍频程，频率选择性差。

1) 同相输入的一阶低通滤波电路

同相输入的一阶低通滤波电路如图8.32所示，由一阶RC低通网络和同相比例放大电路组成。

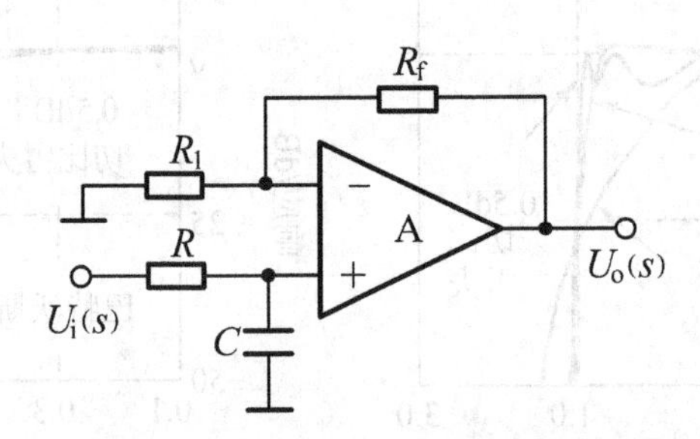

图8.32 同相输入的一阶低通滤波电路

其传递函数为

$$A_u(s)=\frac{U_o(s)}{U_i(s)}=\left(1+\frac{R_f}{R_1}\right)\frac{U_P(s)}{U_i(s)}=\left(1+\frac{R_f}{R_1}\right)\frac{\frac{1}{sC}}{\frac{1}{sC}+R}=\left(1+\frac{R_f}{R_1}\right)\frac{1}{1+sRC} \tag{8.24}$$

用 $j\omega$ 取代 s，令 $f_0=\dfrac{1}{2\pi RC}$，则电压增益为

$$\dot{A}_u=\left(1+\frac{R_f}{R_1}\right)\cdot\frac{1}{1+j\dfrac{f}{f_0}} \tag{8.25}$$

式中，f_0 为截止频率；通带电压增益为 $A_{up}=1+\dfrac{R_f}{R_1}$。

当 $f = f_0$ 时，$\left|\dot{A}_u\right| = \dfrac{A_{up}}{\sqrt{2}}$，即幅度衰减 3dB。

一阶低通滤波电路的对数幅频特性如图 8.33 所示。

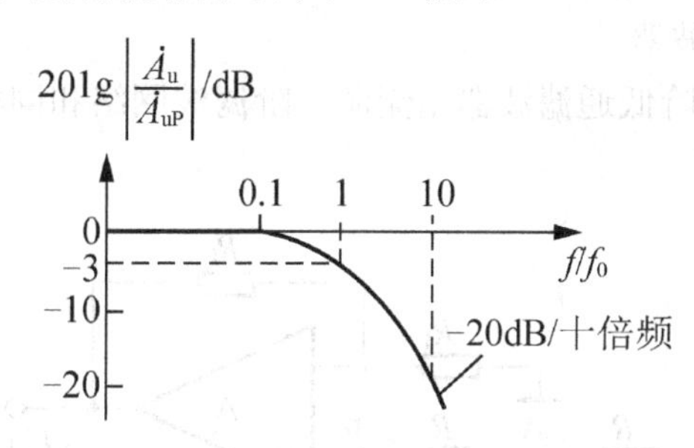

图 8.33　一阶低通滤波电路的对数幅频特性

2)　反相输入的一阶低通滤波电路

在反相积分电路的反馈电容支路中并联电阻，可构成如图 8.34 所示的反相输入的一阶低通滤波电路。

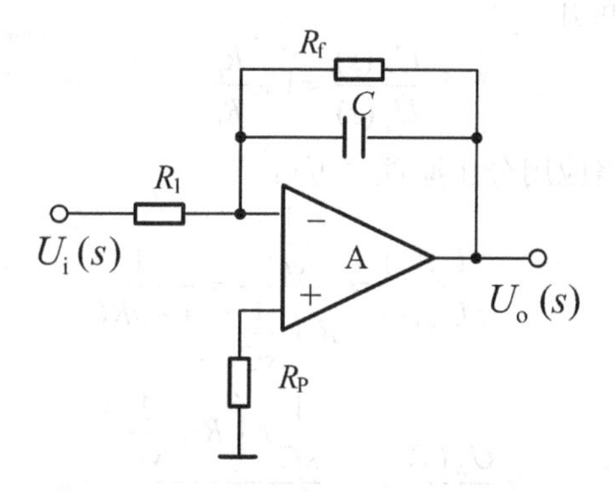

图 8.34　反相输入的一阶低通滤波电路

其传递函数为

$$A_u(s) = \frac{U_o(s)}{U_i(s)} = -\frac{R_f // \dfrac{1}{sC}}{R_1} = -\frac{1}{R_1}\cdot\frac{R_f}{1+sCR_f} = \frac{A_{up}}{1+(S/\omega_0)} \tag{8.26}$$

用 $\mathrm{j}\omega$ 取代 s，可得频率特性为

$$\dot{A}_u(\mathrm{j}\omega) = \frac{A_{up}}{1+(\mathrm{j}\omega/\omega_0)}$$

其幅频特性和相频特性分别为

$$\dot{A}_u(\omega) = \frac{\left|A_{up}\right|}{\sqrt{1+(\omega/\omega_0)^2}}，\quad \varphi(\omega) = -\pi - \mathrm{artan}(\omega/\omega_0)$$

式中，$A_{up} = -\dfrac{R_f}{R_1}$ 为通带电压增益；$\omega_0 = \dfrac{1}{R_f C}$ 为截止角频率。

令 $f_0 = \dfrac{1}{2\pi R_f C}$，则电压增益可表示为

$$\dot{A}_{\mathrm{u}}=\frac{\dot{A}_{\mathrm{up}}}{1+\mathrm{j}\dfrac{f}{f_0}} \tag{8.27}$$

3) 基本二阶低通滤波器

图 8.35 所示的基本二阶低通滤波器由无源二阶滤波网络和同相比例运算电路组成，具有单反馈结构。

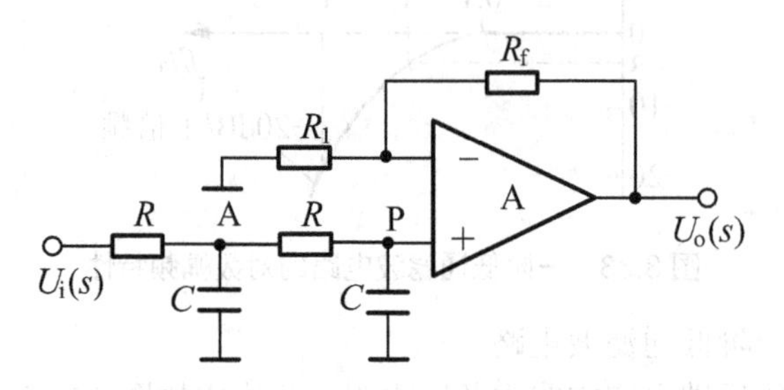

图 8.35 基本二阶低通滤波电路

由同相比例运算关系可知

$$\frac{U_{\mathrm{O}}(s)}{U_{\mathrm{P}}(s)}=1+\frac{R_{\mathrm{f}}}{R_1}$$

又对无源二阶 RC 网络应用分压原理，可得

$$\frac{U_{\mathrm{P}}(s)}{U_{\mathrm{A}}(s)}=\frac{\dfrac{1}{sC}}{R+\dfrac{1}{sC}}=\frac{1}{1+sRC}$$

$$\frac{U_{\mathrm{A}}(s)}{U_{\mathrm{i}}(s)}=\frac{\dfrac{1}{sC}//\left(R+\dfrac{1}{sC}\right)}{R+\left[\dfrac{1}{sC}//\left(R+\dfrac{1}{sC}\right)\right]}$$

则电路的传递函数为

$$A_{\mathrm{u}}(s)=\frac{U_{\mathrm{O}}(s)}{U_{\mathrm{i}}(s)}=\frac{U_{\mathrm{O}}(s)}{U_{\mathrm{P}}(s)}\cdot\frac{U_{\mathrm{P}}(s)}{U_{\mathrm{A}}(s)}\cdot\frac{U_{\mathrm{A}}(s)}{U_{\mathrm{i}}(s)}=\left(1+\frac{R_{\mathrm{f}}}{R_1}\right)\frac{1}{1+3sRC+(sRC)^2}$$

用 $\mathrm{j}\omega$ 取代 s，令 $f_0=\dfrac{1}{2\pi R_{\mathrm{f}}C}$，电压增益可以表示为

$$\dot{A}_{\mathrm{u}}=\frac{\dot{A}_{\mathrm{up}}}{1-\left(\dfrac{f}{f_0}\right)^2+\mathrm{j}\cdot 3\cdot\dfrac{f}{f_0}} \tag{8.28}$$

式中，$A_{\mathrm{up}}=1+\dfrac{R_{\mathrm{f}}}{R_1}$。

图 8.35 所示基本二阶低通滤波器的幅频特性如图 8.36 所示。其-3dB 归一化截止频率为 0.37，显然和虚线对应的理想特性差别较大。采用压控电压源型或无限增益多路反馈型二阶低通滤波电路结构可以改善频率特性。

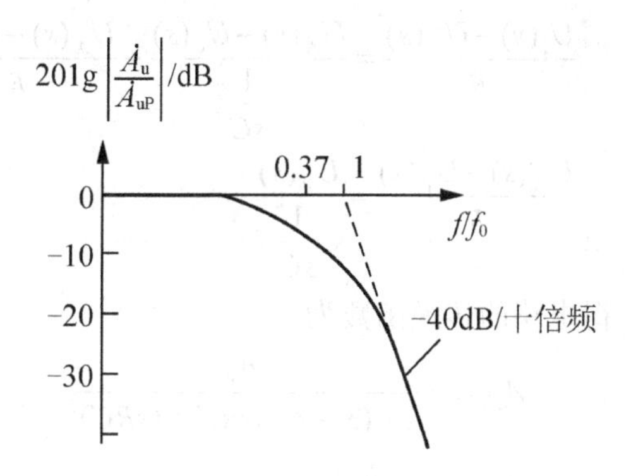

图 8.36　基本二阶低通滤波电路的幅频特性

2. 压控电压源型有源滤波电路

压控电压源(VCVS)型有源滤波电路的基本结构如图 8.37(a)所示，集成运放作为同相放大器或电压跟随器接入有源滤波电路中。对应各阻抗选择适当的电容或电阻，可以分别构成低通、高通、带通滤波电路，如图 8.37(b)～(d)所示。VCVS 电路既引入了负反馈，又引入了正反馈。只要合理选择滤波器参数，正反馈引入适当，就不会产生自激振荡。因为电路中同相输入端电位控制由集成运放和 R_1、R_f 组成的电压源，因此称为压控电压源电路。

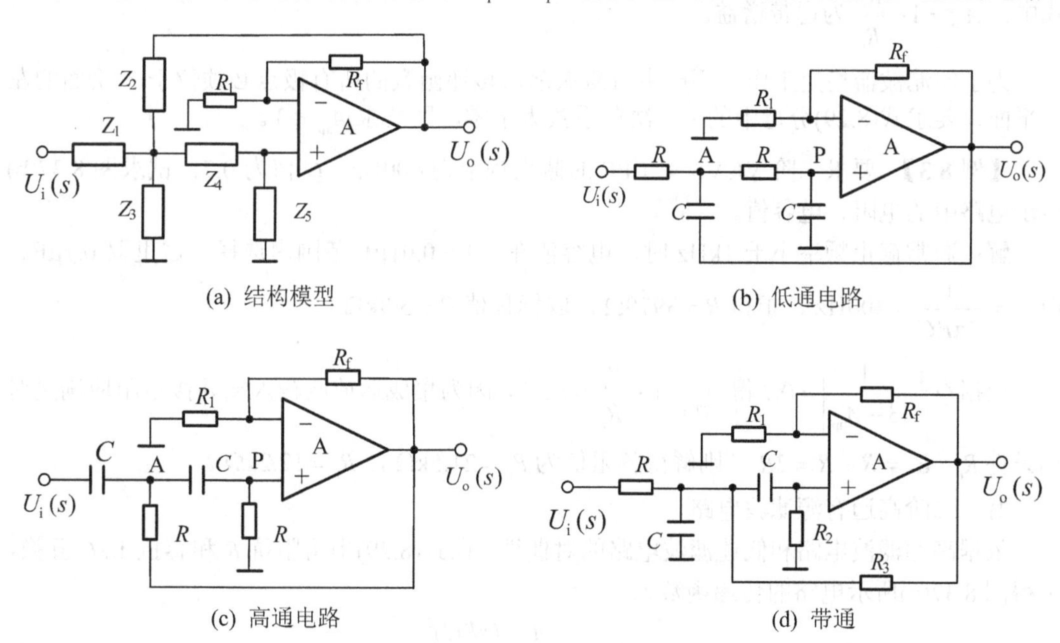

图 8.37　二阶 VCVS 型滤波电路

1)　二阶低通 VCVS 有源滤波电路

如图 8.37(b)所示电路中，由同相比例关系得

$$U_o(s)=\left(1+\frac{R_f}{R_1}\right)U_P(s)$$

列写 A 点和 P 点的节点电流方程，有

$$\frac{U_i(s)-U_A(s)}{R}=\frac{U_A(s)-U_o(s)}{\frac{1}{sC}}+\frac{U_A(s)-U_P(s)}{R}$$

$$\frac{U_A(s)-U_P(s)}{R}=\frac{U_P(s)}{\frac{1}{sC}}$$

联立求解以上三式，得电路的传递函数为

$$A_u(s)=\frac{A_{up}}{1+(3-A_{up})sRC+(sRC)^2} \tag{8.29}$$

用 $j\omega$ 取代式(8.29)中的 s，令 $f_0=\frac{1}{2\pi RC}$，则电压增益和品质因数分别为

$$\dot{A}_u=\frac{A_{up}}{1-\left(\frac{f}{f_0}\right)^2+j(3-A_{up})\frac{f}{f_0}}$$

$$Q=\frac{|\dot{A}_u|\big|_{f=f_0}}{|A_{up}|}=\left|\frac{1}{3-A_{up}}\right|$$

式中，$A_{up}=1+\frac{R_f}{R_1}$ 为通带增益。

为了使滤波器稳定工作，不产生自激振荡，传递函数的所有极点必须位于 s 平面的左半平面，要求式(8.29)分母中的 s 一次项系数大于零，即要求 $A_{up}<3$。

【例 8.3】 要求二阶 VCVS 型 LPF 的截止频率为 400Hz，Q 值为 0.7，试求图 8.37(b)所示电路中的电阻、电容值。

解： 通常截止频率小于 1kHz 时，电容值在 0.1～0.01μF 范围内选择，这里取 0.1μF。由 $f_0=\frac{1}{2\pi RC}=400\text{Hz}$，求得 $R=3979\Omega$，取标称值 $R=3.9\text{k}\Omega$。

根据 $Q=\left|\frac{1}{3-A_{up}}\right|=0.7$ 得 $A_{up}=1+\frac{R_f}{R_1}=1.57$，因为集成运放两输入端外接电阻应满足对称条件 $R_1 /\!/ R_f=R+R=2R$，则解得各阻值为 $R_1=21.5\text{k}\Omega$，$R_f=12.2\text{k}\Omega$。

2) 二阶高通有源滤波电路

依据高通滤波电路和低通滤波电路的对偶性，在式(8.29)中将阻抗 R 和容抗 $1/sC$ 互换，可得图 8.37(c)所示电路的传递函数为

$$A_u(s)=\frac{A_{up}\cdot(sRC)^2}{1+[3-A_{up}]sRC+(sRC)^2} \tag{8.30}$$

通带电压增益、截止频率和品质因数分别为

$$A_{up}=1+\frac{R_f}{R_1}$$

$$f_0=\frac{1}{2\pi RC}$$

$$Q=\frac{|\dot{A}_{u}|\big|_{f=f_0}}{|\dot{A}_{up}|}=\left|\frac{1}{3-\dot{A}_{up}}\right|$$

当然，采用电流方程分析法也可以获得相同的结果。

3) 二阶带通有源滤波电路

设 $R_2=2R$ ， $R_3=R$ ，采用电流方程分析法和电压叠加原理可得图 8.37(d)所示电路的传递函数为

$$A_{u}(s)=\frac{A_{uf}\cdot(sRC)}{1+(3-A_{uf})sRC+(sRC)^2} \tag{8.31}$$

通带电压增益、截止频率和品质因数分别为

$$A_{up}==\frac{A_{uf}}{|3-A_{uf}|}$$

$$f_0=\frac{1}{2\pi RC}$$

$$Q=\frac{1}{|3-A_{uf}|}$$

式中， $A_{uf}=1+\frac{R_f}{R_1}$ 为同相比例放大系数。

3. 无限增益多路反馈型有源滤波电路

图 8.38 所示为无限增益多路反馈型的二阶有源滤波电路，是使用最为普遍的一种有源滤波电路结构。图 8.38(a)所示为电路的基本结构，图 8.38(b)～(d)分别对应低通、高通、带通滤波器电路。

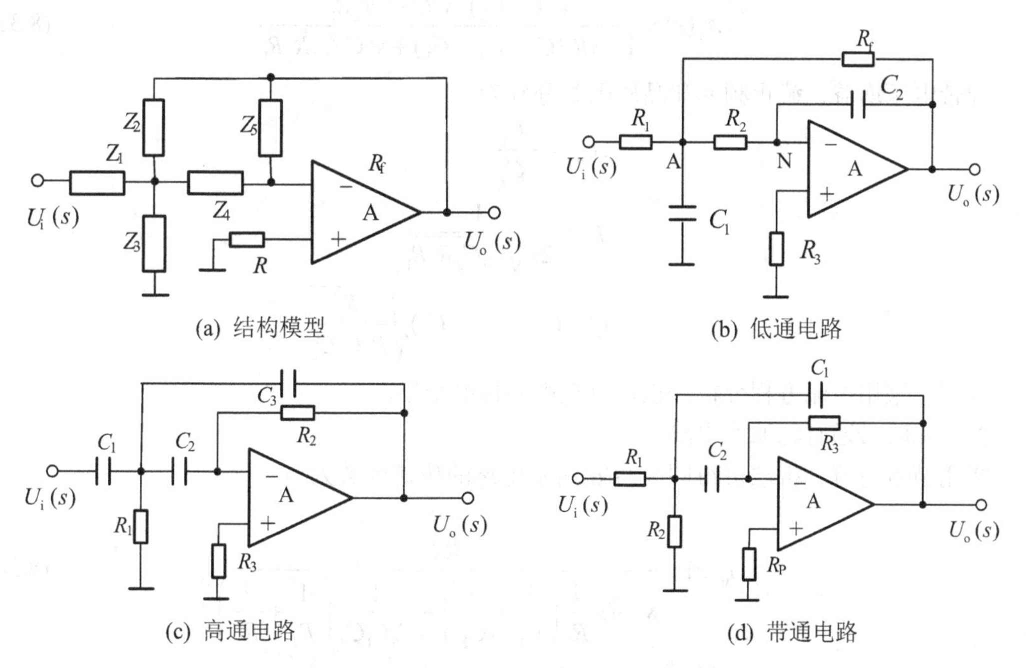

(a) 结构模型 (b) 低通电路

(c) 高通电路 (d) 带通电路

图 8.38 二阶无限增益多路反馈型滤波电路

1) 二阶低通有源滤波电路

图 8.38(b)所示的低通滤波电路中，A 点和 N 点的电流方程分别为

$$\frac{U_i(s)-U_A(s)}{R_1}=\frac{U_A(s)}{\frac{1}{sC_1}}+\frac{U_A(s)}{R_2}+\frac{U_A(s)-U_o(s)}{R_f}$$

$$\frac{U_A(s)}{R_2}=\frac{-U_o(s)}{\frac{1}{sC_2}}$$

联立求解以上两式可得传递函数为

$$A_u(s)=\frac{-R_f/R_1}{1+sC_2R_2R_f\left(\frac{1}{R_1}+\frac{1}{R_2}+\frac{1}{R_f}\right)+s^2C_1C_2R_2R_f} \tag{8.32}$$

比较低通滤波器的传递函数标准式 $A_u(s)=\frac{A_{up}}{s^2+\frac{\omega_0}{Q}s+\omega_0^2}$ ，可得通带电压增益、截止频率和品质因数分别为

$$A_{up}=-\frac{R_f}{R_1},\quad f_0=\frac{1}{2\pi\sqrt{C_1C_2R_2R_f}},\quad Q=(R_1//R_2//R_f)\sqrt{\frac{C_1}{R_2R_fC_2}}$$

2) 二阶高通有源滤波电路

将图 8.38(b)所示电路中的电阻和电容互换，就构成了如图 8.38(c)所示的电路，即高通滤波电路和低通滤波电路具有对偶性。相对应的，在式(8.32)中将阻抗和容抗互换，可得图 8.38(c)所示电路的传递函数为

$$A_u(s)=\frac{(-C_1/C_3)\cdot s^2C_3C_2R_2R_1}{1+sR_1(C_1+C_2+C_3)+s^2C_3C_2R_2R_1} \tag{8.33}$$

通带电压增益、截止频率和品质因数分别为

$$A_{up}=-\frac{C_1}{C_3}$$

$$f_0=\frac{1}{2\pi\sqrt{C_3C_2R_2R_1}}$$

$$Q=(C_1+C_2+C_3)\sqrt{\frac{R_1}{R_2C_3C_2}}$$

当然，采用电流方程分析法也可以获得同样的结果。

3) 二阶带通有源滤波电路

采用节点电流分析法可得图 8.38(d)所示电路的传递函数为

$$A_u(s)=\frac{\frac{-s}{R_1C_1}}{s^2+s\frac{1}{R_3}\left(\frac{1}{C_1}+\frac{1}{C_2}\right)+\frac{1}{R_3C_1C_2}\left(\frac{1}{R_1}+\frac{1}{R_2}\right)} \tag{8.34}$$

则有

$$\omega_0 = \sqrt{\frac{1}{R_3 C_1 C_2}\left(\frac{1}{R_1}+\frac{1}{R_2}\right)}$$

$$Q = \sqrt{R_3\left(\frac{1}{R_1}+\frac{1}{R_2}\right)}\Bigg/\left(\sqrt{C_2/C_1}+\sqrt{C_1/C_2}\right)$$

$$A_0 = -\frac{R_3}{R_1}\frac{1}{[1+(C_1/C_2)]}$$

式中，ω_0 为中心角频率；Q 为品质因数；A_0 为中心频率处的电压增益。通常将对数频率特性曲线上两个−3dB 频率点 ω_2 和 ω_1 之差定义为带宽 B，$B=\omega_2-\omega_1$；中心角频率定义为 $\omega_0=\sqrt{\omega_1\omega_2}$；品质因数定义为 $Q=\omega_0/B$，Q 值越大则选频特性越好。

图 8.38(d)所示电路中，通常选取 $C_1=C_2=C$，则 ω_0、Q、A_0 的表达式简化为

$$\omega_0 = \frac{1}{C}\sqrt{\frac{1}{R_3}\left(\frac{1}{R_1}+\frac{1}{R_2}\right)}$$

$$Q = \frac{1}{2}\sqrt{R_3\left(\frac{1}{R_1}+\frac{1}{R_2}\right)}$$

$$A_0 = -\frac{R_3}{2R_1}$$

实际进行滤波器设计时，给定 ω_0、Q、A_0 指标要求，首先依据中心频率 f_0 按表 8.1 初选 C 值，再按以上公式选择电阻值，即

$$R_1=\frac{Q}{A_0\omega_0 C},\qquad R_2=\frac{Q}{(2Q-A_0)\omega_0 C},\qquad R_3=\frac{2Q}{\omega_0 C}$$

为了调节 ω_0 和 Q，一般先调 R_5(ω_0、Q 均改变)，再调 C(Q 不变)。本电路 Q 值不能太高，否则 R_2 过低将使输入信号严重衰减。一般 Q 值小于 10 比较合理，最大不得超过 20。

表 8.1　频率和电容 C 的常用对应关系

f /Hz	C/μF	f /Hz	C/pF
1～10	20～1	10^3～10^4	10^4～10^3
10～10^2	1～0.1	10^4～10^5	10^3～10^2
10^2～10^3	0.1～0.01	10^5～10^6	10^2～10

8.3.3　有源滤波器的级联设计

1．改变滤波器类型的级联设计

如图 8.39 所示，带通滤波器可以采用两级独立的低通滤波电路和高通滤波电路串接组成。带通滤波器分为窄带和宽带两种。如果带通滤波器的转折频率相隔较远(即上限截止频率与下限截止频率的比超过 2)，那么此滤波器为宽带带通滤波器，可以采用级联结构设计。设低通滤波电路的截止频率为 f_{p1}，高通滤波电路的截止频率为 f_{p2}，则 f_{p1} 应大于 f_{p2}。

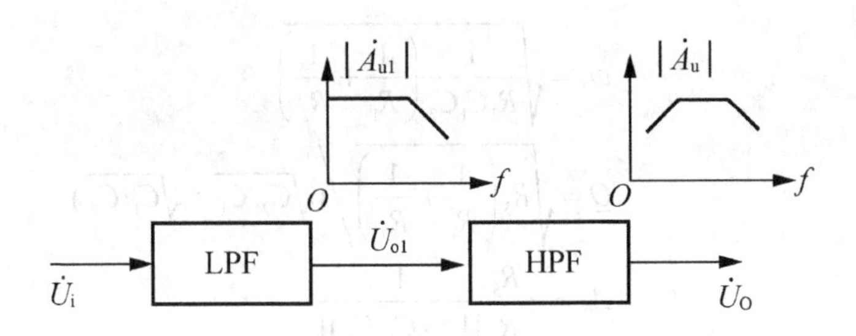

图 8.39 宽带带通滤波器的级联结构

2．高阶滤波器的级联设计

将多个一阶或二阶滤波器串联就可得到高阶滤波器。图 8.40 所示为四阶低通滤波器的组成框图。

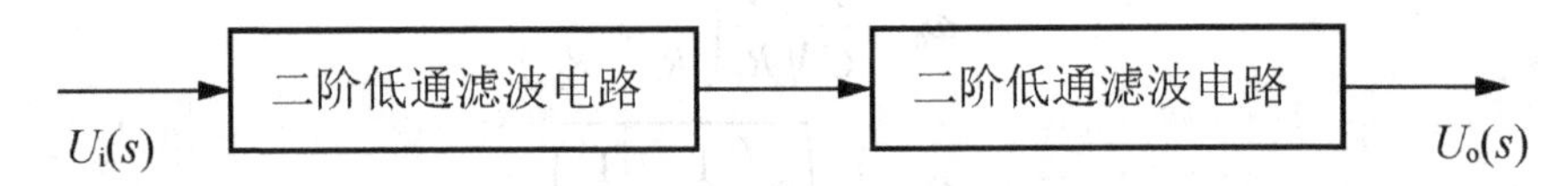

图 8.40 四阶低通滤波电路

高阶滤波器的级联设计是基于将传递函数分解为多个低阶项乘积的形式来实现的。通常将高阶的滤波器分解为多个二阶节和一阶节。级联方式具有模块化设计的优点。每一节的设计相对较简单，元件值也一般较低，可以单独调谐。

从数学的角度看，各部分级联的顺序是没有关系的。然而实际应用中，级联顺序影响滤波器的性能。如果为了获得大动态范围和高精度指标，应把各节按 Q 值的升序级联，即低 Q 值的节放在第一级。但如果关注噪声指标，则应该将高 Q 节放到前列。一般而言，最优的级联顺序要综合考虑输入信号的频谱、滤波器类型和噪声特性。

有源滤波器的设计已经是成熟的技术，通常从一套需求(需求指标包括通带平坦度、阻带衰减、截止频率、通带增益等参数)开始，然后借助滤波器的设计手册或计算机辅助设计软件来确定电路结构和元件参数，并进行性能仿真。常用的滤波器设计软件包括 FILDES、Filter Solutions、Filter Wiz Pro、FilterCAD、FilterLab、FilterPro、FliterCAD 等，可以帮助没有特别经验的用户以最少的努力设计出优良的滤波器，同时也可以使富有经验的滤波器设计师随意调整配置各元件的参数，并立刻观察到结果，从而获得更佳的设计。软件公司可能不时更新程序，需要用户经常到相应公司网站下载更强功能的新版本。

【例 8.4】 设计一个巴特沃斯带通滤波器，中心频率为 $f_0 = 1\text{kHz}$，带宽为 100 Hz，要求 $A(f_0/2) = A(2f_0) \geqslant 60\text{dB}$，谐振增益为 0dB。

解： 利用 FILDES 设计软件，输入题中各项要求指标，得出设计指导：需要六阶滤波器，由三个二阶带通节组成，其中各二阶滤波器节的参数分别为

$$f_{01} = 957.6\,\text{Hz} \qquad Q_1 = 20.02$$
$$f_{02} = 1044.3\,\text{Hz} \qquad Q_1 = 20.02$$
$$f_{03} = 1000.0\,\text{Hz} \qquad Q_1 = 10.00$$

在 500Hz 和 2kHz 处的实际衰减为 70.5dB。通带增益为-12dB 即 0.25V/V，如果按题目要求升高到 0dB，则三个二阶节通带增益须分别达到 2V/V、2V/V、1V/V。然后，选择无限增益多重反馈型电路结构，软件会给出建议的电阻和电容参数值。如图 8.41 所示为在软件给出的设计电路基础上改进的可调谐滤波电路。具体的调谐方法为：当对其中一个节进行调谐时，先在该节输入端加载频率为电路谐振频率的交流信号，然后调节电位器直到李沙育图形为直线段。

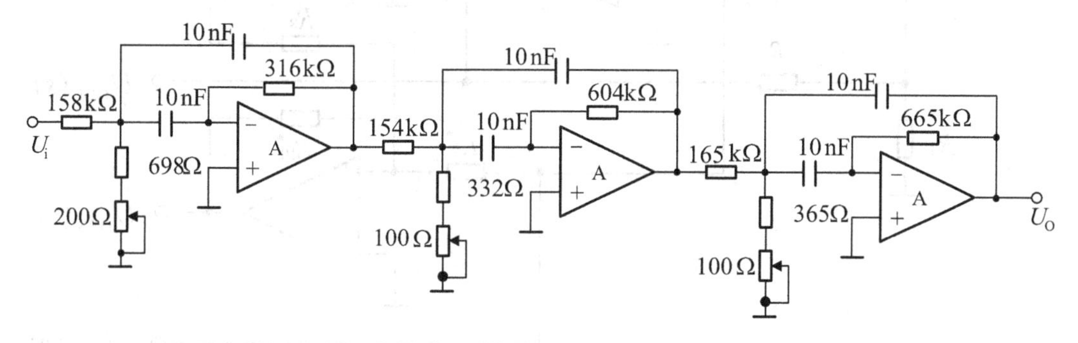

图 8.41　例 8.4 的滤波电路

8.3.4　有源集成滤波器

有源集成滤波器的外围电路简单，受分布电容影响小，因而广泛应用于各种精密测试设备、通信设备、医疗仪器和数据采集系统。另外，有源集成滤波器无需时钟电路，与开关电容滤波器相比，其噪声更低，动态特性更好。

1．状态变量型有源集成滤波器

将运放制作成单独的微分器和积分器，然后用加法器进行合成，可构成状态变量型滤波器。这种结构的电路使用运放较多，但具有很好的稳定性，更重要的是电路的状态易于调整。

状态变量型滤波电路常用来制作集成的有源滤波器芯片，如美国国家半导体(National Semiconductor)公司的 AF100 和 AF150、Burr-Brown 公司的 UAF 系列。这些集成芯片外接很少的元件即可同时提供低通、高通和带通输出，而且制造商提供了大量的设计公式和表格。

图 8.42 所示为一个 AF100 的典型应用电路。显然，状态变量型有源滤波电路使用两个积分器和一个加法器产生二阶低通、高通和带通响应，第四个运算放大器用来组合已有的响应生成带阻或全通响应。图 8.42 中，集成芯片的外接电阻标注有“*”号。

图 8.42 表明：带通响应可以通过对高通响应积分得到，低通响应可以通过对带通响应积分产生，高通和低通求和可以实现带阻或全通。利用电路的叠加原理得

$$U_{\mathrm{OHP}}(s)=-\frac{R_5}{R_3}U_{\mathrm{i}}(s)-\frac{R_5}{R_4}U_{\mathrm{OLP}}(s)+\frac{1+R_5/R_3+R_5/R_4}{1+R_2/R_1}U_{\mathrm{OBP}}(s)$$

又有积分运算关系

$$U_{\mathrm{OBP}}(s)=-\frac{1}{R_6C_1s}U_{\mathrm{OHP}}(s),\quad U_{\mathrm{OLP}}(s)=-\frac{1}{R_7C_2s}U_{\mathrm{OBP}}(s)$$

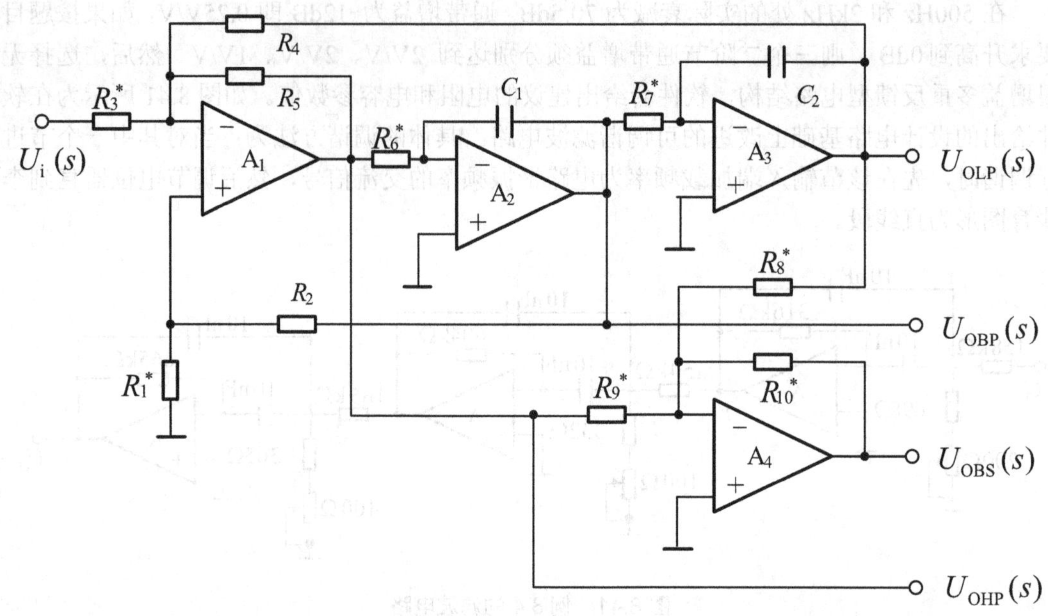

图 8.42 AF100 的典型应用电路

联立以上方程，可以给出高通输出的传递函数为

$$\frac{U_{\mathrm{OHP}}(s)}{U_{\mathrm{i}}(s)}=-\frac{R_5}{R_3}\cdot\frac{R_4R_6C_1R_7C_2s^2/R_5}{R_4R_6C_1R_7C_2s^2/R_5+R_4(1+R_5/R_3+R_5/R_4)s/(1+R_2/R_1)R_5+1} \tag{8.35}$$

通常选择 $R_5=R_4=R_3$，$R_6=R_7=R$，$C_1=C_2=C$，则可由式(8.35)求得滤波器参数为

$$\omega_0=1/RC, \qquad Q=\frac{1}{3}(1+R_2/R_1)$$

滤波器的低通、高通、带通的通带增益分别为−1、Q、−1。

可以通过以下方式调节滤波器参数：①调节 R_3 以获得需要的响应幅度；②调节 R_6、R_7 改变 ω_0；③调节 R_2、R_1 的比值改变 Q。

2．双二阶型集成有源滤波器

MAX275 是美国美信(MAXIM)公司生产的通用型双二阶有源滤波器。它内含两个独立的二阶有源滤波电路，可分别同时进行低通和带通滤波，也可通过级联实现四阶低通或带通滤波，中心频率/截止频率可达 300kHz。

MAX275 内部的二阶有源滤波器如图 8.43 所示。该电路采用 4 运放设计，运放、内部电容以及外接电阻构成级联积分电路，可同时提供低通和带通滤波输出。电路内部最后一级运放的输入端接有一个 5kΩ电阻，其作用是避免外部寄生电容对内部积分电容产生影响。

MAX275 使用±5V 电源，电源电流最大不超过 30mA。MAX275 内部集成两组滤波单元，后缀字母 A、B 表示所属第几组滤波单元，A 为第一组，B 为第二组(MAX275 内只有两组滤波单元)；IN 表示输入端；BPI 为带通输入；BPO 为带通输出；LPO 为低通输出；FC 为工作方式及频率选择。

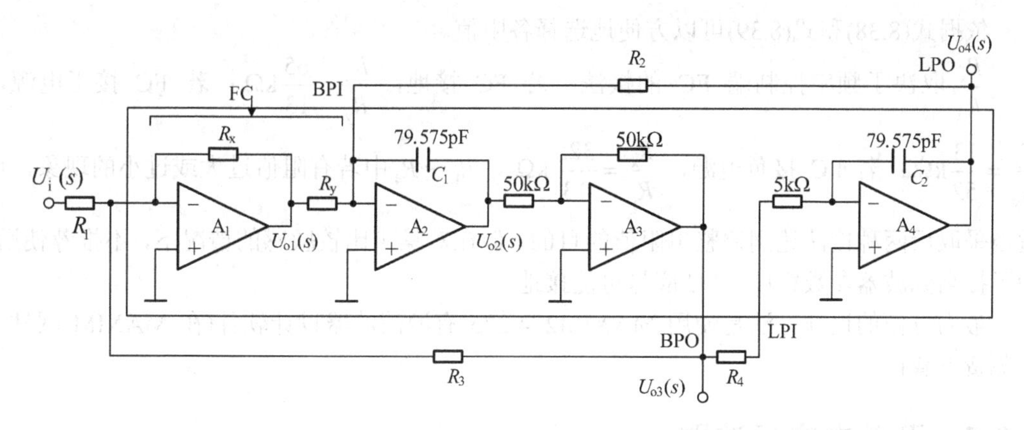

图 8.43　MAX275 内部电路

图 8.44 所示为 MAX275 的典型应用电路。二阶带通滤波电路的传递函数为

$$A_{u3}(s)=\frac{U_{o3}(s)}{U_i(s)}=-\frac{R_3}{R_1}\cdot\frac{sR_xR_2(R_4+5\text{k}\Omega)C_2/(R_3R_y)}{s^2R_2(R_4+5\text{k}\Omega)C_1C_2+sR_xR_2(R_4+5\text{k}\Omega)C_2/(R_3R_y)+1} \tag{8.36}$$

二阶低通滤波电路的传递函数为

$$A_{u4}(s)=\frac{U_{o4}(s)}{U_i(s)}=-\frac{R_2}{R_1}\cdot\frac{R_x}{R_y}\cdot\frac{1}{s^2R_2(R_4+5\text{k}\Omega)C_1C_2+s\,R_xR_2(R_4+5\text{k}\Omega)C_2/(R_3R_y)+1} \tag{8.37}$$

电路的特征频率和品质因数为

$$f_0=\frac{1}{2\pi\sqrt{R_2(R_4+5\text{k}\Omega)C_1C_2}}=\frac{1}{\sqrt{R_2(R_4+5\text{k}\Omega)}}\times 2\times 10^9 \tag{8.38}$$

$$Q=\frac{R_3R_y}{R_x\sqrt{R_2(R_4+5\text{k}\Omega)}} \tag{8.39}$$

带通和低通滤波器的通带增益分别为 $-\dfrac{R_3}{R_1}$ 和 $-\dfrac{R_2}{R_1}\cdot\dfrac{R_x}{R_y}$ 。

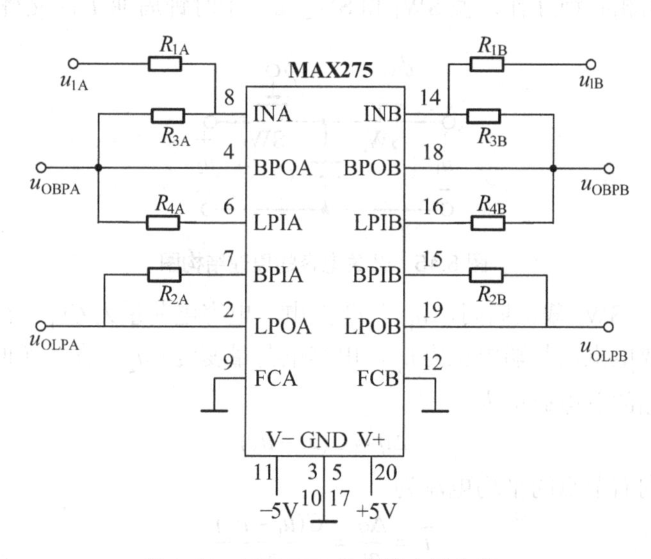

图 8.44　MAX275 的典型应用电路

依据式(8.38)和式(8.39)可以方便地选择各阻值。

$\frac{R_x}{R_y}$取决于频率控制端 FC 的接法：若 FC 接地，$\frac{R_x}{R_y}=\frac{65}{13}\text{k}\Omega$；若 FC 接正电源，$\frac{R_x}{R_y}=\frac{13}{52}\text{k}\Omega$；若 FC 接负电源，$\frac{R_x}{R_y}=\frac{325}{13}\text{k}\Omega$。$R_1\sim R_4$中若有阻值过大或过小的现象，可适当采取后两种接法达到调整电阻值的目的，但在对噪声比较敏感的情况下，不推荐使用。为了提高滤波器参数精度，FC 应尽可能接地。

最为方便的设计方法是使用 MAXIM274/275 有源滤波器设计软件(在 MAXIM 网站上可免费下载)。

8.3.5 开关电容滤波器

前面讨论的有源 RC 滤波电路统称为连续时间滤波器，其特征是电路的通带增益和品质因数受控于元件的比值，特征频率受控于元件的乘积，电路所需要的电容和电阻的大小、精度对于集成工艺来说相当困难。

开关电容滤波器通过 MOSFET 开关周期性作用于 MOS 电容来模拟电阻，其时间常数依赖于电容的比值而不是 RC 乘积，提高了滤波器参数的精度和稳定性。在集成电路中，可以通过均匀地控制硅片上氧化层的介电常数和厚度，使电容量的比值主要取决于每个电容电极的面积，从而获得很高准确性的电容比。MOS 电容的容值一般为 1～40pF，其绝对精度只有 5%左右，而相对比值精度可高达 0.01%，温度系数小到 20～50ppm/℃，电压系数小到 10～100ppm/V。自从 1975 年实现开关电容的单片集成化以来，经过 30 多年的发展，开关电容以其优异的性能已经具有取代一般滤波器的趋势。

1. 开关电容工作原理

图 8.45 所示为开关电容的原理结构图，其中 C 为 MOS 电容，SW_1 和 SW_2 为模拟开关。驱动模拟开关的两相时钟互补，使 SW_1 和 SW_2 在一个时钟周期 T 内交替导通。

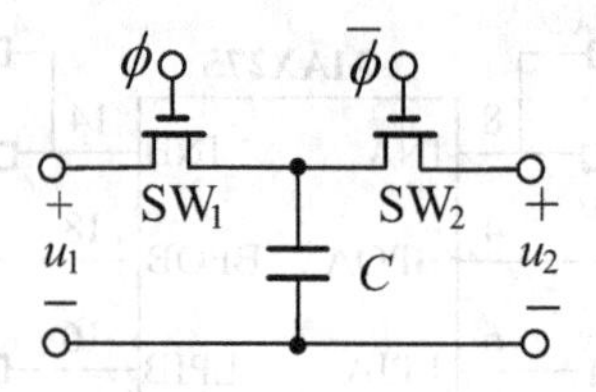

图 8.45 开关电容的原理结构图

在 SW_1 导通、SW_2 截止期间，u_1 对 C 充电，电容电荷量为 Cu_1；在 SW_2 导通、SW_1 截止期间，电容放电直至其端电压为 u_2，电容电荷量变为 Cu_2。在一个时钟周期 T 内从左节点到右节点传输的总电荷量为

$$\Delta q = C(u_1 - u_2)$$

则左节点流向右节点的平均电流为

$$\bar{i} = \frac{\Delta q}{T} = \frac{C(u_1 - u_2)}{T}$$

当时钟周期远小于 u_1 和 u_2 的周期时，两个节点之间的电荷流动可以认为近似连续，在一个时钟周期内认为节点电压基本不变，其等效电阻为

$$R = \frac{u_1 - u_2}{\bar{i}} = \frac{T}{C} \tag{8.40}$$

2．一阶开关电容低通滤波器

图 8.46(a)和(b)所示分别为一阶开关电容低通滤波电路及其等效电路。电路的传递函数为

$$A_u(s) = \frac{U_o(s)}{U_i(s)} = -\frac{R_2}{R_1} \cdot \frac{1}{1 + sR_2C} = -\frac{C_1}{C_2} \cdot \frac{1}{1 + sT(C/C_2)} \tag{8.41}$$

式(8.41)表明电压增益只是取决于模拟开关的驱动周期和电容比。但是开关电容滤波器比传统有源滤波器的输出噪声高，另外中心频率与 Q 值的乘积受限。

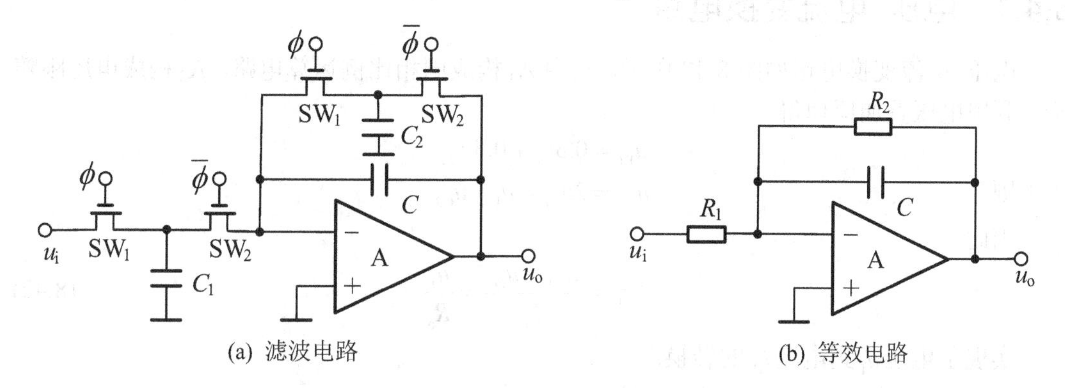

图 8.46　一阶开关电容低通滤波电路及其等效电路

3．集成开关电容滤波器

常见的集成开关电容滤波器包括以下几类。

1)　通用型开关电容滤波器

通用型开关电容滤波器的构建模块由独立的二阶滤波器构成，在单一封装内可集成多达 4 路的构建模块，允许调整中心频率、Q 值、电压增益等参数。该类滤波器以美国国家半导体公司的 MF10 和 LMF100、美信公司的 MAX7490/7491、凌力尔特(Linear Technology)公司的 LTC1064 和 LTC1068 为代表。

2)　可由微处理器程控的通用开关电容滤波器

可由微处理器程控的通用开关电容滤波器中，外部程序将 ASCII 格式的系数表载入滤波器中，以设置各阶的工作模式、中心频率及 Q 值。这类滤波器无需外部元件。美信公司的 MAX260/261/262 是双路二阶通用程控开关电容滤波器。

3)　可引脚编程的通用开关电容滤波器

可引脚编程的通用开关电容滤波器采用引脚电平定义工作模式和各参数，以美信公司的 MAX263/264/265/266/267/268 为代表。

4)　专用的开关电容滤波器芯片

专用的开关电容滤波器芯片仅提供确定的传递函数，典型的为低通响应。其设计非常简单，不需要外部电阻，只需要提供工作时钟和电源即可。

集成滤波器的设计可以借助各公司提供的设计软件来完成。如：凌力尔特公司的FilterCAD 3.0提供快速设计向导和增强设计模式，能够快速地通过一组输入参数设计出一个开关电容滤波器，给出原理电路图，提供预测的频率响应和时间响应。快速设计向导提供巴特沃斯、切比雪夫等标准响应的设计，增强设计模式支持用户定制设计和标准多项式。

8.4 信号变换电路

在控制、测量、医学等领域，常常需要将模拟信号进行转换，如电压信号转换为电流信号，电流信号转换为电压信号，双极性信号转换为单极性信号等。

8.4.1 电压-电流变换电路

电压-电流变换电路如图8.47所示，其中A_1构成同相比例运算电路，A_2构成电压跟随器。利用电压叠加原理得

$$u_{P1}=0.5u_I+0.5u_{O2}$$

则

$$u_{O1}=2u_{P1}=u_I+u_{O2}$$

因此

$$i_O=\frac{u_{O1}-u_{O2}}{R_o}=\frac{u_I}{R_o} \tag{8.42}$$

实现了电压u_I到电流i_O的转换。

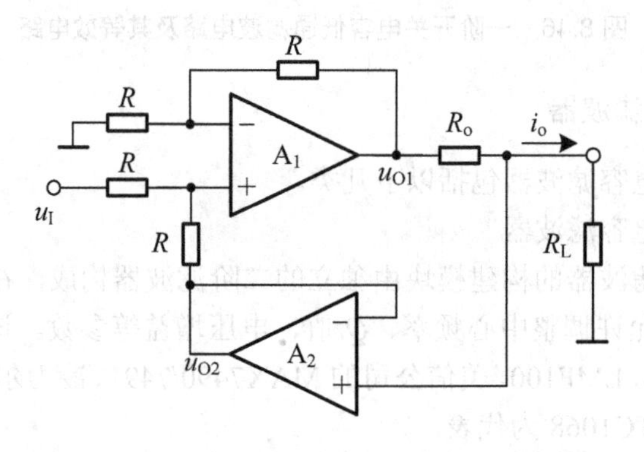

图8.47 电压-电流变换电路

8.4.2 电流-电压变换电路

如图8.48所示的电流-电压转换电路中，引入了电压并联负反馈。由于电路的输出电阻很低，所以输出电压几乎不受负载变化的影响。对于理想运放，依据“虚短”、“虚断”原则，可得出下列关系式：

$$u_O=-i_S R_f \tag{8.43}$$

实际应用电路中，运放的偏置电流、偏置电压、电流源内阻都将引入转换误差。

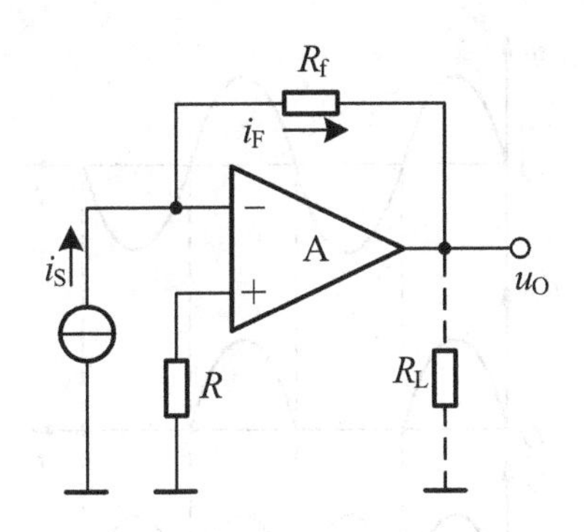

图 8.48　电流-电压变换电路

8.4.3　精密全波整流电路

二极管的单向导电性被广泛应用于整流、检波、限幅和箝位等技术中，但由于二极管存在正向导通电压不为零、具有非线性特性、易受温度影响等缺点，限制了其应用电路的灵敏度并易引起非线性失真问题。将二极管接入到放大器的反馈环路中，将可以改善二极管应用电路的性能。图 8.49 所示为精密全波整流电路。其中 A_1 构成了精密半波整流电路，A_2 构成了反相加法运算电路。

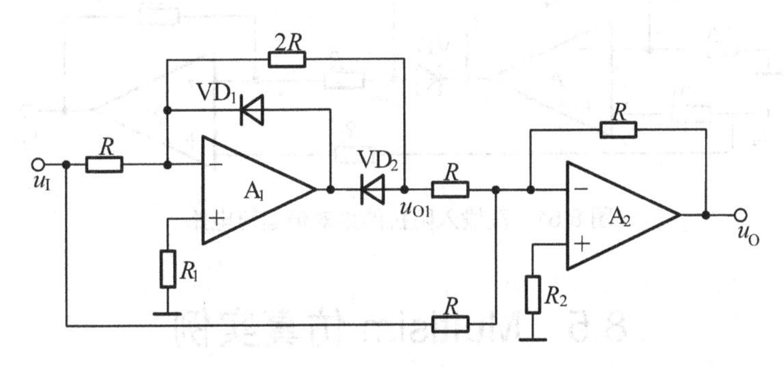

图 8.49　精密全波整流电路

由于集成运放为反相输入形式，当 $u_I > 0$ 时，集成运放 A_1 输出将小于零，二极管 VD_2 导通，VD_1 截止，A_1 构成的精密半波整流电路实现反相比例运算，有

$$u_{O1} = -\frac{2R}{R} \cdot u_I = -2u_I$$

当 $u_I < 0$ 时，集成运放 A_1 输出将大于零，二极管 VD_1 导通，VD_2 截止，A_1 构成的精密半波整流电路的输出电压 $u_{O1} = 0$。

由加法运算电路的分析结果，知

$$u_O = -u_{O1} - u_I$$

因此，当 $u_I > 0$ 时，$u_O = 2u_I - u_I = u_I$；当 $u_I < 0$ 时，$u_O = 0 - u_I = -u_I$，即

$$u_O = |u_I| \tag{8.44}$$

所以图 8.49 所示电路又称为绝对值运算电路。电路中各输入、输出波形之间的关系如图 8.50 所示。

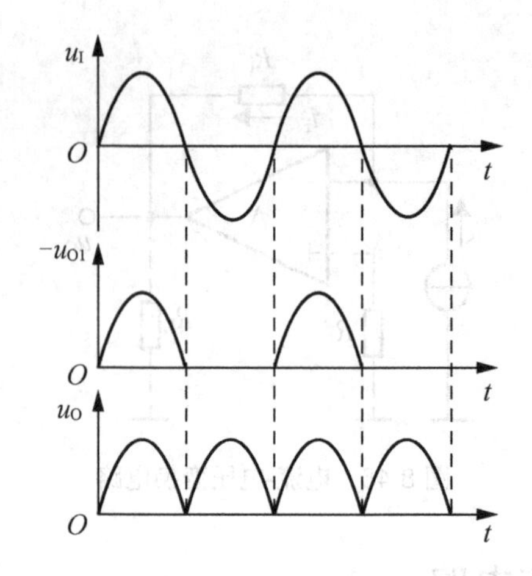

图 8.50　精密全波整流电路输入/输出波形

为获得高输入阻抗，可以采用同相输入方式，构成的绝对值运算电路如图 8.51 所示。具体的分析过程请读者自行完成。

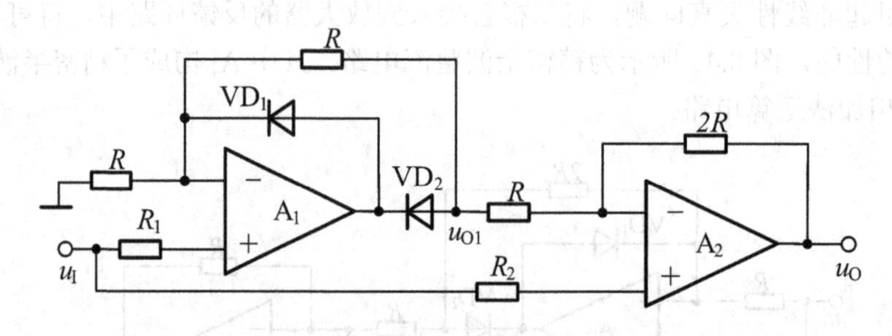

图 8.51　高输入阻抗的绝对值运算电路

8.5　Multisim 仿真实例

8.5.1　比例积分放大电路的特性

1．仿真目的

分析电路参数对比例积分放大电路的行为特性的影响。

2．仿真电路

仿真电路如图 8.52 所示。仿真实验中使用虚拟运算放大器、电阻和电容，输入为 1V/1kHz 的方波信号。

3．仿真内容

对于 $R_1 = 10\text{k}\Omega$，$C_1 = 10\text{nF}$ 和 $R_1 = 50\text{k}\Omega$，$C_1 = 30\text{nF}$ 两组参数，分别给出仿真输出信号，并分析比较二者的不同。

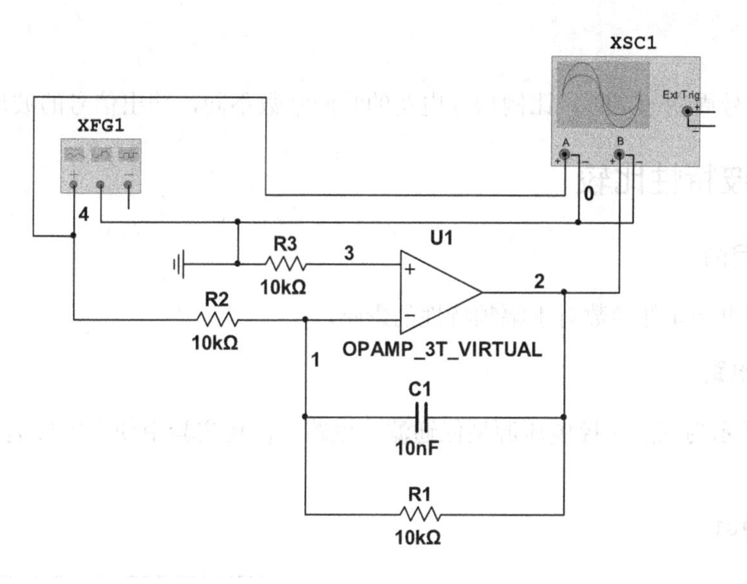

图 8.52　比例积分放大仿真电路图

4．仿真结果

参考式(8.26)，给出仿真电路的传递函数为

$$A_{\mathrm{u}}(s)=\frac{U_{\mathrm{o}}(s)}{U_{\mathrm{i}}(s)}=-\frac{R_1 /\!/ \dfrac{1}{sC_1}}{R_2}=-\frac{R_1}{R_2}\cdot\frac{1}{1+SC_1R_1}$$

由上式可知，电容充放电过程的时间常数为$\tau=R_1C_1$。当$R_1=10\text{k}\Omega$，$C_1=10\text{nF}$时，$\tau=R_1C_1=0.1\text{ms}$，远小于输入信号的周期$T=1\text{ms}$，积分电路进入电容充放电曲线的非线性工作段，所以输出波形显示出完整的电容充放电过程。仿真结果如图 8.53(a)所示。

当$R_1=50\text{k}\Omega$，$C_1=30\text{nF}$时，$\tau=R_1C_1=1.5\text{ms}$，大于输入信号的周期$T=1\text{ms}$，积分电路工作在线性段，所以输出为三角波。仿真结果如图 8.53(b)所示。

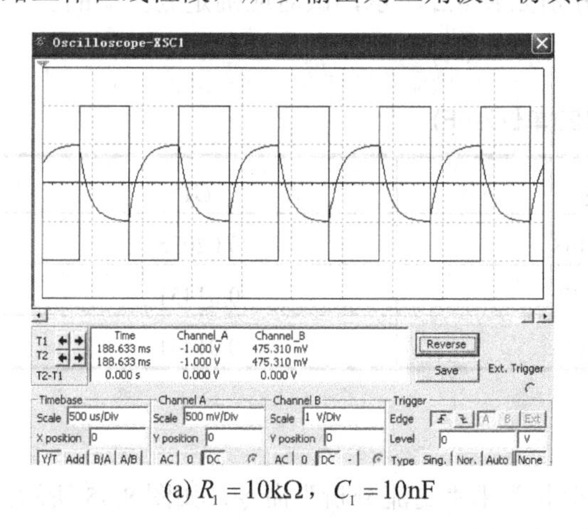

(a) $R_1=10\text{k}\Omega$，$C_1=10\text{nF}$

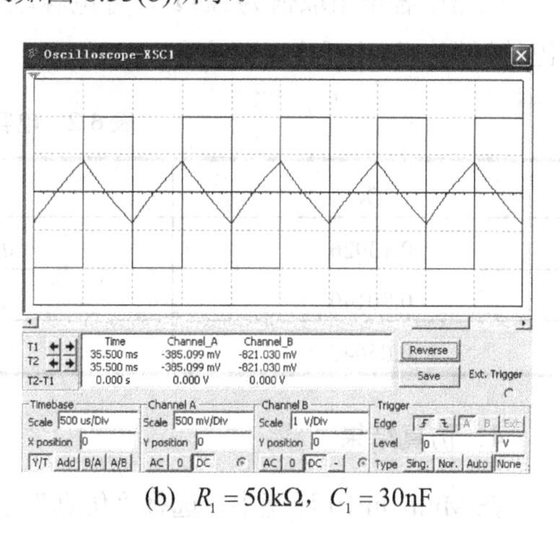

(b)　$R_1=50\text{k}\Omega$，$C_1=30\text{nF}$

图 8.53　比例积分放大电路仿真结果

5．结论

当输入信号周期一定时，比例积分电路的时间常数不同，输出信号的波形也不同。

8.5.2　滤波特性比较

1．仿真目的

分析滤波电路元件参数对于幅频特性的影响。

2．仿真电路

图 8.54 所示为三阶压控电压源型低通滤波电路。仿真实验中使用虚拟运算放大器、电阻和电容。

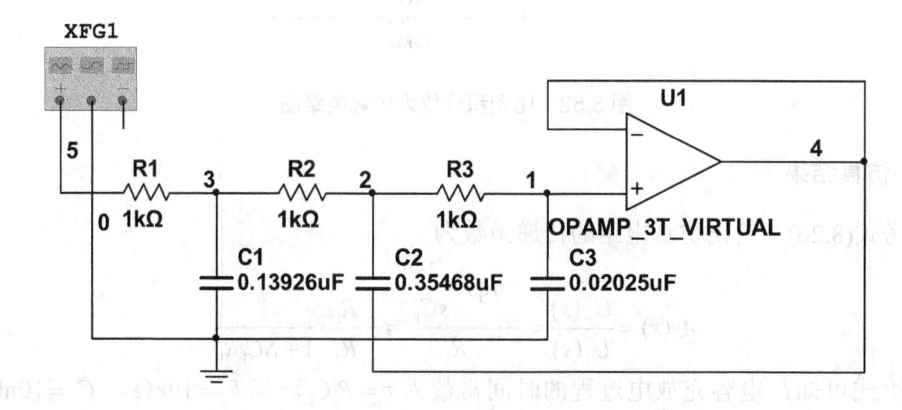

图 8.54　三阶压控电压源型低通滤波仿真电路图

3．仿真内容

电路中各电阻取值为1kΩ，各电容取值分别如表 8.2 所示，试对应确定滤波器的类型(巴特沃斯、切比雪夫、贝塞尔)。

表 8.2　电容取值(单位为μF)

C_1	C_2	C_3
0.13926	0.35468	0.02025
0.30140	2.6937	0.01451
0.05647	0.08136	0.01451

4．仿真结果

在 Multisim10 环境中，选择“仿真”｜“分析”｜“交流分析”命令，如图 8.55 所示，此时会弹出如图 8.56 所示的“交流小信号分析”对话框。

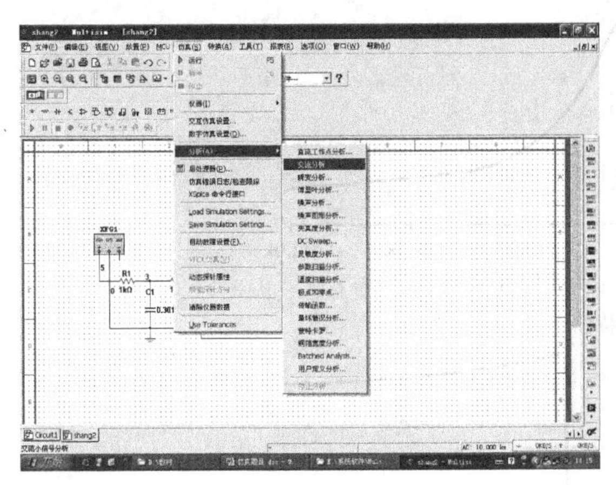

图 8.55　Multisim10 仿真界面

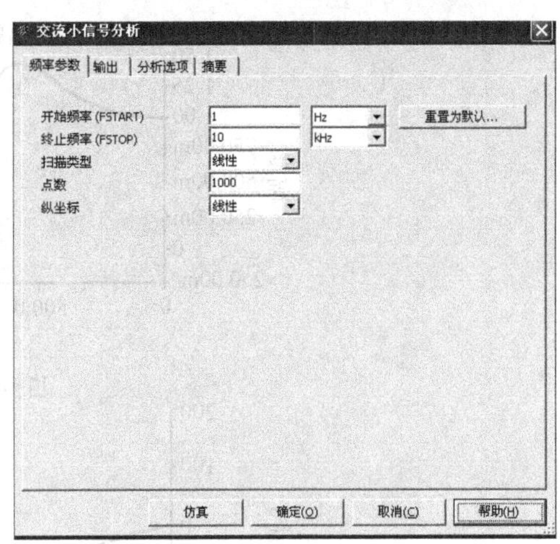

图 8.56　“交流小信号分析”对话框

为了更好地说明不同滤波器的幅频特性，需要根据需要设置不同的属性，在弹出的对话框中，将“开始频率”和“终止频率”分别设置为合理的数值，“扫描类型”选择“线性”，“点数”为 1000，“纵坐标”选择“线性”。

在三种电容取值情况下，滤波器的频率特性仿真结果如图 8.57 所示。

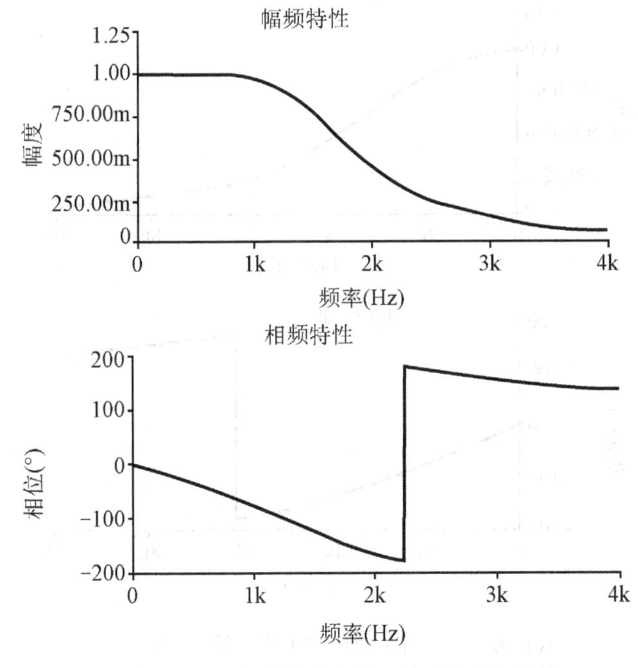

(a) 第一组电容值对应的巴特沃斯频率特性

图 8.57　幅频特性仿真结果

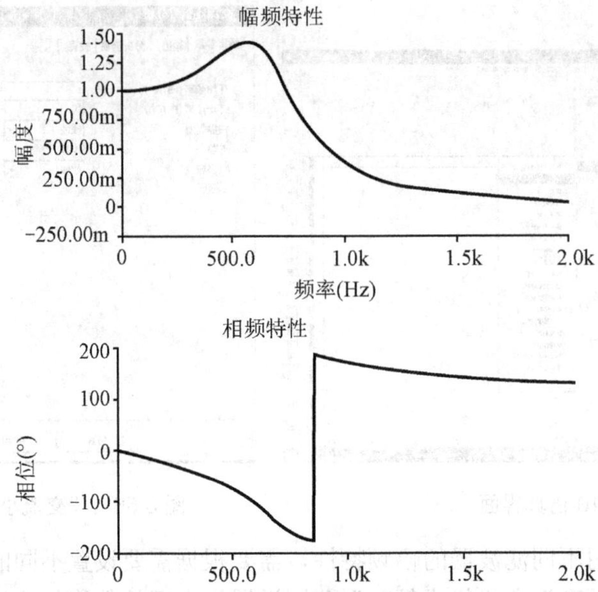

(b) 第二组电容值对应的切比雪夫频率特性

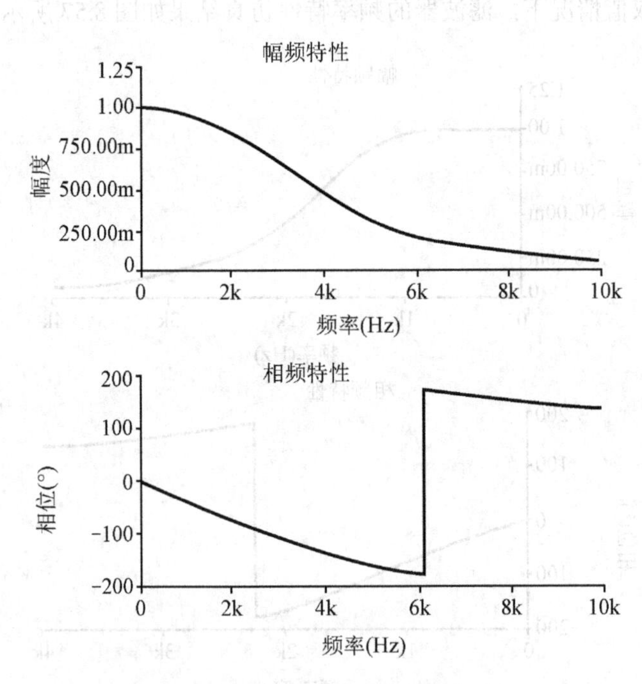

(c) 第三组电容值对应的贝塞尔频率特性

图 8.57 幅频特性仿真结果(续)

5. 结论

相同拓扑结构的电路在不同的参数配置下具有不同的频率响应。

本 章 小 结

本章介绍了模拟信号的运算和处理电路，主要内容如下。

1．集成运放线性电路的分析方法

集成运放引入深度电压负反馈，可以使运放工作在线性区，构成集成运放的线性应用电路。通常将集成运放视为理想运放，利用“虚短”和“虚断”的概念，结合电路分析中的节点电流法和电压叠加原理，分析由集成运放组成的线性电路。

2．典型运算电路

由集成运放构成的典型运算电路可以实现信号的比例运算、加减运算、乘除运算、对数和指数运算、积分运算和微分运算等各种运算功能。对于由多个运放构成的多级综合运算电路，理想情况下认为各级电路的输出电阻均为零，具有恒压特性，所以后级电路虽然是前级电路的负载，但不影响前级电路的运算关系，因此每级电路的分析和单级电路完全相同。

3．有源滤波电路

有源滤波电路通常由电阻、电容网络和集成运放组成。有源滤波器利用集成运放输入阻抗高、输出阻抗低、差模增益高等优点，具有良好的带载能力。

通常在复频域分析有源滤波电路，求解滤波器的传递函数。由传递函数获得描述滤波器工作特性的幅频响应和相频响应。

按工作频带不同，有源滤波器可分为低通、高通、带通、带阻、全通五种类型。

有源滤波器常见的电路结构形式包括单反馈型、压控电压源型、无限增益多路反馈型。根据高通、低通、带通还是带阻方式，电容和电阻的配置位置有所不同。对于相同的电路结构，选择不同的电路元件和参数，可以实现不同的频率特性。

有源滤波器的品质因数决定截止频率附近的响应特性，依据此响应特性，可以将滤波器区分为巴特沃斯、切比雪夫、贝塞尔等不同的类型。

采用有源集成滤波器和开关电容集成滤波器，只需很少外接元件，借助专用滤波器设计软件，可以简化滤波电路的设计。

4．信号变换电路

采用集成运放可以构成模拟信号变换电路，其广泛应用于控制、测量、医学等领域，可实现电压信号转换为电流信号，电流信号转换为电压信号，双极性信号转换为单极性信号等各种变换。

习　题

1. 设图 8.58 所示电路中 A 均为理想运算放大器，试求各电路的输出电压。

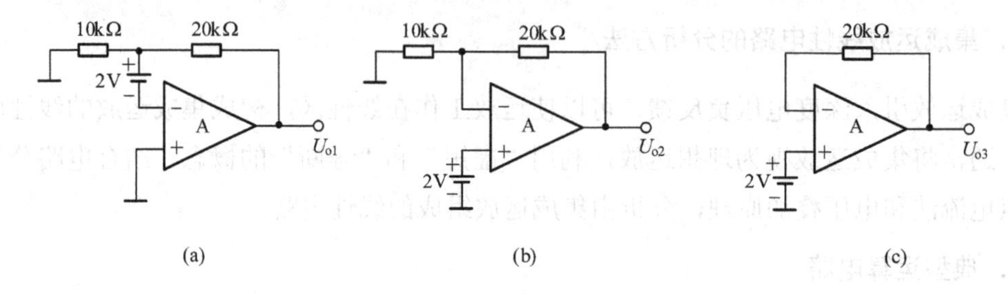

图 8.58　习题 1 电路图

2. 电路如图 8.59 所示，集成运放输出电压的最大幅值为±14V，U_i 为 2V 的直流信号，分别求出下列各种情况下的输出电压。

(1)　R_2 短路。

(2)　R_3 短路。

(3)　R_4 短路。

(4)　R_4 断路。

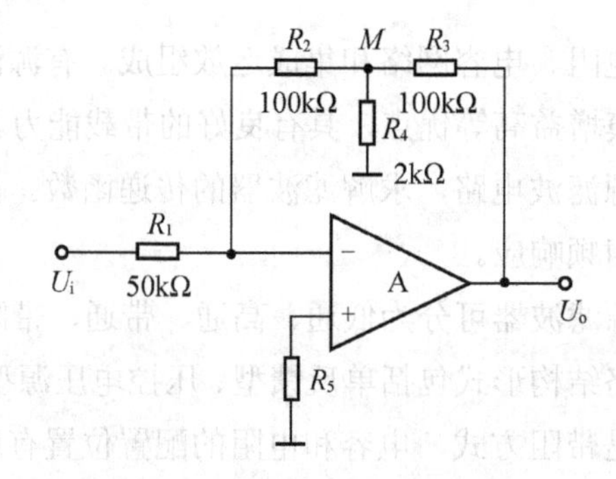

图 8.59　习题 2 电路图

3. 电路如图 8.60 所示，设 A 为理想集成运算放大器。

(1)　写出 U_o 的表达式。

(2)　若 R_f=3kΩ，R_1=1.5kΩ，R_2=1kΩ，稳压管 D_Z 的稳定电压值 U_Z=1.5V，求 U_o 的值。

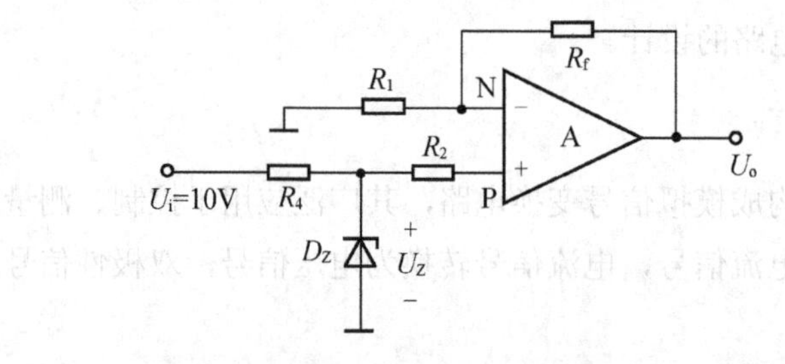

图 8.60　习题 3 电路图

4. 如图 8.61 所示电路中，A 为理想运算放大器，已知 $R_1=R_w=10\text{k}\Omega$，$R_2=20\text{k}\Omega$，$U_i=1\text{V}$，输出电压的最大值为±12V，试分别求出当电位器 R_w 的滑动端移到最上端、中间位置和最下端时的输出电压 U_o 的值。

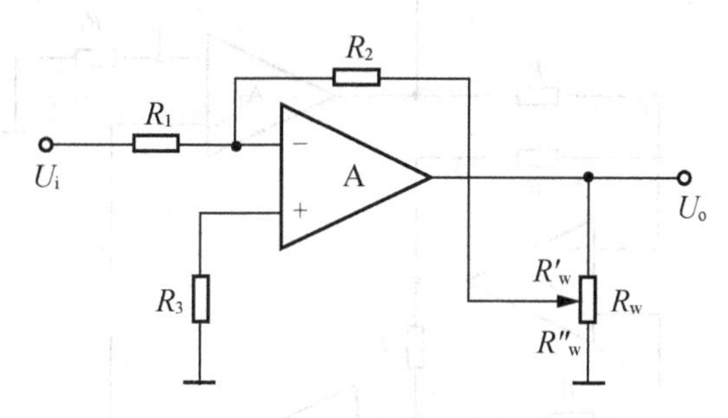

图 8.61 习题 4 电路图

5. 求证：如图 8.62 所示，由两个运算放大器组成的电路的输入电阻相当于一个电容，电容值为 $C_i=C_1\left(1+\dfrac{R_2}{R_1}\right)$。

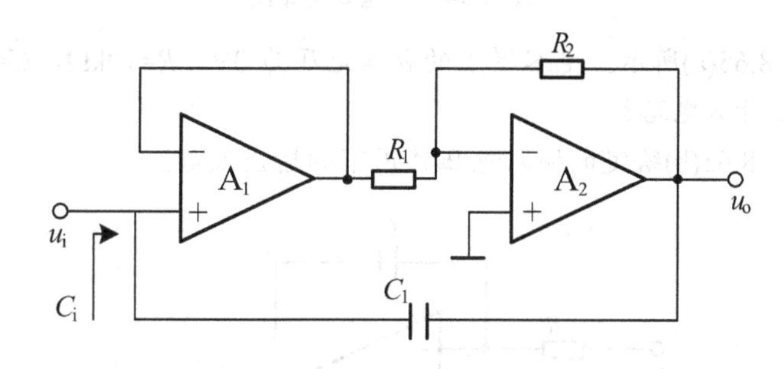

图 8.62 习题 5 电路图

6. 已知某电路的输出可以用表达式 $U_o=3U_3+4U_2-7U_1$ 来表示，试用理想运算放大器来实现该电路的功能。

7. 理想运放如图 8.63 所示，求：

(1) 若 $U_1=1\text{mV}$，$U_2=1\text{mV}$，$U_o=?$

(2) 若 $U_1=1.5\text{mV}$，$U_2=1\text{mV}$，$U_o=?$

(3) 该差动电路的共模抑制比。

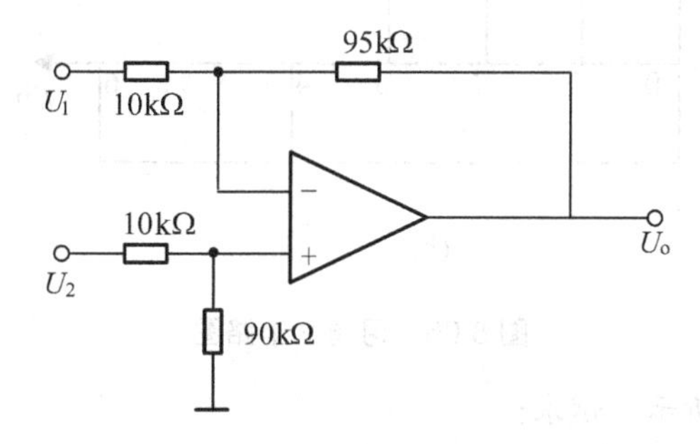

图 8.63 习题 7 电路图

8. 电路如图 8.64 所示，设运放为理想器件，试分别求出输出电压与输入电压的关系式。

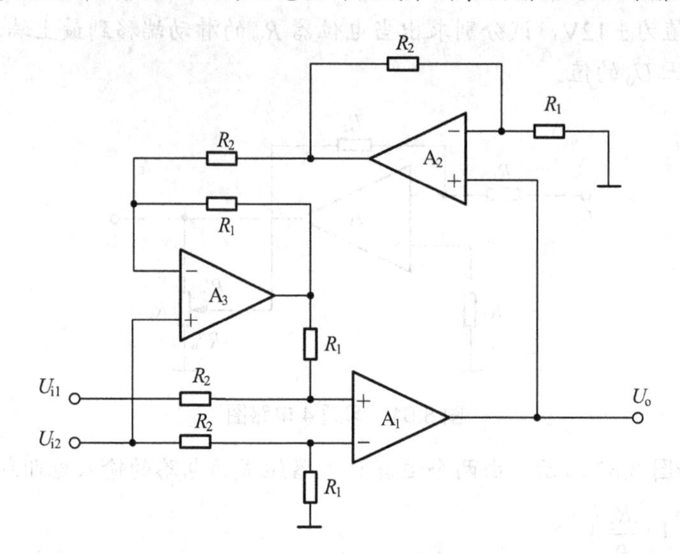

图 8.64　习题 8 电路图

9. 电路如图 8.65(a)所示。电容器上的初始电压为 0V，R=10kΩ，C=0.1μF，试求:

(1) 这是一个什么电路?

(2) 画出在图 8.65(b)给定的输入电压作用下的输出波形。

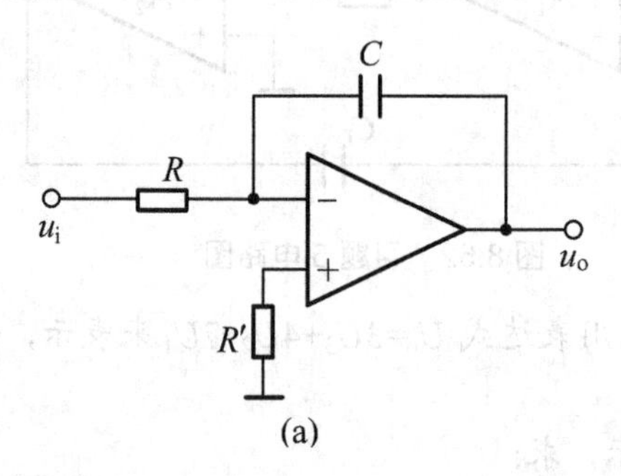

(a)

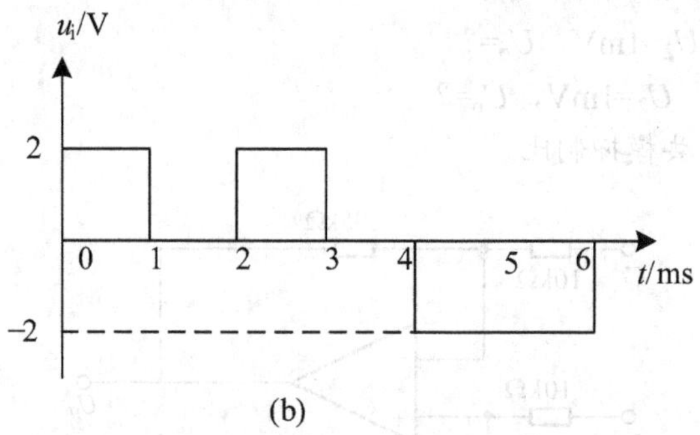

(b)

图 8.65　习题 9 电路图

10. 电路如图 8.66 所示。试求:

(1) u_{o1}、u_{o2}与u_i之间的关系。

(2) u_o与u_{o1}、u_{o2}之间的关系。

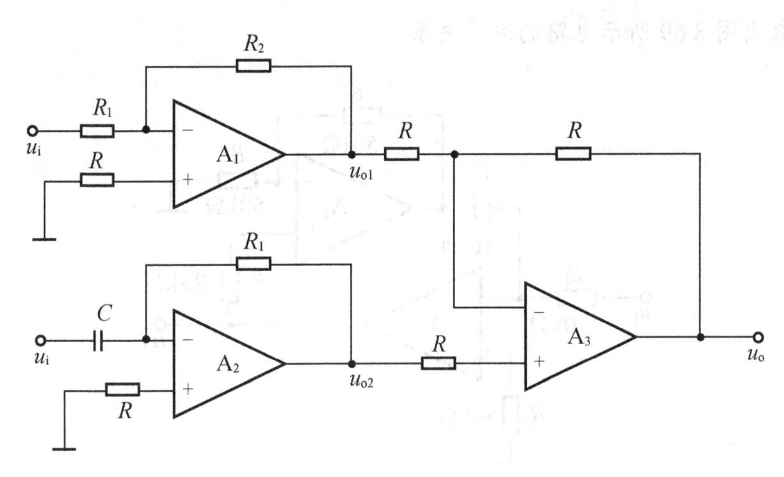

图 8.66　习题 10 电路图

11. 在图 8.67 所示的电路中，设 A_1、A_2 和 A_3 均为理想运算放大器，回答以下问题：

(1) 简述该电路的特点。

(2) 当 $\dfrac{R_4}{R_3}=\dfrac{R_6}{R_5}$ 时，求差模电压增益 $A_{ud}=U_o/U_i$。

(3) 调节哪个元件可改变放大器的共模抑制比，为什么？

(4) 简述测量该电路共模抑制比的实验步骤。

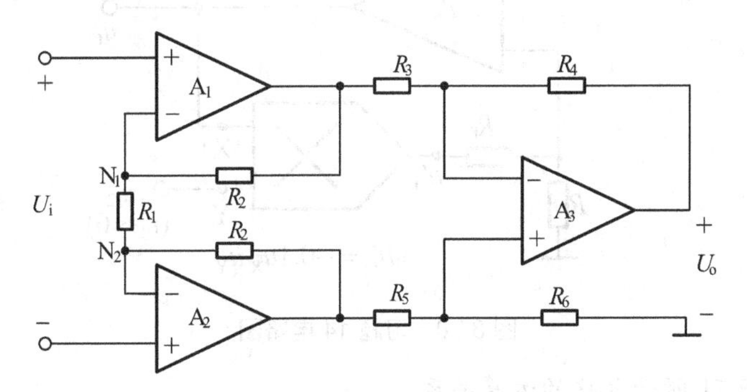

图 8.67　习题 11 电路图

12. 设图 8.68 所示电路中三极管的参数相同，各输入信号均大于零。

(1) 试说明各集成运放组成何种基本运算电路。

(2) 列出电路的输出电压与其输入电压之间关系的表达式。

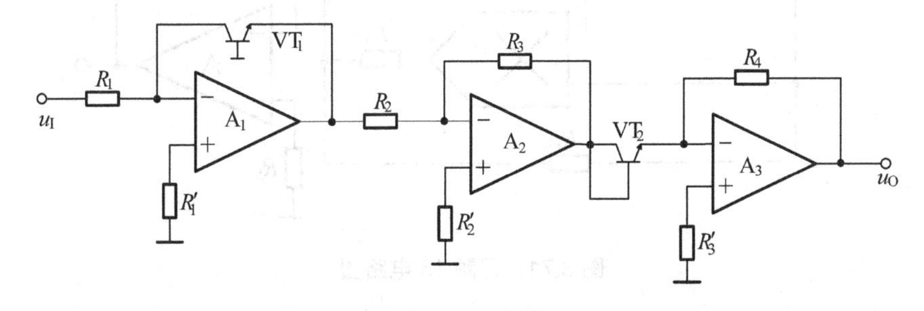

图 8.68　习题 12 电路图

13. 试求出图 8.69 所示电路的运算关系。

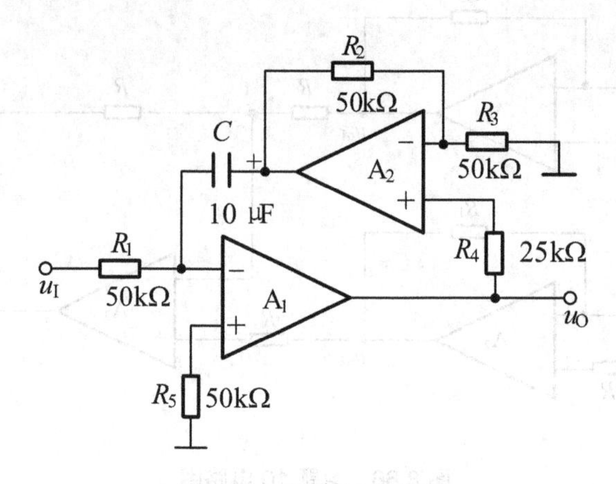

图 8.69 习题 13 电路图

14. 为了使图 8.70 所示电路实现除法运算，试求：

(1) 标出集成运放的同相输入端和反相输入端。

(2) 求出 u_O 和 u_{I1}、u_{I2} 的运算关系式。

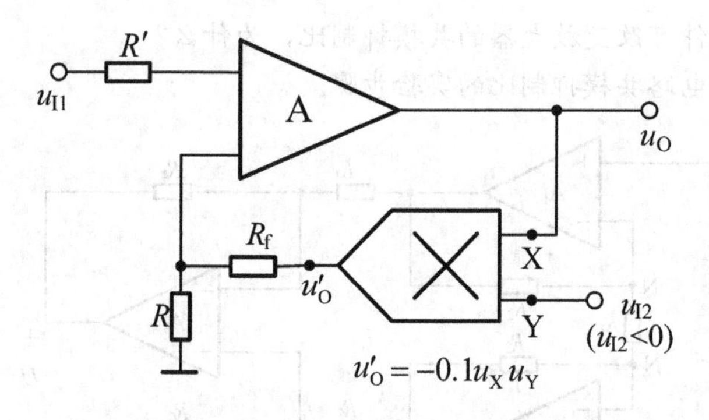

图 8.70 习题 14 电路图

15. 求出图 8.71 所示电路的运算关系。

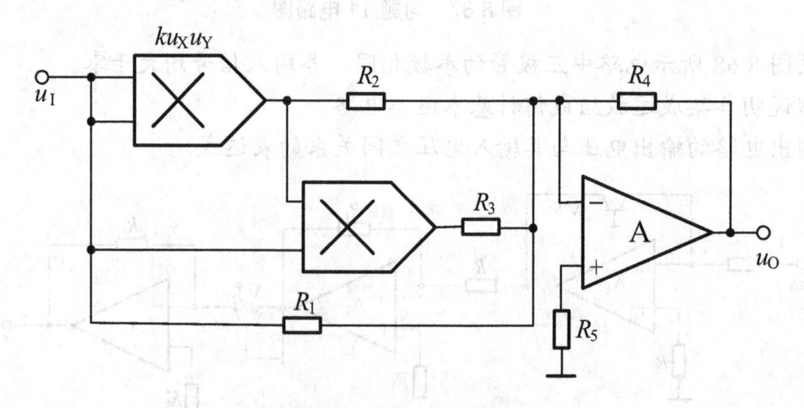

图 8.71 习题 15 电路图

16. 在如图8.72所示电路中，已知U_{i1}=4V，U_{i2}=1V。

(1) 当开关S闭合时，计算A、B、C、D各点电位和U_o的值。

(2) 设t=0时开关S打开，问经过多长时间能使U_o=0？

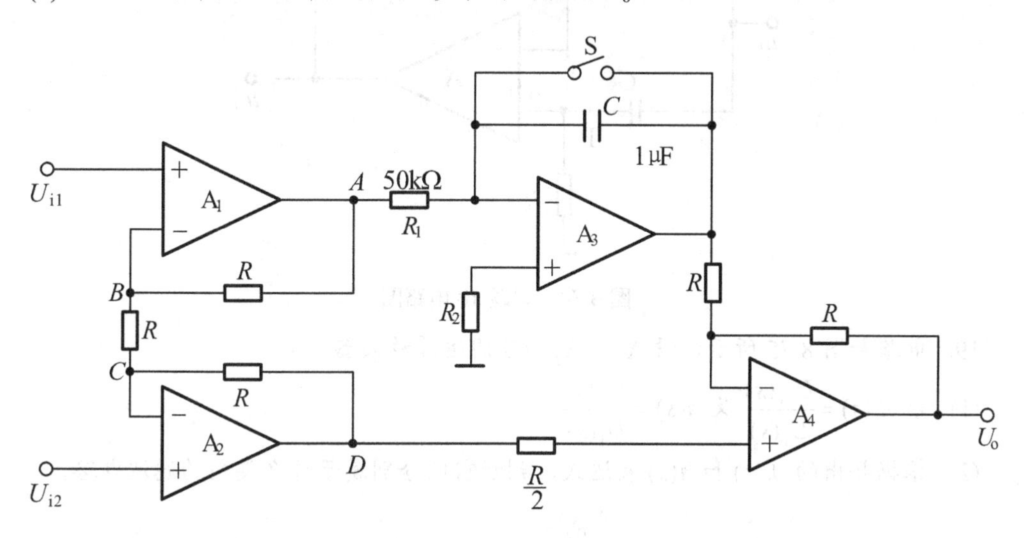

图8.72 习题16电路图

17. 试分析图8.73所示电路的输出u_{O1}、u_{O2}和u_{O3}分别具有哪种滤波特性(LPF、HPF、BPF、BEF)。

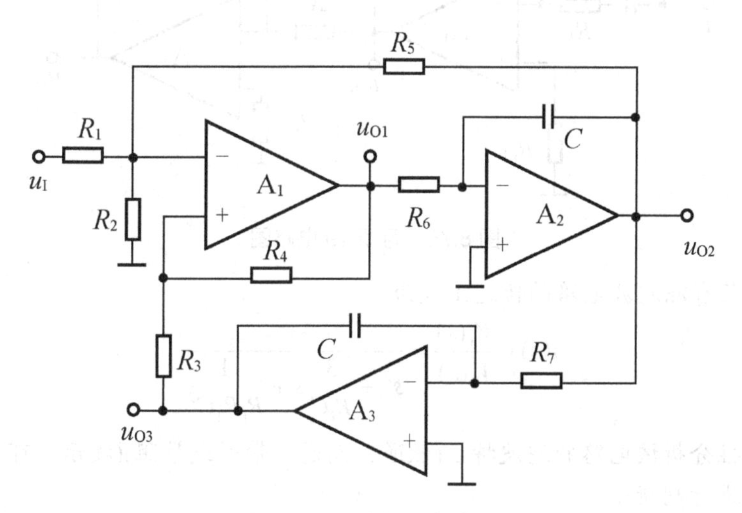

图8.73 习题17电路图

18. 图8.74所示是一阶全通滤波电路的一种形式。

(1) 试证明电路的电压增益表达式为

$$\dot{A}_u(j\omega)=\frac{\dot{U}_o(j\omega)}{\dot{U}_i(j\omega)}=-\frac{1-j\omega RC}{1+j\omega RC}$$

(2) 试求它的幅频响应和相频响应，说明当ω由$0\to\infty$时，相角φ的变化范围。

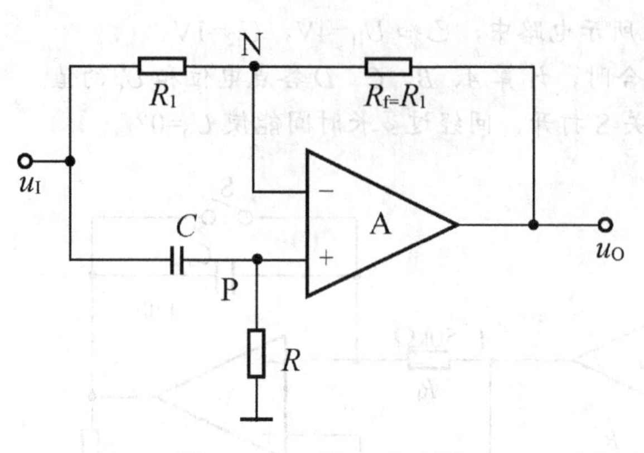

图 8.74　习题 18 电路图

19. 电路如图 8.75 所示，设 A_1、A_2 为理想运算放大器。

(1) 求 $A_1(s)=\dfrac{U_{o1}(s)}{U_i(s)}$ 及 $A(s)=\dfrac{U_o(s)}{U_i(s)}$。

(2) 根据导出的 $A_1(s)$ 和 $A(s)$ 表达式，判断它们分别属于什么类型的滤波电路。

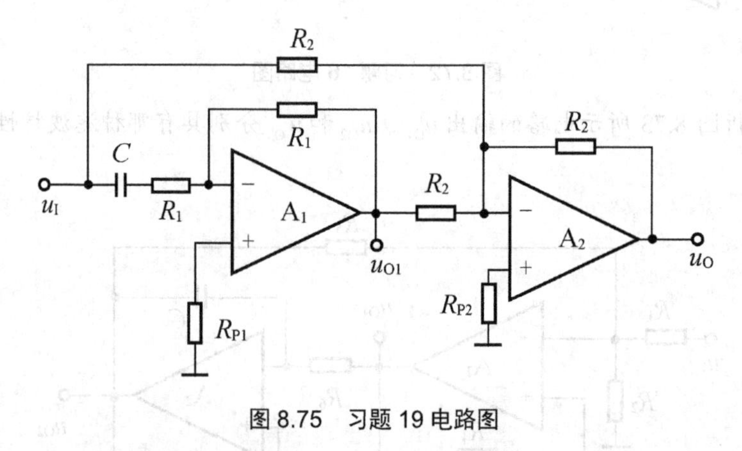

图 8.75　习题 19 电路图

20. 已知某有源滤波电路的传递函数为

$$A(s)=\frac{V_o(s)}{V_i(s)}=\frac{-s^2}{s^2+\dfrac{3}{R_1C}s+\dfrac{1}{R_1R_2C^2}}$$

(1) 试定性分析该电路的滤波特性(低通、高通、带通或带阻)(提示：可从增益随角频率的变化情况进行判断)。

(2) 求通带增益 A_0、特征角频率(中心频率) ω_0 及等效品质因数 Q。

21. 开关电容滤波器频率响应的时间常数取决于什么？为什么时钟频率 f_{CP} 通常比滤波器的工作频率(例如截止频率 f_0)要大得多(例如 $f_{CP}/f_0>100$)？

第 9 章 模拟信号产生电路

本章要点

正弦波信号产生电路。
非正弦波信号产生电路。
压控振荡电路。
集成信号发生器。

本章难点

正弦波振荡电路。
电压比较器。

本章介绍模拟周期信号产生电路，涉及正弦波信号产生电路和非正弦波信号产生电路。其中，正弦波信号产生电路包括 RC 振荡电路和 LC 振荡电路；非正弦波信号产生电路则是在介绍电压比较器的基础上，引申出矩形波、三角波和锯齿波产生电路。通过学习，应掌握判断正弦波信号产生电路能否振荡的方法、计算非正弦波信号相关参数的方法，并了解电压比较器、压控振荡电路和信号发生器的集成电路。

9.1 正弦波信号产生电路

9.1.1 正弦波振荡产生的条件

正弦波信号产生电路也称正弦波振荡电路，其实质上是一个没有输入信号的正反馈放大电路，电路在没有外加输入信号的情况下，依靠自激振荡输出正弦波信号。

正反馈放大电路的组成框图如图 9.1(a)所示。当电路输入信号 $\dot{X}_{in}=0$ 时，反馈信号 $\dot{X}_f$ 与净输入信号 $\dot{X}_{ia}$ 相等，改画为如图 9.1(b)所示电路的形式。由于 $\dot{X}_f=\dot{F}\dot{X}_o=\dot{F}\dot{A}\dot{X}_{ia}$，只有当 $\dot{A}\dot{F}=1$时才能满足 $\dot{X}_f=\dot{X}_{ia}$。因此，产生稳定振荡的平衡条件为 $\dot{A}\dot{F}=1$。

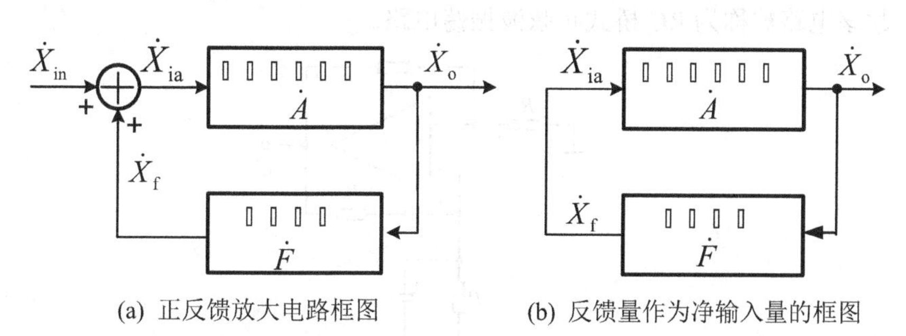

(a) 正反馈放大电路框图 (b) 反馈量作为净输入量的框图

图 9.1 正弦波振荡电路框图

将 $\dot{A}\dot{F}=1$ 写成模和相角的形式，有

$$\begin{cases}|\dot{A}\dot{F}|=AF=1\\ \varphi_{A}+\varphi_{F}=2n\pi,\ n\text{为整数}\end{cases} \tag{9.1}$$

式(9.1)称为幅值平衡条件和相位平衡条件。

一个正弦波振荡电路只对某个特定频率(设为 f_0)的信号满足正反馈条件，因此电路除了包括基本放大电路和正反馈网络以外，还需要选频网络来确定输出正弦波信号的频率。通常，选频网络的固有频率即为 f_0。

正弦波振荡电路能够输出稳定的正弦波信号，经历了输出信号由小到大直至趋于稳态平衡的过渡过程，这一过程称为振荡的建立过程或起振过程。在电路接通电源的瞬间存在电扰动，这种电扰动包含极其丰富的频率成分，其中也包含了与选频网络固有频率 f_0 相同的频率成分。选频网络使得电路只对频率为 f_0 的信号成分满足正反馈的相位平衡条件，而将其他频率的信号成分逐渐衰减为零。因此，正弦波振荡电路能够输出频率为 f_0 的正弦波信号。在正反馈过程中，输出信号幅值越来越大。由于晶体管的非线性特性，当输出信号幅值增大到一定程度时，放大倍数的数值将减小。最后振荡电路输出信号逐渐稳定，正弦波振荡电路进入等幅稳定振荡状态。

欲使振荡电路能自行建立振荡，必须满足起振条件 $|\dot{A}\dot{F}|>1$。这样，振荡电路在接通电源后才可能自行起振，最后趋于稳态平衡。

正弦波振荡电路的选频网络可以设置在放大电路中，也可以设置在正反馈电路中。根据选频网络采用的不同元件，可以将正弦波振荡电路分为RC正弦波振荡电路、LC正弦波振荡电路和石英晶体正弦波振荡电路三种类型。其中，RC 振荡电路一般用来产生1Hz~ 1MHz范围内的低频信号，LC 振荡电路一般用来产生1MHz以上的高频信号，石英晶体振荡电路工作频率范围较大，而且振荡频率非常稳定。

9.1.2 RC 桥式正弦波振荡电路

1. 电路结构

RC桥式正弦波振荡电路的结构如图9.2所示。振荡电路由放大电路和选频网络两部分组成，其中选频网络也具有正反馈电路的功能。R_1 和 R_f 构成负反馈放大电路，使放大器处于放大状态；选频网络采用RC串并联方式。这样 R_1 和 R_f 及RC串并联电路组成一个四臂电桥，故该电路被称为RC桥式正弦波振荡电路。

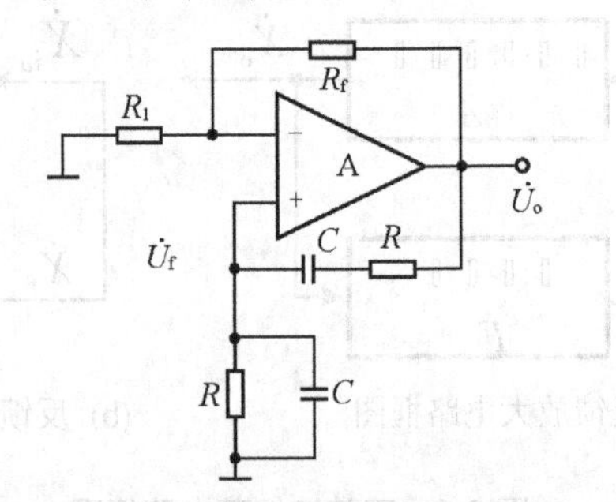

图9.2 RC桥式正弦波振荡电路

2. RC 串并联选频网络

RC 串并联选频网络如图 9.3 所示，RC 串联部分的阻抗用 Z_1 表示，RC 并联部分的阻抗用 Z_2 表示。

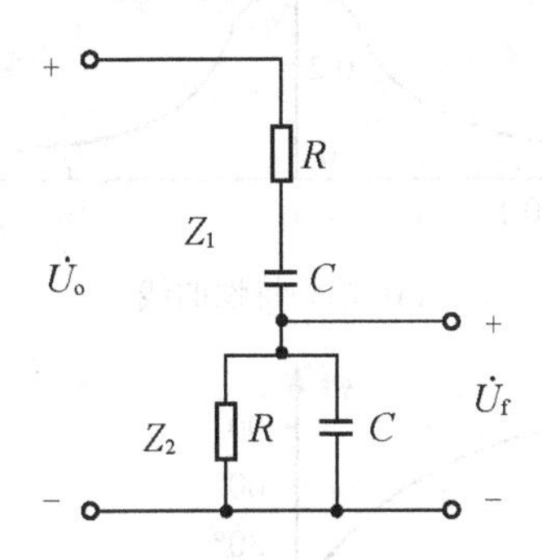

图 9.3 RC 串并联选频网络

根据图 9.3 可得

$$Z_1 = R + \frac{1}{\mathrm{j}\omega C} \tag{9.2}$$

$$Z_2 = R_2 // \frac{1}{\mathrm{j}\omega C} = \frac{R\dfrac{1}{\mathrm{j}\omega C}}{R + \dfrac{1}{\mathrm{j}\omega C}} = \frac{R}{1 + \mathrm{j}\omega C} \tag{9.3}$$

由式(9.2)和式(9.3)得到串并联选频网络的反馈系数为

$$\dot{F} = \frac{\dot{U}_\mathrm{f}}{\dot{U}_\mathrm{o}} = \frac{Z_2}{Z_1 + Z_2} = \frac{1}{3 + \mathrm{j}\left(\omega RC - \dfrac{1}{\omega RC}\right)} \tag{9.4}$$

令 $\omega_0 = \dfrac{1}{RC}$，则

$$\dot{F} = \frac{1}{3 + \mathrm{j}\left(\dfrac{\omega}{\omega_0} - \dfrac{\omega_0}{\omega}\right)} \tag{9.5}$$

由式(9.5)得幅频特性为

$$\left|\dot{F}\right| = \frac{1}{\sqrt{3^2 + \left(\dfrac{\omega}{\omega_0} - \dfrac{\omega_0}{\omega}\right)^2}} \tag{9.6}$$

相频特性为

$$\varphi_\mathrm{F} = -\arctan\frac{1}{3}\left(\frac{\omega}{\omega_0} - \frac{\omega_0}{\omega}\right) \tag{9.7}$$

当 $\omega = \omega_0$ 时，$\left|\dot{F}\right|$ 取得最大值，即 $\left|\dot{F}\right|_{\max} = \dfrac{1}{3}$，输出电压为输入电压幅值的 1/3；相位角 φ_F 为零，即 $\varphi_\mathrm{F} = 0^\circ$，输出电压与输入电压同相。

根据$|\dot{F}|$和φ_F的表达式，得到如图 9.4 所示的 RC 串并联选频网络的频率特性。

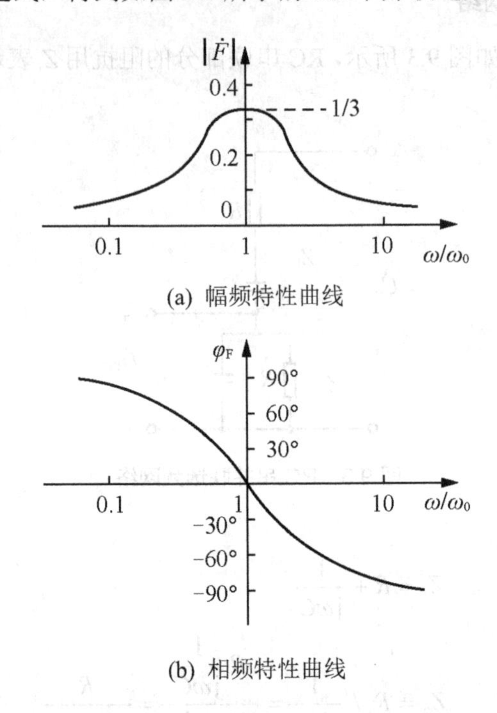

(a) 幅频特性曲线

(b) 相频特性曲线

图 9.4　RC 串并联选频网络的频率特性

3. RC 桥式正弦波振荡电路分析

由式(9.7)可知，当$\omega=\omega_0=\dfrac{1}{RC}$时，$\varphi_F=0^\circ$。又，放大电路为同相输入运放，$\dot{U}_f$与$\dot{U}_o$同相，$\varphi_A=0^\circ$，图 9.2 所示正弦波振荡电路形成正反馈，满足相位平衡条件。

由式(9.6)可知，当$\omega=\omega_0=\dfrac{1}{RC}$时，$|\dot{F}|_{max}=\dfrac{1}{3}$。因此根据起振条件$|\dot{A}\dot{F}|>1$，有$|\dot{A}|>3$。又由放大电路的放大倍数$\dot{A}=1+\dfrac{R_f}{R_1}$，可得$1+\dfrac{R_f}{R_1}>3$，即$R_f>2R_1$。一般情况下，在起振时选取$\dot{A}$略大于 3，达到稳幅振荡时使$\dot{A}=3$，则满足幅值平衡条件，输出失真很小的正弦波。否则放大器件工作在非线性区域，输出波形将产生严重的非线性失真。

为了使振荡频率只取决于选频网络，减小放大电路的影响，RC 桥式振荡电路通常选用电压串联负反馈类型的放大电路。这是因为该类放大电路输入阻抗高，几乎可忽略对选频网络的影响；同时，它的输出阻抗低，增加了振荡电路的带负载能力。

为了进一步改善输出信号幅值的稳定性，一般在电路中加入非线性稳幅环节。通常利用二极管和稳压管的非线性特性、场效应管的可变电阻特性以及热敏电阻等元件的非线性特性，来稳定振荡电路输出信号的幅值。

引入二极管稳幅电路的 RC 桥式正弦波振荡电路如图 9.5 所示。选阻值合适的小电阻R_3，满足R_2+R_3略大于$2R_1$。在电路起振的初始阶段，由于$\dot{U}_o$较小，二极管 VD_1 和 VD_2

均截止，故满足$|\dot{A}\dot{F}|>1$，有利于起振。随着振荡的加强，$\dot{U}_o$逐渐增大，当增大到某一数值时，二极管 VD_1 和 VD_2 由截止转换为导通状态，$\dot{U}_o$越大，VD_1 和 VD_2 导通电阻越小，R_3逐渐被两个二极管短接，直到放大电路的放大增益$\dot{A}$下降到使$\dot{A}\dot{F}=1$，电路达到平衡状态，$\dot{U}_o$稳定在一个确定值。

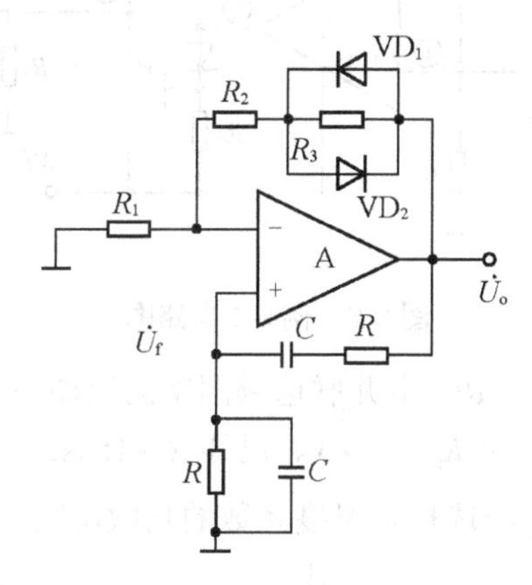

图 9.5 引入二极管稳幅电路的 RC 桥式正弦波振荡电路

若选用热敏电阻作为稳幅电路，有两种措施：一种是选择负温度系数的热敏电阻作为反馈电阻；另一种是选择正温度系数的热敏电阻作为反馈电阻。当选择负温度系数的热敏电阻时，输出信号幅值的增加使热敏电阻功耗增大，温度上升，则热敏电阻阻值下降，进而使放大电路的放大增益下降，输出信号幅值也随之下降。选择参数合适的热敏电阻，可以使输出信号幅值基本稳定，且波形失真较小。

RC 正弦波振荡电路除了上述介绍的 RC 串并联桥式以外，还有移相式、双 T 网络式等类型。所有的 RC 正弦波振荡电路只要能够选取合适的放大电路、正反馈网络和选频网络，使电路同时满足相位和幅值平衡条件，并有适当的稳幅措施，就能够产生正弦波振荡信号。

【例 9.1】 图 9.6 所示电路中，已知 R=10kΩ，C=0.01μF，R_2=15kΩ，试问：

(1) 判断电路是否满足振荡相位平衡条件。

(2) 若要满足起振条件，试确定 R_1 的取值；若将 R_1 选为热敏电阻以稳定输出幅度，则应该选择正温度系数还是负温度系数？

(3) 求振荡频率。

解：(1) 图 9.6 所示电路中，运放和功放构成放大倍数非常大的开环放大电路，功放的输出端和运放的反相输入端之间通过电阻 R_1 和 R_2 引入深度电压串联负反馈，从而构成负反馈放大电路，放大倍数为 $\dot{A}=1+R_1/R_2$。该负反馈放大电路的输入电压就是功放输出端通过 RC 串并联选频网络反馈到运放同相输入端的电压，若这种反馈为正反馈，则该电路满足振荡的相位平衡条件。

判断是否为正反馈：设运放同相输入端断开和 RC 电路的连接，加一输入电压，给定瞬时极性为正，则运放输出电压的瞬时极性为正，功放输出电压也为正，极性如图 9.6 所示，当满足 $f=f_0=\dfrac{1}{2\pi RC}$ 时，经 RC 电路反馈到运放同相输入端的电压与原输入电压极性相同，因此可判断为正反馈，满足振荡的相位平衡条件。

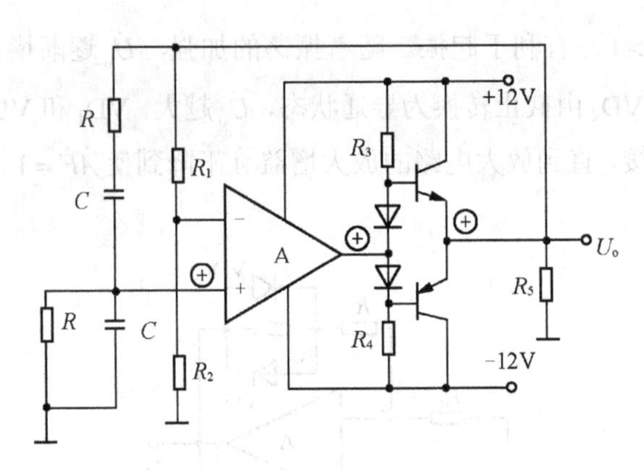

图 9.6　例 9.1 电路图

(2) 满足相位平衡条件时，RC 串并联选频网络的反馈系数 $\dot{F}=1/3$，因此，为了满足起振条件 $\left|\dot{A}\dot{F}\right|>1$，需要使 $\dot{A}=1+R_1/R_2>3$。已知 R_2=15kΩ，则取 R_1>30kΩ。

为稳定输出电压幅值，R_1 应选择负温度系数的热敏电阻。

(3) 振荡频率 $f_0=\dfrac{1}{2\pi RC}=\dfrac{1}{2\pi\times10\times10^3\times0.01\times10^{-6}}\text{Hz}\approx1.59\,\text{kHz}$

由以上讨论，正弦波振荡电路的分析过程可依照以下步骤。

(1) 检查电路是否由放大电路、反馈网络、选频网络和稳幅电路组成。

(2) 检查放大电路是否能够正常工作。

(3) 检查电路是否满足正弦波振荡的平衡条件。其中，相位平衡条件由瞬时极性法判断；幅值平衡条件则一般取 $\left|\dot{A}\dot{F}\right|$ 略大于 1，起振后利用稳幅电路使 $\left|\dot{A}\dot{F}\right|=1$。

(4) 估算振荡频率 f_0。

9.1.3　LC 正弦波振荡电路

1. LC 并联谐振回路

与 RC 正弦波振荡电路不同，LC 正弦波振荡电路的选频网络由电感和电容元件构成，而且通常选取 LC 并联谐振回路。LC 并联谐振回路如图 9.7 所示，R 表示电感和回路其他损耗总的等效电阻，一般很小。当信号频率很低时，电容的容抗很大，可以看成开路，回路的总阻抗取决于电感支路；当信号频率很高时，电感的感抗很大，可以看成开路，回路的总阻抗取决于电容支路，因此存在一个频率使回路阻抗呈现电阻性。这一频率即为并联回路的谐振频率。

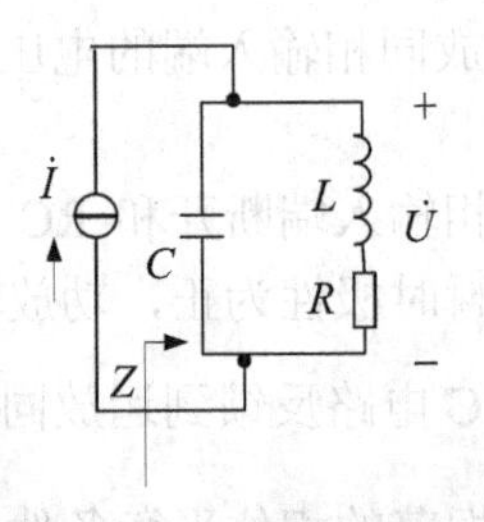

图 9.7　LC 并联谐振回路

由图 9.7 可知，LC 并联谐振回路的阻抗为

$$Z=\frac{\dot{U}}{\dot{I}}=\frac{(R+\mathrm{j}\omega L)\dfrac{1}{\mathrm{j}\omega C}}{R+\mathrm{j}\omega L+\dfrac{1}{\mathrm{j}\omega C}} \tag{9.8}$$

由于 $R<<\omega L$，则

$$Z\approx\frac{L/C}{R+\mathrm{j}\left(\omega L-\dfrac{1}{\omega C}\right)} \tag{9.9}$$

使阻抗的虚部为零，可得并联谐振频率

$$\omega_0=\frac{1}{\sqrt{LC}}\text{或}f_0=\frac{1}{2\pi\sqrt{LC}} \tag{9.10}$$

由此得到回路谐振时的阻抗 $Z_0=\dfrac{L}{RC}$，此时回路的等效阻抗为纯电阻性质，其值最大。

令 $Q=\dfrac{\sqrt{L/C}}{R}$ 为电路的品质因数，它是用来评价回路损耗大小的指标，则 Q 也可表示为

$$Q=\frac{\omega_0 L}{R}=\frac{1}{\omega_0 CR} \tag{9.11}$$

因此，谐振回路的特性和回路损耗电阻 R 有关。回路损耗电阻 R 越小，Q 值越大，并联谐振回路谐振时，幅频特性曲线越呈现明显峰值，在谐振频率附近相频特性变化越快，选频特性越好。一般 Q 值在几十到几百之间。当 $Q_1>Q_2$ 时，得到频率特性如图 9.8 所示。

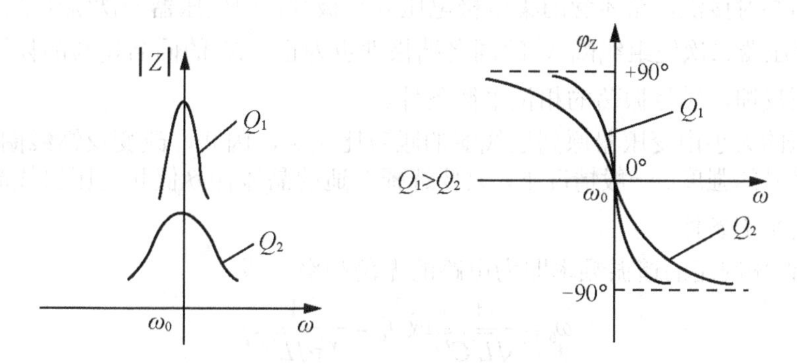

图 9.8　LC 并联谐振回路的频率特性

根据 LC 并联谐振回路的频率特性，只有当信号频率满足 $\omega=\omega_0$ 时，LC 并联谐振回路阻抗最大，且无附加相移。对于其他频率的信号，LC 并联谐振回路阻抗减小，电压放大倍数减小，且有附加相移。电路对不同频率的信号具有不同的放大特性，因此 LC 并联谐振回路被称为选频放大电路。若在电路中引入正反馈，且使反馈信号取代输入信号，则电路即为正弦波振荡电路。根据引入反馈的方式不同，LC 正弦波振荡电路可以分为变压器反馈式、电感反馈式和电容反馈式三种类型。其中放大电路有共射极和共基极两种接法，其选取根据振荡频率来确定。通常共基极放大电路比共射极放大电路更适于产生振荡频率较高的信号。

2．变压器反馈式振荡电路

变压器反馈式振荡电路如图 9.9 所示。LC 并联谐振回路由变压器的一次绕组 N_1 和电容 C 组成，作为晶体管的集电极负载，反馈是由变压器线圈之间的耦合实现的。

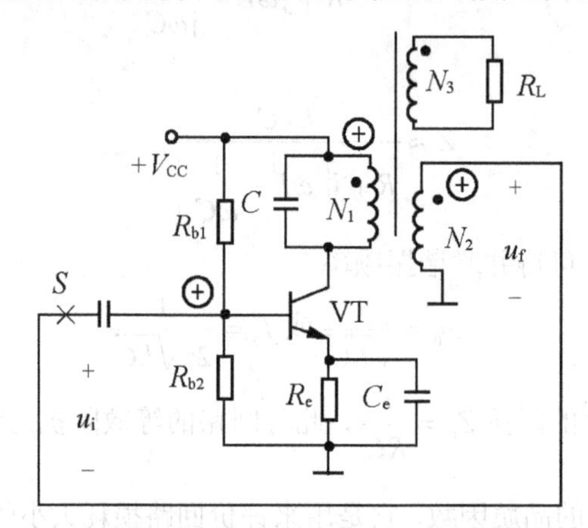

图 9.9　变压器反馈式振荡电路

图 9.9 所示电路包括放大电路、选频网络、正反馈电路和利用晶体管非线性特性所实现的稳幅电路四部分。

利用瞬时极性法判断电路是否满足相位平衡条件。在 S 点断开反馈通路，加频率为 f_0 的电压 u_i 作为放大电路的输入电压，给定其极性为正极性，则晶体管基极信号为正极性。由于放大电路的共射接法，晶体管的集电极电压为负极性，即变压器一次绕组 N_1 的同名端为正极性，故变压器二次绕组线圈 N_2 的同名端极性也为正。N_2 的同名端与晶体管基极相连，因此反馈为正反馈，满足振荡的相位平衡条件。

反馈电压的大小由变压器原副边线圈的匝数比决定，因此，改变反馈线圈的匝数，可以调整反馈信号的强度。一般情况下，只要选择合适的晶体管 β 值和变压器线圈的匝数比，就能满足幅值平衡条件。

LC 并联谐振回路的谐振频率即为电路的振荡频率，即

$$\omega_0=\frac{1}{\sqrt{L'C'}} \text{ 或 } f_0=\frac{1}{2\pi\sqrt{L'C'}} \tag{9.12}$$

式中，L' 和 C' 分别是谐振回路的等效电感和等效电容。

由电路起振条件 $\left|\frac{\dot{U}_f}{\dot{U}_i}\right|>1$，可以证明放大电路晶体管 β 值需要满足

$$\beta>\frac{r_{be}R'C}{M} \tag{9.13}$$

式中，r_{be} 是晶体管基极和射极之间的等效电阻；M 是变压器原副边绕组之间的等效互感；R' 是并联回路中的等效总损耗电阻。实际上，式(9.13)对工程实践具有一定的指导意义。根据表达式适当调整相应参数，如晶体管 β 值，可以使电路易于起振。

变压器反馈式振荡电路易于产生振荡，波形较好，但是振荡频率的稳定性不高。这是由于电路反馈靠变压器线圈耦合实现，故存在耦合不紧密、损耗较大的问题。

3．电感反馈式振荡电路

电感反馈式振荡电路实际上是对变压器反馈式振荡电路的改进。为了解决变压器反馈式振荡电路中变压器原副边线圈耦合不紧密的问题，将图9.9中两个线圈N_1和N_2合并为一个线圈，反馈信号取自线圈N_2，另外在整个线圈两端并联电容C，加强谐振效果。电感反馈式振荡电路的结构如图9.10所示。线圈的三个端分别连接到晶体管的三个极，故称这种电感反馈式振荡电路为电感三点式电路。

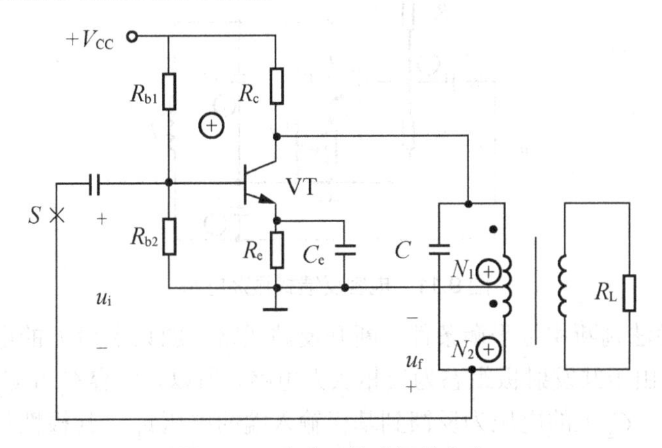

图9.10　电感反馈式振荡电路

图9.10所示电路由四部分组成，分别是放大电路、选频网络、正反馈电路和利用晶体管非线性特性所实现的稳幅电路，而且放大电路能够正常工作。利用瞬时极性法判断电路是否满足正弦波振荡的相位平衡条件，在S点断开反馈通路，加频率为f_0的电压u_i作为输入电压，给定正极性。由于共发射极组态为反相放大电路，所以，电感N_1和N_2线圈上的瞬时电压极性如图9.10所示。N_2上的电压为反馈到基极输入端的电压u_f，其极性与输入电压u_i极性相同，故电路满足正弦波振荡的相位平衡条件。选择适当的电路参数，使电路满足幅值平衡条件，就可以产生正弦波振荡。

设N_1的电感量为L_1，N_2的电感量为L_2，考虑N_1和N_2之间的互感M，且品质因数远大于1，电路振荡频率近似表示为

$$\omega = \omega_0 \approx \frac{1}{\sqrt{(L_1 + L_2 + 2M)C}} \text{ 或 } f = f_0 \approx \frac{1}{2\pi\sqrt{(L_1 + L_2 + 2M)C}} \tag{9.14}$$

由电路起振条件$\left|\dot{A}\dot{F}\right| > 1$，可以证明放大电路晶体管的$\beta$值需要满足

$$\beta > \frac{r_{be}(L_1 + M)}{R'_L(L_2 + M)} \tag{9.15}$$

式中，r_{be}是晶体管基极和射极之间的等效电阻；R'_L为晶体管集电极总负载。

电感三点式振荡电路将变压器反馈式振荡电路中的变压器改为自耦变压器，解决了线圈耦合不紧密的问题，使电路易于起振，而且可以方便地采用可变电容来调节电路的振荡频率。但是由于反馈电压取自电感，故输出电压波形的高次谐波分量较大。因此电感三点式振荡电路通常应用于对波形要求不高的场合。

4．电容反馈式振荡电路

与电感反馈式振荡电路类似，电容反馈式振荡电路如图 9.11 所示。电路中L、C_1和C_2构成谐振回路，反馈信号取自电容C_2两端。因为两个电容的三个端分别接晶体管的三个极，所以也称电容反馈式振荡电路为电容三点式电路。

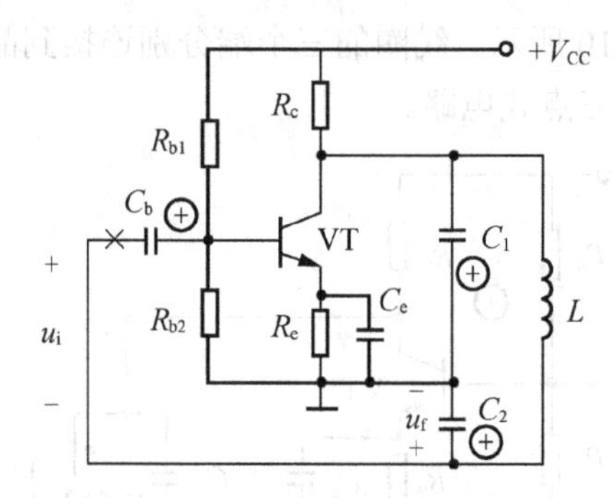

图 9.11　电容反馈式振荡电路

利用瞬时极性法判断相位平衡条件，断开反馈通路，加频率为f_0的电压u_i作为输入电压，给定正极性。由于共发射极组态为反相放大电路，所以，电容C_1和C_2上的瞬时电压极性如图 9.11 所示。C_2上的电压为反馈到基极输入端的电压u_f，其极性与输入电压u_i极性相同，故电路满足正弦波振荡的相位平衡条件。选取合适的电路参数使电路满足幅值平衡条件，就可以产生正弦波振荡。当由L、C_1和C_2所构成的选频网络品质因数Q远大于 1 时，电路振荡频率近似为

$$\omega=\omega_0\approx\frac{1}{\sqrt{L\left(\dfrac{C_1C_2}{C_1+C_2}\right)}}\text{或}f=f_0\approx\frac{1}{2\pi\sqrt{L\left(\dfrac{C_1C_2}{C_1+C_2}\right)}}\tag{9.16}$$

和电感三点式振荡电路相比，电容三点式振荡电路的反馈电压取自电容C_2两端，可以滤除高次谐波，所以输出波形较好。不过调节振荡频率时比较困难，需要同时调整C_1和C_2的值，使它们的数值按比例变化。因此，电容三点式振荡电路适用于固定频率的场合。

为了稳定振荡频率，可以在图 9.11 所示谐振回路中的电感L所在支路串联一个小容量电容C，如图 9.12 所示。

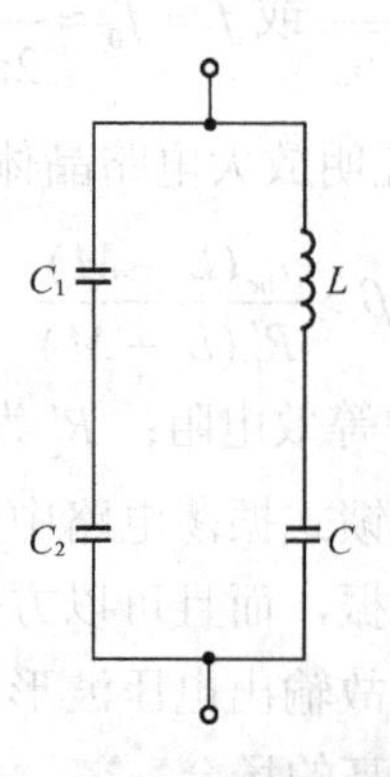

图 9.12　能够稳定振荡频率的谐振回路

图 9.12 中 $C \ll C_1$，$C \ll C_2$，这样谐振回路的总电容为 $C' = \frac{1}{C_1} + \frac{1}{C_2} + \frac{1}{C} \approx \frac{1}{C}$。此时，振荡频率 $f_0 = \frac{1}{2\pi\sqrt{LC}}$ 仅由 C 和 L 决定，与 C_1 和 C_2 基本无关，因此在提高振荡频率稳定性的同时，也可以通过调节 C 方便地调节振荡频率。

LC 三点式正弦波振荡电路中的放大电路可以由分立元件构成，也可以由集成运放组成的比例放大电路构成，谐振回路由纯电抗元件 X_1、X_2 和 X_3 构成。当谐振回路中有两个电感和一个电容时，电路为电感三点式振荡电路；当谐振回路中有两个电容和一个电感时，电路为电容三点式振荡电路。另外，在判断电路是否满足正弦波振荡的相位平衡条件时，必须明确反馈电压取自哪一个电感线圈或电容，通常这个电感线圈或电容的一端就是交流通路的“地”。

9.1.4　石英晶体正弦波振荡电路

1．石英晶体的特性

石英晶体是一种各向异性的结晶体，它是硅石的一种，其化学成分是二氧化硅(SiO_2)。将二氧化硅结晶体按一定的方位角切割成很薄的晶片(可以是正方形、矩形或圆形等)，将晶片两个对应表面抛光和涂敷银层，并装上一对金属板作为电极，就构成石英晶体产品。一般用金属外壳密封，也有用玻璃壳封装的。石英晶体的符号如图 9.13(a)所示。

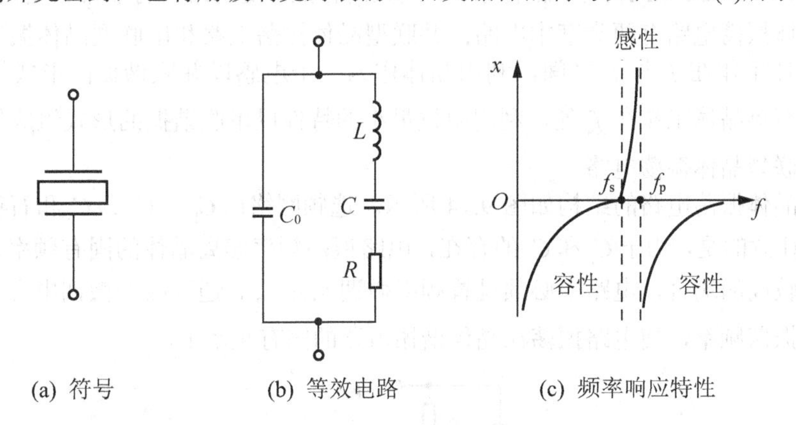

图 9.13　石英晶体符号、等效电路和频率响应特性

如果在晶体的两个极板间加一电场，会使晶体产生机械变形；反之，如果在极板间施加机械力，又会在相应的方向上产生电场，上述物理现象称为压电效应。一般情况下，这种机械振动的振幅较小，振动频率稳定。但是，当外加交流电压的频率等于晶体的固有机械振动频率时，晶体机械振动幅度最大，晶体两面的电荷数量及电路中的交变电流最大，产生谐振，称为压电谐振。此时外加交流电压的频率，即石英晶体的固有频率称为谐振频率。

图 9.13(b)所示为石英晶体压电谐振现象的等效电路。当晶体不振动时，等效为切片与金属板构成的静电电容 C_0，它与晶体尺寸大小有关；L、C 分别模拟晶体的质量(代表惯性)和弹性，等效电阻 R 则等效因摩擦而造成的损耗。等效电路中 C_0 为几到几十皮法，L 为

几十到几百毫安，C 为0.0002～ 0.1pF，理想情况下 $R=0$ 。

将上述数值代入品质因数表达式 $Q=\dfrac{\sqrt{L/C}}{R}$，得石英晶体的 Q 值可以高达 10^4～ 10^6 。由于 Q 值越大，振荡频率越稳定，因此石英晶体振荡电路有着非常稳定的振荡频率。

由石英晶体谐振电路的等效电路可知，电路存在两个谐振频率。一个是当等效电路中的 L、C 和 R 支路产生串联谐振时的频率，有

$$f_s=\frac{1}{2\pi\sqrt{LC}} \tag{9.17}$$

另一个是当等效电路中的 L 、C 和 R 支路呈感性，与 C_0 产生并联谐振时的频率，有

$$f_p=\frac{1}{2\pi\sqrt{L\cdot\dfrac{C\cdot C_0}{C+C_0}}}=f_s\sqrt{1+\frac{C}{C_0}} \tag{9.18}$$

通常，$C_0>>C$ ，因此 $f_p\approx f_s$。石英晶体的频率特性如图 9.13(c)所示，当晶体工作在 f_s 与 f_p 之间时，等效为电感；当晶体工作在 $f=f_s$ 时，电路呈纯阻性，等效电阻为 R ；当晶体工作在其他频率时，等效为电容。

2．石英晶体正弦波振荡电路

石英晶体正弦波振荡电路的选频网络即为石英晶体，这是利用了石英晶体的压电效应产生正弦波振荡，而且由于石英晶体高品质因数的特点，使电路具有非常稳定的振荡频率。

石英晶体振荡电路有两类基本电路；并联型晶体振荡电路和串联型晶体振荡电路。前者的石英晶体工作在 f_s 与 f_p 之间，利用晶体作为一个电感以并联谐振的形式组成振荡电路；后者的石英晶体工作在 f_s 处，利用阻抗最小的特性以串联谐振的形式组成振荡电路。

1)　并联型晶体振荡电路

并联型晶体振荡电路的结构如图 9.14 所示。选频网络由 C_1 、C_2 、C_3 和石英晶体并联构成。需要注意的是，由于 C_1 和 C_2 的存在，电路振荡频率偏离晶体的固有频率，因此在振荡频率要求较高的场合，电路中必须设置频率微调元件 C_3。通过改变微调电容 C_3 的大小，调整电路的振荡频率，使电路振荡在晶体谐振电路的固有频率上。

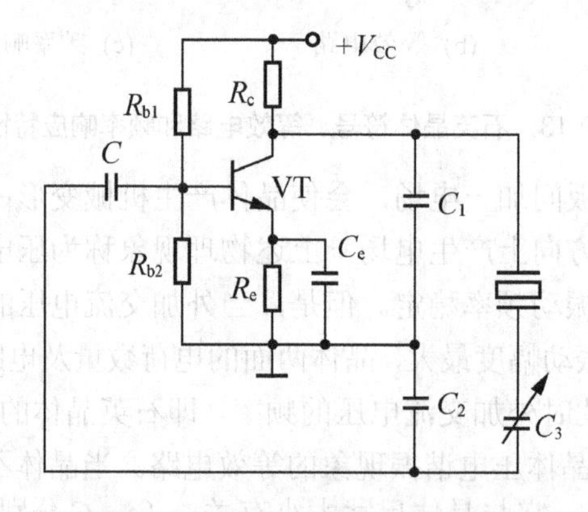

图 9.14　并联型石英晶体振荡电路

显然，电路属于电容三点式 LC 振荡电路，振荡频率为

$$f_0 = \frac{1}{2\pi\sqrt{L\cdot\dfrac{(C+C_3)\cdot(C_0+C')}{(C+C_3)+(C_0+C')}}} \tag{9.19}$$

式中，$C' = \dfrac{C_1 \cdot C_2}{C_1 + C_2}$；$C$ 和 C_0 表示石英晶体等效电路中的电容。由于 $C_1 >> C_3$ 和 $C_2 >> C_3$，故电路振荡频率主要取决于石英晶体的谐振频率和 C_3，与石英晶体本身的谐振频率十分接近。因为石英晶体的品质因数 Q 值很高，所以可以保证电路的振荡频率非常稳定。

2)　串联型晶体振荡电路

串联型晶体振荡电路的结构如图 9.15 所示。将石英晶体串联在正反馈支路中，只有当振荡频率 $f_0 = f_s$ 时，石英晶体呈电阻性，阻抗最小，而且正反馈最强，相移为零，电路满足相位平衡条件。当振荡频率 $f_0 \neq f_s$ 时，不满足相位平衡条件，电路不起振。因此，电路的振荡频率为石英晶体的串联谐振频率 f_s。而正弦波振荡的幅值平衡条件，可以通过调节 R_p 的阻值来实现。

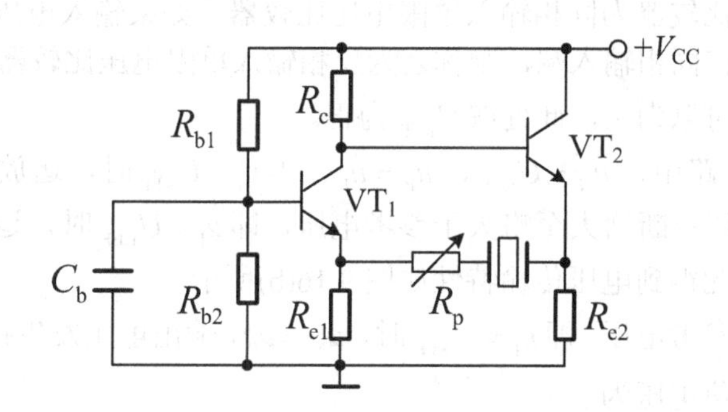

图 9.15　串联型石英晶体振荡电路

9.2　非正弦波信号产生电路

常见的非正弦波信号有矩形波、三角波和锯齿波等。考虑到电压比较器是构成非正弦波信号产生电路的基本单元电路，本节先讨论电压比较器的电路结构及工作原理。

9.2.1　电压比较器

电压比较器是对输入信号进行幅度鉴别和比较的电路，常用于波形产生与变换、模数转换及自动控制等多种场合。

电压比较器将输入信号 u_I 与参考电压 U_{REF} 进行比较，输出高电平 U_{OH} 或者低电平 U_{OL} 代表比较的结果。使输出电压发生跃变的输入电压称为阈值电压，或转折电压，记作 U_T。用曲线描述的输入电压 u_I 和输出电压 u_O 之间的函数关系称为电压比较器的电压传输特性，用来描述电压比较器的工作特性。

电压比较器可以利用集成运放构成。在这种情况下，绝大多数集成运放是处于开环状态(即没有引入反馈)，或者只引入正反馈。这时，集成运放的输出电压与输入电压不再是线性关系，即集成运放工作在非线性区。电压比较器最重要的两个动态参数是灵敏度和响应时间(或响应速度)，在实际应用中可以根据不同要求选取合适的集成运放构成电压比较器或直接选取专用的集成比较器芯片。

通常，分析电压比较器就是确定其电压传输特性，需要考虑以下三个方面。

(1) 对于由集成运放构成的电压比较器，阈值电压就是当运放反相输入端电压和同相输入端电压相等瞬间的输入电压，即令$u_N=u_P$时，$u_I=U_T$。

(2) 输出电压的最大值为U_{OH}，最小值为U_{OL}。

(3) 当u_I变化且经过U_T时，u_O的跃变方向。

1．单限比较器

单限比较器只有一个阈值电压，电路结构如图 9.16(a)所示。运放处于开环工作状态，具有很高的开环电压增益。输入电压u_I从运放同相输入端输入，参考电压U_{REF}加在反相输入端，称这种结构的比较器为同相输入单限电压比较器。如果输入电压从运放反相输入端输入，而参考电压加在同相输入端，则称之为反相输入单限电压比较器。实际上，U_{REF}的取值既可以为正，也可以为负，此处取U_{REF}为正。

图 9.16(a)所示电路中，$u_N=U_{REF}$，$u_P=u_I$。当$u_I<U_{REF}$时，运放处于负饱和状态，$u_O=U_{OL}$；当输入电压不断增大至略大于参考电压，即$u_I>U_{REF}$时，运放立即转入正饱和状态，$u_O=U_{OH}$。由此得到电压传输特性如图 9.16(b)所示。

当输入电压等于参考电压，即$u_I=U_{REF}$时，$u_N=u_P$，输出电压发生跃变，因此图 9.16(a)所示比较器电路的阈值电压为

$$U_T=U_{REF} \tag{9.20}$$

如果将图 9.16(a)中的反相输入端接地，即取参考电压$U_{REF}=0$，那么输入电压u_I每次过零变化时，输出电压就会发生跃变。具有这种结构的比较器被称作过零比较器。

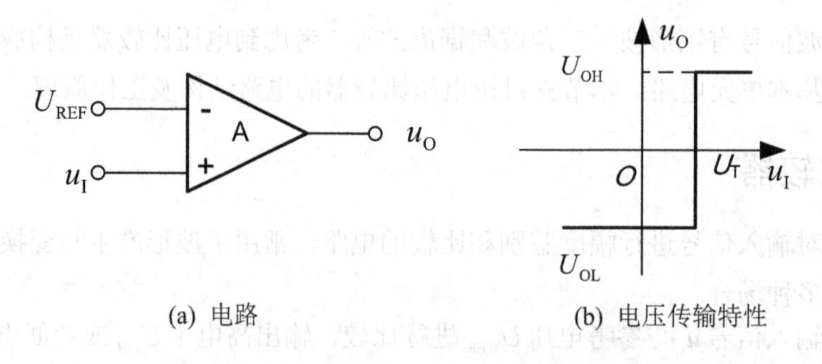

(a) 电路　　(b) 电压传输特性

图 9.16　同相输入单限比较器电路及电压传输特性

若将输入信号u_I和参考电压U_{REF}均接在集成运放的反相输入端，如图 9.17 (a)所示。根据叠加原理，集成运放反相输入端的电位为

$$u_N = \frac{R_1}{R_1+R_2}u_I + \frac{R_2}{R_1+R_2}U_{REF} \tag{9.21}$$

令 $u_N = u_P = 0$，则阈值电压为

$$U_T = -\frac{R_2}{R_1}U_{REF} \tag{9.22}$$

阈值电压 U_T 的大小和极性可以通过改变参考电压 U_{REF} 的大小和极性，以及电阻 R_1 和 R_2 的阻值来实现。当 $u_I < U_T$ 时，$u_N < u_P$，则 $u_O = U_{OH}$；当 $u_I > U_T$ 时，$u_N > u_P$，则 $u_O = U_{OL}$。取 $U_{REF} > 0$，则电压传输特性如图 9.17(b)所示。

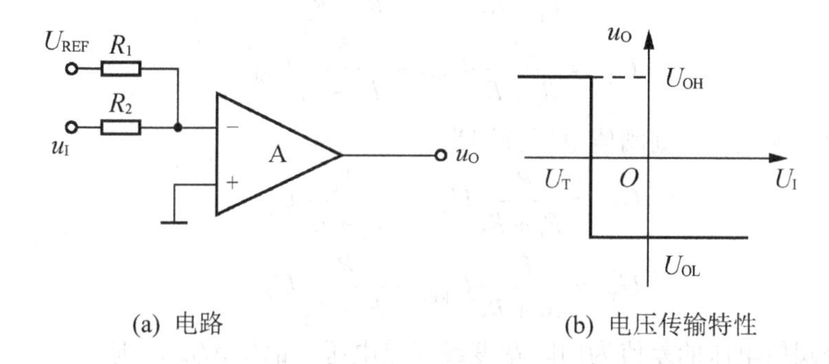

图 9.17　反相输入单限比较器电路及电压传输特性

在实际应用中，为了满足负载的需要，常采用稳压管限幅电路。一般将双向稳压管连接在电路的反馈回路或输出端，以保证输出信号的正向和负向幅度基本相等。图 9.18 所示的单限电压比较器，是在图 9.17(a)所示电路的基础上增加了输出限幅电路，此时电路输出电压满足 $U_{OH} = +U_Z$，$U_{OL} = -U_Z$。

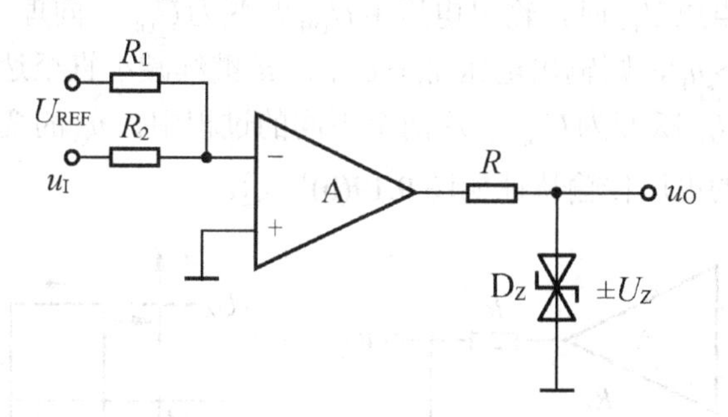

图 9.18　增加限幅电路的反相输入单限比较器电路

2．迟滞比较器

迟滞比较器有两个阈值电压，是具有迟滞回环传输特性的比较器。和单限电压比较器相比，即使输入电压在阈值电压附近有微小变化，迟滞比较器的迟滞回环特性仍可以保证输出电压稳定。所以，迟滞比较器具有一定的抗干扰能力。图 9.19(a)所示电路为反相输入迟滞比较器，如果将 u_I 和 U_{REF} 的位置互换，则构成同相输入迟滞比较器电路。

1)　确定阈值电压

设图 9.19(a)所示电路中运放为理想运放，$u_N = u_I$，且根据叠加原理有

$$u_{\mathrm{P}}=\frac{R_2}{R_1+R_2}U_{\mathrm{REF}}+\frac{R_1}{R_1+R_2}u_{\mathrm{O}} \tag{9.23}$$

令$u_{\mathrm{N}}=u_{\mathrm{P}}$，则比较器的阈值电压为

$$U_{\mathrm{T}}=\frac{R_2}{R_1+R_2}U_{\mathrm{REF}}+\frac{R_1}{R_1+R_2}u_{\mathrm{O}} \tag{9.24}$$

因为当$u_{\mathrm{I}}>u_{\mathrm{P}}$时，电路输出电压$u_{\mathrm{O}}=U_{\mathrm{OL}}$；当$u_{\mathrm{I}}<u_{\mathrm{P}}$时，电路输出电压$u_{\mathrm{O}}=U_{\mathrm{OH}}$，所以得到迟滞比较器的两个阈值电压分别为

$$U_{\mathrm{T+}}=\frac{R_2}{R_1+R_2}U_{\mathrm{REF}}+\frac{R_1}{R_1+R_2}U_{\mathrm{OH}} \tag{9.25}$$

$$U_{\mathrm{T-}}=\frac{R_2}{R_1+R_2}U_{\mathrm{REF}}+\frac{R_1}{R_1+R_2}U_{\mathrm{OL}} \tag{9.26}$$

若考虑稳压管电压，则阈值电压分别为

$$U_{\mathrm{T+}}=\frac{R_2}{R_1+R_2}U_{\mathrm{REF}}+\frac{R_1}{R_1+R_2}U_{\mathrm{Z}} \tag{9.27}$$

$$U_{\mathrm{T-}}=\frac{R_2}{R_1+R_2}U_{\mathrm{REF}}-\frac{R_1}{R_1+R_2}U_{\mathrm{Z}} \tag{9.28}$$

定义两个阈值电压的差值为门限宽度或回差电压，记作ΔU_{T}，则

$$\Delta U_{\mathrm{T}}=U_{\mathrm{T+}}-U_{\mathrm{T-}}=\frac{R_1(U_{\mathrm{OH}}-U_{\mathrm{OL}})}{R_1+R_2}=\frac{2R_1U_{\mathrm{Z}}}{R_1+R_2} \tag{9.29}$$

2) 确定电压传输特性

迟滞比较器的输出电压在输入电压分别等于两个阈值电压时，跃变的方式是不同的。首先分析$u_{\mathrm{I}}<U_{\mathrm{T+}}$并逐渐增大的过程，$u_{\mathrm{I}}=u_{\mathrm{N}}<u_{\mathrm{P}}$，则输出电压$u_{\mathrm{O}}=U_{\mathrm{OH}}$。$u_{\mathrm{I}}$继续增大直至达到并略大于阈值电压$U_{\mathrm{T+}}$时，输出电压由$U_{\mathrm{OH}}$跃变为$U_{\mathrm{OL}}$。同理，分析$u_{\mathrm{I}}>U_{\mathrm{T+}}$并逐渐减小的过程，$u_{\mathrm{I}}=u_{\mathrm{N}}>u_{\mathrm{P}}$，则输出电压$u_{\mathrm{O}}=U_{\mathrm{OL}}$。$u_{\mathrm{I}}$继续减小直至达到并略小于阈值电压$U_{\mathrm{T-}}$时，输出电压由$U_{\mathrm{OL}}$跃变为$U_{\mathrm{OH}}$。这两个不同的过程中，$u_{\mathrm{O}}$的变化方向也是不同的。由此得到迟滞比较器的电压传输特性如图9.19(b)所示。

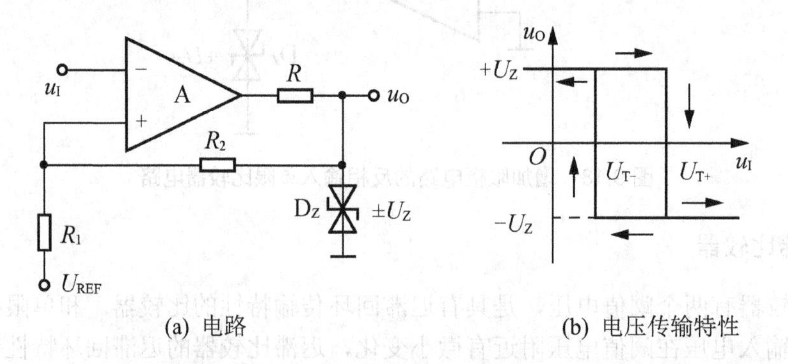

(a) 电路 (b) 电压传输特性

图9.19 反相输入迟滞比较器电路及电压传输特性

【例9.2】 设计迟滞电压比较器，使其电压传输特性曲线如图9.20(a)所示。要求输出用稳压二极管限幅电路，所用反馈电阻在10~ 70kΩ之间选择，参考电压$U_{\mathrm{REF}}=10\mathrm{V}$。

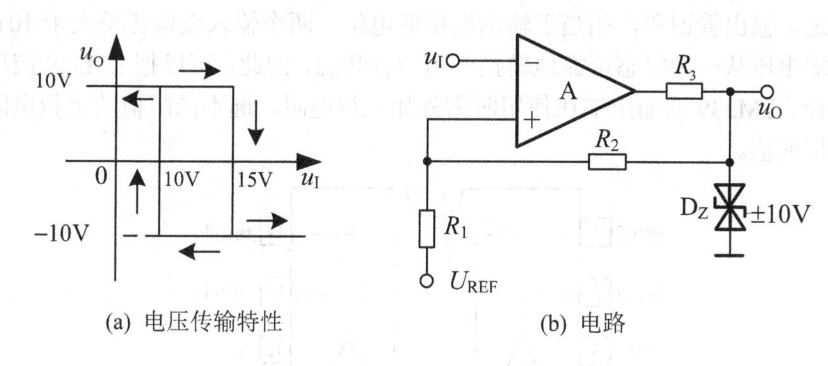

(a) 电压传输特性　　(b) 电路

图 9.20　例 9.2 图

解：根据图 9.20(a)所示电压传输特性曲线的变化方向，阈值电压 $U_{T+} \neq U_{T-}$，因此，电路选用带参考电压的反相输入迟滞比较器，如图 9.20(b)所示。

由题 $U_Z = \pm 10V$，参考电压 $U_{REF} = 10V$，代入式(9.27)和式(9.28)得

$$U_{T+} = \frac{10R_2}{R_1 + R_2} + \frac{10R_1}{R_1 + R_2} = 15V$$

$$U_{T-} = \frac{10R_2}{R_1 + R_2} - \frac{10R_1}{R_1 + R_2} = 10V$$

整理得 $R_2 = 3R_1$。

由于电阻可选范围在 10～70kΩ之间，可选择 $R_1 = 10k\Omega$，$R_2 = 30k\Omega$或 $R_1 = 20k\Omega$，$R_2 = 60k\Omega$。

3．集成电压比较器

电压比较器可以作为模拟电路和数字电路的接口电路。和集成运放相比，集成电压比较器的开环增益低，失调电压大，共模抑制比小，因而其灵敏度不如用集成运放构成的比较器高；但是集成电压比较器的响应速度快，传输延迟时间短，且一般不需外加限幅电路就能够直接驱动 TTL、CMOS 和 ECL 等数字电路。有些集成电压比较器芯片带负载能力很强，可以直接驱动继电器和指示灯。

集成电压比较器 LM339 内部集成了四个独立的电压比较器，可应用于 A/D 转换器、宽限 VCO、MOS 时钟发生器、高电压逻辑门电路和多谐振荡器等，其特点如下。

失调电压小，典型值为 2mV。

电源电压范围宽，单电源为 2～36V，双电源为±1V～±18V。

对比较信号源的内阻限制较宽。

共模范围大，为 0～U_O。

差模输入电压范围较大，大到可以等于电源电压。

可灵活方便地选用输出电位，分别与 TTL、DTL、ECL、MOS 和 CMOS 数字系统兼容。

1)　电路结构

LM339 集成电路管脚排列图如图 9.21 所示，其内部集成的四个比较器分别具有两个输入端和一个输出端。当同相输入端电压高于反相输入端电压时，输出管截止，相当于输出

端开路；反之，输出管饱和，相当于输出端接低电位。两个输入端电压差大于 10 mV 就可以保证输出端电压从一种状态可靠地转换到另一种状态，因此，可以把 LM339 应用于弱信号检测等场合。LM339 的输出端在使用时需外加上拉电阻，选不同阻值的上拉电阻会影响输出端高电位的值。

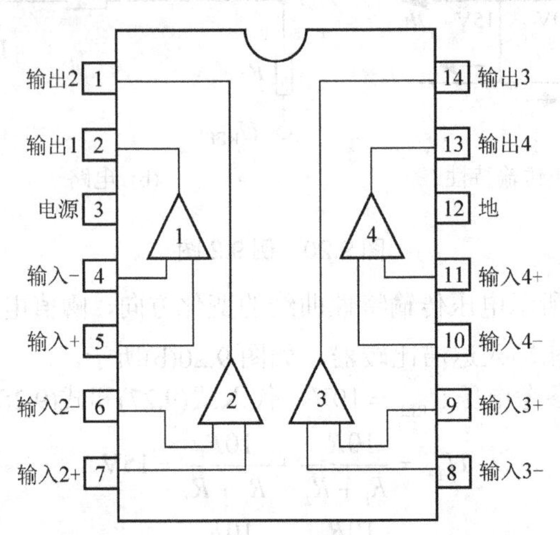

图 9.21　LM339 集成电路管脚排列图

2)　构成单限比较器的常用接法

图 9.22(a)所示为一个基本单限比较器。输入信号 U_{IN} 加到同相输入端，在反相输入端接参考电压 U_{REF}。当输入电压 $U_{IN} < U_{REF}$ 时，输出为低电平 U_{OL}；当输入电压 $U_{IN} > U_{REF}$ 时，输出为高电平 U_{OH}。图 9.22(b)所示为其电压传输特性。

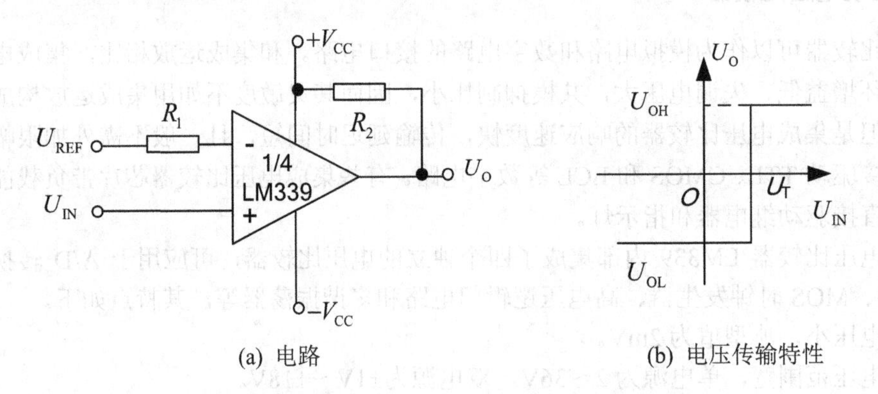

图 9.22　LM339 集成电路构成单限比较器

9.2.2　矩形波产生电路

1. 工作原理

矩形波产生电路是其他非正弦波信号产生电路的基础。图 9.23 所示为矩形波产生电路，电路由迟滞电压比较器和 RC 积分电路构成。其中迟滞比较器的作用相当于一个双向切换的电子开关，将输出电压 u_O 周期性地切换为高电平 $U_{OH} = +U_Z$ 或低电平 $U_{OL} = -U_Z$；RC 回路既作为反馈网络，用来实现输出状态的转换，同时又作为延迟环节，用来在一定时间内维持输出状态。电路通过 RC 回路对电容 C 进行充放电产生电压 u_C，并将 u_C 与迟滞比较器中集成运放的同相输入端电压 u_P 进行比较，实现输出状态的自动转换，从而产生呈周期变化的矩形波。比较器相当于反相输入迟滞比较器，其阈值电压为

$$U_{T+}=\frac{R_2}{R_2+R_3}U_Z\text{，}\quad U_{T-}=-\frac{R_2}{R_2+R_3}U_Z \tag{9.30}$$

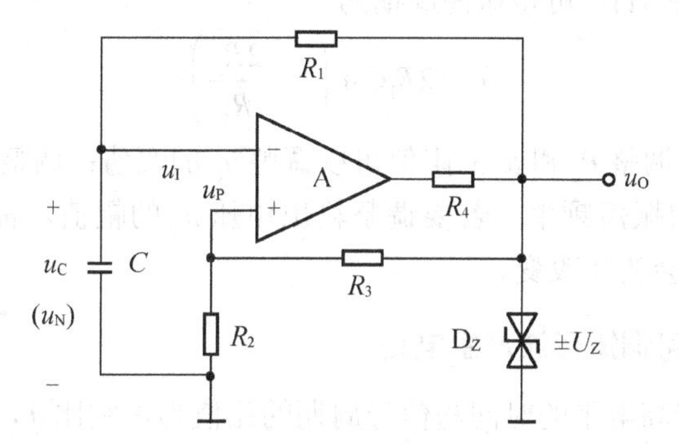

图 9.23　矩形波产生电路

假设某一时刻电路输出 U_{OH}，则 $u_P=U_{T+}$。u_O 通过 R_1 向电容充电，使电容两端电压 u_C 即 u_N 按指数规律逐渐增大。当 u_N 不断增大到达到并略大于 U_{T+} 时，比较器输出状态翻转，u_O 由高电平 U_{OH} 跃变到低电平 U_{OL}。此时，运放同相输入端电压 $u_P=U_{T-}$。然后电容通过 R_1 放电，使电容两端电压 u_C 即 u_N 按指数规律逐渐减小。当 u_N 不断减小到达到并略小于 U_{T-} 时，比较器输出状态翻转，u_O 由低电平 U_{OL} 再次跃变到高电平 U_{OH}。上述过程不断重复，电路输出端产生呈周期性变化的矩形波，电容两端电压 u_C 和电路输出电压 u_O 的波形如图 9.24 所示。

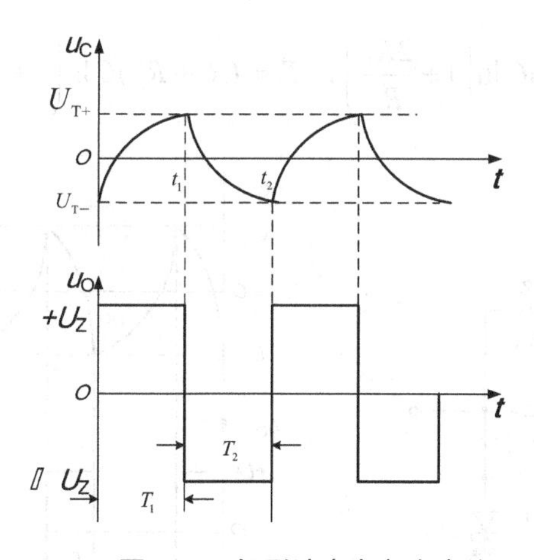

图 9.24　矩形波产生电路波形

图 9.24 中电容两端电压 u_C 的波形由电容 C 充放电指数曲线组成，u_C 上升沿对应电容 C 充电，下降沿对应电容 C 放电。电容充放电的时间常数均为 R_1C，也就是说在一个周期内，输出电压 u_O 维持高电平的时间 T_1 和维持低电平的时间 T_2 相等。因此，电路输出端产生的是对称的矩形波，也称作方波。当 u_C 的幅值达到阈值电压时，对应输出电压 u_O 在 $U_{OH}=+U_Z$

和$U_{OL}=-U_Z$之间发生跃变。

在电容充电过程中，充电时间为$T_1=T/2$，起始值为U_{T-}，终止值为U_{T+}，充电时间常数为R_1C。当时间趋于无穷时，u_C趋于U_Z。对于一阶RC电路，可得

$$U_{T+}=(U_Z+U_{T+})\left(1-e^{-\frac{T/2}{R_1C}}\right)+U_{T-} \tag{9.31}$$

将式(9.30)代入式(9.31)，可得振荡周期为

$$T=2R_1C\ln\left(1+\frac{2R_2}{R_3}\right) \tag{9.32}$$

由以上分析可知，调整R_2和R_3的阻值可以调整u_C的幅值；调整R_1、R_2、R_3和电容C的数值可以改变电路的振荡频率。若要调整输出电压u_O的幅值，需要更换稳压管以改变U_Z，同时u_C的幅值也会随之改变。

2．实用的占空比可调矩形波产生电路

如果定义信号维持高电平的时间与信号周期的比值为占空比q，即

$$q=\frac{T_1}{T_1+T_2}\times 100\% \tag{9.33}$$

则方波的占空比为50%。若要产生占空比可调的矩形波产生电路，只需改变电容的充放电时间，使$T_1\neq T_2$。

图9.25(a)所示电路为占空比可调的矩形波产生电路，电路利用二极管的单向导电性改变电容充放电回路，进而改变电容的充放电时间。电容充电时，电流流经R_w、二极管VD_1和R_1，电容充电时间常数$\tau_1=(R_1+R_w)C$；电容放电时，电流流经R_1、二极管VD_2和R'_w，放电时间常数$\tau_2=(R_1+R'_w)C$。利用RC电路的三要素法，求得充电时间T_1和放电时间T_2分别为

$$T_1=(R_1+R_w)C\ln\left(1+\frac{2R_2}{R_3}\right),\ T_2=(R_1+R'_w)C\ln\left(1+\frac{2R_2}{R_3}\right) \tag{9.34}$$

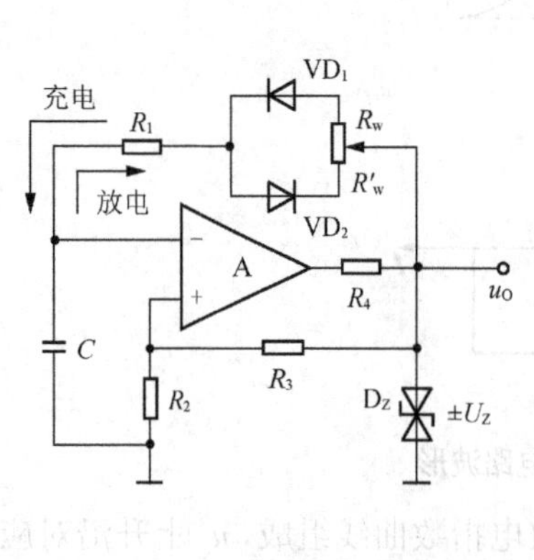

(a) 电路

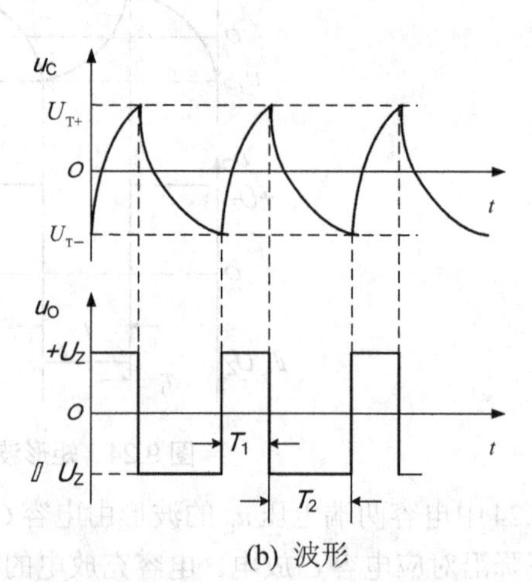

(b) 波形

图9.25 占空比可调的矩形波产生电路

电路输出波形的占空比为

$$q=\frac{T_1}{T_1+T_2}=\frac{R_w+R_1}{(R_w+R_w')+2R_1} \tag{9.35}$$

式(9.35)表明，改变电路中电位器滑动端的位置，即改变 R_w 和 R_w' 的取值，就可以改变输出矩形波的占空比。输出矩形波的波形如图 9.25(b)所示。

【例 9.3】 图 9.25(a)所示占空比可调的矩形波产生电路中，$C=0.1\mu F$，$\pm U_Z=\pm 10V$，$R_1=5k\Omega$，$R_2=R_3=20k\Omega$，滑动变阻器总阻值为 50kΩ。求：

(1) 输出电压 u_O 的幅值和周期。

(2) 输出电压 u_O 的占空比调节范围。

解：(1) 输出电压 $u_O=\pm U_Z=\pm 10V$。

由式(9.34)得振荡周期为

$$\begin{aligned}T&=T_1+T_2=(2R_1+R_w+R_w')C\ln\left(1+\frac{2R_2}{R_3}\right)\\&=[(2\times5+50)\times10^3\times0.1\times10^{-6}]\ln(1+2)s\\&\approx 6.6ms\end{aligned}$$

(2) 矩形波宽度为 $T_1=(R_1+R_w)C\ln\left(1+\frac{2R_2}{R_3}\right)$

R_w 在 0～50kΩ之间变化，当滑动变阻器的滑动端在最上端时，$R_w=0$，得到 T_1 的最小值 T_{1min} 为

$$T_{1min}=[5\times10^3\times0.1\times10^{-6}]\ln 3s\approx 0.55ms$$

此时占空比 $q=\frac{0.55}{6.6}\times100\%\approx 83.3\%$。

当滑动变阻器的滑动端在最下端时，$R_w=50k\Omega$，得到 T_1 的最大值 T_{1max} 为

$$T_{1max}=[(5+50)\times10^3\times0.1\times10^{-6}]\ln 3s\approx 6.05ms$$

此时占空比 $q=\frac{6.05}{6.6}\times100\%\approx 91.7\%$。

所以输出电压 u_O 的占空比的调节范围为 83.3%～91.7%。

9.2.3　三角波产生电路

1. 工作原理

事实上，将方波产生电路的输出信号经过积分运算电路处理，就可以在积分运算电路的输出端得到三角波。三角波产生电路及其输出波形如图 9.26 所示。

在实际应用中，通常对图 9.26(a)所示电路进行改进，合并方波产生电路中 RC 回路和积分运算电路两个延迟环节，同时为了满足正反馈的需要，迟滞比较器改为同相输入。由此得到如图 9.27 所示的实用的三角波产生电路。

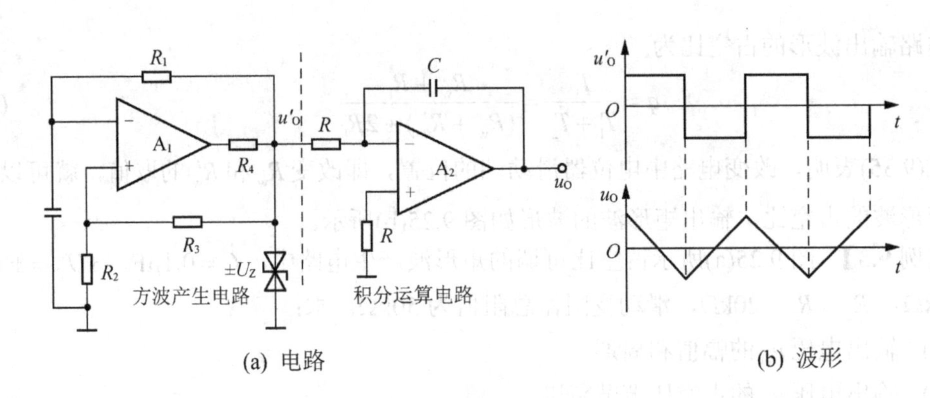

(a) 电路　　　　(b) 波形

图 9.26　三角波产生电路

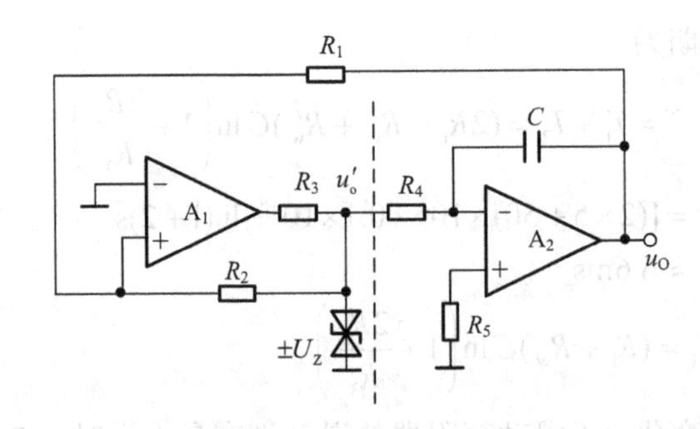

图 9.27　实用的三角波产生电路

2. 参数计算

分析图 9.27 所示电路中由集成运放 A_1 构成的同相输入迟滞比较器，根据电压叠加原理，A_1 同相输入端的电压为

$$u_{P1}=\frac{R_2}{R_1+R_2}u_O+\frac{R_1}{R_1+R_2}u'_O \tag{9.36}$$

式中，迟滞比较器的输出电压 $u'_O=\pm U_Z$。当 $u_{P1}=u_{N1}=0$ 时，积分电路的输出电压 u_O 即为比较器的阈值电压，则由式(9.36)得

$$U_{T+}=\frac{R_1}{R_2}U_Z,\quad U_{T-}=-\frac{R_1}{R_2}U_Z \tag{9.37}$$

由于迟滞比较器为同相输入，因此得到电压传输特性如图 9.28 所示。

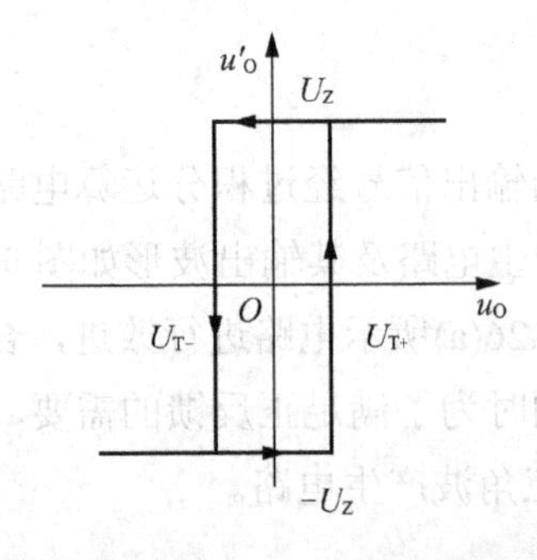

图 9.28　图 9.27 电路中同相输入迟滞比较器输出电压的传输特性

在积分电路电容充放电的过程中，输出电压 u_O 的值随电容 C 端电压数值的变化而变化，同时影响 A_1 同相输入端电位 u_{P1} 的值。在满足 $u_{P1}=u_{N1}=0$ 的瞬间，比较器输出电压 u'_O 的状态发生翻转，此时 u_O 的值即为三角波输出波形的幅值 u_{OM}。图 9.27 所示实用的三角波产生电路的波形如图 9.29 所示。

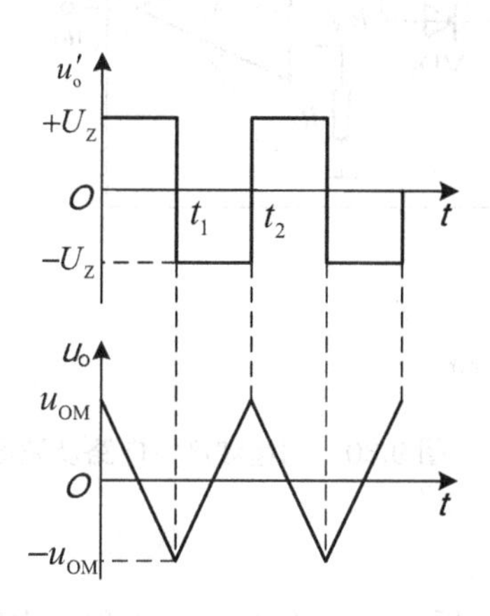

图 9.29　图 9.27 电路的输出电压波形

由式(9.37)可知，三角波输出波形的幅值 $u_{OM}=U_{T+}=\frac{R_1}{R_2}U_Z$，$-u_{OM}=U_{T-}=-\frac{R_1}{R_2}U_Z$。三角波的周期由积分电路决定。设初始时刻 $t=0$ 时，输出电压 $u_O(0)=u_{OM}$，经过 $T/2$ 到时刻 t_1 时，输出电压 $u_O(t_1)=-u_{OM}$，则

$$u_O(t_1)=-\frac{1}{C}\int_0^{T/2}\frac{U_Z}{R_4}\mathrm{d}t+u_O(0) \tag{9.38}$$

将以上数值代入式(9.38)，得

$$-u_{OM}=-\frac{U_Z T}{2R_4 C}+u_{OM} \tag{9.39}$$

整理得出三角波的周期和频率为

$$T=\frac{4R_1R_4C}{R_2}，\quad f=\frac{R_2}{4R_1R_4C} \tag{9.40}$$

由以上分析可知，三角波输出的幅值可以通过调整 R_1 和 R_2 的阻值来改变；而调整 R_1、R_2 和 R_4 的阻值以及 C 的容值，可以改变三角波的周期。

9.2.4　锯齿波产生电路

1．工作原理

改变三角波产生电路中积分电路的正向积分时间和反向积分时间，就可以在电路输出端得到锯齿波。锯齿波产生电路及其波形如图 9.30 所示，电路中利用二极管的单向导电性改变电容 C 的充放电回路，同时利用电位器选取回路中的不同电阻值，改变电容 C 的充放电时间常数。

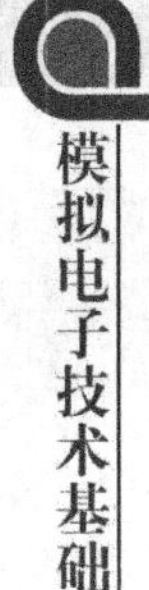

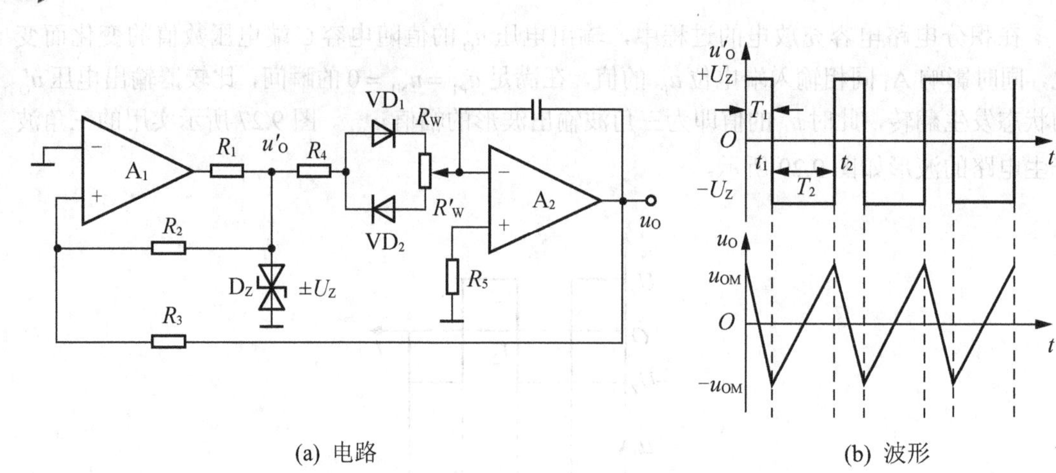

(a) 电路 (b) 波形

图 9.30 锯齿波产生电路及波形

2．参数计算

根据三角波产生电路的分析可知，图 9.30(a)中积分电路输出三角波电压u_{O}的幅值为

$$\pm u_{\mathrm{OM}}=\pm\frac{R_3}{R_2}U_{\mathrm{Z}} \tag{9.41}$$

设初始时刻$t=0$时，$u'_{\mathrm{O}}(0)=+U_{\mathrm{Z}}$，$u_{\mathrm{O}}(0)=+R_3U_{\mathrm{Z}}/R_2$，经过时间间隔$\Delta t=T_1$，即时刻$t_1$时，输出电压$u_{\mathrm{O}}(t_1)=-R_3U_{\mathrm{Z}}/R_2$，则

$$\begin{aligned}u_{\mathrm{O}}(t_1)&=-\frac{1}{C}\int_0^{t_1}\frac{U_{\mathrm{Z}}}{R_4+R_{\mathrm{w}}}\mathrm{d}t+u_{\mathrm{O}}(0)\\&=-\frac{U_{\mathrm{Z}}}{(R_4+R_{\mathrm{w}})C}T_1+\frac{R_3}{R_2}U_{\mathrm{Z}}=-\frac{R_3}{R_2}U_{\mathrm{Z}}\end{aligned} \tag{9.42}$$

所以$T_1=\dfrac{2R_3(R_4+R_{\mathrm{w}})C}{R_2}$，同理可得$T_2=\dfrac{2R_3(R_4+R'_{\mathrm{w}})C}{R_2}$。故锯齿波的振荡周期为

$$T=T_1+T_2=\frac{2R_3(2R_4+R_{\mathrm{w}}+R'_{\mathrm{w}})C}{R_2} \tag{9.43}$$

u'_{O}波形占空比为

$$q=\frac{T_1}{T_1+T_2}=\frac{R_4+R_{\mathrm{w}}}{2R_4+(R_{\mathrm{w}}+R'_{\mathrm{w}})} \tag{9.44}$$

由以上分析可知，输出锯齿波的幅值可以通过调整R_2和R_3的阻值来改变；振荡周期可以通过调整R_2、R_3、R_4、R_{w}和R'_{w}的阻值以及C的容值来改变；u'_{O}占空比以及u_{O}波形上升和下降的斜率可以通过调整电位器滑动端的位置来改变。

9.3 压控振荡电路

压控振荡电路(Voltage Controlled Oscillator，VCO)可实现电压与频率之间的转换，其功能是将输入模拟电压转换成频率与电压数值成正比的脉冲输出信号。通常，其输出信号是矩形波。因为压控振荡电路是将电压幅值变化关系转换成频率变化关系，所以转换结果可以利用计数器进行记录，并以数字信号的形式进行显示。因此，可以认为压控振荡电路实现了模拟量到数字量的转换。

1. 电荷平衡式电路

电荷平衡式压控振荡电路的结构如图 9.31(a)所示，虚线左侧是积分器，右侧是迟滞比较器。二极管 VD 的导通与截止受输出电压 u_O 的控制。电路利用电容充放电实现自激振荡，产生频率与输入电压幅值成正比的信号。由于充电的电荷量和放电的电荷量相等，所以电路被称为电荷平衡式电路。

设 $u_I < 0$，初始状态 $u_O = -U_Z$，此时二极管截止。积分器开始工作，使 u'_O 随时间线性增大。当 u'_O 增大到 U_{T+} 并略大于 U_{T+} 时，迟滞比较器的输出 u_O 从 $-U_Z$ 跃变为 U_Z，此时二极管导通，积分器实现求和积分。若 $R_D \ll R_1$，u'_O 迅速减小。当 u'_O 减小到 U_{T-} 并略小于 U_{T-} 时，迟滞比较器的输出 u_O 从 U_Z 跃变为 $-U_Z$，电路回到初始状态。以上过程循环往复，电路产生自激振荡，波形如图 9.31 (b)所示。由于 $T_1 \gg T_2$，则振荡周期 $T \approx T_1$。

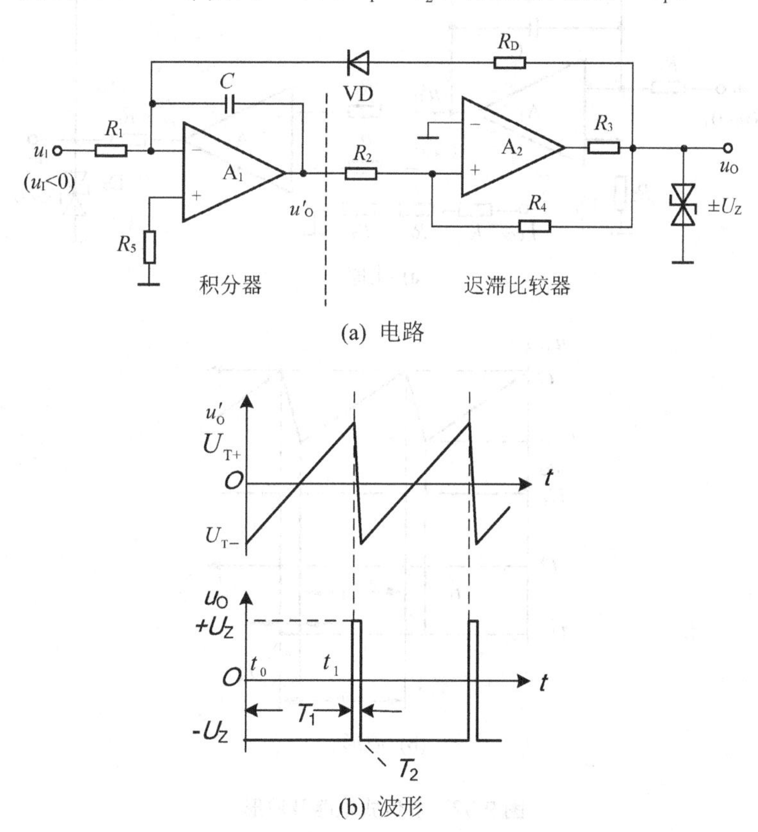

图 9.31 电荷平衡式电路及波形

图 9.31(b)所示波形中 T_1 时间段内，u'_O 对 u_I 线性积分，其起始值 $u'_O(t_0) = U_{T-}$，终止值为 $u'_O(t_1) = U_{T+}$，代入 u'_O 的表达式 $u'_O = -\dfrac{1}{R_1 C} u_I (t_1 - t_0) + u'_O(t_0)$ 并整理得

$$\frac{R_2}{R_4}U_Z = -\frac{1}{R_1C}u_I T_1 - \frac{R_2}{R_4}U_Z \tag{9.45}$$

由于$T \approx T_1$，故整理得振荡周期和振荡频率分别为

$$T \approx \frac{2R_2R_1CU_Z}{R_4|u_I|},\quad f \approx \frac{R_4}{2R_2R_1CU_Z}|u_I| \tag{9.46}$$

由式(9.46)可知，振荡频率正比于输入电压的幅值，电路实现了电压与频率的转换。

2. 复位式电路

复位式压控振荡电路的结构如图 9.32(a)所示，电路由积分器和单限比较器组成，三极管相当于模拟开关。输出电压u_O为高电平时，三极管截止，相当于开关断开；u_O为低电平时，三极管导通，相当于开关闭合。

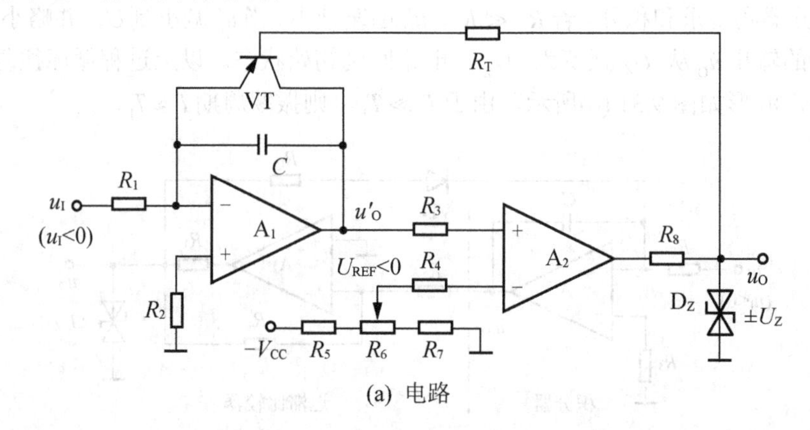

(a) 电路

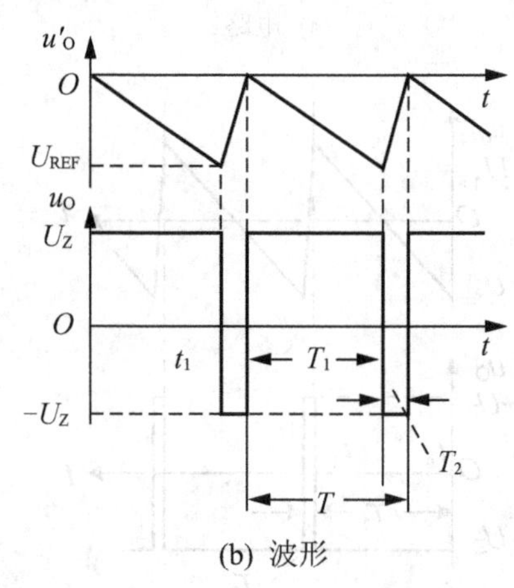

(b) 波形

图 9.32　复位式电路及波形

设$u_I > 0$，当电源接通后，由于电容C两端电压为零，即$u'_O = 0$，使单限比较器输出电压$u_O = U_Z$，则三极管截止。积分器对输入电压u_I积分，使u'_O随时间逐渐减小。当u'_O减小到U_{REF}并略小于U_{REF}时，单限比较器的输出u_O从U_Z跃变为$-U_Z$，此时三极管导通。电容C迅速放电至$u'_O = 0$，从而使单限比较器的输出u_O从$-U_Z$跃变为U_Z，三极管再次截止。重复以上过程，得到电路输出波形如图 9.32(b)所示。

设初始时刻 $t=0$ 时，$u_{\mathrm{O}}'(0)=0$，时刻 $t=t_1$ 时，$u_{\mathrm{O}}'(t_1)=U_{\mathrm{REF}}$，则

$$u_{\mathrm{O}}'(t_1)=-\frac{1}{C}\int_0^{t_1}\frac{U_{\mathrm{I}}}{R_1}\mathrm{d}t+u_{\mathrm{O}}'(0) \tag{9.47}$$

整理可得复位式压控振荡电路的振荡周期和振荡频率分别为

$$T\approx\frac{|U_{\mathrm{REF}}|R_1C}{u_{\mathrm{I}}},\quad f\approx\frac{u_{\mathrm{I}}}{|U_{\mathrm{REF}}|R_1C} \tag{9.48}$$

由式(9.48)可知，振荡频率正比于输入电压的幅值，电路实现了电压与频率的转换。

3．集成压控振荡电路 AD7741

AD7741 是 ANALOG DEVICES 公司推出的新一代同步电压-频率转换器(VFC)，采用 8 引脚的 DIP 或 SOIC 封装方式，图 9.33 所示为 AD7741 封装引脚图。

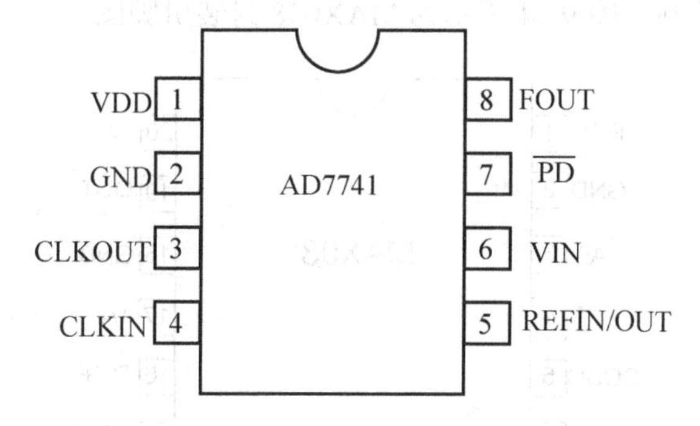

图 9.33　AD7741 引脚图

AD7741 的特点是封装小、应用成本低且使用方便，其为单电源供电，单端模拟输入电压范围为 0V 到+REFIN。AD7741 功能引脚描述如表 9.1 所示。

表 9.1　AD7741 引脚功能

引　脚	名　称	功　能
1	VDD	+4.75～+5.25V 电源输入
2	GND	地
3	CLKOUT	外部时钟输出。若使用晶振作为器件的主时钟，则将晶振接在 CLKIN 和 CLKOUT 引脚之间
4	CLKIN	外部时钟输入。器件的主时钟既可以选择晶振，也可以选择其他外部时钟，都连接在这一引脚
5	REFIN/OUT	参考电压。若该引脚未连接，则使用内部 2.5V 的参考电压
6	VIN	VFC 的模拟输入，电压范围为 0V 到 V_{REF}
7	$\overline{\mathrm{PD}}$	低功耗模式使能
8	FOUT	频率输出

9.4 集成信号发生器

1. 芯片介绍

任意波形周期信号产生电路也称为函数发生器或信号发生器，是一种可以同时产生方波、三角波和正弦波的专用集成电路。另外，还可以根据实际需要，通过调节外部参数，产生占空比可调的矩形波和锯齿波。在工程实际中，函数发生器的应用比较广泛。下面介绍目前应用比较多的集成信号发生器 MAX038。

MAX038 是 MAXIM 公司推出的一种精密高频波形发生器件。该器件可以应用最少的外围元器件，产生多种精密的信号波形。输出信号的频率和占空比可以通过调整电流、电压或电阻来分别进行控制。图 9.34 所示为 MAX038 封装引脚图。

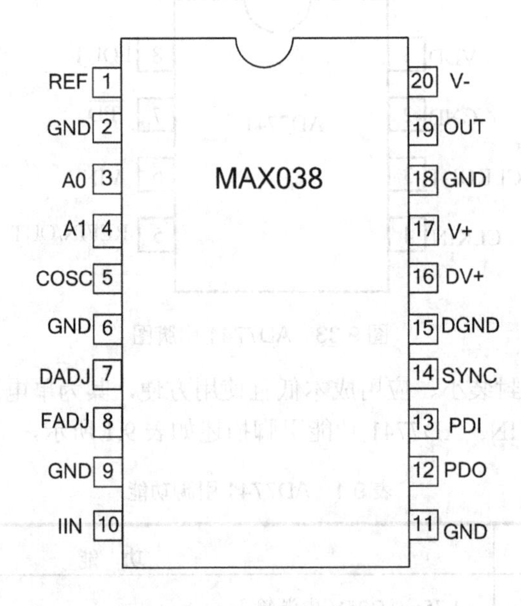

图 9.34 MAX038 引脚图

MAX038 的特点如下。

工作频率范围宽：0.1Hz～20MHz。

能产生多种波形：三角波、锯齿波、正弦波、矩形波和脉冲波。

频率和占空比可以进行独立调整。

占空比范围：15%～85%。

频率扫描范围：350:1。

输出缓冲器阻抗低：0.1Ω。

低失真正弦波：0.75%。

低温度漂移：200×10^{-6} / ℃。

输出信号幅度：$2V_{\text{p-p}}$ 。

双电源供电：±5V 。

目前，该器件应用于精密波形发生器、电压控制振荡器、频率调制器、脉冲宽度调制器、锁相环、频率合成器、FSK 发生器(正弦波和矩形波)和微控制器控制的波形发生器等多个领域。

各引脚功能描述如表 9.2 所示。

表 9.2 MAX038 引脚功能

引 脚	名 称	功 能	引 脚	名 称	功 能
1	REF	带隙电压基准输出，其值为 2.5V	12	PDO	相位检波输出(若不用则将该脚接地)
2,6,9,11,18	GND	地	13	PDI	相位检波基准时钟输入(若不用则将该脚接地)
3	A0	波形选择输入：TTL/CMOS 兼容	14	SYNC	TTL/CMOS 兼容的输出，可由 DGND 至 DV+间的电压作为基准，可以用一个外部信号来同步内部振荡器(若不用则将该脚开路)
4	A1	波形选择输入：TTL/CMOS 兼容	15	DGND	数字地(若该脚开路则禁止 SYNC，或不用 SYNC)
5	COSC	外部电容连接端	16	DV+	数字+5V 电源输入
7	DADJ	占空比调整输入	17	V+	+5V 电源输入
8	FADJ	频率调整输入	19	OUT	正弦、矩形或三角波输出
10	IIN	频率控制的电流输入	20	V−	−5V 电源输入

2. 使用方法

1) 波形选择

MAX038 可以产生正弦波、矩形波和三角波。输出波形的类型由波形选择输入端 A0 和 A1 的具体值进行设置，如表 9.3 所示。波形变换可以通过程序控制在任意时刻进行，不必考虑输出信号当时的相位。

表 9.3 输出波形控制

A0	A1	输出波形
X(表示无关)	1	正弦波
0	0	矩形波
1	0	三角波

2) 波形调整

波形调整既包括波形输出频率的调整，也包括波形占空比的调整。

输出频率调整分为粗调和细调两种方法。粗调取决于引脚 IIN 的输入电流、引脚 COSC

的电容量以及引脚 FADJ 上的电压。通过设置合适的参数值，可以粗调输出波形的频率。细调是在引脚 FADJ 上施加一个 ±2.4V 的电压，使输出信号频率的调节范围为 $f=(0.3\sim 1.7)f_0$，其中 f_0 为输出信号的中心频率。

波形占空比由引脚 DADJ 上的电压值变化来控制。

3) 稳定性问题

使 MAX038 在正常温度范围内产生一个频率稳定的输出信号，必须采取以下措施。

(1) 保证决定频率的外接电阻和电容的温度特性。

(2) 保证外部电源稳定。

(3) 选用高精度的金属膜电阻。

(4) 电容必须选用温度系数低的 NPO 陶瓷电容。

3．典型应用

利用 MAX038 产生正弦波信号的电路如图 9.35 所示。实验证明该电路具有输出频率范围宽、波形稳定、失真小、使用方便等特点。

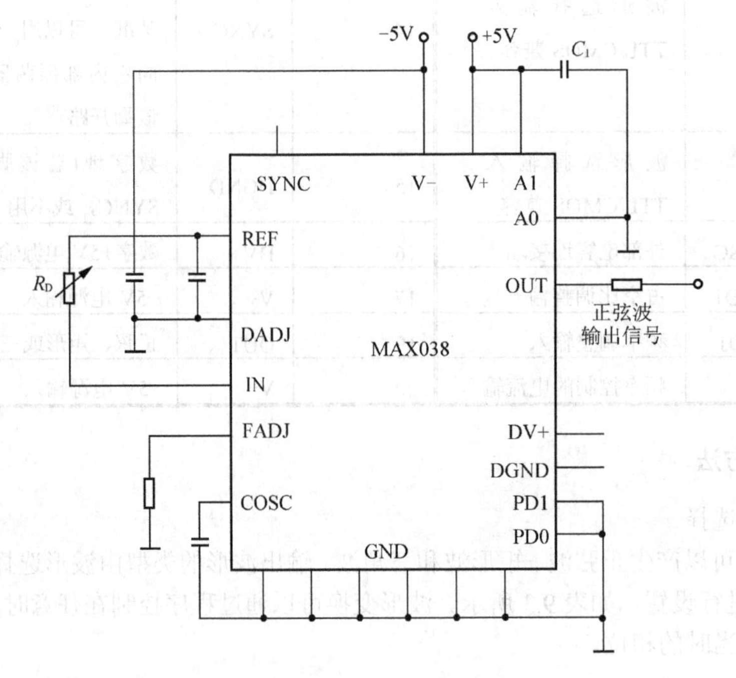

图 9.35　MAX038 实现的正弦波产生电路

9.5　Multisim 仿真实例

9.5.1　RC 桥式正弦波振荡电路

1．仿真目的

验证 RC 桥式正弦波振荡电路的振荡平衡条件。

2．仿真电路

仿真电路如图 9.36 所示。电路中运算放大器选择 AD741H，用±15V 供电，连接为同相比例运算放大电路，正反馈选频网络由 R_1、C_1、R_2、C_2 构成的 RC 串并联电路组成。D_3、D_4、D_5 并联后和 R_4 及 R_3 组成负反馈网络，R_6、D_1、D_2 构成稳幅环节，以稳定和改善输出电压的波形。

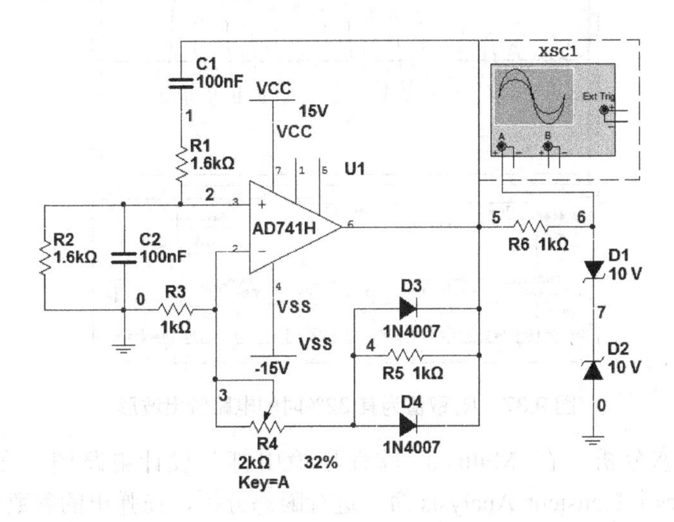

图 9.36 RC 桥式正弦波振荡电路仿真图

3．仿真内容

为了满足正弦振荡的幅值条件，由运算放大器和 R_3、R_4、R_5 组成的同相比例放大器的增益为

$$A_v = 1 + \frac{(r_D // R_5) + R_4}{R_3}$$

式中，r_D 为二极管 D_3 和 D_4 导通时的动态电阻。由于当输出电压幅值较小时，二极管接近于开路，且 R_5 阻值较小，因此由 D_3、D_4 和 R_5 组成的并联支路的等效电阻近似为略小于 R_5 的阻值。为满足正弦波振荡的幅值平衡条件，使

$$A_v \approx 1 + \frac{R_5 + R_4}{R_3} \geqslant 3$$

随着输出电压的增加，二极管的正向电阻将逐渐减小，负反馈逐渐增强，放大器的电压增益也随之减低，直至降为 3，振荡电路将输出幅值稳定的正弦波。

改变 R 或 C 的参数，即可改变振荡电路的频率。改变可变电阻 R_4 的参数可改变振荡器的工作状态：当可变电阻趋于 0 时，放大增益小于 3，电路停振，输出电压波形为一条与时间轴重合的直线；当可变电阻趋于无穷时，放大增益趋于无穷，输出电压波形近似为方波。

根据图示电路，正弦波振荡的谐振频率为

$$f_0 = \frac{1}{2\pi\sqrt{R_1C_1R_2C_2}} = \frac{1}{2\pi \times 1.6 \times 10^3 \times 0.1 \times 10^{-6}} \times 10^3 = 1\text{kHz}$$

4．仿真结果

调节 R_4 使其取值为 32%时，起振和稳幅振荡波形如图 9.37 所示。

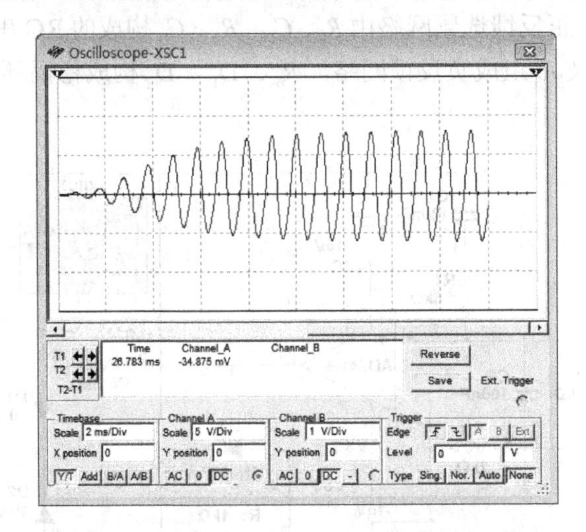

图 9.37 R_4 取值为其 32%时的电路输出波形

对电路做瞬态分析。在 Multisim 软件环境中打开设计电路图，在菜单栏中选择 Simulate | Analyses | Transient Analysis 命令进行瞬态分析，在弹出的参数选项设置对话框的 Analysis Parameters 选项卡的 Initial Conditions 选项组中，设置仿真开始时的初始条件为 Set to Zero(初始状态为零)；在 Parameters 选项组中，设置仿真起始时间和终止时间分别为 0 和 0.02 s；在 Output 选项中设置待分析的输出节点为 V[5]；单击 Simulate 按钮，即可看见振荡电路输出电压振幅从小到大，然后稳定的过渡过程。瞬态分析波形如图 9.38 所示。

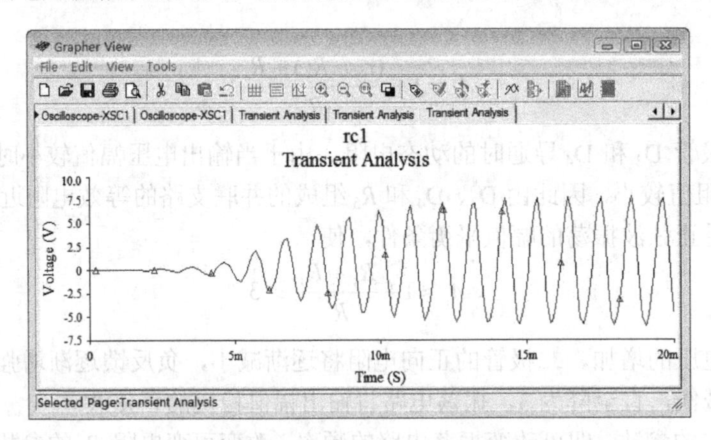

图 9.38 R_4 取值为其 32%时的瞬态分析波形

继续调节可变电阻 R_4 的阻值，使电路不满足正弦波振荡的幅值平衡条件，观察输出失真振荡波形和电路停振时的波形。

调节 R_4 使其取值为 20%时的失真振荡波形图如图 9.39(a)所示。调节 R_4 使其取值为 52%时的停振波形图如图 9.39(b)所示。

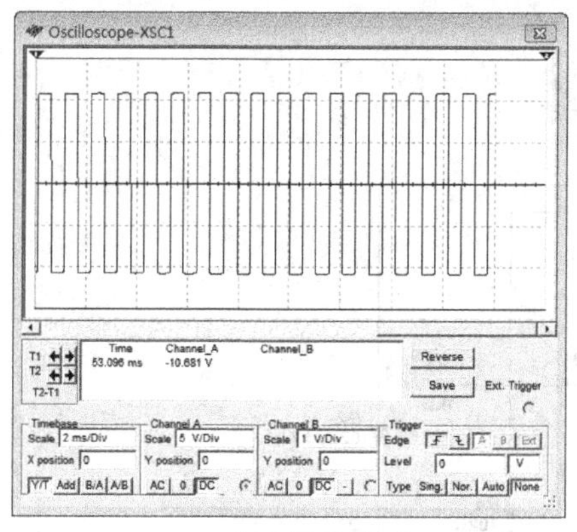

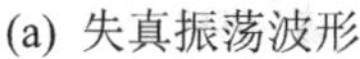
(a) 失真振荡波形

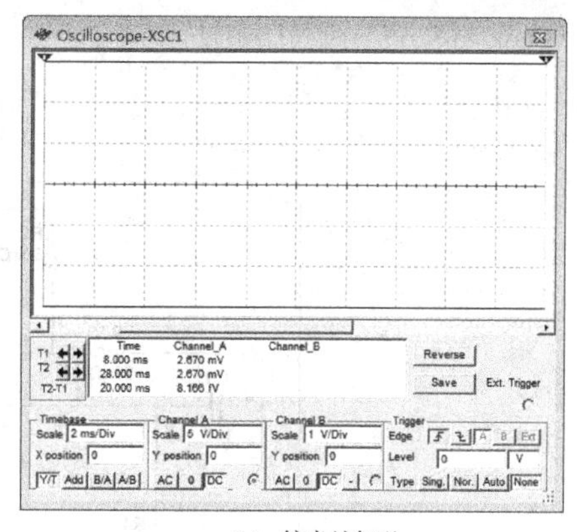

(b) 停振波形

图 9.39　R_4 取不同值时电路输出波形

5．仿真结论

RC 正弦波振荡电路的幅值平衡条件为电路中放大电路增益 $A_v \geqslant 3$。当电路不满足正弦波振荡的幅值平衡条件时，电路将输出失真波形或停止振荡。

9.5.2　占空比可调的矩形波产生电路

1．仿真目的

实现占空比可调的矩形波产生电路。

2．仿真电路

矩形波产生电路通过一个 RC 积分器和滞回比较器实现，电路如图 9.40 所示。运放和正反馈回路电阻 R_1、R_2 构成反相输入的滞回比较器，稳压管和限流电阻 R_3 构成输出限幅电路，输出信号经 RC 积分电路后将电容上的电压信号作为输入信号，经滞回比较器比较后，输出矩形波信号。

3．仿真内容

根据电路中各元件值，可得输出矩形波周期为

$$T = (R_5 + 2R_4)C\ln\left(1 + \frac{2R_1}{R_2}\right) \approx 0.2\text{s}$$

矩形波的占空比为

$$q = \frac{R_5 \times 30\% + R_4}{R_5 + 2R_4} = \frac{1}{3} \approx 33\%$$

4．仿真结果

输出波形如图 9.41 所示，其中通道 A 为积分波形，通道 B 为矩形波输出。

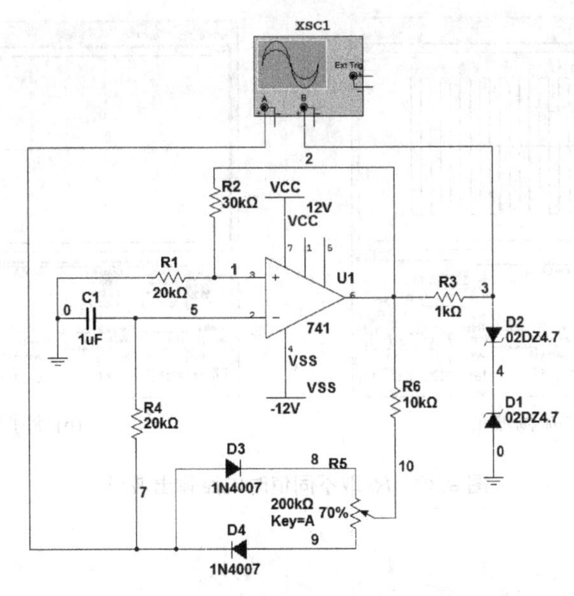

图 9.40　占空比可调的矩形波产生电路仿真图

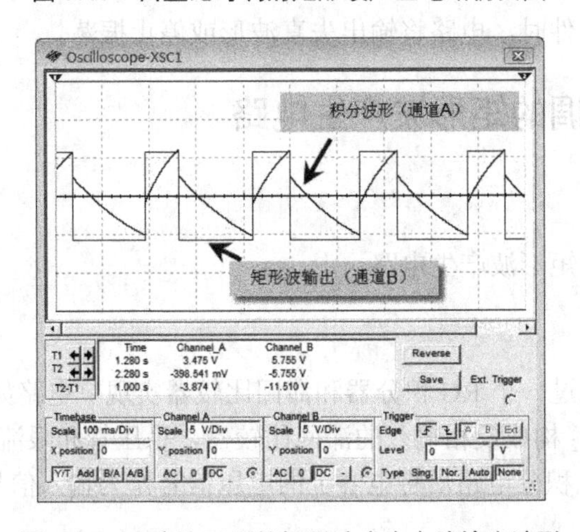

图 9.41　占空比可调的矩形波产生电路输出波形

5．仿真结论

调节可变电阻 R_5 的阻值，即可以改变输出矩形波的占空比。

本 章 小 结

信号产生电路可分为正弦波振荡电路和非正弦波信号产生电路。正弦波振荡电路讨论的是一种特殊情况，即电路不需要外加输入信号就能产生一定幅值和一定频率的正弦波信号，自始至终强调相频特性的分析。非正弦波信号产生电路是通过反馈比较形成的，运算放大器处于非线性工作状态。电压比较器是构成非正弦波信号产生电路的单元电路，它不仅是波形产生电路中常用的基本单元，也广泛用于测量电路、信号处理电路中。

1. 正弦波振荡电路

正弦波振荡电路包括放大电路、选频网络、正反馈网络和稳幅环节四部分。按结构分为RC型和LC型两大类。一般从相位和幅值平衡条件来计算振荡频率和放大电路所需的增益。而石英晶体振荡器是LC振荡电路的一种特殊形式，由于晶体的等效谐振回路的Q值很高，因而振荡频率有很高的稳定性。

2. 电压比较器

本章介绍了单限比较器和迟滞比较器。单限比较器只有一个阈值电压；迟滞比较器具有滞回特性，虽有两个阈值电压，但当输入电压向单一方向变化时输出电压仅跃变一次。

3. 非正弦波信号产生电路

模拟电路中的非正弦波信号发生电路由迟滞比较器和RC延时电路组成，主要参数是振荡幅值和振荡频率。由于迟滞比较器引入了正反馈，从而加速了输出电压的变化；延时电路使比较器输出电压周期性地从高电平跃变为低电平，再从低电平跃变为高电平，而不停留在某一状态，从而使电路产生自激振荡。本章讨论了方波、矩形波、三角波和锯齿波产生电路。锯齿波产生电路与三角波产生电路的差别是，前者积分电路的正向和反向充放电时间常数不相等，而后者是一致的。

4. 压控振荡电路

压控振荡电路实现的是电压与频率之间的转换，其功能是将输入直流电压转换成频率与电压数值成正比的输出信号。通常其输出信号是矩形波。压控振荡电路分为电荷平衡式电路和复位式电路。此外，还介绍了集成压控振荡电路AD7741。

习　　题

1. 根据振荡的相位条件，判断图9.42所示各电路能否产生振荡，并简述理由。

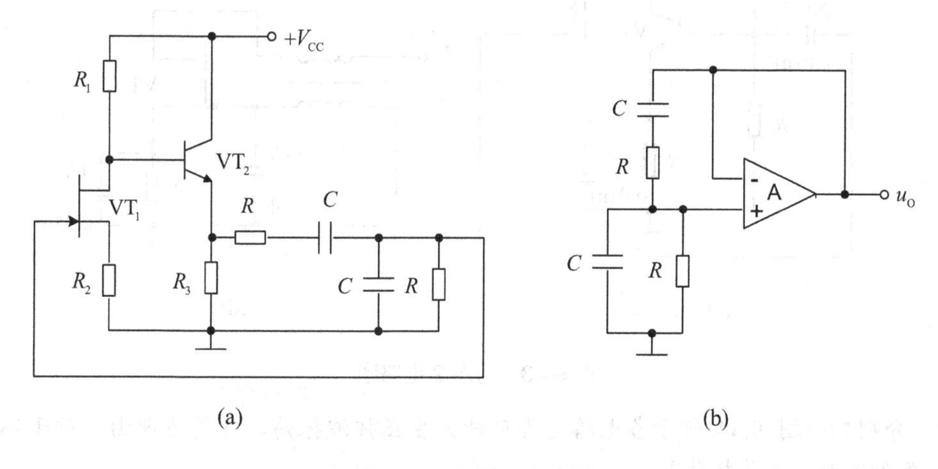

图9.42　习题1电路图

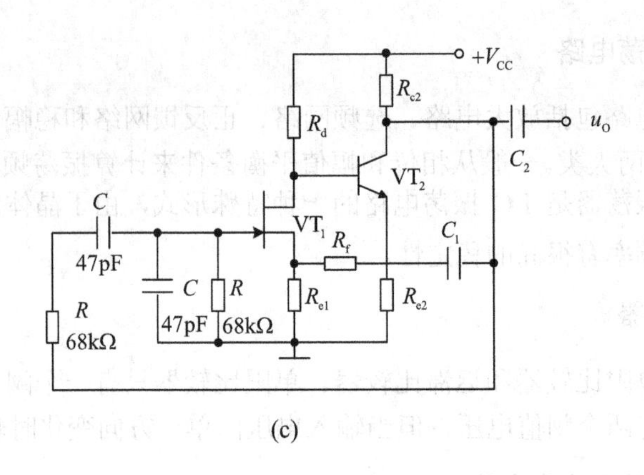

(c)

图 9.42 习题 1 电路图(续)

2. 分别标出图 9.43 所示各电路中变压器的同名端，使之满足正弦波振荡的相位条件。

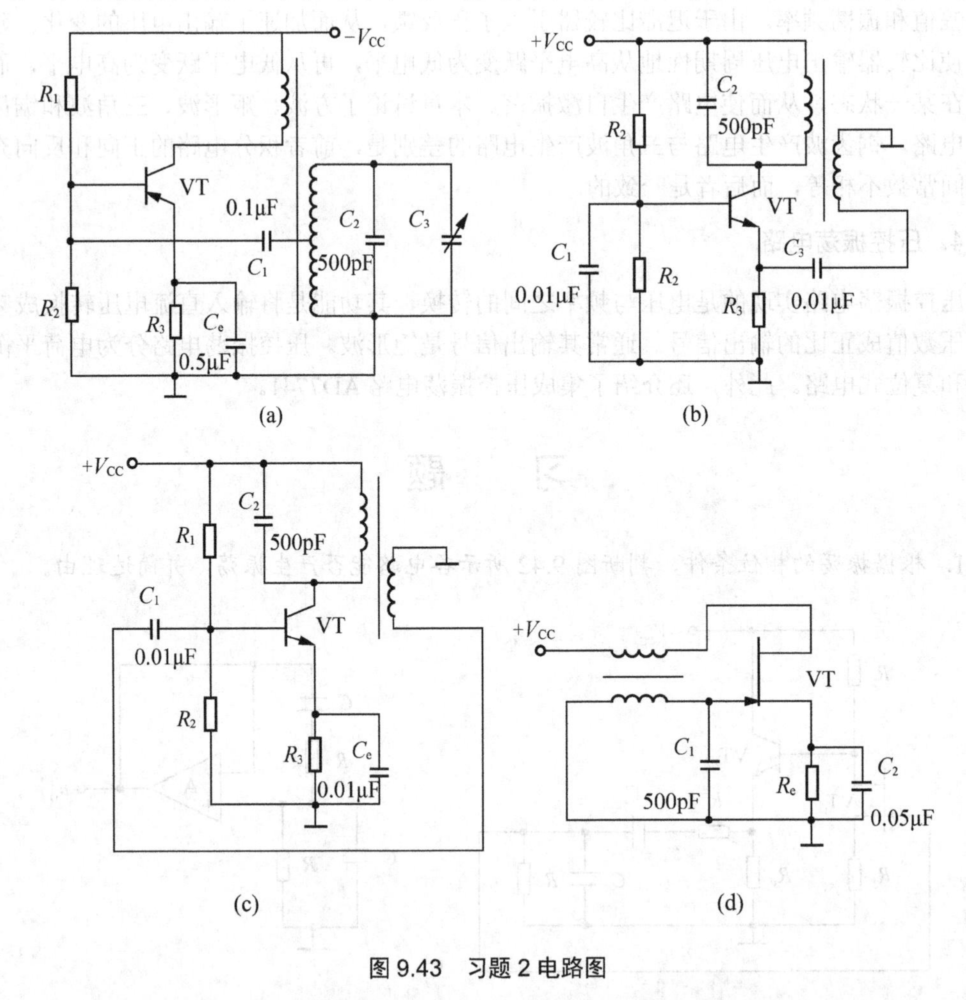

图 9.43 习题 2 电路图

3. 分别判断图 9.44 所示各电路是否可能产生正弦波振荡，并简述理由。对于不能振荡的电路如何改接才能振荡？

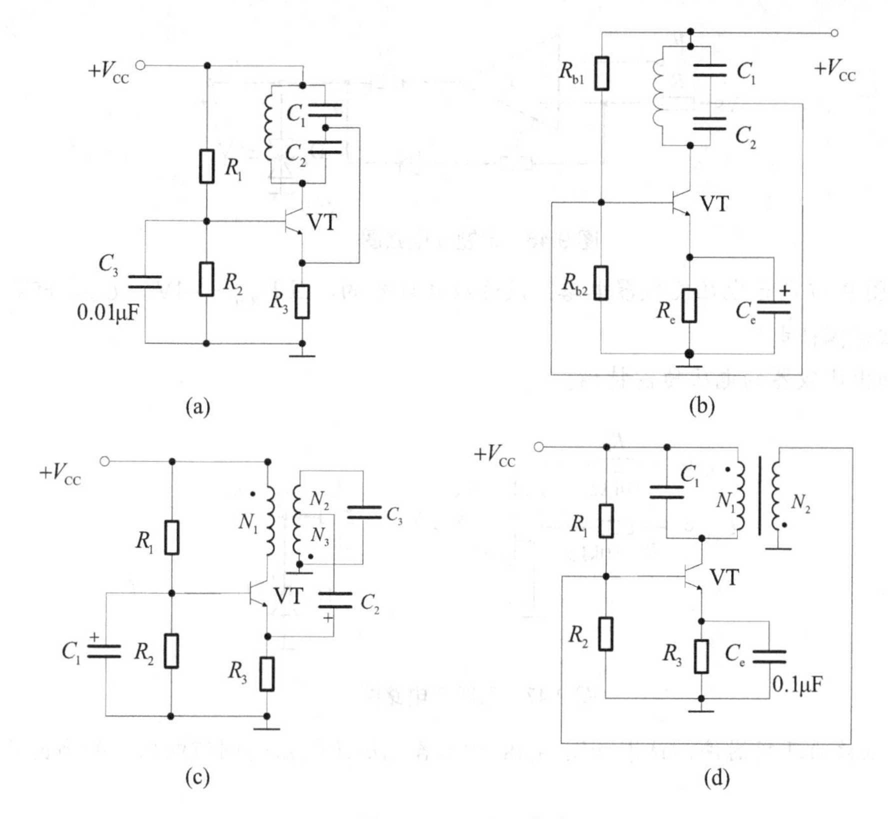

图 9.44　习题 3 电路图

4. 已知 RC 振荡器如图 9.45 所示，已知 $R_2 = 15\text{k}\Omega$，$R_3 = R_4 = 10\text{k}\Omega$，$C_1 = C_2 = 15\text{pF}$。求：

(1) 振荡频率 f_0。

(2) R_1 的取值范围。

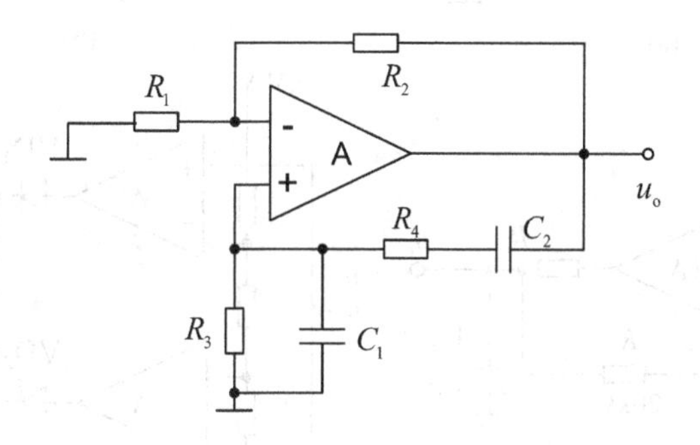

图 9.45　习题 4 电路图

5. 设计一个频率为 1kHz 的 RC 桥式正弦波振荡电路。已知 $C = 0.03\mu\text{F}$，用一个负温度系数 20kΩ 的热敏电阻作为稳幅元件，试画出设计电路图并标注各电阻的数值。

6. 迟滞比较器如图 9.46 所示，其中 $R_1 = 10\text{k}\Omega$，$R_F = 20\text{k}\Omega$，设元器件均为理想。

(1) 求阈值电压和门限宽度，并画出电压传输特性。

(2) 若 u_I 为幅度 5V 的正弦波，画出输出电压 u_O 的波形。

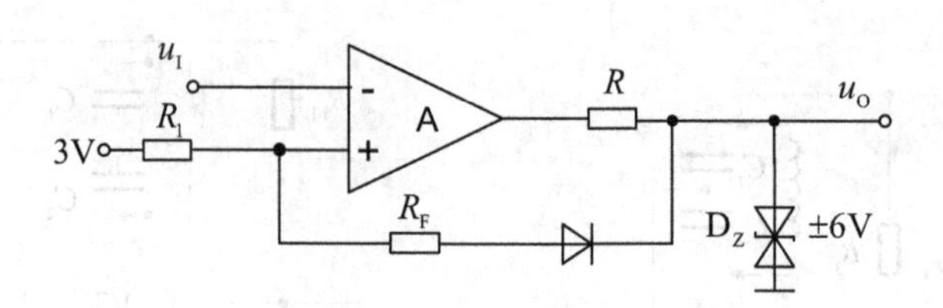

图 9.46　习题 6 电路图

7. 如图 9.47 所示电压比较器电路。设运放是理想的，且 $U_{REF}=-1V$，$U_Z=\pm5V$。

(1) 试求阈值电压。

(2) 画出比较器的电压传输特性。

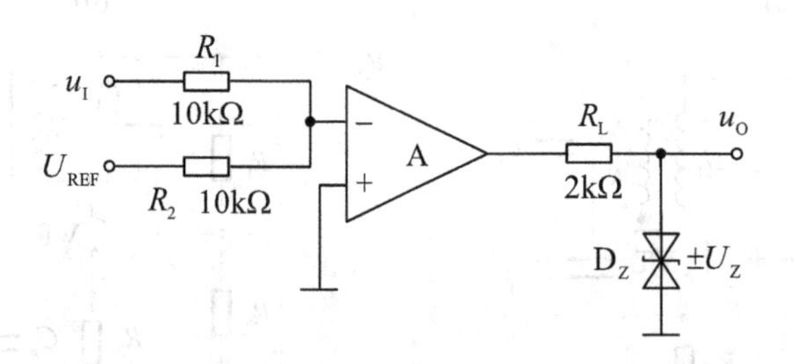

图 9.47　习题 7 电路图

8. 设运放为理想器件，试求如图 9.48 所示各电压比较器的阈值电压，并画出其电压传输特性。

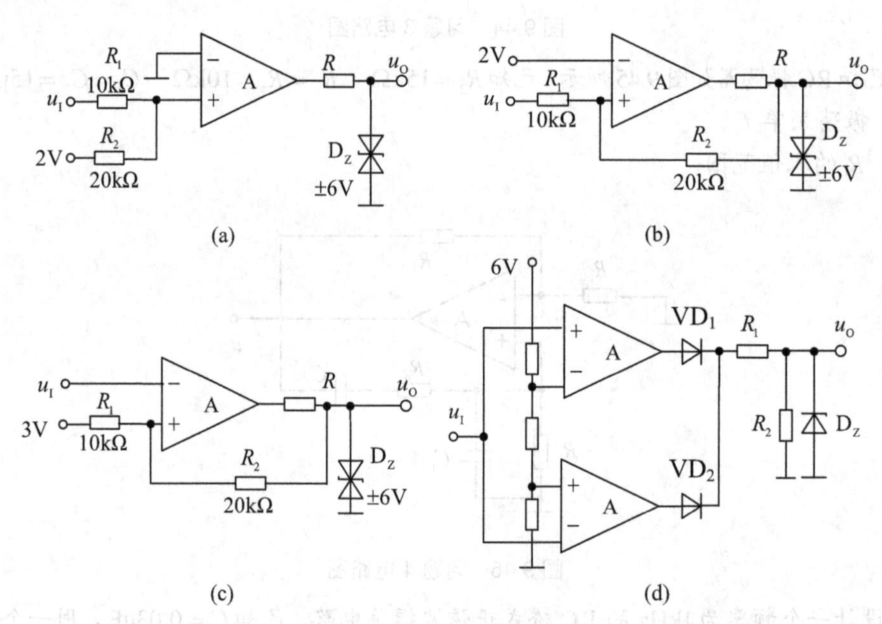

图 9.48　习题 8 电路图

9. 已知迟滞比较器及其电压传输特性曲线如图 9.49 所示。

(1) 试确定电路中各元件参数。

(2) 设电路其他参数不变，改变 $U_Z=9V$、$U_{REF}=4V$，求此时的阈值电压和门限宽度。

(3) 若使阈值电压 $U_{T+}=4V$、$U_{T-}=-2V$，确定 U_{REF} 的值(设电路其他参数不变)。

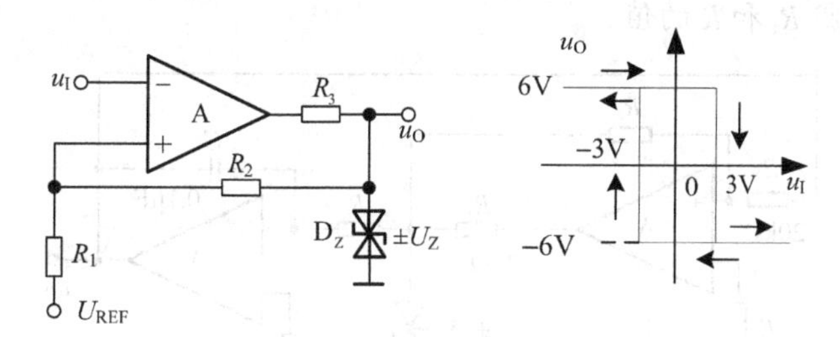

图 9.49　习题 9 电路图及特性曲线

10. 已知三个电压比较器的电压传输特性分别如图 9.50(a)～(c)所示，它们的输入电压波形均如图 9.50(d)所示，试画出 u_{O1}、u_{O2} 和 u_{O3} 的波形。

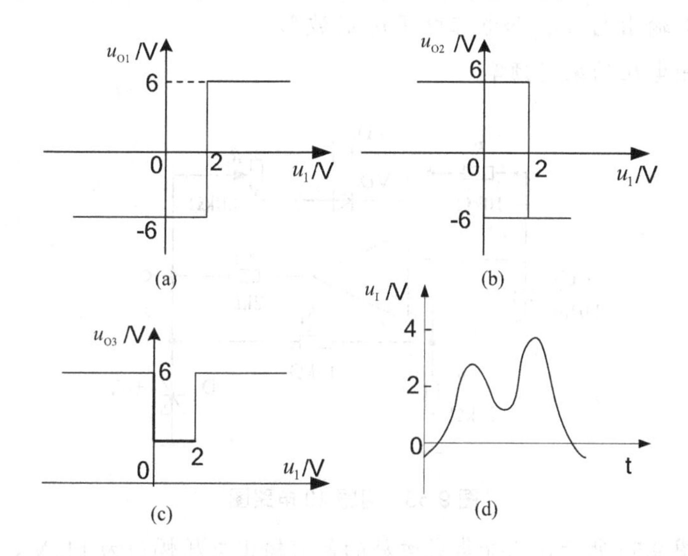

图 9.50　习题 10 电路图

11. 矩形波产生电路如图 9.51 所示，试画出输出电压 u_O 和电容电压 u_C 的波形，并计算输出电压的振荡频率。

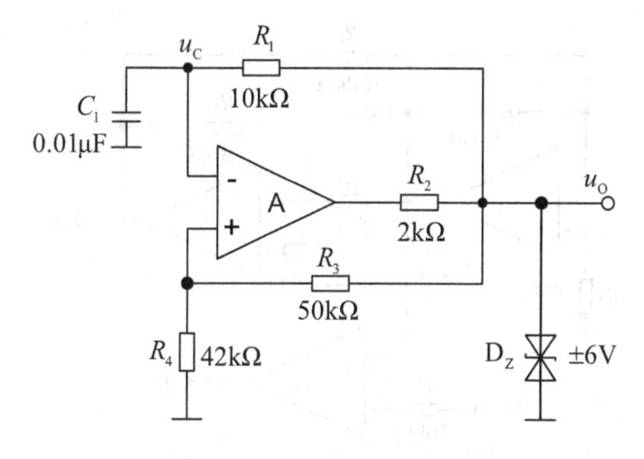

图 9.51　习题 11 电路图

12. 三角波产生电路如图 9.52 所示，如果要求输出的三角波峰峰值为 16V，频率为 250 Hz，试确定电阻 R_3 和 R 的值。

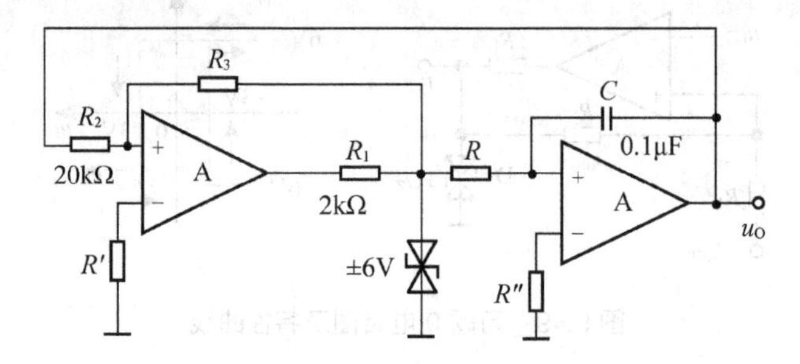

图 9.52　习题 12 电路图

13. 占空比可调的矩形波产生电路如图 9.53 所示，当电位器滑动端调至最上端时，试：

(1) 画出此时输出电压 u_O 和电容电压 u_C 的波形。

(2) 计算输出电压的振荡频率。

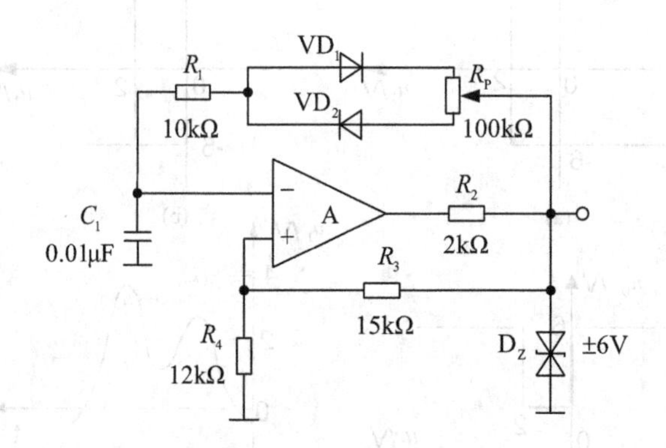

图 9.53　习题 13 电路图

14. 电路如图 9.54 所示，已知集成运放的最大输出电压幅值为 ±12V，u_I 的数值在 u_{O1} 的峰峰值之间。

(1) 求 u_{O3} 的占空比与 u_I 的关系式。

(2) 设 $u_I = 2.5V$，试画出 u_{O1}、u_{O2} 和 u_{O3} 的波形。

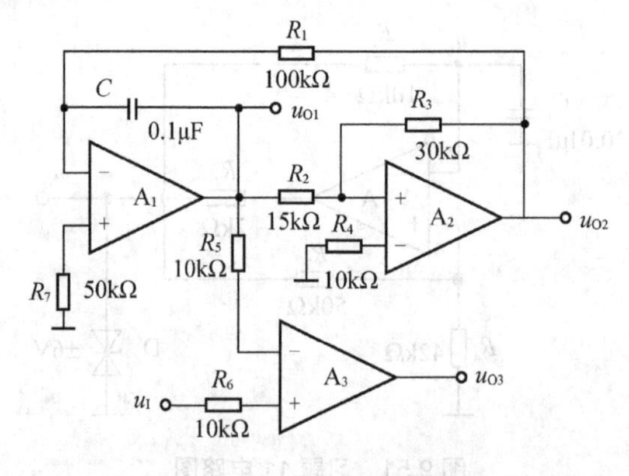

图 9.54　习题 14 电路图

15. 电路如图 9.55 所示。试定性画出 u_{O1} 和 u_O 的波形，并估算振荡频率与 u_I 的关系式。

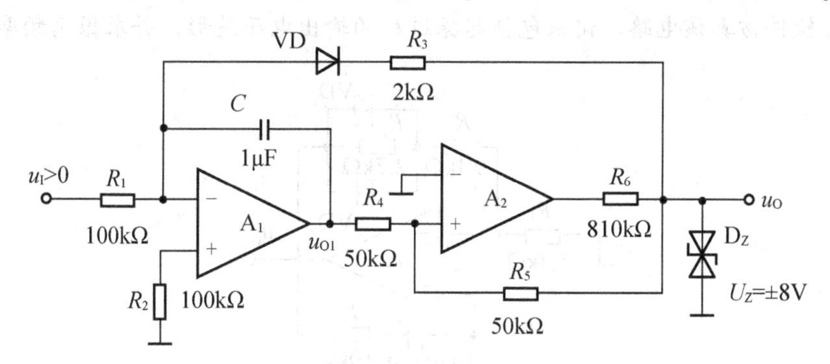

图 9.55 习题 15 电路图

16. 方波-三角波产生电路如图 9.56 所示，试求其振荡频率，并画出 u_{O1} 和 u_{O2} 的波形。

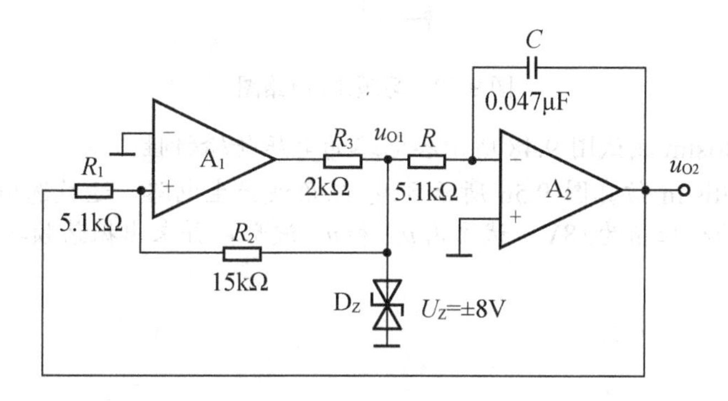

图 9.56 习题 16 电路图

17. 已知压控振荡电路如图 9.57 所示，晶体管 VT 工作在开关状态，当其截至时相当于开关断开，当其导通时相当于开关闭合，管压降近似为零；$u_I > 0$。

(1) 分别求解 VT 导通和截止时的 u_{O1} 和 u_I 的关系式 $u_{O1} = f(u_I)$。

(2) 定性画出 u_O 和 u_{O1} 的关系曲线 $u_O = f(u_{O1})$。

(3) 求解振荡频率 f 和 u_I 的关系式。

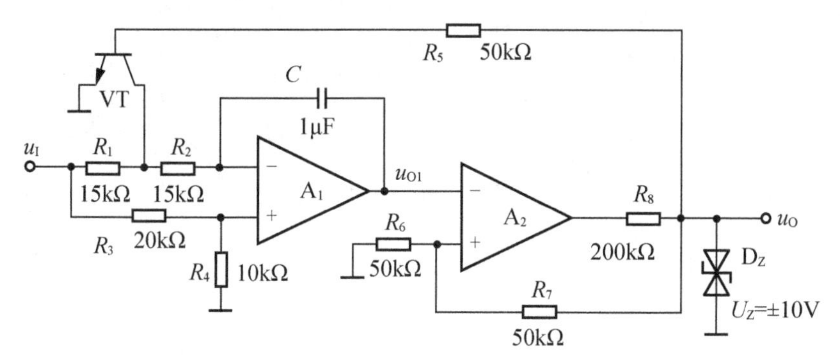

图 9.57 习题 17 电路图

18. RC正弦波振荡电路如图9.58所示。运放选用AD741H，工作电源为±15V，试利用Multisim软件仿真该电路，记录包括起振过程的输出电压波形，并求振荡频率。

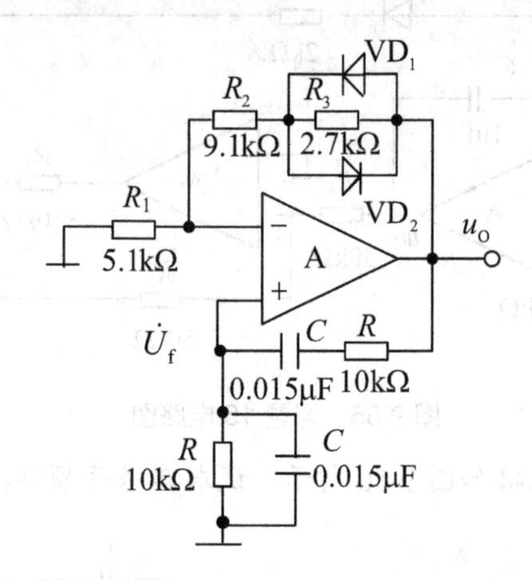

图9.58 习题18电路图

19. 利用Multisim测试图9.48所示各电路的电压传输特性。

20. 利用Multisim仿真图9.56所示方波-三角波产生电路，运放选用741，工作电源为±15V，稳压管的稳压值为±8V。试画出u_{O1}和u_{O2}波形，并求出振荡频率。

第10章　直 流 电 源

本章要点

直流稳压电源的组成和各部分的作用。
整流电路构成、工作原理和电路参数选择。
滤波电路构成、工作原理和电路参数选择。
稳压电路构成、工作原理、参数选择和输出电压调节范围。

本章难点

滤波电路的工作原理。
基准电压电路和三端集成稳压器。
开关稳压电路。

各种电子电路和系统，一般均需要稳定的直流电源供电。本章介绍小功率直流电源，它的主要功能是把交流电压转换为幅值稳定的直流电压。

小功率直流电源一般由变压、整流、滤波和稳压四个环节组成，其组成框图如图 10.1 所示。

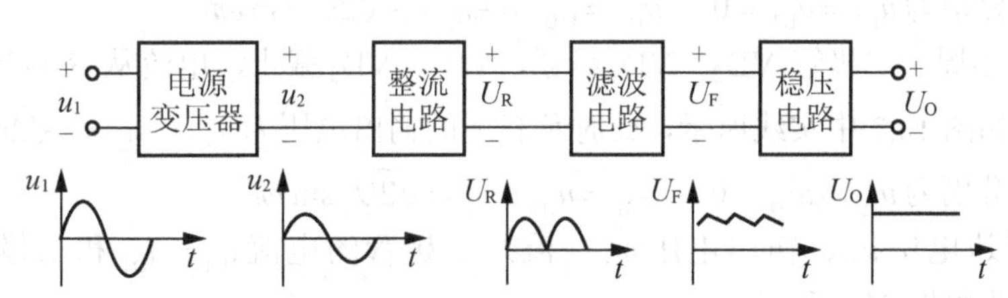

图 10.1　直流电源组成框图

(1) 电源变压器：通常为降压变压器，将交流电网电压变为合适的交流电压，副边电压有效值取决于后面电路或电子设备的需要。

(2) 整流电路：利用整流元件的单向导电性，将交流电压变为脉动的直流电压。但此时的直流电压有很大的脉动成分，还需要滤波和稳压环节才能变成理想的直流电压。

(3) 滤波电路：通常由电容、电感等储能元件组成，目的是滤除整流后电压中的交流脉动成分，使输出电压比较平滑。

(4) 稳压电路：克服电网波动及负载变化的影响，保持输出电压 U_O 稳定。

10.1　整 流 电 路

整流电路的任务是将交流电压变换为脉动的直流电压，在小功率直流电源中，整流方式主要有单相半波、单相全波、单相桥式和倍压整流等。

分析整流电路时，为简化分析过程，把二极管当作理想元件处理，即二极管的正向导

通电阻为零，反向电阻为无穷大。同时，往往假设负载为纯阻性，并忽略变压器以及电路的其他损耗。

下面以比较常用的单相桥式整流电路为例，介绍电路的工作原理、分析方法、主要参数和整流二极管的选择依据，电路如图 10.2 所示。单相桥式整流电路由四只二极管完成整流工作，四只二极管接成电桥形式，所以称为桥式整流电路。

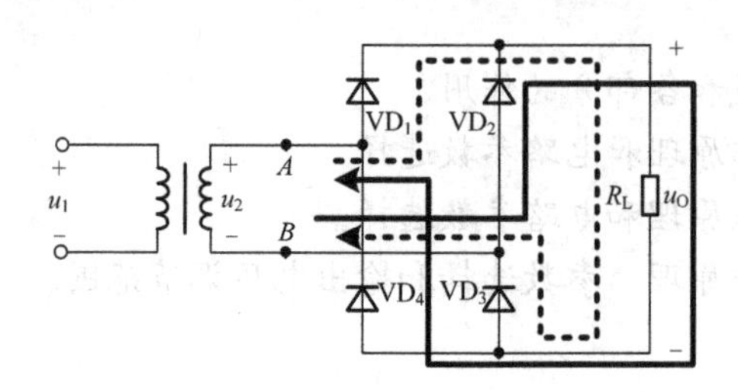

图 10.2 单相桥式整流电路

10.1.1 工作原理

设变压器副边电压有效值为U_2，其表达式为$u_2=\sqrt{2}U_2\sin\omega t$。

在u_2的正半周，二极管 VD_1、VD_3 导通，VD_2、VD_4 截止，电流从 A 点流出，流入 B 点。实际流向如图 10.2 中虚线所示，此时负载上的输出电压为$u_O=u_2=-\sqrt{2}U_2\sin\omega t$，二极管两端电压分别为$u_{D1}=u_{D3}=0$，$u_{D2}=u_{D4}=-u_2=-\sqrt{2}U_2\sin\omega t$。

在u_2的负半周，二极管 VD_2、VD_4 导通，VD_1、VD_3 截止，电流从 B 点流出，流入 A 点。实际流向如图 10.2 中实线所示，此时负载上的输出电压为$u_o=-u_2=-\sqrt{2}U_2\sin\omega t$，二极管两端电压分别为$u_{D2}=u_{D4}=0$，$u_{D1}=u_{D3}=u_2=\sqrt{2}U_2\sin\omega t$。

变压器副边电压u_2、输出电压u_O、流过二极管的电流i_{D1}~ i_{D4}和二极管两端电压u_{D1}~ u_{D4}的波形如图 10.3 所示。

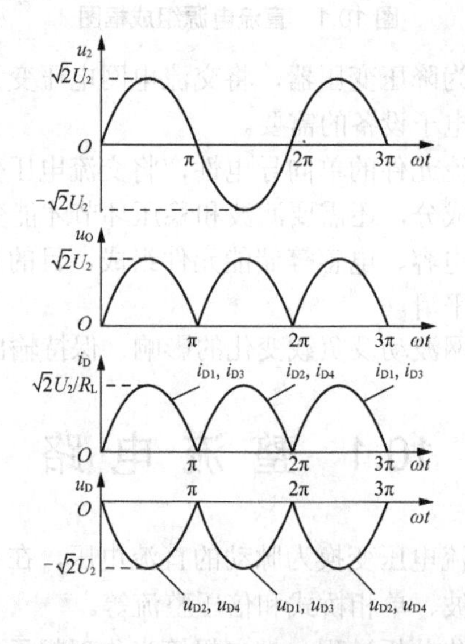

图 10.3 单相桥式整流电路波形

可见，单相桥式整流电路的输出电压波形为脉动的直流电压，在变压器副边电压的整个周期内，均有电流流过负载且电流方向相同，输出电压 $u_O = \left|\sqrt{2}U_2 \sin \omega t\right|$。

单相桥式整流电路的习惯画法和简易画法分别如图 10.4(a)和图 10.4(b)所示。

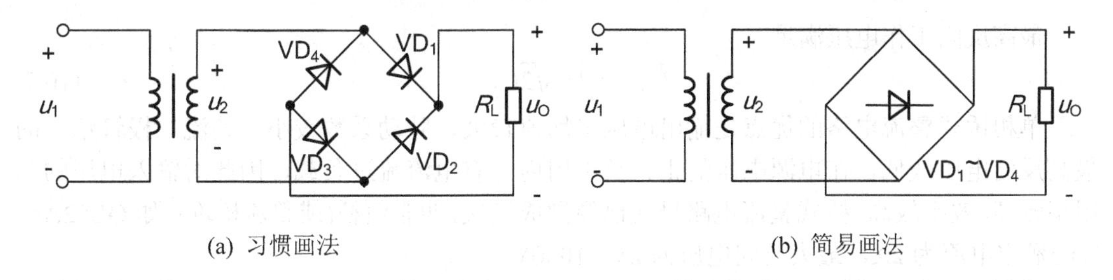

(a) 习惯画法　　(b) 简易画法

图 10.4　单相桥式整流电路的其他画法

10.1.2　主要参数

1．输出电压平均值 U_{OL}

输出电压平均值是指负载两端直流电压的平均值，计算方法为

$$U_{OL} = \frac{1}{\pi}\int_0^{\pi} \sqrt{2}U_2 \sin \omega t \mathrm{d}(\omega t) = \frac{2\sqrt{2}U_2}{\pi} \approx 0.9U_2 \tag{10.1}$$

2．输出电流平均值 I_{OL}

输出电流平均值是指通过负载电阻的电流平均值，计算方法为

$$I_{OL} = U_{OL}/R_L \approx 0.9U_2/R_L \tag{10.2}$$

3．输出电压脉动系数 S

输出电压脉动系数是指整流输出电压的基波峰值 U_{O1M} 与输出电压平均值 U_{OL} 之比。输出电压脉动系数 S 越大，输出直流信号的脉动越大(即纹波越大)。

对桥式整流电路的输出电压进行傅里叶级数展开，不难看出输出电压基波角频率是 u_2 的两倍，且基波峰值为 $U_{O1M} = \frac{4\sqrt{2}U_2}{3\pi} = \frac{2}{3}U_{OL}$，脉动系数为

$$S = \frac{U_{O1M}}{U_{OL}} = \frac{2}{3} \approx 0.67 \tag{10.3}$$

10.1.3　二极管选择

整流电路中二极管的选择主要依据流过二极管电流的平均值 I_D 和它所承受的最大反向电压 $U_{R\max}$，在单相桥式整流电路中，整流二极管 VD_1、VD_3 和 VD_2、VD_4 轮流导通，因此

$$I_D = \frac{I_{OL}}{2} = \frac{\sqrt{2}U_2}{\pi R_L} = 0.45\frac{U_2}{R_L} \tag{10.4}$$

$$U_{R\max} = \sqrt{2}U_2 \tag{10.5}$$

考虑电网电压波动范围为±10%，因此，选择二极管时应该使二极管最大整流平均电流满足

$$I_F > 1.1 \times \frac{\sqrt{2}U_2}{\pi R_L} \tag{10.6}$$

最高反向工作电压满足

$$U_R > 1.1 \times \sqrt{2}U_2 \tag{10.7}$$

单相桥式整流电路的优点是输出电压平均值较大、脉动系数较小、整流二极管承受的最高反向电压较低，在电源电压的正、负半周内都有电流流过负载，因此对输入电压的利用率较高，效率较高。桥式整流电路目前已经做成模块，叫整流桥(或整流桥堆)，如 QL62A～L 的额定电流为 2A，最大反向电压为 25～1000V。

【例 10.1】 在图 10.2 所示电路中，已知输出电压平均值 $U_{OL}=15V$，负载电流平均值 $I_{OL}=100mA$。设电网电压波动范围为±10%。

(1) 变压器副边电压有效值 U_2 为多大？

(2) 在选择二极管的参数时，其最大整流平均电流 I_F 和最高反向电压 U_R 的下限值约为多少？

解：(1) 输出电压平均值 $U_{OL} \approx 0.9U_2$，因此变压器副边电压有效值为

$$U_2 \approx \frac{U_{OL}}{0.9} \approx 16.7V$$

(2) 考虑到电网电压波动范围为±10%，整流二极管的参数为

$$I_F > 1.1 \times \frac{I_{OL}}{2} = 55mA\text{；}\qquad U_R > 1.1 \times \sqrt{2}U_2 \approx 26V$$

10.2 滤 波 电 路

滤波电路的任务是滤除整流电路输出电压中的脉动成分，使之变为尽可能平滑的直流电压，减小其脉动系数。理想情况下，滤波的输出应该不包含任何交流成分，只有直流成分。直流电源中通常选择无源的电抗元件进行滤波，根据电路中起滤波作用的元件类型不同，常见的滤波电路可以分为电容滤波电路、电感滤波电路和复合滤波电路。

本节重点介绍小功率直流电源中比较常见的电容滤波电路，然后简单介绍其他形式的滤波电路。

10.2.1 电容滤波电路

1. 工作原理

单相桥式整流、电容滤波电路如图 10.5 所示。二极管 VD_1、VD_2、VD_3 和 VD_4 是整流二极管，电容 C 起滤波作用，一般采用大容量的电解电容。电容滤波的基本原理是利用电容的充放电作用使输出电压脉动减小。在分析原理时要考虑电容两端电压 u_C 对整流二极管的影响，二极管 VD_1、VD_2、VD_3 和 VD_4 受正向电压导通，反之截止。下面简单介绍此电路的工作原理。

先假设变压器和整流二极管是理想的，当变压器副边电压 u_2 的正半周大于电容电压 u_C 时，二极管 VD_1、VD_3 受正向电压导通，此时 u_2 通过二极管 VD_1、VD_3 一方面向负载提供输出电流，另一方面向电容 C 充电，输出电压 $u_O = u_2$。

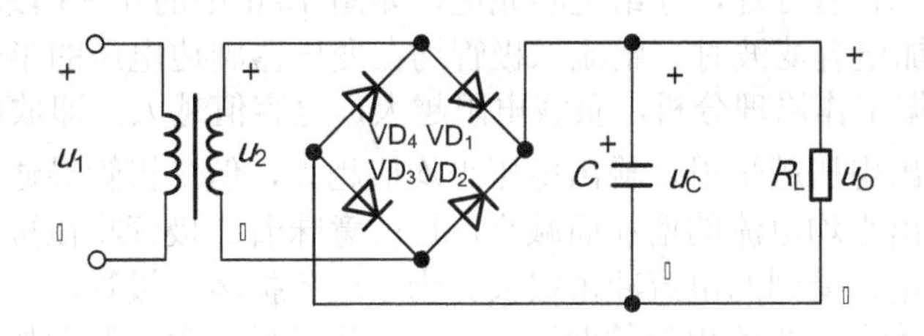

图 10.5 桥式整流、电容滤波电路

随着 u_2 上升到峰值 $\sqrt{2}U_2$，u_C 电压也被充电到 $\sqrt{2}U_2$ 左右，如图 10.6 中 1～2 段所示。

然后 u_2 按照正弦规律从峰值下降，电容通过负载放电，u_C 也开始下降，在下降过程中，只要 u_2 大于 u_C，二极管 VD_1、VD_3 保持导通，输出电压 $u_O = u_2$，如图 10.6 中 2～3 段所示。

某一时刻之后，u_2 下降到小于 u_C，二极管 VD_1、VD_3 受反向电压而截止，电容 C 继续通过负载按照指数规律放电，输出电压 $u_O = u_C$，如图 10.6 中 3～4 段所示。

然后，当 u_2 的负半周幅值大于 u_C 时，二极管 VD_2、VD_4 受正向电压导通，此时 u_2 通过二极管 VD_2、VD_4 一方面向负载提供输出电流，另一方面向电容 C 充电，输出电压 $u_O = -u_2$。随着 u_2 变化到峰值 $-\sqrt{2}U_2$，u_C 电压再次被充电到 $\sqrt{2}U_2$ 左右，如图 10.6 中 4～5 段所示。

变压器副边电压 u_2 继续重复周期的变化，电容 C 循环地进行充放电，负载上便得到如图 10.6 所示的波形。

因此，经过电容滤波之后的输出电压脉动进一步减小，平均值升高。

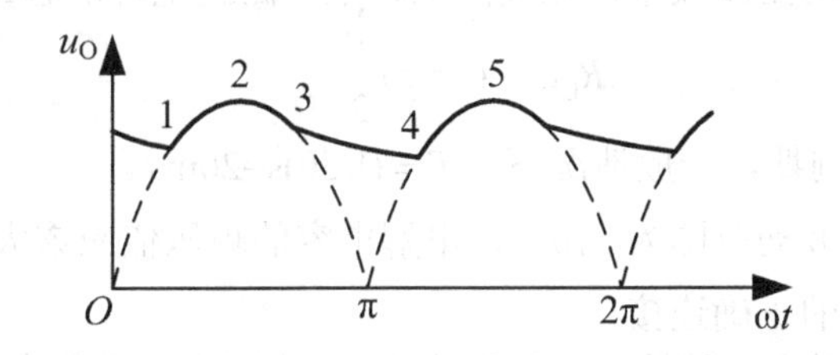

图 10.6 桥式整流、电容滤波电路输出电压波形

实际上，由于整流电路内阻(包含变压器内阻和二极管导通电阻)的存在，在有二极管导通的时候，整流电路内阻上会有压降产生。此时输出电压 u_O 的波形如图 10.7 所示，阴影部分为整流电路内阻上的压降。

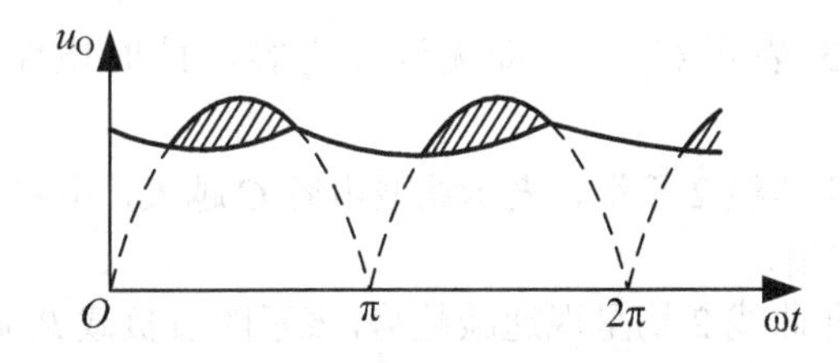

图 10.7 桥式整流、电容滤波电路考虑电路内阻时的输出电压波形

2. 主要特点

电容滤波电路的主要特点如下。

(1) 只有整流二极管导通，才给电容充电，如图 10.6 中的 1～3 段所示，整流二极管的导通角 $\theta < \pi$ (未加电容滤波时，整流二极管均在变压器副边电压的半个周期内导通，即导通角 $\theta = \pi$)。根据工作原理分析，负载电阻越大，电容值越大，即放电时间常数 $R_L C$ 越大，放电越慢，输出电压越平滑，输出电压平均值越大，但二极管导通角越小。因此二极管的导通角随着输出平均电流的增加而减小，这就意味着二极管将在短暂的时间内流过很大的电流为电容充电，受到的电流冲击很大。为了避免损坏二极管，一般应选择其最大整流平均电流 I_F 至少为负载平均电流的两到三倍。二极管导通角示意图如图 10.8 所示。

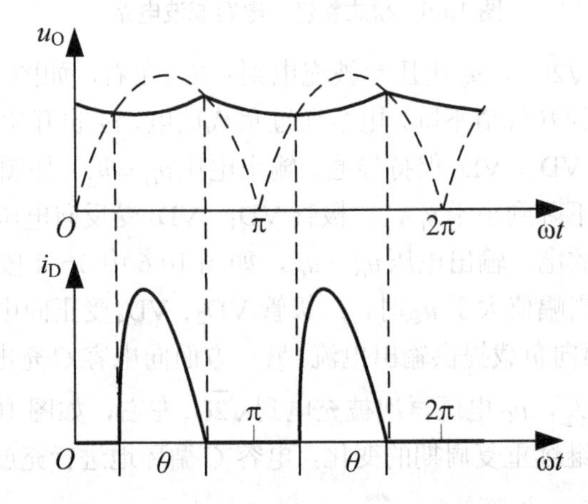

图 10.8　电容滤波电路波形及二极管导通角

(2) 为了获得较好的滤波效果，在实际电路中，滤波电容的容量应满足

$$R_L C = (3\sim5)\frac{T}{2} \tag{10.8}$$

式中，T 为交流电源的周期，一般情况下，$T = (1/50)\text{s}=20\text{ms}$ 。

(3) 考虑电网电压波动范围为±10%，电解电容的耐压值应该大于等于 $1.1\times\sqrt{2}U_2$ ，并且要注意电容正负极性的正确连接。

(4) 输出电压平均值 U_{OL} 随输出电流平均值 I_{OL} 的变化关系称为输出特性或外特性，如图 10.9 所示。图中每一条曲线对应滤波电容取不同数值，从上到下，表示电容值越来越小；同一条曲线上各点对应负载 R_L 取不同数值，从左向右，表示 R_L 从无穷大逐渐减小。

在电容不为零时，若 $R_L = \infty$，即空载时，放电时间常数 $R_L C=\infty$ ，即电容没有放电回路，一旦电容 C 被充电到 $u_C = \sqrt{2}U_2$ ，输出电压基本保持 $u_O = u_C = \sqrt{2}U_2 = 1.4U_2$ 不变。

图 10.9 中曲线 3 表示 $C = 0$ ，即无滤波电容，此时电路为单相桥式整流电路，$U_{OL} \approx 0.9U_2$ 。

图 10.9 中曲线 1 比曲线 2 平滑，表示滤波电容 C 越大，电路带负载能力越好，滤波效果越好，输出电压越平滑。

图 10.9 中曲线 1 和曲线 2 均呈现递减趋势，表示随着负载 R_L 减小，输出电流平均值 I_{OL} 增加，输出电压平均值 U_{OL} 减小。

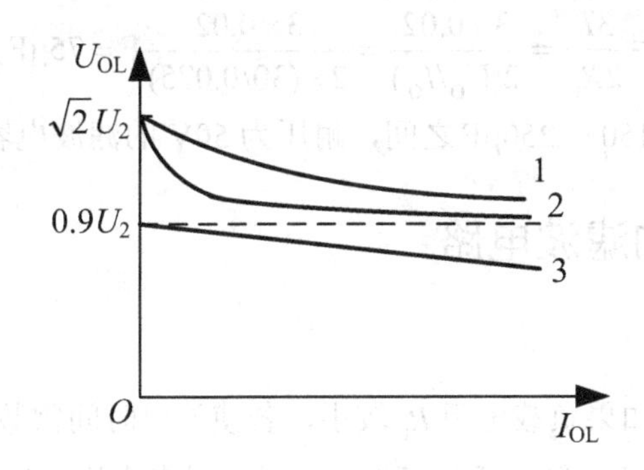

图 10.9 电容滤波电路的输出特性

(5) 在整流电路内阻不太大，且放电时间常数满足 $R_L C=(3\sim5)T/2$ 时，$U_{OL}\approx(1.1\sim1.2)U_2$。若单相半波整流加电容滤波，则 $U_{OL}\approx U_2$。

(6) 脉动系数为

$$S=\frac{1}{\dfrac{4R_L C}{T}-1} \tag{10.9}$$

若放电时间常数满足 $R_L C=(3\sim5)T/2$，则脉动系数的取值范围为 11%～20%。

(7) 一般情况下，在桥式整流无电容滤波时，变压器二次电流的有效值 $I_2=1.11I_O$，有电容滤波时，$I_2=(1.5\sim2)I_O$。

总之，电容滤波电路结构简单，输出电压平均值高，脉动较小，输出特性较差，适用于负载 R_L 较大且 R_L 取值变化较小的场合。

【例 10.2】 如图 10.5 所示的单相桥式整流、电容滤波电路中，交流电压为 50Hz 工频信号，若要求负载上的输出电压 $U_O=30\text{V}$，流过负载的电流 $I_O=75\text{mA}$。

(1) 试选择整流二极管的参数。

(2) 试选择滤波电容器的参数。

解：(1) 整流二极管平均电流为

$$I_D=I_O/2=75\text{mA}/2=37.5\text{mA}$$

设变压器副边电压有效值为 U_2，取 $U_O=1.2U_2$，则

$$U_2=U_O/1.2=30\text{V}/1.2=25\text{V}$$

整流二极管承受的最大反向电压为

$$U_{R\max}=\sqrt{2}U_2=\sqrt{2}\times25\text{V}=35.25\text{V}$$

考虑到电网电压波动范围为±10%，整流二极管的参数为

$$I_F>1.1\times37.5\text{mA}=41.25\text{mA}；\qquad U_R>1.1\times U_{R\max}=1.1\times35.25\approx38.8\text{V}$$

所以可以选择 $I_F=100\text{mA}$，$U_R=100\text{V}$ 的 2CZ52C 型二极管。

(2) 为了获得较好的滤波效果，滤波电容的容量应该满足 $R_L C=(3\sim5)T/2$。

若取 $R_L C=5\times(T/2)$，即

$$C=\frac{5T}{2R_L}=\frac{5\times0.02}{2(U_O/I_O)}=\frac{5\times0.02}{2\times(30/0.075)}\text{F}=125\mu\text{F}$$

若取 $R_L C=3\times(T/2)$，即

$$C=\frac{3T}{2R_L}=\frac{3\times0.02}{2(U_O/I_O)}=\frac{3\times0.02}{2\times(30/0.075)}\text{F}=75\mu\text{F}$$

所以可以选择容量在150~ 250μF之间，耐压为50V的滤波电容。

10.2.2 其他形式的滤波电路

1. 电感滤波电路

在电容滤波电路中，如果负载电阻R_L较小，若使放电时间常数满足$R_LC=(3\sim5)T/2$，则电容C取值应很大，不易选择合适的元件，此时可以考虑用电感滤波。

在整流电路和负载之间串入电感L，就构成电感滤波电路，如图10.10所示。

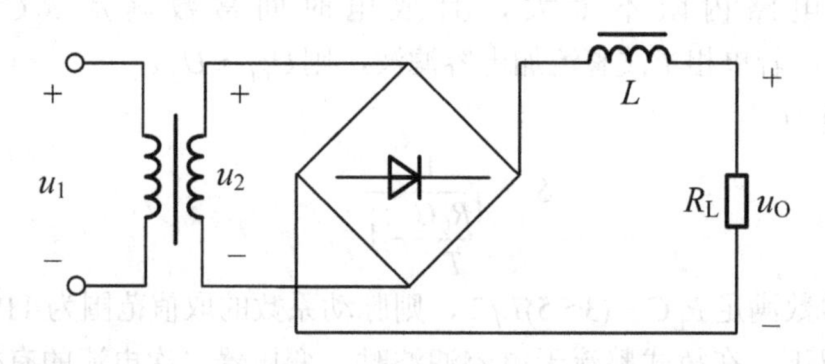

图 10.10 电感滤波电路

输出电流变化时，电感L中将感应出一个阻止电流发生变化的反电势。利用电感的储能作用可以减小输出电压和输出电流的脉动，从而得到比较平滑的直流信号输出。

由于电感的反电势作用，整流二极管的导通角有增大的趋势。在单相半波整流、电感滤波电路中，整流管的导通角$\theta>\pi$；在单相桥式整流、电感滤波电路中，整流管的导通角$\theta=\pi$。

若忽略电感L的直流电阻，即直流分量经过电感后基本没有损失，负载R_L上的输出电压平均值和不加电感时相同，即$U_{OL}\approx0.9U_2$。同时因为电感的交流阻抗较大，因此交流分量经过电感和负载分压后，大部分会损失在电感L上，从而减少了负载上输出电压的脉动。

根据感抗的表达式$j\omega L$，可知L越大，R_L越小，损失在电感L上的交流成分越多，滤波效果越好。因此电感滤波适用于负载R_L较小的场合。同时由于整流管的导通角增加，因此流经二极管的电流波形也比电容滤波电路中平滑，减少了冲击电流过大带来的风险。如果要保证电感滤波的效果，需要电感L取值足够大，一般需要用带铁芯的线圈，因此也带来了体积大、笨重、容易引发电磁干扰等缺点。

2. 复合滤波电路

为了进一步减小滤波输出的脉动成分，可以采用复合滤波电路，如图10.11所示。其中图10.11(a)所示为倒L型LC滤波电路，其性能和应用场合与电感滤波电路类似；图10.11(b)和图10.11(c)所示分别为LC－∏型和RC－∏型滤波电路，其性能和应用场合与电容滤波电路类似。如果要获得更平滑的输出信号，可将若干个滤波环节串联使用。

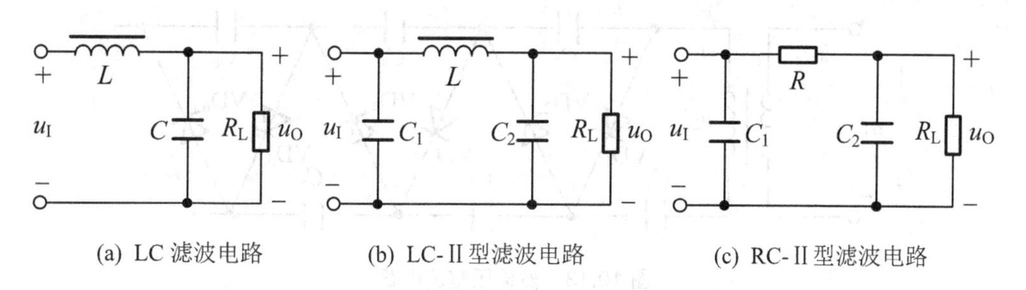

(a) LC 滤波电路 (b) LC-Ⅱ型滤波电路 (c) RC-Ⅱ型滤波电路

图 10.11 复合滤波电路

10.2.3 倍压整流电路

由于滤波电容具有电荷存储的作用，可以利用多个二极管和多个电容获得比变压器副边电压峰值高几倍的输出电压，此类电路称为倍压整流电路。

如图 10.12 所示为最简单的倍压整流电路。设变压器副边电压有效值为U_2，其表达式为$u_2=\sqrt{2}U_2\sin\omega t$。在$u_2$的正半周，二极管 VD_1 导通，VD_2 截止，u_2通过二极管 VD_1 向电容 C_1 充电，C_1 两端峰值电压可达$\sqrt{2}U_2$。在u_2的负半周，二极管 VD_1 截止，VD_2 导通，u_2的负半周和u_{C1}通过二极管 VD_2 向电容 C_2 充电，电容 C_2 两端电压$u_{C2}=u_O$最大值可达$2\sqrt{2}U_2$。因此，由于电容 C_1 的存储作用，使电容 C_2 两端电压(即电路输出电压)为变压器副边电压峰值的 2 倍，此电路称为二倍压整流电路。

该电路中二极管承受的最大反向电压$U_R>2\sqrt{2}U_2$。电容 C_1 耐压值应大于$\sqrt{2}U_2$，电容 C_2 耐压值应大于$2\sqrt{2}U_2$。

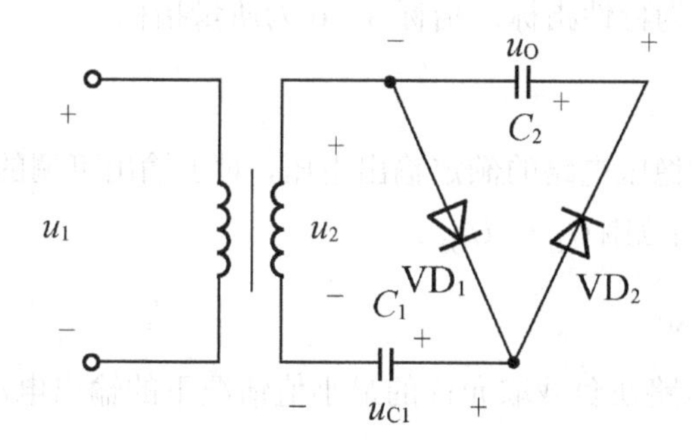

图 10.12 二倍压整流电路

利用同样的原理，可以利用更多的电容和二极管构成多倍压整流电路，实现所需倍数的输出电压，如图 10.13 所示。分析方法同上，C_1 峰值电压可达$\sqrt{2}U_2$，电容 C_2～C_6 两端峰值电压可达$2\sqrt{2}U_2$。因此，C_1 两端输出电压为$\sqrt{2}U_2$，C_2 两端输出电压为$2\sqrt{2}U_2$，C_1 和 C_3 上的电压和为$3\sqrt{2}U_2$，C_2 和 C_4 上的电压和为$4\sqrt{2}U_2$……若要获得变压器副边峰值电压$\sqrt{2}U_2$的整数倍，只需要增加二极管和电容的数量，并且从不同的位置取输出电压。

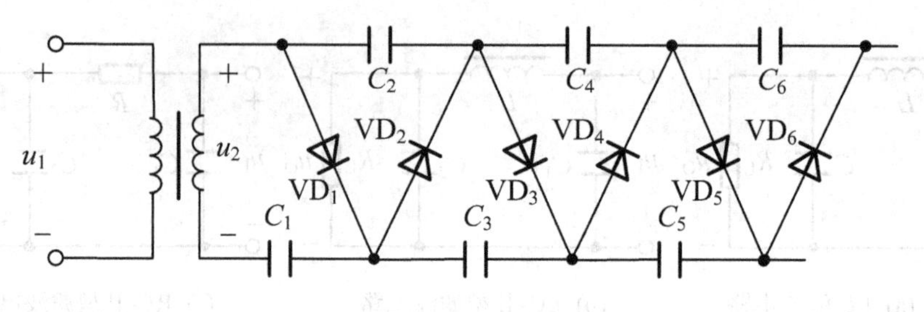

图 10.13　多倍压整流电路

分析倍压整流电路时，一般假设电路空载，即 $R_L=\infty$。此时电容的放电时间常数满足 $R_LC=\infty>>T$，电容两端电压在一个周期内下降很小，输出电压近似不变，脉动很小。因此倍压整流电路已经完成了滤波的功能。实际电路中，当带负载 R_L 时，输出电压不可能严格等于变压器副边电压峰值的整数倍。

10.3 稳压电路

交流电网电压经过变压、整流和滤波之后，输出较为平滑的直流电压。一般情况下，此直流电压容易受到电网电压波动和负载变化的影响。为了获得稳定性好的直流电压，必须采用稳压措施，一般是通过带负载能力强的稳压电路来输出稳定的直流电压。

10.3.1 直流稳压电路的技术指标

直流稳压电路的技术指标分为特性指标和质量指标两类，下面简单介绍几个主要的技术指标。其中指标 1～2 为特性指标，指标 3～6 为质量指标。

1．输出电压 U_O

U_O 是指正常工作的稳压电路的额定输出电压，对于输出可调的直流稳压电路，我们通常关注的是输出电压可调范围 $U_{O1}\sim U_{O2}$。

2．最大输出电流 I_{OM}

I_{OM} 是指直流稳压电路在负载取允许的最小值情况下的输出电流的最大值。

3．稳压系数 S_r

S_r 是指环境温度和输出电流不变(即负载不变)时，直流稳压电路输出电压和输入电压的相对变化量之比，即

$$S_r=\left.\frac{\Delta U_O/U_O}{\Delta U_I/U_I}\right|_{\Delta I_O=0,\Delta T=0}=\left.\frac{\Delta U_O}{\Delta U_I}\cdot\frac{U_I}{U_O}\right|_{\Delta I_O=0,\Delta T=0} \tag{10.10}$$

为了体现输入电压波动对输出电压的影响，工程上也常用输入调整因数 K_V 或电压调整率 S_V 两个参数。

输入调整因数 K_V 是指输出电压变化随着输入电压变化的关系，即

$$K_V = \left.\frac{\Delta U_O}{\Delta U_I}\right|_{\Delta I_O=0,\Delta T=0} \tag{10.11}$$

电压调整率 S_V 是指输出电压相对变化随着输入电压变化的关系，即

$$S_V = \left.\frac{\Delta U_O/U_O}{\Delta U_I}\times 100\%\right|_{\Delta I_O=0,\Delta T=0} \quad (\%/V) \tag{10.12}$$

电压调整率有时也定义为：在温度和负载恒定的条件下，输入电压变化 10%时，输出电压的变化，单位为 mV。

4．输出电阻 R_O

R_O 是指输入电压和环境温度不变时，输出电流变化对输出电压变化的影响，即

$$R_O = \left.\frac{\Delta U_O}{\Delta I_O}\right|_{\Delta U_I=0,\Delta T=0} \quad (\Omega) \tag{10.13}$$

R_O 反映出负载变动(即输出电流变动)时，输出电压 U_O 的稳定程度。R_O 越小，当负载变化引起输出电流变化时，输出电压变化越小，输出电压越稳定，此直流稳压电源的带负载能力越好。

在工程上，有时也用电流调整率 S_I 来表示输出电压变化与输出电流变化的关系。S_I 是指负载电流从零变到最大时，输出电压的相对变化量，即

$$S_I = \left.\frac{\Delta U_O}{U_O}\times 100\%\right|_{\Delta U_I=0,\Delta T=0} (\%) \tag{10.14}$$

一般情况下，电流调整率 $S_I \leqslant 1\%$，输出电阻 $R_O \leqslant 1\Omega$。

电流调整率 S_I 有时也定义为：在温度不变时，负载电流变化所引起的输出电压变化，单位为 mV。

5．纹波抑制比 S_{rip}

纹波电压是指电压信号中的交流分量，纹波抑制比 S_{rip} 是指输入纹波电压峰峰值 $U_{IP\text{-}P}$ 与输出纹波电压峰峰值 $U_{OP\text{-}P}$ 之比，通常用分贝表示，即

$$S_{rip} = 20\lg\frac{U_{IP\text{-}P}}{U_{OP\text{-}P}} (dB) \tag{10.15}$$

显然，S_{rip} 越大，表示电路对纹波抑制越强，输出电压脉动越小，稳定性越好。一般情况下，直流稳压电源的稳压系数 S_r 越小，输出纹波电压也越小。

6．温度系数 S_T

S_T 是指输入电压和输出电流恒定时，环境温度变化对输出电压变化的影响，即

$$S_T = \left.\frac{\Delta U_O}{\Delta T}\right|_{\Delta U_I=0,\Delta I_O=0} \quad (mV/°C) \tag{10.16}$$

S_T 在工程上也用相对变化量 $\Delta U_O/U_O$ 表示，单位一般为 $10^{-6}/°C$，表示环境温度变化 1°C 时，输出电压 U_O 相对变化百万分之几。

10.3.2 串联反馈式稳压电路

1. 电路组成和工作原理

如图 10.14 所示是简单的串联反馈式稳压电路，U_I 是整流滤波之后的输出电压，VT 为调整管，集成运放为比较放大环节，电阻 R 和稳压管 D_Z 构成基准电压电路，电阻 R_1、R_2 和 R_3 构成取样电路，用于对输出电压的变化进行取样和反馈。电路的作用是将脉动成分较大的输入电压 U_I 变换为稳定的输出电压 U_O。

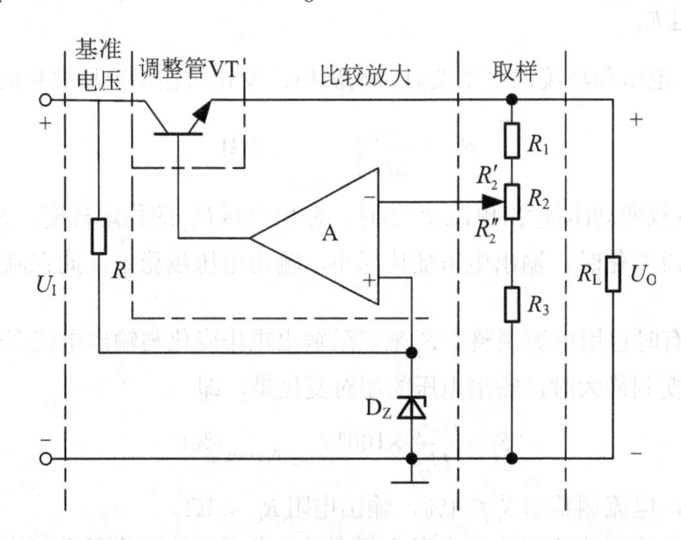

图 10.14 串联反馈式稳压电路

当输入电压 U_I 变化或者负载变化导致输出电压 U_O 增大时，取样电路将把 U_O 的变化反馈到运放的反相输入端，即 $U_- = U_O \times (R_3 + R_2'')/(R_1 + R_2 + R_3)$ (U_- 为运放反相输入端对地的电压)也增大。运放同相输入端的电压 $U_+ = U_Z$ 不变，所以运放的差模输入电压 $u_{Id} = U_+ - U_-$ 减小，运放的输出电压(即三极管 VT 的基极电压 U_B)减小，调整管 VT 的发射结压降 $U_{BE} = U_B - U_E = U_B - U_O$ 减小。根据三极管的输入特性和输出特性可知，U_{BE} 减小，基极电流 I_B 减小，集电极电流 I_C 减小，集射极压降 U_{CE} 增大。根据 $U_I - U_{CE} = U_O$，所以输出电压 U_O 减小，从而使 U_O 最终保持基本稳定。上述反馈过程可以简单描述如下：

$$U_O \uparrow \to U_- \uparrow \to u_{Id} \downarrow \to U_B \downarrow \to I_C \downarrow \to U_{CE} \uparrow \to U_O \downarrow$$

如果输出电压 U_O 减小，也能有类似的反馈过程使 U_O 增大，使 U_O 最终保持基本稳定。此反馈过程可以简单描述如下：

$$U_O \downarrow \to U_- \downarrow \to u_{Id} \uparrow \to U_B \uparrow \to I_C \uparrow \to U_{CE} \downarrow \to U_O \uparrow$$

根据上述稳压过程可知，输出电压 U_O 的稳定是由于电路引入了深度电压负反馈，而且由于调整管 VT 和负载串联，因此此电路称为串联反馈式稳压电路。调整管 VT 的调整作用最终是依靠 U_{CE} 的变化来调整 U_O 的变化。要实现调整作用，调整管 VT 必须工作在放大状态，即必须满足 $U_I - U_O \geqslant U_{CES}$ (U_{CES} 为三极管的饱和管压降)。由于调整管 VT 工作在线性区，所以此类电路也称为线性稳压电源。

不难看出，上述稳压过程是从取样电路把U_O变化量进行反馈开始的，如果U_O绝对不变，上述反馈过程不会发生。因此，串联反馈式稳压电路的输出电压U_O不可能绝对稳定，只是基本保持不变，此系统属于闭环有差自动调整系统。

2．输出电压的调节范围

利用深度负反馈条件下运放的虚短、虚断特性，不难得出

$$U_{-}=\frac{R_3+R_2''}{R_1+R_2+R_3}U_O=U_{+}=U_Z \tag{10.17}$$

整理得

$$U_O=\left(\frac{R_1+R_2+R_3}{R_2''+R_3}\right)U_Z \tag{10.18}$$

当电阻R_2的滑动端在顶端时，$R_2''=R_2$，有

$$U_O=U_{Omin}=\left(\frac{R_1+R_2+R_3}{R_2+R_3}\right)U_Z \tag{10.19}$$

当电阻R_2的滑动端在底端时，$R_2''=0$，有

$$U_O=U_{Omax}=\left(\frac{R_1+R_2+R_3}{R_3}\right)U_Z \tag{10.20}$$

可见，串联反馈式稳压电路的输出电压U_O可调。由于调整管VT属于共集电极接法，有一定的电流放大能力，所以此电路在一定程度上扩大了输出电流I_O和I_O的变化范围。

3．调整管的选择

调整管VT不仅需要通过本身的压降来保证输出电压的稳定，还需要提供负载上的输出电流以及取样支路上的电流，因此它一般为大功率管，其选用原则与功率放大电路中的功放管相同，主要考虑其极限参数I_{CM}、$U_{(BR)CEO}$和P_{CM}。

1) 集电极最大允许电流I_{CM}

根据图10.14中的电流关系可知，调整管VT的发射极电流I_E等于取样支路的电流I_R与输出电流I_O之和，即$I_E=I_R+I_O\approx I_C$，所以有$I_{Cmax}=I_{Omax}+I_{Rmax}$（$I_{Omax}$是负载电流$I_O$的最大值，$I_{Rmax}$是取样支路的电流$I_R$的最大值)。因此，必须保证集电极最大允许电流满足

$$I_{CM}\geqslant I_{Cmax}=I_{Omax}+I_{Rmax} \tag{10.21}$$

式中，$I_{Rmax}=\dfrac{U_{Omax}}{R_1+R_2+R_3}=\left[\left(\dfrac{R_1+R_2+R_3}{R_3}\right)U_Z/(R_1+R_2+R_3)\right]=\dfrac{U_Z}{R_3}$。

2) 集电极和发射极之间的反向击穿电压$U_{(BR)CEO}$

根据$U_{CE}=U_I-U_O$，所以有$U_{CEmax}=U_{Imax}-U_{Omin}$。当负载短路时，$U_O=U_{Omin}=0$。整流滤波之后的电压$U_I$的最大值可能接近变压器副边电压的峰值(即$U_I=\sqrt{2}U_2$)，若考虑电网电压波动范围为±10%，则$U_{Imax}=1.1\times\sqrt{2}U_2$。因此，必须保证集电极和发射极之间的反向击穿电压满足

$$U_{(BR)CEO}\geqslant U_{CEmax}=U_{Imax}-U_{Omin} \tag{10.22}$$

即 $$U_{(BR)CEO} \geqslant 1.1\times\sqrt{2}U_2 - 0 = 1.1\times\sqrt{2}U_2 \tag{10.23}$$

3) 集电极最大允许耗散功率 P_{CM}

调整管的功耗为 $P_C = U_{CE}I_C = (U_I - U_O)I_C$。因此，当电网电压达到最大、输出电压达到最小且调整管集电极电流 I_C 达到最大时，调整管的最大功耗为

$$P_{Cmax} = U_{CEmax}\times I_{Cmax} = (U_{Imax} - U_{Omin})\times I_{Cmax} \tag{10.24}$$

因此，必须保证集电极最大允许耗散功率满足

$$P_{CM} > P_{Cmax} = (U_{Imax} - U_{Omin})\times I_{Cmax} \tag{10.25}$$

实际选择调整管时，要考虑一定的余量，并且应该采取相应的散热措施。

4．常用的基准电压电路

基准电压电路是稳压电路的重要组成部分，直接影响稳压电路的性能，一般要求基准电压电路的输出电压稳定性好、温度系数小、噪声低。图 10.14 所示电路中电阻 R 和稳压管 D_Z 构成基准电压电路，稳压管的稳定电压作为电路的电压基准。下面简单介绍另外几种基准电压电路。

如图 10.15(a)所示为稳压管基准电压电路，又称为齐纳基准源。显然 $U_{REF} = U_{BE2} + U_Z$。稳压管的稳定电压 U_Z 具有正的温度系数(若温度升高，U_Z 增大；温度降低，U_Z 减小)，而 PN 结的正向导通压降具有负的温度系数(若温度升高，U_{BE2} 减小；温度降低，U_{BE2} 增大)，因此该电路具有温度补偿作用。如果电路参数选择合理，U_Z 和 U_{BE2} 的变化相互抵消，则 U_{REF} 的温度系数小(即温度变化时，U_{REF} 基本不变)。电路采用射极输出器的形式，引入了电压负反馈，因此 U_{REF} 的稳定性好，电路的输出电阻小。

如图 10.15(b)所示为最简单的零温度系数基准电压电路。不难得出

$$U_{REF} = U_{D2} + \frac{U_Z - U_{BE} - U_{D1} - U_{D2}}{R_1 + R_2}\times R_2 \tag{10.26}$$

设 $U_{BE} = U_{D1} = U_{D2}$，则式(10.26)化为

$$U_{REF} = \frac{R_2U_Z + (R_1 - 2R_2)U_{BE}}{R_1 + R_2} \tag{10.27}$$

用 $\frac{dU_{REF}}{dT}$ 表示 U_{REF} 的温度系数，则

$$\frac{dU_{REF}}{dT} = \frac{R_2}{R_1 + R_2}\frac{dU_Z}{dT} + \frac{(R_1 - 2R_2)}{R_1 + R_2}\frac{dU_{BE}}{dT} \tag{10.28}$$

若电路中稳压管 D_Z 和三极管 VT 选定，则它们的温度系数 $\frac{dU_Z}{dT}$ 和 $\frac{dU_{BE}}{dT}$ 也确定，如果合理选择 R_1 和 R_2 的阻值，使

$$\frac{dU_{REF}}{dT} = \frac{R_2}{R_1 + R_2}\frac{dU_Z}{dT} + \frac{(R_1 - 2R_2)}{R_1 + R_2}\frac{dU_{BE}}{dT} = 0 \tag{10.29}$$

则可以做到此基准电压电路的温度系数为零。

如图 10.15(c)所示为带隙基准电压电路(也称能隙基准电压电路或禁带宽度基准电压电路)。不难看出，$U_{REF} = U_{BE3} + I_2R_2 \approx U_{BE3} + I_{C2}R_2$。其中 R_1、R_3、VT_1 和 VT_2 构成微电流源。如果合理选择 I_{C1}、I_{C2}、R_2 和 R_3 的值，则可以做到将正温度系数的 $I_{C2}R_2$ 补偿负温度系数

的U_{BE3}，使得U_{REF}的温度系数为零，且$U_{REF}=1.205V$。

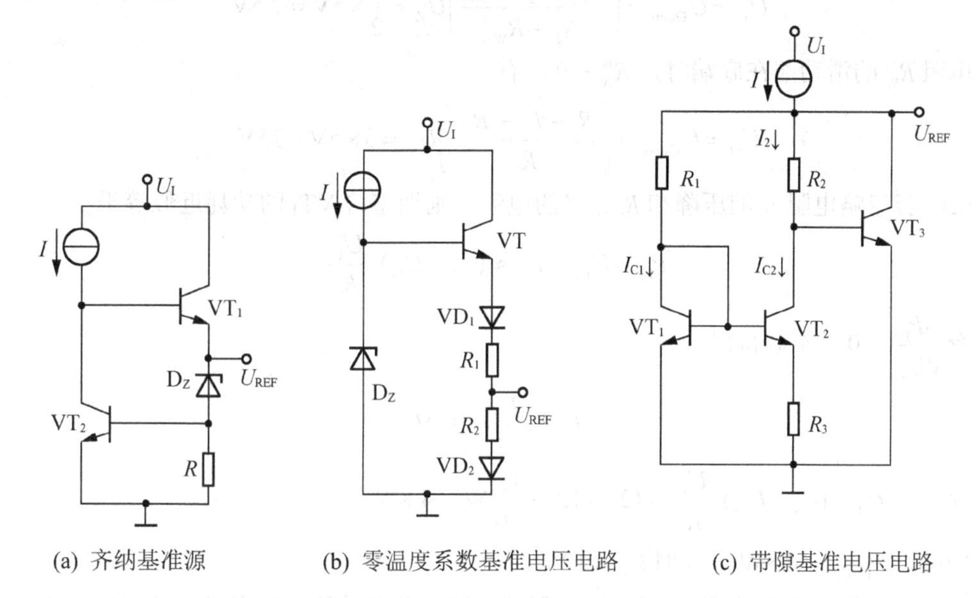

(a) 齐纳基准源　(b) 零温度系数基准电压电路　(c) 带隙基准电压电路

图 10.15 几种常见的基准电压电路

【例 10.3】 如图 10.16 所示为串联型稳压电路，运放的最大输出电流$I_{AOmax}=\pm20mA$，调整管VT_1的电流放大系数$\beta_1=100$，稳压管的稳定电压$U_Z=5V$，电路输入电压$U_I=24V$。$R=3.3\Omega$，$R_1=R_2=R_W=1000\Omega$，负载R_L=30Ω。VT_1和VT_2均为硅管。

(1) 求该电路输出电压的变化范围。

(2) 估算调整管VT_1的最大功耗；当调整管VT_1的功耗最大时，求U_O的大小。

(3) 简述VT_2的作用；求该电路的最大输出电流I_{Omax}。

(4) 若R短路，求该电路的最大输出电流I_{Omax}；此时若要求输出电流I_O为 30A，问可以采用什么办法解决？

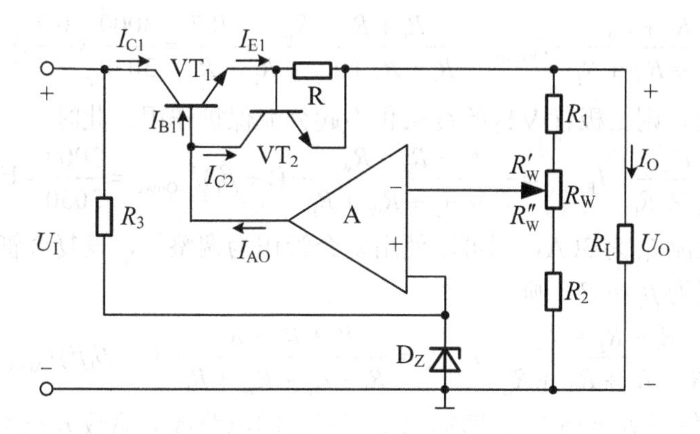

图 10.16 例 10.3 电路图

解：(1) 输出电压为
$$U_O=\left(\frac{R_1+R_2+R_W}{R_2+R''_W}\right)U_Z$$

电阻R_W的滑动端在顶端时，$R''_W=R_W$，有

$$U_O = U_{Omin} = \left(\frac{R_1 + R_2 + R_W}{R_2 + R_W}\right) U_Z = \frac{3}{2} \times 5V = 7.5V$$

电阻R_W的滑动端在底端时，$R''_W = 0$，有

$$U_O = U_{Omax} = \left(\frac{R_1 + R_2 + R_W}{R_2}\right) U_Z = 3 \times 5V = 15V$$

(2) 若忽略电阻R的压降和R_1之路的电流，则调整管VT_1的功耗近似等于

$$P_{T1} = U_{CE1} \cdot I_{C1} \approx (U_I - U_O) \cdot \frac{U_O}{R_L}$$

令$\frac{dP_{T1}}{dU_O} = 0$，不难得出

$$U_O = \frac{U_I}{2} = 12V$$

此时，$P_{T1} = (U_I - U_O) \cdot \frac{U_O}{R_L} = (24 - 12) \times \frac{12}{30} W = 4.8W$

因此，$P_{T1max} = 4.8W$，此时$U_O = 12V$。

(3) 三极管VT_1和电阻R组成过流保护电路，若调整管VT_1的输出电流I_{E1}增大，使得电阻R上的压降达到0.7V，三极管VT_2导通，I_{C2}对I_{AO}分流，使得I_{B1}减小，I_{C1}和I_{E1}减小，因此调整管VT_1的输出电流I_{E1}基本恒定，达到保护调整管VT_1的目的。设调整管VT_1的输出电流I_{E1}增大到I_{E1max}，且$U_R = I_{E1max} \cdot R = 0.7V$，若继续增大，则$VT_2$的发射结压降$U_{BE2}$增大，使得$I_{E2}$增大，$I_{C2}$也增大，因此分流作用增强，使得$I_{B1}$减小，从而$I_{E1}$减小，所以$VT_1$的输出电流$I_{E1}$的最大值为$I_{E1max} = 0.7/R$。

根据

$$I_O = \frac{R_1 + R_2 + R_W}{R_1 + R_2 + R_W + R_L} \cdot I_{E1}$$

因此电路最大输出电流为

$$I_{Omax} = \frac{R_1 + R_2 + R_W}{R_1 + R_2 + R_W + R_L} \cdot I_{E1max} = \frac{R_1 + R_2 + R_W}{R_1 + R_2 + R_W + R_L} \cdot \frac{0.7}{R} = \frac{3000}{3030} \times \frac{0.7}{3.3} A = 0.21A$$

(4) 若R短路，则三极管VT_2始终截止不起分流保护作用，此时

$$I_{Omax} = \frac{R_1 + R_2 + R_W}{R_1 + R_2 + R_W + R_L} \cdot I_{E1max} = \frac{R_1 + R_2 + R_W}{R_1 + R_2 + R_W + R_L} \cdot (1 + \beta_1) I_{AOmax} = \frac{3000}{3030} \times 101 \times 20mA = 2A$$

若要求输出电流I_O为30A，则可以使用复合管作为调整管，设复合管中两个三极管的电流放大系数分别为β_1和β，则

$$I_{Omax} = \frac{R_1 + R_2 + R_W}{R_1 + R_2 + R_W + R_L} \cdot I_{E1max} = \frac{R_1 + R_2 + R_W}{R_1 + R_2 + R_W + R_L} \cdot (1 + \beta_1 \beta) I_{AOmax} \geqslant 30$$

若$\beta_1 = 100$，解得$\beta \geqslant 15.14$，即第二个三极管的电路放大系数β应不小于16。

10.3.3 三端集成稳压器及其应用

电子电路常用的集成串联型稳压电路有三个引脚，故称三端集成稳压器。按照输出电压是否可调分为固定式和可调式三端集成稳压电路。固定式集成稳压器的输出电压不能调

节，如 W7800 系列(输出固定正电压)和 W7900 系列(输出固定负电压)。可调式集成稳压器通过外接电阻能获得很大的输出电压调节范围，如 W117。

1. 输出电压固定的三端集成稳压器

输出电压固定的三端集成稳压器的三个引脚分别为输入端、输出端和公共端，常见的封装形式有塑料封装和金属封装两种，如图 10.17 所示分别为 W7800 和 W7900 系列塑料封装的外形图和框图。需要注意的是，系列不同或封装方式不同，管脚排列也不同。

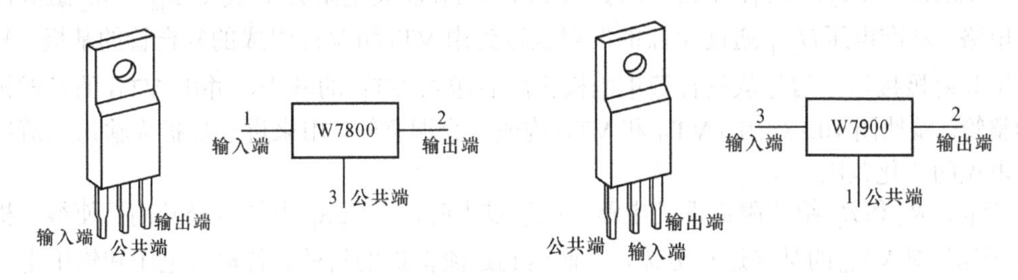

图 10.17 三端集成稳压器的外形图和框图

W7800 系列三端集成稳压器的内部电路如图 10.18 所示。它由启动电路、基准电压电路、取样比较放大电路、调整电路和保护电路等部分组成，下面分块加以介绍。

图 10.18 所示稳压器内部内中，基准电压电路由三极管 VT_1～VT_6 和电阻 R_1～R_3 组成，这部分电路的基本功能和分析方法和图 10.15(c)所示的带隙基准电压电路类似。若三极管 VT_3～VT_6 特性相同，不难看出 $U_{REF}=4U_{BE}+I_2R_2$。选择合适的 R_1～R_3 阻值，可以做到 U_{REF} 的温度系数为零，且 $U_{REF}=4\times1.205\text{V}=4.82\text{V}$。输出电压表达式为

$$U_O=\left(\frac{R_{19}+R_{20}}{R_{19}}\right)U_{REF} \tag{10.30}$$

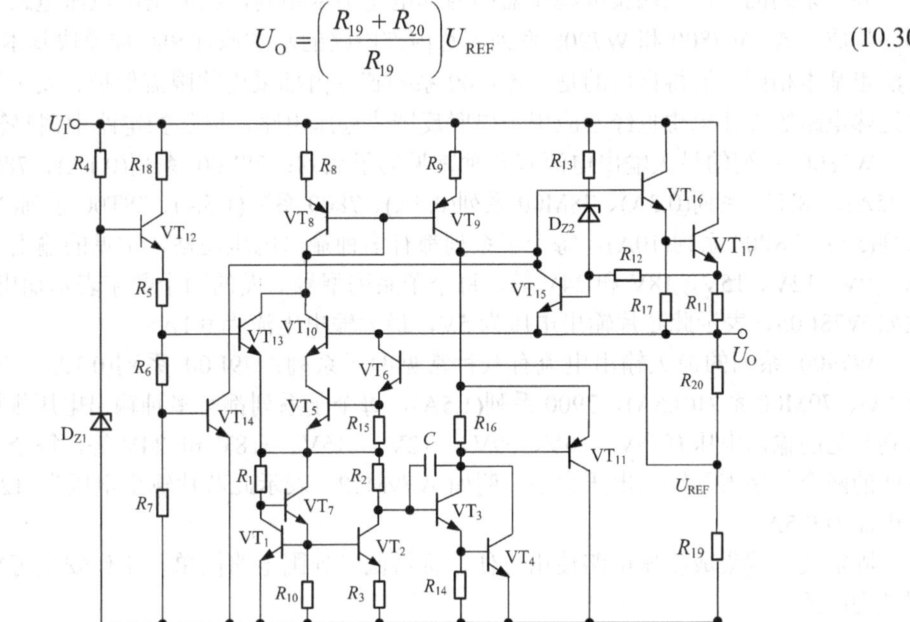

图 10.18 W7800 系列三端集成稳压器的内部电路

选择合适的 R_{19} 和 R_{20} 阻值，可以使输出电压 U_O 取得合适的数值，所以 R_{19} 和 R_{20} 为取样

电阻。

图 10.18 中电阻 $R_4 \sim R_7$、三极管 $VT_{12} \sim VT_{13}$ 以及稳压管 D_{Z1} 组成启动电路。在输入信号 U_I 接通后，D_{Z1} 导通，从而 VT_{12} 导通。若合理选择 $R_5 \sim R_7$，可以使 VT_{13} 的基极电位较高，从而使 VT_1、VT_7 和 VT_{13} 均导通，从而为电流源电路(由 VT_8、VT_9 组成)提供电流通路，使 VT_{13} 的发射极电位升高且大于基极电位，所以 VT_{13} 截止，将启动电路和稳压电路隔离。可见启动电路仅在通电初期起作用。

图 10.18 中 VT_3、VT_4、VT_6、VT_8、VT_9 和 VT_{11} 以及电阻 R_8、R_9、$R_{14} \sim R_{16}$ 组成比较放大电路。基准电压 U_{REF} 通过 VT_6 的发射极送到由 VT_3 和 VT_4 组成的复合管的基极。复合管采用共射极接法，信号从复合管集电极输出后送入 VT_{11} 的基极，并由 VT_{11} 的发射极送给调整管。显然图 10.18 中的 VT_{16} 和 VT_{17} 构成复合调整管，用来进一步扩大输出电流以及输出电流的变化范围。

VT_{15}、R_{11} 和 R_{12} 组成限流保护电路。电流过大时，电阻 R_{11} 上的压降升高，使得三极管 VT_{15} 导通，对 VT_{16} 的基极进行分流，从而达到过流保护的目的。若输入电压和输出电压之间的压差过大，则稳压管 D_{Z2} 进入反向击穿区，此时会有电流驱动 VT_{15}，使得 VT_{15} 在电流不过大时就导通分流，从而保证调整管运行在安全工作区。

稳压管 D_{Z1}、三极管 VT_{12} 和 VT_{14}、电阻 $R_5 \sim R_7$ 共同构成芯片的过热保护电路。稳压管的稳定电压具有正温度系数，而三极管的发射结电压具有负温度系数。芯片过热时，VT_{12} 基极电位升高且发射结导通压降减小，VT_{14} 的发射结导通压降也减小。当温度升高到一定程度，VT_{14} 导通，对调整管 VT_{16} 的基极进行分流，使输出电流减小，调整管功率下降，从而防止温度进一步上升。

同一系列的不同三端集成稳压器的内部电路不尽相同，比如基准电压电路可以采用不同的构成方式。W7800 和 W7900 系列芯片内部电路的基本原理和组成模块基本相同，分析方法也基本相同。值得指出的是，W7800 系列芯片内部采用的限流保护、安全区保护和芯片过热电路等设计思想也经常应用于串联反馈式稳压电路，以保护电路中调整管的安全。

W7800 系列的最大输出电流有八种常见的子系列：78L00 系列(0.1A)、78DL00 系列(0.25A)、78N00 系列(0.3A)、78M00 系列(0.5A)、7800 系列(1.5A)、78T00 系列(3A)、78H00 系列(5A)、78P00 系列(10A)，每个子系列都有多种输出电压规格。常见的输出电压有 5V、6V、9V、12V、15V、18V 和 24V 等，每个子系列型号后面的两个数字表示输出电压大小。例如 W78L05，表示此芯片输出电压为 5V，最大输出电流为 0.1A。

W7900 系列的最大输出电流有八种常见的子系列：79L00 系列(0.1A)、79N00 系列(0.3A)、79M00 系列(0.5A)、7900 系列(1.5A)，每个子系列都有多种输出电压规格。W7900 系列常见的输出电压有−5V、−6V、−9V、−12V、−15V、−18V 和−24V 等，每个子系列型号后面的两个数字表示输出电压大小。例如 W79M12，表示此芯片输出电压为−12V，最大输出电流为 0.5A。

固定式三端集成稳压电路使用方便、价格低、外围电路简单、工作安全可靠，从而应用较为广泛。

2．输出电压可调的三端集成稳压器

在某些要求扩大输出电压调节范围的情况下，使用 W7800 和 W7900 系列芯片不方便，下面介绍一种输出电压可调的三端集成稳压器 W117。

输出电压可调的三端集成稳压器的三个引脚分别为输入端、输出端和调整端，常见的封装形式有塑料封装和金属封装两种，如图 10.19 所示分别为 W117 系列金属封装外形图、塑料封装外形图和框图。系列不同或封装方式不同，管脚排列也不同。

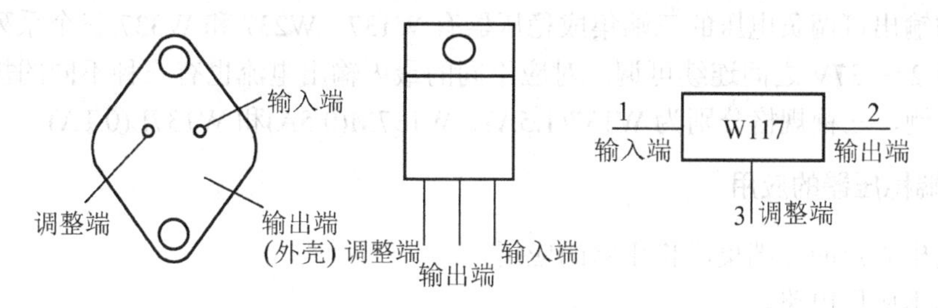

图 10.19　W117 系列外形图和框图

如图 10.20 所示为 W117 的原理框图。不难看出，W117 以复合管作为调整管，需要外接取样电阻 R_1 和 R_2，且调整端接在两个电阻的交点处。W117 的基准电压电路采用带隙基准电压电路，接在比较放大电路的同相端和调整端之间；保护电路包括调整管的过流保护、过热保护和安全工作区保护；A 为比较放大环节；W117 本身无接地端。

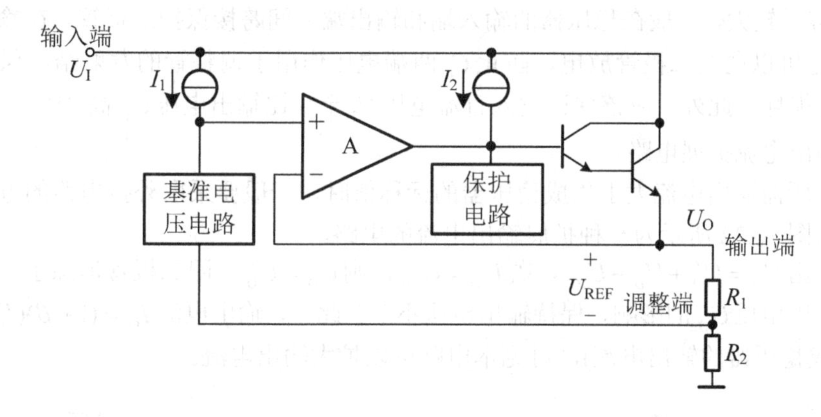

图 10.20　W117 系列原理框图

W117 调整端的电流很小，可以忽略不计。将电阻 R_1 和 R_2 接入电路后，输出电压为

$$U_O = \left(\frac{R_1 + R_2}{R_1}\right) U_{REF} \tag{10.31}$$

式中，U_{REF} 为内部基准电压，一般取 1.25V。

若 W117 调整端接地，就是输出电压恒定($U_O = U_{REF}$)的三端稳压器。

输出电压可调的三端集成稳压器结构简单，输出电压调节范围宽，电压调整率、电流调整率等指标优于固定式三端集成稳压器。

常见的输出可调正电压的三端集成稳压器有 W117、W217 和 W317 三个系列，它们有相同的基准电压、相同的输出引脚和相似的内部电路，但工作的温度范围不同(W117、W217 和 W317 工作的温度范围分别为−55～150℃、−25～150℃和 0～125℃)。它们的输出电压一般在 1.25～37V 之间连续可调。每个系列对应不同的最大输出电流有三种不同的规格型号。以 W117 为例，三种规格分别为 W117(1.5A)、W117M(0.5A)和 W117L(0.1A)。而 LM117HV、LM217HV 和 LM317HV 的输出电压在 1.25～57V 之间连续可调。

其他输出可调正电压的集成稳压器有：LM150/ LM250/ LM350 的输出电压范围是 1.2～33V、最大输出电流为 3A；LM138/ LM238/LM338 的输出电压范围是 1.2～33V、最大输出电流为 5A；LM196/ LM296/ LM396 的输出电压范围是 1.25～15V、最大输出电流为 10A。

常见的输出可调负电压的三端集成稳压器有 W137、W237 和 W337 三个系列，输出电压一般在-1.2～-37V 之间连续可调，对应不同的最大输出电流也有三种不同的规格型号。以 W137 为例，三种规格分别为 W137(1.5A)、W137M(0.5A)和 W137L(0.1A)。

3．三端稳压器的应用

1) 输出固定的三端集成稳压器的应用

(1) 基本应用电路。

如图 10.21 所示为 W7800 系列芯片的基本用法。$U_{\rm I}$ 是整流滤波之后的直流电压，接入集成稳压器的输入端和公共端之间，在输出端和公共端之间即可得到稳定的输出电压 $U_{\rm O}$。电容 $C_{\rm i}$ (一般可以取 0.33μF)用来抵消输入引线的电感效应，防止自激。电容 $C_{\rm o}$ (一般可以取 0.1μF)用来消除输出电压中的高频噪声。两个电容应直接接在稳压器的引脚处，并选用片状无感电容。

若 $C_{\rm o}$ 容量较大，一般在稳压器的输入端和输出端之间跨接保护二极管。在输入端短路时，电容 $C_{\rm o}$ 可以通过二极管放电，防止 $C_{\rm o}$ 两端电压作用于调整管的发射结，保护调整管不被击穿而损坏。此外，应该保证输入直流电压 $U_{\rm I}$ 至少比输出电压 $U_{\rm O}$ 高 2V。

(2) 输出电流扩展电路。

在负载所需输出电流大于集成稳压器的标称值时，一般要采取外接电路的方法增大输出电流，如图 10.22 所示为一种扩展输出电流的电路。

不难看出 $U_{\rm O}=U'_{\rm O}+U_{\rm D}-U_{\rm BE}$，若 $U_{\rm D}=U_{\rm BE}$，则 $U_{\rm O}=U'_{\rm O}$，即二极管消除了三极管发射结压降对输出电压 $U_{\rm O}$ 的影响，保持输出电压不变。此时，输出电流 $I_{\rm O}=(1+\beta)(I'_{\rm O}-I_{\rm R})$ (式中 $I'_{\rm O}$ 为集成稳压器的输出电流)，可见本电路可以扩大输出电流。

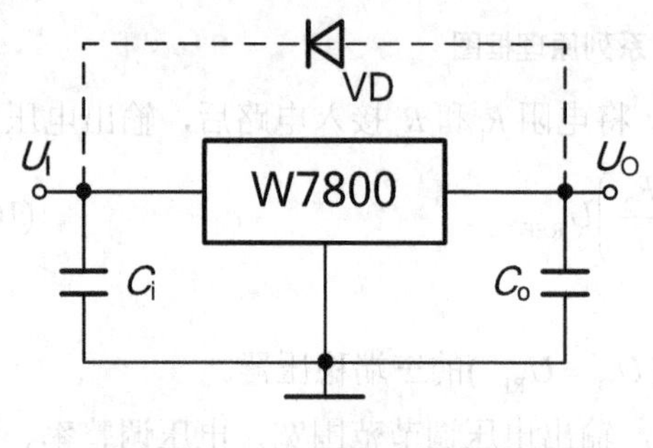

图 10.21　W7800 的基本用法

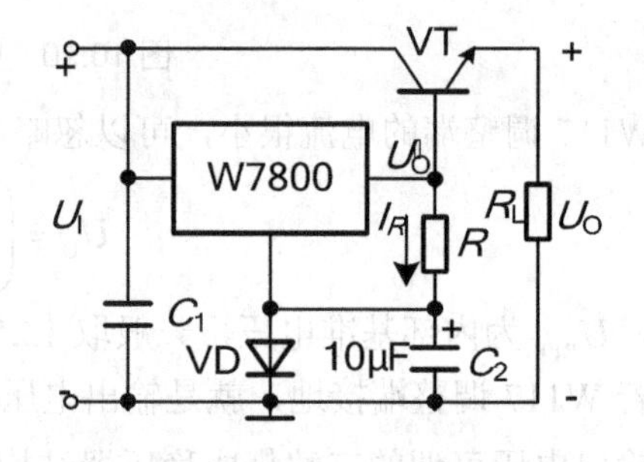

图 10.22　输出电流扩展电路

(3) 输出电压可调的稳压电路。

若需要负载上的输出电压大于集成稳压器的标称值并且可调时，可以采取外接电路的方法增大输出电压并使之可调，如图 10.23 所示为完成此功能的常用电路。

图 10.23 所示电路由 W7800 系列芯片和电压跟随器 A 组成。设 W7800 输出端和公共端之间电压用 $U_{\times\times}$ 表示，则芯片选定后，$U_{\times\times}$ 为常数。根据电压跟随器特性和运放的虚短和虚断特性，易知运放的输出端电压等于同相输入端电压，所以 $U'_{\rm O}=U_{\times\times}$ 为常数。由图 10.23

可知，$U'_{\mathrm{O}}=U_{\times\times}$ 是加在电阻 R_1 和 R'_2 两端的电压，而 U_{O} 是加在电阻 R_1、R_2 和 R_3 上的总电压。因此

$$U_{\mathrm{O}}=\frac{R_1+R_2+R_3}{R_1+R'_2}\cdot U'_{\mathrm{O}} \tag{10.32}$$

当电位器滑动端在最上方时，$R'_2=0$，有

$$U_{\mathrm{O}}=U_{\mathrm{Omax}}=\frac{R_1+R_2+R_3}{R_1}\cdot U'_{\mathrm{O}} \tag{10.33}$$

当电位器滑动端在最下方时，$R'_2=R_2$，有

$$U_{\mathrm{O}}=U_{\mathrm{Omin}}=\frac{R_1+R_2+R_3}{R_1+R_2}\cdot U'_{\mathrm{O}} \tag{10.34}$$

所以输出电压的调节范围为

$$\frac{R_1+R_2+R_3}{R_1+R_2}\cdot U_{\times\times}\leqslant U_{\mathrm{O}}\leqslant\frac{R_1+R_2+R_3}{R_1}\cdot U_{\times\times} \tag{10.35}$$

可以根据输出电压的调节范围和输出电流的大小选择集成稳压器、运放和取样电阻。

(4) 输出正、负电压的稳压电路。

W7800 和 W7900 配合使用，构成的正负电压输出电路如图 10.24 所示，要特别注意 W7900 的输入电压和输出电压的极性。

图 10.24 中 $\mathrm{VD_1}$ 和 $\mathrm{VD_2}$ 是保护二极管，正常输出正负电压时两管均截止。若 W7800 未接输入信号，则 W7900 的输出负电压将通过负载(图中未画出)接到 W7800 的输出端，使 $\mathrm{VD_1}$ 导通，将 W7800 的输出端电压限制在 0.7V 左右，保护 W7800 不被烧坏。同理可以分析 $\mathrm{VD_2}$ 对 W7900 的保护作用。

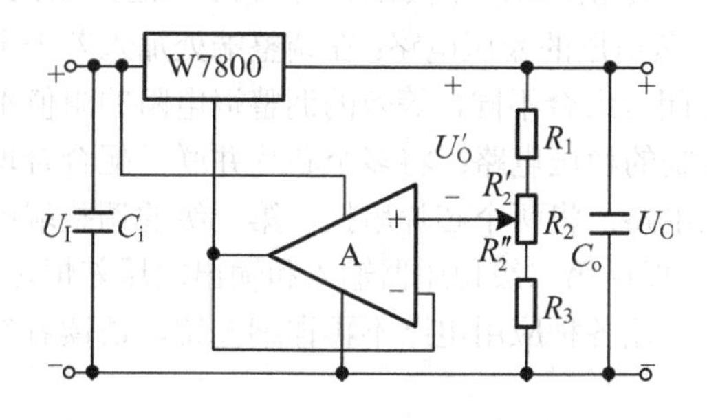

图 10.23　输出电压可调的稳压电路

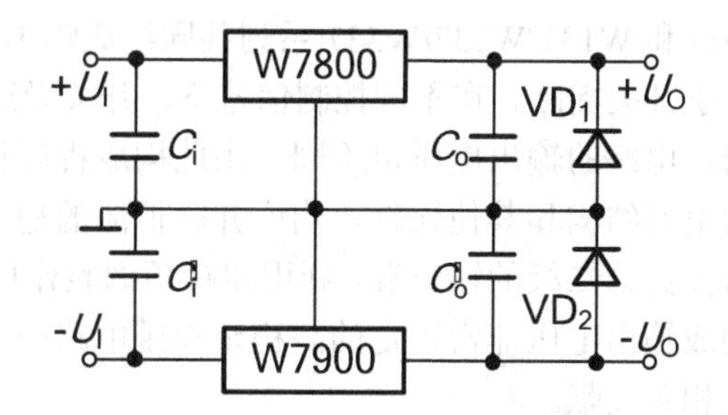

图 10.24　输出正、负电压的稳压电路

2) 输出可调的三端集成稳压器的应用

如图 10.25 所示为具有保护功能的 W117 典型应用电路，其输出电压为

$$U_{\mathrm{O}}=\left(\frac{R_1+R_2}{R_1}\right)U_{\mathrm{REF}} \tag{10.36}$$

式中，U_{REF} 为内部基准电压，一般取 1.25V。

考虑到 W117 的最小负载电流为 5mA，为了保证空载时输出电压稳定，电阻 R_1 的最大值为

$$R_1=R_{\max}=\frac{U_{\mathrm{REF}}}{0.005}=\frac{1.25}{0.005}\Omega=250\Omega \tag{10.37}$$

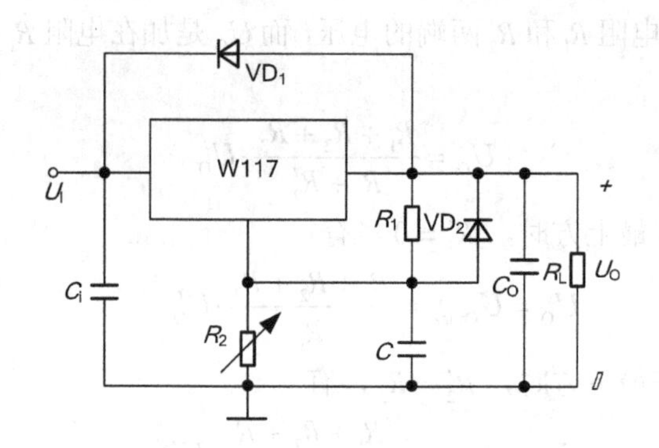

图 10.25　W117 系列典型应用电路

实际上可以选择 $R_1 = 240\Omega$。调节电阻 R_2 可以使输出电压在 1.25～37V 范围内调节。

电容 C_i 和 C_o 用来防止自激和消除输出电压中的高频噪声。二极管 VD_1 的作用和图 10.21 中的保护二极管 VD 相似。

电容 C 是为了减少电阻 R_2 上电压的纹波成分，一般可以取 $C = 10\mu F$。此时若输出短路，电容 C 将向稳压器的调整端放电，有可能损坏稳压器。为了保护稳压器，所以需要加入二极管 VD_2，用来提供一个放电回路。若输出电压较低($U_O \leqslant 7V$)且电容值较小($C \leqslant 1\mu F$)，则可以不接二极管 VD_2。

若输入电压较大，则电路启动时芯片会承受过高电压，此时可以将二极管 VD_1 换成稳压二极管，且稳压管的稳定电压值必须低于 W117 输入和输出之间能承受的最大电压。

输出可调的三端集成稳压器的应用非常灵活，只要满足输出端与调整端之间电压恒定且调整端可控制的特点，就可以设计出多种多样的应用电路。例如：利用 W117/W217/W317 系列和 W137/W237/W337 系列共同组成输出正负电压的稳压电路；在调整端处加入若干个电子开关支路，在不同控制信号下，开关导通/闭合组合不同，等效的调整端电阻的阻值不同，电路的输出电压也不同，由此构成程序控制的稳压电路；将多个芯片并联，配合合理的电路结构和其他元件，构成并联扩流的稳压电路；将两个芯片串接，第一级的调整端电阻接到第二级的输出端，利用跟踪预调整作用，保证第二级稳压器输入和输出端压差恒定，构成输出电压非常稳定的高稳定稳压电路……上述各种应用电路不再详细介绍，请读者参阅相关文献。

由于三端集成稳压器的输出电压稳定性好、带负载能力强、内部电路保护措施完善、使用方便灵活、可靠且价格低廉，因此得到了广泛的应用，发展迅速。

【例 10.4】 分别求出图 10.26 所示各电路输出电压的表达式。

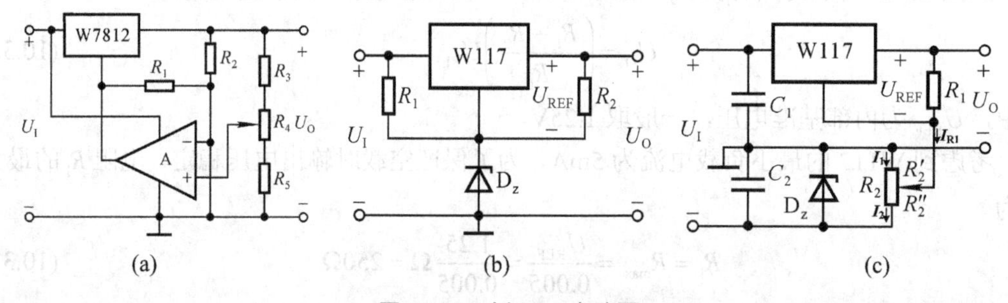

图 10.26　例 10.4 电路图

解： 在图 10.26(a)所示电路中，W7812 的输出为 12V，电阻 R_2 上的电压为

$$U_{R2}=\frac{R_2}{R_1+R_2}\cdot 12\text{V}$$

当电阻 R_4 的划片位置分别位于顶端和底端时，可求出输出电压的最大值和最小值，即

$$\frac{R_3+R_4+R_5}{R_3+R_4}\cdot U_{R2}\leqslant U_O\leqslant\frac{R_3+R_4+R_5}{R_3}\cdot U_{R2}$$

$$\left(\frac{R_3+R_4+R_5}{R_3+R_4}\cdot\frac{R_2}{R_1+R_2}\right)\times 12\text{V}\leqslant U_O\leqslant\left(\frac{R_3+R_4+R_5}{R_3}\cdot\frac{R_2}{R_1+R_2}\right)\times 12\text{V}$$

在图 10.26(b)所示电路中，输出电压的表达式为

$$U_O=U_Z+U_{REF}=(U_Z+1.25)\text{V}$$

在图 10.26(c)所示电路中，根据 $I_{R1}+I_1=I_2$，$I_{R1}=\dfrac{U_{REF}}{R_1}$，$I_2R_2''+I_1R_2'=U_Z$，得出

$$I_1=\frac{U_Z-\dfrac{R_2''}{R_1}U_{REF}}{R_2}$$

输出电压的表达式为

$$U_O=U_{REF}-I_1R_2'=U_{REF}-\frac{R_2'}{R_2}\left(U_Z-\frac{R_2''}{R_1}U_{REF}\right)$$

10.4　开关型直流稳压电路

10.4.1　开关稳压电源概述

在 10.3.2 节讲到的串联反馈式稳压电路中，由于调整管工作在放大区，集电极功率损耗为 $P_C=I_CU_{CE}=I_O(U_I-U_O)$，因此调整管在电路工作过程中始终有功率损耗。若输出电流大且输出电压低时，调整管功耗很大，所以其主要缺点是效率低(一般在 40%左右)，有时还需要体积较大的散热装置，从而增加整个电源的重量和成本。

为了克服上述缺点，可以采用开关型直流稳压电路，电路中的调整管工作在开关状态。当调整管截止时，$I_C=I_{CEO}$ 很小；当调整管导通时，$U_{CE}=U_{CES}$ 也很小，因此管耗低(管耗主要发生在调整管开和关的转换过程中)，效率可以提高到 70%～95%。

与同样输出功率的线性直流稳压电路相比，开关型直流稳压电源的体积较小。有时可将电网电压直接整流，省去了沉重的工频电源变压器，进一步降低体积和重量。另外开关稳压电源工作频率高，对滤波元件的参数要求可以稍微降低。开关稳压电源的输出电压由脉冲波形的占空比调节，受输入电压幅度影响小，所以它稳压范围宽，并且允许电网电压有较大的波动。

开关型直流稳压电路的缺点是纹波和噪声较大。由于调整管工作于开关状态，导致电路输出电压的纹波系数大，且会产生尖峰和谐波干扰。电路中脉冲频率越高，开关稳压电源的高频干扰越严重。此外，开关稳压电源的电路比较复杂，对元器件要求高，但现在已经有用于开关稳压电源的开关控制电路，也有了很多型号的集成开关稳压器，这些都简化了开关稳压电源电路的设计。由于开关稳压电源的突出优点，它已经在宇航、计算机、通信、家用电器和大功率电子设备中广泛应用。

开关稳压电源将整流滤波后的直流电压变换为交变电压，然后再转换为各种数值稳定的直流输出电压，因此开关稳压电源也称为DC-DC变换器(直流-直流变换器)。

完整的开关电源组成框图如图10.27所示。其中DC-DC变换器用来实现功率变换，它是开关电源的核心部分；驱动电路是开关电源的放大部分，对来自信号源的开关信号进行放大或其他处理，以适应DC-DC变换器中开关管的驱动要求；信号源产生开关信号；比较放大器对给定信号和输出反馈信号进行比较运算，控制开关信号的幅值、频率和波形，通过驱动电路控制开关管，达到稳定输出电压值的目的。除此之外，开关电源还有辅助电路，如启动电路、过压/过流保护电路、输入滤波电路和动能指示电路等。

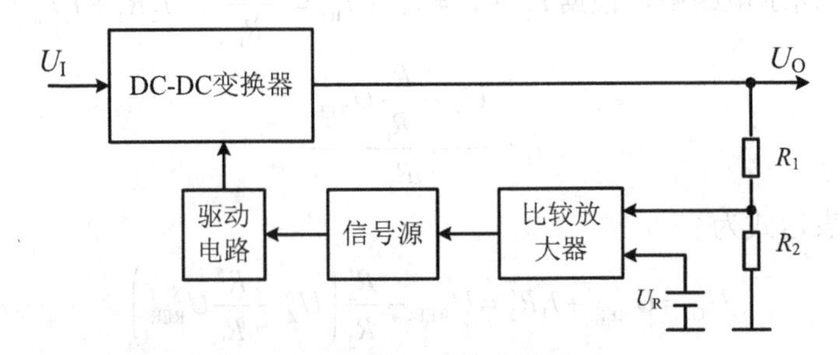

图10.27　开关电源原理框图

DC-DC变换器的种类很多，本节简单介绍串联(降压)型和并联(升压)型两类。

10.4.2　DC-DC变换器基本电路及其工作原理

1. 降压式(Buck)开关稳压电路

降压式(Buck)DC-DC变换器原理电路如图10.28所示，由开关管VT(BJT功率管或MOS功率管)、续流二极管VD、滤波电感L和滤波电容C组成。U_I是整流滤波之后的直流电压，u_B为矩形波，控制开关管的工作状态。

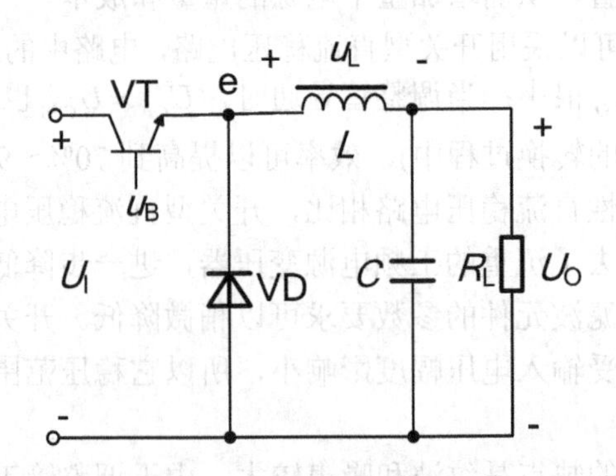

图10.28　降压式DC-DC变换器

在稳定状态下，输出电压U_O近似恒定。u_B为高电平时，三极管导通，二极管VD截

止，电容 C 充电，电感 L 存储能量，负载电流方向从上向下。若忽略开关管饱和压降 U_{CES}，则三极管发射极电压 $u_{\mathrm{E}}=U_{\mathrm{I}}$，电感两端电压 $u_{\mathrm{L}}=U_{\mathrm{I}}-U_{\mathrm{O}}$ 恒定。因此电感电流为

$$i_{\mathrm{L}}=i_{\mathrm{E}}=i_{\mathrm{C}}=i_{\mathrm{Lmin}}+\frac{1}{L}\int u_{\mathrm{L}}\mathrm{d}t=i_{\mathrm{Lmin}}+\frac{1}{L}(U_{\mathrm{I}}-U_{\mathrm{O}})t \tag{10.38}$$

式中，i_{C} 为三极管集电极电流。可见，电感电流 i_{L} 在 u_{B} 高电平持续的时间内线性上升。假设 u_{B} 高电平持续的时间为 T_{on}，当 $t=T_{\mathrm{on}}$ 时，i_{L} 达到最大值 i_{Lmax}。

u_{B} 为低电平时，三极管截止(发射极电流为零)，电感释放能量，L 的感生电动势使二极管 VD 导通，电感电流 i_{L} 通过二极管 VD 形成回路继续向负载供电，电容 C 放电，负载电流方向不变。三极管发射极电压 $u_{\mathrm{E}}=-U_{\mathrm{D}}$，电感两端电压 $u_{\mathrm{L}}=-(U_{\mathrm{D}}+U_{\mathrm{O}})$ (U_{D} 为二极管导通压降)。因此电感电流为

$$i_{\mathrm{L}}=i_{\mathrm{D}}=i_{\mathrm{Lmax}}+\frac{1}{L}\int u_{\mathrm{L}}\mathrm{d}t=i_{\mathrm{Lmax}}-\frac{U_{\mathrm{D}}+U_{\mathrm{O}}}{L}t \tag{10.39}$$

式中，i_{D} 为流过二极管的正向电流。可见，电感电流 i_{L} 在 u_{B} 低电平持续的时间内线性下降。假设 u_{B} 高电平持续的时间为 T_{off}，当 $t=T_{\mathrm{off}}$ 时，i_{L} 达到最大值 i_{Lmin}。此后，u_{B} 重新为高电平，开关管重新导通，重复下一周期。

因此降压式开关稳压电路中 u_{B}、u_{E}、电感电压 u_{L}、电感电流 i_{L} 和输出电压 u_{O} 波形如图 10.29 所示。可见，虽然三极管工作于开关状态，但由于二极管 VD 的续流(在三极管截止时 VD 导通，使负载上继续有电流通过)作用和 L、C 的滤波作用，输出电压比较平稳。一般情况下，L、C 的取值越大，输出电压越平稳。

如果忽略滤波电感 L 的直流压降，则输出电压平均值为

$$U_{\mathrm{O}}=\frac{T_{\mathrm{on}}}{T}(U_{\mathrm{I}}-U_{\mathrm{CES}})+\frac{T_{\mathrm{off}}}{T}(-U_{\mathrm{D}}) \tag{10.40}$$

式中，$T=T_{\mathrm{on}}+T_{\mathrm{off}}$，称为开关转换周期或矩形波周期。

若忽略开关管饱和压降 U_{CES} 和二极管导通压降 U_{D}，则

$$U_{\mathrm{O}}=\frac{T_{\mathrm{on}}}{T}U_{\mathrm{I}}=qU_{\mathrm{I}} \tag{10.41}$$

式中，$q=\frac{T_{\mathrm{on}}}{T}$，称为矩形波 u_{B} 的占空比。

显然，有

$$q=\frac{T_{\mathrm{on}}}{T}\leqslant 1,\quad U_{\mathrm{O}}\leqslant U_{\mathrm{I}} \tag{10.42}$$

所以此电路称为降压型开关稳压电路。由于开关管和负载串联，此电路也称为串联型开关稳压电路。

由式(10.41)可知，控制输出电压 U_{O} 大小的方式有以下两种：在 T 不变的情况下，控制导通时间 T_{on}，即可改变信号占空比，这就是常用的脉宽调制型 PWM(Pulse Width Modulation)方式；在 T_{on} 不变的情况下，改变控制信号周期 T，同样也能改变信号占空比，这就是所谓的频率调制型 PFM(Pulse Frequency Modulation)方式。当然，也可以同时采用 PWM 调制和 PFM 调制，即混合调制。例如，某些集成开关稳压控制芯片，在负载较重时，采用 PWM 调制；而在负载较轻时，采用 PFM 调制，以减小开关管的开关损耗。

由于开关管工作在大电流状态下，饱和压降 U_{CES} 较大；在输出电压较低的情况下，续

流二极管 VD 上导通压降U_D也不能忽略(对于肖特基二极管来说，导通电压U_D约为 0.3V，只有输出电压U_O高于 3.0V 时，才能近似忽略U_D)。可见，在占空比$q = T_{on}/T$保持不变的情况下，若考虑U_{CES}和U_D的影响，输出电压U_O将略有下降。

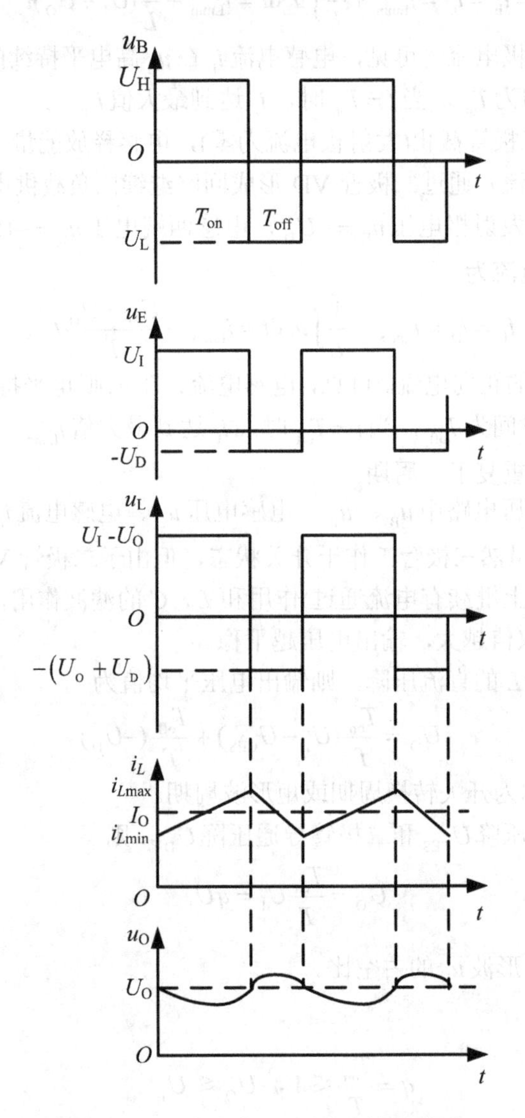

图 10.29 降压式 DC-DC 变换器波形

如图 10.30 所示为完整的串联开关型稳压电路的原理框图，图中给出了产生矩形波u_B的电路原理。和图 10.28 对比可知，图 10.30 增加了取样电阻R_1和R_2、比较放大电路A_1、基准电压电路、电压比较器A_2和三角波发生电路，用来产生矩形波u_B。基准电压电路输出稳定的电压U_{REF}，取样电阻取样的电压送到A_1的反相输入端，两者之差经比较放大电路A_1放大后作为电压比较器A_2的阈值电压(门限电压)。三角波发生电路输出的电压和阈值电压作比较，得到特定占空比的矩形波u_B，从而控制开关管的导通和截止时间。

若由于某种原因输出电压U_O升高，则取样电压升高，比较放大电路A_1输入压差减小，A_1的输出电压也减小(即电压比较器的阈值电压减小)，根据串联反相型电压比较器的原理，

不难得到A_2的输出电压(矩形波u_B)占空比减小，从而使输出电压U_O减小，调节过程使得输出电压U_O基本不变。上述变化过程可以简述如下：

$$U_O\uparrow\rightarrow U_{1-}\uparrow\rightarrow u_{1d}\downarrow\rightarrow U_{2+}\downarrow\rightarrow q\downarrow\rightarrow U_O\downarrow$$

若由于某种原因输出电压U_O减小时，分析方法类似，U_O仍然可以保持不变。其变化过程可以简述如下：

$$U_O\downarrow\rightarrow U_{1-}\downarrow\rightarrow u_{1d}\uparrow\rightarrow U_{2+}\uparrow\rightarrow q\uparrow\rightarrow U_O\uparrow$$

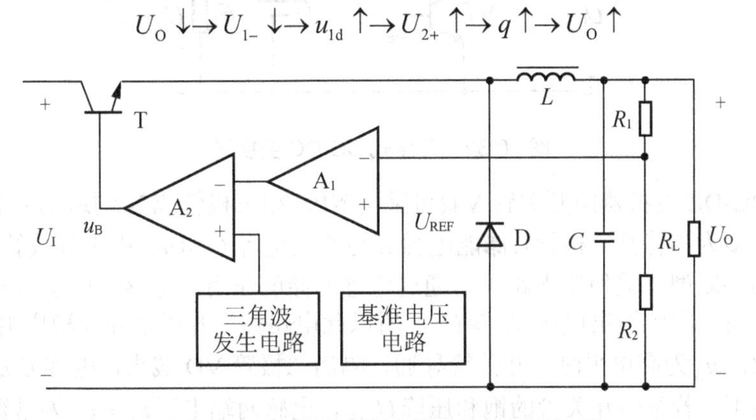

图 10.30　串联开关型稳压电路的原理框图

若三角波产生电路的输出为正负对称的三角波，不难分析：当取样电压大于U_{REF}时，A_2的阈值电压为负值，矩形波u_B的占空比小于 0.5；当取样电压小于U_{REF}时，A_2的阈值电压为正值，矩形波u_B的占空比大于 0.5。所以改变取样电阻R_1和R_2的数值，可以改变u_B的占空比，从而改变输出电压的大小。如图 10.31 所示为三角波U_{2-}和矩形波u_B的波形，和图 10.29 对比可以进一步理解开关稳压电路的工作原理。

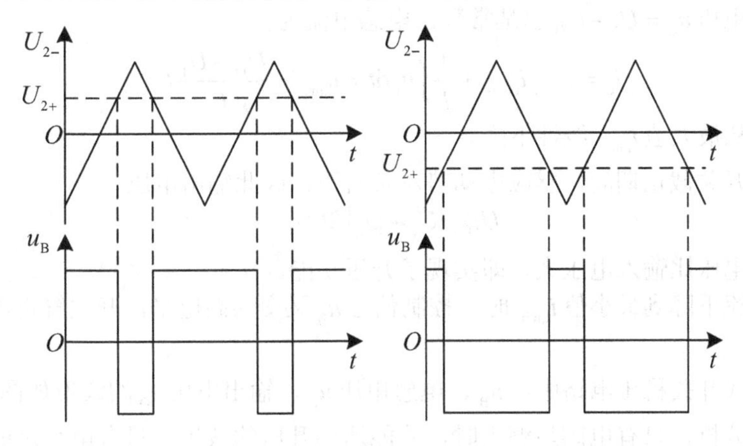

图 10.31　阈值电压不同时三角波和控制信号波形

可见，串联开关型稳压电路是在矩形波u_B周期不变的条件下，通过改变占空比而实现稳压的过程，因此属于脉宽调制型 PWM 方式。

由于负载阻值的变化会影响 LC 的滤波效果，因此开关型稳压电路不适用于负载波动过大的场合。实际在 DC-DC 降压电路中，很少使用单个 NPN 三极管作为开关元件，一般采用 PNP 与 NPN 复合管或 P 沟道大功率场效应管作开关管。

2. 升压式(Boost)开关稳压电路

升压式(Boost)DC-DC 变换器原理电路如图 10.32 所示。

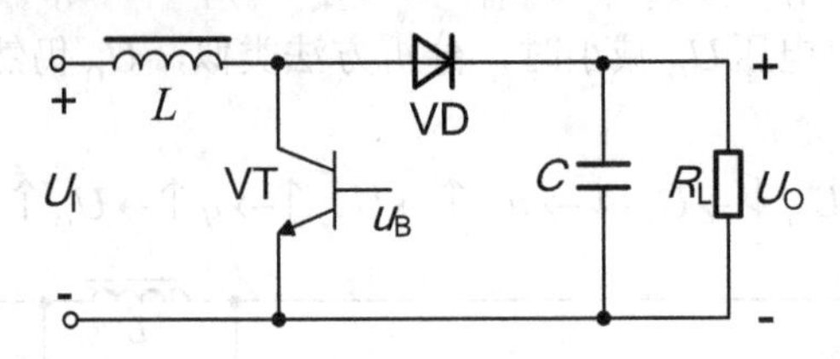

图 10.32 升压式 DC-DC 变换器

升压式 DC-DC 变换器由开关管 VT(可采用 NPN 型三极管或 N 沟道功率 MOS 管)、隔离二极管 VD(多为肖特基二极管)、储能电感 L 与滤波电容 C 组成。由于开关管和负载并联，此电路也称为并联型开关稳压电路。它通过电感的储能作用，将感生电动势和输入电压相加后作用于负载，因此输出电压 $U_{\mathrm{O}} \geqslant U_{\mathrm{I}}$，所以此电路称为升压型开关稳压电路。

当控制脉冲 u_{B} 为高电平时，开关管导通，隔离二极管 VD 截止，电容 C 放电，负载电流方向从上向下。若忽略开关管的饱和压降 U_{CES}，电感两端电压 $u_{\mathrm{L}} = U_{\mathrm{I}}$ 为常数，电感电流为

$$i_{\mathrm{L}} = i_{\mathrm{E}} = i_{\mathrm{C}} = i_{\mathrm{Lmin}} + \frac{1}{L}\int u_{\mathrm{L}}\mathrm{d}t = i_{\mathrm{Lmin}} + \frac{1}{L}U_{\mathrm{I}}t \tag{10.43}$$

可见，i_{L} 从最小值 i_{Lmin} 线性增加(能量存储过程)。

当控制脉冲 u_{B} 为低电平时，开关管截止，电感释放能量，L 的感生电动势和输入电压 U_{I} 同向，二者共同使二极管 VD 导通，对电容 C 充电，负载电流方向不变。若忽略二极管压降，电感两端电压 $u_{\mathrm{L}} = U_{\mathrm{I}} - U_{\mathrm{O}}$ 也是常数，电感电流为

$$i_{\mathrm{L}} = i_{\mathrm{D}} = i_{\mathrm{Lmax}} + \frac{1}{L}\int u_{\mathrm{L}}\mathrm{d}t = i_{\mathrm{Lmax}} - \frac{U_{\mathrm{O}} - U_{\mathrm{I}}}{L}t \tag{10.44}$$

可见，i_{L} 从最大值 i_{Lmax} 线性下降。

显然，在开关截止期间，感应电动势左负右正，因此输出电压

$$U_{\mathrm{O}} = U_{\mathrm{I}} + |u_{\mathrm{L}}| \geqslant U_{\mathrm{I}} \tag{10.45}$$

可见输出电压比输入电压大，即实现了升压功能。

当电感电流下降到最小值 i_{Lmin} 时，控制信号 u_{B} 又变为高电平，开关管再次导通，重复下一个周期。

因此升压式开关稳压电路中，u_{B}、电感电压 u_{L}、输出电压 u_{O} 的波形如图 10.33 所示。

根据上述分析，只有电感足够大时，才能达到升压的效果；只有电容足够大时，输出电压的脉动才能足够小。升压式开关稳压电路与降压式开关稳压电路的区别是开关管导通时输出电压下降，而开关管截止时输出电压上升。

升压式开关稳压电路中，有

$$U_{\mathrm{O}} = \frac{1}{1-q}U_{\mathrm{I}} \tag{10.46}$$

当控制信号 u_{B} 周期不变时，占空比越大，输出电压越高。在占空比 $q = T_{\mathrm{on}}/T$ 保持不变，且考虑了 U_{CES} 和 U_{D} 的情况下，输出电压 U_{O} 将略有下降。对于升压式变换器来说，占空比

一般不能取太大，否则输出电压U_O会因U_{CES}的存在大大下降。具体分析过程请读者参阅相关文献。

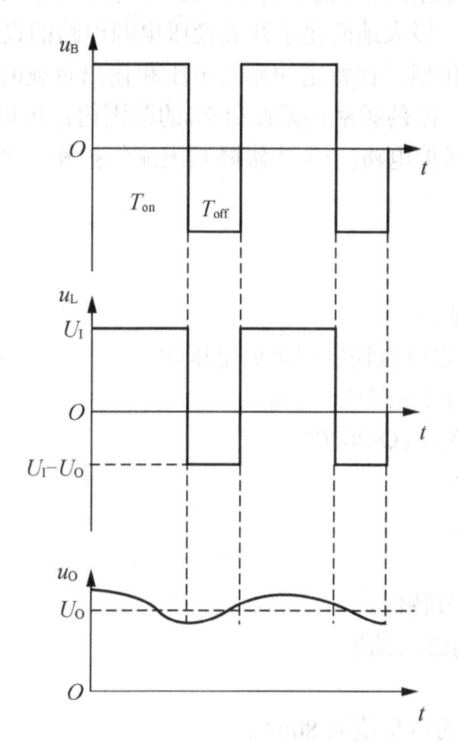

图 10.33 升压式 DC-DC 变换器波形

与降压式开关电路类似，将图 10.32 中的主电路与相应的控制电路组合成闭环电路，就可以构成并联开关型直流稳压电源，读者可自行分析。

开关稳压电源中控制脉冲的频率对稳压器性能影响很大。频率越高，需要的电感电容值越小，电路的尺寸和重量越小，成本越低。但是如果频率过高，会使开关管单位时间内转换的次数增加，功耗增大，电路效率降低。随着开关管、电容和电感的性能改进，目前开关稳压电源的频率可以提高到 15～500kHz 以上。比如集成芯片 MC34066/MC33066，电路中三极管的开关频率为 2MHz。实际的开关稳压电源电路通常还有过流、过压保护，并有辅助电源专门为控制电路提供低电压。

常见的开关稳压电源还有升压(Boost)-降压(Buck)式变换器、单端反激隔离式 DC-DC 变换器(FLYBACK REGULATOR)、半桥隔离式 DC-DC 变换器、全桥隔离式 DC-DC 变换器和互补推挽式 DC-DC 变换器等，这里不再逐一介绍。

10.4.3 常用降压式 DC-DC 变换器控制芯片

降压式 DC-DC 控制芯片很多，如 LM2575/2576(频率为 52kHz)、LM259X 系列(频率为 150kHz)、LM2830(频率为 1.6MHz/3.0MHz)等。下面重点介绍 LM2596 控制芯片。

LM2596 系列开关电压调节器是降压型电源管理单片集成电路，能够输出 3A 的驱动电流，同时具有很好的线性和负载调节特性，可以提供 3.3V、5V、12V 的固定电压输出和可调电压输出。使用该电压调节器只需要添加少量的外部元件。该器件内部集成有频率补偿和固定频率发生器。它的开关频率为150kHz，与低频开关调节器相比较，可以使用更小规格的滤波元件。其封装形式包括标准的5脚TO-220封装和5脚TO-263表贴封装。LM2596可以使用通用的标准电感，极大地简化了开关稳压电源电路的设计。

LM2596的其他特点包括：在特定的输入电压和输出负载的条件下，输出电压的误差可以保证在±4%的范围内，振荡频率误差在±15%的范围内；可以用仅80μA的待机电流，实现外部断电；具有自我保护电路(一个两级降频限流保护和一个在异常情况下断电的过温完全保护电路)。

1．LM2596特征

LM2596具有如下特征。

3.3V、5V、12V的固定电压输出和可调电压输出。

可调输出电压范围为1.2～37V，±4%。

封装形式：TO-220(T)和TO-263(S)。

保证输出负载电流3A。

输入电压可高达40V。

仅需4个外接元件。

很好的线性和负载调节特性。

150kHz固定频率的内部振荡器。

TTL关断能力。

低功耗待机模式，I_Q的典型值为80μA。

高转换效率。

使用容易购买的标准电感。

具有过热保护和限流保护功能。

2．极限参数

LM2596的极限参数如下。

最大供电电压：45V。

ON /OFF管脚输入电压：$-0.3V \leqslant V \leqslant 25V$。

反馈脚电压：$-0.3V \leqslant V \leqslant 25V$。

输出电压到地(稳态)：-1V。

功率消耗：内部限定。

储存温度：-65℃～150℃。

ESD易感性(人体模式)：2kV。

焊接温度：T封装(锡焊，10秒)：260℃。

最大结温：150℃。

3．运行条件

LM2596的运行条件如下。

温度范围：-40℃～125℃。

供电电压：$4.5V \leqslant V \leqslant 40V$。

LM2596 常见的系列有 LM2596S-3.3、LM2596S-5.0、 LM2596S-12 和 LM2596S-ADJ。前三种分别用来输出 3.3V、5V 和 12V 的电压。输出固定电压的 LM2596 系列开关电压调节器的典型电路如图 10.34 所示(以输出 5V 电压的 LM2596S-5.0 为例)，其电路元器件选择可以依据表 10.1。

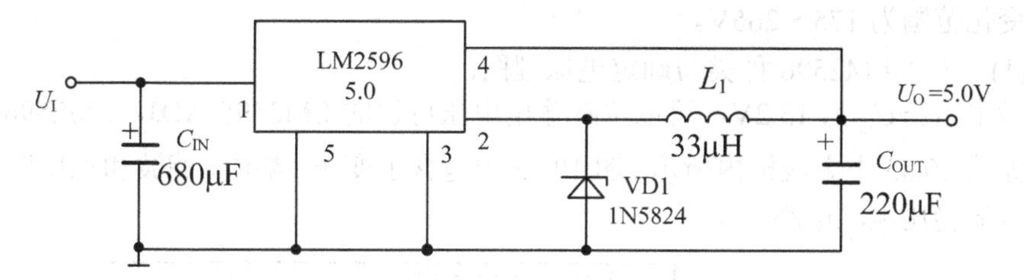

图 10.34 LM2596 输出固定电压电路

表 10.1 LM2596 固定输出快速设计器件选择表

条件			电感		输出电容			
					直插式电解电容		表贴式钽电容	
输出电压/V	负载电流/A	最大输入电压/V	电感值/μH	电感号#	PANASONIC HFQ 系列/(μF/V)	NICHICON PL 系列/(μF/V)	AVX TPS 系列/(μF/V)	VISHAY 595D 系列/(μF/V)
3.3	3	5	22	L41	470/25	560/16	330/6.3	390/6.3
		7	22	L41	560/35	560/35	330/6.3	390/6.3
		10	22	L41	680/35	680/35	330/6.3	390/6.3
		40	33	L40	560/35	470/35	330/6.3	390/6.3
	2	6	22	L33	470/25	470/35	330/6.3	390/6.3
		10	33	L32	330/35	330/35	330/6.3	390/6.3
		40	47	L39	330/35	270/50	330/10	330/10
5	3	8	22	L41	470/25	560/16	220/10	330/10
		10	22	L41	560/25	560/25	220/10	330/10
		15	33	L40	330/35	330/35	220/10	330/10
		40	47	L39	330/35	270/35	220/10	330/10
	2	9	22	L33	470/25	560/16	220/10	330/10
		20	68	L38	180/35	180/35	100/10	270/10
		40	68	L38	180/35	180/35	100/10	270/10
12	3	15	22	L41	470/25	470/25	100/16	180/16
		18	33	L40	330/25	330/25	100/16	180/16
		30	68	L44	180/25	180/25	100/16	120/20
		40	68	L44	180/35	180/35	100/16	120/20
	2	15	33	L32	330/25	330/25	100/16	180/16
		20	68	L38	180/25	180/25	100/16	120/20
		40	150	L42	82/25	82/25	68/20	68/25

如果用 LM2596 构成输出可调电压的电路或者输出其他固定数值电压的电路，则需要选用的是 LM2596S-ADJ。下面通过实例介绍 LM2596S-ADJ 的典型电路、分析步骤和具体元器件的选择方法。

【例 10.5】用 LM2596 设计电路，要求输出电压 U_O 为 13.2V，最大负载电流 I_O 为 2A。电网电压变化范围为 175～265V。

解：(1) 选择 LM2596 种类与确定电原理图。

由于输出电压 U_O 为 13.2V，可以选择输出电压可调的 LM2596-ADJ，LM2596-ADJ 的典型电路如图 10.35 中虚线框内所示。图 10.35 中包含了变压、整流、滤波和稳压四个环节，是完整的直流稳压电源电路。

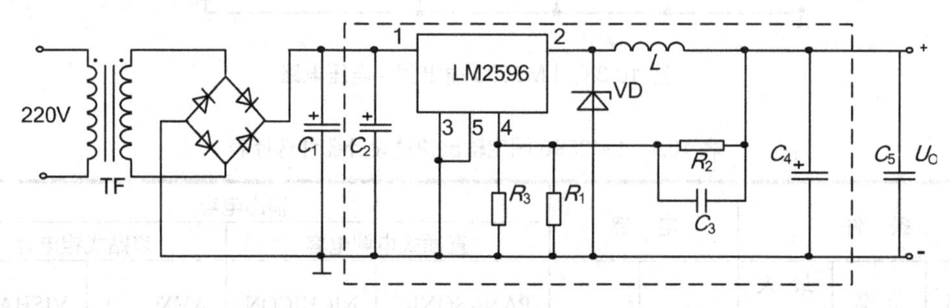

图 10.35 例 10.5 电路图

(2) 确定电阻 R_1 和 R_2。

LM2596 的输出电压为

$$U_O = \left(1 + \frac{R_2}{R_1}\right) U_{REF}$$

式中，U_{REF} 为反馈输入端的基准电压，典型值为 1.23V。

因此

$$\frac{R_2}{R_1} = \frac{13.2}{1.23} - 1 = 9.732$$

当 R_2 取 15kΩ时，R_1 应为 1.54kΩ(取标准值 2.0kΩ，然后通过并联电阻 R_3 使等效电阻尽量接近 1.54kΩ，通过计算可知，R_3 取 6.8kΩ时与计算值最接近)。

当 R_1=2.0kΩ，R_2=15kΩ，R_3=6.8kΩ时，输出电压 U_O=13.17V，与设计值偏差约为 0.2%，完全满足设计要求。

(3) 根据 LM2596 参数，估算最低输入电压。

对于降压式 DC-DC 稳压芯片，有

$$U_O = (U_I - U_{CES} + U_D)\frac{T_{on}}{T} - U_D$$

当输入电压 U_I 下降时，占空比升高。当占空比最大取 0.9 时，对应的输入电压称为最小输入电压，有

$$U_{Imin} = \frac{U_O + U_D + (U_{CES} - U_D)q}{q} \approx 15.3\text{V}$$

(LM2596 有关参数：$U_{CES} = 1.15\text{V}$，$U_D = 0.5\text{V}$)

(4) 根据市电范围，估算正常情况下电容滤波电路的最小输出电压。

当变压器输入电压下降时，其输出电压将近似等比例下降，进而电容滤波输出的最小电压也等比例下降。

在本例中，最小市电电压为175V，是正常情况下220V的80%。

即在正常情况下，电容滤波最小输出电压为

$$U_{\text{Omin}}=\frac{U_{\text{Imin}}}{0.8}\approx 19.1\text{V}$$

(5) 根据LM2596的效率与输入电压的关系以及电容滤波电路的特征，计算变压器输出电压与滤波电容参数。

根据LM2596的使用手册可知，当输出电压为13.2V时，输入电压在19～35V之间效率较高。

由于输出功率为13.2V×2A=26.4W。根据LM2596的使用手册，当输入电压为19.1V时，LM2596变换器效率约为90%。即输入稳压器芯片的实际功率为$26.4/0.9=29.3\text{W}$。

因此电容滤波电路等效负载为

$$R_{\text{L}}=\frac{(U_{\text{Omin}})^2}{P}=\frac{19.1^2}{29.3}\Omega\approx 12.5\Omega$$

根据电容滤波电路的特征，滤波电容为

$$C_1=(3\sim5)\frac{T}{2R_{\text{L}}}=(3\sim5)\times\frac{0.02}{2\times 12.5}\text{mF}\approx 2400\sim4000\mu\text{F}$$

取标准值$3300\mu\text{F}$。

此时

$$\alpha=\frac{(R_{\text{L}}C_1)}{0.5T}=4.13$$

根据电容滤波电路最大输出电压、最小输出电压与平均电压U_{IL}关系，有

$$U_{\text{Omax}}=\frac{\alpha}{\alpha-1}U_{\text{Omin}}\approx 25.3\text{V}，\qquad U_{\text{IL}}=\frac{U_{\text{Omax}}+U_{\text{Omin}}}{2}=22.2\text{V}$$

由此估算变压器输出电压有效值为

$$U_2=\frac{U_{\text{IL}}}{1.2}=18.5\text{V}$$

考虑到满载时，变压器次级线圈上压降会增加。根据经验，变压器实际输出电压应比计算值高5%。因此，变压器输出电压有效值取

$$U_2=18.5\times(1+0.05)\text{V}=19.5\text{V}$$

变压器功率估算：考虑到工频变压器铜损及铁损后，效率一般为85%，即变压器功率应大于$\frac{29.3}{0.85}\text{W}\approx 34.47\text{W}$，可取35W。

(6) 确定滤波电容C_1耐压。

当电网电压升高到265V时，变压器输出电压为$(265/220)\times 19.5\text{V}$，即23.5V。在电容滤波电路中，当负载很轻或空载时，滤波电容上最大电压U_{Omax}接近正弦波电压最大值$\sqrt{2}\times 23.5$，即33.2V。可见滤波电容耐压应为35V以上。

因此滤波电容C_1为3300μF/35V的电解电容。

(7) 确定电感 L 参数。

根据 LM2596 有关参数，$U_{CES}=1.15V$，$U_D=0.5V$；而稳压器最大输入电压等于电容滤波最大输出 $U_{Omax}=25.3V$，则临界连续状态下的伏秒积为

$$L\times I_{Lmax}=(U_{Imax}-U_{CES}-U_O)T_{on}=(U_{Imax}-U_{CES}-U_O)\frac{U_O+U_D}{(U_{Imax}-U_{CES}+U_D)f_O}$$

$$=(25.3-1.15-13.2)\times\frac{13.2+0.5}{(25.3-1.15+0.5)\times150}\times1000=40.57(V\cdot\mu S)$$

式中，f_O=150kHz 为内部振荡器的固定频率。

根据 LM2596 数据手册中的 V·μS 曲线与输出电流关系，可以确定应取 L38 编号电感，查表 10.1 可知对应的电感量为 $L=68\mu H$。

(8) 其他辅助元件参数。

整流桥(或整流二极管管)为 3A/50V 以上；续流肖特基二极管 VD 为 5A、40V 肖特基整流器 1N5825；输出滤波电容 C_4 可取 330μF/25V 的电解电容。而高频滤波电容 C_2、C_5 不需计算，一般取 0.1μF/63V 以上耐压的 CBB 电容，唯一需要注意的是 ESR(等效串联电阻)尽可能小一些。

反馈电容 C_3 与输出电流有关，可在 LM2596 数据手册中找到，在本例中为 1000pF。

开关稳压方式的优点是体积小、效率高，缺点是纹波系数大；而线性稳压方式刚好相反，在某些应用中巧妙地将两者有机结合起来即可获得纹波系数小、负载调整高的高效稳压电路。例如，利用 LM2596 DC-DC 稳压芯片获得 13.2V 的直流稳压电路(效率为 90%)，再经过 1117-12 低压差线性稳压电路，即获得效率不小于 80%的高稳定度 12.0V 电源。

10.5 直流稳压电源的仿真实例

1. 研究内容

研究直流稳压电路中整流、滤波和稳压各个环节的作用，观测每个环节的输出电压波形。

2. 仿真电路

(1) 单相桥式整流仿真电路如图 10.36 所示。

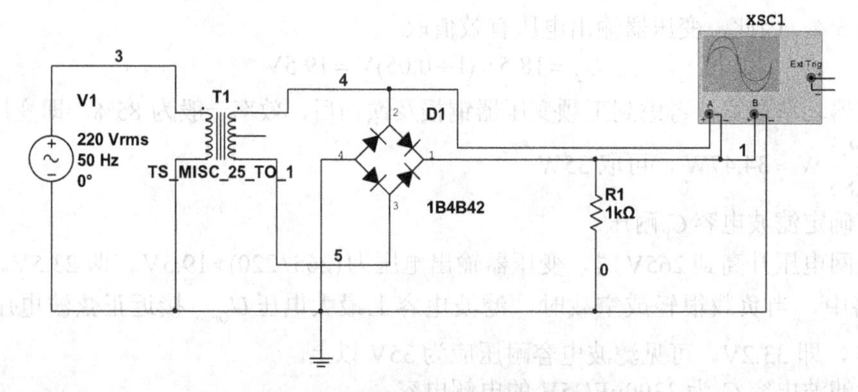

图 10.36 单相桥式整流仿真电路

(2) 单相桥式整流、电容滤波仿真电路如图 10.37 所示。

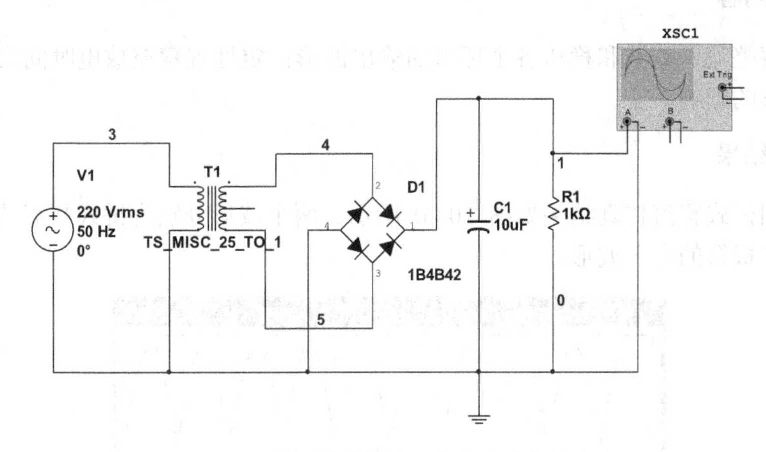

图 10.37　单相桥式整流、电容滤波仿真电路

(3) 充放电时间常数增大后的单相桥式整流、电容滤波仿真电路如图 10.38 所示。

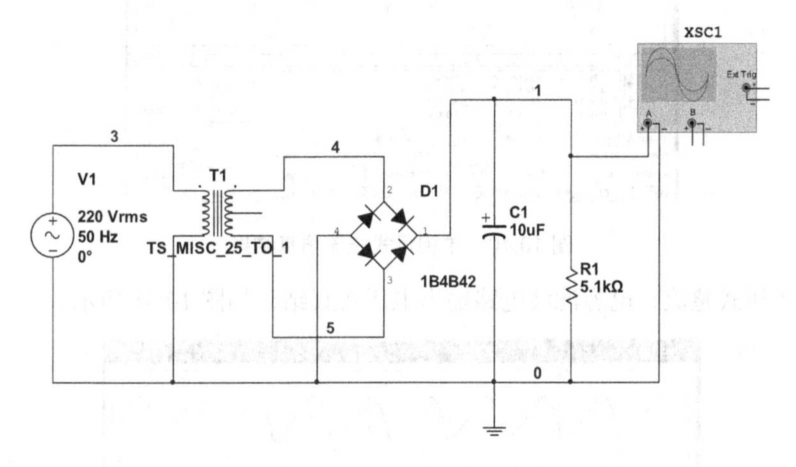

图 10.38　时间常数较大时的整流滤波仿真电路

(4) 稳压环节仿真电路如图 10.39 所示。

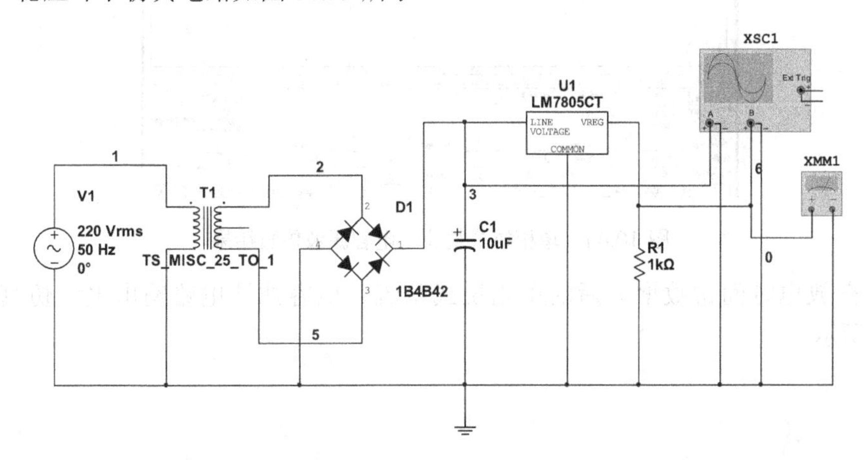

图 10.39　稳压环节仿真电路

3．仿真内容

定性观察整流、滤波和稳压各个环节的输出波形；定性观察充放电时间常数的变化对滤波输出波形的影响。

4．仿真结果

(1) 单相桥式整流仿真结果如图 10.40 所示。两个波形分别为桥式整流的输出电压波形以及整流二极管的电压波形。

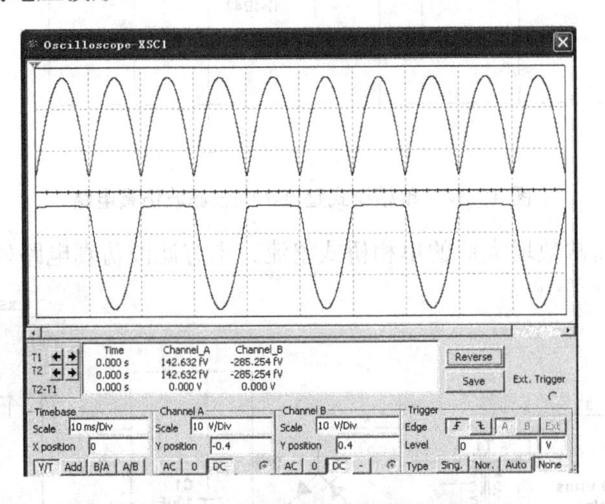

图 10.40　单相桥式整流仿真结果

(2) 单相桥式整流、电容滤波电路输出电压仿真结果如图 10.41 所示。

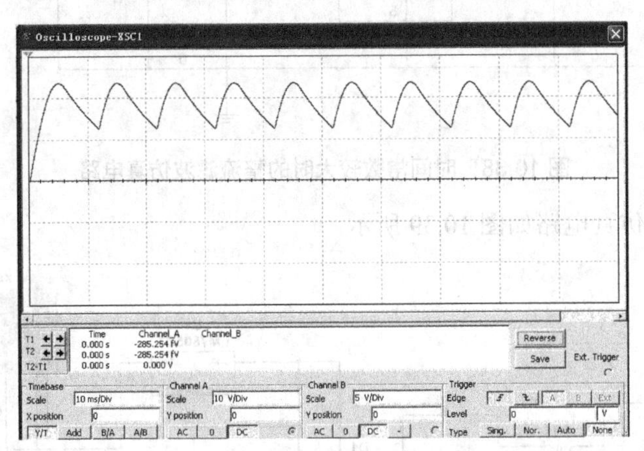

图 10.41　单相桥式整流、电容滤波仿真结果

(3) 充放电时间常数增大后的单相桥式整流、电容滤波电路输出电压仿真结果如图 10.42 所示。

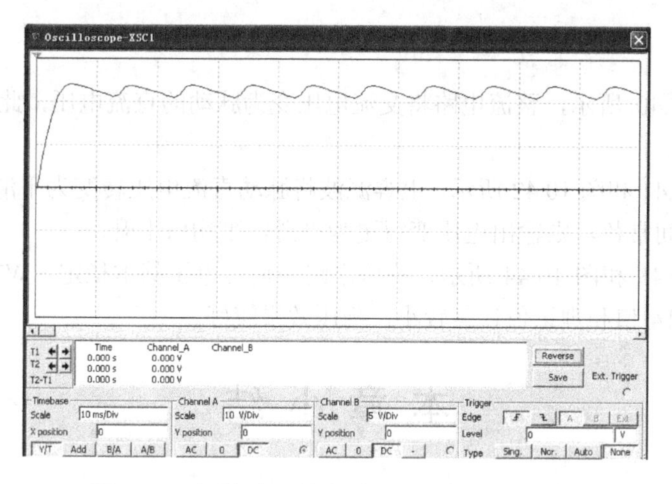

图 10.42　时间常数较大时的整流滤波仿真结果

(4) 稳压环节仿真结果如图 10.43 和图 10.44 所示。图 10.43 中两个波形分别为滤波电容电压的波形以及输出电压的波形。图 10.44 所示为稳压环节输出直流电压测量值。

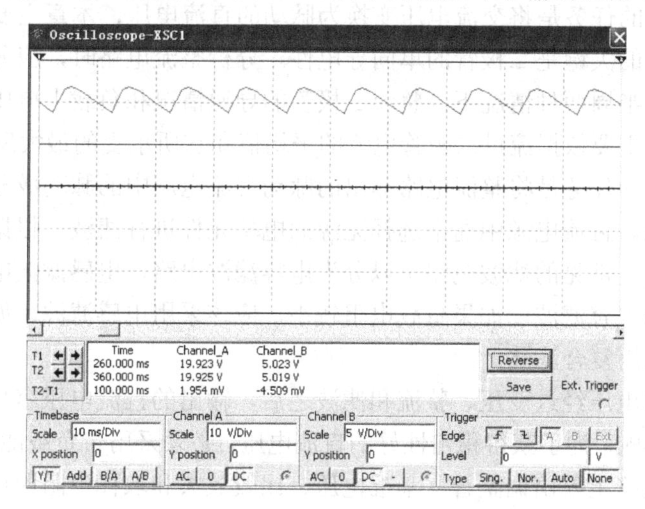

图 10.43　稳压环节仿真结果

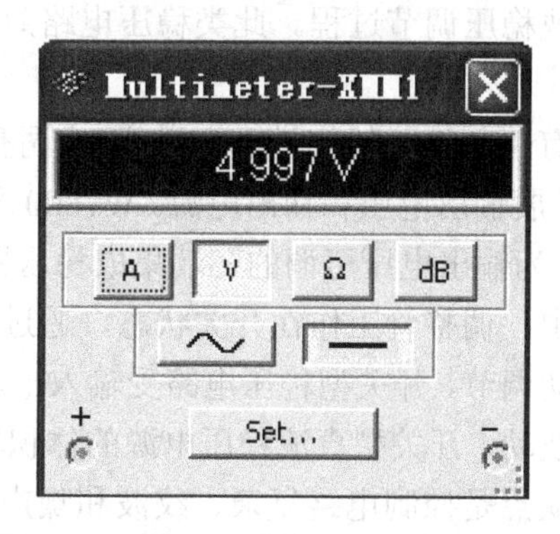

图 10.44　稳压环节输出直流电压测量值

5. 结论

(1) 如图 10.40 所示，整流电路将交流电压变为脉动的直流电压，此时的直流电压有很大的脉动成分。

(2) 如图 10.41 和图 10.42 所示，电容滤波将脉动直流电压转变为平滑的直流电压，如果增大电路的时间常数，则输出电压变得更为平滑，平均值上升。

(3) 如图 10.43 和图 10.44 所示，稳压电路的输出电压基本稳定。W7805 的输出电压理论值为 5V，测量值和理论值误差较小，稳压效果较好。

本 章 小 结

本章主要内容如下。

(1) 各种电子电路和系统一般均需要稳定的直流电源供电。小功率直流电源一般由变压、整流、滤波和稳压四个环节组成。

(2) 整流电路的任务是将交流电压变换为脉动的直流电压，本章主要介绍单相桥式整流，起到整流作用的关键是二极管的单向导电性。分析整流电路时，应分别分析在变压器副边电压的正、负半周两种情况下，整流二极管的导通情况和负载上电压的波形。整流电路中二极管的选择主要依据流过二极管电流的平均值和它所承受的最大反向电压。

(3) 滤波电路的任务是将整流电路输出的脉动直流电压中的脉动成分滤除，变为尽可能平滑的直流电压。直流电源中通常选择无源的电抗元件进行滤波，根据电路中起滤波作用的元件类型不同，常见的滤波电路可以分为电容滤波电路、电感滤波电路和复合滤波电路。本章重点介绍电容滤波。如果负载电阻较小，应该采用电感滤波。如果对于滤波效果要求较高，应该采用复合滤波。

(4) 交流电网电压经过变压、整流和滤波之后，输出的直流电压容易受到电网电压波动和负载变化的影响。为了获得稳定性好的直流电压，必须采用带负载能力强的稳压电路。串联反馈式稳压电路主要由调整管、基准电压、比较放大和取样电阻四部分组成，稳压原理是基于电压负反馈来控制调整管的管压降，从而实现输出电压的自动调节。调整管必须工作在放大区，否则无法实现稳压调节过程。此类稳压电路效率不高，一般用于中小功率直流稳压电源中。

(5) 三端集成稳压器仅有输入端、输出端和公共端(或调整端)，使用灵活方便，稳压性能好，通过外接电路可以扩展输出电压和输出电流。W7800 和 W7900 系列为输出电压固定的三端集成稳压器；W117 为输出电压可调的三端集成稳压器。

(6) 在开关型稳压电路中，调整管工作在开关状态，通过控制调整管导通和截止时间的比例来实现输出电压的自动调节。开关型稳压电路受输入电压幅度影响小，稳压范围宽，并且允许电网电压有较大的波动。开关型直流稳压电源的体积较小、工作频率高、管耗低、效率高。开关型稳压电路的缺点是控制电路复杂、纹波和噪声较大。由于优点突出，开关型稳压电路在便携式大功率电子设备中应用广泛。

习　题

1. 电路如图 10.45 所示，变压器副边电压有效值为 $2U_2$，二极管可当作理想元件。

(1) 画出 u_2、u_{D1} 和 u_O 的波形。

(2) 写出输出电压平均值 U_{OL} 和输出电流平均值 I_{OL} 的表达式。

(3) 写出二极管的平均电流 I_{DL} 和所承受的最大反向电压 U_{Rmax} 的表达式。

2. 电路如图 10.46 所示，变压器副边电压有效值 $U_{21}=50V$，$U_{22}=20V$。试问：

(1) 输出电压平均值 U_{O1L} 和 U_{O2L} 各为多少；流过 R_{L1} 和 R_{L2} 的电流平均值 I_{O1L} 和 I_{O2L} 各为多少？

(2) 各二极管承受的最大反向电压和流过各二极管的平均电流为多少？

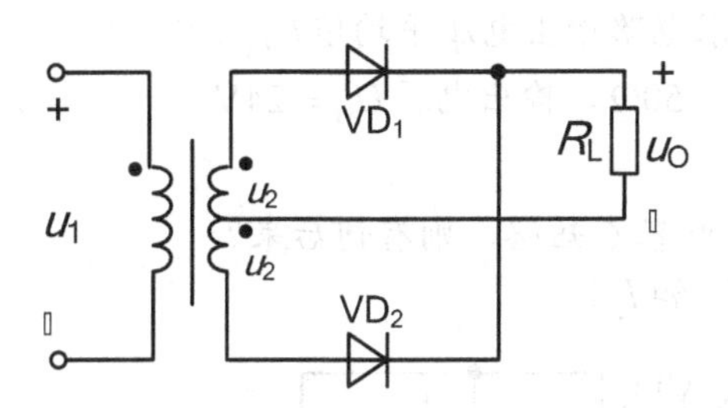

图 10.45　习题 1 电路图

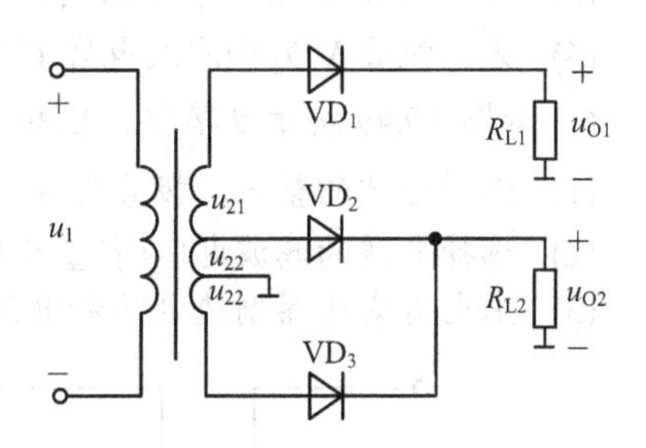

图 10.46　习题 2 电路图

3. 电路如图 10.47 所示。

(1) 分别标出 u_{O1} 和 u_{O2} 对地的极性。

(2) u_{O1} 和 u_{O2} 分别是半波整流还是全波整流。

(3) 当 $U_{21}=U_{22}=20V$ 时，U_{O1L} 和 U_{O2L} 各为多少？

(4) 当 $U_{21}=18V$，$U_{22}=22V$ 时，画出 u_{O1} 和 u_{O2} 的波形；并求出 U_{O1L} 和 U_{O2L} 各为多少？

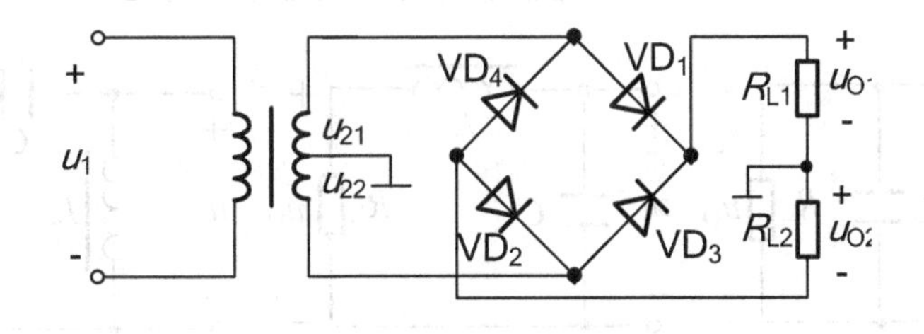

图 10.47　习题 3 电路图

4. 电路如图 10.48 所示，分析电路出现如下情况时会产生什么现象。

(1) 二极管 VD_2 正负极接反。

(2) 二极管 VD_2 短路。

(3) 二极管 VD_2 开路。

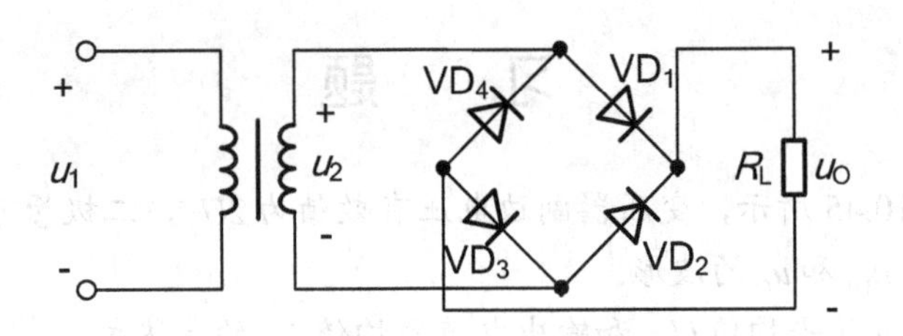

图 10.48　习题 4 电路图

5. 如图 10.49 所示电路中，设变压器副边电压有效值为 $U_2=12\text{V}$，$R_LC=(3\sim5)T/2$。

(1) 求电路输出电压平均值 U_{OL}。

(2) 若滤波电容 C 虚焊，求电路输出电压平均值 U_{OL}。

(3) 若负载 R_L 开路，求电路输出电压平均值 U_{OL}。

(4) 若二极管 VD_2 和滤波电容 C 同时断开，求电路输出电压平均值 U_{OL}。

6. 如图 10.49 所示电路中，已知负载电阻 $R_L=50\Omega$，输出电压 $U_O=24\text{V}$。

(1) 选择合适的整流二极管型号。

(2) 选择合适的滤波电容(容量及耐压值)；若电容 C 短路，则有何后果？

(3) 求电源变压器副边电压和电流的有效值 U_2 和 I_2。

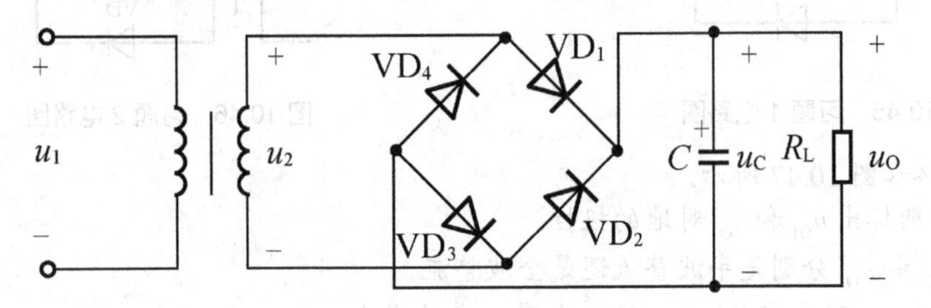

图 10.49　习题 5、6 电路图

7. 分别判断如图 10.50 所示各电路能否作为滤波电路，简述理由。

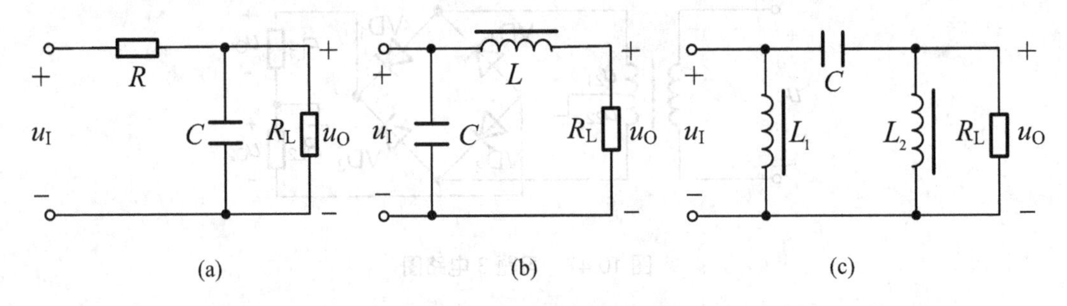

图 10.50　习题 7 电路图

8. 如图 10.51 所示电路中，标出各电容两端电压的极性和数值，并分析负载电阻上能够获得几倍压的输出。

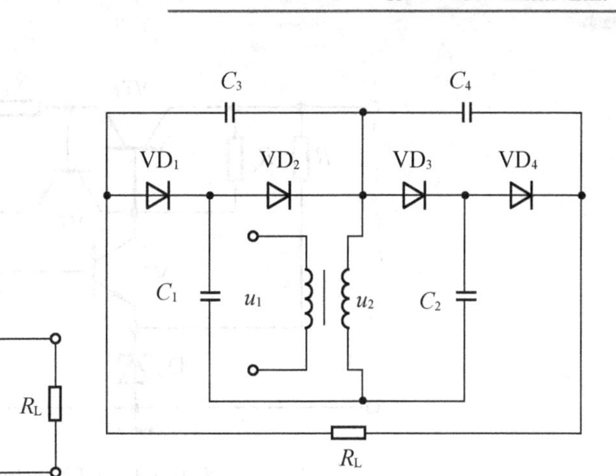

图 10.51 习题 8 电路图

9. 稳压电路如图 10.52 所示。稳压管的稳定电压 $U_Z = 6V$；最小稳定电流 $I_{Zmin} = 5mA$，最大稳定电流 $I_{Zmax} = 40mA$；输入电压 $U_I = 15V$，波动范围为 ±10%。

(1) 求稳压管最大允许的耗散功率。

(2) 如果限流电阻 R 为 200Ω，则电路能否空载；负载电流 I_O 的变化范围为多少？

(3) 负载电阻 R_L 为 400～600Ω 时，求限流电阻 R 的取值范围。

10. 电路如图 10.53 所示，已知稳压管的稳定电压为 6V，最小稳定电流为 5mA，允许耗散功率为 240mW；输入电压为 20～24V，$R_1 = 360Ω$。试问：

(1) 为保证空载时稳压管能够安全工作，R_2 应选多大？

(2) 当 R_2 按上面原则选定后，负载电阻允许的变化范围是多少？

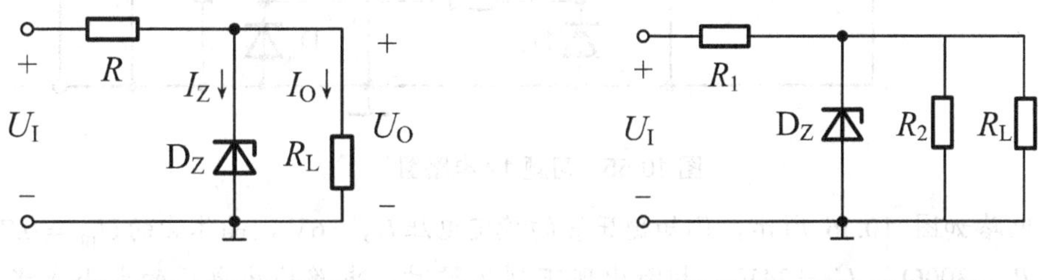

图 10.52 习题 9 电路图　　　图 10.53 习题 10 电路图

11. 电路如图 10.54 所示，稳压管的稳定电压 $U_Z = 4.3V$，晶体管的 $U_{BE} = 0.7V$，$R_0 = 5Ω$，$R_1 = R_2 = R_3 = 300Ω$。

(1) 指出电路中调整管、采样电路、基准电压电路、比较放大电路和保护电路由哪些元件组成。

(2) 求输出电压的变化范围。

(3) 求调整管发射极允许的最大电流。

(4) 输入电压 $U_I = 25V$，波动范围为 ±10%，则调整管的最大功耗为多少？

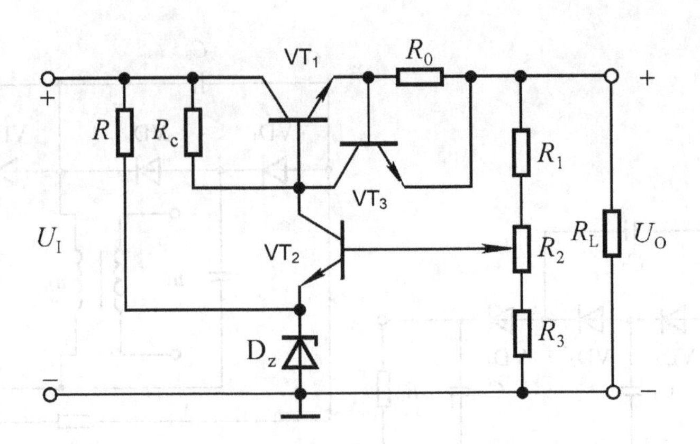

图 10.54　习题 11 电路图

12. 直流稳压电源如图 10.55 所示。

(1) 说明电路的整流电路、滤波电路、调整管、基准电压电路、比较放大电路、采样电路等部分各由哪些元件组成。

(2) 标出集成运放的同相输入端和反相输入端。

(3) 写出输出电压的表达式。

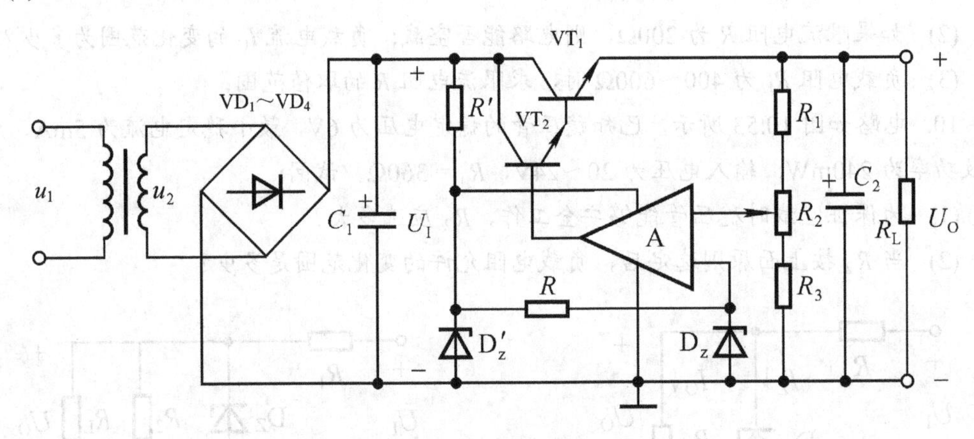

图 10.55　习题 12 电路图

13. 电路如图 10.56 所示，已知稳压管的稳定电压$U_Z = 6V$，晶体管的$U_{BE} = 0.7V$，$R_1 = R_2 = R_3 = 300\Omega$，$U_I = 24V$。判断出现下列故障时，电路输出电压的大小或者取值范围。

(1) VT_1的 c、e 短路。

(2) R_c短路。

(3) R_2短路。

(4) VT_2的 b、c 短路。

(5) R_1短路。

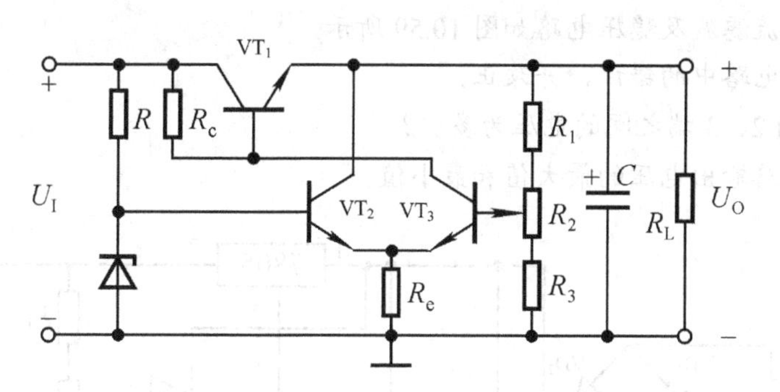

图 10.56　习题 13 电路图

14. 串联型稳压电路如图 10.57 所示，其中变压器副边电压有效值$U_2=18\text{V}$，稳压管的稳定电压$U_Z=6\text{V}$，$R_1=270\Omega$，$R_2=R_3=470\Omega$。

(1) 说明电路的整流电路、滤波电路、调整管、基准电压电路、比较放大电路、采样电路等部分各由哪些元件组成。

(2) 当电容足够大时，估算整流滤波电路的输出电压U_d。

(3) 求输出电压的最大值和最小值。

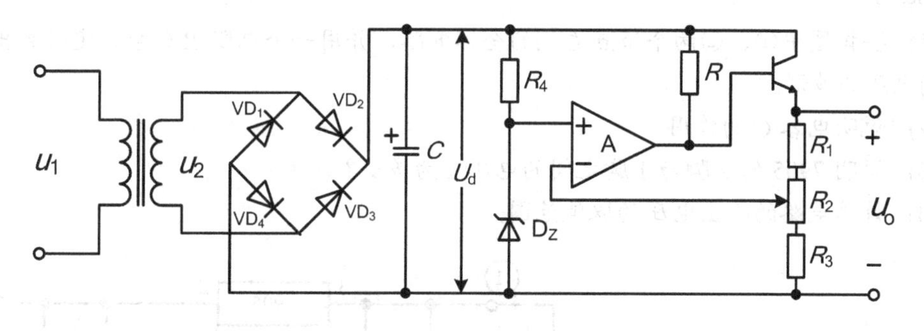

图 10.57　习题 14 电路图

15. 电路如图 10. 58 所示，设$I_I'\approx I_O'=1.5\text{A}$，晶体管 VT 的$U_{EB}\approx U_D$，$R_1=1\Omega$，$R_2=2\Omega$，$I_D\gg I_B$。求负载电流$I_L$与$I_O'$的关系式。

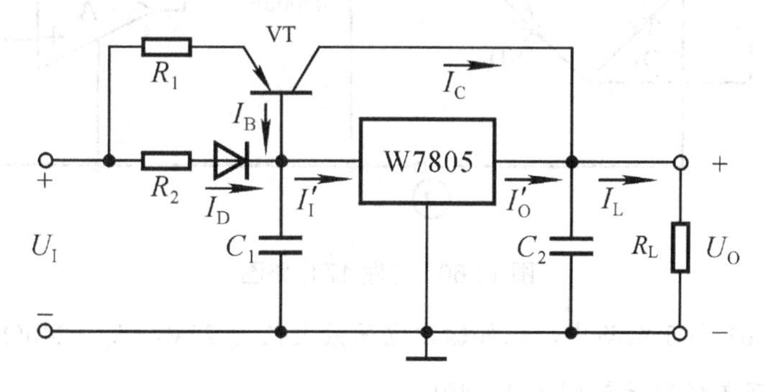

图 10.58　习题 15 电路图

16. 桥式整流滤波及稳压电路如图 10.59 所示。

(1) 试找出电路中的错误，并改正。

(2) 7805 的 2、3 端之间的电压为多少？

(3) 求该电路输出电压的最大值和最小值。

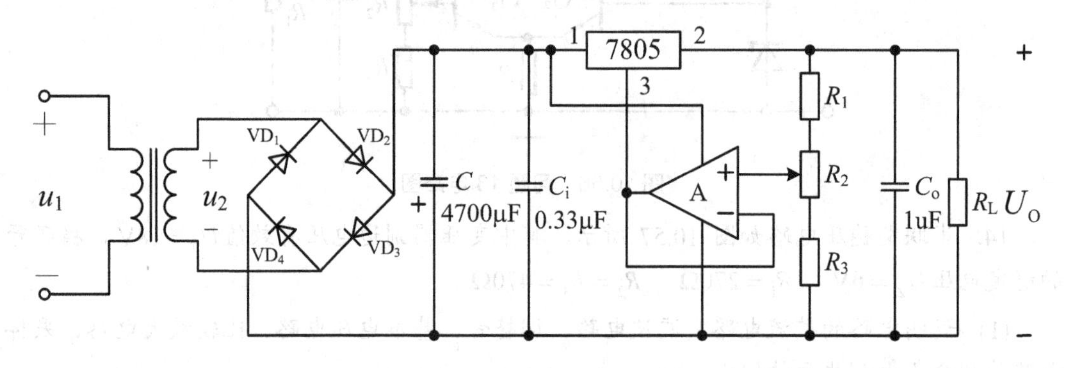

图 10.59 习题 16 电路图

17. 如图 10.60 所示的桥式整流滤波稳压电路中，$R_1 = R_2 = R_3 = 1\text{k}\Omega$，$R_4 = 2\text{k}\Omega$，$R_5 = 3\text{k}\Omega$。

(1) 去掉图中①、②两个节点右侧的全部电路，并用一个电阻 R 代替，定性画出电阻 R 上的电压的波形。

(2) 说明电容 C 的作用。

(3) 说明 7905 的 2 脚与 1 脚之间的电压差为多少？

(4) 计算电路的输出电压的取值范围。

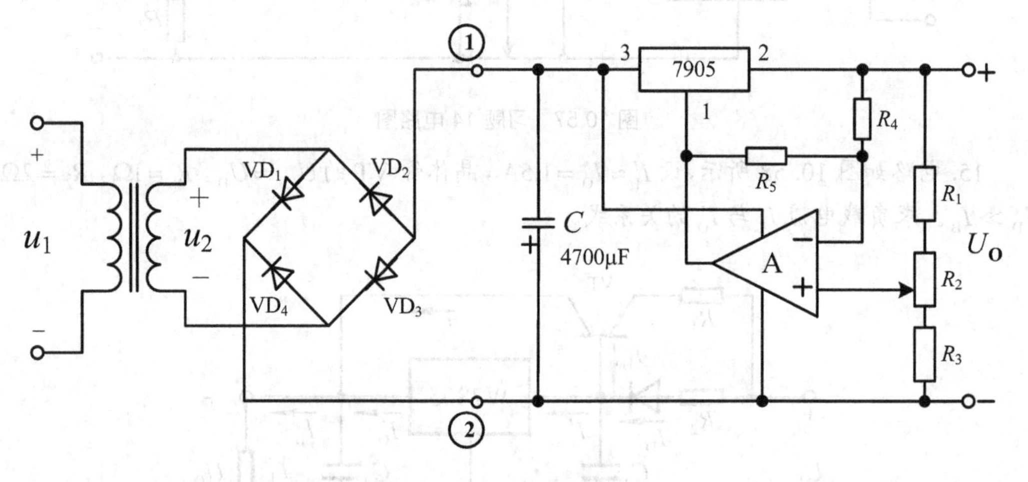

图 10.60 习题 17 电路图

18. 如图 10.61 所示电路中，已知输出电压最大值为 25V，$R_1 = 240\Omega$，W117 的输入端和输出端的电压差的取值范围为 3～40V。

(1) 求输出电压的最小值。

(2) 求 R_2 的大小。

(3) 求输入电压 U_I 允许的取值范围。

(4) 若输入电压 U_I 的波动范围为±10%，求 U_I 的取值范围。

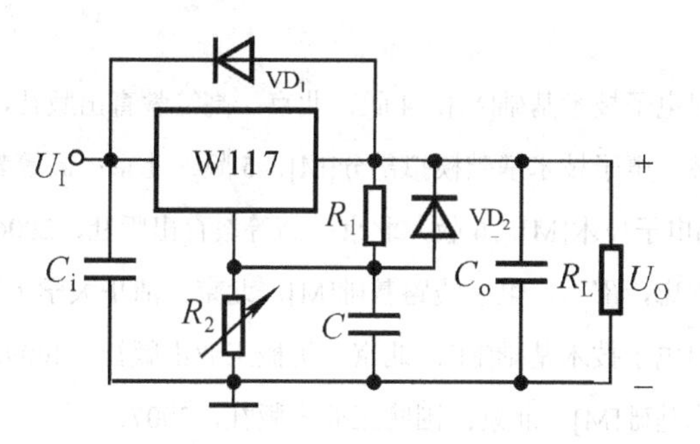

图 10.61　习题 18 电路图

19. 并联型开关稳压电源的原理图如图 10.62 所示，PWM 控制电路的组成与串联型开关稳压电源相同，试分析它的工作原理。

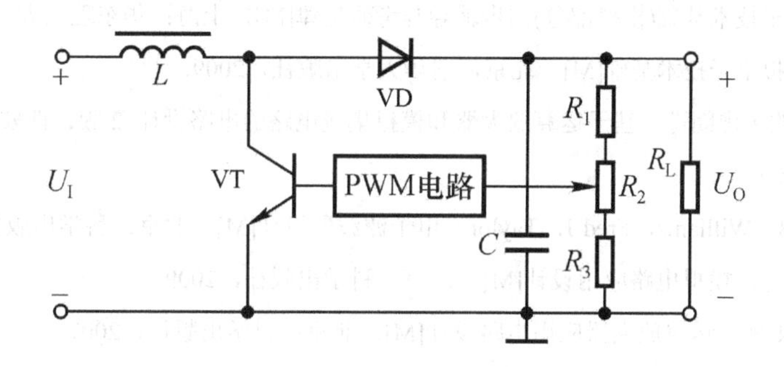

图 10.62　习题 19 电路图

参 考 文 献

[1] 华成英，童诗白．模拟电子技术基础[M]．4版．北京：高等教育出版社，2006．

[2] 康华光，陈大钦，张林．电子技术基础模拟部分[M]．5版．北京：高等教育出版社，2006．

[3] 秦曾煌．电工学(下册)电子技术[M]．6版．北京：高等教育出版社，2006．

[4] 王成华，王友仁，胡志忠，邵杰．电子线路基础[M]．北京：清华大学出版社，2008．

[5] 黄丽亚，杨恒新．模拟电子技术基础[M]．北京：机械工业出版社，2009．

[6] 房国志，模拟电子技术基础[M]．北京：国防工业出版社，2007．

[7] 哈尔滨工业大学电子学教研室．模拟电子技术基础[M]．北京：高等教育出版社，2009．

[8] 李万臣．模拟电子技术基础设计 仿真 编程与实践[M]．哈尔滨：哈尔滨工程大学出版社，2005．

[9] 罗贵娥．模拟电子技术基础(电类)[M]．2版．长沙：中南大学出版社，2008．

[10] 张秋萍．电子技术基础(模拟部分)同步辅导与考研指津[M]．上海：华东理工大学出版社，2008．

[11] 王济浩．模拟电子技术基础[M]．北京，清华大学出版社，2009．

[12] [美]赛尔吉欧·佛朗哥．基于运算放大器和模拟集成电路的电路设计. 2版．西安：西安交通大学出版社，2009．

[13] [美]Arthur B．Williams，Fred J．Taylor．电子滤波器设计[M]．北京：科学出版社，2008．

[14] 胡圣尧，关静．模拟电路应用设计[M]．北京：科学出版社，2009．

[15] [日]马场清太郎．运算放大器应用电路设计[M]．北京：科学出版社，2007．

[16] [日]稻叶保．振荡电路的设计与应用：RC振荡电路到数字频率合成器的实验解析[M]．北京：科学出版社．2004．

[17] [美]Paul Horowitz，Winfield Hill．电子学[M]．北京：电子工业出版社，2009．

[18] Thomas L．Floyd，David Buchla．模拟电子技术基础[M]．北京：高等教育出版社，2004．

[19] 李哲英，骆丽，李金平．模拟电子线路分析与Multisim仿真[M]．北京：机械工业出版社，2008．

[20] 王传新．电子技术基础实验：分析、调试、综合设计[M]．北京：高等教育出版社．2006．

[21] 赵世平．模拟电子技术基础[M]．2版．北京：中国电力出版社，2009．

[22] 辛巍，温鹏俊．模拟电子技术习题与解析[M]．北京：科学出版社，2008．

[23] 范博．射频电路原理与实用电路设计[M]．北京：机械工业出版社，2006．

[24] 胡圣尧，关静．模拟电路应用设计[M]．北京：科学出版社，2009．

[25] 程勇．实例讲解Multisim 10电路仿真[M]．北京：人民邮电出版社，2010．

[26] 研究生入学考试试题研究组．研究生入学考试考点解析与真题详解——模拟电子技术[M]．北京：电子工业出版社，2009．

[27] 周淑阁．模拟电子技术基础学习指南与习题详解[M]．北京：高等教育出版社，2006．

[28] 李鸿林，路艳洁，张忠民．电子技术学习指导与习题解答[M]．哈尔滨：哈尔滨工程大学出版社，2006．